普.通.高.等.学.校

计算机教育"十二五"规划教材

PIC18F452 单片机原理及编程实践

PRINCIPLE AND PROGRAMMING PRACTICE OF PIC18F452 MICROCONTROLLER

陈育斌 ◆ 主编

秦晓梅 ◆ 副主编

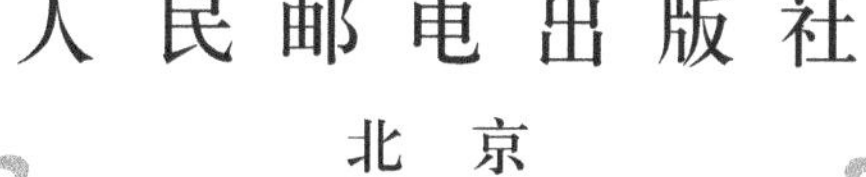

人 民 邮 电 出 版 社

北 京

图书在版编目（ＣＩＰ）数据

PIC18F452单片机原理及编程实践 / 陈育斌主编. —
北京 ：人民邮电出版社，2016.6
普通高等学校计算机教育"十二五"规划教材
ISBN 978-7-115-41635-3

Ⅰ．①P… Ⅱ．①陈… Ⅲ．①单片微型计算机－程序
设计－高等学校－教材 Ⅳ．①TP368.1

中国版本图书馆CIP数据核字(2016)第018816号

内 容 提 要

本书系统地讲解了 PIC18F452 单片机的相关知识。全书共 7 章，系统地论述了 PIC18F452 单片机的特点、输入/输出端口结构、定时计数器的组成原理、中断技术、片内 ADC 模块的结构、低功耗的 SLEEP 模式、看门狗 WDT 技术、SPI、I2C 总线的通信协议及接口结构，以及 CCP 模块等诸多内容。本书不仅对每一模块都配有详实的编程实验案例，还对编程调试工具 IDE 和 ICD2 的使用以及单片机的指令系统和 C18 的使用进行了讲解。本书还配有习题，以便读者考查和把握自己的学习效果。

本书既可以作为高等院校、高职高专各专业学生学习单片机的教材，也可以作为单片机技术与应用的培训或技术人员自学的参考资料。

♦ 主　　编　陈育斌
　　副 主 编　秦晓梅
　　责任编辑　武恩玉
　　责任印制　沈　蓉　彭志环

♦ 人民邮电出版社出版发行　　北京市丰台区成寿寺路 11 号
　邮编　100164　　电子邮件　315@ptpress.com.cn
　网址　http://www.ptpress.com.cn

印张：25.5　　　　　　　　　2016 年 6 月第 1 版
字数：672 千字　　　　　　 2016 年 6 月北京第 1 次印刷

定价：59.80 元

读者服务热线：(010)81055256　印装质量热线：(010)81055316
反盗版热线：(010)81055315

前　言

　　单片机应用技术已经成为现代电子行业工程师必须掌握的一个重要技能。快速发展的嵌入式系统对单片机产品的设计提出了越来越高的要求，也促进了高性能单片机产品的不断出现。这些新型单片机的共同特点是采用哈弗总线框架、精简指令结构，具有指令运行速度快、代码效率高和工作稳定可靠的特点。同时，新型单片机内部设计有大量的高性能功能模块以满足各项工程的需要。

　　PIC18F452 单片机是美国微芯片技术公司（Microchip Technologogy Inc）基于 PIC16F877 单片机改进、升级的 8 位通用型单片机。它不仅具有 8 位单片机的简洁、易学和价格相对低廉的特点，又具备较多的高性能硬件模块资源和低功耗运行特性，是一种低价位、高性能的 8 位单片机，非常适合各类工科大学、技术院校的学生以及电气电子类工程师学习掌握的单片机产品。

　　如何学习掌握单片机一直是读者最关注的问题，而无论在大学里还是工作实践中，学习方法是非常重要的，希望本书能够提供一种行之有效的方法。本书具有如下特点。

　　① 侧重基础。单片机是基于计算机发展而来的，但它又比计算机简洁实用。本书尽可能规避复杂难学的计算机原理，从简单实用的数字电路入手，详细描述单片机内部各个功能模块的组成结构和工作原理。本书采用浅而易懂的方法将较为复杂的功能模块进行分析和描述，以适合不同基础的读者学习。掌握必要的硬件电路分析，对完整的掌握单片机原理是非常重要的。

　　② 注重实践。单片机的学习除了要学习掌握基本的理论知识（内部各个功能模块的结构、工作原理）以外，还要进行大量的汇编语言（C 语言）编程训练。编程实践是学习单片机的重要环节。"'程序是调出来'的而不是'写出来的'"，这是在教学中提醒学生最多的一句话。本书配有大量的编程环节，在编写、调试程序的过程中可以及时发现学习中的问题、提高学习效率，起到了"事半功倍"的效果。编程训练还可以培养读者分析问题、解决问题的能力。

　　③ 面向时代。在学习单片机基本原理的同时还要充分考虑到单片机在工程中的实际应用，这包括单片机的选型、外围接口芯片的选择及系统电路的设计等。其中主要的环节是能否迎合现代应用领域中高速发展的需求，合理地采用各种新型接口器件，设计出结构简洁、性能优异、工作可靠的应用系统。本书在充分地描述了 PIC18F 单片机优越的内部模块资源基础上，还引入了 SPI、I^2C 和单总线等全新接口的外围接口芯片及电路设计和编程原理，使学习内容更加实用、合理。

　　④ 关注读者。在多年的单片机教学实践和在与学生面对面的指导、交流过程中积累了许多经验，在教材的设计上充分考虑到了学习的渐进性和趣味性。对应每一部分的编程实践都是从最基本、最简单的编程开始，尽可能地降低编程难度，做到通俗易懂，然后再逐渐深入，并向工程应用靠拢，以提高读者的学习效率。

　　单片机原理属于一门基于数字电路、模拟电路和计算机原理的专业课程。建议读者阅读本书时不用刻意地复习相关的基础课程，在教材的每一个章节中都有简单通俗的原理描述。要想学好单片机，需有一种持之以恒的精神，要通过大量的编程训练才能学好和掌握单片机的精髓。本书是在经历了多年 PIC 单片机的教学实践基础上，不断改进、完善而编写的单片机学习教材。

　　本书由陈育斌任主编，秦晓梅任副主编，王开宇和秦力舒参与了本书的编写。感谢仲崇权教授对本书进行了全面的专业指导与审核。

　　本书可作为大学或各技术院校学习 PIC18F 单片机的教材，也可作为从事单片机应用领域工程师学习的参考资料。由于篇幅所限，本书不可能覆盖单片机原理及应用的所有内容，不当之处敬请读者谅解。

作　者
2015 年 11 月

第 4 章　PIC18F 系列单片机的汇编语言及指令系统 ······ 161

第 1 章
单片机与嵌入式系统

在电子和信息高度发达的今天，计算机的普及和应用已经渗透到各行各业、各个领域之中。单片机技术的普及与应用代表了计算机技术发展的一个重要里程。

1.1　单片机与嵌入式系统

与通常意义的计算机不同，以单片机为代表的嵌入式系统无论是在结构、外形特征、应用对象和设计理念都与计算机有着很大的差别。

1.1.1　什么是嵌入式系统

图 1.1.1 所示例举出常见的个人计算机以及生活当中的各种家用电器。如果稍加留意就会发现越来越多的家电产品在设计中都添加了微电脑控制技术，这里所说的微电脑实质就是一个计算机的小系统。

在这种场合下，被镶嵌到被控制对象体内的计算机已经改变了它原有的外部特征与形态，将这种计算机系统称为嵌入式系统。

图 1.1.1　生活中的计算机与嵌入式系统

不只是在家用电器中，在工业仪表、医疗设备、汽车电子和武器装备等许多产品中也都大量使用了嵌入式系统作为控制器件，以构成性能优异并具有智能化的嵌入式产品。

1.1.2　什么是"单片机"

嵌入式系统的本质就是一个计算机系统。嵌入式系统的核心被称为嵌入式控制器，它就像计算机的主板一样重要，能够运行程序、实现对宿主设备的控制。而嵌入式控制器又是通过单片计算机实现的。

单片计算机（Single Chip Microcomputer）也称单片机，它实际上是指一个大规模（或超大规模）的集成电路芯片，将传统意义计算机主板上的各个功能模块尽可能集成在 1 个芯片之中，如图 1.1.2 所示。这种结构上的变化使嵌入式系统的应用成为可能，无论多小的设备都可以满足其嵌入式设计的要求。

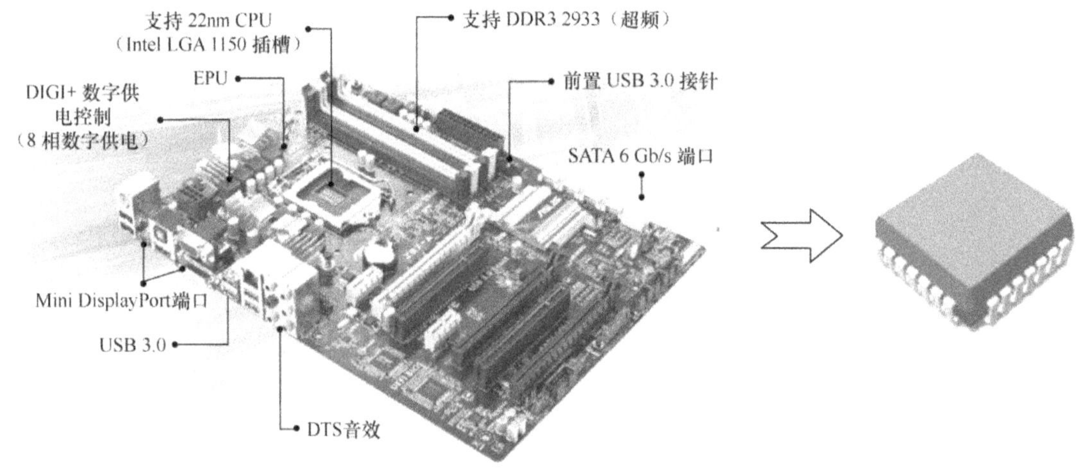

图 1.1.2　电路板级的计算机与芯片级的单片机

实际上仅靠 1 块单片机芯片是无法构成嵌入式系统的，它还要添加电源、键盘或显示器设备等必要的模块构成一个完整的硬件电路。但尽管如此，与通用计算机相比嵌入式系统在应用中带来了极大的灵活性，满足了许多产品和设备的设计要求。

作为嵌入式控制器，单片机主要用来实现输入/输出，以及一些简单的数据处理过程，所以单片机内部的各个功能模块与通用计算机相比都是经过简化设计的。同时为了满足应用的要求，在单片机内部还增添了 ADC、EEPROM、看门狗电路以及 CCP 模块等较为特殊的功能模块，使单片机的应用更为方便，系统设计更为灵活。

1.2　单片机的结构及组成简介

单片机在组成原理上与计算机有相似之处，其内部由总线构成，通过片内总线将内部的各个功能模块有机连接。

单片机的特点和设计理念

从物理结构上讲，单片机是一个大规模（或超大规模）集成电路芯片，即将传统意义的电路板级的系统集成在一个芯片之中，所以单片机是一个芯片级的计算机系统，如图 1.2.1 所示。

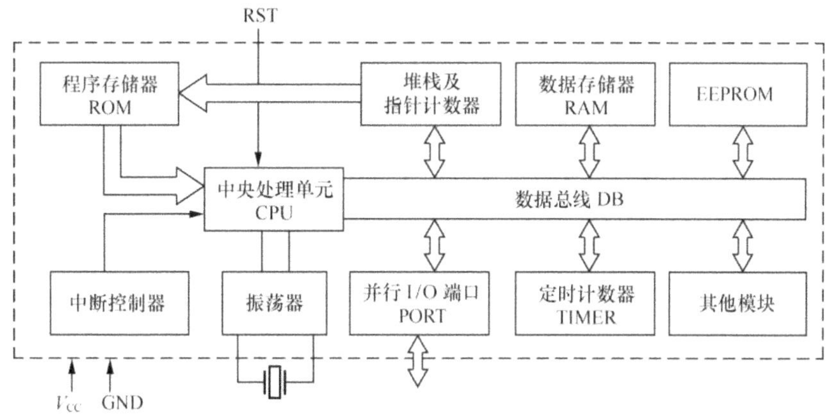

图 1.2.1　PIC18F 系列单片机内部结构示意图

尽管单片机是计算机技术发展和延伸出的产品，但与之相比有着完全不同的设计理念。

1. 更小的芯片尺寸

双列直插式（DIP）封装以及贴片工艺的单片机满足了各种嵌入式系统在体积上的苛刻要求。

2. 尽可能低的功率消耗

单片机在芯片的设计中全部采用 COMS 工艺制造以减小芯片的工作电流。配合 SLEEP（睡眠）技术的应用，使单片机的工作电流可降低到微安级以下。此种设计更适合电池供电和微功耗的系统要求。

3. 具有专一功能的设计

有些单片机采用"针对性"的设计。如应用于直流无刷电机的控制、触摸屏、开关电源的 PWM 控制，以及用于 WIFI 电路设计等。这种设计可以简化单片机的内部结构，减少芯片的引脚和尺寸，从而降低了制造成本。这种专用单片机甚至可以被作为一个"普通元件"在系统中使用。

4. 丰富的接口资源

新型串行接口技术是当今单片机发展的趋势，SPI、I^2C 和单总线已经成为系统设计的主流。这种极为简单的总线结构简化了系统结构，提高系统的可靠性。

5. 丰富的片内资源

单片机内部集成了 ADC、EEPROM、WDT 以及 CCP 等功能模块，使应用系统设计变得更为方便。

6. 面向工程师的一种开发工具

单片机应用系统是由工程师自主开发、设计，从单片机选型、外围接口设计以及系统的 PCB 的布局，直到后期的系统软件编写和调试完全由工程师完成，所以单片机技术也是当今工程师必须掌握的一种"设计工具"。

7. 系统软件开发容易

采用 C 语言（或汇编语言）自主编程，可以利用丰富的库函数实现简化编程。

1.3　单片机应用系统设计举例

单片机系统可以划分为以下 3 种类型。

1.　单片机学习系统

单片机学习系统，如学校实验室中的单片机综合实验仪以及市场上的各种单片机实验开发模板等。这些系统一般都由专业的教学仪器厂家或公司设计并生产，为单片机学习者提供一个硬件的调试平台，学习者可以直接进行程序的调试。这类产品都具有一定的通用性，所有的模块都采用开放式设计，由学习者主导相关模块的连接和程序的编写、调试及功能验证等环节。

2.　单片机最小系统

单片机最小系统是指单片机爱好者利用廉价的多孔板（也称洞洞板）自行设计、安装的一个简易单片机小系统。它具有结构简单、安装容易和可扩展性好的特点。学习者首先要规划电路，购买、选择元件，然后进行元件在板上的布局、焊接、连线，最后在板子上调试各种程序。这是一种比较系统全面的实践环节，会给实践者带来单片机设计的乐趣。

3.　单片机应用系统

单片机应用系统也称为嵌入式系统。这是单片机在面向实际工程应用时，由工程师亲自设计、安装并完成调试的应用系统。这种系统一般是面向 1 个具体的设备、具体的要求，有针对性地实现某一特定的任务，如智能电冰箱、洗衣机的控制系统。这种系统是针对 1 个具体的任务，没有通用性。从系统的电路设计、PCB 的布局到程序的编写都需要由工程师独立完成。这就要求工程师要具备以下 3 种基本的技能：一是要有扎实的单片机系统设计基础；二是要掌握 PCB 的设计工具软件（如 Altium Designer）以及熟练的程序设计和调试能力。

对于初学者来说，如果有条件，可以购买单片机的学习板或 DIY"单片机最小系统"，一个单片机硬件系统是学习单片机非常必要的实践平台。

1.3.1　自制的单片机最小系统实例

利用 1 个多孔板来搭建、焊接单片机最小系统，是许多初学者梦寐以求的事情，但对于一些没有实际经验的初学者往往会感到不知所措。这里介绍一些由学生制作的作品，供参考。

制作最小系统，首先要设计出正确的电路（本书的第 6 章描述的 PIC18F452 单片机的最小系统设计电路可供参考），还要有较好的焊接技能（避免焊点"虚焊"），但这些又是可以在实践中逐步学习和提高的。对于比较复杂的系统，还需要使用专用的电路板（PCB）设计软件，设计出元件排列整齐、性能可靠的单片机系统。

单片机最小系统包括了电源电路、单片机插座、单片机的外接晶体和复位电路等，另外还至少要有一组 8 位 LED 以便于与 I/O 端口连接，以验证 I/O 端口功能。单片机最小系统是初学单片机时最好的也是廉价的学习平台。随着学习的不断深入，最小系统板上的电路会不断丰富和完善。图 1.3.1、图 1.3.2 所示是两个利用多孔板设计的"单片机最小系统板"的实例。

两个系统板的区别在于导线的连接方法不同。前者的导线是在系统板的元件面上布局，这样焊接面就显得干净、整齐，便于线路的检测和故障的查找；后者的系统板采用的是在焊接面上布局导线，此种方案的优点是系统板的元件面整齐、漂亮，没有多余的导线，缺点是焊接面导线多，导线与焊盘相互叠压，如果出现故障，不利于查找故障点。

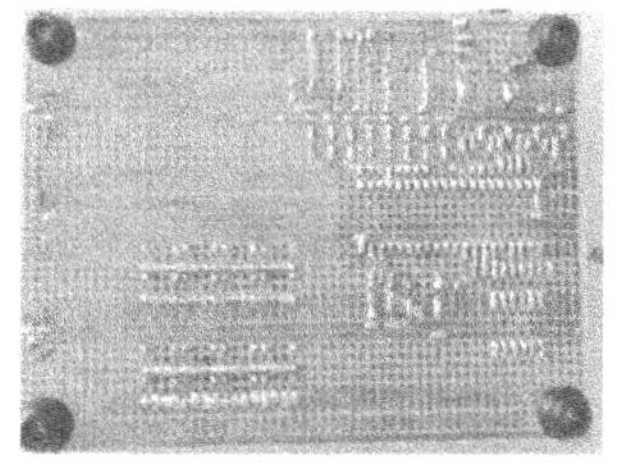

（a）系统板的元件面　　　　　　　　（b）系统板的焊接面

图 1.3.1　采用多孔板设计的单片机系统最小系统板

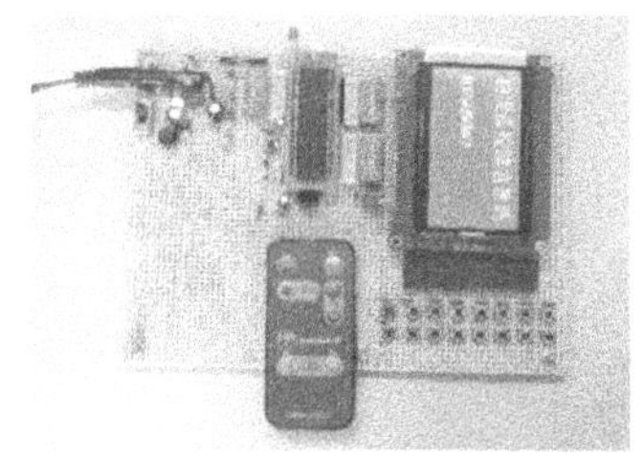
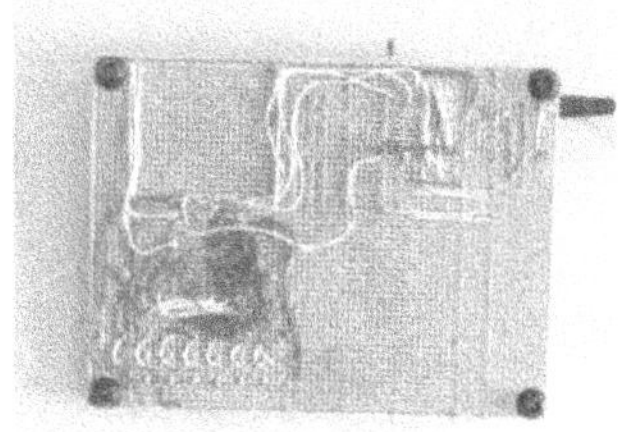

（a）系统板的元件面　　　　　　　　（b）系统板的焊接面

图 1.3.2　采用多孔板设计的单片机红外遥控系统板

1.3.2　采用专用软件设计的单片机应用系统

利用专用软件设计（包含原理图设计及 PCB 的布局），这种方法要求设计者熟练地掌握一种 PCB 的设计软件，从原理图到 PCB 一气呵成。此方法的优点是系统设计准确，PCB 的工艺水平高、质量好，这也是工程应用中必须采用的方法。

图 1.3.3 所示是采用专用软件设计的（双面 PCB）单片机学习板。用专用软件设计的 PCB 具有元件紧凑、整齐，导线布局合理、可靠，组装方便快捷、不易出错等优点。常用的软件有 Altium Designer 等。当设计工作完成后，需要将 PCB 的文件（file.pcb）发送到专业的 PCB 加工厂家进行板材的加工即可。

图 1.3.3　利用专用软件设计的单片机系统 PCB 和 Mini 实验系统

当然初学者可以尝试利用专用软件设计、制作比较简单的单层 PCB。自己动手，利用转印技术将 PCB 图转印到覆铜板上，再使用特定的液体进行腐蚀、清洗后钻孔，即可完成单面的 PCB 板的制作。有关 PCB 的设计软件就不在这里赘述了。图 1.3.4 所示是学生制作的单片机最小系统的单面 PCB。

（a）元件面

（b）焊接面

（c）运行电子时钟程序

图 1.3.4　由大学生自己制作的单片最小系统 PCB 板

图 1.3.5 所示是大学生设计的一个嵌入式系统实例，即利用单片机实现的智能小车控制系统。单片机与超声波传感器、电机驱动等模块连接，实现小车的"行走"和"超声波避障"等控制。系统采用电池供电。

图 1.3.6 所示是一款消费类的嵌入式系统实例智能充电器的应用设计。系统具有多参数采集显示、充/放电多模式选择等功能。利用单片机对系统进行全面的控制和管理。如电池电压的检测、电池温度的监控，以及充电曲线控制等。与普通充电器相比，安全可靠，极大地提高了充电电池的使用寿命。

图 1.3.5　利用单片机系统实现智能小车的控制方案

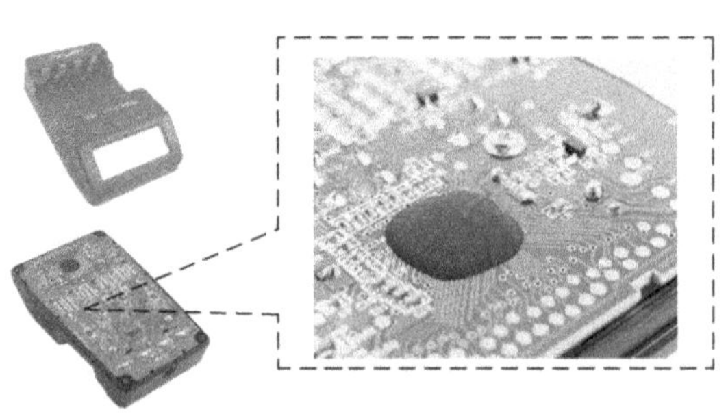

图 1.3.6　智能充电器及其内部单片机

1.4　如何学习单片机

单片机的学习离不开实践，如果只局限在课堂上，或只停留在书本上是远远不够的，利用单片机实验系统的硬件平台，进行大量的编程训练尤为重要。

1.4.1　编程训练是学习单片机的重要环节

运用实验平台，进行大量的编程训练是非常关键和有效的学习环节。对于单片机的指令必须通过上机调试才能得到充分的理解。一个程序不是想象出来的，只有在不断地调试和修改的过程中逐渐完善，同时在此过程中还可加深对基本概念的理解。

建议初学者采用汇编语言进行编程。采用汇编语言的好处是它直接面向单片机的底层结构，如程序存储器（ROM）的使用、数据存储器（RAM）的分配等环节，这样能够很好地了解、掌握单片机硬件资源。学习“汇编语言”会有一定的难度，这是初期阶段对其语法的不适应而造成的，只要仔细、认真地调通每一个小程序，日积月累就会有所收获。

调试程序的过程比较艰苦，但也是一个提高的过程。不论是使用何种语言，如果要独立地编写出一段合格的程序必须经过调试（业界称为 Debug）这一环节，即查找错误的过程。程序的错误分为 2 种，即语法错误和逻辑错误。前者为编程者对于指令格式上的一种书写错误，它相当于作文中的错别字，这种错误会由编译器在编译程序时自动查出，查找和修改都比较容易；后者也称算法错误，它属于程序结构设计上的错误，相当于解一道数学应用题时，编写的算式存在错误而不能产生正确的结果。常说的程序调试就是指查找逻辑错误。掌握调试程序的方法就是要运用程序调试的各种手段，如单步调试、断点调试等，并配合观察变量的环节来查找程序中的 Bug（错误），直到程序运行成功。

程序的调试是一项比较艰苦的工作，但也是培养一名工程师处理问题能力的一个不可缺少的过程。建议读者多编程、多实践，逐渐提高自己的调试能力和水平。

1.4.2　运用基础知识构建单片机的应用系统

单片机应用系统的硬件平台也是必须要完成的设计内容。这就要求系统设计工程师掌握数字电路、模拟电路、计算机原理等方面的知识，而这也是许多工程师在设计系统硬件平台时遇到的比较棘手的环节。好在当今的应用领域中出现了许多使用方便、连接简单的新型接口模块，使单片机系统的硬件平台设计变得格外容易，但即使是这样，掌握必要的相关基础知识还是非常必要的。

自己动手搭建一个单片机最小系统是非常必要的，不仅可以以低廉的成本构建一个学习的硬件平台，而且也可以为将来的专业设计打下一个良好的基础。图 1.4.1 所示是一个由大学生焊接、组装的单片机最小系统板的实物照片。

制作单片机最小系统时，要注意板上各个功能模块的布局和组装顺序：第一步，组装电源电路，包括输入电源的插座，整流桥、滤波电容、稳压器（7805）、LED 指示灯和电源开关等，组装完后首先上电检查电源模块的输出电压是否满足要求（5V）；第二步，组装单片机插座部分，包括单片机的外接晶体、上电/手动复位电路和在线调试端口等，仔细检查外接晶体及补偿电容是否连接正确，复位电路是否正常；第三步，组装必要的 I/O 电路，常见的 I/O 电路就是 8 个 LED

灯，与单片机的端口连接，可通过运行一个"流水灯"程序来验证系统的工作状态是否正常。有关单片机系统的电路设计可参照本书第六章的相关内容。

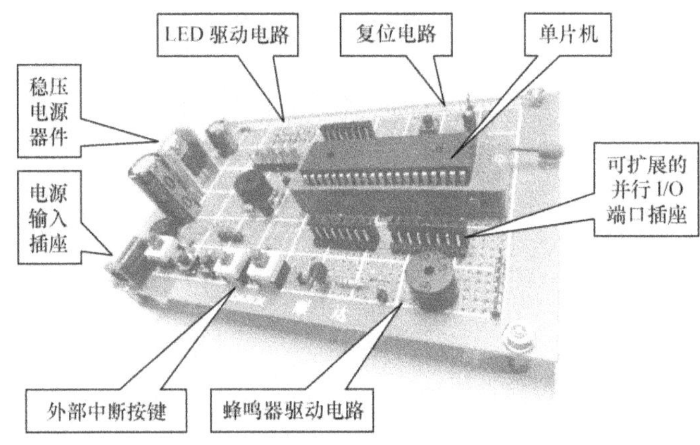

图 1.4.1　由大学生组装的单片机最小系统板的实物照片

1.4.3　必要的工具

学习单片机就离不开单片机的开发工具和焊接电路时的各种小工具。

1. 单片机程序的调试软件

单片机的生产厂家不同，与之配套的单片机程序的调试软件（IDE）也不相同。PIC18F 系列单片机的调试软件可通过微芯片技术公司的官方网站（www.microchip.com）免费下载。

2. 在线调试器

在线调试器（ICD），这里推荐 ICD2 硬件在线调试器，当然也可使用价格低廉的 PICkit3 调试模块。这些设备都是由微芯片技术公司或第三方的合作企业开发并销售，其中 ICD2 配有 1 个电源适配器（为 ICD2 或目标系统供电）和 2 条连接 6 芯电缆；PICkit3 配有 1 条 USB 电缆和可配合使用的 1 块含有 PIC18F45K20 单片机的小实验板，可利用这个小实验板调试和运行输入/输出、定时器、外中断以及 ADC 等程序。ICD 硬件调试器具备在线调试和在线编程两大功能，配合调试软件 IDE 完成对单片机的程序调试和烧写程序的功能。图 1.4.2 所示是 2 种在线调试器的样品图片，有关调试器的获取方法也可通过微芯片技术公司的官方网站查询。

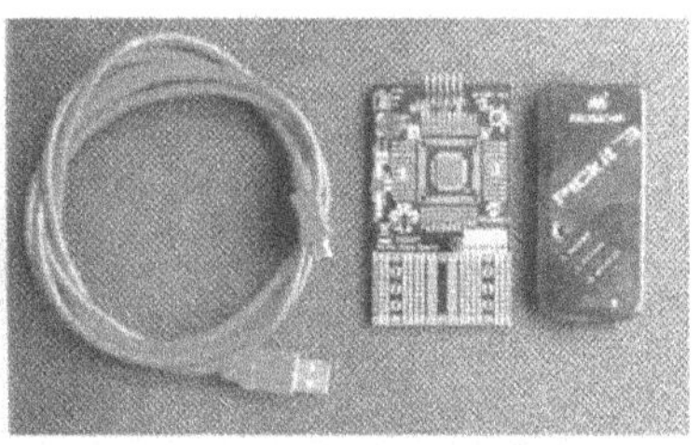

（a）ICD2 在线调试器　　　　　（b）廉价的 PICkit3 在线调试器

图 1.4.2　用于调试程序的在线调试器

3. 必要的电工小工具

在制作单片机最小系统板时离不开电烙铁、小钳子、小镊子和万用表之类的常用工具，如图 1.4.3 所示。有条件时还要添加示波器、多功能电源和信号（函数）发生器之类的仪器设备。

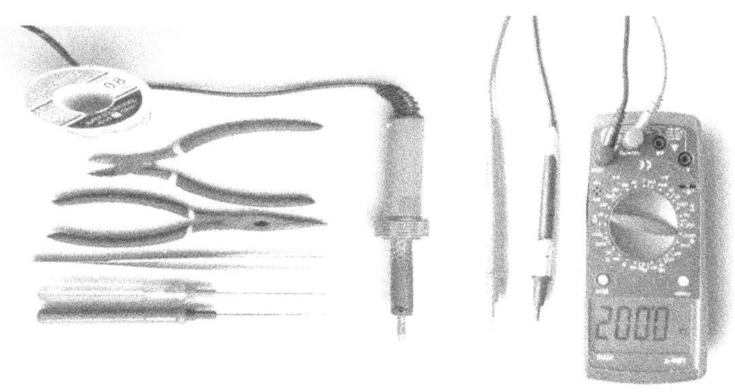

图 1.4.3　常用的小工具

第2章

PIC18F 系列单片机核心模块的组成结构

PIC18F 系列单片机是美国微芯片技术公司（Mirochip Technoloy Inc）开发的新一代 8 位单片机。在产品设计上采用面向工程、面向应用的设计理念，品种丰富、功能齐全，在应用市场上占有重要的地位。在这一章中，将对 PIC18F 系列单片机的核心功能模块的组成和工作原理进行描述，为后续的应用编程奠定基础。

2.1 PIC18F 系列单片机的组成结构及特点

尽管 PIC18F 系列单片机具有许多型号，但其核心架构基本上是相一致的。为了满足不同工程的需求，有针对性地设计了不同的模块组合、制造工艺、封装、尺寸，以满足产品应用的不同需求。

2.1.1 PIC18F 系列单片机的主要特点

① 芯片采用精简指令结构（RISC），共有 75 条指令，绝大多数为 16 位的单字节、单周期指令。系统采用哈弗总线构架，采用流水作业方式，与传统的冯—诺依曼构架的处理器相比可提高指令运行速度 1 倍。

② CMOS 工艺制造，具有很宽的工作电压范围（2.0～5.5V），极低的静态工作电流（1.2mA）。采用锁相环（PLL）技术，系统时钟的工作频率可提高到 40MHz。

③ RAM 阵列的数据存储单元都具备寄存器功能，每 1 个存储单元都可以实现取反、循环移位、按位操作等功能。RAM 由通用寄存器（GRAM）和特殊功能寄存器（SFR）2 部分组成，其中 SFR 被集中在高地址的 128 个单元中。

④ 多种工艺结构的 ROM，以满足不同的应用场合。其容量为 4～128kB。ROM 的每 1 个存储单元为 8 位，2 个连续的单元可存储 1 条 16 位的单字节指令，芯片擦除、写入次数为 100 000 次。代码保存有效期为 10 年；

⑤ 程序指针 PC 为 21 位，其可寻址空间为 2MB，为产品的后续开发保留了升级的空间。设计有 1 个独立的、专用于程序断点保护的 31 级硬件堆栈。

⑥ 设计有 EEPROM 数据存储器，数据写入次数达 1 000 000 次，有效期为 10 年。

⑦ 设计有单周期的 8×8 硬件乘法器，便于提高数据运算能力。

⑧ 有 5 个双向的 I/O 端口。每个端口都具有 25mA 的"拉电流"和"灌电流"能力，每 1 位端口都兼备第二功能。

⑨ 设计有 4 个定时计数器，它们可以单独使用，也可以与 CCP 模块配合使用。

⑩ 包含有 5～16 路 10 位 ADC 电路。ADC 模块的转换时钟频率可由系统时钟分频或内部自带 RC 振荡器 2 种振荡源作为转换时钟，其中自带 RC 振荡器可在 CPU 处于 SLEEP 状态（系统时钟停振）下正常运行，以实现低干扰的小信号数据采集。

⑪ 具备有 CCP 模块。可实现输入捕捉（Capture）、输出比较（Compare）和脉宽调制（Pulse Width Modulation，PWM）功能。

⑫ 设计有看门狗定时器（WDT）、自带 RC 振荡器、溢出周期可编程（18～2 304ms）。

⑬ 具有 SLEEP 模式，以满足系统的低功耗设计要求。可由中断或 WDT 唤醒。

⑭ 具有丰富的电源管理及上电/复位、断电/复位等多种模式的复位控制电路。

⑮ 保留了传统的通用同步、异步串行收发（USART）模块，并设计有 SPI、I²C 同步串行外围接口模块，迎合了当今嵌入式系统设计的发展趋势。

2.1.2　PIC18F 系列单片机的内部结构及组成

在单片机内部可分为核心模块和外围模块两大部分，其中"核心模块"是指以 CPU 为核心的算逻单元（ALU）、指令寄存和译码单元、电源管理和复位逻辑、中断控制系统等核心部件；"外围模块"指定时器模块、I/O 端口、ADC 模块、CCP 模块、CAN 总线模块、SPI 和 I²C 接口，以及通用同步、异步收发器（USART）模块等。图 2.1.1 所示为 PIC18F 系列单片机的内部结构示意简图。

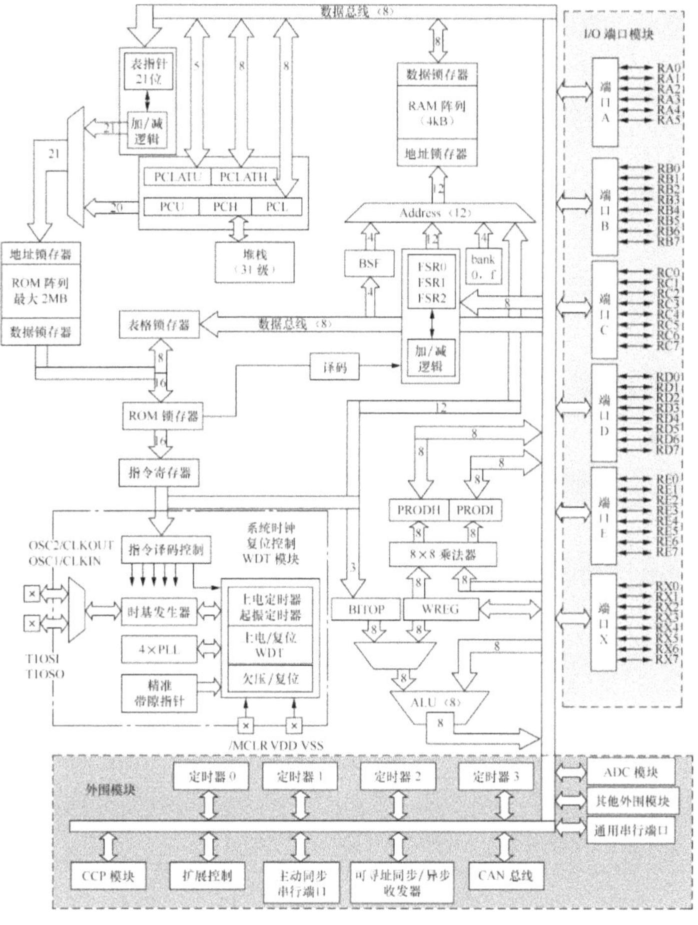

图 2.1.1　PIC18F 系列单片机内部结构示意图

在 PIC18F 系列单片机中，对于不同型号的产品，其内部的核心部件基本不变，只是外围模块的配置有所不同。这种设计可以为工程师提供了更为灵活的产品选择，使系统设计达到最佳性价比。表 2.1.1 所示为 PIC18F 系列单片机的内部模块配置一览表。

表 2.1.1　　　　　　　　　　　　PIC18F 系列单片机性能一览表

| 型　号 | ROM | | RAM | EEP | I/O | ADC | MSSP | USART | 其他 | CCP | Times | 封装* | 引脚 |
	类型	kB	B	ROM	端口	bit					8/16		
PIC18F1220	Flash	4	256	256	16	70	—	1	—	1	1/3	1,2,3,4	18
PIC18F 1320	Flash	8	256	256	16	70	—	1	—	1	1/3	1,2,3,4	18
PIC18F 2220	Flash	4	512	256	23	100	I^{2}C/SPI	1	—	2	1/3	1,2	28
PIC18F 2320	Flash	8	512	256	23	100	I^{2}C/SPI	1	—	2	1/3	1,2	28
PIC18C242	OPT	16	512	—	23	50	I^{2}C/SPI	1	—	2	1/3	1,2	28
PIC18C252	OPT	32	1 536	—	23	50	I^{2}C/SPI	1	—	2	1/3	1,2	28
PIC18F242	Flash	16	512	256	23	50	I^{2}C/SPI	1	—	2	1/3	1,2,3	28
PIC18F252	Flash	32	1 536	256	23	50	I^{2}C/SPI	1	—	2	1/3	1,2,3	28
PIC18F258	Flash	32	1 536	256	22	50	I^{2}C/SPI	1	CAN2.0B	1	1/3	1,2	28
PIC18F4220	Flash	4	512	256	34	130	I^{2}C/SPI	1	—	2	1/3	1,4,5	40/44
PIC18F4320	Flash	8	512	256	34	130	I^{2}C/SPI	1	—	2	1/3	1,4,5	40/44
PIC18C442	OPT	16	512	—	34	80	I^{2}C/SPI	1	—	2	1/3	1,5,6	40/44
PIC18C452	OPT	32	1 536	—	34	80	I^{2}C/SPI	1	—	2	1/3	1,5,6	40/44
PIC18F442	Flash	16	512	256	34	80	I^{2}C/SPI	1	—	2	1/3	1,5,6	40/44
PIC18F452	Flash	32	1 536	256	34	80	I^{2}C/SPI	15	—	2	1/3	1,5,6	40/44
PIC18F458	Flash	32	1 536	256	33	50	I^{2}C/SPI	1	CAN2.0B	1	1/3	1,5,6	40/44
PIC18C601	—	—	1 536	—	31	80	I^{2}C/SPI	1	—	2	1/3	5,6	66/68
PIC18C658	OPT	32	1 536	—	52	120	I^{2}C/SPI	1	CAN2.0B	2	1/3	5,6	66/68
PIC18F6520	Flash	32	2 048	1024	52	120	I^{2}C/SPI	2	—	5	2/3	5	64
PIC18F6620	Flash	64	3 840	1024	52	120	I^{2}C/SPI	2	—	5	2/3	5	64
PIC18F6720	Flash	128	3 840	1024	52	120	I^{2}C/SPI	2	—	5	2/3	5	64
PIC18C801	—	—	1 536	—	42	120	I^{2}C/SPI	1	—	2	1/3	4,5	80/84
PIC18C805	OPT	32	1 536	—	68	160	I^{2}C/SPI	1	CAN2.0B	2	1/3	4,5	80/84
PIC18F8520	Flash	32	2 048	1024	68	160	I^{2}C/SPI	2	—	5	2/3	5	80
PIC18F8620	Flash	64	3 840	1024	68	160	I^{2}C/SPI	2	—	5	2/3	5	80
PIC18F8720	Flash	128	3 840	1024	68	160	I^{2}C/SPI	2	—	5	2/3	5	80

注：说明，ADC 为模/数转换模块；CCP 为输入捕捉/输出比较/脉宽调制模块；I^{2}C 为一种电路板级的同步串行总线标准；SPI 为同步外围串行接口模块；USART 为通用同步异步收发器模块。

*封装代码。1—DIP；2—SOIC；3—SSOP；4—QFN；5—TQFP；6—PLCC。

2.2　PIC18F 系列单片机的哈弗总线结构

哈弗总线是一种高效的单片机结构设计方案，与传统计算机的冯—诺依曼体系结构相比有着不可比拟的优点，因此哈弗总线结构已经成为现代单片机设计的一种潮流和趋势。

2.2.1　冯—诺依曼体系结构

在传统冯—诺依曼结构的计算机中，ROM 与其他外围模块共用数据总线，如图 2.2.1 所示。这就导致了 2 个结果：一方面指令的执行必须分为 2 个周期，即取指周期和执行周期；另一方面 ROM 中的指令宽度必须与系统的数据宽度相同，这使得大多数的指令不得不采用多字节结构，降低了指令的运行速度。

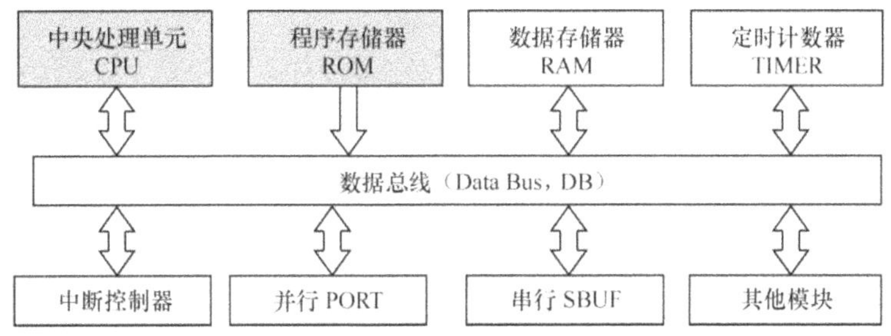

图 2.2.1　计算机的"冯—诺依曼"体系结构示意图

2.2.2　哈弗总线体系结构

哈弗总线结构的设计是将 ROM 模块通过程序总线单独与 CPU 连接，如图 2.2.2 所示。这样指令与数据通道各自分离，摆脱了相互牵制、分时操作的弊端。

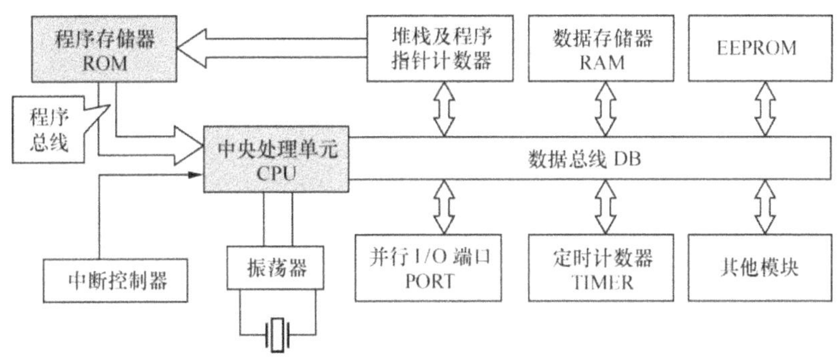

图 2.2.2　采用哈弗总线结构的 PIC18F 系列单片机内部结构示意图

2.2.3　哈弗总线结构的特点之一——流水作业

在哈弗总线结构中，将 ROM 从数据总线上剥离出来，通过一条专用的程序总线单独与中央处理器 CPU 连接，这个改动给系统的性能带来巨大的变化。首先由于 ROM 单独享用程序总线，所以 CPU 通过数据总线执行一条指令的同时，可以通过指令总线提前读取下一条指令，如图 2.2.3 所示。

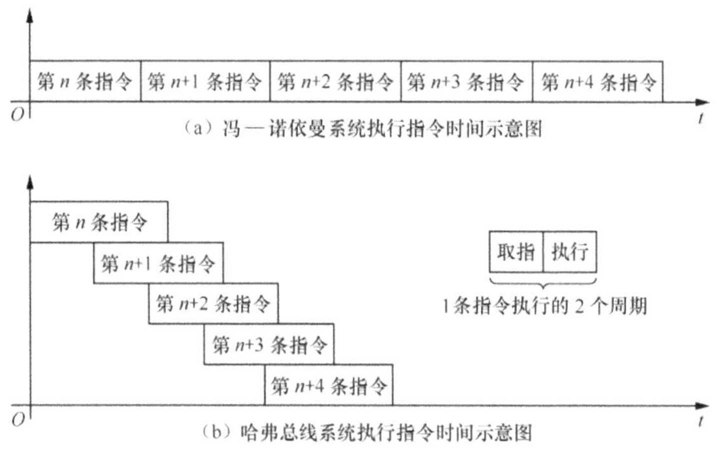

图 2.2.3　冯—诺依曼系统与哈弗总线系统执行指令时间示意图

实际上在哈弗总线系统中，一条指令的执行与冯—诺依曼系统一样，同样也是需要 2 个周期的过程。但是在哈弗总线系统中，当 CPU 在执行第 n 条指令时，后台可同时进行了第 $n+1$ 条指令的取指操作，这种执行和取指的并行操作极大地缩短了程序的运行时间。业界将这一工作模式称为流水作业。

2.2.4　哈弗总线结构的特点之二——指令的单字节化

由于 ROM 模块不再与数据总线连接，因而 ROM 单元的字节宽度也不受数据总线宽度的限制。在 PIC 系列单片机中，程序总线的宽度分别有 12bit、14bit，甚至 16bit 等。这种宽度的指令格式与 8bit 指令相比可以包含更大的信息量，非常容易将指令设计成单字节结构，因而提高了指令的运行效率。

2.3　PIC18F 系列单片机 ROM 的结构

ROM 具有掉电数据不丢失的特点，在系统中用于存储程序、常数或表格。系统运行时，ROM 由程序计数器（Programmer Couter，PC）做指针进行访问。

2.3.1　PIC18F 系列单片机的 ROM 容量及存储单元的宽度

PIC18F 系列 ROM 最大设计容量为 2MB。型号不同，其配置也各不相同（如图 2.3.1 所示）。

ROM 的每一个存储单元的字节宽度都为 8 位（bit），由于 PIC18F 的单字节指令字节宽度是 16 位，这就意味着一条单字节的指令要占用 ROM 2 个连续的 8 位存储单元，如图 2.3.2 所示。这样在运行 16 位的单字节指令时，程序计数器 PC 的增量是 2，即 PC+2→PC，所以 2MB 的空间实际上装载 16 位的单字节指令条数为 1M。

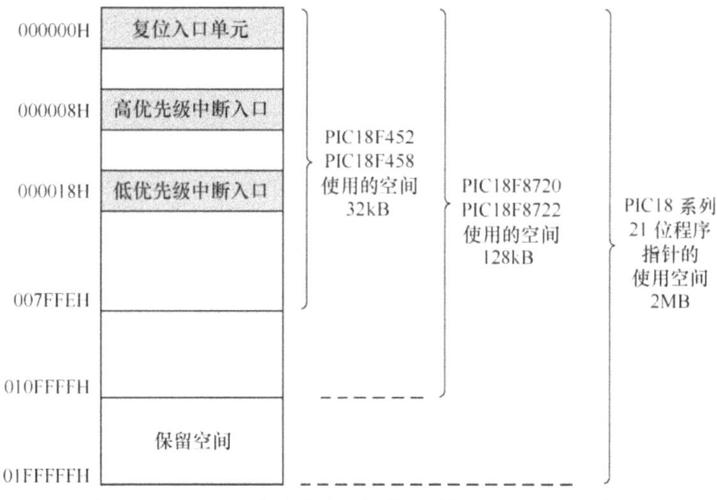

图 2.3.1　PIC18F 系列单片机部分型号的 ROM 配置示意图

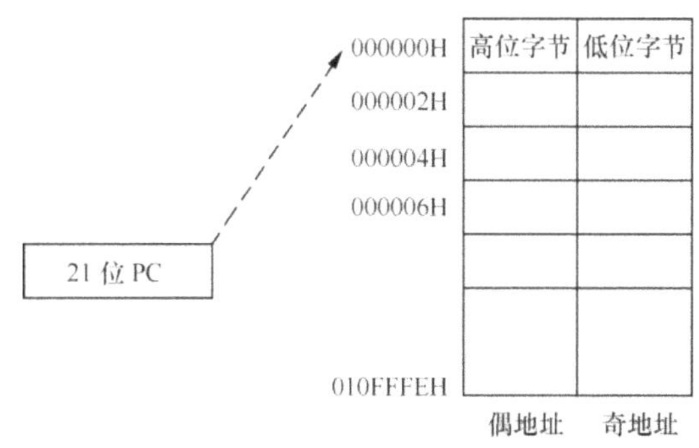

图 2.3.2　PIC18F 系列单片机的 ROM 单元使用配置示意图

2.3.2　PIC18F 系列单片机 ROM 的 3 个特定的单元

PIC18F 系列单片机 ROM 单元有 3 个特定的单元，在编程时要注意（如图 2.3.1 所示）。

1. 0000H 单元

0000H 单元为复位入口单元。当单片机上电或被复位时，PC 值会被自动清零，这样 CPU 就会按照 PC 的指向从 ROM 的 0000H 单元读取指令。所以用户程序的第一条指令必须存放在 ROM 的 0000H 单元。

2. 0008H 单元

0008H 单元为高优先级中断入口单元。每当单片机响应高优先级中断时，都会由原来的程序跳转到该单元，所以当用户采用中断方式编程时，应当事先在 0008H 单元写入一条跳转到中断服务子程序的 GOTO 指令，这样当发生中断时，通过该指令转移到真正的中断服务程序（ISR）。单片机复位后所有的中断源都被默认为高优先级。

3. 0018H 单元

0018H 单元为低优先级中断入口单元。每当单片机响应"低优先级中断"时，都会由原来的程序跳转到该单元，所以 0018H 单元应当存储一条"跳转到中断服务子程序"的 GOTO 指令，通过该跳转指令转移到真正的 ISR。

综合上述特点，在编程中，用户程序的第一条指令不仅要放在 ROM 的 0000H 地址单元，而且应当是一条跳转语句（GOTO k），以保证绕过两个中断入口单元。

2.4　PIC18F 系统单片机的程序计数器

程序计数器（PC）也称程序指针，决定着 CPU 对指令的读取，属于特殊功能寄存器（Special Function Register，SFR）。在 PIC18F 系统中 PC 被设计为 21 位，分别被划分为 PCU（PC 的最高 5 位）、PCH（PC 的高 8 位）和 PCL（PC 的低 8 位）。除了 PCL 被映射在 RAM 中的 SFR 可读/写外，PCU 和 PCH 则不可寻址（但可以通过 PCLATU 和 PCLATH 寄存器读/写）。

2.4.1　PC 在系统中的功能

PC 是用于指挥 CPU 从 ROM 中读取指令的指挥棒，CPU 在 PC 的引导下，从 ROM 中逐一读取指令并执行。

每一个存储单元都有唯一的地址，而程序是连续存放在 ROM 的某一段空间中的。CPU 每读取 1 条指令，PC 中的数据就进行 1 次增量。单片机在上电/复位时，PC=000000H，因此 PC 指向 ROM 的 000000H 首地址。只要用户的程序是从 ROM 的 0000H 单元开始存放，就能确保单片机上电时运行用户的程序，如图 2.4.1 所示。

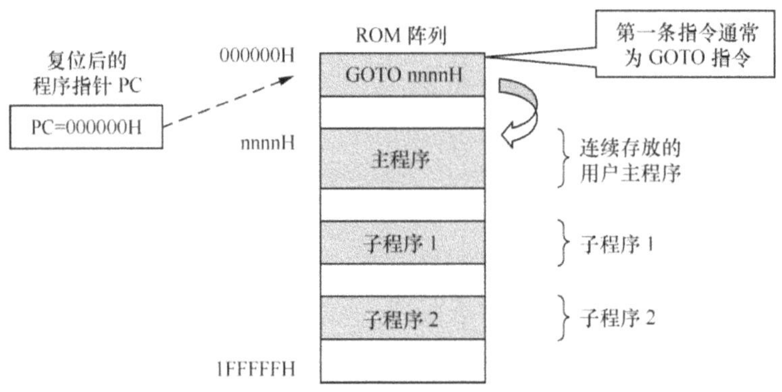

图 2.4.1　ROM 单元的使用及 PC 指针的功能示意图

2.4.2　PC 的增量

在 PIC18F 系统中，指令分两种类型，即 16 位的单字节指令和 32 位的双字节指令。CPU 通过 PC 来读取指令时，如果读取的是单字节指令，PC 做+2 增量处理；如果读取的是双字节指令，PC 做+4 增量处理。由于每 1 个单字节指令要占用 2 个连续的 ROM 单元，所以 PC 在对 ROM 寻址时其值均为偶数。

2.4.3　PC 的寻址范围

PC 寄存器中的数值就对应着 ROM 单元的地址，所以 PC 寄存器中的数据范围就决定了对 ROM 单元的寻址能力。在 PIC18F 系列单片机中，PC 的宽度被设计为 21 位，这就意味着 PC 对 ROM 的寻址空间 M=2^{21}=2 097 152=2MB。尽管目前 PIC18F 系列单片机的 ROM 容量并没有达到 2MB（最多只有 128kB），但这种 PC 宽度的设计为后续产品 ROM 容量的升级预留了空间。

2.5　PIC18F 系列单片机的堆栈

所谓堆栈（Stack）是指一块特殊的数据存储空间，通常是用来存储程序的断点地址和一些重要的寄存器数据。

2.5.1　堆栈数据的操作特点

可以用"先进后出（First-in Last-out，FILO）"来描述堆栈数据操作的特点，这一特点可以用"高尔夫球洞"加以说明，二者对比示意图如图 2.5.1 所示。

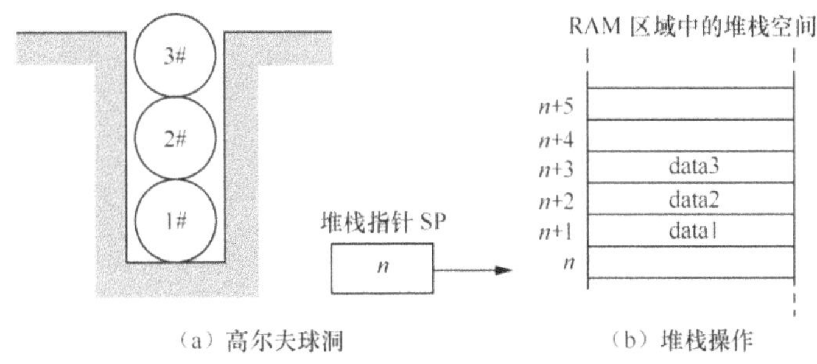

（a）高尔夫球洞　　　　　　　　　（b）堆栈操作

图 2.5.1　高尔夫球洞与堆栈操作的对比示意图

图 2.5.1（a）所示为 1 个高尔夫球洞中依次装入的 3 个小球，现在如果要将小球取出，其顺序依次是 3#，2#，最后是 1#小球。在装入和取出 2 个过程中，小球的顺序是相反的，这就是所谓的先进后出规则。

2.5.2　堆栈指针

堆栈操作的先进后出规则是由堆栈指针（SP）控制实现的。单片机系统在上电/复位后 SP 会被赋予一个特定的值，假设 SP=n，这里数值 n 就是对应着 RAM 区域的一个存储单元地址，也称"栈底"地址，如图 2.5.1（b）所示。

堆栈的操作分为数据进栈（PUSH）和数据弹出（POP）两种。

1. 数据进栈操作

首先修改堆栈指针 SP+1→SP，然后将要压入的第一个数据 data1 送入 SP 所指向的堆栈 n+1 单元（注意，堆栈的底部即 n 单元是不能存入数据的）；当有第二个数据 data2 进入堆栈时，SP 再次加 1 并将 data2 进栈（这时 data2 被压入到堆栈的 n+2 单元）。同理类推 data3 被压入到堆栈的 n+3 单元。

2. 数据出栈操作

首先将 SP 当前所指向的单元（SP=n+3）中的数据 data3 弹出到某一个寄存器，然后堆栈指针减 1，即 SP−1→SP，此时堆栈指针下落一个单元，指向堆栈的 n+2 单元；如果再次弹出数据，就会将堆栈中 n+2 单元的 data2 弹出到某一个寄存器并修改栈指针（SP−1→SP，SP=n+1），以此类推，最后弹出的是 data1，且 SP 指针恢复到堆栈底部（SP=n）。

这就是堆栈的 2 个不同的操作过程，在这些过程中，堆栈指针 SP 起到了一个控制作用，即进栈时指针先加 1，数据后进栈；弹出时数据先弹出，指针后减 1。

2.5.3　子程序的调用与堆栈的功能

在传统的计算机中，堆栈用来存储程序的断点地址和一些重要数据。前者称为断点保护，后者称为数据保护。要保护程序的断点，这还要从子程序调用的过程进行描述。图 2.5.2（a）所示描述了主程序 2 次调用同 1 个子程序后都能正确地返回到主程序的 2 个断点处的过程。

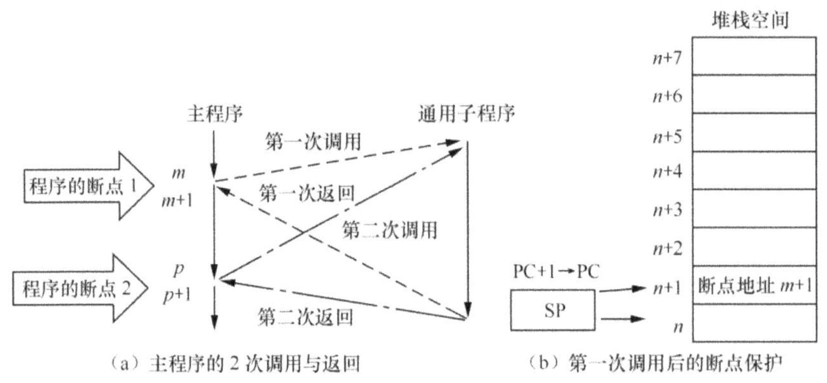

（a）主程序的 2 次调用与返回　　　　（b）第一次调用后的断点保护

图 2.5.2　子程序 2 次调用过程及断点保护示意图

假设第一次子程序调用的指令是第 m 条指令，在调用时将 PC 中的第 $m+1$ 条指令的地址压入堆栈，当调用完成返回时从堆栈中弹出第 $m+1$ 条指令的地址到 PC 中，这样将 CPU "拉回" 到第一个断点处继续主程序的执行；同理在第 p 条指令第二次调用子程序时，将 PC 中的第 $p+1$ 条指令的地址压入堆栈，这样当子程序返回时，将堆栈中的第 $p+1$ 条指令的地址弹回到 PC，使 CPU 从 $p+1$ 的位置继续主程序的运行。

指令是如何实现子程序的调用和返回功能的。

① 当 CPU 执行子程序调用（CALL）指令时，要完成 2 个操作。

（a）将当前的 PC 值压入堆栈保存（首先 SP+1→SP，然后断点地址 $m+1$ 进栈）。请注意，当 CPU 执行调用指令（图 2.5.2（a）所示的第 m 条指令）时，PC 已经提前指向下一条指令的地址（即第 $m+1$ 条指令的地址）。这个操作就意味着在调用子程序时，CPU 会自动的将返回地址送入堆栈进行保护，如图 2.5.2（b）所示。

（b）将调用指令中的子程序的地址装载到 PC 中，这样 CPU 在 PC 的引导下向子程序跳转。

② 子程序的返回功能是通过子程序返回（RETURN）指令实现的。子程序返回指令一般被安排在子程序的最后位置，指令对应的是一个堆栈弹出操作。当 CPU 执行子返回指令时，自动的将当前 SP 所指向的堆栈单元中的断点地址弹回到 PC 中，这样 CPU 就会跳回到原来的断点处，继续主程序的运行。

在子程序调用过程中除了系统会自动的保护程序的断点地址外，编程者还需在子程序的开始部分手动编制一些对寄存器数据的进栈保护指令。

2.5.4　PIC18F 系列单片机的堆栈结构及特点

PIC18F 系列单片机的堆栈结构与大多数单片机不同，如 PIC18F452 型的堆栈是一个专用于保护断点地址的存储空间，它具有 31 个单元，每个单元宽度为 20 位。它的位置是独立于 RAM 的。这种设计至少带来以下几点好处。

① 解决了传统单片机的堆栈占用数据区的局面,因而避免了因使用不当而发生断点数据与变

量数据相冲突的错误。

② PIC18F 的堆栈是单独为断点地址设计的存储空间，堆栈存储单元的宽度设计为 20 位，装载 PC 中的高 20 位（PC 最低位为 0），这样每 1 个栈单元可以直接存储 1 个 21 位的断点地址。

③ PIC18F 系列单片机的堆栈不存储数据。这是因为 PIC18F 系列单片机具有丰富的寄存器资源，只要在子程序中单独使用其他的寄存器单元处理数据即可以避免与主程序的数据冲突。

图 2.5.3 所示为 PIC18F 系列单片机的堆栈结构示意图。堆栈指针由 STKPTR 寄存器中的低 5 位来指定，对堆栈的寻址范围为 01H～1FH，共 31 个存储空间（堆栈地址 00H 不可用）。PIC18F 系列单片机的堆栈操作全部都是由 CALL 指令或中断服务程序的调用而自动操作的，不需要用户编程控制。

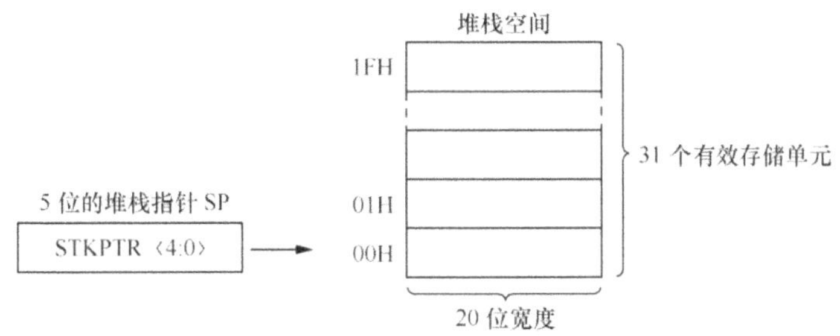

图 2.5.3　PIC18F 单片机的堆栈结构示意图

2.6　PIC18F 系列单片机 RAM 的结构

RAM（Random Access Memory）也称随机存储器，具有可读、可写特性，但断电后数据会丢失。因此，RAM 用于存储程序运行中所产生的中间变量或结果数据。在 PIC18F 系统中，RAM 单元的字节宽度为 8 位。

2.6.1　PIC18F 系列单片机的 RAM 的组成结构

PIC18F 系列单片机的 RAM 由两大部分组成。

（1）通用数据存储器

通用数据寄存器（GRAM）用于存储普通的变量数据。

（2）特殊功能寄存器

特殊功能寄存器（Special Function Register，SFR）。特殊功能寄存器用于外围功能模块的初始化设置、存储模块的状态信息。SFR 不能用来存储普通的变量数据。

在微芯片技术公司的官方资料中，将 RAM 统称为文件寄存器（Files Register），之所以这样称呼是因为在 PIC18F 系列单片机中，每一个 RAM 存储单元都可以进行取反、循环移位、半字交换以及位操作等较特殊的操作。这种设计提高了指令的功能，方便了使用者的编程。综上所述，PIC18F 系列单片机的 RAM 可以总结为

RAM = 文件寄存器 = 通用寄存器（GRAM）+ 特殊功能寄存器（SFR）

PIC18F 系列部分单片机 RAM 的不同配置如表 2.6.1 所示。

表 2.6.1　　　　　　　　　　　　PIC18F 系列单片机 RAM 资源配置一览表

单片机型号	文件寄存器/B	SFR 寄存器/B	GRAM 寄存器/B
PIC18F1220	512	256	256
PIC18F452	1 792/1 664	256/128	1 536
PIC18F2220	768	256	512
PIC18F458	1 792	256	1 536
PIC18F8722	4 096	158	3 938

2.6.2　PIC18F 系列单片机的 RAM 分区与区选择寄存器

在 PIC18F 系列单片机中，RAM 单元的容量最大设计为 4kB（4 096B），其单字节指令中可包含 1 个 8bit 的 RAM 地址。为了方便单字节指令对 RAM 的全局访问，将 4kB 空间划分为 16 个区（Bank），每一个区为 256B 个单元，这样单字节指令就可以直接访问某个区 256B 的任意一个单元，如图 2.6.1 所示。

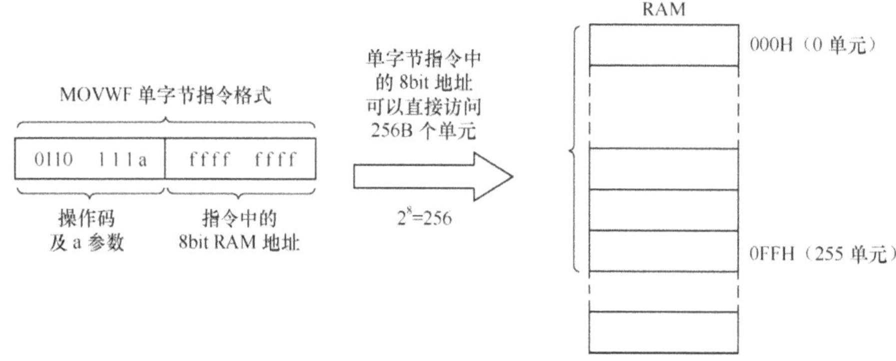

图 2.6.1　单字节指令可直接访问 256B 个 RAM 单元

在一般情况下，256B 的 RAM 单元已能满足编程需求。一个但是如果需要访问其他 RAM 区时如何实现跨区访问呢？系统中设计有一个区选择寄存器（Bank Select Register，BSR）。用户可以通过 BSR 的低 4 位（BSF<3：0>）来设定 RAM 的 16 个区选择。BSR 的低 4 位（BSF<3：0>）0000b～1111b 对应此 RAM 的 0～15 区的选择，因而可通过对 BSR 的编程实现 RAM 的跨区访问。

单片机在上电/复位时，BSR 的低 4 位被清零，即默认指向 RAM 的 0 区，复位后，单字节的指令可以直接访问 RAM 的第 0 区中 256B 的任意一个单元，如图 2.6.2 所示。

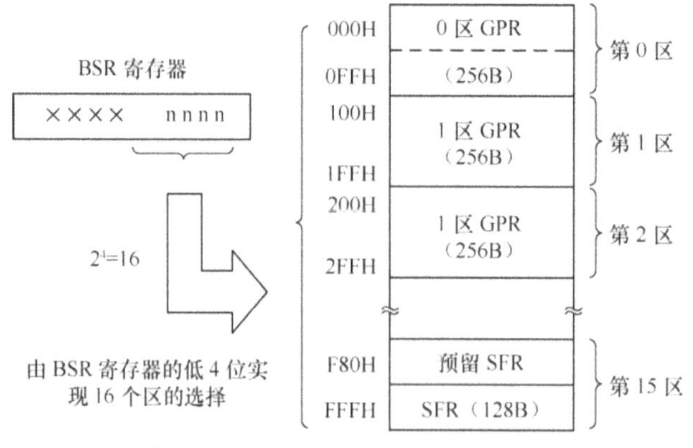

图 2.6.2　BSR 对 RAM 区的选择示意图

另外，PIC18F 还有一种可以直接进行跨页访问的双字节（32bit）指令 MOVFF，指令包含有完整的 12 位 RAM 地址（源操作数地址和目标操作数地址），所以 MOVFF 指令可以直接访问 RAM 中 4kB 的任意单元（不受 BSR 的区限制）。

2.6.3　PIC18F 系列单片机的 RAM 的快速访问区

当实际编程中，如果依靠 BSF 寄存器来访问 RAM 会比较麻烦的。例如 PIC18F 的 SFR 是被定义在 RAM 的第 15 区的高 128B 的单元中，如果不修改 BSR 的低 4 位，单字节指令便无法直接访问 SFR。为了提高访问 SFR 的效率，PIC18F 系列单片机设计了一个快速访问区也称快速操作区。

快速访问区是将物理上 RAM 的 0 区低 128B 个单元与 15 区的高 128B 个单元（SFR）组合成一个新的 256B 的逻辑空间，如图 2.6.3 所示。当单字节指令访问这个区域时，既可访问 GRAM（通用 RAM）又可以直接访问 SFR，这种设计为编程提供了极大的方便。

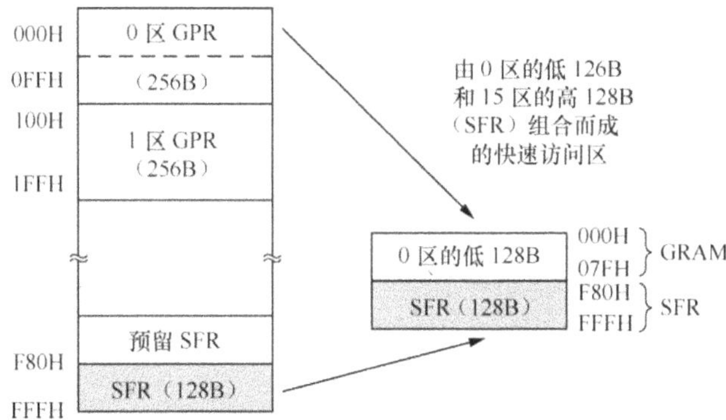

图 2.6.3　快速访问区结构示意图

2.6.4　指令中参数 a 的设定与快速访问区的选择

如何访问快速访问区呢？在指令系统中设计有一个参数 a，如果指令中的 a=0（或忽略 a）时，那么单字节指令访问的就是快速访问区，反之如果指令中的 a=1，则单字节指令访问的是由 BSR 寄存器所指向的区单元。有关 a 的具体使用方法请参见第 4 章的内容。

2.6.5　PIC18F 的工作寄存器

在 PIC18F 系列单片机的内部结构中，有一个与 ALU 紧密相关的寄存器被称为工作寄存器（WREG），属于 SFR，其地址为 FE8H。它的作用与通用计算机中的累加器是相同的。在系统中，WREG 作为 ALU 输入数据的一方，几乎所有的算术运算和逻辑运算都必须通过它来进行，如图 2.6.4 所示。

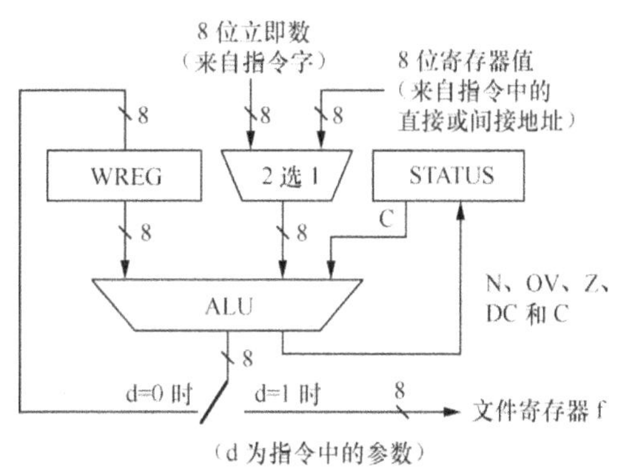

图 2.6.4　WREG 与 ALU 之间的关系示意图

2.6.6　与 RAM 存储单元相关的指令参数 d

在 PIC18F 系列单片机的指令系统中，对 RAM 单元的访问除了参数 a 用于对快速访问区的定义以外，还使用了参数 d 用于确定指令对目标数据的定位。如通式

MOVF　f, d, a；将文件寄存器 f 中的数据送 d 中。

这里参数 d 用来对目标数据进行定位。

当 d=1 时，数据送回到 f 中。

当 d=0 时，数据送 WREG 中。

如果指令忽略参数 d 时，则按照 d=1 处理。

【举例一】MOVF　20H,0,0　　　；参数 f=20H, d=0, a=0

注释，将 RAM 的 20H 单元中的数据送 WREG 中

【举例二】MOVF　20H,1,0　　　；参数 f=20H, d=1, a=0

注释，将 RAM　20H 单元中的数据送回 20H 单元

有关参数 d 的更多使用方法请参见第 4 章的内容。

2.6.7　特殊功能寄存器

在文件寄存器中，除了 GRAM 以外，还设计有特殊功能寄存器（SFR），用来设定外围功能模块的工作模式和存储相关模块的状态信息。

SFR 虽然可以通过指令进行读/写，但是它们不能用于普通的数据存储。在 PIC18F 系列单片机中，所有的 SFR 采取了集中定位的方式被统一集中在第 15 区的高 128B 的空间。这样可以通过快速访问区直接对其寻址和操作。

每 1 个 SFR 都对应 1 个地址，在 PIC18F 单片机的指令系统中没有寄存器寻址方式，所以它们都只能通过直接寻址方式来编程。如对 PORTA 的访问程序为

```
WOVLW  00H         ;将立即数 00H 送 WREG
MOVWF  80H,0       ;再将 WREG 中的数据送端口 A（PORTA）输出
```

说明，第二条指令的通式为 MOVWF　f, a，其中 f 为文件寄存器地址，a=0 表明是访问"快速访问区"。所以，f 地址对应的是 SFR 的 F80H，即 PORTA。

当 f 是 SFR 时，可以通过包含一个头文件（P18F452.INC）而直接使用 SFR 的名称来取代地址 f，这给编程带来方便。实际上这是利用头文件中对 SFR 的符号进行的定义。这样上边的程序就可改为

```
#INCLUDE P18F452.INC
...
WOVLW  00H
MOVWF  PORTA,0
```

图 2.6.5 所示为 PIC18F 系列中 PIC18F452 型单片机的 RAM 资源配置，其中有效的 RAM 空间为 0～5 区，共有 1 536B 个存储单元，同时还有第 15 区中高 128B 的 SFR 空间，这样 PIC18F452 共有 1 664B 个存储单元。在一些资料中将 PIC18F452 的 SFR 定义为 256B，这主要是考虑为后续产品保留升级 SFR 的空间，但目前 SFR 只有 128B 个单元。

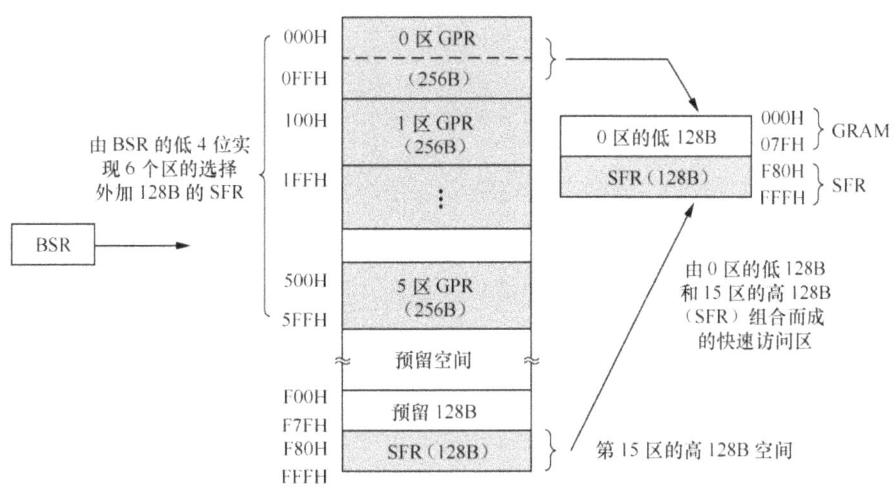

图 2.6.5　PIC18F452 的 SFR 在 RAM 中的定位示意图

　　表 2.6.2 所示为 PIC18F 系列中 PIC18F452 型单片机 SFR 的配置一览表。因为 SFR 与外围模块相关联，所以有关 SFR 的具体定义和使用方法将会在第 3 章和第 7 章中进行详细描述。

表 2.6.2　　　　　　　　　　　　　　　　　PIC18F452 单片机的 SFR 一览表

地址	名称	地址	名称	地址	名称	地址	名称
F80H	PORTA	FA0H	PIE2	FC0H		FE0H	BSR
F81H	PORTB	FA1H	PIR2	FC1H	ADCON1	FE1H	FSR1L
F82H	PORTC	FA2H	IPR2	FC2H	ADCON0	FE2H	FSR1H
F83H	PORTD	FA3H	—[1]	FC3H	ADRESL	FE3H	PLUSW1[2]
F84H	PORTE	FA4H	—[1]	FC4H	ADRESH	FE4H	PREINC1[2]
F85H	—[1]	FA5H	—[1]	FC5H	SSPCON2	FE5H	POSTDEC1[2]
F86H	—[1]	FA6H	—[1]	FC6H	SSPCON1	FE6H	POSTINC1[2]
F87H	—[1]	FA7H	—[1]	FC7H	SSPSTAT	FE7H	INDF1[2]
F88H	—[1]	FA8H	—[1]	FC8H	SSPADD	FE8H	WREG
F89H	LATA	FA9H	—[1]	FC9H	SSPBUF	FE9H	FSR0L
F8AH	LATB	FAAH	—[1]	FCAH	T2CON	FEAH	FSR0H
F8BH	LATC	FABH	RCSTA	FCBH	PR2	FEBH	PREINC0[2]
F8CH	LATD	FACH	TXSTA	FCCH	TMR2	FECH	POSTDEC0[2]
F8DH	LATE	FADH	TXREG	FCDH	T1CON	FEDH	POSTINC0[2]
F8EH	—[1]	FAEH	RCREG	FCEH	TMR1L	FEEH	INDF0[2]
F8FH	—[1]	FAFH	SPBRG	FCFH	TMR1H	FEFH	PREINC01[2]
F90H	—[1]	FB0H	—[1]	FD0H	RCON	FF0H	INTCON3
F91H	—[1]	FB1H	T3CON	FD1H	WDTCON	FF1H	INTCON2
F92H	TRISA	FB2H	TMR3L	FD2H	LVDCON	FF2H	INTCON
F93H	TRISB	FB3H	TMR3H	FD3H	OSCCON	FF3H	PRODL
F94H	TRISC	FB4H	—[1]	FD4H	—[1]	FF4H	PRODH
F95H	TRISD	FB5H	—[1]	FD5H	T0CON	FF5H	TABLAT
F96H	TRISE	FB6H	—[1]	FD6H	TMR0L	FF6H	TBLPTRL

续表

地址	名称	地址	名称	地址	名称	地址	名称
F97H	—[①]	FB7H	—[①]	FD7H	TMR0H	FF7H	TBLPTRH
F98H	—[①]	FB8H	—[①]	FD8H	STATUS	FF8H	TBLPTRU
F99H	—[①]	FB9H	—[①]	FD9H	FSR2L	FF9H	PCL
F9AH	—[①]	FBAH	CCP2CON	FDAH	FSR2H	FFAH	PCLATH
F9BH	—[①]	FBBH	CCPR2L	FDBH	PLUSW2[②]	FFBH	PCLATU
F9CH	—[①]	FBCH	CCPR2H	FDCH	PREINC2[②]	FFCH	STKPTR
F9DH	PIE1	FBDH	CCP1CON	FDDH	POSTDEC2[②]	FFDH	TOSL
F9EH	PIR1	FBEH	CCPR1L	FDEH	POSTINC2[②]	FFEH	TOSH
F9FH	IPR1	FBFH	CCPR1H	FDFH	INDF2[②]	FFFH	TOSU

注：① 未定义寄存器单元，读数据时为 0。

② 虚拟的寄存器单元。

2.6.8　状态寄存器

状态寄存器（Status Register 记为 STATUS）属于 SFR，是一个重要的状态标志寄存器，它表征着指令运行后的一些重要的标志与状态。STATUS 在 SFR 中的地址为 FD8H，其各位定义如图 2.6.6 所示。

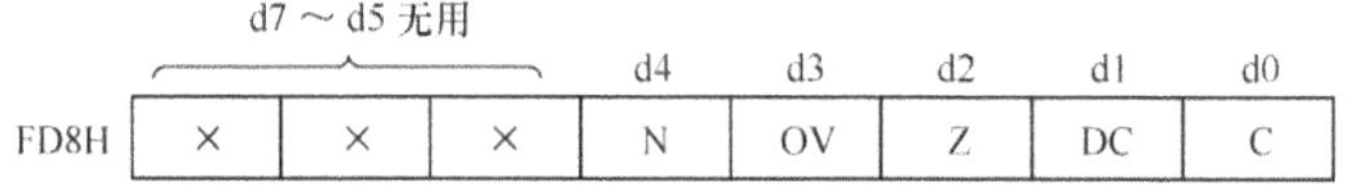

图 2.6.6　PIC18F 单片机的 STATUS 结构图

N（d4 位），负数标志（有符号数）。当数据位 d7=1 时，表明为负，则 N=1，否则 N=0。

OV（d3 位），有符号数的溢出标志。OV=1 时，表明运算有溢出，否则 OV=0。

Z（d2 位），零标志。算数/逻辑运算后结果为零，则 Z=1，否则 Z=0。

DC（d1 位），辅助进位位。加减法的结果影响此位。

进行加法运算时，当数据的 d3 位向 d4 位产生进位时，DC=1（否则 DC=0）。

进行减法运算时，当数据的 d3 位向 d4 位产生借位时，DC=0（否则 DC=1）。

C（d0 位），无符号数的进位/借位标志。加减法的结果影响此位。

进行加法运算时，当数据的 d7 位产生进位时 C=1（否则 C=0）。

进行减法运算时，当数据的 d7 位产生借位时 C=0（否则 C=1）。

注意，PIC18F 的借位标志 C 与加法不同，在做减法时，C 为负逻辑表达方式，有借位时 C=0，无借位时 C=1。标志 DC 也是如此规律，就不再说明。

不同的指令对 STATUS 中的标志影响各不相同。如 MOVWF 指令对标志无影响。这种设计有 2 种原因。

① MOVWF 往往是在 WREG 经过一次算数运算后的指令。

② 需要将运算结果存回到文件寄存器中，所以 MOVWF 不能对状态寄存器有任何影响，以保证状态寄存器能够真实的反应前面算术运算的结果。

MOVF 指令影响状态寄存器中的 Z、N 位。这意味着通过 MOVF 传送 1 个数据的同时可以获取该数据是否为零、是否为负数，这种设计为编程提供了方便。

在 PIC18F 的条件跳转语句中，其中一部分的条件跳转指令就是根据 STATUS 中的标志位作为判决依据的（见表 2.6.3）。

表 2.6.3　　　　　　　　　　PIC18F 部分与 SATAUS 相关的条件转移指令

指　　令	操　　作	指　　令	操　　作
BC	若 C=1 则转移	BN	若 N=1 则转移
BNC	若 C ≠1 则转移	BNN	若 N ≠1 则转移
BZ	若 Z=1 则转移	BOV	若 OV=1 则转移
BNZ	若 Z ≠1 则转移	BNOV	若 OV ≠1 则转移

注意，与常规的处理器不同，在做减法操作时，STATUS 中的 C、DC 为负逻辑显示借位位的状态，即当有借位操作时 C=0，无借位操作时 C=1（DC 标志位同 C）。

小结：PIC18F 系列单片机的 RAM 最大设计容量为 4kB。为了方便单字节指令对 RAM 的访问，将 RAM 存储单元按照每 256B 为一个区，这样单字节指令中所包含的 8bit 地址就可以对区中 256B 的任意单元寻址。可以通过 BSR 实现跨区操作。单片机上电/复位后指向 RAM 的 0 区。SFR 被设计在 RAM 的第 15 区中高 128B 单元地址上。

为了方便单字节指令对 SFR 单元的访问，系统设计了快速访问区，这样单字节指令（参数 a=0 时）便可以直接访问通用 GRAM 和 SFR。

第 **3** 章

PIC18F452 单片机内部外围功能模块的组成结构

PIC18F 系列单片机是由核心模块和外围功能模块两部分组成。对于 18 系列不同型号的单片机，其核心模块基本相同，而外围功能模块的配置就各不相同了。在这一章中以 PIC18F452 单片机为主，分别介绍芯片内的各个外围功能模块的配置、功能、组成结构和它们的编程原理，为第 7 章的编程实践奠定一个理论基础。

在这一章中使用了一些指令来描述对功能模块的控制过程，关于指令的详细描述可参考第 4 章和附录 1 的内容，有关模块系统、全面的编程可参见第 7 章的内容。

3.1 PIC18F452 单片机的输入/输出并行端口

输入/输出端口也称 I/O 端口（Input Output Port），是计算机系统与外部设备之间的数据通道。键盘、显示器、磁盘驱动器、光盘驱动器等通过专用的输入/输出端口实现与 CPU 的数据交换。

计算机系统的 I/O 端口分为并行端口（Parallel Data Port）和串行端口（Serial Data Port）两大类型。本节中以 PIC18F452 单片机为例，介绍其并行端口的结构以及简单的 I/O 编程原理。对于输入/输出的更多应用将在第 7 章中描述。

3.1.1 PIC18F452 单片机的 I/O 端口配置

在 PIC18F452 单片机中设计有 PORTA、PORTB、PORTC、PORTD 和 PORTE 5 个并行端口，在此将上述的端口简称为 RA、RB、RC、RD 和 RE。这 5 个端口均可实现输入或输出操作。它们并不都是 8bit 端口，其中 RA 为 7bit，RB 为 8bit，RC 为 8bit，RD 为 8bit，RE 为 3bit。图 3.1.1 所示为 DIP40 封装的 PIC18F452/458 单片机芯片引脚示意图。

除了电源、复位等引脚外，其余的引脚几乎全部被 I/O 端口所占用。图中还表示出每一条 I/O 引脚的第二功能。关于引脚的第二功能的定义将在后续内容中介绍。

3.1.2 PIC18F452 单片机 I/O 端口的驱动能力

PIC18F452 单片机的端口末端采用双 MOS 管的"推挽"驱动，可提供 25mA 的"灌电流"或"拉电流"。

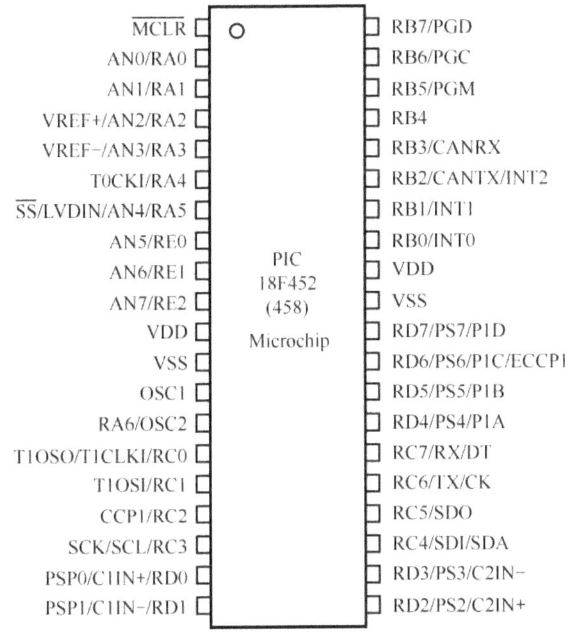

图 3.1.1　PIC18F452 单片机 I/O 端口对应引脚端口复用示意图

3.1.3　与 I/O 端口相关的 SFR

包含 PIC18F452 型在内的 PIC18F 系列单片机每一个端口都配置有 3 个 SFR。

（1）PORT x

端口 x 的输入、输出数据锁存器，每 1 个端口都对应唯一的 SFR 地址。硬件结构上是 2 个独立的锁存器，即输出数据锁存器（Data Latch）和输入数据锁存器（Input Latch），执行指令时会根据指令的性质确定访问二者之一。

（2）TRIS x

端口 x 的数据方向控制寄存器，用于控制对应端口数据传送的方向（输入或输出）。对端口操作前要事先对 TRIS x 进行初始化，以确定数据传送方向。

当 TRIS x 的某一位置 1 时，端口 PORTx 的对应位为输入。

当 TRIS x 的某一位清 0 时，端口 PORTx 的对应位为输出。

当单片机上电/复位后，所有的 TRISx 寄存器均被置 "1"，即所有端口的数据方向均为输入模式，这种方式可以避免系统在上电后，因端口连接大电流负载而产生过大的电流消耗，因为端口为输入模式时，引脚具有较高的输入阻抗。

（3）LAT x

端口的输出数据回读锁存器，用于端口进行输出时回读数据操作，也就是常说的 "读—修改—写" 操作。在指令系统中有相当一部分指令属于这种操作。

实际上 LAT x 就是输出数据锁存器，但 LAT x 的地址与 PORT x（输出数据锁存器）不同。LATx 采用独立的 SFR 地址是为了防止回读数据时发生错误。应当强调的是，回读数据是回读端口的输出数据，而不是端口引脚数据，因为在一些特定环境中端口引脚电平可能与输出锁存器不同，所以回读操作时，使用的是 LATx 而不是 PORTx。

每 1 个端口所对应的 3 组寄存器的宽度是相互一致的（8bit，7bit 或 3bit）。表 3.1.1 为 PIC18F452

单片机与 I/O 端口相关的 SFR 一览表。

表 3.1.1   PIC18F452 单片机与端口相关的 SFR 一览表

SFR 名称	端口位数	SFR 的地址	功 能 定 义
PORTA	7	F80H	并行端口 A （RA）
PORTB	8	F81H	并行端口 B （RB）
PORTC	8	F82H	并行端口 C （RC）
PORTD	8	F83H	并行端口 D （RD）
PORTE	3	F84H	并行端口 E （RE）
TRISA	7	F92H	端口 A 的方向控制寄存器
TRISB	8	F93H	端口 B 的方向控制寄存器
TRISC	8	F94H	端口 C 的方向控制寄存器
TRISD	8	F95H	端口 D 的方向控制寄存器
TRISE	3	F96H	端口 E 的方向控制寄存器
LATA	7	F89H	端口 A 的输出回读寄存器
LATB	8	F8AH	端口 B 的输出回读寄存器
LATC	8	F8BH	端口 C 的输出回读寄存器
LATD	8	F8CH	端口 D 的输出回读寄存器
LATE	3	F8DH	端口 E 的输出回读寄存器

3.1.4   端口的位结构与工作原理

PIC18F 系列单片机的 PORTA～PORTE 端口内部结构各不相同，但基本组成及工作原理都是类似的。图 3.1.2 所示为 PIC18F 单片机端口典型的位结构图。

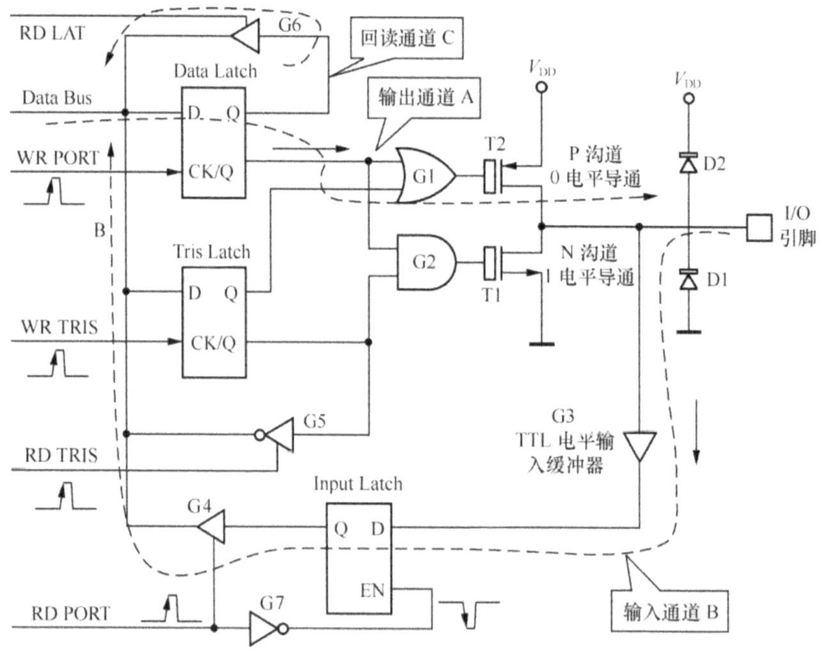

图 3.1.2   PIC18F 系列并行端口典型的位结构示意图

1. 端口电路中的构成

为了便于分析端口的电路工作原理，对其中几个主要环节的分析是非常重要的。

（1）场效应管 T1、T2

在端口的末级是由两个场效应管 T1 和 T2 构成的"推挽输出"结构。T1、T2 处于"开/关"模式，即只有导通或截止两种工作状态，且两者状态相反。

① T1 为 N 沟道场效应管，当栅极电平为"1"时，T1 处于导通状态，此时 T1 的漏极与源极呈现出低阻的"短路"状态，端口的输出电平为"0"；反之当栅极电平为"0"时 T1 处于截止状态，此时 T1 的漏极与源极呈现高阻的"开路"状态。

② T2 为 P 沟道场效应管，当栅极电平为"0"时，T2 处于导通状态，此时 T2 的漏极与源极呈现出低阻的"短路"状态，端口输出电平为"1"；反之当栅极电平为"1"时 T2 处于截止状态，此时 T2 的漏极与源极呈现高阻的"开路"状态。

应当说明的是，当 T1 导通、T2 截止时，端口的输出电平为逻辑"1"；同样当 T1 截止、T2 导通时，端口的输出电平为逻辑"1"。电路中的门电路 G1 和 G2 保证 T1，T2 不会同时导通，否者会造成场效应管的损坏。

（2）数据锁存器

在端口的结构中使用了 3 个数据锁存器，分别承担输出数据、输入数据和方向控制的锁存功能。这 3 个锁存器由 G 型触发器构成。

（3）门电路

G1 为两输入"或门"。G2 为两输入"与门"。门电路的作用是对末端场效应管的状态进行控制，以满足输出高电平或输出低电平的需求。

（4）数据"三态门"

在端口电路中，设计有 G4、G5 和 G6 3 个数据"三态门"，所谓的"三态门"就是一个"单向的数据开关"，当控制端 C 为有效电平时，三态门导通，当控制端为无效时，三态门截止。

（5）引脚保护钳位二极管 D1、D2

在 I/O 端口的引脚内部设计有钳位二极管保护电路，防止因外部电磁环境的干扰而产生瞬间的浪涌电压，这些因素可能会造成 I/O 端口的永久性损坏。

（6）输入电平施密特电路 G3

G3 为施密特整形电路，用于处理外部输入的电平。它可以将外部的电平转换为标准的数字电平，同时施密特电路还具有"消抖"功能，可将电磁干扰的"毛刺"滤掉。

（7）反相器 G7

G7 的作用是将 RD PORT 口的正脉冲信号反向。当端口没有执行输入指令时，该锁存器一直处于装载状态，只有在执行输入指令时，输入缓冲器（Input Latch）会被临时关闭，同时 G4"三态门"打开，将锁存器中的数据送入内部数据总线。此时锁存器处于锁存状态的目的是保证在输入数据时，锁存器中的数据不会跟随引脚电平发生变化，以保证获取一个稳定的前期电平。

2. 端口电路数据通道的分析

端口数据传送的方式有数据输出、数据输入和数据回读 3 种。图 3.1.2 所示的 A、B 和 C 3 条虚线画出了 3 种数据流的通道。

（1）端口电路中的输出数据通道

CPU 输出数据时，先将数据通过内部数据总线（Data Bus）经 Data Latch，再经门电路（G_1）至末端的场效应管到达引脚（如图 3.1.2 所示的虚线 A）。

（2）端口电路中的输入数据通道

输入引脚上的外部电平数据时，是通过 I/O 引脚向下，通过 G3 缓冲器送入 Intput Latch 的 D 端，再通过"三态门"G4 将数据送到内部 Data Bus，以供 CPU 读取（如图 3.1.2 所示的虚线 B）

（3）端口电路中的回读数据通道

当 CPU 利用端口输出数据时，还可以通过对应的指令将输出的数据进行回读处理。利用输出锁存器中的数据回读。注意，回读数据的操作被设计成从输出锁存器的 Q 端实现，而不是端口的引脚电平（如图 3.1.2 所示的虚线 C），对应的指令地址为 Latch 而不是 Port。

3. 端口的工作原理

按照数据传送的不同方向，端口的工作方式可分为数据输出、数据输入和数据回读 3 种。在进行操作前首先要通过 TRISx 设定好对应端口的数据传送方向。

（1）输出操作的工作原理

首先通过指令将方向寄存器 TRISx 设定为"0"。这样 TRIS Latch 的 Q 端为"0"，与其连接的"或门"G1 处于开放状态。此时 G1 的输出就取决于另一个输入端（Data Latch 的 $\overline{Q}$ 端）；同时方向锁存器 TRIS Latch 的 $\overline{Q}$ 为"1"，与此连接的"与门"G2 也被设置为开放状态，"与门"的输出取决于 Data Latch 的 $\overline{Q}$ 端。也就是说，当将方向锁存器 TRIS Latch 设定为"0"时。开启了 2 个门电路 G1 和 G2，使数据锁存器 Data Latch 中的数据能够顺利地通过门电路而送到端口末端的场效应管 T1 和 T2 上。

当单片机执行一条输出指令 MOVWF PORT x（将 WREG 中的数据传送到端口 x）时，WREG 中的数据被送到内部数据总线 Data Bus 上，同时 CPU 产生一个微操作 WR PORT，将内部数据总线上的数据通过 Data Latch 的 G 端装载到 Data Latch 锁存器中。

假如装载的数据为 1 时，Data Latch 的 $\overline{Q}$ 端为"0"并经过"或门"G1 被送到端口末端上部的 P 沟道场效应管的栅极，使其处于导通状态，将 I/O 端口引脚钳位在 V_{DD} 的"1"电平。而此时 Data Latch $\overline{Q}$ 端的"0"电平送到"与门"G2 上，使"与门"输出"0"，这个电平使端口末端下部的场效应管 T1 截止。综合以上结果，端口引脚输出"1"。

如果装载的数据为 0 时，当 CPU 执行输出指令时，Data Latch 的 $\overline{Q}$ 端为"1"。这个"1"电平经"或门"将上部的 P 沟道场效应管置于截止状态，同时通过"与门"G2 将端口末端下部的 N 沟道场效应管置于导通状态（注意，此时 TRIS Latch 的 $\overline{Q}$ 为"1"），所以将 I/O 端口电平拉到"0"。

总之，当端口输出"1"时，端口末端上部的 P 沟道场效应管导通；当端口输出"0"时，端口末端下部的 N 沟道场效应管导通。无论端口输出的电平如何，总是其中一个场效应管导通，而另一个截止。由于场效应管导通时，具有非常低的内阻，所以具有很强的"拉电流"和"灌电流"能力。

（2）输入操作的工作原理

首先必须通过指令将方向寄存器 TRISx 设定为"1"，这样 TRIS Latch 的 Q 端为"1"，与其连接的"或门"G1 输出为"1"，使上部的 P 沟道场效应管截止；又因为 TRIS Latch 的 $\overline{Q}$ 为"0"，使与其相连的"与门"输出为"0"，使下部的 N 沟道场效应管截止。T1、T2 的截止，使输入的电平不会因 TI、T2 的状态而改变。

当单片机执行一条输入指令 MOVF　PORT x, 0（将 PORT x 中的数据传送到 WREG 中）时，首先 CPU 产生一个控制微操作 RD PORT（正脉冲有效），其中 RD PORT 脉冲的正脉冲经反相器 G7 反相后，变为低电平的负脉冲，此低电平将输入数据锁存器锁定，确保此期间数据不变，然后 RD PORT 的高电平将"三态门"G4 打开，将原先 Input Latch 的数据送到内部数据总线，供 WREG

读取。

（3）端口输出数据回读操作

在系统将端口设定为输出状态时（对应的 TRISx 为 "0"），CPU 可以通过与回读数据相关的指令读取前期输出的数据。当 CPU 执行此类指令时，会自动产生对应的控制微操作，即 RDLAT 端输出 1 个正脉冲，在此正脉冲的高电平期间，会将 "三态门" G6 打开，将输出 Data Latch 中的数据回送到内部的数据总线上，供 WREG 读取。有关数据回读的 相关指令可参见第 4 章内容。

3.1.5　PIC18F 系列单片机端口的编程举例

单片机的 I/O 操作是一类比较简单但使用频率较多的一类指令。对于 PIC18F 单片机而言，利用某一端口实现输入或输出操作时，首先要根据数据传送方向来确定对应的 TRISx。当端口为输入时，对应的 TRISx 就必须设定为 FFH；如果端口为输出时，对应的 TRISx 就必须赋值 00H。当然也可以使用位操作指令，对 TRISx 按位设置以满足端口的位操作。要说明的一点，所谓的输入或输出是站在单片机的角度去定义的。

与端口相关的操作包括设定端口方向操作、数据输出操作、数据输入操作、数据回读操作和端口的位操作等，具体如下。

（1）设定 I/O 端口数据方向的操作

对于 PIC 单片机而言，使用 I/O 端口 PORTx 进行数据输入或输出操作前，必须对与端口对应的 TRISx 进行初始化设定。

【举例】设定 PORTD 端口为输入模式，则对应的指令为

```
MOVLW  0FFH        ;首先利用 WREG 获取立即数 0FFH
MOVWF  0F95H       ;再将 WREG 中的 00H 送 TRISD （采用直接寻址方式）
```

上面的指令还可以改写为

```
MOVLW  0FFH        ;首先利用 WREG 获取立即数 0FFH
MOWF   TRISD       ;再将 WREG 中的 00H 送 TRISD （采用 SFR 的名称）
```

注意，这里使用了 SFR 的名称 TRISD 来取代原来指令中的 TRISD 的直接地址 0F95H，使程序更容易阅读和理解。因为 PIC18F 系列单片机的指令系统中只有直接寻址方式而没有寄存器寻址方式，所以编程中不能直接使用寄存器的名称（如 PORTD、TRISD 等）。为了使程序具有很好的可读性，在编写程序时往往先利用伪指令对 SFR 的字符（名称）进行定义后，就可使用 SFR 的名称替代 SFR 的实际地址，如

```
TRISD  EQU  0F95H         ;使用 EQU 伪指令将字符 TRISD 赋值 0F95H
...
MOVLW  0FFH
MOVWF  TRISD
```

这样，当 IDE 调试软件对上面的程序进行编译时，首先进行字符转换，将字符 TRISD 先还原为直接地址（0F95H）后再按照直接寻址的方式来编译指令。

在 PIC 单片机的 IDE 调试软件的路径中，都已经设计了一个对单片机内部所有 SFR 的符号定义的 EQU 伪指令的集合，并冠以 .INC 头文件的属性。这样编程者在对 PIC 单片机编程时，只要

使用一个 INCLUDE（包含文件）的命令，就可以将此头文件包含进来，这样编程者就可以直接使用 SFR 的名称来取代 SFR 的实际地址，如

```
#INCLUDE P18F452.INC
...
MOVLW  0FFH
MOVWF  TRISD
```

使用包含文件来编写程序时要注意，SFR 的名称要大写，不能随意修改 SFR 的名称（除非单独使用 EQU 伪指令定义）。读者可以在 IDE 调试软件的路径下寻找到这个头文件并观察其内容。图 3.1.3 所示为 P18F452.INC 头文件中的部分内容。

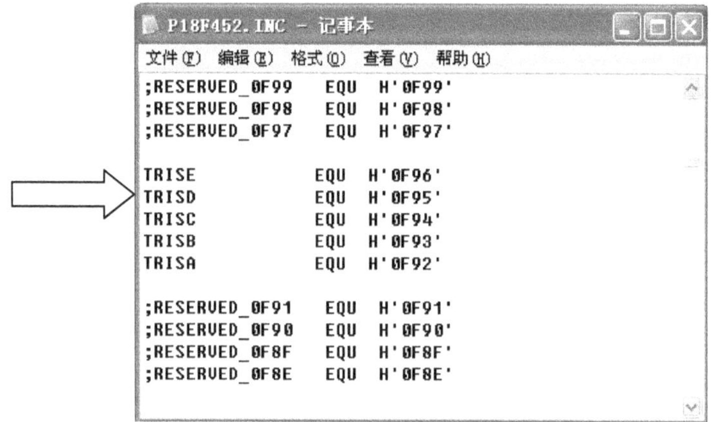

图 3.1.3　P18F452.INC 文件中的部分内容

以上是设定端口为输入时对 TRISx 的设定，如果要将端口设定为输出时，其方法是类似的，只要将 TRISx 赋值 00H 即可，具体可见下面的描述。

（2）数据输出的操作

假如要设定 PORTD 端口为数据输出模式，且将 WREG 中的数据通过 PORTD 输出，则操作为

```
#INCLUDE P18F452.INC
...
MOVLW  00H
MOVWF  TRISD              ;将 PORTD 设定为输出模式
MOVWF  PORTD             ;将 WREG 中的数据通过 PORTD 端口输出
```

（3）数据输入的操作

端口设定为输入模式是通过对 TRISx 写"1"来实现的。假设要设定 PORTD 端口为数据输入模式，且将输入的数据送 WREG 中，则操作为

```
#INCLUDE P18F452.INC
...
MOVLW  0FFH
MOVWF  TRISD              ;将 PORTD 设定为输入
MOVWF  PORTD,0           ;将 PORTD 端口输入的数据送 WREG（参数 d=0）
```

（4）数据回读的操作

所谓的数据回读类指令是指端口做输出时，一些将输出数据取回、经过处理后再输出的指令，如

	ADDWF	LATD,1	;将 W 中数据与 LATD 中的数据相加并送回 LATD 中
或	ADDWF	PORTD,1	;将 W 中数据与 PORTD 中的数据相加并送回 PORTD

实际上，当 PORTD 固定为输出模式时，使用 PORTD 和使用 LATD 是一样的，都是从输出 Data Latch 回读数据（如图 3.1.2 所示），这个过程也称为"读—修改—写"操作。

但是，如果端口为双向端口模式时，就要注意了，因为如果端口处于输入状态下，使用 PORTD 回读时就可能产生错误，即回读的不是 Data Latch 中的数据而是端口外部引脚的电平信号，此时，正确的方法是使用 LATx 回读数据。

（5）端口的位操作

PIC18F 单片机的端口除了可以以字节（B）的方式实现数据输入、输出外，还可以以位的方式进行输入或输出操作（1B=8bit）。当然，在按位操作时，端口对应的方向控制寄存器也要进行对应的位操作。

【举例】利用 PORTD 的第 0 位（RD.0）实现输出操作。

BCF	TRISD.0	;将 TRISD 的第 0 位清零（PORTD.0 设定为输出）
BSF	PORTD.0	;利用 PORTD.0 输出一个"1"的位数据
…		
BCF	PORTD.0	;利用 PORTD.0 输出一个"0"的位数据

注意，端口的位操作也属于"读—修改—写"操作，即先将整个 8bit 数据读入，然后处理对应的位，再输出到端口。

小结：TRISx 决定着端口的数据传送方向，在端口操作前必须对 TRISx 进行初始化设置，以保证端口操作的正确。单片机上电/复位后，TRISx 均被置"1"。

寄存器 LATx 为端口数据回读寄存器，用于回读端口的输出数据。

3.1.6　PIC18F452 端口的复用功能定义

应当强调，所有端口都具备基本的并行 I/O 功能，同时它们又具备复用功能（第二功能）。有关端口第二功能的使用描述将在后续相关的章节中介绍，这里只做简单的介绍。各个端口的第二功能配置如下（如图 3.1.1 所示）。

（1）RA 端口

内部 ADC 模块的模拟信号输入引脚（AN0/RA0～AN4/RA5）等。

（2）RB 端口

① 在线编程、调试接口（RB7/PGD、RB6/ PGC、RB5/PGM）。

② CAN 总线发送/接收线 (RB3/CANRX、RB4/CANTX)。

③ 外中断输入信号线（RB0/INT0、RB1/INT1、RB2/INT2）。

④ 电平变化输入引脚（RB7～RB4）等。

（3）RC 端口

主要为各种串行模块接口信号线。

① I^2C 总线引脚（SCL/RC3、SDA/RC4）。

② SPI 总线信号（SCK/RC3、SDI/RC4、SDO/RC5）。

③ 串行异步接口信号（TX/RC6、RX/RC7）。

④ 同步串行信号（CK/RC6、DT/RC7）。

⑤ TMR1 自带低功耗振荡器的晶体引脚（T1OSO / RC0、T1OSI / RC1）。

⑥ TMR1 计数器外部计数脉冲输入端（T1CLKI）。

（4）RD 端口

① 并行从动端口的数据口（PS0/RD0～PS7/RD7）。

② 增强型 CCP 模块 ECCP1 输出（ECCP1/RD6）。

③ 增强型 CCP 模块 ECCP 的 H 桥输出（P1A/RB4～P1D/RD7）。

④ 比较器 C1、C2 输入引脚（C1IN+/RD0、C1IN-/RD1、C2IN+/RD2、C2IN-/RD3）。

（5）RE 端口

① 10 位 ADC 模块的模拟信号输入引脚（AN5/RE0～AN7/RE2）。

② 比较器 C1、C2 的输出引脚（C1OUT/RE1、C2OUT/RE2）

③ 并行从动端口 PS 的控制引脚（$\overline{\text{RD}}$ /RE0、$\overline{\text{WR}}$ /RE1、$\overline{\text{CS}}$ /RE2）。

3.1.7 端口复用功能的"非易失性"问题

在一般情况下，端口的第二功能对单片机端口的正常使用不会带来什么影响。例如，在进行编程时，今天将某一端口设计为第二功能，明天还可以将同一个端口设计为通用的 I/O 功能，端口的输入、输出功能或第二功能由编程者根据需要来灵活设定。

但是 PIC18F 单片机有 3 个端口的第二功能具有"非易失性"的特点，使用时要格外注意。所谓非易失性是指，这些端口一旦设计成某些第二功能后，这些端口的引脚在后续的使用中，就不能简单的恢复它原有的 I/O 功能。

应当指出，在 PIC18F 中不是所有端口的第二功能都是非易失性的。在 PIC18F 单片机中，PORTC 的 RC0、RC1 在使能 TMR1 自带低功耗振荡器模式的第二功能后，以及 PORTE（RE0～RE2）和 PORTA 的（RA0～RA5）被使能为 ADC 模块的模拟输入通道的第二功能后，均不能再直接恢复做 I/O 通道。

如果这些端口要恢复为通用的 I/O 功能，必须使用指令将对应的第二功能进行消除处理。具体方法如下。

① 对 PORTC 端口的输入、输出功能恢复指令为

```
MOVLW     0X00
MOVWF     T1CON
```

这实际上是一条撤除 TMR1 自带低功耗振荡器的第二功能指令。

② 对于 PORTE，PORTA 端口的输入、输出功能恢复指令为

```
MOVLW     0X07
MOVWF     ADCON1
```

这是一条取消 ADC 模块模拟信号通道的第二功能指令。

综上所述，编程者在利用 PORTE、PORTA 和 PORTC 做输入、输出编程时，一旦发现相关的端口的 I/O 功能不正常时，就要考虑使用上述的指令恢复其基本的输入、输出功能。

3.2　PIC18F452 单片机的定时计数器

定时计数器是计算机系统中一种重要的外围功能模块。它可以实现定时和计数 2 种不同的操作，其核心电路是 1 个二进制加 1（或减 1）计数器。

（1）定时操作

依靠系统时钟对计数器进行计数，每当计数器计满（溢出）时，1 个定时周期结束。由于采用系统时钟，所以计数器的溢出时间相当稳定，利用其溢出周期就可实现定时或延时操作。定时操作应用非常广泛，如输出一个周期性的方波信号、实现函数发生器等的功能。图 3.2.1 所示为单片机利用定时器控制输出方波，以及利用单片机系统做函数发生器的应用示意图。

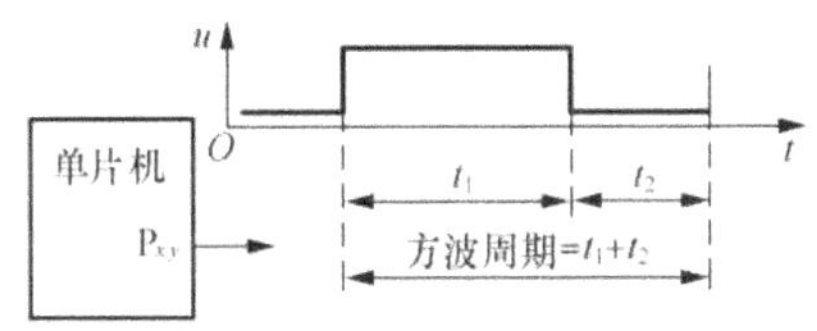

（a）定时器控制的方波示意图

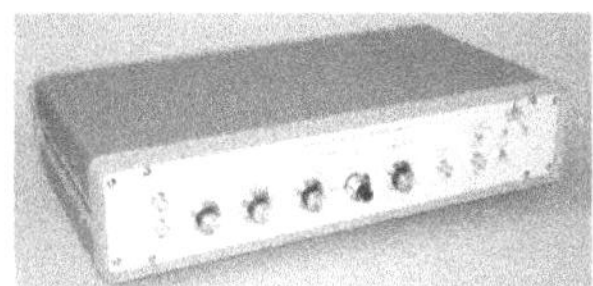
（b）函数（方波）发生器的设计

图 3.2.1　定时器模式的应用举例

工程中，计算机实现定时（延时）操作有 2 种方法：一是软件延时法；二是硬件定时法。软件延时是指 CPU 执行一段循环程序来消耗一段时间，这种方式的缺点是耗费 CPU 的资源、降低 CPU 的效率；硬件定时法的操作不占用 CPU 的软件资源，并使定时更为准确。

（2）计数操作

对外部事件进行计数（统计）的工作方式。在电路结构上与定时模式采用相同的硬件计数器，但计数脉冲来自引脚上的外部信号。计数操作可以应用于工业生产线上的产品数量统计、汽车仪表中车速、里程参数的采集、外部脉冲信号的频率测量等场合（如图 3.2.2 所示）。

（a）计数器用于生产线上产品数量的统计

（b）计数器用于汽车的里程、速度的数据采集

图 3.2.2　计数器模式的应用举例

3.2.1　定时计数器的核心电路——二进制计数器

无论是定时还是计数模式，定时计数器的核心都是一个二进制计数器。计数器的构成至少要有 3 个环节。

（1）一个 N 位的二进制的计数器

计数器对输入脉冲进行计数。计数器的位数（宽度）决定着计数器的计数容量或计数范围。

（2）计数脉冲

作为计数器的"激励"信号，每来 1 个计数脉冲，计数器便产生 1 次计数。计数脉冲可以是一个稳定的系统时钟，也可以是外部输入的随机信号。

（3）计数器的溢出标志信号

每当计数器产生溢出时，溢出标志（Timer Flag，TF）为"1"，TF 的状态可以用来表征定时或计数周期是否完成。

图 3.2.3 所示为一个简化的定时计数器的模型及其工作原理。作为核心部件，二进制计数器的位数直接关系到计数器的计数范围。这里以一个 8 位二进制加 1 计数器为例，它的计数范围 M 可以表示为

$$M=2^N=2^8=256$$

其中，M 为计数器的计数最大值，N 为计数器的位数。

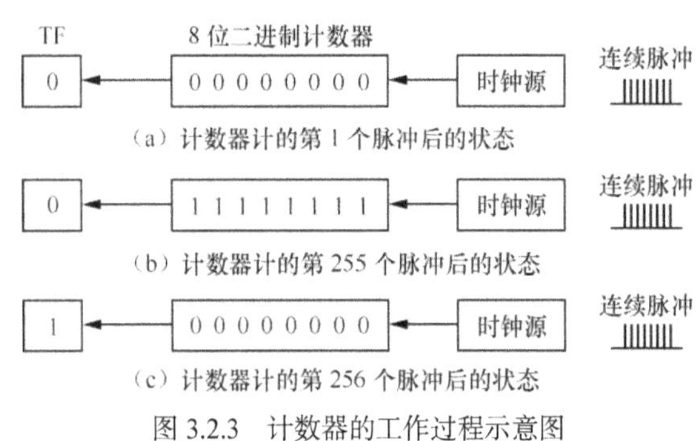

图 3.2.3　计数器的工作过程示意图

一个 8 位的二进制加 1 计数器，如果从 0 开始计数，第 255 个脉冲后，计数器为全"1"（十六进制的 FFH），再来 1 个计数脉冲，则计数器产生 1 个进位（TF=1），而计数器本身变为全"0"（如图 3.2.3 所示）。

8 位二进制加 1 计数器的最大定时时间为（255+1）t =256t。这里 t 为计数脉冲的周期。假设计数脉冲周期 t 为 1μs，那么 8 位二进制计数器的最大定时时间位 256μs。那么一个 8 位二进制计数器如何实现不同的时间定时和不同的计数周期，假设计数脉冲周期 t 不变，那么可以通过预先向计数器装载一个初值 TC，来调整计数器的溢出周期

$$T =(M - TC)t$$

其中，T 为定时器的定时时间；M 为计数器的模（最大计数值）；TC 为计数器的计数初值，t 为计数脉冲周期。所以，设定一个合理的计数初值 TC 就可满足在一定范围内的任意一个定时时间的定时需求。

在实际工程应用中，往往是根据定时时间 T 来计算计数器的原始初值 TC。即

$$TC = M - T/t$$

这就是利用二进制计数器实现不同时间定时操作的基本原理。

3.2.2　定时计数器的简化模型

对于定时计数器来说，只有一个二进制计数器是不够的。要想实现定时和计数 2 种不同的工作方式，就要对计数器的输入脉冲进行选择；同时还要增加一个对计数器工作状态进行控制的环节等。图 3.2.4 所示是一个简化的定时计数器的模型。

在这个模型电路中，对计数器产生激励（计数）作用的脉冲由一个二选一开关 S2 控制。当 S2 置于上方位置时，计数器的计数脉冲取自分频后的系统时钟，这个脉冲具有周期稳定的特点，因此非常适合定时（延时）操作模式；当 S2 置于下方位置时，计数器的计数脉冲取自单片机引脚的外部信号，这是计数模式，此时计数信号来自单片机的外部，且具有随机性和不确定性。

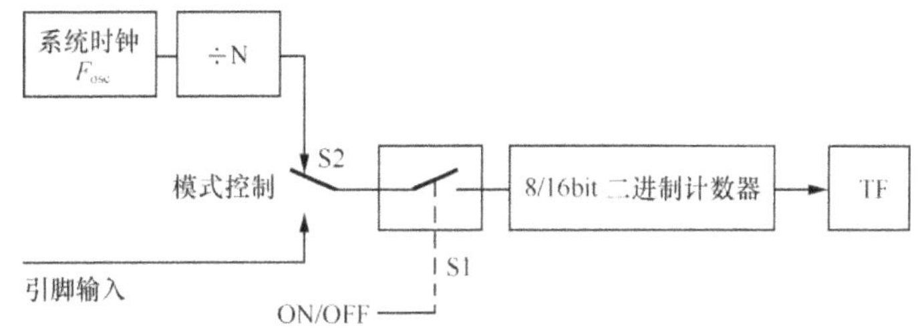

图 3.2.4　定时计数器的简化模型示意图

在计数器的计数输入端串入了一个控制开关 S1。当 S1 断开时，计数脉冲被切断，计数器就被置于静止状态；当 S1 接通时，计数脉冲与计数器连通，任何一个计数脉冲都会被计数器记录下来。很明显，S1 对计数器起到了一个控制的作用：当 S1 接通时计数器处于启动状态；当 S1 被断开时，计数器处于静止状态。

3.2.3　PIC18F452 单片机定时计数器的配置

在 PIC18F 系列单片机中，对定时计数器的配置随型号不同而不同。这里以 PIC18F452 单片机为例，它设计有 TMR0、TMR1、TMR2 和 TMR3 共 4 个定时计数器。除了 TMR2 为 8 位以外，其余都是 16 位结构（参见表 3.2.1）。

表 3.2.1　　　　　　　　　　PIC18F452 单片机定时计数器的配置

定时计数器名称	位数	基本工作方式	可编程分频器	对应的 SFR 地址	相关的控制 SFR 及地址	中断标志、中断使能（SFR 地址）	辅助功能
定时计数器 0（TMR0）	16/8	定时计数	8bit 8 种分频比预分频器 1：2～1：256	TMR0H（FD7H） TMR0L（FD6H）	T0CON（FD5H）	TMR0IF TMR0IE 存在于 INTCON（FF2H）	无
定时计数器 1（TMR1）	16	定时计数	3bit 4 种分频比预分频器 1：1～1：8	TMR1H（FCFH） TMR1L（FCEH）	T1CON（FCDH）	INTCON（FF2H） PIR1（TMRxIF）（F9EH）	CCP 模块的输入捕捉、输出比较的自由增量计数器 外接晶体低功耗振荡器模式
定时计数器 2（TMR2）	8	定时	3 种分频比预分频器 1：1～1：16 1～16 自然数后分频器	TMR2（FCCH）	T2CON（FCAH） PR2（FCBH）	PIE1（TMRxIE）（F9DH）	CCP 模块的 PWM 的时基定时器
定时计数器 3（TMR3）	16	定时计数	3bit 4 种分频比预分频器 1：1～1：8	TMR3H（FB3H） TMR3L（FB2H）	T3CON（FB1H）	IPR1（TMRxIP）（F9FH）	CCP 模块的输入捕捉、输出比较的自由增量计数器

为了增加计数器的计数范围，PIC18F 单片机的定时器还采用了一种预/后分频器设计，有效地增加了定时或计数的范围。PIC18F 单片机的定时计.数器除了满足定时和计数基本功能外，还具有其他的辅助功能，如应用于 CCP 模块中的自由增量计数器、脉宽参数计数器等。另外，TMR1

还具备自带外接晶体的低功耗振荡器模式，可为单片机提供一种廉价的标准秒发生器。表 3.2.1 列出了 PIC18F452 单片机定时计数器的配置。

3.2.4　PIC18F 单片机定时计数器的分频器技术

在设计上 PIC18F 单片机的定时计数器应用了一种可编程分频器技术，有效扩展了定时计数器的定时或计数范围。所谓分频器是指在计数器和输入脉冲之间插入一个 N 位的二进制计数器（也称预分频器），由于这个计数器的存在对计数脉冲有分频作用，所以扩大了计数器本身的定时或计数的范围，具有 2 位"预分频器"的定时计数器结构示意图，如图 3.2.5 所示。

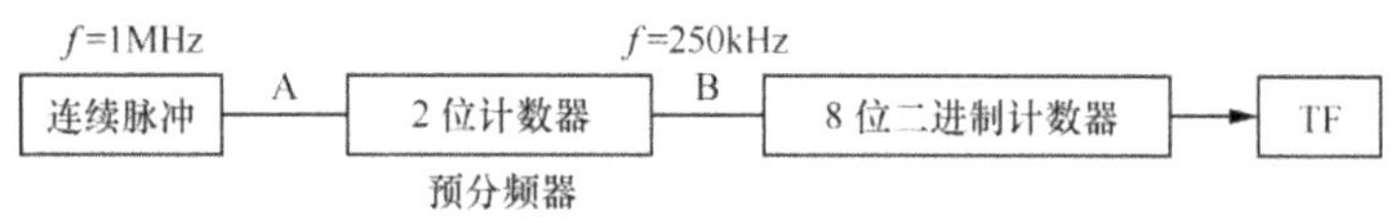

图 3.2.5　具有 2 位预分频器的定时计数器结构示意图

假设原始的计数脉冲（A 点处）为 1MHz（计数周期为 1μs），如果分频器为 2 位二进制计数器，则分频器对 1MHz 的脉冲产生一个 $2^2 = 4$ 的分频，这样 B 点处的脉冲频率就降到 250kHz（周期为 4μs）。

①　没有使用分频器时，8 位计数器的输入脉冲频率为 1MHz（周期为 1μs），当计数器从零开始计数到产生溢出的时间是 256μs。

②　使用了 2 位的分频器时，则计数脉冲频率被降低到 0.25MHz（250kHz），这时 8 位计数器从零开始计数到产生溢出的时间是 $1μs × 2^2 × 256 = 1\ 024μs$。可以用一个公式来表达分频器的分频比 M，即 $M = 2^N$（其中 N 为预分频器的位数，M 为预分频器的分频比）。

这样用一个公式来表达采用分频器后定时计数器的定时时间

$$T = t × M × 2^8 \qquad 或 \qquad T = t × 2^N × 2^{16}$$

这里 2^8 表示 8 位计数器的最大计数值，同理 2^{16} 表示 16 位计数器的最大计数值。所以定时计数器采用了分频器，其最大定时或计数值是不带分频器的 M 倍。无论定时计数器处于定时还是计数状态，分频器的使用都可以有效地增加其工作范围。当然采用分频器后，计数器对分频器前端的输入计数脉冲的分辨率会有所下降。

在 PIC18F 单片机的定时器中，分频器大多为预分频器，即分频器设计在计数器的前端，也有采用后分频器，即分频器设计在计数器的后端。无论分频器的位置如何，其作用和计算公式完全是一样的。

3.2.5　定时计数器 TMR0 的结构及编程原理

1. TMR0 定时器的结构

PIC18F 单片机的 TMR0 为 16 位的计数器结构，可以实现定时和计数 2 种工作模式。具有 1 个 8 位预分频器，可以实现 2、4、8、16、32、64、128、256 八种分频比（如图 3.2.6 所示），当然也可不使用预分频器（相当于分频比为 1 : 1）。

图 3.2.6 所示的 MUX① 为计数器输入脉冲选择开关，由参数 T0CS 控制。当 T0CS=0 时，开关掷于上方的系统时钟（$F_{osc}/4$）端，此时定时器为定时模式；如果 T0CS=1 时，开关被掷于下方，计数器的输入脉冲来自引脚的外部信号，此时计数器处于计数模式。应当注意的是，当定时计数器 T0 处于计数模式时，应当将 RA4 端口通过指令（BSF TRISA,4）设定为输入状态（参见 3.1

章节)。

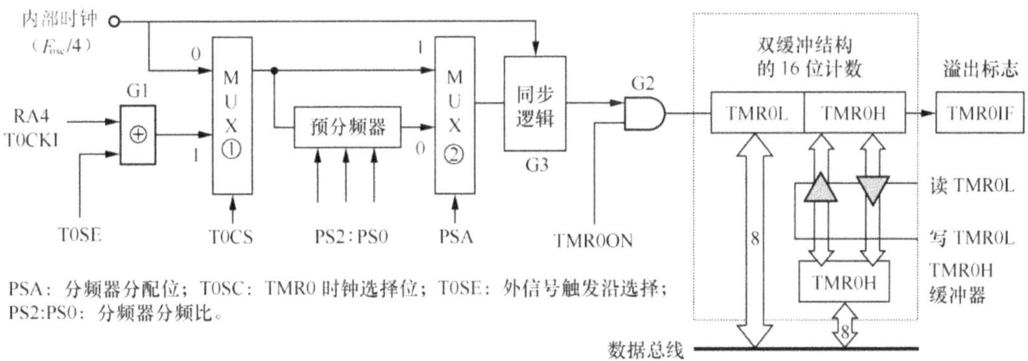

图 3.2.6　TMR0 定时器结构示意图

图 3.2.6 所示的 MUX② 为二选一开关，它决定着是否使用预分频器，由参数 PSA 控制。当 PSA=0 时，开关掷于下方的预分频器的输出端，此时使用预分频器；当 PSA=1 时，开关掷于上方，计数器直接与系统时钟连接，计数器不使用预分频器。

计数器是由 TMR0H、TMR0L 2 个 8 位寄存器组成的 16 位加 1 计数器。8 位可编程的预分频器由 PS2～PS0 位来设定，以实现 8 种分频系数的设定。$F_{osc}/4$ 信号是将系统时钟经 4 分频后的脉冲信号，如果系统时钟 F_{osc} 为 16MHz，则 $F_{osc}/4=0.25\mu s$。

G2 "与门" 为 TMR0 的计数脉冲控制门。当 TMR0ON=0 时，G2 被关闭，计数器无法得到输入信号而处于静止状态；当 TMR0ON=1 时，G2 被打开，计数脉冲可以通过 G2 送至计数器，使计数器处于工作状态。因此 TMR0ON 也称为 TMR0 的启动控制信号，单片机上电/复位时，TMR0ON=0，使计数器处于静止状态。

"异或门" G1 为外部脉冲有效边缘选择控制环节。就 16 位二进制计数器本身而言，它是一个上升沿翻转计数的计数器，可以通过 G1 和参数 T0SE（边沿选择）来设定计数器与外部输入脉冲有效边沿的关系，如图 3.2.7 所示。

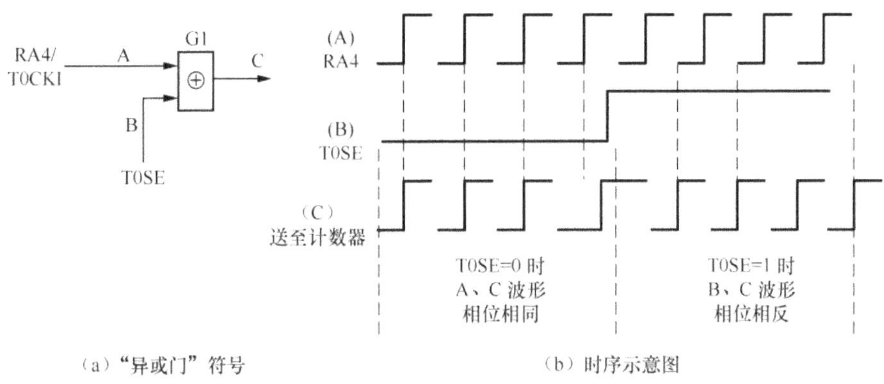

（a）"异或门" 符号　　　　　　　　　　（b）时序示意图

图 3.2.7　"异或门" 与 T0SE 参数对输入脉冲有效相位的控制示意图

当 T0SE=0 时，计数器对应于外部脉冲的上升沿翻转计数。

当 T0SE=1 时，计数器对应于外部脉冲的下降沿翻转计数。

利用 "异或门" 的特点，设置 T0SE 实现对外部脉冲有效边沿的选择。

G3 为计数脉冲同步控制环节，用于计数模式时对外部脉冲做同步处理，以保证外部信号能够准确地计数。所谓的同步处理是使用系统时钟（$F_{osc}/4$）对外部脉冲进行同步，也就是说，外部脉冲有效边沿到来时，并不等于有效，只有内部时钟（$F_{osc}/4$）到来时，外部脉冲才有效的送入到后面的计数器。当使能同步模式时，如果外部脉冲的频率高于系统时钟（$F_{osc}/4$）时，可能会造成计数丢失问题，所以在定时计数器采用计数模式时，外部脉冲频率不要高于系统时钟（$F_{osc}/4$）。

应当注意，当单片机处于睡眠（SLEEP）状态时，因为作为同步信号 F_{osc} 是不存在的，所以在 SLEEP 状态下，无论是定时还是计数，TMR0 都是无法工作的。

2. TMR0 的工作模式选择

定时计数器的定时和计数 2 种工作模式是由参数 T0CS 控制的。

T0CS=0 时，计数脉冲来自系统的 $F_{osc}/4$（定时模式）。

T0CS=1 时，计数脉冲来自引脚 RA4（计数模式），此时 RA4 引脚应通过 TRIS 的对应位将其设定为输入。

3. TMR0H 的双缓冲结构及特点

（1）16 位初值的装载

定时器在运行当中是可以重新赋初值的，但由于 16 位的初值需要分 2 次装载，所以在理论上存在出错的可能。例如，在定时器工作期间，要动态装载初值为 00FFH 时，若先装载低 8 位初值 FFH、然后再装载高 8 位初值 00H 时，会出现 TMR0 实际所获取的结果是 0000H。产生这种错误的原因是在装载 2 个初值的间隙中，计数器产生了 1 次计数：先装载的低 8 位初值 FFH 会在计数脉冲的作用下变为 00H（并有一个向高 8 位的进位），而后面再装载高 8 位的 00H 后，便会得到的是错误的 0000H。

为了避免错误的产生，可以采用 2 种方法。

① 在装载初值时，先关闭计数器，保证装载 2 次初值时，计数器处于"静止状态"。

② 将 16 位计数器设计为双缓冲结构，并按照特定顺序装载初值。

前一种方法适合在整个程序的初始化部分使用，而在周期性动态工作时，频繁的关闭计数器会影响定时的准确性，也增加了编程的复杂性。采用双缓冲结构适合计数器在动态运行期间重装初值，效率高，不会产生装载初值错误。

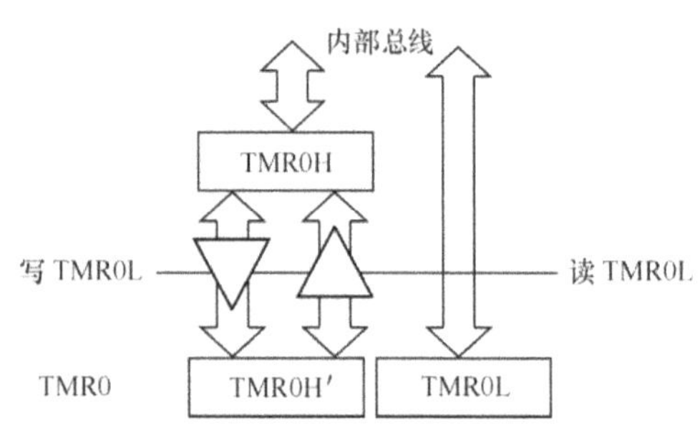

图 3.2.8　TMR0 的双缓冲结构示意图

如图 3.2.8 所示，在双缓冲结构中设计有一个 TMR0H 缓冲寄存器。装载 16 位初值时，首先装载 TMR0H 初值，此时 TMR0H 初值被预装载到 TMR0H 缓冲器，然后再装载 TMR0L 初值，此时在写 TMR0L 信号的作用下，原先装载到缓冲单元 TMR0H 中的高 8 位初值就会与总线上的 TMR0L 的低 8 位初值共同以 16 位的形式同步装载到 TMR0L，TMR0H 中。这种设计可以有效地避免 2 次装载初值时可能出现的问题。

双缓冲结构保证了 16 位初值装载的准确性，但也向编程者提出了一个要求，在装载 16 位初值时，必须先装载 TMR0H，然后再装载 TMR0L。

（2）16 位初值的读取

与装载 16 位初值相类似，如果要读取 TMR0 中的 16 位计数值，分 2 次分别读取 TMR0L、TMR0H 时，也有可能造成出错（留给读者自己推理）。避免读取错误的方法仍然是依靠双缓冲结构，先读取 TMR0L，实际上这是一个 16 位数据的读入操作，其中低 8 位的计数值 TMR0L 通过内部总线读取到 WREG，同时高 8 位计数值 TMR0H 被读到缓冲器中（实际上就是 TMR0H），然后可以再通过指令将 TMR0H 读入 WREG 中。应当强调的是，尽管是分 2 次获取 16 位的计数值，但这个 16 位的计数值是同时捕捉到的，这种方式保证了读取 16 位计数值的可靠性。

为了保证这种操作的正确性，要提醒读者，在编程读取 16 位计数值时，必须先读取低 8 位计数值 TMR0L，然后再获取高 8 位计数值 TMR0H。

4. 与 TMR0 相关的 SFR

与 TMR0 相关的 SFR 共有 4 个（见表 3.2.2）。对 TMR0 编程时，是通过对与 TMR0 相关的 SFR 进行初始化等操作完成的。与 TMR0 相关的寄存器除了 TMR0H、TMR0L 以外，还有 TMR0 控制寄存器 T0CON（设定 TMR0 的工作模式）、中断控制寄存器 INTCON 等。

表 3.2.2　　　　　　　　　　与 TMR0 相关的 SFR（灰色单元格为无关位）

名　称	符号	地址	SFR							
			bit7	bit6	bit5	bit4	bit3	bit2	bit1	bit0
T0 计数器高 8 位	TMR0H	FD7H	16 位计数器的高 8 位							
T0 计数器低 8 位	TMR0L	FD6H	16 位计数器的低 8 位							
T0 控制寄存器	T0CON	FD5H	TMR0ON	T08BIT	T0CS	T0SE	PSA	T0PS2	T0PS1	T0PS0
中断控制寄存器	INTCON	FF2H	GIE	PEIE	TMR0IE	INT0IE	RBIE	TMR0IF	INT0IF	RBIF

（1）TMR0H、TMR0L

由 TMR0H、TMR0L 2 个 8 位 SFR 组成 1 个 16 位的寄存器。TMR0 为加 1 计数器，设计为双缓冲结构。TMR0 具备 16 位和 8 位（仅用低 8 位 TMR0L）2 种工作方式。为了满足不同的定时/计数要求往往需要对其预装 1 个 16 位初值。在编程时应当注意，在 16 位初值的装载中要先装载 TMR0H，后装载 TMR0L。由于采用加 1 计数模式，所以有如下结果。

① 计数模式时（T0CON.T0CS=1）初值 TC 的计算公式为

$$TC = M - N$$

其中，M 为计数器的计数模（8 位模式为 256，16 位模式为 65 536）；

N 为所要求的计数值。

② 定时模式时（T0CON.T0CS=0）初值 TC 的计算公式为

$$TC = M - T/T_{计数}$$

其中，T 为所要求的定时值。

M 为计数器的计数模（8 位模式为 256，16 位模式为 65 536）。

$T_{计数}$ 为定时器计数脉冲周期（$F_{osc}=16\mathrm{MHz}$ 时 $T_{计数}=0.25\mathrm{\mu s}$）。

（2）T0CON

T0CON 为定时器 TMR0 的控制寄存器，用以设定工作方式、分频器的使用等。该寄存器在上电/复位后被全部清零（见表 3.2.3）。对 T0CON 的设定原理可参考图 3.2.6 所示的结构图。

表 3.2.3　　　　　　　　　　　　　　　　T0CON 的定义

SFR 位	TMR0ON	T08bit	T0CS	T0SE	PSA	T0PS2	T0PS1	T0PS0
读/写性质及复位状态	R/W-0	R/W-0	R/W-0	R/W-0	R/W-0	R/W-0	R/W-0	R/W-0

说明，SFR 中各位的可操作性质（R/W）以及在系统复位后的状态，示例如下。

W/R-0 表明该位可读、可写，复位时为 "0"。

W/R-1 表明该位可读、可写，复位时为 "1"。

W/R-x 表明该位可读、可写，复位时该位不确定。

TMR0ON：定时器 TMR0 的启动控制位。

TMR0ON=1 时，启动定时器工作；TMR0ON=0 时，关闭定时器。

注意，在 T0CON 其他位设定之前不要启动 TMR0，所以启动 TMR0 往往是初始化靠后的一条单独的位操作指令。

T08BIT：定时器 TMR0 的 8/16 位模式选择位。

T08BIT=1 时，8 位定时/计数模式；T08BIT=0 时，16 位定时/计数模式。

注意，当使用 8 位模式满足定时/计数要求时建议使用 8 位模式以简化初值操作。

T0CS：计数脉冲选择位（定时/计数选择）。

T0CS=0 时，计数脉冲来自内部时钟 $F_{osc}/4$，为定时模式。

T0CS=1 时，计数脉冲来自外部引脚（RA4）上的信号，为计数模式。

T0SE：定时器 TMR0 计数方式时信号边沿选择位（定时方式无效）。

T0SE=0 时，选择 T0CKI 脉冲的上升沿加 1 计数。

T0SE=1 时，选择 T0CKI 脉冲的下降沿加 1 计数。

注意，一般情况下不用刻意修改此项，按照默认值（上升沿计数）即可。

PSA：定时器 TMR0 的预分频器选择位。

PSA=0 时，TMR0 的计数脉冲经过预分频器。

PSA=1 时，TMR0 的计数脉冲不使用预分频器。

注意，当 16 位计数器满足定时或计数要求时，就不要使用预分频器。

T0PS2～0：预分频器的分频系数设定位（见表 3.2.4）。

表 3.2.4　　　　　预分频的分频系数与最大计数/定时值的关系表（系统时钟 F_{osc}=16MHz）

T0PS2～0	预分频器分频比	最大计数值 M	最大定时值 $M \times 0.25\mu s$	溢出分辨率（μs）
000	1：2	131 072	32 768	0.5
001	1：4	262 144	65 536	1
010	1：8	524 288	131 072	2
011	1：16	1 048 576	262 144	4
100	1：32	2 097 152	524 288	8
101	1：64	4 194 304	1 048 576	16
110	1：128	8 388 608	2 097 152	32
111	1：256	16 777 216	4 194 304	64

注意，在满足要求的前提下，尽可能的使用小的分频比以保证对信号的分辨率。

（3）INTCON

INTCON 为中断控制寄存器（见表 3.2.5）。存储与 TMR0 相关的中断参数等。在 PIC18F 的中断系统中将 TMR0 定义在第一梯队之中来处理、响应其中断。

表 3.2.5　　　　　　　　　　　　　　　　INTCON 的定义

SFR 位	GIE	PEIE	TMR0IE	INT0IE	RBIE	TMR0IF	INT0IF	RBIF
读/写性质及复位状态	R/W-0	R/W-0	R/W-0	R/W-0	R/W-0	R/W-0	R/W-0	R/W-x

GIE：总的中断使能。

GIE=0 时，禁止所有中断。

GIE=1 时，开放总的中断。

注意，如果不采用中断方式编程时不要开放 GIE，否则中断标志的状态将破坏程序执行。如果采用中断方式编程时，必须在其他所有参数设置完后，最后使能 GIE。

TMR0IE：TMR0 的中断允许位。

TMR0IE=0 时，屏蔽 TMR0 的中断使能。

TMR0IE=1 时，使能 TMR0 中断（当 GIE=1 时，一旦 TMR0IF=1 便可引发中断）。

注意，当 TMR0 不采用中断方式编程时不要开放 TMR0IE=1，否则 TMR0IF 中断标志（也是溢出标志）的状态将破坏程序的正常执行。如果采用中断方式编程时，必须在其他所有参数设置完后，最后使能 TMR0IE 和 GIE。

TMR0IF：TMR0 的溢出标志。

TMR0IF=1 时，表明 TMR0 计数器产生溢出（完成 1 次定时或计数周期）。

TMR0IF=0 时，表明 TMR0 计数器还未产生溢出。

注意，TMR0IF 实际上是一个标志，它表明定时器的 1 个计数周期是否完成。可以采用 2 种不同的方式对 TMR0 编程。

① 中断法编程，当 TMR0IE=1 时（GIE=1），TMR0IF=1 便可引发硬件中断。

② 查询法编程，采用软件查询 TMR0IF 的方法实现对 TMR0 的编程。

5. 与 TMR0 相关的指令

对 TMR0 的编程主要有 2 个部分。

① 对 TMR0 的初始化部分，它包含设定 TMR0 的工作模式（定时或计数）、8 位或 16 位模式、是否使用预分频器、计算 TMR0 的初值等。当初始参数设置完成后，程序一般不再改变，可以将这个过程称为对定时器的静态设置。

② 使用查询或中断的方法来处理 TMR0 的溢出，利用定时器的溢出信号实现一个特定的操作。每当产生溢出时，需要清除溢出标志、软件重装初值，以及进行相关处理等操作，将这个过程称为对定时器的动态刷新。

【举例】使用 TMR0 定时，通过 PORTD 端口的 RD0 输出一个连续的方波，要求方波的周期为 10ms，如图 3.2.9 所示。

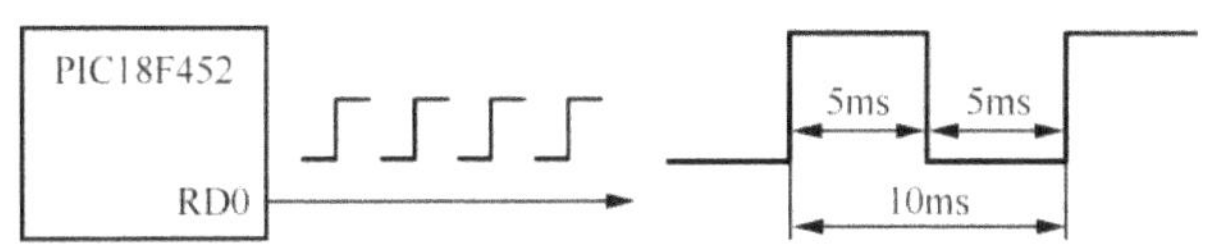

图 3.2.9　利用 TMR0 控制 RD0 端口输出方波的示意图

【解】此题目包含了对 TMR0 和端口 PORTD 2 个模块的编程操作。利用 RD0 输出周期为 10ms 的方波信号可以将 TMR0 的溢出周期设定为 5ms，这样每到 5ms 利用取反指令对 RD0 操作，就可以在 RD0 端口上输出一个周期为 10ms 的连续方波。

1. 对 TMR0 的初始化

（1）对 T0CON 的设置

暂不启动 TMR0，所以 TMR0ON=0；采用 16 位模式，所以 T08bit=0；TMR0 为定时方式，

所以 T0CS=0；定时与 T0SE 无关，按"0"处理；不使用预分频器，所以 PSA=1,T0PS2～T0PS0=000B。这样 T0CON = 0000 1000B = 08H。对应的指令为

```
MOVLW    08H              ;先将控制字送 W 寄存器
MOVWF    T0CON            ;再将 W 中的控制字送 T0CON
```

（2）计算 TMR0 定时 5ms 的初值

$$TMR0\ 的初值\ TC=M-T/（T_{计数}\times N）$$

其中，TC 为初值；M 为计数器最大计数值，16 位计数模式时为 65 536；T 为定时时间，此题为 5ms；$T_{计数}$ 为计数器的计数脉冲周期，本题设定系统时钟频率 F_{osc}=16MHz，这样 $F_{osc}/4$=4MHz，所以 $T_{计数}$=0.25μs；N 为分频器的分频系数，这里不使用分频器，所以分频系数为 1。这样可以得出

$$
\begin{aligned}
TC&=M-T/（T_{计数}\times N）\\
&=65\ 536-5\ 000/0.25\\
&=65\ 536-2\ 000\\
&=45\ 536\\
&=\text{B1E0H}
\end{aligned}
$$

对应的指令为

```
MOVLW    0B1H             ;高 8 位初值先送 W
MOVWF    TMR0H            ;再送 TMR0H
MOVLW    0E1H             ;同理送低 8 位初值
MOVWF    TMR0L
```

2. 对 PORTD 的初始化

利用 RD0 输出方波就必须将 RD0 端口设定为输出模式，此操作是通过对 TRISD 来实现的。因为仅仅是利用 RD0，所以利用位操作将 TRISD.0 清零即可，即

```
BCF TRISD,0                ;将 TRISD 的 d0 位清零（端口对应位为输出）
```

以上所有的内容可以归纳为初始化操作，它包含对 TMR0 和 PORTD 的初始设置，一旦这些初始操作完成后，在一般情况下就不需要修改了（静态设置）。

3. 启动定时器 TMR0 进行定时操作

当初始化完成后，定时器并没有工作，要想启动 TMR0 只需要一条位操作指令将 T0CON 中的 TMR0ON 置一即可，即

```
BSF T0CON,TMR0ON
```

4. 对 TMR0 和 RD0 的动态编程

一旦将 TMR0 启动后，TMR0 就开始计数定时，当计数器计满并再来一个脉冲时，TMR0 便会产生一个溢出信号，即 TMR0IF=1，在程序中是利用一个位测试指令来实现对 TMR0IF 的状态查询。一旦出现溢出标志（TMR0IF=1）时，程序要做 3 件事：手工将 TMR0IF 清零；重装 TMR0 的计数初值；对 RD0 端口取反。程序为

```
LOOP  BTFSS INTCON,TMR0IF    ;如果 TMR0IF=1 则跳一步，否则顺序向下执行
```

```
BRA     LOOP                    ;TMR0IF≠1 时返回 LOOP 继续查询
BCF     INTCON,TMR0IF           ;清除溢出标志
MOVLW   0B1H                    ;软件重装初值
MOVWF   TMR0H
MOVLW   0E1H
MOVWF   TMR0L
BTG     PORTD,0                 ;端口电平"位取反"以输出方波
```

可以将上面的几个步骤综合起来就可以构成一个完整的应用程序，程序运行的输出波形如图 3.2.10 所示。

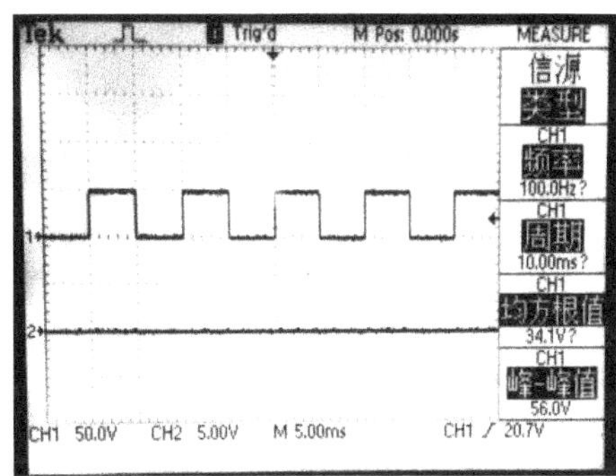

图 3.2.10　程序执行时 RD0 端口的输出波形

```
;**************************************************************
;PIC18F452 RD0 端口输出 10ms 周期方波程序
;**************************************************************
;
        LIST    P=18F452
        #INCLUDE P18F452.INC
        ORG     00H
        GOTO    MAIN
        ORG     100H
MAIN    BCF     TRISD,0
        MOVLW   0B1H
        MOVWF   TMR0H
        MOVLW   0E0H
        MOVWF   TMR0L
        MOVLW   08H
        MOVWF   T0CON
        BSF     T0CON,TMR0ON
LOOP    BTFSS   INTCON,TMR0IF
        BRA     LOOP
        BCF     INTCON,TMR0IF
        MOVLW   0B1H
        MOVWF   TMR0H
        MOVLW   0E0H
        MOVWF   TMR0L
        BTG     PORTD,0
        BRA     LOOP
        END
;**************************************************************
```

3.2.6　定时计数器 TMR1 的结构及编程原理

1．TMR1 定时器的组成结构

定时器 TMR1 是一个 16 位结构（仅为 16 位模式）的定时计数器，由 TMR1H、TMR1L 组成。定时器 TMR1 的工作模式由 T1CON 寄存器设定（如图 3.2.11 所示）。

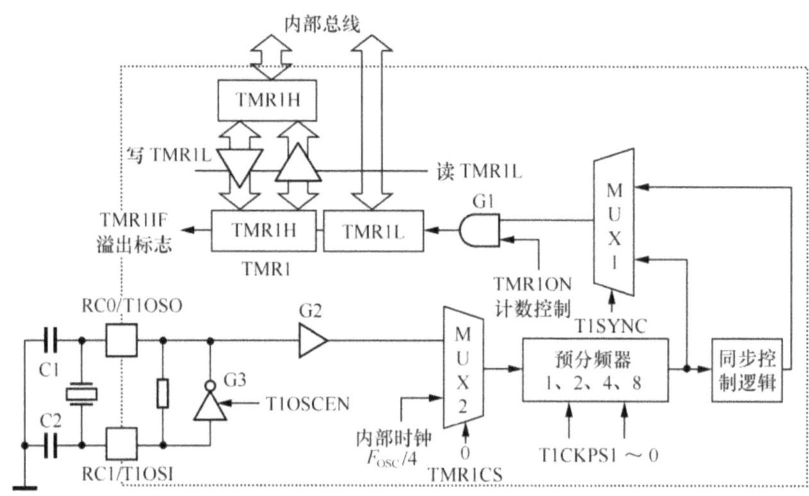

图 3.2.11　TMR1 定时器结构示意图

TMR1 带有预分频器，可以实现 1、2、4、8 共四种分频比，中断标志为 TMR1IF，在 PIR1 寄存器中。当处于定时模式时，计数脉冲来自系统时钟 $F_{osc}/4$ 信号；当定时器处于计数模式时，计数器的计数脉冲来自单片机的引脚（RC0/T1CKI），计数脉冲的有效边沿为上升沿，且不可改变。TMR1 的计数脉冲可选择时钟同步或不同步 2 种方式（适合 SLEEP 模式下工作）。

2．TMR1 的特点

除了满足基本的定时或计数功能外，TMR1 还具备外接晶体低功耗振荡器模式，即在 RC0、RC1（T1OSO/T1OSI）引脚的内部设计有一个低功耗可编程振荡器电路，如果在 RC0、RC1 外接一个晶体，并通过软件使能该振荡电路（T1OSCEN=1），则该振荡电路就会以外接晶体的谐振频率开始震荡，向 TMR1 内部的计数器提供计数脉冲。通常的应用是外接一个 32.768kHz 的晶体，为 TMR1 提供可以实现秒定时所需要的计数脉冲。

3．与 TMR1 相关的 SFR

共有 7 个 SFR 与 TMR1 有关（见表 3.2.4）。与 TMR0 不同，TMR1 的标志位、中断允许位都在外围模块相应的外围模块组中（如 PIR1、PIE1 和 IPR1）。

表 3.2.6　　　　　　　　　　　　　与 TMR1 相关的 SFR 一览表

SFR 名称	SFR 符号	SFR 地址	SFR 内容							
			bit7	bit6	bit5	bit4	bit3	bit2	bit1	bit0
T1 计数器高 8 位	TMR1H	FCFH	16 位计数器的高 8 位							
T1 计数器低 8 位	TMR1L	FCEH	16 位计数器的低 8 位							

续表

SFR 名称	SFR 符号	SFR 地址	SFR 内容							
			bit7	bit6	bit5	bit4	bit3	bit2	bit1	bit0
T1 控制寄存器	T1CON	FCDH	RD16	…	T1CKPS1	T1CKPS0	T1OSCEN	/T1SYNC	TMR1CS	TMR1ON
中断控制寄存器	INTCON	FF2H	GIE	PEIE	TMR0IE	INT0IE	RBIE	TMR0IF	INT0IF	RBIF
外围模块标志 1	PIR1	F9EH	…	…	…	…	…	…	…	TMR1IF
外围模块中断使能 1	PIE1	F9DH	…	…	…	…	…	…	…	TMR1IE
外围模块优先级 1	IPR1	F9FH	…	…	…	…	…	…	…	TMR1IP

（1）TMR1H、TMR1L

TMR1H、TMR1L 为 16 位加 1 计数器。双缓冲结构（与 TMR0 相同）：装载初值时应当注意，先装 TMR1H，后装载 TMR1L。

（2）T1CON

T1CON 为定时器 TMR1 的控制寄存器（见表 3.2.7），用于设定 TMR1 的工作模式等参数，单片机上电/复位后，该寄存器被清零。

表 3.2.7　　　　　　　　　　　　　　T1CON 的定义

SFR 位	RD16	…	T1CKPS1	T1CKPS0	T1OSCEN	/T1SYNC	TMR1CS	TMR1ON
读/写性质及复位状态	R/W-0	…	R/W-0	R/W-0	R/W-0	R/W-0	R/W-0	R/W-0

RD16，16 位读/写使能位。

RD16=1 时，TMR1 可以按 16 位来读/写。

所谓 16 位读模式是一种同步读取 TMR1 的 16 位计数值的读/写模式(双缓冲方式)，同 TMR0。16 位读/写模式计数值不会产生进位错误。

RD16=0 时，TMR1 按 2 个 8 位来读/写。

所谓的 8 位读/写是相对于 16 位读/写而言，在 16 位读/写模式中，程序无法直接读取 TMR1H 的数据，而 8 位读/写模式时对 TMR1H 的读取绕过了缓冲器而直接读、写 TMR1H，所以 8 位模式可以直接读取 TMR1H 和 TMR1L 中的数据。但是这种 16 位分 2 次的读取势必存在一种风险，即在 2 次读取数据之间，高、低位的进位会导致读出的数据错误。在此模式下如果进行 16 位初值的写操作（当然也是要分 2 次操作）时，建议先关闭 TMR1，然后再分别写入，以避免对 TMR1 的动态写入时造成的进位错误。

建议，在一般情况下，使用 16 位读/写模式会比较安全、可靠。

T1CKPS1、0：预分频器的分频比设定位。

T1CKPS1、0=00 时，分频比 1∶1。

T1CKPS1、0=01 时，分频比 1∶2。

T1CKPS1、0=10 时，分频比 1∶4。

T1CKPS1、0=11 时，分频比 1∶8。

TMR1 的初值计算同 TMR0。表 3.2.8 所示为 TMR1 的分频器的分频系数与最大计数、定时值的对应关系，在对 TMR1 初始化时可参考此表设定分频比。

表 3.2.8　　　　预分频的分频系数与最大计数/定时值的关系表（系统时钟 F_{osc}=16MHz）

T1CKPS1, 0	预分频器分频比	最大计数值 M	最大定时值 $M \times 0.25\mu s$	溢出分辨率/μs
0　0	1：2	131 072	32 768	0.5
0　1	1：4	262 144	65 536	1
1　0	1：8	524 288	131 072	2
1　1	1：16	1 048 576	262 144	4

注意，在满足要求的前提下，尽可能的使用小的分频比以保证对信号的分辨率。

T1OSCEN：T1 专用的自带低功耗系统的外接晶体振荡器使能位（如图 3.2.12 所示）。

T1OSCEN=1 时，使能该功能（振荡器的 G2 导通使电路振荡）。

T1OSCEN=0 时，关闭该功能（振荡器的 G2 截止使电路停振）。

注意，在计数模式时，当不使用自带低功耗系统功能时，不要使能 T1OSCEN，否则会因 G3 的启用使电路起震而干扰正常计数功能。

/T1SYNC：T1 同步控制位（计数模式时有效）。

/T1SYNC=0 时，外输入脉冲与系统时钟同步。

/T1SYNC=1 时，外输入脉冲与系统时钟不同步。

注意，当使用同步模式时，如果系统进入 SLEEP 运行模式时，外部计数脉冲会因得不到系统时钟的同步信号而无法对 TMR1 进行正常的计数工作。

TMR1CS：T1 时钟源选择位（定时/计数模式设定）。

TMR1CS=0 时，来自系统内部 F_{osc}/4（定时模式）。

TMR1CS=1 时，外部输入（RC0/T1CKI）默认上升沿计数（计数模式）。

注意，当 TMR1 启用自带低功耗时钟系统时，TMR1CS 必须设定为计数方式，即 TMR1CS=1。

TMR1ON：TMR1 启动控制位。

TMR1ON=1 时，启动计数器 TMR1。

TMR1ON=0 时，关闭计数器 TMR1。

注意，在 T1CON 其他位设定之前不要启动 TMR1，所以启动 TMR1 往往是初始化靠后的一条单独的位操作指令。

（3）PIR1

PIR1 为外围模块标志寄存器 1（见表 3.2.9）。与 TMR0 不同，TMR1 等外围模块被划分为第二梯队，它们的溢出标志、中断使能位等都被安置在 PIR1、PIE1 中。

表 3.2.9　　　　　　　　　　　　　　　　PIR1 的定义

SFR 位	PSPIF	ADIF	RCIF	TXIF	SSPIF	CCP1IF	TMR2IF	TMR1IF
读/写性质及复位状态	R/W-0	R/W-0	R/W-0	R/W-0	R/W-0	R/W-0	R/W-0	R/W-0

TMR1IF：TMR1 的溢出标志。

TMR1IF=1 时，表明 TMR1 产生溢出，若 TMR1IF=1，且 TMR1IE=1 时，则可引发中断。

TMR1IF=0 时，表明 TMR1 未产生溢出。

注意，与 TMR0 不同，TMR1IF 在 PIR1（外围模块中断标志寄存器）中。TMR1IF 实际上是一个标志，它表明定时器的 1 个计数周期是否完成。可以采用 2 种不同的方式对 TMR1 编程。

① 中断法编程。当 TMR1IE=1 时，GIE=1 且 PEIE=1 时，TMR1IF=1 便可引发硬件中断。

② 查询法编程。采用软件查询 TMR1IF 的方法实现对 TMR0 的编程。

（4）PIE1

PIE1 为外围模块中断允许寄存器 1（见表 3.2.10）。

表 3.2.10　　　　　　　　　　　　　　　　PIE1 的定义

SFR 位	SPIIE	ADIE	RCIE	TXIE	SSPIE	CCP1IE	TMR2IE	TMR1IE
读/写性质及复位状态	R/W-0	R/W-0	R/W-0	R/W-0	R/W-0	R/W-0	R/W-0	R/W-0

TMR1IE：TMR1 中断允许位。

当设定 TMR1IE=1 时，允许 TMR1IF=1 时引发中断。

当设定 TMR1IE=0 时，屏蔽 TMR1 的中断申请。

注意，与 TMR0 不同，TMR1IE 在 PIE1（外围模块中断允许寄存器）中。当 TMR1 不采用中断方式编程时不要开放 TMR1IE=1，否则 TMR1IF 中断标志（也是溢出标志）的状态将破坏程序的正常执行。如果采用中断方式编程时，必须在其他所有参数设置完后，最后使能 TMR1IE、GIE 和 PEIE 位。

（5）IPR1

IPR1 为外围模块中断优先级寄存器（见表 3.2.11）。

表 3.2.11　　　　　　　　　　　　　　　　IPR1 的定义

SFR 位	PSPIP	ADIP	RCIP	TXIP	SSPIP	CCP1IP	TMR2IP	TMR1IP
读/写性质及复位状态	R/W-1	R/W-1	R/W-1	R/W-1	R/W-1	R/W-1	R/W-1	R/W-0

TMR1IP：TMR1 的中断优先级设定位。

当设定 TMR1IP=1 时，TMR1 为高优先级。

当设定 TMR1IP=0 时，TMR1 为低优先级。

注意，系统复位时，IPR 寄存器的各个位都被置 1，即所有的中断源都设定为高优先级，对应的中断矢量入口为 0008H（低优先级的矢量入口为 0018H）。

4. TMR1 的自带振荡器模式

除了满足定时或计数的基本功能外，TMR1 还具备低功耗外接晶体振荡器模式，即在 RC0、RC1（T1OSO/T1OSI）引脚的内部设计有一个低功耗振荡器电路，如果在 RC0、RC1 外接一个晶体，并通过软件使能该振荡电路（T1OSCEN=1），则该振荡电路被启用，以外接晶体的谐振频率开始振荡，向 TMR1 内部的计数器提供计数脉冲。通常的应用是外接一个 32.768kHz 的晶体，为 TMR1 提供秒定时所需要的计数脉冲（如图 3.2.12 所示）。同时应注意以下两点。

① 当使能 TMR1 的自带低功耗振荡器模式实现秒定时时，RC0/T1OSO 的引脚就被自动的设置为输入引脚，对应的 TRIS 值将被忽略。另外，此时 TRM1 应当设置为计数方式。

② 如果 TMR1 被设置为单纯的计数方式时，应当通过对应的 TRIS 位设定为输入引脚，此时外部计数脉冲通过 RC0 输入、计数，此时不使能自带低功耗振荡器模式，否则振荡器的启用会干

扰 RC0 端的外部计数信号，此时 RC1 不能作为计数输入。

自带振荡器模式下 TMR1 的初值特点，就是当振荡器采用的是 32.768kHz 晶体时，可以设定几个比较特殊的初值，这些初值的设定可以方便的实现 RTC 功能（详见表 3.2.12 ）。

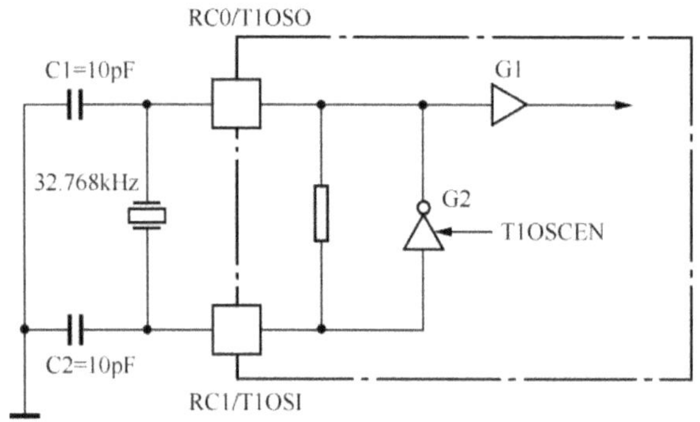

图 3.2.12　TMR1 的自带晶体振荡器示意图

表 3.2.12　　特殊初值

TMR1 初值	溢出时间/s
8000H	1
C000H	0.5
E000H	0.25
F000H	0.125

5. TMR1 的编程

对 TMR1 的编程同 TMR0 是完全类同的，这里例举 TMR1 所特有的自带低功耗时钟系统功能，实现秒定时的例子。

在这种模式下，单片机的 RC0、RC1 必须外接 1 个 32.768kHz 的晶体和 2 个补偿电容（如图 3.2.12 所示 ）。

TMR1 的自带低功耗振荡器模式的运用至少带来两点好处。

① 当单片机的系统时钟采用廉价的 RC 模式时，通过自带低功耗时钟系统功能仍然能够获取精确的秒脉冲，这里秒脉冲的精度与系统时钟无关，仅取决于 RC0、RC1 引脚外接的 32.768kHz 晶体。

② 由于自带低功耗时钟系统的运行不依赖于单片机的系统时钟，因而当单片机进入 SLEEP 模式时，自带低功耗时钟系统仍能够正常运行，这一特点可以实现超低功耗的 RTC 系统设计。

【举例】利用 TMR1 的自带低功耗时钟系统功能实现秒定时，并通过 PORTD 端口进行秒加 1 显示，即模拟一个二进制秒表的运行。

【解】此题分为 2 部分：一是对 PORTD 和 TMR1 的初始化程序；另一个是对 TMR1 的动态监测并实现秒加 1 操作。

① 初始化程序，将 PORTD 设定为输出端口（CLRF TRISD）并原始清零（CLRF PORTD）；对 T1CON 初始化，将 TMR1 设定为计数方式、自带低功耗振荡器模式，对 TMR1 赋 16 位初值 8000H（先送高位 ）等。

② 对 TMR1 的溢出标志 TMR1IF 查询，一旦标志有效，清该标志，软件重装初值，PORTD 加 1 等。

程序清单如下。

```
;**********************************************************
;PIC18F452 利用 TMR1 做秒加 1 计数并通过 PORTD 显示
;**********************************************************
        LIST    P=18F452
        #INCLUDE P18F452.INC
        ORG     0000H
```

```
            GOTO      MAIN
            ORG       0100H
    MAIN    CLRF      TRISD                   ;端口 PORTD 初始化
            CLRF      PORTD
            MOVLW     B'00001110'             ;TMR1 初始化
            MOVWF     T1CON
            MOVLW     80H
            MOVWF     TMR1H
            MOVLW     00H
            MOVWF     TMR1L
            BSF       T1CON,TMR1ON            ;启动 TMR1
    LOOP    BTFSS     PIR1,TMR1IF             ;查询 TMR1 的溢出标志，TMR1IF=1 时 SKIP
            BRA       LOOP                    ;TMR1IF≠1 时返回 LOOP 继续查询等待
            BCF       PIR1,TMR1IF             ;TMR1IF=1 时，清标志、赋初值等
            MOVLW     80H
            MOVWF     TMR1H
            MOVLW     00H
            MOVWF     TMR1L
            INCF      PORTD                   ;PORTD 加 1
            BRA       LOOP
            END
    ;***********************************************************************
```

6. RC0、RC1 引脚的非易失性问题

应当注意，一旦 TMR1 使能了低功耗可编程的振荡器，那么端口 RC0、RC1 就不能再做 I/O 端口了（即使单片机断电，这种功能也会一直保留）。如果想重新将 RC0、RC1 作为 I/O 端口来使用，必须在程序的初始化中格外加一条"不使能低功耗可编程的振荡器"的指令来取消 RC0、RC1 的第二功能。PIC 单片机端口引脚的这种特点称为端口第二功能的非易失性。

一旦发现 RC0、RC1 端口做 I/O 操作不正常时，就要在程序的初始化部分中增加不使能该第二功能的指令，以恢复端口的 I/O 功能。方法如下。

```
    MOVLW     0X00
    MOVWF     T1CON
```

3.2.7　定时计数器 TMR2 的结构及编程原理

定时器 TMR2 是一个 8 位定时器，没有计数功能。计数脉冲频率为 $F_{osc}/4$。TMR2 的最大特点是与一个 8 位的周期寄存器 PR2 相配合，在周期性定时时，不需要软件重装初值，因此适合周期性定时等场合。

1. TMR2 定时器的结构组成

TMR2 与 TMR0、TMR1 的结构相比有着较大的区别。首先它是一个 8 位的定时器（不具备计数功能），具有 1 个 4 位的预分频器和 1 个按自然数 1～16 分频的后分频器。TMR2 配有 1 个 8 位的周期寄存器 PR2 和 1 个 8 位的比较器，如图 3.2.13 所示。在 TMR2 工作计数时，比较器将 PR2 与 TMR2 的内容不断地进行比较，一旦两者相等时，再来一个脉冲，比较器就会输出 1 个匹配信号，并将 TMR2 自动清零，重新开始计数。可见，PR2 决定了 TMR2 的计数范围，因此也称 PR2 为 TMR2 的周期寄存器（参见图 3.2.13）。

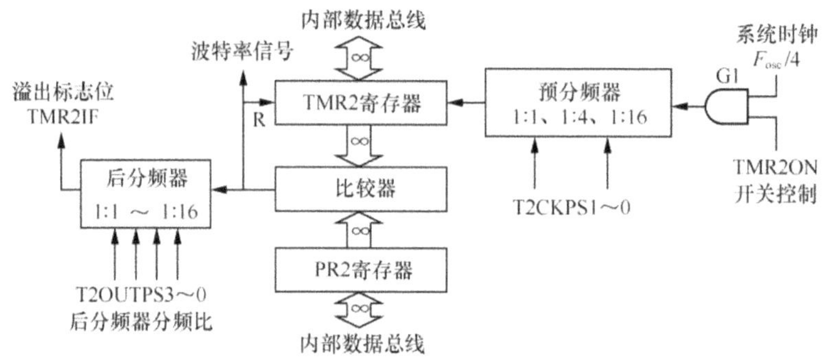

图 3.2.13　TMR2 的内部结构示意图

（1）8 位的周期寄存器 PR2

具有 1 个 8 位的周期寄存器 PR2。当 TMR2 从 00H 开始计数时，一旦 TMR2 中的值与 PR2 相匹配时，再来一个计数脉冲时 TMR2IF=1，TMR2 自动清零（TMR2=00H）。基于这个特点，TMR2 与普通的计数器 TMR0、TMR1 相比有 2 个明显的区别。

① TMR2 是一个具有硬件初值重装功能的计数器，TMR2 从 00H 开始计数，当 TMR2=PR2 时，再来一个计数脉冲，TMR2 自动清零并重新计数，因此称 PR2 为 TMR2 的周期寄存器。TMR2 初值自动重装的特点使其非常适合周期性定时的应用场合。

② 与 TMR0、TMR1 相比较，TMR2 的溢出时间是通过 PR2 的初值来决定的，而且 TMR2 是从 00H 开始加 1 与 PR2 的内容比较，因此决定 TMR2 溢出时间的因素就是 PR2 中的初值，而不是 $M - T / TC$，这给初值的计算带来了便利。单片机复位后，PR2=FFH。

（2）按自然数连续分频的后分频器

TMR2 不仅带有可编程的预分频器，还设计有按自然数连续分频的后分频器。由于后分频器的介入，使得 TMR2IF 溢出信号并不是简单的与 TMR2 计数器本身的匹配相同步，只有经过后分频器，在后分频器溢出时，TMR2IF 才有效。所以后分频器的作用使得 TMR2IF 的周期与 PR2 周期呈现着一个对应关系。

（3）TMR2 的计数周期的计算

严格的讲，TMR2 的计数周期分两种情况。

① TMR2 的计数周期。这个计数周期时间 T 的计算公式为

$$T =(PR2+1)T_{计数} \times N1$$

或

$$PR2 = T/(T_{计数} \times N1)-1$$

其中，$N1$ 为预分频器分频比，PR2 为 PR2 寄存器的初值。

不难看出，TMR2 的计数周期仅与 PR2 寄存器中的初值、预分频器的分频比 $N1$ 有关。在这种模式下，只要将 TMR2 的初值（PR2 值）和预分频器的分频比，以及工作模式等设定好，并启动后，TMR2 就会自动地周期性计数，程序不用再进行干预。

② TMR2 的溢出周期（TMR2IF=1）。溢出周期不同于计数周期，其公式为

$$T =(PR2+1)T_{计数} \times N1 \times N2$$

$$PR2 = T/(T_{计数} \times N1 \times N2)-1$$

其中，$N1$ 为预分频器分频比，$N2$ 为后分频器的分频比，PR2 为 PR2 寄存器的初值。

从 TMR2 的结构可看出（如图 3.2.13 所示），计数周期并不简单地等于溢出周期，这是因为在计数周期的匹配信号与溢出信号之间有一个后分频器，所以后分频器的设置决定了溢出周期与

计数周期之间的关系。

与 TMR0、TMR1 相同，TMR2 的溢出周期常用于周期性定时。如方波发生器等应用场合，在这种模式下，程序仍需要借助于标志 TMR2IF 实现相关的操作。

2．与 TMR2 相关的 SFR

与 TMR1 类似，与 TMR2 相关的 SFR 有 7 个（见表 3.2.13），其中 INTCON、PIR1、PIE1 和 IPR1 的定义类同 TMR1，这里省略了对其详细的描述。

表 3.2.13　　　　　　　　　　与 TMR2 相关的 SFR（灰色单元格为无关位）

SFR 名称	SFR 符号	SFR 地址	FSR 内容							
			bit7	bit6	bit5	bit4	bit3	bit2	bit1	bit0
T2 计数器	TMR2	FCCH	8 位加一计数器							
周期寄存器	PR2	FCBH	8 位周期寄存器							
T2 控制寄存器	T2CON	FCAH	…	T2UOTPS3	T2UOTPS2	T2UOTPS1	T2UOTPS0	TMR2ON	T2CKPS1	T2CKPS0
中断控制寄存器	INTCON	FF2H	GIE	PEIE	TMR0IE	INT0IE	RBIE	TMR0IF	INT0IF	RBIF
外围模块中断标志 1	PIR1	F9EH							TMR2IF	
外围模块中断使能 1	PIE1	F9DH							TMR2IE	
外围模块中断优先级 1	IPR1	F9FH							TMR2IP	

（1）TMR2

TMR2 为 8 位的加 1 计数器。与 TMR0、TMR1 不同，在一般情况下 TMR2 是不装初值的（系统复位后 TMR2=00H）。TMR2 计数器的溢出时间是由周期寄存器 PR2 来决定的。当 TMR2 启动工作时，通过 8 位比较器将 TMR2 中的自由增量与 PR2 中的标准参数不断的进行比较，当 TMR2=PR2、再来 1 个计数脉冲时，TMR2 便会被自动清零（完成 1 次计数周期），并重新开始新的一轮计数周期。TMR2 的这种特点使计数器本身具备了硬件自动重装初值的功能。单片机复位后 TMR2=00H。

（2）PR2

PR2 为周期寄存器。通过一个 8 位的比较器，将 TMR2 与 PR2 有机的连接起来，每当作为"自由增量"的 TMR2 计数值等于 PR2 时刻并再来一个计数脉冲时，TMR2 会被自动清零，并进入 TMR2 的下一个计数周期。这种方式不仅实现对 TMR2 的计数周期控制，还避免软件重复装载初值的操作。单片机复位时，PR2=FFH。

PR2 的初值是要根据要求来计算、添加进去。计算方法不同于 TMR0，TMR1。其计算公式为

$$\text{PR2 的初值 } TC = T/T_{\text{计数}}$$

其中，T 为所要求的定时值。

$T_{\text{计数}}$ 为定时器计数脉冲周期，如果 $F_{\text{osc}}=16\text{MHz}$，则 $T_{\text{计数}}=4\times1/16\text{MHz}=0.25\mu\text{s}$。

（3）T2CON

T2CON 为 TMR2 控制寄存器（见表 3.2.14）。

表 3.2.14　　　　　　　　　　　　　　　T2CON 的定义

SFR 位	…	T2OUTPS3	T2OUTPS2	T2OUTPS1	T2OUTPS0	TMR2ON	T2CKPS1	T2CKPS0
读/写性质及复位状态	…	R/W-0	R/W-0	R/W-0	R/W-0	R/W-0	R/W-0	R/W-0

T2OUTPS3～0：TMR2 按自然数分频的后分频器分频比设定位。

　　T2OUTPS3～0=0000B 时，分频系数=1∶1。

　　T2OUTPS3～0=0001B 时，分频系数=1∶2。

　　T2OUTPS3～0=0010B 时，分频系数=1∶3。

　　T2OUTPS3～0=0011B 时，分频系数=1∶4。

　　T2OUTPS3～0=0100B 时，分频系数=1∶5。

　　T2OUTPS3～0=0101B 时，分频系数=1∶6。

　　T2OUTPS3～0=0110B 时，分频系数=1∶7。

　　T2OUTPS3～0=0111B 时，分频系数=1∶8。

　　T2OUTPS3～0=1000B 时，分频系数=1∶9。

　　T2OUTPS3～0=1001B 时，分频系数=1∶10。

　　T2OUTPS3～0=1010B 时，分频系数=1∶11。

　　T2OUTPS3～0=1011B 时，分频系数=1∶12。

　　T2OUTPS3～0=1100B 时，分频系数=1∶13。

　　T2OUTPS3～0=1101B 时，分频系数=1∶14。

　　T2OUTPS3～0=1110B 时，分频系数=1∶15。

　　T2OUTPS3～0=1111B 时，分频系数=1∶16。

　　注意，后分频系数影响 TMR2IF 与 TMR2 的溢出对应关系，实际应用中按需来设定。

TMR2ON：TMR2 的启动控制位。

　　TMR2ON=1 时，TMR2 启动。

　　TMR2ON=0 时，关闭 TMR2。

　　注意，在设定好 T2CON 其他位之前，先不要启动 TMR2。

T2CKPS1～0：TMR2 的预分频器。

　　T2CKPS1～0=00B 时，分频系数=1∶1。

　　T2CKPS1～0=01B 时，分频系数=1∶4。

　　T2CKPS1～0=1XB 时，分频系数=1∶16。

　　预分频器的使用可以增加 TMR2 的定时时间范围（见表 3.2.15）。

表 3.2.15　　　　　　预分频的分频系数与最大定时值的关系表（系统时钟 F_{osc}=16MHz）

T0PS2～0	预分频器分频比	最大计数值 M	最大定时值 $M \times 0.25\mu s$	溢出分辨率（μs）
000	1∶1	256	64	0.25
001	1∶4	1 024	256	1
010	1∶16	4 096	1 024	4

（4）PIE1

　　PIE1 为外围模块中断允许寄存器 1（见表 3.2.16）。

表 3.2.16　　　　　　　　　　　　　　　　PIE1 寄存器的定义

SFR 位	SPIIE	ADIE	RCIE	TXIE	SSPIE	CCP1IE	TMR2IE	TMR1IE
读/写性质及复位状态	R/W-0	R/W-0	R/W-0	R/W-0	R/W-0	R/W-0	R/W-0	R/W-0

TMR2IE：TMR2 中断允许位。

当设定 TMR2IE=1 时，允许 TMR2IF=1 时引发中断。

当设定 TMR2IE=0 时，屏蔽 TMR2 的中断申请。

（5）PIR1

PIR1 为外围模块中断标志寄存器（见表 3.2.17）。

表 3.2.17　　　　　　　　　　　　　　　　PIR1 的定义

SFR 位	PSPIF	ADIF	RCIF	TXIF	SSPIF	CCP1IF	TMR2IF	TMR1IF
读/写性质及复位状态	R/W-0	R/W-0	R/W-0	R/W-0	R/W-0	R/W-0	R/W-0	R/W-0

TMR2IF：TMR2 的溢出标志。

TMR2IF=1 时，表明 TMR2 产生溢出（如果 TMR2IF=1 且 TMR2IE=1，PEIE=1 和 GIE=1 时，可引发中断。

TMR2IF=0 时，表明 TMR2 未产生溢出。

（6）IPR1

IPR1 为外围模块中断优先级寄存器（见表 3.2.18）。

表 3.2.18　　　　　　　　　　　　　　　　IPR1 的定义

SFR 位	PSPIP	ADIP	RCIP	TXIP	SSPIP	CCP1IP	TMR2IP	TMR1IP
读/写性质及复位状态	R/W-1	R/W-1	R/W-1	R/W-1	R/W-1	R/W-1	R/W-1	R/W-1

TMR2IP：TMR2 的中断优先级设定位。

当设定 TMR2IP=1 时，TMR2 为高优先级。

当设定 TMR2IP=0 时，TMR2 为低优先级。

注意，系统复位时，IPR 寄存器的各个位都被置 1，即所有的中断源都设定为高优先级，对应的中断矢量入口为 0008H（低优先级的矢量入口为 0018H）。

3. TMR2 的定时初值计算

TMR2 的特点是周期性定时，与周期寄存器 PR2 配合实现不同的定时时间。然而，TMR2 也可以像 TMR0、TMR1 一样，在 PR2=FFH 时，对 TMR2 预装一个初值，在此初值的基础上加 1 计数，当然这种方法是放弃了 TMR2 周期性定时的优点，在进行周期性定时时，必须不断地进行"软件对 TMR2 重装初值"，因此不建议使用这种方式。

（1）周期性定时模式的 PR2 初值计算

使用 PR2 实现定时周期 $T_{PR2}=(4/F_{osc}) \times N1 \times (PR2+1)$

TMR2 的定时器的溢出（TMR2IF）周期 $T_{TMR2IF}=(4/F_{osc}) \times N1 \times (PR2+1) \times N2$

上面公式中，$N1$ 为预分频器的分频系数，F_{osc} 为系统时钟（假设 $F_{osc}=16MHz$），$N2$ 为后分频器的分频系数。在编程时，往往是根据定时时间 T_{TMR2} 来计算 PR2 的值，以满足定时要求，即

$$PR2=(T_{TMR2IF} \times F_{osc})/(4 \times N1 \times N2)-1$$

在利用 PR2 做周期性定时时，要合理选择 $N1$、$N2$，以满足定时要求，另外不同的 $N1$、$N2$ 取值可能会产生一定的误差，这个误差表现在计算的 PR2 值不是整数，其中小数部分直接影响着 T_{TMR2IF} 的准确性，可以尝试不同的 $N1$、$N2$ 组合使计算出的小数最小。

（2）舍去周期寄存器 PR2 的 TMR2 定时初值计算（不推荐使用）

此种模式下 PR2=FFH（最大值），在 TMR2 中预装初值。

$$T_{\text{TMR2IF}}=(4/F_{\text{osc}}) \times N1 \times (256-TC)$$

其中，TC 为 8 位初值，$N1$ 为预分频器的分频系数。经整理可得

$$TC=256-T_{\text{TMR2IF}} F_{\text{osc}}/4N1$$

应当注意的是，在此种模式下，TMR2 的后分频器的分频比必须是 1：1，这是因为每次 TMR2 与 PR2 匹配时，都应当为 TMR2 重装初值，而此时除了 TMR2IF 标志外没有其他的时间参考点，如果后分频器的分频系数不是 1，TMR2 就不能及时地重装初值（因为此时 TMR2IF 并没有溢出信号）。

4. TMR2 的编程

TMR2 的特点是"周期性定时"，与周期寄存器 PR2 配合实现不同的定时时间。

【举例一】利用 TMR2 的周期性定时的特点编制一个方波输出程序，方波的周期为 10ms，从 RD0 端口输出。

【解】首先确定 PR2 的对 5ms 的定时初值（预分频比 1：16，后分频比 1：5）

$$PR2=(T_{\text{TMR2IF}} \times F_{\text{osc}})/4 \times (N1 \times N2)-1$$
$$=5\text{ms} \times 16\text{MHz}/4 \times (16 \times 5)-1$$
$$=249$$
$$=\text{F9H}$$

这里 $N1$、$N2$ 2 个分频器的分频比分别是 16 和 5。这样选择可以使 PR2 为整数。

程序清单如下。

```
;************************************************************************
;PIC18F452 的 TMR2 周期性定时利用 RD0 输出周期为 10ms 的方波程序
;************************************************************************
        LIST    P=18F452
        #INCLUDE P18F452.INC
        ORG     0000H
        GOTO    MAIN
        ORG     0100
MAIN
        BCF     TRISD,0             ;将 PORTD.0 设定为输出模式
        MOVLW   0F9H                ;为 PR2 预装初值
        MOVWF   PR2
        MOVLW   B'00100011'         ;设置 T2CON 的控制字与分频比 16，后分频比 5
        MOVWF   T2CON               ;暂时不启动
        BSF     T2CON,TMR2ON        ;启动 TMR2
LOOP
        BTFSS   PIR1,TMR2IF         ;查询 TMR2 的溢出标志，为 1 时 SKIP
        BRA     LOOP
        BCF     PIR1,TMR2IF
        BTG     PORTD,0             ;RD0 取反（输出方波）
```

```
        BRA     LOOP
        END
;*************************************************************
```

【举例二】利用 TMR2 的周期性定时的特点编制一个方波输出程序，方波的周期为 1ms，从 RD0 端口输出。

【解】首先确定 PR2 的对 0.5ms 的定时初值

$$TC=256-(T_{\text{TMR2IF}} \times F_{\text{osc}})/(4 \times N1)$$
$$=256-(0.5\text{ms} \times 16\text{MHz})/(4 \times 16)$$
$$=256-125$$
$$=131$$
$$=83\text{H}$$

这里 $N1$ 预分频器的分频比都是 1∶16；后分频器的分频比 1∶1。

程序清单如下。

```
;*************************************************************
;舍去 PR2 的 TMR2 周期性定时 利用 RD0 输出周期为 1ms 的方波程序
;*************************************************************
        LIST    P=18F452
        #INCLUDE P18F452.INC
        ORG     0000H
        GOTO    MAIN
        ORG     0100
MAIN
        BCF     TRISD,0             ;将 PORTD.0 设定为输出模式
        MOVLW   083H                ;为 TMR2 预装初值
        MOVWF   TMR2
        MOVLW   B'00000011'         ;设置 T2CON 的控制字
        MOVWF   T2CON
        BSF     T2CON,TMR2ON        ;启动 TMR2
LOOP
        BTFSS   PIR1,TMR2IF         ;查询 TMR2 的溢出标志，为 1 时
SKIP
        BRA     LOOP
        BCF     PIR1,TMR2IF
        MOVLW   083H                ;为 TMR2 重装初值
        MOVWF   TMR2
        BTG     PORTD,0             ;RD0 取反（输出方波）
        BRA     LOOP
        END
;*************************************************************
```

小结：利用周期寄存器 PR2 可以简化周期性定时的编程，利用 PR2 中的初值定时也要比利用计数器中的初值定时简单得多。

在第一个例子中使用了周期寄存器 PR2 作为周期值寄存器，编程时将初值预装在 PR2 中，每当 TMR2 与 PR2 相匹配时，再来 1 个脉冲，TMR2 被清零，进入下一个定时周期。这种方式节省了"软件重装处置的操作"。合理选择 2 个分频比，可以使 PR2 的值为整数，有利于提高定时的精度。

在第二个例子中采用常规的方法，在 PR2=FFH 的条件下将定时初值预装在 TMR2 中。此时一旦 TMR2 溢出后，必须采用软件重装初值的方法来保证后续周期的准确性。另外在此方式下，后分频器的分频系数必须是 1∶1，否则当 TMR2 溢出时，因不能及时获取 TMR2IF=1 的信息，而不能及时向 TMR2 重装初值。

3.2.8　定时计数器 TMR3 的结构及编程原理

TMR3 为 16 位的定时计数器，由 TMR3H、TMR3L 组成。TMR3 有 3 种工作方式。

① 同步定时器模式。

② 同步计数器模式。

③ 异步计数器模式。

TMR3 除了满足定时或计数两个基本功能外，还具有以下特性。

① 可由 CCP 模块产生的内部复位操作（参见第 3.11.6 章节）。

② 与 TMR1 一样，通过 RC0、RC1 外接晶体来使用自带低功耗时钟振荡器。

③ 可以用于 CCP 模块中的输入捕捉/输出比较的备用时基信号。

所谓的内部复位是指 CCP 模块（输入捕捉/输出比较）的特殊事件触发的一种操作，有关 CCP 模块的相关描述将在后续的相关内容中描述。

1. TMR3 的组成结构

TMR3 的组成结构与 TMR1 非常相似，而且在使用中也有许多共同之处。如与 TMR1 共用 1 个低功耗振荡器，都可以作为 CCP 模块的时基信号等。

① 在定时模式时（TMR3CS=0），由系统时钟的 4 分频（$F_{osc}/4$）作为计数脉冲。

② 在计数模式时，当 T1OSCEN=0 时，外部脉冲可由 RC0/T1OSO/T1CKI 输入，脉冲的上升沿触发 TMR3 计数；当 T1OSCEN=1 时，外部脉冲可由 RC1/T1OSI 输入，外部脉冲的下降沿触发 TMR3 计数。可选择同步计数或异步计数 2 种计数方式。

③ 在计数模式时，如果 RC0、RC1 外接晶体，并使能自带低功耗振荡器模式时（T1CON 中的 T1OSCEN=1 时），同 TMR1 一样可以作为系统的 1 个输入时钟信号（参见 TMR1 的自带低功耗振荡器模式），此时 RC0、RC1 的 I/O 功能被忽略。

TMR3 的结构如图 3.2.14 所示。

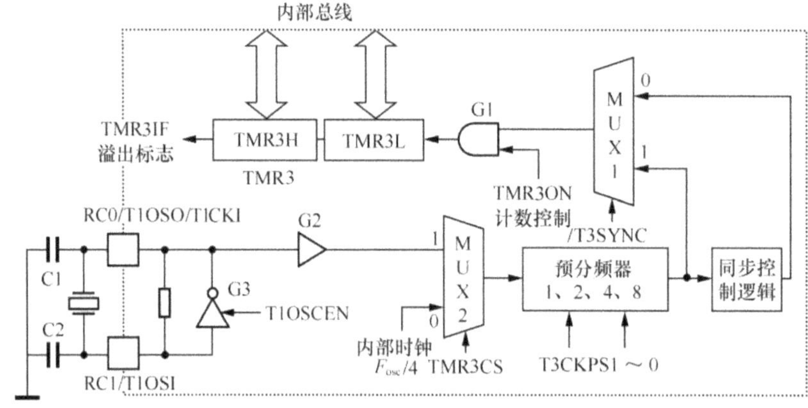

图 3.2.14　TMR3 定时器结构示意图

2. 与 TMR3 相关的 SFR

（1） TMR3H、TMR3L

TMR3H、TMR3L 为 16 位加 1 计数器。双缓冲结构。

（2） T3CON

T3CON 为定时器 TMR3 控制寄存器（见表 3.2.19），用于设定 TMR3 的工作模式等参数，单片机上电/复位后，该寄存器被清零。

表 3.2.19　　　　　　　　　　　　　　T3CON 的定义

SFR 位	RD16	T3CCP2	T3KPS1	T3CKPS0	T3CCP1	/T3SYNC	TMR3CS	TMR3ON
读/写性质及复位状态	R/W-0	R/W-0	R/W-0	R/W-0	R/W-0	R/W-0	R/W-0	R/W-0

RD16：16 位读/写使能位（参见 TMR1 的相关内容）。

RD16=1 时：TMR3 可以按 16 位来读、写。

RD16=0 时，TMR3 按 2 个 8 位数来读、写。

T3CCP2～1：TMR1，TMR3 对 CCPx 的使能位。

T3CCP2～1=1x 时，TMR3 是 CCP 模块（输入捕捉/输出比较）的时钟源。

T3CCP2～1=01 时，TMR3 是 CCP2 模块（输入捕捉/输出比较）的时钟源。

TMR1 是 CCP1 模块（输入捕捉/输出比较）的时钟源。

T3CCP2～1=00 时，TMR1 是 CCP 模块（输入捕捉/输出比较）的时钟源。

T3CKPS1、0：预分频器的分频比设定位。

T3CKPS1、0=00 时，分频比 1：1。

T3CKPS1、0=01 时，分频比 1：2。

T3CKPS1、0=10 时，分频比 1：4。

T3CKPS1、0=11 时，分频比 1：8。

$\overline{\text{T3SYNC}}$：T3 同步控制位（仅在计数模式时有效）。

$\overline{\text{T3SYNC}}$=0 时，外输入脉冲与系统时钟同步。

$\overline{\text{T3SYNC}}$=1 时，外输入脉冲与系统时钟不同步。

TMR3CS：T3 时钟源选择位（定时/计数 2 种模式的设定）。

TMR3CS=0 时，来自系统内部的 $F_{osc}/4$（定时模式）。

TMR3CS=1 时，外部输入由 RC0/T1OSO/T1CKI 输入，上升沿计数（计数模式）。

或在 T1OSOEN=1 时，由 RC1/T1OSI/T1CKO 输入，下降沿计数（计数模式）。

TMR3ON：TMR1 启动控制位。

TMR3ON=1 时，启动计数器 TMR3。

TMR3ON=0 时，关闭计数器 TMR3。

3. TMR3 的编程（参见 TMR1，主要应用于 CCP 模块。对于 CCP 编程的内容将在后续对应的章节中描述）

3.3　PIC18F452 单片机的中断系统

中断系统是单片机硬件系统中的重要组成部分。中断系统的主要任务是实时监测内部各个功能模块（也称外围模块）的工作状态，及时响应、处理相关模块的服务申请。中断的响应是一个硬件自动处理的过程，所以在监控系统外围模块时，省去了软件查询的过程，提高了 CPU 的效率。

3.3.1　中断的概念与中断响应的过程

一个单片机系统，往往是由多个外围功能模块集合而成。这些功能模块在工作中是独立于 CPU 单独运行的，如定时器、串行通信口、SPI、I^2C 接口、ADC 模块以及芯片引脚输入的外部中断请求等。当 CPU 启动这些功能模块进行工作时，CPU 是如何协调、掌控这些功能模块的呢？实际上 CPU 参与对外围功能模块的控制通常采用以下 2 种方式。

1.　查询方式

CPU 通过查询指令不断地检测功能模块的相关标志，一旦标志有效，CPU 就对该模块进行相关的操作。但是使用指令对这些标志位的不断查询，会大量的占用 CPU 的软件资源，降低 CPU 的工作效率。因此只有在比较简单的应用中才使用查询方式为外设服务。

2.　中断方式

与查询方式相比，中断系统是由一个硬件管理系统来自动监测、管理外围模块的，它不需要使用指令查询相关的标志，在每一个指令周期的 Q4 时，中断系统的硬件电路都会自动扫描一遍所有被启用（使能）外设的中断申请标志，一旦外围模块的相关标志有效，中断系统便会自动按照规定好的模式，在下一个指令周期响应该外围模块的请求。这里再次强调，这种查询、响应完全是自动的，不需要软件介入，因此中断技术使 CPU 的运行效率得以提高。

可以用生活中的例子来理解 CPU 处理外围模块的特点。以手机为例，不妨将手机比喻为一个外围功能模块，使用者比喻为 CPU。手机的使用可以采用 2 种接听电话的方式，即静音方式和振铃方式。

如果将手机置于静音方式，使用者就必须不断地通过眼睛来观察手机的屏幕，检查其是否有来电信号。为了不错过来电，使用者就要不停地观察手机，这就相当于软件查询。采用这种方式时，会给使用者带来很大的负担，为了不错过手机的来电信号，就要不停地检查手机的屏幕信息，处理其他事物的效率就会降低。

如果把手机置于振铃方式，只要有来电，手机就会通过振铃通知使用者。在这种方式下，使用者根本不需要观察手机的屏幕，可以放心地去做其他的事情。这种模式就相当于 CPU 的中断方式。此时手机的振铃比喻成单片机的中断系统，把手机的来电信息比喻为外围模块的中断请求。当使能了振铃模式就相当于使能了手机的中断功能，只要有来电就会触发振铃。

与查询方式工作不同，中断响应过程大多是由中断系统的硬件电路自动进行的，如果 CPU 响应一个模块的中断请求，就会有如下过程。

① CPU 执行完当前的指令，并将当前的 PC 值（下一条指令的地址即中断的返回地址）压入堆栈，这一过程也称保护断点，这是由硬件系统自动完成的。

② 将对应的中断矢量地址装载到 PC，使 CPU 跳转到中断矢量单元，并通过该单元中的跳转指令（由用户事先写入），将 CPU 引导到真正的中断服务程序 ISR 中。这个过程也称中断调用，

也是由硬件自动实现。

③ 进入中断服务 ISR，并执行对应的操作。

④ 中断返回。中断服务子程序 ISR 的最后一条指令必须是中断返回（RETFIE）指令，它的功能是将堆栈中原先压入的断点地址弹回到 PC 中，因而使 CPU 回到原来的主程序中，这一过程也称中断返回。

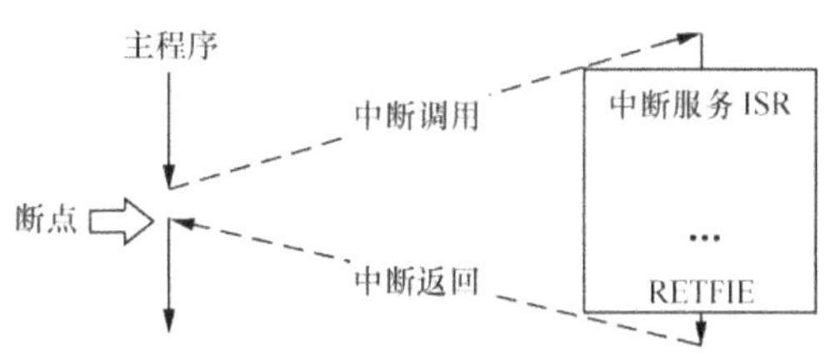

图 3.3.1　中断的调用与返回示意图

中断的调用、返回过程非常像子程序调用、返回的过程（如图 3.3.1 所示），但两者又有不同。区别在于，子程序调用是由程序中的调用语句（CALL）来实现的，而中断的调用的发生是随机和不可预知的。

3.3.2　PIC18F452 的中断结构、特点及工作原理

一个中断系统的复杂程度取决于该系统的外围模块数量。PIC18F 系列单片机不同型号其模块上的配置各有不同，所以中断源随着型号配置的不同而各不相同。

1. PIC18F452 中断系统结构

在中断系统中，每一个外围模块的中断申请 IF 都由一个"与门"进行控制，申请信号 IF 输出是否有效，取决于该"与门"的另一个使能信号 IE（Interrupt Enable），只有使能位 IE=1 时，该模块的申请信号才有效，否则该信号被屏蔽，所以 IE 也称为中断使能信号。

根据外围模块的工作性质和使用频率的不同，PIC18F 将所有的中断源划分为 2 个梯队，第一梯队和第二梯队。2 个梯队的区别在于，第一梯队是一些使用频率较高的外围模块，在中断的处理上比第二梯队更方便。在第一梯队中要使能某一外围模块的中断时，除了使能自身的 IE 以外，只要将总的中断使能位 GIE 置 1 就可以得到允许；而第二梯队中的外围模块的中断使能除了自身的 IE=1、总的中断使能 GIE=1 以外，还多了一个控制环节，即第二梯队中断使能位 PEIE，只有自身的 IE=1、GIE=1 和 PEIE=1 时，第二梯队模块的中断请求才有效。图 3.3.2 所示为 PIC18F 系列中断系统结构示意图。

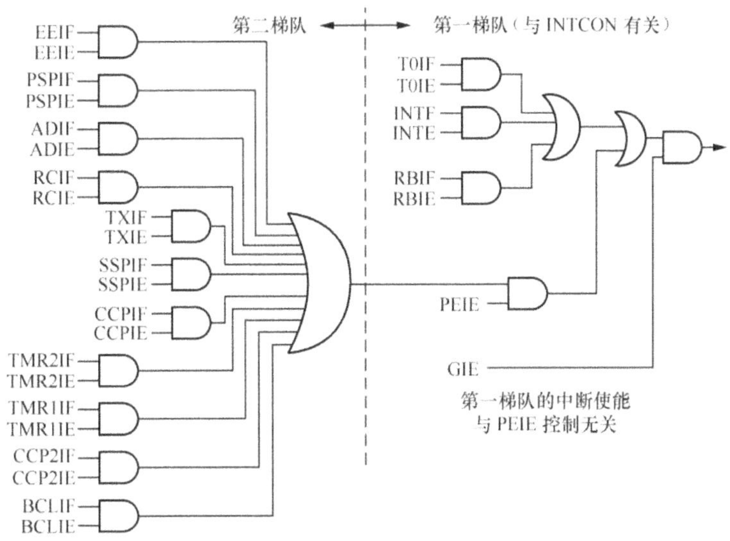

图 3.3.2　PIC18F 中断系统结构示意图

第一梯队的中断允许 IE 和中断标志 IF 都定义在 INTCON（中断控制寄存器）中（INT1、INT2 除外）。第二梯队中断源的中断允许控制位 IE 和标志位 IF 分别在 PIR1、PIR2（第二梯队外围模块中断允许寄存器）和 PIE1、PIE2（第二梯队外围模块中断标志寄存器）中。

第一梯队中的 3 个中断源如下。

① 定时计数器 TMR0 的中断源。其中，中断标志为 TMR0IF，中断使能位为 TMR0IE。

② 外部中断源 INT，实际上是 3 个，即 INT0IF、INT1IF 和 INT2IF，使能信号为 INTxIE。

③ 端口 RB 的电平变化中断，中断标志信号为 RBIF，使能信号为 RBIE。

第一梯队的中断源都有 2 个特点。

① 除了自身的使能位 IE 以外，它们都仅受一个信号（GIE）控制。

② 它们的中断标志 IF 和中断使能位 IE 都定义在 INTCON 中（INT1、INT2 除外）。这种结构使第一梯队的模块在编程时显得方便、简单。

因为第二梯队外围模块的中断申请信号还要受到 PEIE 的控制，所以也将 PEIE 称为第二梯队中断使能控制位。

2. PIC18F452 的中断矢量单元

所谓的中断矢量单元是指 ROM 中的中断入口单元。当响应中断时，CPU 会自动跳转到 ROM 的一个特定的地址，将这一地址单元称为中断入口单元，也称中断向量单元。

与传统的单片机不同，PIC18F 系列单片机仅有 2 个中断矢量入口单元，即高优先级中断入口 0008H 和低优先级中断入口 0018H。单片机在复位时，所有的中断源都默认为高优先级中断。

如果单片机响应一个高优先级中断，CPU 就会从主程序的某一处（断点）自动跳转到 ROM 的 0008H 单元，如图 3.3.3 所示。理论上讲，矢量单元开始就应当存放对应的中断服务程序（ISR），但实际上矢量单元并不装载真正的中断服务程序，而是装载一个跳向中断服务程序 ISR 的跳转语句（GOTO nnnn），且该语句由用户添写。

图 3.3.3　中断矢量单元在 ROM 中的位置

当发生一个中断响应时，CPU 首先跳转到中断矢量单元，再由矢量单元中的跳转语句（GOTO nnnn）将 CPU 引导到中断服务子程序 ISR。当 CPU 完成中断服务子程序 ISR 后通过 ISR 中的返回语句 RETFIE 将 CPU 返回到主程序的断点处（如图 3.3.4 所示）。

3. PIC18F452 的多中断源处理及中断源的优先级

在一些传统的单片机中采用的是多中断矢量的设计结构，即每 1 个中断源对应 1 个中断矢量单元，这样依靠不同的矢量单元区分、跳转到不同的 ISR。这种方案往往用于外围模块比较少的情况，如 MCS-51 单片机仅有 5 个中断源，所以在 ROM 中设计有 5 个中断入口单元。

在 PIC 单片机中设计有丰富的外围模块，如果采用上述多中断入口方案就会大量的占用 ROM

资源。另外尽管设计有许多的外围模块，但是在 1 个实际任务中并不是所有的外围模块的中断源都要使用。所以 PIC 单片机采用了一种非常经济的单中断向量单元设计方法，即对于同一级别优先级的中断仅仅设计了 1 个矢量单元，这样大大地节省了 ROM 资源。

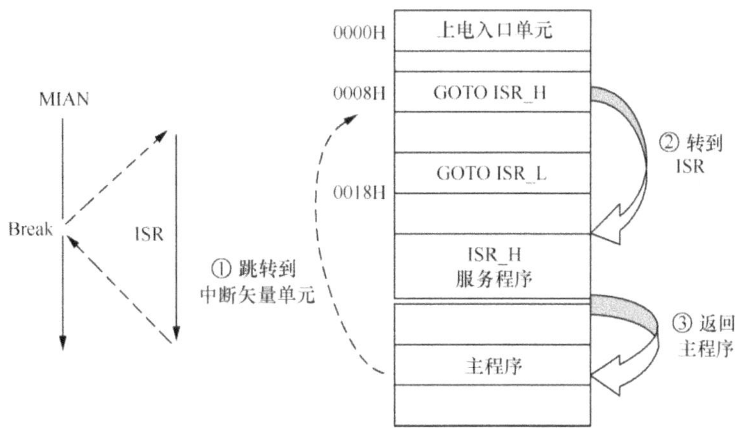

图 3.3.4　中断矢量的作用和中断的响应过程示意图

PIC 单片机中断矢量的这种设计也会带来一个问题，就是当同时使用多个中断源编程时，如何判断是谁引发的中断呢？非常简单，当发生中断时，先对所开放的中断源的标志 IF 进行逐一查询、判断，然后再跳转到对应的 ISR 入口。这个方法具有两重性，一方面增加了编程的工作量，但从另一方面看，这种软件查询的顺序恰恰起到一个同级中断源优先权设置的作用，而且这种优先级是由查询顺序来决定的，这与那些传统单片机同级中断源的优先权由硬件决定相比更具有灵活性。

以使能 2 个同级中断源（INT0IE=1、T0IE=1）的情况为例，2 个中断源中无论是哪一个中断源的申请被响应都会使 CPU 跳转到矢量单元 0008H，可以在 0008H 开始的单元开始编写一个分支程序来判断引发中断的源头（如图 3.3.5 所示）。

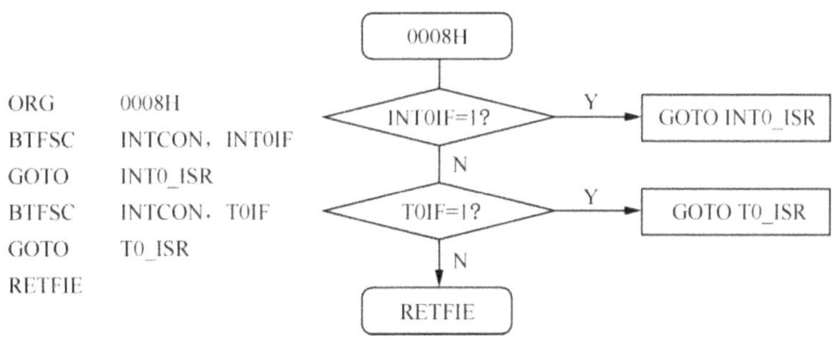

图 3.3.5　同一级别的多中断源判定程序

可以看出，尽管 T0IF 和 INT0IF 都处在同一个优先级上，但是如果两个中断源同时发出中断请求，INT0IF 的请求会优先得到响应。所以，可以通过这种方法按照自己的需求安排查询的顺序，这种特点为同级优先权设置带来了方便。

4. PIC18F452 的中断优先级及堆栈的特点

在 PIC18F 系列单片机中，中断的优先级设计为 2 级，即高优先级中断和低优先级中断。所有的中断源在系统复位时都被自动地定义为高优先级，对应的中断矢量入口单元是 ROM 的

0008H 单元。如果要将某一模块的中断优先级改成低优先级则要使用相关的指令来设定，且入口单元为 0018H 单元。当高、低优先级的 2 个外围模块同时向 CPU 发出中断申请时，CPU 将会优先响应高优先级的中断请求，除非没有高优先级的中断请求时，CPU 才会响应低优先级的中断请求。

在 PIC18F 系列中，高优先级中断具有许多特点，除了可以优先得到响应外，还具有硬件自动快速数据保存功能，即在响应高优先级中断时，可自动地将 WREG、STATUS 和 BSR 3 个重要的寄存器中的数据保护到各自的影子寄存器 WREGS、STATUSS 和 BSRS 中，中断返回时可再从这些影子寄存器中恢复、还原各自的数据。当然，要得到这个效果是通过设定中断返回 RETFIE 指令参数 s 来实现的，即

RETFIE　s　　（当 s=1 时，具有数据自动保护功能）

PIC18F 系列单片机还可以通过 RCON 寄存器中的 IPEN 位，以及对应的 IPR 寄存器组分别对所有的中断源进行高、低优先级的自主设定。

与子程序调用一样，当 CPU 响应某一中断源的申请，并跳转到中断服务子程序 ISR 时，断点被自动保护，这一点对于中断调用和子程序调用都是相同的，是由硬件自动产生的一个操作，即将当前的 PC（程序计数器）值压入堆栈，以便在返回时弹出，使 CPU 返回到主程序的断点处继续运行。这里断点的保护是硬件自动完成，而返回主程序则是由 ISR 的最后一条指令 RETFIE 实现的。

应当强调的是，PIC18F 系列单片机的堆栈结构不同于传统单片机的设计，在 PIC18F 系列单片机中，堆栈被设计为一个独立的、宽度为 20 位（PC<0>=0）、深度为 31 级的地址专用堆栈。换句话说，PIC18F 系列单片机的堆栈专用于保护程序计数器 PC 中的"断点地址"，即 21 位程序指针 PC 数据中的高 20 位（PC<0>=0）。对于数据的保护只能借助于普通的 MOV 指令在文件寄存器中进行保护。

由于中断调用与普通的子程序调用的机理不同，因而中断调用更要强调数据保护的环节。这是因为中断调用是随机的、不可预知的，因而在 ISR 中要对所有的局部变量（相关的文件寄存器）进行保护，以保证返回时，主程序得以正常运行。相比之下，在子程序调用时，其调用位置在主程序中是已知确定的，所以数据保护可以根据实际情况灵活编程。

在 PIC18F 系统中，当高优先级中断被触发时，在 PIC 内部可以自动地将 WREG、BSR 和 STATUS 这 3 个寄存器的内容保护到各自的影子寄存器中。这种设计简化了 ISR 的编程。如果希望在返回主程序之前恢复这 3 个寄存器的内容，就应当在高优先级的中断返回时，由 RETFIE 0x01 来取代原来的 RETFIE 指令。RETFIE 0x01 也称为快速变量保存/恢复返回指令。

对 WREG、BSR 和 STATUS 这 3 个寄存器的快速保护仅仅适合高优先级中断，如果发生的是低优先级中断，则不具备快速保护功能。也就是说，低级中断的 ISR 必须用软件编写对这 3 个寄存器的保护。用于快速保护的影子寄存器只有 1 组，这就意味着如果发生了高级中断的嵌套，那么只有第一个被响应的 ISR 具备快速保护作用，而后续嵌套进入的 ISR 都不具备保护功能，也需要编写保护程序。

3.3.3　PIC18F452 中断响应后的 GIE

GIE 为总的中断允许位。当 CPU 响应某一中断后，GIE 便会自动清零，直到执行中断返回指令 RETEIE 后，GIE 又自动恢复为 1，这种设计意味着在执行一个 ISR（中断服务子程序）的过程中将阻止后续所有的中断请求。如果需要其他的中断介入进来（发生中断嵌套），可在进入

中断服务程序后，人为地使用指令将 GIE 置 1，以使后续中断得以响应，这一操作保证了中断嵌套的发生。

3.3.4　与中断相关的 SFR

通过了解这些寄存器的内容可以深入了解 PIC 单片机的每一个功能模块的标志状态等信息，不论是采用中断或是查询方式编程，有些标志状态信息都非常重要。

表 3.3.1　　　　　　　　　　　　与中断相关的 SFR（灰色单元格为无关位）

SFR 名称	SFR 符号	SFR 地址	SFR 内容							
			bit7	bit6	bit5	bit4	bit3	bit2	bit1	bit0
中断控制寄存器 1	INTCON	FF2H	GIE	PEIE	TMR0IE	INT0IE	RBIE	TMR0IF	INT0IF	RBIF
中断控制寄存器 2	INTCON2	FF1H	/RBPU	INT EDG0	INT EDG1	INT EDG2	…	TMR0 IP	…	RBIP
中断控制寄存器 3	INTCON3	FF0H	INT2IP	INT1IP	…	INT2IE	INT1IE	…	INT2IF	INT1IF
外围模块中断使能 1	PIE1	F9DH	PSPIE	ADIE	RCIE	TXIE	SSPIE	CCP1IE	TMR2IE	TMR1IE
外围模块中断标志 1	PIR1	F9EH	PSPIF	ADIF	RCIF	TXIF	SSPIF	CCP1IF	TMR2IF	TMR1IF
外围模块优先级 1	IPR1	F9FH	PSPIP	ADIP	RCIP	TXIP	SSPIP	CCP1IP	TMR2IP	TMR1IP
外围模块中断使能 2	PIE2	FA0H	…	CMIE	…	EEIE	BCLIE	LVDIE	TMR3IE	ECCP1 IE
外围模块中断标志 2	PIR2	FA1H	…	CMIF	…	EEIF	BCLIF	LVDIF	TMR3IF	ECCP1 IF
外围模块优先级 2	IPR2	FA2H	…	CMIP	…	EEIP	BCLIP	LVDIP	TMR3IP	ECCP1 IP
复位控制寄存器	RCON	FD0H	IPEN	LWRT	…	$\overline{RI}$	$\overline{TO}$	$\overline{PD}$	$\overline{POR}$	$\overline{BOR}$

① 不同模块所对应的中断使能位 IE 和中断标志位 IF 所在的 SFR 寄存器各不相同。

② 相关的 SFR 中各位的可操作性质（W/R），以及在系统复位后的状态如下。

W/R-0：表明该位可读、可写，复位时为 0。

W/R-1：为表明该位可读、可写，复位时为 1。

W/R-x：表明该位可读、可写，复位时该位不确定。

③ 当某一模块的状态标志（也是中断请求标志）IF 为 1 后，是否需要软件清零。

④ 对于 TMR2 而言，发生溢出时，状态标志 TMR2IF 并不一定被置 1，这是因为 TMR2 有一个后分频器，只有当后分频器溢出时 TMR2IF 才会被置 1。

⑤ 作为初学者，可以有针对性的来了解相关的 SFR（可先了解 INTCON、INTCON2），而其他 SFR 留在后续相关的章节中再做了解。

1. INTCON

INTCON 的定义；如表 3.3.2 所示。

表 3.3.2　　　　　　　　　　　　　　　INTCON 的定义

SFR 位功能	GIE/GIEH	PEIE	TMR0IE	INT0IE	RBIE	TMR0IF	INT0IF	RBIF
读/写性质及复位状态	R/W-0	R/W-0	R/W-0	R/W-0	R/W-0	R/W-0	R/W-0	R/W-x

GIE/GIEH：全局中断使能设置位（与 RCON 寄存器的 IPEN 有关，即使能中断优先级功能）。

　　① 当 IPEN=0 时（所有中断源均为高优先级，IPR 寄存器作用失效，GIE/GIEH=GIE）。

　　GIE=1 时，使能所有未被屏蔽的中断源。

　　GIE=0 时，禁止所有中断。

　　② 当 IPEN=1 时（GIE/GIEH=GIEH 用于使能中断优先级，由 IPR 寄存器控制优先级）。

　　GIEH=1 时，使能所有未被屏蔽的高优先级中断源。

　　GIEH=0 时，禁止所有高优先级中断。

PEIE/GIEL：外围模块中断使能设置位。

　　① 当 IPEN=0 时（所有中断源均为高优先级中断，IPR 寄存器作用失效，PEIE/GIEL=PEIE）。

　　PEIE=1 时，使能所有的第二梯队未被屏蔽的外围模块的中断源。

　　PEIE=0 时，关闭所有的第二梯队外围模块的中断源。

　　② 当 IPEN=1 时（IPR1 寄存器设定第二梯队外围模块的优先级，PEIE/GIEL=GIEL）。

　　GIEL=1 时，使能所有未被屏蔽的外设低优先级中断。

　　GIEL=0 时，关闭所有低优先级的外设中断。

TMR0IE：TMR0 的溢出中断使能设置位。

　　TMR0IE=1 时，使能 TMR0 溢出中断。

　　TMR0IE=0 时，禁止 TMR0 溢出中断。

INT0IE：INT0 外部中断使能设置位。

　　INT0IE =1 时，使能 INT0 外部中断。

　　INT0IE =0 时，禁止 INT0 外部中断。

RBIE：RB 端口电平变化的中断使能设置位。

　　RBIE：1 时，使能 RB 电平变化中断。

　　RBIF =0 时，禁止 RB 电平变化中断。

TMR0IF：TMR0 的溢出中断标志位。

　　TMR0IF=1 时，发生 TMR0 的溢出中断（必须软件清零）。

　　TMR0IF=0 时，无 TMR0 的溢出中断。

INT0IF：INT0 外部中断标志位。

　　INT0IF =1 时，发生 INT0 外部中断（必须软件清零）。

　　INT0IF =0 时，无 INT0 外部中断。

RBIF：RB 端口电平变化的中断标志位。

　　RBIF =1 时，发生 RB 电平变化中断（必须软件清零）。

　　RBIF =0 时，无 RB 电平变化中断。

　　2. INTCON2

　　INTCON2 的定义（见表 3.3.3）。

表 3.3.3　　　　　　　　　　　　　　　　　　INTCON2 的定义

SFR 位功能	$\overline{\text{RBPU}}$	INTEDG0	INTEDG1	INTEDG2	⋯	TMR0IP	⋯	RBIP
读/写性质及复位状态	R/W-1	R/W-1	R/W-1	R/W-1	⋯	R/W-1	⋯	R/W-1

$\overline{\text{RBPU}}$：PORTB 端口的弱上拉使能位设置位（系统复位时为"1"）。

　　$\overline{\text{RBPU}}$=1 时，禁止所有 PORTB 端口的弱上拉功能。

　　$\overline{\text{RBPU}}$=0 时，使能所有 PORTB 端口的弱上拉功能。

INTEDG0：外中断 INT0 有效触发边沿设置位（系统复位时为"1"）。

　　INTEDG0=1 时，上升沿触发中断。

　　INTEDG0=0 时，下降沿触发中断。

INTEDG1：外中断 INT1 有效触发边沿设置位（系统复位时为"1"）。

　　INTEDG1=1 时，上升沿触发中断。

　　INTEDG1=0 时，下降沿触发中断。

INTEDG2：外中断 INT2 有效触发边沿设置位（系统复位时为"1"）。

　　INTEDG2=1 时，上升沿触发中断。

　　INTEDG2=0 时，下降沿触发中断。

TMR0IP：TMR0 的中断优先级设置位（系统复位时为"1"）。

　　TMR0IP=1 时，TMR0 溢出中断为高优先级。

　　TMR0IP=0 时，TMR0 溢出中断为低优先级。

RBIP：RB 端口电平变化中断优先级设置位（系统复位时为"1"）。

　　RBIP=1 时，RB 端口电平变化中断设定为高优先级。

　　RBIP=0 时，RB 端口电平变化中断设定为低优先级。

3. INTCON3

INTCON3 的定义，如表 3.3.4 所示。

表 3.3.4　　　　　　　　　　　　　　　　　　INTCON3 的定义

SFR 位功能	INT2IP	INT1IP	⋯	INT2IE	INT1IE	⋯	INT2IF	INT1IF
读/写性质及复位状态	R/W-1	R/W-1	⋯	R/W-0	R/W-0	⋯	R/W-0	R/W-0

INT2IP：INT2 外部中断优先级设置位（系统复位时为"1"）。

　　INT2IP=1 时，INT2 外部中断设置为高优先级。

　　INT2IP=0 时，INT2 外部中断设置为低优先级。

NT1IP：INT1 外部中断优先级设置位（系统复位时为"1"）。

　　INT1IP=1 时，INT1 外部中断设置为高优先级。

　　INT1IP=0 时，INT1 外部中断设置为低优先级。

INT2IE：INT2 的中断使能设置位。

　　INT2IE =1 时，使能 INT2 中断。

　　INT2IE =0 时，屏蔽 INT2 中断。

INT1IE：INT1 的中断使能设置位。

　　INT1IE =1 时，使能 INT1 中断。

　　INT1IE =0 时，屏蔽 INT1 中断。

INT2IF：INT2 外部中断标志位。

INT2IF =1 时，发生 INT2 外部中断。

INT2IF =0 时，无 INT2 外部中断。

INT1IF：INT1 外部中断标志位。

INT1IF =1 时，发生 INT1 外部中断。

INT1IF =0 时，无 INT1 外部中断。

4. PIE1

PIE1 为第二梯队中断源使能（IE）设置寄存器 1（见表 3.3.5）。

表 3.3.5   PIE1 的定义

SFR 位功能	PSPIE	ADIE	RCIE	TXIE	SSPIE	CCP1IE	TMR2IE	TMR1IE
读/写性质及复位状态	R/W-0	R/W-0	R/W-0	R/W-0	R/W-0	R/W-0	R/W-0	R/W-0

PSPIE：并行从动端口读/写中断使能设置位。

PSPIE=1 时，使能并行从动端口读/写中断。

PSPIE=0 时，禁止并行从动端口读/写中断。

ADIE：A/D 转换中断使能设置位。

ADIE=1 时，使能 A/D 转换中断。

ADIE=0 时，禁止 A/D 转换中断。

RCIE：USART（同步/异步串行接口）接收中断使能设置位。

RCIE=1 时，使能 USART 接收中断。

RCIE=0 时，禁止 USART 接收中断。

TXIE：USART（同步/异步串行接口）发送中断使能设置位。

TXIE=1 时，使能 USART 发送中断。

TXIE=0 时，禁止 USART 发送中断。

SSPIE：同步串行接口中断使能位。

SSPIE=1 时，使能同步串行接口中断。

SSPIE=0 时，禁止同步串行接口中断。

CCP1IE：CCP1 模块的中断使能位。

CCP1IE=1 时，使能 CCP1 模块的中断。

CCP1IE=0 时，禁止 CCP1 模块的中断。

TMR2IE：TMR2 溢出中断使能位。

TMR2IE=1 时，使能 TMR2 溢出中断。

TMR2IE=0 时，禁止 TMR2 溢出中断。

TMR1IE：TMR1 溢出中断使能位。

TMR1IE=1 时，使能 TMR1 溢出中断。

TMR1IE=0 时，禁止 TMR1 溢出中断。

5. PIE2

PIE2 为第二梯队中断源使能设置寄存器 2（见表 3.3.6）。

表 3.3.6　　　　　　　　　　　　　　　　　　PIE2 的定义

SFR 位功能	…	CMIE	…	EEIE	BCLIE	LVDIE	TMR3IE	ECCP1IE
读/写性质及复位状态	…	R/W-0	…	R/W-0	R/W-0	R/W-0	R/W-0	R/W-0

CMIE：比较器中断使能设置位。

　　CMIE=1 时，使能比较器中断。

　　CMIE=0 时，禁止比较器中断。

EEIE：EEPROM 写操作中断使能设置位。

　　EEIE=1 时，使能 EEPROM 写操作中断。

　　EEIE=0 时，禁止 EEPROM 写操作中断。

BCLIE：总线冲突中断使能位。

　　BCLIE=1 时，使能总线冲突中断。

　　BCLIE=0 时，禁止总线冲突中断。

LVDIE：低电压检测中断使能位。

　　LVDIE=1 时，使能低电压检测中断。

　　LVDIE=0 时，禁止低电压检测中断。

TMR3IE：TMR3 溢出中断使能位。

　　TMR3IE=1 时，使能 TMR3 溢出中断。

　　TMR3IE =0 时，禁止 TMR3 溢出中断。

ECCP1IE：增强型 CCP1 模块中断使能设置位。

　　ECCP1IE=1 时，使能增强型 CCP1 模块中断。

　　ECCP1IE=0 时，禁止增强型 CCP1 模块中断。

6. PIR1

PIR1 为第二梯队中断标志位寄存器 1（见表 3.3.7）。

表 3.3.7　　　　　　　　　　　　　　　　　　PIR1 的定义

SFR 位功能	PSPIF	ADIF	RCIF	TXIF	SSPIF	CCP1IF	TMR2IF	TMR1IF
读/写性质及复位状态	R/W-0	R/W-0	R/W-0	R/W-0	R/W-0	R/W-0	R/W-0	R/W-0

PSPIF：并行从动端口读/写中断 B 标志位。

　　PSPIF=1 时，发生了并行从动端口读/写的读、写操作（必须软件清零）。

　　PSPIF=0 时，没发生并行从动端口读/写的读、写操作。

ADIF：A/D 转换中断标志位。

　　ADIF=1 时，A/D 转换完成（必须软件清零）。

　　ADIF=0 时，A/D 转换未完成。

RCIF：USART（同步/异步串行接口）接收中断标志位。

　　RCIF=1 时，USART 接收缓冲器 RCREG 已满（读取 RCREG 数据后，标志自动清零）。

　　RCIF=0 时，USART 接收缓冲器 RCREG 为空。

TXIF：USART（同步/异步串行接口）发送中断标志位。

　　TXIF=1 时，发送缓冲器 TCREG 为空（写入 TCREG 数据后，标志自动清零）。

　　TXIF=0 时，发送缓冲器 TCREG 为满。

SSPIF：同步串行接口中断标志位。

SSPIF=1 时，同步串行接口发送/接收完成（必须使用软件清零）。

SSPIF=0 时，同步串行接口发送/接收未完成。

CCP1IF：CCP1 模块（捕捉模式）的中断标志位。

CCP1IF=1 时，在 CCP 模式下 TMR1 捕捉完成（必须软件清零）。

CCP1IF=0 时，在 CCP 模式下 TMR1 未发生捕捉。

TMR2IF：TMR2 与 PR2 发生匹配标志位（与 TMR2 的后分频器有关）。

TMR2IF=1 时，TMR2 与 PR2 发生匹配，且后分频器溢出（必须使用软件清零）。

TMR2IF=0 时，后分频器未溢出。

TMR1IF：TMR1 溢出中断标志位。

TMR1IF=1 时，TMR1 发生了溢出中断（必须软件清零）。

TMR1IF=0 时，TMR1 未发生溢出中断。

7．PIR2

PIR2 为第二梯队中断标志位寄存器 2（见表 3.3.8）。

表 3.3.8 PIR2 的定义

SFR 位功能	…	CMIF	…	EEIF	BCLIF	LVDIF	TMR3IF	ECCP1IF
读/写性质及复位状态	…	R/W-0	…	R/W-0	R/W-0	R/W-0	R/W-0	R/W-0

CMIF：比较器中断标志位。

CMIF=1 时，比较器的输入发生了变化（必须软件清零）。

CMIF=0 时，比较器的输入未发生变化。

EEIF：EEPROM 写操作中断标志位。

EEIF=1 时，EEPROM 的写操作已完成（必须软件清零）。

EEIF=0 时，EEPROM 写操作未完成。

BCLIF：总线冲突中断标志位。

BCLIF=1 时，发生了总线冲突（必须软件清零）。

BCLIF=0 时，未发生总线冲突。

LVDIF：低电压检测中断标志位。

LVDIE =1 时，发生了低电压检测中断。

LVDIE =0 时，未发生低电压检测中断。

TMR3IF：TMR3 溢出中断标志位。

TMR3IE =1 时，发生了 TMR3 溢出中断。

TMR3IE =0 时，未发生 TMR3 溢出中断。

ECCP1IF：增强型 CCP1 模块中断标志位。

① 当 ECCP1 用于输入捕捉模式时。

ECCP1IF=1 时，发生了 TMR1 的输入捕捉（必须软件清零）。

ECCP1IF=0 时，未发生 TMR1 的输入捕捉。

② 当 ECCP1 用于输出比较模式时。

ECCP1IF=1 时，发生了 TMR1 的比较匹配（必须软件清零）。

ECCP1IF=0 时，未发生 TMR1 的比较匹配。

③ 当 ECCP1 用于 PWM 模式时不使用该位。

8. IPR1

IPR1 为中断优先级设置寄存器 1（见表 3.3.9）。

表 3.3.9　　　　　　　　　　　　　　　　　　IPR1 的定义

SFR 位功能	PSPIP	ADIP	RCIP	TXIP	SSPIP	CCP1IP	TMR2IP	TMR1IP
读/写性质及复位状态	R/W-1	R/W-1	R/W-1	R/W-1	R/W-1	R/W-1	R/W-1	R/W-1

PSPIP：并行从动端口读/写中断优先级设置位。

PSPIP=1 时，并行从动端口读/写中断优先级设置为高优先级。

PSPIP=0 时，并行从动端口读/写中断优先级设置为低优先级。

ADIP：A/D 转换中断优先级设置位。

ADIP=1 时，A/D 转换中断优先级设置为高优先级。

ADIP=0 时，A/D 转换中断优先级设置为低优先级。

RCIP：USART（异步串行）接口接收中断优先级设置位。

RCIP=1 时，USART 接口接收中断优先级设置为高优先级。

RCIP=0 时，USART 接口接收中断优先级设置为低优先级。

TXIP：USART（异步串行）接口发送中断优先级设置位。

TXIP=1 时，USART 接口发送中断优先级设置为高优先级。

TXIP=0 时，USART 接口发送中断优先级设置为低优先级。

SSPIP：同步串行接口中断优先级设置位。

SSPIP=1 时，同步串行接口中断优先级设置为高优先级。

SSPIP=0 时，同步串行接口中断优先级设置为低优先级。

CCP1IP：CCP1 模块（捕捉模式）的中断优先级设置位。

CCP1IP=1 时，CCP1 模块（捕捉模式）的中断优先级设置为高优先级。

CCP1IP=0 时，CCP1 模块（捕捉模式）的中断优先级设置为低优先级。

TMR2IP：TMR2 溢出中断优先级设置位。

TMR2IP=1 时，设置 TMR2 溢出中断优先级为高优先级。

TMR2IP=0 时，设置 TMR2 溢出中断优先级为低优先级。

TMR1IP：TMR1 溢出中断优先级设置位。

TMR1IP=1 时，设置 TMR1 溢出中断优先级为高优先级。

TMR1IP=0 时，设置 TMR1 溢出中断优先级为低优先级。

9. IPR2

IPR2 为中断优先级设置寄存器 2（见表 3.3.10）。

表 3.3.10　　　　　　　　　　　　　　　　　　IPR2 的定义

SFR 位功能	…	CMIP	…	EEIP	BCLIP	LVDIP	TMR3IP	ECCP1IP
读/写性质及复位状态	…	R/W-1	…	R/W-1	R/W-1	R/W-1	R/W-1	R/W-1

CMIP：比较器中断优先级设置位。

CMIP=1 时，设置比较器中断优先级为高优先级。

CMIP=0 时，设置比较器中断优先级为低优先级。

EEIP：EEPROM 写操作中断优先级设置位。

EEIP=1 时，设置 EEPROM 中断优先级为高优先级。

EEIP=0 时，设置 EEPROM 中断优先级为低优先级。

LVDIP：低电压检测中断优先级设置位。

LVDIE =1 时，设置低电压检测中断优先级为高优先级。

LVDIE =0 时，设置低电压检测中断优先级为低优先级。

TMR3IP：TMR3 溢出中断优先级设置位。

TMR3IE =1 时，设置 TMR3 溢出中断优先级为高优先级。

TMR3IE =0 时，设置 TMR3 溢出中断优先级为低优先级。

BCLIP：总线冲突中断优先级设置位。

BCLIP=1 时，设置总线冲突中断优先级为高优先级。

BCLIP=0 时，设置总线冲突中断优先级为低优先级。

ECCP1IP：增强型 CCP1 模块中断优先级设置位。

ECCP1IP=1 时，设置增强型 CCP1 模块中断优先级为高优先级。

ECCP1IP=0 时，设置增强型 CCP1 模块中断优先级为低优先级。

10. RCON

RCON 为复位控制寄存器（见表 3.3.11）。

表 3.3.11　　　　　　　　　　　　　　　　　RCON 的定义

SFR 位功能	IPEN	…	…	…	…	…	…	…
读/写性质及复位状态	R/W-0	…	…	…	…	…	…	…

IPEN：中断优先级设置位（系统复位时 IPEN=0）。

IPEN=1 时，使能所有中断源的中断优先级设置功能，由 IPRx 具体设置。

IPEN=0 时，关闭所有中断源的中断优先级设置功能，IPRx 寄存器作用全部失效。

所有中断源的中断优先级均为高优先级，对应的中断矢量为 ROM 的 0008H 单元（低优先级的中断矢量为 ROM 的 0018H 单元）。

3.3.5　外部中断 INT0、INT1 和 INT2 的特点及编程原理

外部中断是指外部设备经单片机的引脚输入以申请中断服务的信号。在 PIC18F452 单片机中共设计有 3 个外部中断源，它们分别是 INT0、INT1 和 INT2，对应引脚为 RB0、RB1 和 RB2，都属于第一梯队，触发电平可设定为上升沿或下降沿，具体由 INTCON2 来设定。

1. 外部中断 INT0、INT1 和 INT2 的特点

通常外部设备的中断请求信号是一个方波信号，可以是一个正脉冲，或者是一个负脉冲。单片机可以根据需要选择脉冲的一个边沿来触发中断服务（如图 3.3.6 所示）。

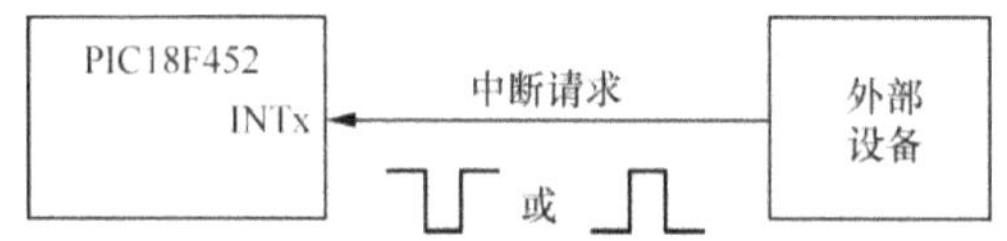

图 3.3.6　外部设备通过 INTx 申请中断服务示意图

在使用 INTx 之前必须在程序的初始化过程中使能它们。如使能 INT0 的中断为

汇编格式　BSF　　INTCON,INT0IE
C18 语言格式　INTCONbits.INT0IE=1

与 INT0 不同，INT1、INT2 的 IE、IF 标志不在 INTCON 中，而是在 INTCON2、INTCON3 中，这一点在编程中要注意。系统上电/复位时，INT0、INT1 和 INT2 都默认为上升沿触发中断。如果需要，也可以通过 INTCON2 寄存器改变触发极性为下降沿触发。INT0～INT2 的结构如图 3.3.7 所示。

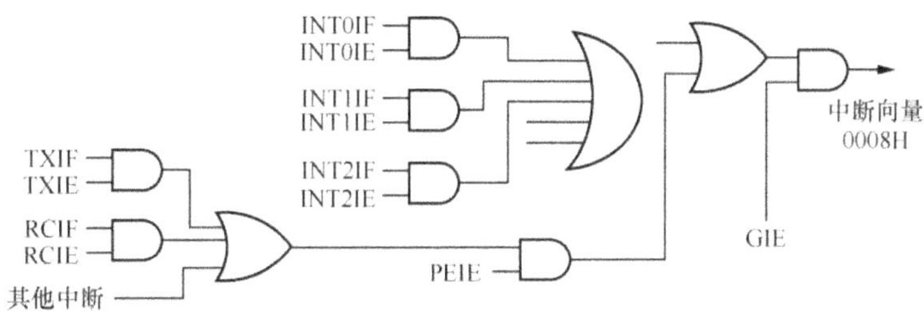

图 3.3.7　INT0～INT2 外部中断的结构示意图

2. 单片机对外部中断信号参数的基本要求

由于外部信号具有很大的不确定性，因此必须了解系统对外部中断信号的基本要求，以保证外部信号都能得到及时响应。

① 对外部信号脉冲宽度的要求，如果脉冲宽度过窄，其电平有效边沿会被系统忽略掉。无论是上升沿触发还是下降沿触发，其高电平和低电平的维持时间各自至少要大于 2 个指令周期。如果系统时钟频率 F_{osc}=16MHz，则指令周期为 $T_{osc} \times 4$=0.25μs，此时外部的脉冲信号高电平和低电平各自应当在 0.5μs 以上。

② 当 CPU 正在响应一个外部中断时，常规的做法是软件清除引发该中断的标志 INTxIF，以防止完成该中断后发生重复响应。如果在执行 ISR 程序中，外中断引脚再次出现有效边沿，则第二次的边沿信号可能被忽略掉。想要避免这种情况的出现，应当在一进入 ISR 时，立即执行一条清除 INTx 标志操作，这样如果在 ISR 期间再次出现外部中断有效边沿时，其标志将会有效并保留，这样待当前 ISR 返回后会再次响应该中断的服务（如图 3.3.8 所示）。

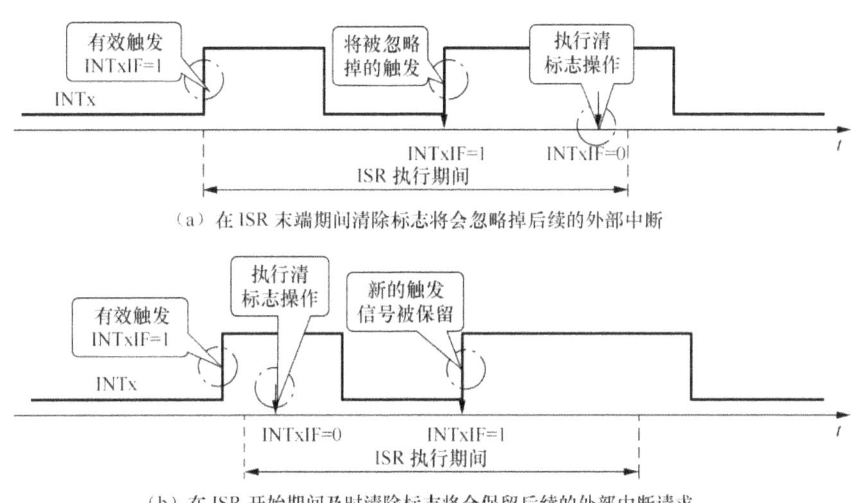

图 3.3.8　在 ISR 中不同的清除标志方式对后续 INTxIF 信号的不同影响示意图

3. 外部中断 INTx 的触发极性

INTx 对单片机的触发方式为边沿触发，可设定为上升沿或下降沿，由 INTCON2 寄存器中的 INTEDGx 位来设定（参见 INTCON2 的定义），单片机上电/复位时默认为上升沿触发。

4. 外部中断 INTx 的编程

以 INT0 为例，分析其中断程序的编写，并分析中断响应的过程。按照图 3.3.8 所示来实现一个外部中断程序的验证。其中，利用 INT0（RB0）外中断的输入（由于没有刻意改变 INTCON2 中的 INTEDGx），所以中断为上升沿触发；PORTD 为输出端口，并以拉电流的方法驱动 8 个 LED 灯。输出端口 RB5 与逻辑笔（或 1 个 LED 灯）连接，用来显示程序的运行状态，主程序运行时对 RB5 端口电平不断取反；中断服务程序运行时，RB5 输出为高电平（如图 3.3.9 所示）。

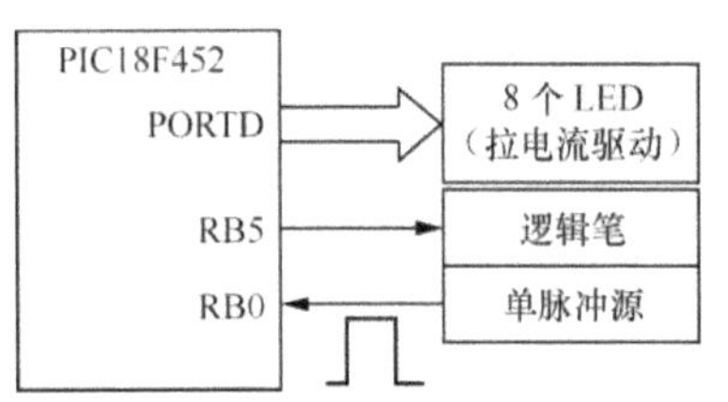

图 3.3.9　外中断编程实验电路

程序清单如下。

```
LIST P=18F452
   #INCLUDE   P18F452.INC
           ORG    0000H
           GOTO   MAIN             ;第一条指令
           ORG    0008H
           GOTO   INT_ISR          ;高优先级中断入口
           ORG    0030H
MAIN       BSF    TRISB,0          ;外中断 INT0 必须设定为输入口
           CLRF   TRISD            ;PORTD 设定为输出
           CLRF   PORTD            ;原始 PORTD 清零
           BCF    TRISB,5          RB5 设定为输出
           BCF    INTCON,INT0IF    ;清 INT0IF 标志
           BSF    INTCON,INT0IE    ;使能 INT0 中断
           BSF    INTCON,GIE
LOOP       BTG    PORTB,5          ;主程序
           CALL   DELAY            ;对 RB5 取反
           CALL   DELAY
           CALL   DELAY
           BRA    LOOP
INT_ISR    INCF   PORTD            ;INT0 的中断服务子程序，PORTD 加 1
           BCF    INTCON,INT0IF    ;清 INT0IF 标志
           BSF    PORTB,5
           RETFIE
DELAY      MOVLW  0FFH             ;延时子程序
           MOVWF  10H
LOP0       MOVLW  0FFH
           MOVWF  11H
LOP1       DECFSZ  11H,1
           BRA LOP1
           DECFSZ  10H,1
           BRA LOP0
           RETURN
           END
```

3.3.6　PORTB 端口电平变化中断的特点及编程原理

在 PIC 单片机的设计中，端口电平变化中断是一个非常特殊而实用的设计，在 PORTB 端口的高 4 位（RB7～RB4）具备此功能。所谓的电平变化中断既不同于普通的外中断（INTx），但可以成为外部中断的一种补充。

1. 什么是电平变化中断

在 PORTB 端口中的高 4 位 RB7～RB4 中，任意一个端口电平发生变化，就可引发中断。端口电平变化中断与普通的外部中断 INTx 是有区别的，普通的外部中断只对一个外部脉冲周期波形的一个沿（上升沿或下降沿）有效，而端口电平变化中断对外部的脉冲周期的任意一个边沿都会有效（如图 3.3.10 所示）。

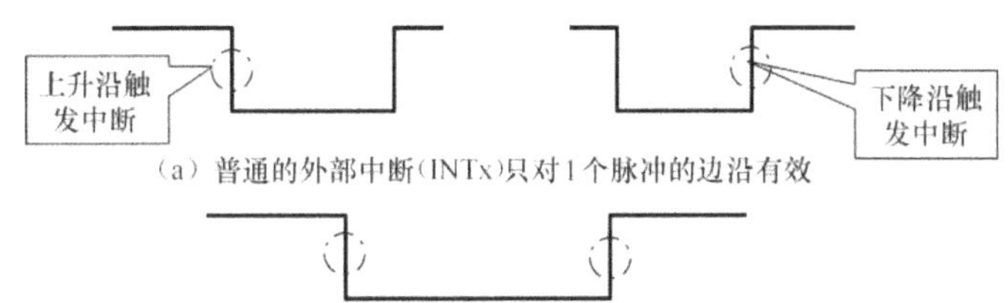

图 3.3.10　普通的外部中断（INTx）与端口电平变化中断的比较示意图

2. 电平变化中断电路的结构及工作原理

PORTB 端口的内部为结构如图 3.3.11 所示。

电平变化意味着新、旧电平的比较，即新输入的电平相对于原有电平发生了变化。

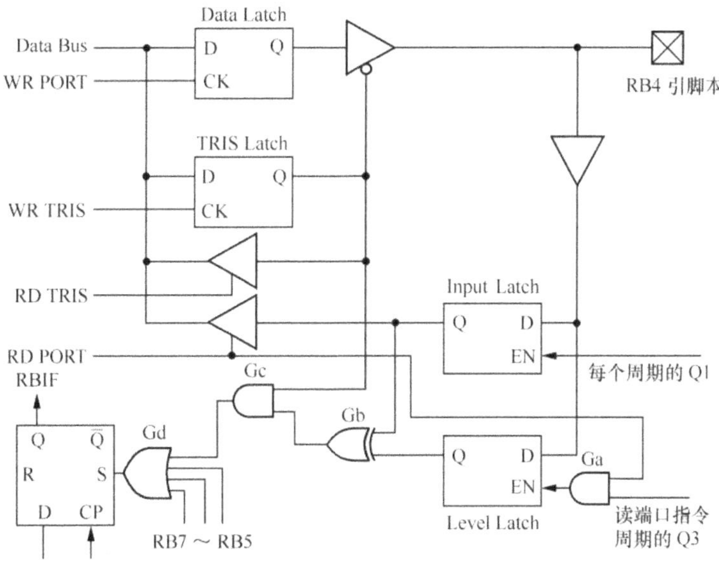

图 3.3.11　RB 端口电平变化中断原理示意图

① 基准电平。CPU 在读 RB 端口指令周期时序中 Q3 拍（RD PORT 有效）时，存入 Level Latch 锁存器中的 RB4～RB7 引脚电平。如指令

```
MOVF PORTB, 0
```

执行这条指令，就会将此时引脚电平锁存到 Level Latch 中，并作为基准电平。

② 所谓新电平是指在每一个指令周期中的 Q1 拍时，存入 Input Latch 锁存器中的 RB4～RB7 引脚电平。

很明显，Input Latch 锁存器中的新电平数据在 CPU 每执行一条指令时，都被引脚电平刷新一次。而 Level Latch 锁存器中的基准电平相对稳定，只在执行读 RB 端口指令时被刷新。2 个锁存器的输出由"异或门"（Gb）进行比较。

随着 Input Latch 锁存器中的数据的不断刷新，一旦其新数据与基准电平 Level Latch 锁存器中的数据不同，"异或门"便输出高电平，高电平经"或门"（Gd）使标志寄存器 RBIF 置 1。

异或门输出经"与门"（Gc）控制，所以，要产生电平变化中断的标志必须要使 TRIS Latch 输出高电平，即将端口设置为输入方式，否则无法产生电平变化中断。由于"或门"的 4 个输入端分别与 RB4～RB7 的 4 位端口电路的"异或门"输出连接，因而 RB4～RB7 中任意一位发生电平变化时，都可以引发 RBIF 中断标志的变化。

3. 使用端口电平变化时对 TRISB 的设定

当系统使用端口电平变化中断功能时，对应的 PORTB 所对应的端口引脚必须设定为输入模式，即对应的 TRISB 位应置 1，否则电路中的与门被关闭，"异或门"的信号无法送到"或门"，这样端口电平变化功能就不能实现。

4. RBIF 标志及清除

RBIF 标志包含在 INTCON 中，与其他标志不同，RBIF 不能简单的使用指令清零（如 BCF INTCON,RBIF），因为，当 Input Latch 中的数据与 Level Latch 的数据不同（也称为失配条件）时，对 RBIF 清除的指令是无效的，根本原因在于 RBIF 是由硬件（R-S 触发器的输出）来决定的，要想将 RBIF 清除，只有在硬件电路满足基准电平与输入电平相一致时，才能得以实现。很明显要想实现 RBIF 标志的清除，就要重读一次端口 PORTB 电平，即使用指令 MOVF PORTB，0，这样才能保证基准电平与输入电平相一致，把这个过程称为结束失配条件。

根据上述特点，可以归纳清除 RBIF 的过程应当由 2 个操作共同实现。

第一步，在使用软件对 RBIF 标志清除前，必须执行一条对 RB 端口的读操作，即

```
MOVF   PORTB, 0   ;读 PORTB 口送 WREG
```

这条指令锁定新的基准电平、结束失配条件，为清除 RBIF 做准备。

第二步，使用软件对 RBIF 标志清除。即

```
BCF   INTCON, RBIF   ;清除标志 RBIF
```

5. 电平变化中断的应用

端口电平变化中断具有使用更为灵活的特点，可以分为上升沿中断、下降沿中断和双沿中断 3 种方式（如图 3.3.12 所示）。

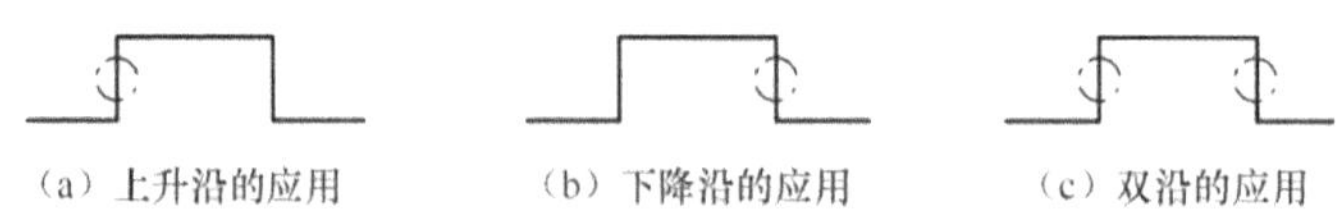

图 3.3.12　RB 端口电平变化中断的应用

这里以一个利用端口电平变化中断进行加 1 计数的应用为例。

（1）外部的窄脉冲时，端口电平变化中断的应用

这里所说的窄脉冲是指其正脉冲的宽度远远小于中断服务程序执行的时间（如图 3.3.13 所示）。这样，只要在中断服务程序退出之前，使用软件（2 条指令）清除 RBIF 标志即可。

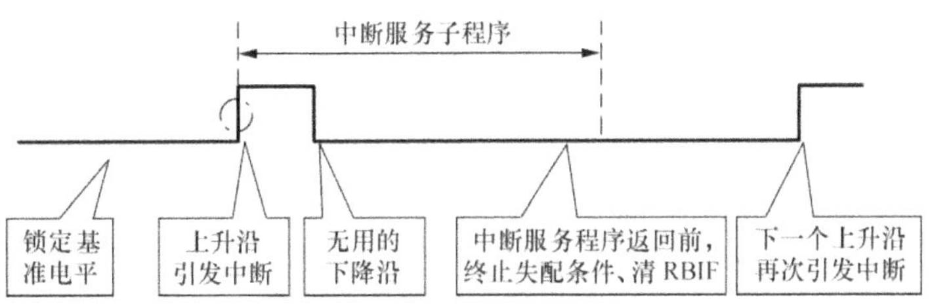

图 3.3.13　对于窄脉冲的应用

可以按照图 3.3.14 所示来实现一个程序的验证。其中，利用 RB4 做电平变化中断的输入；利用 PORTD 端口作输出，显示中断服务程序中的加 1 效果；利用 RB5 做输出与逻辑笔（或 1 个 LED 灯）连接，用来显示程序的运行状态（主程序运行时，对 RB5 端口电平不断取反；中断服务程序运行时，将 RB5 输出为高电平）。

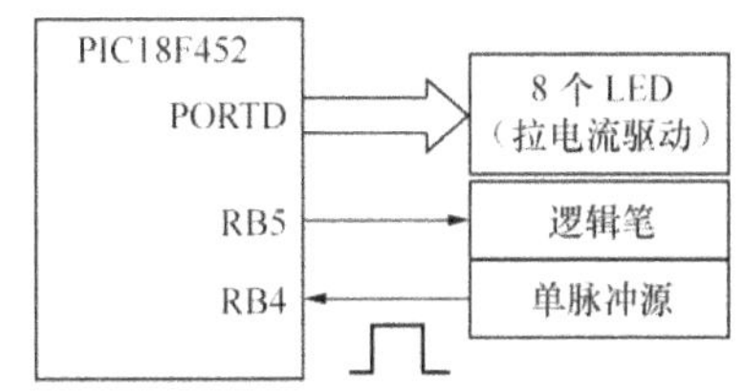

图 3.3.14　端口电平变化中断实验电路

在运行程序时，要保证外部的单脉冲的高电平尽可能的窄，以满足本题目的要求，即窄脉冲时的端口电平变化中断。实际上在 RB_ISR 的中断服务程序中有意识地加上了几个延时，以确保中断服务的时间大于外部脉冲（单脉冲）的时间。

参考程序如下。

```
LIST    P=18F452
   #INCLUDE P18F452.INC
        ORG     0000H
        GOTO    MAIN                    ;单片机的第一条指令
        ORG     0008H
        NOP                             ;高优先级的中断入口单元
        GOTO    RB_ISR
        ORG     0030H
MAIN    BSF     TRISB,4                 ;端口 RB4 设定为输入
        CLRF    TRISD                   ;端口 PORTD 设定为输出
        CLRF    PORTD                   ;端口 PORTD 原始清零（LED 全部灭掉）
        BCF     TRISB,5                 ;端口 RB5 设定为输出
        MOVF    PORTB,0                 ;读取 RB，结束端口的失配条件
        BCF     INTCON,RBIF             ;清除标志
        BSF     INTCON,RBIE             ;使能 RB4 的电平变化中断
        BSF     INTCON,GIE
LOOP    BTG     PORTB,5                 ;主程序 对 RB5 端口不断取反
        CALL    DELAY
        CALL    DELAY
        CALL    DELAY
        BRA     LOOP
RB_ISR  NOP                             ;RB_ISR 服务程序
        BSF     PORTB,5
        INCF    PORTD                   ;PORTD 加 1
```

```
            CALL      DELAY
            CALL      DELAY
            CALL      DELAY
            MOVF      PORTB,0                ;结束失配条件并清除标志
            BCF       INTCON,RBIF
            RETFIE
DELAY       MOVLW     0FFH                   ;延时子程序
            MOVWF     10H
LOP0        MOVLW     0FFH
            MOVWF     11H
LOP1        DECFSZ    11H,1
            BRA       LOP1
            DECFSZ    10H,1
            BRA       LOP0
            RETURN
            END
```

在运行上述程序中，如果使用手动的单脉冲操作时，应尽可能缩短单脉冲的有效时间，这样每当快速按动并释放 1 次单脉冲时，PORTD 端口就显示出加 1 的效果。应当注意，每当按动并释放 1 次单脉冲时，RB4 端口输入的是一个完整的正脉冲，即一个上升沿和一个下降沿，而系统只对上升沿敏感。程序之所以只对上升沿敏感，是因为在主程序初始化时，所存的基准电平为低电平。

（2）外部的宽脉冲时，端口电平变化中断的应用

这里所说的宽脉冲是指其正脉冲的宽度远远大于中断服务程序执行的时间（如图 3.3.15 所示），当使用手动单脉冲模拟时属这种情况。

对于这种宽脉冲如果只想利用其上升沿引发中断，那么由于宽脉冲的影响，这个脉冲的下降沿同样也会引发一次中断，但这个中断是多余的，必须剔除掉。这样一来，中断服务程序就要复杂一些，即首先要判断是上升沿引发的中断，还是下降沿引发的中断。如果是上升沿则是所需要的中断；反之，如果是下降沿引发的中断，则只做结束失配条件和清 RBIF 标志的操作（如图 3.3.15 所示）。

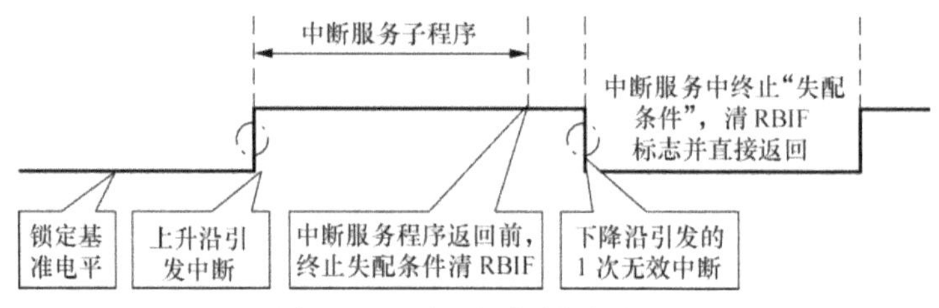

图 3.3.15　对于宽脉冲的的应用

中断服务子程序的算法流程如图 3.3.16 所示。中断服务子程序如下（主程序与前面程序相同）。

```
RB_ISR NOP
        BTFSS     PORTB,4            ;如果 RB4=1（上升沿）则 SKIP（跳一步）
        BRA       DDD               ;如果 RB4=0（下降沿）则转 DDD（结束失配条件）
        INCF      PORTD             ;中断服务主体
DDD MOVF         PORTB,0            ;结束失配条件
        BCF       INTCON,RBIF       ;清 RBIF 标志
        RETFIE
```

小结：实际上前面的 2 个程序都实现了利用端口电平变化中断的功能来替代普通的外部中断 INTx 的功能。相比较，第二个程序具有更好的适应性，无论外部脉冲是窄或宽，都能可靠地实现上升沿中断，只是第二种方法的编程稍微复杂一些罢了。

（3）端口电平变化中断用于电平跳变中断

所谓的电平跳变中断是指，只要端口电平发生变化就引发 1 次中断（无论是上升沿，还是下降沿）。图 3.3.17 所示为电平跳变中断的示意图。

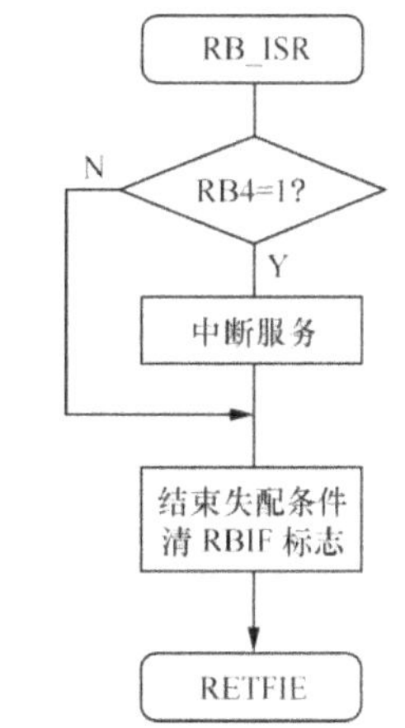

图 3.3.16　中断服务子程序流程图

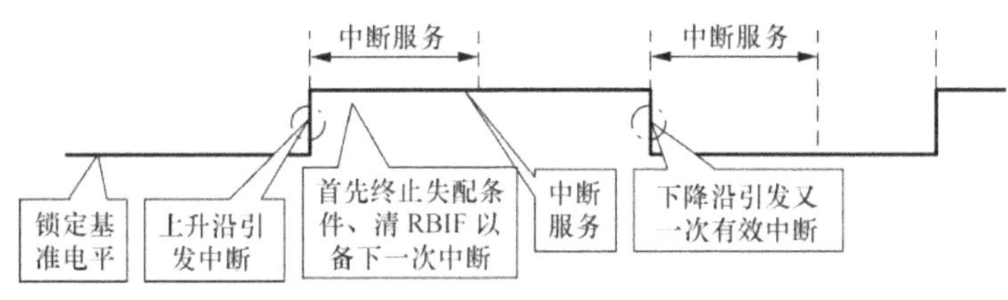

图 3.3.17　电平跳变中断的处理

为了保证电平的每一次变化都会准确地引发端口电平变化中断，在中断服务子程序的开始就应当进行终止失配条件和清除 RBIF 标志的操作，这样可以及时锁存新的基准电平，保证下一个脉冲边沿的有效触发。具体的程序如下。

```
RB_ISR  MOVF    PORTB,0         ;结束失配条件
        BCF     INTCON,RBIF     ;清除 RBIF 标志
        NOP
        INCF    PORTD           ;中断服务子主体
        RETFIE
```

小结：电平跳变中断巧妙地利用了端口电平变化中断的特点，满足了一些比较特殊的场合下的应用。关于端口电平变化中断的其他应用，读者可以根据具体的工程项目加以了解，这里就不一一描述了。

3.3.7　PIC18F452 单片机其他模块的中断编程

PIC18F452 单片机内部设计有定时器、ADC 模块、CCP 模块以及串行异步/同步收发模块等等外围功能模块，这些模块都是独立于 CPU 而自行工作的。每一个模块都带有对应的状态（或标志）信号 xIF，它表征着模块的工作状态。单片机在对这些模块编程时，就要对这些模块的状态信息进行检测。正如前面所描述的，单片机对这些模块状态（标志）信号的检测分 2 种方式。

1. 软件查询法

使用查询指令（BTFF）不断的检测 xIF 是否为 1。这种方式虽然编程简单，但 CPU 的效率低，因此只用于简单的应用中。

2. 中断处理法

利用中断逻辑的硬件电路实现对外围功能模块状态的自动管理，这种方式极大地提高了 CPU 的效率。

使用中断方式编程可以提高 CPU 的运行效率，但是在编程初始化环节中要注意几个问题。

① 首先确定对应模块的中断源属于哪个梯队。这关系到使能中断 IE 或中断标志的位置（对于查询法更为重要）。

② 如果中断源属于第一梯队，则使能位 IE 和标志位 IF 均在 INTCON 中（INT1、INT2 除外）；如果中断源属于第二梯队，则使能位 IE 在 PIE1，PIE2（外围模块中断标志寄存器）中，而中断标志位在 PIR1、PIR2（外围模块中断标志寄存器）中。

③ 使能第一梯队的中断源时，只需要 2 个操作，即开放该模块的中断使能位 IF，开放总的中断使能位 GIE。例如，使能 TMR0 的中断。

```
BSF   INTCON,TMR0IE      ;使能 TMR0 中断
BSF   INTCON,GIE         ;开放总的中断
```

④ 如果使能的是第二梯队的中断源，则要增加一个操作，即开放第二梯队使能位 PEIE（PEIE 第二梯队使能位，在 INTCON 中），例如，使能 TMR1 的中断。

```
BSF   PIE1,TMR1IE        ;使能 TMR1 中断
BSF   INTCON,PEIE        ;使能第二梯队中断
BSF   INTCON,GIE         ;开放总的中断
```

⑤ 一般情况下，只有在对相关模块的基本操作初始化完成后，再使能该模块的中断，以防过早开放该模块中断时，该模块的基本操作还没有具备，造成运行错误。

有关 PIC18F452 单片机各个功能模块的中断编程可参见第 7 章内容。

3.3.8　PIC18F452 单片机的软件触发中断

外围模块的中断标志，一般来讲都是在外围模块的硬件工作时自动置位的（IF=1）。当然这些标志位也可以通过指令来人为置位，并同样可以引发中断响应，把这种由软件置位所引发的中断称为软件触发中断。

软件触发中断可用来在不依赖外围模块的情况下，调试外围模块的 ISR 程序，适合于 ISR 软件的初期调试。

3.4　PIC18F452 单片机的 ADC 模块

3.4.1　什么是 ADC

ADC（Analog-to-Digital Converter），即为模/数转换器。在实际工程应用中，存在着大量的模拟信号，如电压、电流，以及电阻、压力、温度、流量等非电量信号。如何利用计算机资源去处理实际工程中的模拟信号，是下面将要解决的问题。

首先将温度、压力等非电量信号通过传感器转换为电量，然后再通过 ADC 模块，将传感器

输出的连续变化的模拟电信号转换为计算机能够识别的离散的数字信号，这一过程被称为模/数转换，而实现这一功能的模块称为 A/D 转换器。

3.4.2　模/数转换器的功能与应用

作为数据采集系统的重要环节，模数转换器（ADC）实现了将连续变化的模拟信号转换为计算机能够识别的数字信号。ADC 最早最简单的应用实例是数字万用表电路，将电压、电流及电阻信号经电桥处理后，送 ADC 电路进行转换，然后以字符的形式输出显示。在单片机系统中，ADC 同样承接着信号转换的桥梁作用（如图 3.4.1 所示）。

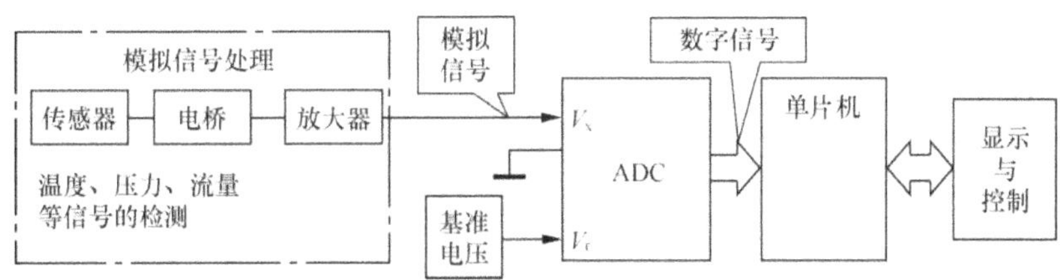

图 3.4.1　基于单片机的数据采集系统示意图

图 3.4.1 所示为一个由单片机组成的数据采集系统。在这个系统中，前端的传感器将非电量的信号（如温度、压力、流量等）转换成电信号（电压、电流或电阻信号），再经过电桥电路统一处理为电压信号，并经放大器进行放大处理，以满足 ADC 量程的需要。

ADC 电路还需要一个基准电源 V_r 作为 ADC 转换的参考标准。这个基准电压的精度与稳定性直接决定了 ADC 转换的精度，通常采用专用的基准源芯片来承担。另外 ADC 往往还需要外部提供一个时钟信号作为转换时钟，在一些新型 ADC 模块中芯片内部已集成了振荡电路以简化外电路的设计。

ADC 转换可以用一个通用的公式来描述：

$$N=(V_x \times k)/V_r$$

公式中，N 为转换后的数据。

　　V_x 为输入的模拟电压。

　　V_r 为基准电压。

　　k 为转换器的转换常数。

与简单的数字电压表相比，由单片机构成的数据采集系统具有数字万用表无法比拟的优势，利用单片机的软件资源可以对 ADC 转换的数据进行一系列的后期处理，如传感器输出曲线的非线性校正、克服放大器漂移的动态数据校零、排除外界信号的干扰的数字滤波等，以及可以方便地实现数据的上、下限报警等功能，使系统对数据采集的精度、稳定性及性能都得以极大地提高。

3.4.3　ADC 的类型与特点

ADC 如果从其电路结构、工作原理和实际应用来划分，可以简化为 2 种主要的结构类型，即逐次比较型和积分型。

1. 逐次比较型

逐次比较型 ADC 具有工作速度快（每秒千次以上）的优点，也是许多单片机内部 ADC 所采用的 ADC 类型。

2. 积分型

积分型 ADC 具有很高的抗工频干扰性能，其缺点是速度慢（每秒几十次）。常见的是双积分式 ADC，多用于工业生产中对检测速度要求不是很高的场合，如温度、压力或流量等参数的采集。

PIC18F 单片机内部的 ADC 为逐次比较型结构。

3.4.4　PIC18F452 单片机 ADC 的配置及工作原理

在 PIC18F 系列单片机内部，设计有多路 10 位精度的逐次比较型 ADC，模块借助于 RA、RE 端口引脚作为模拟输入引脚（可编程定义）。

PIC18F452 的 ADC 转换结构

（1）ADC 电路的模拟输入结构

PIC18F452 芯片内部设计有 10 位 8 通道的 ADC。它们是通过 RA、RE 端口的第二功能构建 8 条模拟输入通道。为了合理地利用 I/O 端口资源，ADC 输入通道的设置可以有多种组合，以节省宝贵的端口资源。

ADC 的基准电源 V_r 有 2 种设置方法：一是默认使用芯片的电源电压 V_{DD} 作为基准电源；另一种是通过 RA3、RA2 与外部专用基准电压芯片连接，以满足高精度转换的要求。设定方法是通过 ADC 模块的 SFR 中的 PCFG 位来设定（如图 3.4.2 所示）。

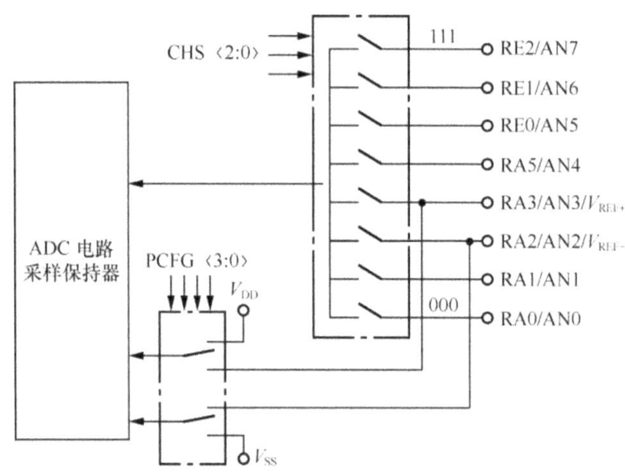

图 3.4.2　具有 8 路输入的 10 位 ADC 模块结构图

（2）与 ADC 相关的 SFR

与 ADC 相关的 SFR 寄存器共有 7 个（见表 3.4.1）。

表 3.4.1　　　　　　　　　　　　　　　与 ADC 模块相关的 SFR

SFR 名称	SFR 符号	SFR 地址	SFR 位定义							
			bit7	bit6	bit5	bit4	bit3	bit2	bit1	bit0
ADC 控制寄存器 0	ADCON0	FC2H	ADCS1	ADCS0	CHS2	CHS1	CHS0	GO/DONE	⋯	ADON
ADC 控制寄存器 1	ADCON1	FC1H	ADFM	ADS2	⋯	⋯	PCFG3	PCFG2	PCFG1	PCFG0
ADC 结果低位	ADRESL	FC3H	10 位转换结果的低位数据							

续表

SFR 名称	SFR 符号	SFR 地址	SFR 位定义							
			bit7	bit6	bit5	bit4	bit3	bit2	bit1	bit0
ADC 结果高位	ADRESH	FC4H	10 位转换结果的高位数据							
中断控制寄存器	INTCON	FF2H	GIE	PEIE	TMR0IE	INT0IE	RBIE	TMR0IF	INT0IF	RBIF
外围模块中断使能 1	PIE1	F9DH	…	ADIE	…	…	…	…	…	…
外围模块中断标志 1	PIR1	F9EH	…	ADIF	…	…	…	…	…	…

① ADCON0、ADC 0 号控制寄存器（见表 3.4.2）。

表 3.4.2　　　　　　　　　　　　　　　　ADCON0 的定义

SFR 位	ADCS1	ADCS0	CHS2	CHS1	CHS0	GO/DONE	…	ADON
读/写性质及复位状态	R/W-0	R/W-0	R/W-0	R/W-0	R/W-0	R/W-0	…	R/W-0

ADCON0 用来进行 ADC 转换时钟的设定和输入模拟通道的选择。

ADCS2～ADCS0：ADC 转换时钟源的设置位（见表 3.4.3）。

转换时钟决定着 ADC 的转换速度，但并不是转换速度越高越好，因为 ADC 有一个转换速度的上限极限值，超过了这个值，ADC 就不能正常工作。另外，内部 RC 振荡器模式提供了一种可在单片机处于 SLEEP 下仍能正常工作的可能，同时 RC 模式的频率在设计上保证 ADC 工作的正常。

CHS2～0：ADC 的通道选择/所用引脚定义（见表 3.4.4）。

这 3 位确定了单片机对 ADC 模拟通道的动态管理，确定当前所对应的转换通道。尽管 PIC18F452 具有 8 通道，但模块的核心部分只有 1 个 ADC，所以在转换过程中只能逐一选择其中的某一通道进行采集、转换。

表 3.4.3　　ADCS2～0 的定义

ADCS2～0	ADC 转换时钟源
000	$F_{osc}/2$
001	$F_{osc}/8$
010	$F_{osc}/32$
011	内部 RC 做振荡源
100	$F_{osc}/4$
101	$F_{osc}/16$
110	$F_{osc}/64$
111	内部 RC 做振荡源

注：ADS2 在 ADCON1 中。

表 3.4.4　　CHS2～0 的定义

CHS2 ～0	ADC 通道选择/引脚定义
000	AN0 /RA0
001	AN1 /RA1
010	AN2 /RA2
011	AN3 /RA3
100	AN4 /RA5
101	AN5 /RE0（不适用于 28 脚芯片）
110	AN6 /RE1（不适用于 28 脚芯片）
111	AN7 /RE2（不适用于 28 脚芯片）

GO/DONE：ADC 转换启动/状态信息位。

GO/DONE=1 时，ADC 被启动、开始转换。

GO/DONE=0 时，ADC 转换完成，结果寄存器数据可用（或者 ADC 根本没启动）。

注意，GO/DONE 实际上可以作为转换完成的标志（尽管不能像 ADIF=1 那样引发中断）。ADCON0DE 的定义如图 3.4.3 所示。

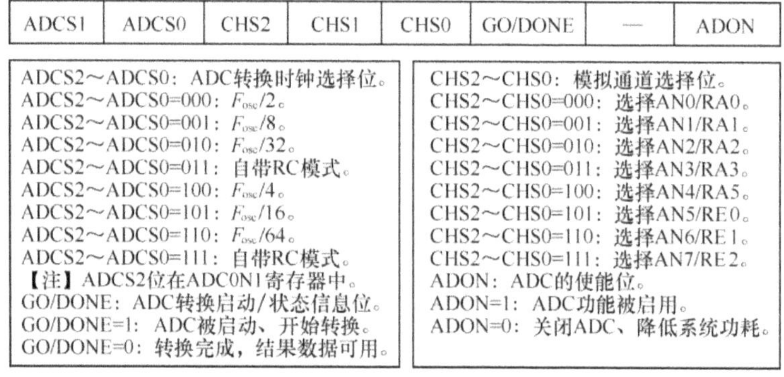

图 3.4.3　ADCON0 各位定义

ADON：ADC 的使能位

ADON=1 时，ADC 功能被启用。

ADON=0 时，关闭 ADC，以降低系统功耗。

系统上电/复位时，ADON=0 以降低系统功耗。应当注意，ADON=1 并不意味着 ADC 开始工作，只是在初始化编程中对 ADC 的一种使能。

② ADCON1、ADC 1 号控制寄存器（见表 3.4.5）。

表 3.4.5　　　　　　　　　　　　　　　　　　　ADCON1 的定义

SFR 位	ADFM	ADCS2	…	…	PCFG3	PCFG2	PCFG1	PCFG0
读/写性质及复位状态	R/W-0	R/W-0	…	…	R/W-0	R/W-0	R/W-0	R/W-0

ADCON1 的作用有 2 个。

（a）确定 ADC 结果数据的存放形式，如图 3.4.4 所示。

（b）静态确定模拟输入通道对端口的使用分配（见表 3.4.6）。

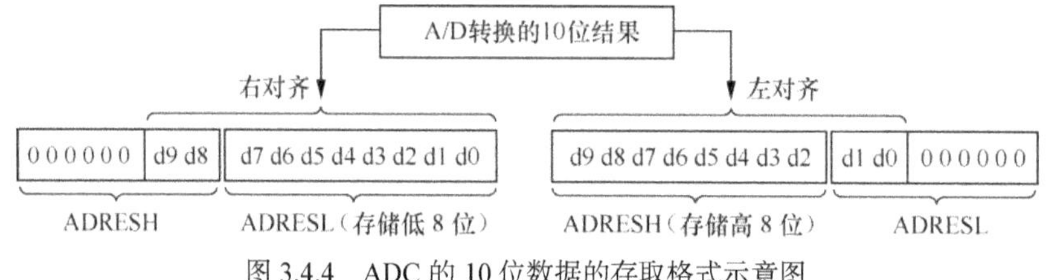

图 3.4.4　ADC 的 10 位数据的存取格式示意图

ADFM：ADC10 位结果数据格式选择位，如图 3.4.4 所示。

ADFM=1 时，10 位结果数据采用右对齐格式，ADRESL 中存低 8 位结果数据。

ADFM=0 时，10 位结果数据采用左对齐格式，即 ADRESH 存高 8 位的结果数据。

虽然 PIC18F 的 ADC 转换数据是 10 位的，但是可根据需要有 3 种读取数据的方法。

① 读取高 8 位数据。采用左对齐模式，直接从 ADRESH 中获取数据。这是一种比较常用的 8 位数据的读取模式，与 10 位数据相比，损失的只是 d1、d0 位，即损失的是分辨率，而数据的结果是全程的。

② 读取低 8 位数据。采用右对齐模式，直接从 ADRESL 中获取数据。与 10 位数据相比，这

种模式损失的是高 2 位 d9、d8 数据，所以只有当转换的数据远远小于 10 位数的时候才可以使用，而这种方式唯一的好处是保留的 10 位转换的分辨率。一般情况下不建议使用。

③ 读取 10 位数据。采用右对齐模式，此时从 ADRESH 中获取 10 位数据的高 2 位；从 ADRESL 中读取 10 位数据中的低 8 位，以双字节的形式存储 10 位数据。

PCFG3～0：ADC 端口配置位。

从表 3.4.4 中可以看到，利用 PCFG3～0 可以灵活地对端口的使用进行 ADC 通道设置，以充分利用、节省宝贵的端口资源。尽管在 40 引脚的芯片中设计了 8 个模拟输入通道，但是在实际应用中，对模拟信号的使用却存在很大的差异。

注意：一旦端口被设定为模拟通道，对应的端口引脚就应当通过 TRIS 的对应位将其设定为输入引脚。

表 3.4.6　　　　　　　　　　　　　PCFG3～0 对 ADC 端口配置位的设定

PCFG3:0	AN7 RE2	AN6 RE1	AN5 RE0	AN4 RA5	AN3 RA3	AN2 RA2	AN1 RA1	AN0 RA0	V_{ref+}	V_{ref-}
0000	**A**	**A**	**A**	**A**	**A**	**A**	**A**	A	V_{DD}	V_{SS}
0001	**A**	**A**	**A**	**A**	V_{ref+}	**A**	**A**	**A**	RA3	V_{SS}
0010	D	D	D	**A**	**A**	**A**	**A**	**A**	V_{DD}	V_{SS}
0011	D	D	D	**A**	V_{ref+}	**A**	**A**	**A**	RA3	V_{SS}
0100	D	D	D	D	**A**	D	**A**	**A**	V_{DD}	V_{SS}
0101	D	D	D	D	V_{ref+}	D	**A**	**A**	RA3	V_{SS}
011X	D	D	D	D	D	D	D	D	…	…
1000	**A**	**A**	**A**	**A**	V_{ref+}	V_{ref-}	**A**	**A**	RA3	RA2
1001	D	D	**A**	**A**	**A**	**A**	**A**	**A**	V_{DD}	V_{SS}
1010	D	D	**A**	**A**	V_{ref+}	**A**	**A**	**A**	RA3	V_{SS}
1011	D	D	**A**	**A**	V_{ref+}	V_{ref-}	**A**	**A**	RA3	RA2
1100	D	D	D	**A**	V_{ref+}	V_{ref-}	**A**	**A**	RA3	RA2
1101	D	D	D	D	V_{ref+}	V_{ref-}	**A**	**A**	RA3	RA2
1110	D	D	D	D	D	D	D	**A**	V_{DD}	V_{SS}
1111	D	D	D	D	V_{ref+}	V_{ref-}	D	**A**	RA3	RA2

注：A—模拟输入；D—数字 I/O；V_{ref+}、V_{ref-}—ADC 模拟正参考电压、负参考电压输入。

（3）PIC18F 系列 ADC 的转换时间

尽管可以使用 ADCON0 中的 ADCS2～0 来设置 ADC 的转换时钟以决定 ADC 模块的工作速度，但在时间上的分配上有着较严格的要求（见表 3.4.7）。

表 3.4.7　　　　　　　　　　　F_{osc}=16MHz 时 ADCS2～0 的选择

ADCS2～0	t（12 tad） （T_{osc}=0.062 5μs）	tad 是否有效（>1.6μs）
000	$F_{osc}/2 = 2\,T_{osc} = 0.125μs$	无效
001	$F_{osc}/8 = 8\,T_{osc} = 0.5μs$	无效
010	$F_{osc}/32 = 32\,T_{osc} = 2μs$	有效
011	内部 RC	有效
100	$F_{osc}/4 = 4\,T_{osc} = 0.25μs$	无效
101	$F_{osc}/16 = 16\,T_{osc} = 1μs$	无效

续表

ADCS2~0	t（12 tad） （T_{osc}=0.062 5μs）	tad 是否有效（>1.6μs）
110	$F_{osc}/64 = 64\ T_{osc} = 4$μs	有效
111	内部 RC	有效

完成一次 AD 转换的时间 t，转换 1 位数据所需时间为 tad，而完整一次（10 位）的转换时间则需要 12 个 tad，即 t=12tad。编程时通过对 ADCON0 的 ADCS2~0 位的设定，选择系统时钟周期 T_{osc} 的不同倍率（或 ADC 自带 RC 振荡器）满足 ADC 转换时间 t 的控制。对于 PIC18F 的 ADC 的极限参数 t（12tad）的最小时间为 1.6μs。

（4）在 SLEEP 下的 ADC 模块编程

由于 ADC 具有自带 RC 振荡器工作模式，这种结构使得 ADC 可以在系统处于 SLEEP 下工作（F_{osc}=0 时）仍能正常工作。当一次 ADC 转换完成后，标志信号 ADIF=1 将唤醒 CPU 进入正常的工作状态（ADIE 应事先置 1），以获取转换数据。

利用 SLEEP 进行 ADC 转换可以带来 2 点好处。

① 降低系统功耗，适合电池供电的场合。

② 系统进入 SLEEP 后，消除了系统时钟 F_{osc} 对模拟信号的干扰，这一点特别适合小信号检测的场合，有利于提高检测信号的精度。

（5）使用查询法对 ADC 编程的步骤

① 使能 ADC（BSF ADCON0，ADON）。

② 设定端口引脚做模拟输入（BSF TRISAx，或 BSF TRISEx）。

③ 选择参考电压和模拟通道（ADCON0，ADCON1）。

④ 选择转换速度 ADCS2~0（ADCON0，ADCON1）。

⑤ 等待捕捉时间（15μs）。

⑥ 启动 ADC（ADCON0---GO）。

⑦ 采用查询方式监视 ADC（BTFSC ADCON0,GO）。

⑧ 当 GO/DONE=0 时，从 ADRES x 中读取转换结果。

（6）ADC 转换的基准电压 V_{ref} 的选择标准

① 对转换精度的影响。从 ADC 转换公式 $k \times V_x/V_{ref}$ 看出，要保证转换数据的稳定性必须保证 V_{ref} 的精确性，这里的精确性是指 V_{ref} 良好的稳定性（很小的温漂或时漂），否则会给转换带来额外的误差。一般来讲，如果获取的是 8bit 数据格式时，可以利用单片机电源 V_{CC} 来代替 V_{ref}；如果是获取 10bit 数据格式，或者对转换数据的精度要求较高时，就要外接专用的基准电源芯片来提供 V_{ref}。可以通过对模拟通道的设置实现外部基准电压的输入。

② 对转换步长的影响。步长即 ADC 能够分辨的最小变化量。V_{ref} 对步长的影响可以用一个公式来表达，即

$$步长 = V_{ref}/256$$

以 8bit 数据格式为例，如

V_{ref}=5 000mV 时，步长 = $V_{ref}/256$ =5 000mV/256 = 19.53mV。

V_{ref}=4 000mV 时，步长 = $V_{ref}/256$ =4 000mV/256 = 16 mV。

可见，采用低值的 V_{ref} 可以提高转换的分辨率，但是 ADC 转换的电压范围恰好又与 V_{ref} 有关，

PIC 的 V_{ref} 与 V_{inmax} 是 1：1 的关系，所以 V_{ref} 的值对应着 V_{inmax} 值，这一点在设计中应当注意。

另外，在相同的 V_{ref} 下，10bit 数据格式的分辨率要明显高于 8bit 数据格式的分辨率，这也是为什么在一些要求较高的采集系统中不惜成本采用高位数 ADC 的原因。

3.4.5　PIC18F452 的 ADC 编程实例

【举例】假设单片机的系统时钟 F_{osc}=16MHz，使用一个通道（RA0）做 ADC 的输入，可利用一个电位器并将其滑动点的电压（0～5V）做模拟信号。ADC 的数据取其 10 位中的高 8 位，并利用单片机的 PORTD 端口与 8 个 LED 灯（以拉电流方式）连接，将 ADC 转换的 8 位数据通过 PORTD 端口以二进制的形式输出显示（如图 3.4.5 所示）。

【解】第一步，首先设定 ADCON0（参见 ADCON0 的定义）

$$ADCON0=B'10\ 000\ 0\ 0\ 1' = 81H$$

其中，ADCS2～ADCS0=110 B，即确定转换时钟为 F_{osc}/64（T=4μs）。

模拟通道设置 CHS2～CHS0=0000B，即转换通道为 AN0/RA0。

暂时不启动 ADC，使能 ADC 模块。

第二步，确定 ADCON1（参见 ADCON1 的定义）

$$ADCON1=B'0\ 1\ 00\ 1110' = 4EH$$

其中，数据格式采用左对齐，即取 10 位数据中的高 8 位。

端口配置为 RA0 为模拟通道（AN0/RA0）。

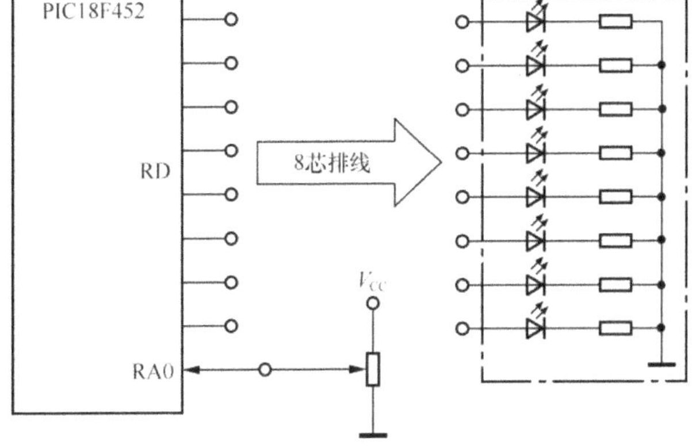

图 3.4.5　实验电路图

程序清单如下（查询方式）。

```
                ORG     0000H
                GOTO    MAIN
                ORG     0030H
MAIN            NOP
                CLRF    TRISD           ;RD 口输出
                CLRF    PORTD           ;RD 初始为零输出
                BSF     TRISA,0         ;定义 RA0 位输入口（必须的）
                MOVLW   B'10000001'     ;Fosc/64, AN0, 使能 ADC 模块
                MOVWF   ADCON0          ;暂时不启动 ADC
                MOVLW   B'01001110'     ;左对齐,AN0 为模拟输入
```

```
                MOVWF      ADCON1           ;V_DD、V_SS 为参考电压 V_ref+, V_ref-
CONVERT         NOP                         ;加一个小延时
                NOP
                NOP
                BCF        PIR1,ADIF        ;清标志 ADIF
                BSF        ADCON0,GO        ;启动 A/D 转换
WAIT            BTFSS      PIR1,ADIF        ;等待转换结束(ADIF=1 则转换完成)
                GOTO       WAIT             ;转换未完成时继续等待
                BCF        PIR1,ADIF        ;清标志 ADIF
                MOVFF      ADRESH,PORTD     ;读取转换的高 8 为数据、显示结果
                GOTO       CONVERT          ;无限循环
                END
```

说明，在上面的程序中，采用对标志 ADIF 的查询法。实际上也可以采用查询 ADCON0 中的 GO/DONE 位，即启动后 GO/DONE=1，转换完成后 GO/DONE=0。此方法的优点是可节省清除标志的操作，程序如下。

```
WAIT        BTFSC     ADCON0,DONE      ;等待转换结束(DONE=0 则转换完成)
            GOTO      WAIT             ;转换未完成时继续等待
            MOVFF     ADRESH,PORTD     ;读取转换的高 8 为数据、显示结果
```

3.4.6 ADC 模拟输入通道配置的非易失性问题

ADCON1 寄存器中的 PCFG3～0 是用来设定 RA、RE 端口引脚的模拟通道设置的。在 ADC 的应用编程中，通过这 4 位来设定模拟通道对端口引脚的使用。应当提醒编程者注意，一旦将 RE 或 RA 中的某些引脚设定为模拟通道后，该单片机的对应的端口引脚就不能进行正常的 I/O 操作了，无论单片机是否断电，端口引脚的模拟通道功能将一直保留下来，将此现象称为端口第二功能的非易失性。如果该单片机要重新将 RE、RA 的端口定义为 I/O 通道，必须对 ADCON1 寄存器中的 PCFG3～0 位重新定义，即将 RE、RA 端口重新定义为 D 模式，即 I/O 模式，具体为

```
MOVLW     07H
MOVWF     ADCON1
```

小结：PIC18F 单片机的 ADC 编程主要是初始化操作，对 ADCON0、ADCON1 的设定。

① 对 ADCON0 的初始化，包括 ADC 的转换时钟设定（参见表 3.4.7）和 ADC 通道的选择（参见图 3.4.2）。转换时钟的选择不是任意的，它与系统时钟有关，在没有特殊要求时，可选择最慢的时钟，如 F_{osc}/64 或自带 RC 模式；而通道的选择是指当前所要采集的模拟通道的确定。例如，在多通道采集编程时，要逐一通道进行 ADC 的采集，也就是说多通道的采集是分时进行的。

② 对 ADCON1 的初始化，包括读取数据的格式，编程者可根据实际应用选择高 8 位数据（左对齐）或 10 位数据（右对齐）。该寄存器还定义了 PORTA、PORTE 端口的资源分配，为了有效利用端口，可根据实际应用确定模拟通道对端口的实际占用，没有定义为模拟通道的端口，仍然可以做普通的 I/O 端口；对 ADC 的使能和启动 ADC 进行转换的控制位也包含在此寄存器中。

③ 最后一点，关于 PIC18F 单片机 ADC 的模拟通道对端口的非易失性问题。如果原先定义为 ADC 模拟通道的 I/O 端口要想重新恢复为输入、输出端口，那么必须使用 2 条指令撤除端口模拟通道的属性。

3.5　PIC18F452 单片机的 WDT 模块

在单片机应用系统的设计中，系统的可靠性是一个必须关注的重要问题。一个在实验室中调试成功的单片机系统被转移到应用现场后，往往会莫名其妙的出现一些异常状况甚至系统死机，这种情况将直接影响系统的应用。影响系统运行可靠性的因素有许多，主要有以下几个。

1. 程序本身的设计

程序设计得是否科学、合理，将直接影响系统工作的可靠性。如在分支程序或条件判断环节中，对于两个参数的比较是采用相等（＝）还是采用大于（＞）或小于（＜），在理论上可能是一样的，但是在实际应用中可能会导致不同的结果；又比如，对于一些模块的状态查询是否添加了定次数查询环节，以防止因某一个模块的不正常而影响整个系统的运行等。

2. 硬件设计

尽可能的采用新型（串行）接口芯片，以简化系统的硬件结构。采用低功耗器件，以减少器件的电流消耗，减少系统的温升，延长器件的使用寿命、提高可靠性。在一些数据采集系统中尽可能的使用隔离技术，以减少外部电压、电流的冲击等。

3. 电磁环境的影响

系统使用环境难免会受到环境中的电磁干扰。系统设计中的硬件电路板（PCB）的布线也是非常重要的，合理的布线会有效地降低环境电磁场对系统硬件的干扰，特别是地线的设计尤为重要。必要时要采用"铺地"技术，尽可能的屏蔽掉周围电磁信号对系统的干扰。

即使一名经验丰富的工程师，在设计单片机系统的过程中也很难做到使系统运行万无一失，所以如何保证单片机系统能够长期安全、可靠的运行已经成为系统设计工程师必须解决的问题。WDT 技术的引入为解决这一问题提供了一种方法。

3.5.1　什么是 WDT

WDT（Watch Dog Timer），简称看门狗定时器，也称 CPU 监控电路，近年来在单片机教学和应用中开始得到重视。

实际上 CPU 监控电路是一个非常简单的计数器电路，如图 3.5.1 所示。

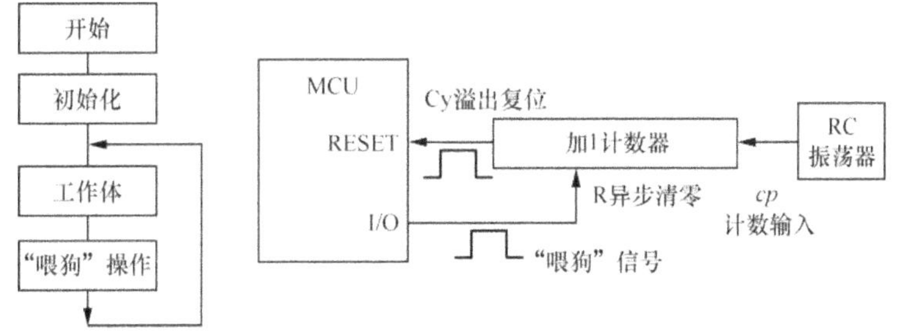

图 3.5.1　WDT 的简易模型

利用计数器的溢出信号 Cy=1 对单片机强行复位。为了保证 WDT 不影响单片机的正常工作，在程序的循环体中要嵌入一个"喂狗"操作（利用单片机的一个 I/O 端口输出一个对计数器的清零信号）。如果计数器的溢出周期为 T_1，程序的循环周期为 T_2，只要 $T_2<T_1$ 时，那么这个"喂狗"信号会使计数器不断地被清零，CPU 的运行不会受影响。

如果单片机因某些因素影响，使 CPU 脱离了正常的程序轨道时，外部的计数器会因为得不到"喂狗"信号而造成计数溢出，此信号将强迫单片机复位，这样就会将程序指针拉回到程序的起始地址（0000H 单元），被干扰的系统重新开始运行程。

3.5.2　PIC18F452 单片机的 WDT 模块结构及工作原理

包含 PIC18F452 型在内的 PIC18F 系列单片机的芯片内部嵌入了可编程的 WDT 模块。模块自带 RC 振荡器作为计数脉冲，片内 WDT 可根据需要使能或不使能。WDT 的溢出周期也是可编程的，可根据程序设定 WDT 的溢出周期。初学者在学习 PIC 单片机编程的初级阶段，不用考虑 WDT 环节（即不使能 WDT），这样以减少不必要的操作环节；只有在进行工程应用设计时，才考虑 WDT 模块的使能。

1. PIC18F 系列 WDT 模块结构与特点

在 PIC18F 中的 WDT 电路。采用独立的 RC 振荡器，这样即使 CPU 执行 SLEEP 指令时，WDT 仍能正常工作（如图 3.5.2 所示）。

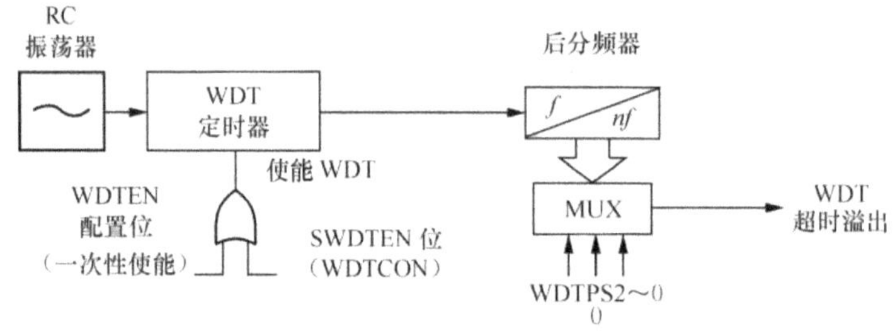

图 3.5.2　WDT 定时器结构简化示意图

从图 3.5.2 所示可看出，WDT 的使能有 2 个"相或"的条件。

① 由软件置位 WDTCON 寄存器中的 SWDTEN 位来使能（如图 3.5.3 所示）。这是一种动态使能的方法，即在程序的初始化中写入对应的指令即可。

② 通过器件配置字来使能 WDT，这是一种静态使能的方法，在 IDE 软件的设置中通过系统配置字（Configer）的设定，一次性使能 WDT，而不再改变。

SWDTEN—WDT使能位；SWDTEN=1：使能WDT；SWDTEN=0：关闭WDT。

图 3.5.3　WDTCON（地址为 FD1H）控制寄存器各位定义

利用集成调试软件 IDE 中的"Configer"菜单下的"Configuration Bits（器件配置字）"命令设定（如图 3.5.4 和图 3.5.5 所示）。

注意：

① 如果使能 WDT 时，其分频器分频比必须通过"Configuration Bits"中的选项"Watchdog Postscaler"（WDT 分频器）设定。方法如下（如图 3.5.6 所示）。

在 MPLAB IDE 窗口下单击"Configure → Configuration Bits",然后使能 WDT 并选好 WDT 分频比。

② 由于器件配置字是在烧写程序时一同写入的,因而采用器件配置字使能 WDT 时,软件是无法关闭 WDT 的。

③ 如果系统配置字没有使能 WDT,那么可以通过软件编程来使能或关闭 WDT。

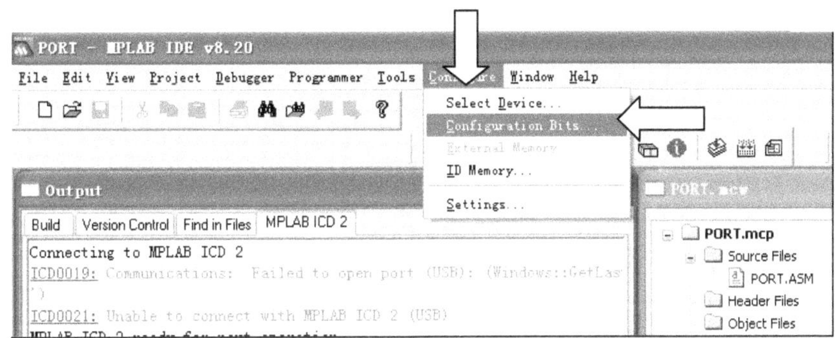

图 3.5.4　利用 IDE 软件的"Configer"菜单下选择"Configuration bits"命令

图 3.5.5　在"Configuration Bits"命令中设置使能 WDT

图 3.5.6　在"Configuration Bits"命令中设置 WDT 的分频比

2. WDT 模块的工作原理

在设计一个系统时,如果使能 WDT,那么在程序的循环体中应当加有一个"喂狗"信号 **"CLRWDT"**,保证该指令不断的清零 WDT 计数器。一旦程序发生错误(CPU 跳转到其他非正常地址),WDT 会因为得不到 **CLRWDT** 指令而产生溢出,将系统复位,迫使 CPU 回到程序的起始位置,重新运行程序。

3. WDT 的溢出周期

在不使用后分频器的时候,WDT 的溢出周期为 18ms。如果使用后分频器,且选择最大分频比（1∶128）时，WDT 的溢出周期可达 2.3s（详见表 3.5.1）。

表 3.5.1　　　　　　　　　　WDT 的后分频器的分频比与溢出时间的关系

WDTPS2~0	后分频比	WDT 溢出时间（从零开始）/ms
000	1∶1	18
001	1∶2	36
010	1∶4	72
011	1∶8	144
100	1∶16	288
101	1∶32	576
110	1∶64	1 152
111	1∶128	2 304

　　选择 WDT 溢出周期的方法很简单，只要 WDT 的溢出周期大于程序中每一次执行 **CLRWDT** 指令的间隔时间即可。考虑到 WDT 采用 RC 振荡器的特点（RC 的一致性较差，环境温度对 RC 值的影响较大），对表 3.5.1 中给出的溢出时间留有一定的上浮空间，所以选择溢出时间时往往要比实际的大一些。

　　WDT 的后分频器的使用是由 CONFIG2H 定义的，如图 3.5.7 所示，该寄存器不在正常的寻址范围，它的设定只能在 MPLAB IDE 的软件环境中通过"器件配置字"的设定，在下载、烧写程序时完成设置。

−	−	−	−	WDTPS2	WDTPS1	WDTPS0	WDTEN	CONFIG2H
−						−	SWDTEN	WDTCON
−	−	−	−	$\overline{TO}$	$\overline{PD}$			RCON

$\overline{TO}$：当 WDT 溢出时，RCON 寄存器的 $\overline{TO}$=0；
$\overline{PD}$：系统进入 SLEEP 状态的标志，进入 SLEEP 时，$\overline{PD}$=0。

图 3.5.7　与 WDT，SLEEP 相关的 3 个寄存器

4. WDT 的清零

　　执行 CLRWDT 指令将强制 WDT 清零。当系统被复位时，WDT 和后分频器一同被清零，RCON 寄存器中的 $\overline{TO}$=1。

5. SLEEP 状态下的 WDT 应用

　　利用 SLEEP 指令可以使 CPU 进入睡眠状态、降低系统功耗。睡眠状态的 CPU 会有 2 种唤醒的可能，不同情况下，对于唤醒后操作是不同的。

　　① 如果是 WDT 的唤醒（RCON 中的 $\overline{TO}$=0），则 CPU 应当继续执行 SLEEP 指令、并重新进入睡眠状态。

　　② 如果是中断唤醒则进行与中断相关的操作（执行 ISR），然后再次执行 SLEEP 以确保系统的低功耗状态。

　　应当注意的是，与系统因干扰而造成的死机不同，WDT 将系统从 SLEEP 状态唤醒时，不返回到 ROM 的 0000H。

　　在系统进入 SLEEP 状态后，WDT 因得不到 CLRWDT 指令而产生溢出，将 CPU 唤醒。当 CPU 被唤醒后，首先要判断唤醒的性质，如果是 WDT 的溢出唤醒，那么可以让 CPU 继续 SLEEP，如

果是中断唤醒（如 ADC、外中断等），则转入服务程序。而这些都是可以通过对 $\overline{\text{TO}}$ 或其他中断标志的判断实现的。

3.5.3　WDT 编程举例

实际上 WDT 很难以实验的方式验证其功能，导致 CPU 发生错误的条件很难模拟。但可以采用非正常方式来验证 WDT 的作用还是比较容易的。在程序中使能 WDT 后，有意地不加 **CLRWDT** 指令，让 WDT 对单片机强行复位，以验证 WDT 的作用。

这里是一个示例程序。在原有的一个流水灯程序中使能了 WDT，并在主程序的循环体中嵌入了一个 CLRWDT 信号。注意，此程序是利用 IDE 中的系统配置字来使能 WDT。验证分为如下 2 个步骤。

① 在程序中保留 **CLRWDT**，这样，在正常情况下 WDT 对程序不会产生"复位"效果。

② 将程序中的 CLRWDT 临时屏蔽掉，再来观察程序的运行结果。

程序清单如下。

```
LIST P=18F452
#INCLUDE P18F452.INC
        ORG     0000H
        GOTO    MAIN
        ORG     0030H
MAIN    NOP
        BCF     TRISC,2
        CLRF    TRISD               ;设定 D 口为 8 位输出
        MOVLW   1H
        MOVWF   PORTD
        BCF     INTCON,TMR0IF       ;清除 TMR0 的溢出标志
        BSF     PORTC,2             ;点亮 RC2 显示上电/复位操作
        CALL    DELAY
        BCF     PORTC,2             ;熄灭 RC2，程序进入主循环
LOOP1   NOP                         ;主循环中 RC2 的灯不会亮
        CLRWDT                      ;喂狗操作
        CALL    DELAY
        RLNCF   PORTD               ;产生一个流水灯效果
        GOTO    LOOP1               ;无条件跳转到 LOOP1
DELAY   MOVLW   07H                 ;一个使用 TMR0 的延时子程序
        MOVWF   T0CON               ;TMR0 定时 16 位分频比 256
        BCF     INTCON,TMR0IF       ;清除 TMR0 的溢出标志
        MOVLW   0F0H                ;定时初值送 TMR0H
        MOVWF   TMR0H
        MOVLW   21H                 ;定时初值送 TMR0L
        MOVWF   TMR0L
        BSF     T0CON,TMR00N        ;开启 TMR0
D2LOP   BTFSS   INTCON,TMR0IF       ;查询 TMR0 定时时间到否
        GOTO    D2LOP
        RETURN
        END
```

关于程序还要做如下说明。

① 注意 IDE 集成调试软件不支持 WDT 的在线调试模式，所有使能 WDT 的程序只能使用脱机模式运行（详见 6.2 章节）。

② 在程序的初始化部分中写有 RC2=1 的指令（RC2 端口以拉电流的方式驱动一个 LED 灯），这样可以通过与之连接的 LED 的状态表征单片机的运行状态，此灯只有在程序的初始化时会闪亮一下，程序运行到主循环后，LED 始终不亮。

③ 在使能了 WDT 模块的情况下，在程序的循环体中，由于嵌入了一条"喂狗"指令（CLRWDT），因而正常情况下 WDT 不会影响到主程序的运行。此时与 RC2 端口连接的 LED 灯，只是在程序的开始被点亮一次后再也不会被点亮，这说明单片机没有受到 WDT 的干扰，与 RD 端口连接的 8 个 LED 灯会正常地显示"流水"的效果。

④ 将主程序循环体中的"喂狗"指令去掉，这时 WDT 会因为得不到"喂狗"指令而产生"超时溢出"。在这种情况下程序运行会出现的现象是，与 RD 端口连接的 8 个 LED 的"流水"效果被不断地"中断"，而且与 RC2 连接的 LED 灯不断地被点亮。综合这 2 个现象可以证明，单片机的主程序不断地被 WDT "打断"，将程序不断地拉回到 ROM 的 0000H 单元重新运行。这里以一种间接方式来验证 WDT 强行复位的作用。

3.6　PIC18F452 单片机的 SLEEP 技术

采用电池供电的单片机系统，其连续工作时间受到了很大的限制。如何降低单片机系统的功耗、延长电池的续航能力成为这些系统设计中要关注和解决的问题。

系统功耗可分为 2 个部分：一是单片机本身的电流消耗；另一个是系统外围模块的电流消耗。现在许多结构简单、价格低廉的低功耗接口器件已经大量上市，并被广泛地应用于系统设计之中。本节主要以单片机为例，分析影响单片机自身功耗的各种因素。

以 PIC18F452 单片机为例，其自身的功耗与诸多因素相关，如单片机的工作电压以及单片机采用的系统时钟频率等，都会直接影响单片机自身的功耗。以美国微芯片技术公司提供的 PIC18F452 单片机的资料为例。

① 当采用 5V 供电，且系统时钟为 4MHz 时，其芯片的自身电流小于 1.6mA。

② 当采用 3V 供电，且系统时钟为 32kHz 时，其芯片的自身电流为 25μA。

③ 当单片机处于睡眠状态，即 $F_{osc}=0$ 时，其芯片的自身电流小于 0.2μA。

电源电压的大小、系统时钟的高低对单片机自身的电流都具有直接的影响。可以非常明显地看出，当单片机处于睡眠状态时，电流会从 mA 级直接下降到 μA 级。

3.6.1　单片机的 SLEEP 技术

"睡眠技术"是现代单片机设计中非常重要的一项节能技术，只要单片机执行一条 SLEEP 指令，那么单片机内部的系统时钟便会"停摆"，电流消耗降低为 μA 级。

一旦单片机进入睡眠状态，内部的系统时钟停振（$F_{osc}=0$），内部程序指针 PC 指向下一条指令（SLEEP 的下一条指令），但不读取指令。当单片机处于这种睡眠状态时，芯片内部的许多与系统时钟相关的模块便不能工作了，如计数器的定时模式、CCP 以及依赖于系统时钟的 ADC 等。

许多工程师利用 SLEEP 指令来提高系统的数据采集精度，因为系统时钟本身就是一个很强的噪声干扰源，对于 μV 级的检测是非常不利的。如果将 ADC 的转换时钟设定为自带 RC 模式，就可以在单片机的睡眠期间进行小信号的检测与转换，当 ADC 转换完成，可以利用其 "ADCIF" 标志唤醒睡眠状态的单片机，处理转换后的数据。

3.6.2　"睡眠状态" 的唤醒

处于 "睡眠状态" 的单片机可以被 "复位" 操作或中断信号来 "唤醒"。当被 "复位" 操作唤醒时，单片机从程序的开始位置（0000H 单元）执行程序；当单片机是被中断唤醒时，CPU 会继续 SLEEP 下面的一条指令开始执行。在设计中一般在 SLEEP 下面安放一条空操作（NOP）指令，以保证单片机从 "睡眠状态" 到 "工作状态" 的过渡期间避免发生错误。

当然这些用以唤醒单片机的模块其自身工作必须是不依赖于系统时钟的，如外中断、计数器对外部事件的计数溢出中断以及不依赖于系统时钟的 ADC 模式等。

3.6.3　SLEEP 模式下的 WDT 运用

在 SLEEP 状态下，能否保留、运用 WDT 技术实现对 CPU 的监控，对这个问题的回答是可以的。WDT 对 CPU 的监控分为 2 种不同的方式进行。

① 当 CPU 处于运行状态时，一旦 CPU 失控（无 **CLRWDT** 指令），WDT 将程序计数器 PC 清零，即产生一个复位操作，将 CPU 拉回到程序的初始位置（ROM 的 0000H 单元）重新运行程序。

② 当 CPU 处于睡眠状态时，CPU 同样不能执行 "喂狗" 操作（此时 CPU 不执行任何指令），WDT 会因产生溢出而唤醒 CPU。此时的 WDT 不会使 CPU 产生复位，仅仅是唤醒 CPU，使 CPU 从 SLEEP 指令的位置 "滑到" 下一条指令并运行。由 WDT 唤醒 CPU 的一个重要特征是，RCON 寄存器中的 $\overline{TO}$ =0（RCON,3=0）。这样编程者可以在 SLEEP 指令的下面编写一条指令，对 RCON,3 进行检测，以确定唤醒的原因，如果是 WDT 唤醒（RCON,3=0），则程序再次进入到 SLEEP 状态。

RCON，复位寄存器（见表 3.6.1）。

表 3.6.1　　　　　　　　　　　　　　　　　　RCON 的定义

SFR 位	…	…	…	…	$\overline{TO}$	…	…	…
读/写性质及复位状态	…	…	…	…	R/W-1	…	…	…

$\overline{TO}$：看门狗 WDT 溢出标志位。

$\overline{TO}$ =1 时，上电/复位、执行 CLRWDT 指令、SLEEP 指令后的状态。

$\overline{TO}$ =0 时，看门狗定时器 WDT 溢出发生。

尽管 WDT 会不断的唤醒处于睡眠状态下的单片机，但是被唤醒的时间与睡眠时间相比还是可以忽略不计的。图 3.6.1 所示为象征性地表述了使用 WDT 和 SLEEP 技术时单片机的电流消耗情况，可见其降低功耗的效果还是相当明显的。

小结：当单片机执行 SLEEP 指令后，可有 3 种方式唤醒。

① 手动复位唤醒，$\overline{MCLR}$ =0 电平时，唤醒并复位单片机。

② 中断唤醒，可由与 F_{osc} 无关的中断源唤醒，并注意以下两点。

如果 GIE=0，则唤醒后执行 SLEEP 下面的指令。

如果 GIE=1，则执行 SLEEP 下面的一条指令后，跳转到中断矢量单元（如果该中断被使能、

GIE=1 或 PEIE=1)。

③ WDT 的超时溢出唤醒，CPU 执行 SLEEP 下面的一条指令。

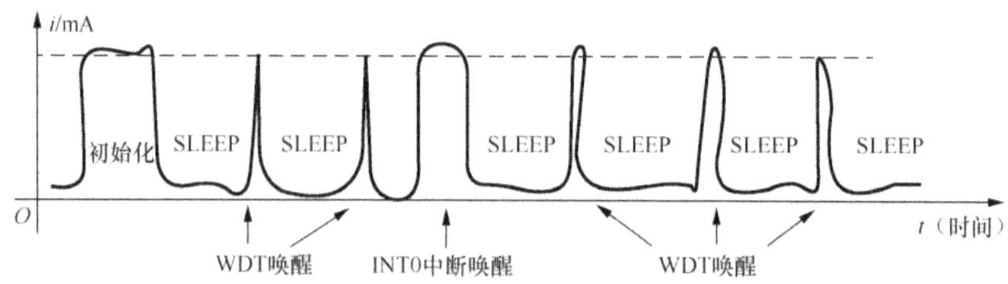

图 3.6.1　采用 SLEEP 模式时 WDT 对系统的唤醒及系统功耗示意图

3.6.4　SLEEP 模式下的 WDT 综合运用编程实例

1. 程序的功能

利用 PORTD 端口做计数器（原始状态为 0 ），每当来一次外部中断/INT0 信号，计数器便加 1（通过 LED 显示），如果没有外中断信号，系统则进入睡眠状态。有关与程序相关的实验电路可参见第七章内容。

2. 程序结构

整个程序分为 4 个部分，包括主程序部分（ROM 的 0100H 开始）、中断入口单元（ROM 的 0008H 单元）、中断服务子程序（INT0_ISR）和延时子程序（DELAY2）。

3. 各程序的功能

主程序前半部是初始化操作，如端口的方向设定、外中断 INT0 的参数设定、使能 WDT；在中断入口单元填写对引发中断源的判断，如果是 INT0 引发的中断，则跳转到 INT0_ISR，否则直接返回；延时程序是利用定时器 TMR0 产生一个演示操作，执行计数器加 1 并显示的中断程序。

4. 睡眠状态的表征

当主程序完成初始化操作后，将 RC2 清零（对应的 LED 灯灭），表征程序即将进入睡眠状态，SLEEP 指令使 CPU 停止运行，并停在 NOP 指令上。如果此时没有外部中断的请求，单片机将一直处于低功耗的睡眠状态，单片机的自身功耗将为 μA 级。

5. CPU 的唤醒

此程序有 2 个被唤醒的因素，即 WDT 和外部中断。

① 由于初始化程序使能了 WDT，所以单片机的睡眠状态会不断的被 WDT 唤醒（唤醒时 RCON 中的 $\overline{TO}$ =0），此时单片机执行下面的 NOP 指令，并使 RC2=1（对应的 LED 被点亮）以表征单片机被唤醒，对 RCON 中的 $\overline{TO}$ 位判断（ $\overline{TO}$ =0），即验证为 WDT 唤醒状态，执行一段小延时后，清零 RC2，执行 SLEEP 指令，再次进入睡眠状态。

② 当发生外部中断（/INT0），单片机同样会被唤醒，执行下面的 NOP 指令后进入中断入口单元 0008H，并转移到 INT0 的中断服务程序中。在中断服务程序中对 PORTD 端口数据加 1 显示。当中断结束返回主程序后，单片机再一次执行 SLEEP 指令，进入睡眠状态。

```
;程序名：A11.ASM    注意：TMR0 延时为 20ms（F_osc=16MHz）
;******************************************************************
LIST        P=18F452
```

```
#INCLUDE    P18F452.INC
            ORG         0H
            GOTO        MAIN
            ORG         08H
            BTFSS       INTCON,INT0IF
            RETFIE
            GOTO        INT0_ISR
MAIN        ORG         100H
            BCF         TRISC,2                  ;RC2 口为输出
            BSF         PORTC,2                  ;RC2=1
            CLRF        TRISD                    ;设定 RD 为输出
            BSF         TRISB,INT0               ;设定 RB0 为输入
            BCF         INTCON2,INTEDG0          ;设定 INT0 为下降沿触发
            MOVLW       01H
            MOVWF       PORTD                    ;计数器原始输出 01H
            MOVLW       00H
            MOVWF       T0CON                    ;TMR0 定时 16 位分频比 1：2
            CLRF        INTCON
            BSF         INTCON,INT0IE            ;开 INT0 中断
            BSF         INTCON,GIE               ;开总的中断使能 GIE
            BSF         WDTCON,SWDTEN            ;软件使能 WDT
LOOP        BCF         PORTC,2                  ;RC2 输出低电平即睡眠状态
            SLEEP
            NOP                                  ;SLEEP 指令后加 NOP
            BSF         PORTC,2                  ;CPU 唤醒标志
            BTFSC       RCON,3                   ;是否 WDT 唤醒（ TO =0）
            GOTO        LOOP                     ;中断唤醒
            CALL        DELAY2                   ;便于观察 WDT 的唤醒过程
            CALL        DELAY2
            BRA         LOOP
DELAY2      BCF         INTCON,TMR0IF            ;清除 TMR0 的溢出标志
            MOVLW       63H                      ;定时初值送 TMR0H（20ms）
            MOVWF       TMR0H
            MOVLW       0C0H                     ;定时初值送 TMR0L
            MOVWF       TMR0L
            BSF         T0CON,TMR0ON             ;开启 TMR0
D2LOP       BTFSS       INTCON,TMR0IF            ;查询 TMR0 定时时间到否
            GOTO        D2LOP
            BCF         T0CON,TMR0ON             ;关闭 TMR0（降低功耗）
            RETURN
INT0_ISR    BSF         PORTC,2                  ;点亮 RC2 端口的 LED
            CALL        DELAY2                   ;调延时（防前沿抖）
LOP         BTFSC       PORTB,0                  ;检测 INT0 引脚电平
            GOTO        LOP1                     ;INT0 消失时转 LOP1
            GOTO        LOP                      ;排除瞬间（毛刺）干扰
LOP1        INCF        PORTD,F                  ;端口 RD 作计数器并加 1 显示
            BCF         INTCON,INT0IF            ;清除 INT0 中断标志
            CALL        DELAY2                   ;调延时（防后沿抖）
```

```
        RETFIE
        END
```

这个程序是模仿使能 WDT 情况下的低功耗设计方案，对于这个程序读者可以举一反三，灵活运用在其他工程中。

3.7 PIC18F452 单片机的 EEPROM 模块

EEPROM 也称电擦除型 PROM，具备掉电后数据不丢失、可以反复擦写的特点，所以 EEPROM 往往是用于存储一些关键数据，如汽车里程数据、水表流量数据、电表的用电量等。在常规的单片机系统中 EEPROM 是以外围芯片的形式使用的。在 PIC18F452 单片机的芯片中集成有 256B 的 8bit EEPROM 存储阵列，不仅简化了系统的外部结构，还有利于 EEPROM 中的数据保护。

3.7.1 PIC18F452 单片机的 EEPROM 的特性

PIC18F452 单片机内部设计有 256B 的 EEPROM 单元（原始数据为 FFH），其写入次数大约为 100 万次，数据存储有效时间大于 40 年。从数据安全性考虑，对 PIC18F 单片机中 EEPROM 的数据写入有严格的控制措施，以防造成关键数据被错误写入。

对 EEPROM 的操作可以按单元来写入数据，并且写数据时，不用事先执行擦除操作。与 PIC18F 单片机的程序存储器 Flash 不同，对 EEPROM 的写入操作不用高电压烧写，所以写 EEPROM 的操作不影响 CPU 的运行，但是与 RAM 不同，其烧写数据的速度远远低于 RAM 的写入速度（一般为 ms 级）。

3.7.2 PIC18F452 内部 EEPROM 模块的配置及编程原理

与 EEPROM 相关的 SFR

与其他功能模块一样，对 EEPROM 的操作也要通过对应的 SFR 进行。通常 PIC18F452/458 中的 EEPROM 与 Flash 共同享用一些 SFR，这里仅对与 EEPROM 相关的主要寄存器进行描述（详见表 3.7.1）。

表 3.7.1　　与 Flash/EEPROM 相关的 SFR

名称	符号	地址	SFR							
			bit7	bit6	bit5	bit4	bit3	bit2	bit1	bit0
控制寄存器 1	EECON1	FA6H	EEPGD	CFGS	…	FREE	WRERR	WREN	WR	RD
控制寄存器 2	EECON2	FA7H	一个虚拟的哑元寄存器（长写时调用）							
中断控制寄存器	INTCON	FF2H	GIE	PEIE	TMR0IE	INT0IE	RBIE	TMR0IF	INT0IF	RBIF
外围模块中断使能 2	PIE2	FA0H	…	CMIE	…	EEIE	BCLIE	LVDIE	TMR3IE	ECCP1 IE
外围模块中断标志 2	PIR2	FA1H	…	CMIF	…	EEIF	BCLIF	LVDIF	TMR3IF	ECCP1 IF

续表

名称	符号	地址	SFR							
			bit7	bit6	bit5	bit4	bit3	bit2	bit1	bit0
写入数据缓冲器	TABLAT	FF5H	数据缓冲寄存器（短写时连续装载 8B 数据）							
EEPROM 地址寄存器	EEADR	FA9H	8bit 地址（覆盖 256 个 EEPROM 单元）							
EEPROM 数据缓冲器	EEDATA	FA8H	8bit 的数据缓冲寄存器							

（1）EEADR

EEADR 是 EEPROM 的 8bit 地址指针寄存器。用于装载待访问 EEPROM 单元的地址。

（2）EEDATA

EEDATA 是 EEPROM 的数据寄存器。写操作时，需事先存放待写入的数据，或读操作时存放从指定单元中读出的数据。

（3）TABLAT

TABLAT 是 FlashROM 写操作的 8bit 写入数据缓冲器（深度为 8B）。

（4）EECON1

EECON1 是 Flash/EEPROM 控制寄存器 1，设定相关的参数。

（5）EECON2

EECON2 是 Flash/EEPROM 控制寄存器 2，一个虚拟的哑元寄存器（长写时调用）。

EEPROM 的控制寄存器 EECON1（见表 3.7.2）。

表 3.7.2　　　　　　　　　　　　　　　　EEPROM 的定义

SFR 位	EEPGD	CFGS	…	FREE	WRERR	WREN	WR	RD
读/写性质及复位状态	R/W-x	R/W-x	…	R/W-0	R/W-x	R/W-0	R/W-0	R/W-0

EECON1 中各位定义如下。

EEPGD：Flash 或 EEPROM 选择位。

EEPGD=1 时，访问 Flash。

EEPGD=0 时，访问 EEPROM。

CFGS：Flash / EEPROM 或配置位选择位。

CFGS=1 时，访问配置寄存器。

CFGS=0 时，访问 Flash 或 EEPROM。

FREE：Flash 行擦除选择位。

FREE=1 时，按照 TBLPRT 指向的 Flash 中程序行进行擦除操作（完成后该位自动回零）。

FREE=0 时，仅进行写操作。EEPROM 操作时 FREE=0。

WRERR：写操作出错标志。

WRERR=1 时，由于出错，写操作被提前终止（实际上是一个出错标志）。

WRERR=0 时，写操作正常完成（相当于一个写操作正常完成标志）。

WREN：EEPROM 或 Flash 写使能位。

WREN=1 时，允许一个写周期的开始。

WREN=0 时，禁止向 EEPROM 或 Flash 写。

WR：EPROM 或 Flash 写控制位。

WR=1 时，启动写操作（或 FREE=1 时启动擦除过程）。

WR=0 时，写操作正常完成（启动写操作后，写完成的一个标志，或不启动写操作）。

RD：用于 EEPROM 读控制位。

RD=1 时，启动 EEPROM 的读操作。

RD=0 时，不启动 EEPROM 的读操作。

3.7.3　利用 IDE 观察 EEPROM 单元中的原始数据

PIC18F 系列单片机内部的 EEPROM 中的原始数据，可以方便地利用 IDE 软件观察，并直接修改。在 IDE "View" 的下拉菜单中，单击 "EEPROM"（如图 3.7.1 所示）。

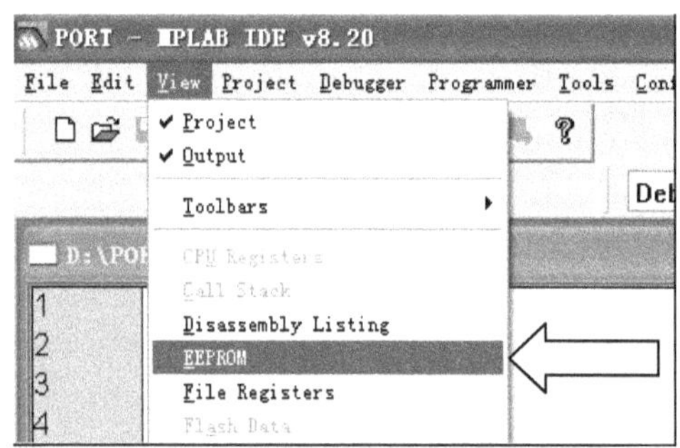

图 3.7.1　利用 IDE 的 "View" 下拉菜单中选择 "EEPROM"

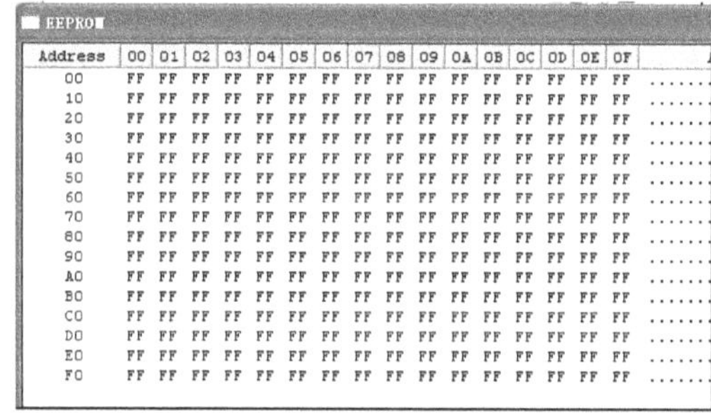

图 3.7.2　利用 IDE 观察 EEPROM 中的数据

此时，会弹出一个 EEPROM 数据的界面（如图 3.7.2 所示）。然后，可以使用鼠标选择 EEPROM 的某一个单元，并修改其内容（如将初始的 FFH 修改为 F0H 并呈现为红色），这样，在程序文件编程、下载时，就可一同将 EEPROM 的新数据（F0H）写入 EEPROM 的 00H 单元中（如图 3.7.3 所示）。

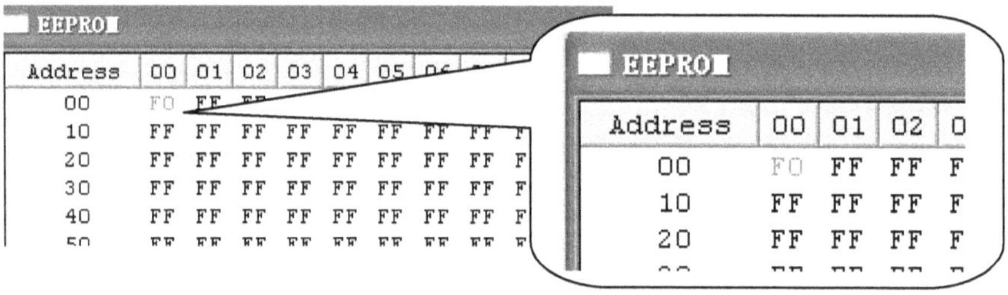

图 3.7.3　被修改的 00H 单元中的数据 F0H 呈红色

注意，在使用在线调试模式调试程序时，EEPROM 单元的数据不能像单片机内部的 RAM 那样可动态观察其数据的变化。如果想要动态观察 EEPROM 数据的变化，只能在程序中编写一个 EEPROM 的读数据操作（或子程序），并将读出的数据传送到某一个 RAM 单元，这样就可以通过文件寄存器动态观察 EEPROM 中的数据变化。

3.7.4　从 EEPROM 单元中读出数据的操作

与普通的 RAM 的操作不同，因为 EEPROM 是一个独立的功能模块，所以对 EEPROM 的操作也要通过对应的 SFR 进行相关设置。

从 EEPROM 中读数据可以规划为以下的几个步骤。

① 将对应的 EEPROM 单元地址装载到 EEADR 中。

② 设定 EECON1（EEPGD=0，CFGS=0，WREN=0，RD 暂时为 0）。

③ 设置 EECON1 中的 RD=1，即启动了 1 次读操作，读出的数据在 EEDATA 中。

1. EECON1 的初始化

EECON1 的定义如表 3.7.2 所示。

EEPGD：Flash 或 EEPROM 选择位。

EEPGD=1 时，访问 Flash。

EEPGD=0 时，访问 EEPROM。

这里选择 EEPGD=0，即访问 EEPROM 单元。

CFGS：Flash / EEPROM 或配置位选择位。

CFGS=1 时，访问配置寄存器。

CFGS=0 时，访问 Flash 或 EEPROM。

这里选择 CFGS=0，即访问 Flash 或 EEPROM。

FREE：Flash 行擦除选择位。

FREE=1 时，按照 TBLPRT 指向的 Flash 中程序行进行擦除操作（完成后该位自动回零）。

FREE=0 时，仅进行写操作。

这里选择 FREE=0。

WRERR：写操作出错标志。

WRERR=1 时，由于出错，写操作被提前终止（实际上是一个出错标志）。

WRERR=0 时，写操作正常完成（相当于一个写 Flash 正常完成标志）。

这里选择 WRERR=0，因为这是一个标志，在操作时进行动态设置。

WREN：EEPROM 或 Flash 写使能位。

WREN=1 时，允许一个写周期的开始。

WREN=0 时，禁止向 EEPROM 或 Flash 写。

这里选择 WREN=0，即禁止写操作。

WR：EEPROM 或 Flash 写控制位。

WR=1 时，启动写操作（或 FREE=1 时，启动擦除过程）。

WR=0 时，写操作正常完成（启动写操作后，写完成的一个标志，或不启动写操作）。

这里选择 WR=0。

RD：仅用于 EEPROM 读控制位。

RD=1 时，启动 EEPROM 的读操作。

RD=0 时，不启动 EEPROM 的读操作。

这里选择 RD=1，即启动 EEPROM 的读操作。

综上所述，EECON1=B'00000001' 或=01H。

使用指令 MOVLW　　01H

　　　　　　　　MOVWF　　EECON1

就可完成对 EECON1 的初始化。当然也可以使用位操作指令对 EECON1 进行初始下，指令如下。

```
BCF      EECON1,EEPGD          ;设定 EECON1
```

```
BCF          EECON1,CFGS              ;访问 Flash 或 EEPROM
BSF          EECON1,RD                ;读数据
```

2. 程序清单

```
LIST    P=18F452
#INCLUDE P18F452.INC
        ORG      0000H
        GOTO     MAIN
        ORG      0030H
MAIN    NOP
        CLRF     TRISD                ;设定 RD 为输出端口
        MOVLW    0x00                 ;赋 EEPROM 的地址 00H 于 EEADR
        MOVWF    EEADR
        CALL     READ_EE              ;调一个读 EEPROM 子程序
        MOVFF    EEDATA,PORTD         ;将读出的数据送 PORTD 端口显示
        BRA      $                    ;动态停机
READ_EE                              ;读 EEPROM 数据子程序
        BCF      EECON1,EEPGD         ;设定 EECON1
        BCF      EECON1,CFGS
        BSF      EECON1,RD            ;启动一个读数据操作
        NOP                           ;一个小延时
        RETURN
        END
```

上面的程序可以正确地将 EEPROM 的 00H 单元中的数据读出，并通过 PORTD 端口以二进制的方式显示（PORTD 以拉电流的方式驱动 8 个 LED）。

可以利用 IDE 事先将 EEPROM 的 00H 单元写入一个数，这样在利用"Debugger"下的"Program"烧写目标程序时，一同将 IDE 设定的数据烧写到 EEPROM 中，这样在运行程序时就会将 EEPROM 对应单元中的数据读出，并显示在 RD 对应的 LED 上。

3.7.5　向 EEPROM 写入数据及过程

与 EEPROM 的读数据相比，EEPROM 的写数据要严谨、复杂一些。

1. 对 EEPROM 的写操作

① 将 EEPROM 的地址装载到 EEADR 中。

② 将待写入的数据装入 EEDATA 中。

③ 设定 EECON1（EEPGD=0，CFGS=0，WREN=1）。

④ 关闭全局中断（BCF，INTCON,GIE）。

⑤ 使用五指令系列完成 1 个字节的写入（4～8ms）。

⑥ 查询 EEIF 是否为 1，等待 EEPROM 的写操作完成。

⑦ 写操作完成后，EEIF=1，WR 自动回零（WR=0）。

⑧ 开放全局中断（BSF　INTCON,GIE）。

⑨ 关闭写使能（BCF　EECON1,WREN），防止错误的写 EEPROM 操作（写操作完成时，WREN 不会自动关闭）。

2. PIC 写 Flash/EEPORM 操作的五指令序列

不同于 RAM、EEPROM 是一类比较特殊的数据存储单元，其数据往往是一些关键数据，如汽车里程数据、水表流量数据等。为了防止对 EEPROM 的错误写入，PIC 单片机采用了一种类似于密码或口令的方式进行验证，只有验证结果完全正确时，才能执行有效的写操作。

在前面所描述的 EEPROM 写操作的过程中，步骤⑤实际上是一个由微芯片技术公司设计、提供的五指令序列，它就是 EEPROM 写操作的密码或口令。只有当完整、正确地执行了这 5 条指令后，事先装载到 EEDATA 中的待写入的数据才能写到 EEPROM 当中。如果这 5 条指令的执行顺序或指令中的内容有差异，则写操作无效。PIC18F 系列单片机的这种设计可以有效地避免因编程不慎或单片机因干扰出现的对 EEPROM 的非正常写入。

PIC18F 系列单片机对 EEPROM 写操作的五指令序列如下。

```
MOVLW     0x55            ;相当一个密钥数据
MOVWF     EECON2          ;写到一个虚拟寄存器 EECON2 中
MOVLW     0xAA            ;第二个密钥数据
MOVWF     EECON2          ;再次写到虚拟寄存器 EECON2 中
BSF       EECON1,WR       ;启动写操作（需要约 2ms）
```

这里再一次强调，在编写五指令序列时，指令的顺序、数值都不能改变，否则写操作将会被忽略。

3. EEPRO 单元的写数据编程

这里以向 EEPROM 的 00H 单元写入数据 0FH 为例，描述编程步骤。程序清单如下。

```
LIST P=18F452
#INCLUDE P18F452.INC
          ORG       0000H
          GOTO      MAIN
          ORG       0030H
MAIN      NOP
          MOVLW     0x00                    ;指向 EEPROM 的 00H 单元
          MOVWF     EEADR
          MOVLW     0x0F                    ;数据 0FH 装载到 EEDATA 中
          MOVWF     EEDATA
          CALL      WRITE_EE                ;调写 EEPROM 子程序
          BRA       $                       ;写数据完成，动态停机
WRITE_EE                                    ;写 EEPROM 数据子程序
          BCF       EECON1,EEPGD            ;设定 EECON1，选择 EEPROM 操作
          BCF       EECON1,CFGS             ;访问 Flash 或 EEPROM
          BSF       EECON1,WREN             ;使能写操作
          BCF       INTCON,GIE              ;屏蔽所有中断，确保 EEROM 操作完整
          MOVLW     0x55                    ;执行五指令序列操作
          MOVWF     EECON2                  ;注意顺序不能颠倒
          MOVLW     0xAA
          MOVWF     EECON2
          BSF       EECON1,WR               ;五指令序列中真正的写操作开始
EE_WAIT
          BTFSS     PIR2,EEIF               ;等待烧写 EEPROM 的完成
          BRA       EE_WAIT
          BSF       INTCON,GIE              ;写完成后开中断
```

```
                BCF     EECON1,WREN             ;关闭写允许
                RETURN
                END
```

3.7.6　EEPROM 的数据读与写操作及非易失性验证

下面的程序是一个 EEPROM 的读、写实验。利用 INT0 的外中断（由一个单脉冲信号引发中断）读取 PORTC 端口的输入数据，将其写到 EEPROM 的 00H 单元。程序的最后，不断地将 EEPROM 的 00H 单元数据通过 PORTD 端口显示，程序如下。

```
LIST  P=18F452
#INCLUDE  P18F452.INC
                ORG     0000H
                GOTO    MAIN
                ORG     0008H
                GOTO    INT_ISR
                ORG     0030H
MAIN            NOP
                BSF     TRISB,0                 ;RB0（INT0）设定为输入
                BCF     TRISB,1                 ;利用 RB1 作输出，监控单片机运行状态
                BCF     PORTB,1                 ;RB1=0（主程序状态）
                CLRF    TRISD                   ;PORTD 用以输出 EEPROM 的数据
                SETF    TRISC                   ;PORTC 为输入口 输入待写入 EEPROM 的数据
                BSF     INTCON,GIE              ;使能中断
                BSF     INTCON,INT0IE
LOP_RD          NOP
                CALL    READ_EE                 ;读取 EEPROM 数据（在 W 中）
                MOVWF   PORTD                   ;显示数据
                BRA     LOP_RD                  ;跳转到 LOP_RD 行（无限循环结构）
WRITE_EE                                        ;写 EEPROM 数据子程序
                BCF     EECON1,EEPGD            ;设定 EECON1，选择 EEPROM 操作
                BCF     EECON1,CFGS             ;访问 Flash 或 EEPROM
                BSF     EECON1,WREN             ;使能写操作
                BCF     INTCON,GIE              ;屏蔽所有中断（确保写操作完整性）
                MOVLW   0x55                    ;执行五指令序列操作
                MOVWF   EECON2                  ;注意顺序不能颠倒
                MOVLW   0xAA
                MOVWF   EECON2
                BSF     EECON1,WR               ;五指令序列中真正的写操作开始
EE_WAIT  BTFSS  PIR2,EEIF                       ;等待烧写 EEPROM 的完成
                BRA     EE_WAIT
                BSF     INTCON,GIE              ;写完成后开中断
                BCF     EECON1,WREN             ;关闭写操作
                RETURN
READ_EE                                         ;读 EEPROM 数据子程序
                BCF     EECON1,EEPGD            ;设定 EECON1
                BCF     EECON1,CFGS
                BSF     EECON1,RD               ;读数据
```

```
                NOP                                  ;一个小延时
                MOVF    EEDATA,W                     ;读出的数据送 W
                RETURN
INT_ISR         BSF     PORTB,1                      ;利用 RB1 端口监视中断
                BCF     INTCON,INT0IF
                MOVF    PORTC,0                      ;将 PORTC 口的数据送 WREG
LOP_WR          MOVWF   EEDATA                       ;数据送 EEPROM 的数据寄存器
                MOVLW   0x00                         ;赋 EEPROM 的地址 00H 于 EEADR
                MOVWF   EEADR
                CALL    WRITE_EE                     ;调写 EEPROM 子程序
LOP             NOP
                BTFSC   PORTB,0                      ;等待 INT_0 单脉冲的结束
                BRA  LOP
                BCF     PORTB,1                      ;关闭 RB1 的中断标志
                RETFIE
```

实验电路参见第 7 章的相关内容。建议采用脱机模式烧写和运行程序，这样可以避免在 Debugger 模式下下载程序对 EEPROM 数据的覆盖。在脱机模式下，可随时关闭单片机的系统电源，然后再通电，可以看到 EEPROM 中的数据仍得以保留。

3.8　PIC18F452 单片机的 USART 模块

在包含 PIC18F452 型在内的 PIC18F 系列单片机中集成有 2 种不同类型的串行通信模块，即通用同步/异步收发器（Universal Synchronous/Asynchronous Receiver Transmitter，USART）和主控同步串行接口（Master Synchronous Serial Port，MSSP）。前者主要应用于远距离的设备之间的数据传输与交换；后者用于单片机系统内部的模块扩展。本章主要描述 USART 的结构特点及编程原理，有关 MSSP 将在后续的 SPI、I²C 的章节中加以介绍。

3.8.1　串行通信的分类与特点

通用异步/同步收发分为异步收发和同步收发 2 种串行的工作方式，前者用于系统之间的远距离通信，特点是引线少、成本低廉；后者用于系统内部的结构扩展，具有结构简单、占用单片机口线资源少、传输速度快等优点。

3.8.2　异步串行通信模式

通信双方只有 1 条（单向）或 2 条（双向）数据线。结构简单，适合较远距离的数据传输，如图 3.8.1（a）所示。在异步通信中，通信双方仅仅依靠一条（或 2 条）数据线实现单向（或双向）的数据传送。由于双方之间没有专用的同步信号，加之双方系统的时钟往往各不相同，所以异步通信的双方必须遵循下列原则。

① 通信双方必须保持相同的数据传送、接收速率（波特率）。

② 通信双方必须遵守相同的数据帧格式（8bit 或 9bit 数据）。

1 次串行异步通信的开始是以数据线上的 1bit 的低电平数据位作为起始信号的，紧跟有 8bit 或 9bit 的字节数据（d0 在先），当一个完整的数据字节传送完成后，发送方发送 1bit（或 1.5bit）

高电平的停止位，1B 的数据传送完毕。实际上这个高电平的停止位也是将数据线拉回到高电平的空闲状态（如图 3.8.1（b）所示）。

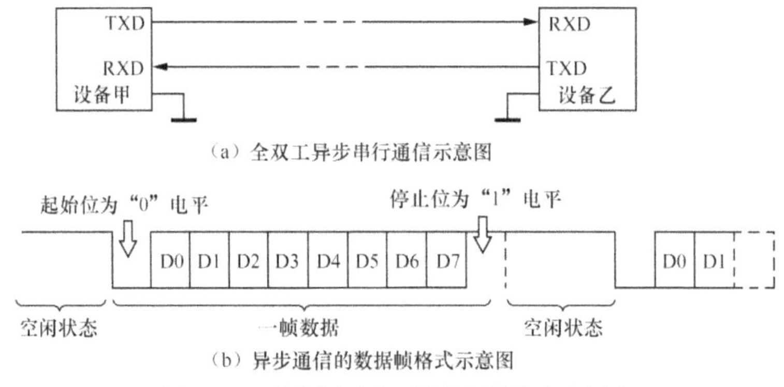

（a）全双工异步串行通信示意图

（b）异步通信的数据帧格式示意图

图 3.8.1　通用异步串行通信数据帧格式示意图

3.8.3　异步串行通信的电平标准

在异步串行通信中，针对不同的应用环境，可采用不同的电平标准。

1. TTL 电平标准

TTL 电平标准，即 0～5V 电平标准，逻辑"0"为低电平（0V）；逻辑"1"为高电平（5V）。由于电平幅值范围的限制，TTL 电平标准下的通信距离受到限制，被限定在 2～5m 的范围内。TTL 电平标准仅用于实验室场合（如图 3.8.2 所示）。

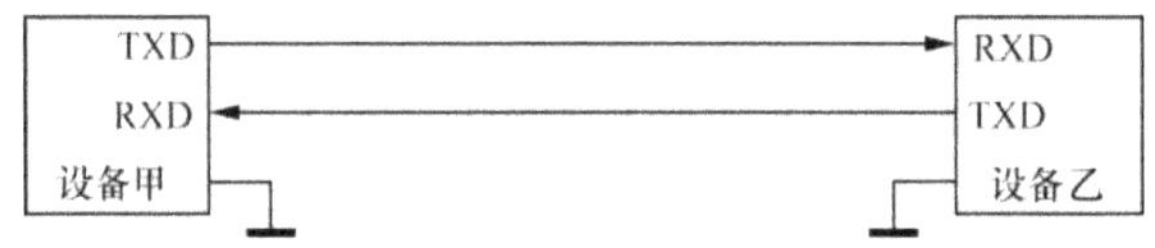

图 3.8.2　TTL 电平标准的异步串行通信连接示意图

2. RS-232 电平标准

为了使不同厂家生产的通信设备彼此兼容，电子工业联盟（EIA）在 1960 年制定了一个接口标准——RS-232，采用-25～25V 的电平范围。其中逻辑"0"为 3～25V 电平，逻辑"1"为-25～-3V 电平。

由于信号电平范围大幅度增加，有效地低干扰信号对数据的影响。RS-232 的通信电平标准使通信距离可以提高到 15m 左右。工程应用中有 MAX232 系列电平转换芯片（如图 3.8.3 所示）。该芯片采用单 5V 供电，芯片内部具有"电荷泵"电路，可将单 5V 电压转换成 10V 和-10V 2 组电源供输出电平使用。

3. RS-485 电平标准

RS-485 电平标准，采用差分式传输的信号标准，将单端信号转换成差分信号进行传送（如图 3.8.4 所示）。因为差分信号具有很好的抗共模干扰特性，因此 RS-485 电平信号可以实现 1km 以上距离的数据传送。

RS-485 的电气特性。逻辑"1"以两线间的电压差为 0.2～6V 表示；逻辑"0"以两线间的电压差为-6～-0.2V 表示。

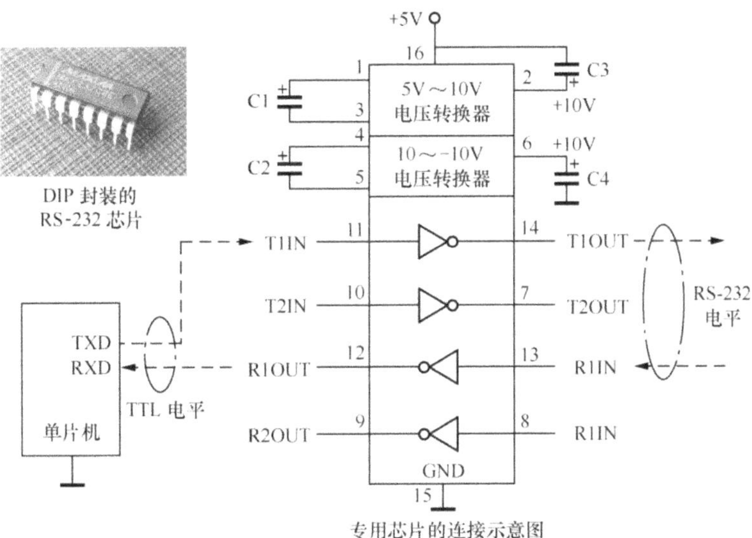

图 3.8.3　RS-232 电平转换专用芯片应用示意图

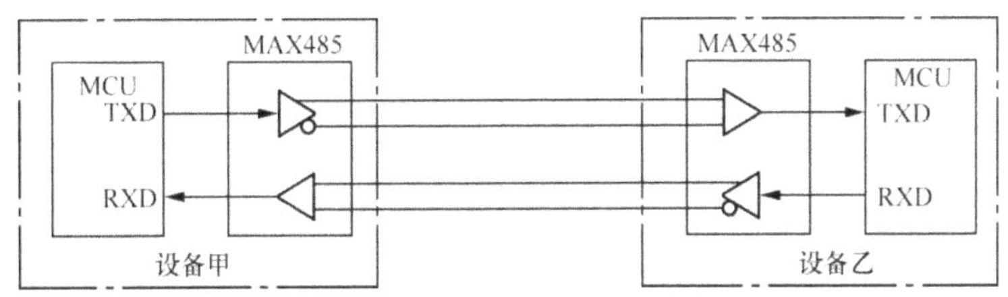

图 3.8.4　采用 MAX485 电平转换芯片的 RS-485 通信示意图

RS-485 最大的通信距离约为 1 219m,最大传输速率为 10Mbit/s,传输速率与传输距离成反比,在 100kbit/s 的传输速率下，才可以达到最大的通信距离，如果需传输更长的距离，需要加 485 中继器。RS-485 总线一般最大支持 32 个结点，如果使用特制的 485 芯片，可以达到 128 个或者 256 个结点，最大的可以支持到 400 个结点。

同 RS-232 相类似，RS-485 也可以采用专用的芯片（如单 5V 供电的 MAX485）实现 TTL 电平与 RS-485 电平的转换，读者可以查阅相关的资料，这里就不再讲述了。

3.8.4　同步串行通信模式

单片机内部，在设计有异步串行通信功能的基础上，还设计有同步串行的功能。在同步串行模式下，数据线上的数据依靠同步时钟 CLK 进行同步控制，与异步通信相比具有高速、高效的特点；但与异步通信模式相比，多了 1 条同步线 CLK，不适合远距离通信。因此，同步串行主要用于系统内部的模块扩展，其优点是与传统的并行口扩展相比，节省了单片机的端口引线，简化了系统的硬件结构。

同步串行模式也称为移位寄存器模式，即可以使用串入/并出移位寄存器（如 74HC164）实现将串行数据转换为并行数据，因而实现并行输出端口的扩展，如 LED 数码管的驱动电路，如图 3.8.5（a）所示。同理，采用并入/串出移位寄存器（如 74HC165）实现并行输入端口的扩展，如图 3.8.5（b）所示。

在同步串行系统中，同步信号由主控器发出，控制通信的过程。在同步串行模式中，串行数据的格式省去了启动位和停止位，使传输效率高于异步串行通信。另一方面，由于同步串行的距离比较短，其导线的分布电容和环境电磁干扰影响较小，所以同步串行的速率可以很高。

近年来，USART 模块的同步串行功能已经逐渐的被当前流行 SPI、I²C 接口所取代。

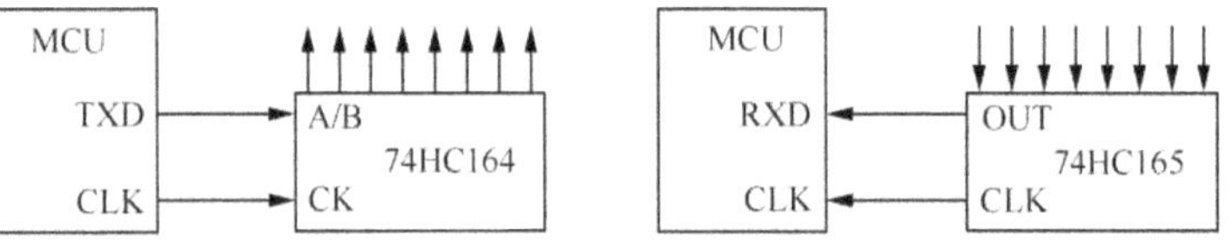

（a）利用 74HC164 扩展并行输出端口　　　（b）利用 74HC165 扩展并行输入端口

图 3.8.5　同步串行端口利用移位寄存器扩展并行端口示意图

3.8.5　PIC18F452 的 USART 对单片机引脚的定义

在 PIC18F 系列设计有 USART。

EUSART1 对端口引脚的定义如下。

① RC6/TX1/CK1，异步发送的数据端口 1 / 同步通信中同步脉冲输出的时钟端口 1。

② RC7/RX1/DT1，异步接收的数据端口 1 / 同步通信的数据端口 1。

本节以 PIC18F452 为例，介绍对应的 USART 模块结构及编程方法。在编写 USART 模块的异步通信程序时，对应的端口引脚进行初始化，即 RC6（对应串行端口发送端）应当设置为输出模式；RC7（对应串行端口接收端）应设置为输入模式，即

```
BCF     TRISC,6
BSF     TRISC,7
```

3.8.6　PIC18F452 的异步发送模块的结构与工作原理

异步发送模块的主要结构分别由发送数据寄存器 TXREG 和移位寄存器 TSR 构成（如图 3.8.6 所示）。

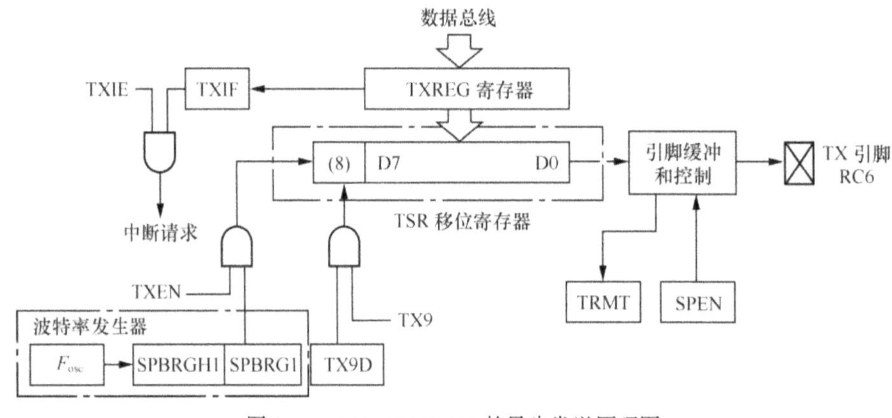

图 3.8.6　PIC18F452/458 的异步发送原理图

其中 TXREG 与内部数据总线连接，单片机可以通过传送指令（MOVWF TXREG）将要发送的数据字节装载到 TXREG 中；而移位寄存器 TSR 直接与 TXREG 连接，专门接收 TXREG 中的数据。TSR 的作用是将从 TXREG 中获取的并行数据通过 RC6 引脚逐位向外移位发送。此时，RC6 做串行端口的数据发送端（端口的第二功能）。

当单片机执行指令 MOVWF TXREG 时，通过总线数据被装载到 TXREG 中，此时标志 TXIF 自动为 0，表明 TXREG 已装载数据（TXREG 已满），此时 CPU 不能向 TXREG 发送新的数据，否则会将 TXREG 中的原有数据覆盖掉。如果此时移位寄存器 TSR 是空的，TXREG 中的数据就会直接"下滑"到 TSR 中，这时 TXIF 标志为 1，表明 TXREG 已空，可以再次装载新的数据。如果 TXIE=1（使能串行端口发送中断），则 TXIF=1 会自动的引发串口中断，可以在中断服务程序中使用 MOVWF TXREG 指令向 TXREG 装载新的数据，也可以采用查询方式查询 TXIF 标志，进行后续数据发送。

移位寄存器有 2 个相关环节。一是由波特率发生器提供 TSR 的移位脉冲，其移位脉冲的频率就是串行通信的波特率，可以通过对相关 SFR 的初始化来设定；另一个是由 TX9D 提供第 9 位数据（9 位数模式）。另外，移位寄存器的数据输出端口要经过引脚缓冲和控制环节进行控制，只有当使能串行端口模式（SPEN=1）时，移位寄存器中的数据才能被送到引脚 RC6 上。当移位寄存器中的字节数据发送完成后，标志 TRMT（移位寄存器空标志）自动置位（TRMT=1），表明数据发送已完成。

对于 PIC18F 的异步发送模块，它具有 2 个标志信息，即 TXIF 和 TRMT。它们表达的意义是不同的：前者表明 TXREG 空，CPU 可以向 TXREG 再次装载新的数据，注意 TXIF 标志是可以引发串行端口中断的；而 TRMT 标志表明 1B 数据的发送完成。在实际应用编程时，只需考虑 TXIF 标志即可，只要 TFIF=1 就可以装载一个新的数据。另外当 TXIF=1 时，可向 TXREG 传送下一个数据，且 TXIF 自动清零。

不难看出，异步发送模块是一个双缓冲结构，优点是提高了数据发送的效率。

3.8.7　PIC18F452/458 的异步接收模块的组成结构与工作原理

异步接收模块中，RC7 承担了串行端口的数据接收端。异步接收模块由数据恢复器、接收移位寄存器 RSR、接收数据寄存器 RXREG 以及波特率发生器和引脚控制等环节组成。数据检测恢复器的作用是以 16 倍的波特率来高速检测 TC7 引脚上的数据电平，并将检测、恢复的数据传送到移位寄存器 RSR 中。一旦检测到停止位后就将 8（9）位数据字节传送到先进先出寄存器 RXREG 中，完成一次串行数据的接收（如图 3.8.7 所示）。

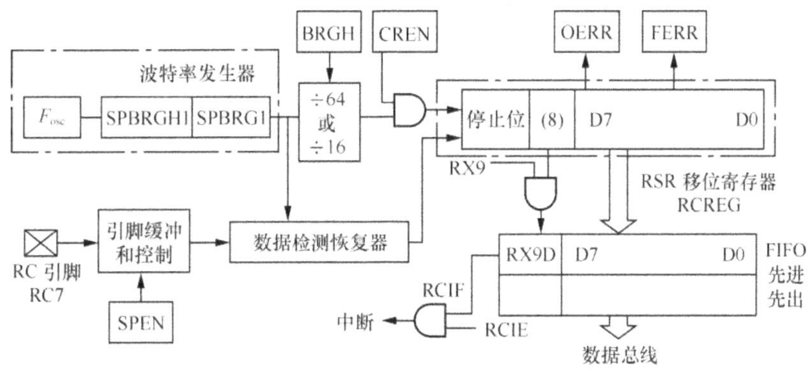

图 3.8.7　PIC18F452/458 的异步接收结构图

由于 RCREG 被设计为双缓冲结构，从 RSR 中获取字节数据后（此时 RCIF=1），如果下一级的寄存器是空的，RCREG 中的数据会继续下滑到下一级寄存器中。这样双缓冲的 RCREG 可以连续装载 2 个数据字节（RCREG 满）。这种双缓冲设计不但提高了接收效率，也减少了 CPU 响应中断的次数，当 RCIF=1 引发串行端口接收中断后（事先允许接收中断），CPU 可以在一次中断的服务程序中连续读取 RCREG 中的 2 个字节数据。当 CPU 读取 RCREG 中的数据且 RCREG 为空时，RCIF 自动清零（RCIF=0）。

这里要强调的是，标志信号 RCIF 为只读信号，当 RCREG 接收到数据时，RCIF 自动置位（RCIF=1）；当单片机读取 RCREG 中的所有的数据后，RCIF 自动清零。

当 RCIF=1 时，应当尽快的读取 RCREG 的数据。如果 RCREG 中所接收到 2 个字节的数据没有被 CPU 读取，而 RSR 又接收到一个新的字节数据的停止位时，溢出标志 OERR 将被置位，而且 RCR 中的数据将丢失。

一旦 OERR 标志被置位，RSR 中的数据被禁止装载到 RCREG 中（实际上就是 RSR 中后续的数据被放弃），而且将阻止 RC7 引脚上新的数据输入。所以，此时应当通过指令将 OERR 标志清零。但是，OERR 又是一个只读标志，因而只能采用一种间接方法来清除 OERR 标志。具体方法如下，先将 CREN 位清 0，然后再将 CREN 置 1，这样就可将 OERR 标志清零，使后续的通信得以继续。

FERR 为字符帧错误标志。当检测到停止位为 0 时（正常时，停止位为 1），标志 FERR=1。标志 FERR 和第 9 位数据 RX9D 与数据一起进入双缓冲寄存器，为了保证标志 FERR 和 RX9D 能够正确读取，在读取 RCREG 的 8 位数据之前应先读取标志 FERR 或 RX9D 数据，以防后续数据将其覆盖。

3.8.8　与 USART 模块相关的 SFR

与 USART 模块专用的 SFR 有 5 个，具体如下。

① 发送状态兼控制寄存器 TXSTA。

② 接收状态兼控制寄存器 RCSTA。

③ USART 发送缓冲寄存器 TXREG。

④ USART 接收缓冲寄存器 RCREG。

⑤ 波特率寄存器 SPBRG。

1. 发送状态兼控制寄存器 TXSTA

表 3.8.1　　　　　　　　　　　　　　　TXSTA 的定义

SFR 位	CSRC	TX9	TXEN	SYNC		BRGH	TRMT	TX9D
读/写性质及复位状态	R/W-0	R/W-0	R/W-0	R/W-0		R/W-0	R-1	…

用于设定 USART 的工作方式（同步或异步）、数据帧格式（8 位或 9 位数据）、波特率加速位、移位寄存器"空标志"TRMT 和待发送数据的第 9 位数据等，定义如表 3.8.1 所示，具体如下。

CSRC：时钟源选择位。

异步模式不用（可填 0）。

同步模式时。

CSRC =1 时，选择主控方式（主机发主控器，发送同步脉冲 CK）。

CSRC=0 时，选择从动模式（主机为被控器，CK 由外部提供）。

TX9：发送数据长度选择位。

TX9=1 时，确定待发送的数据为 9 位格式。

TX9=0 时，确定待发送的数据为 8 位格式。

TXEN：发送操作使能位。它控制着 RSR 的波特率脉冲（即移位脉冲）。

TXEN=1 时，使能发送。

TXEN=0 时，禁止发送。

SYNC：USART 方式选择位。

SYNC =1 时，选择同步方式。主要用于系统内部扩展。

SYNC =0 时，选择异步方式。用于异步串行模式。

BRGH：高速波特率选择位。

异步通信时

BRGH=1 时，将系统时钟 F_{osc} 先做 1/16 分频后，送波特率发生器（高速）。

BRGH=0 时，将系统时钟 F_{osc} 先做 1/64 分频后，送波特率发生器（低速）。

同步通信时，不用。

TRMT：发送移位寄存器（TSR）"空"标志位。

TRMT =1 时，移位寄存器 TSR 为"空"，表征数据字节的发送完成。

TRMT =0 时，TSR 为满，数据在 TSR 中还没有发送完成。

TX9D：发送数据的第 9 位。也可作为奇/偶校验位使用。通信前应事先设置好。

2. 接收状态兼控制寄存器 RCSTA

用于设定串行端口的引脚使能，接收数据的数据帧格式（8 位或 9 位），溢出标志 OERR 和字符帧错误 FERR 以及接收到的第 9 位数据等。定义如表 3.8.2 所示，具体如下。

表 3.8.2　　　　　　　　　　　　　　　　RCSTA 的定义

SFR 位	SPEN	RX9	SREN	CREN	ADDEN	FERR	0ERR	RX9D
读/写性质及复位状态	R/W-0	R/W-0	R/W-0	R/W-0	R/W-0	R-0	R-0	R-x

SPEN：串行端口使能位。

SPEN =1 时，使能 RC6、RC7 端口为串行端口，保证信号通过引脚正常传送。

SPEN =0 时，禁止串行端口功能。

RX9：接收数据长度选择位。

RX9=1 时，按照 9bit 格式接收数据。

RX9=0 时，按照 8bit 格式接收数据。

SREN：单字节接收使能设定位。

异步方式时，此位不用（可填 0）。

同步主控方式时。

SREN =1 时，使能单字节接收。

SREN =0 时，禁止接收单字节。

CREN：连续接收选择位。

异步方式时。

CREN =1 时，使能连续接收。

CREN =0 时，禁止连续接收。

同步方式时。

CREN =1 时，使能连续接收，直至 CREN 位被清 0 为止。注意，CREN 有效时 SPEN 则无效。

CREN =0 时，禁止连续接收。

ADDEN：地址匹配检测使能（一种用于多机通信的地址监测技术）。

ADDEN =1 时，使能地址监测技术、使能中断并且当 RSR 的 D8 位被置 1 时，装载接收缓冲器。

ADDEN =0 时，禁止地址匹配监测功能，接收到的第 9 位数据为奇/偶校验位，即如果串行端口设定为带奇/偶校验的 9 位数通信形式，就必须选为禁止方式。

FERR：帧格式错误标志。

FERR =1 时，表明接收到的数据出现帧格式的错误（当读 1 次 RCREG 时，会自动清除该标志，并准备接收下 1 帧数据）。

FERR =0 时，表示无帧格式错误。

OERR：越位溢出标志位。

OERR =1 时。表示有溢出错误（清 CREN 可清除该标志）。

OERR =0 时，表示无溢出错误。

RX9D：接收到的第 9 位数据。

3. 波特率寄存器 SPBRG

用于确定异步串行通信的波特率。SPBRG 寄存器中的 8 位预装的初值确定波特率的高低，初值 X 越小，波特率就越高；反之初值 X 越大，波特率就越低。

3.8.9　USART 的波特率发生器 BRG

波特率发生器 BRG 的核心是一个递减的 8 位二进制计数器，计数器的溢出信号（借位信号）作为串行端口移位寄存器的移位脉冲。该计数器的计数初值由 SPBRG（波特率寄存器）装入，每当减 1 计数器达到 00H 时，输出 1 个波特率信号并在下 1 个计数脉冲到来时进行重新装载 SPBRG 中的初值（如图 3.8.8 所示）。

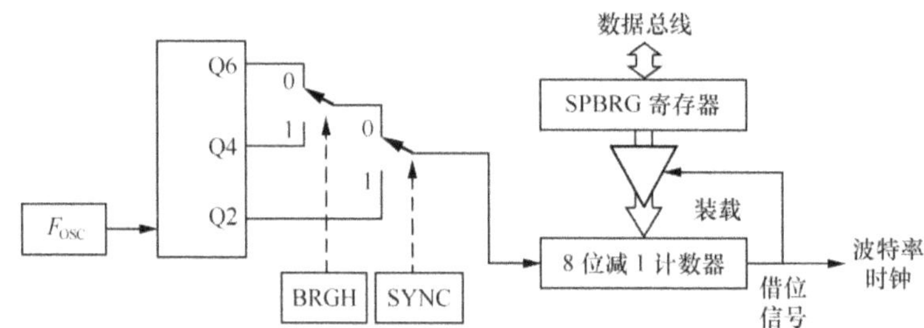

图 3.8.8　PIC18F452 的波特率发生器结构原理图

减 1 计数器的计数脉冲是来自系统时钟 F_{osc} 经 6 位分频器后输出计数脉冲，其分频比分别有 1∶4（同步发送）、1∶16 和 1∶64（异步发送）3 种。在异步通信模式下，波特率的计算公式为

$$BRGH=0（低速）\quad 波特率=F_{osc}/64(X+1)$$
$$BRGH=1（高速）\quad 波特率=F_{osc}/16(X+1)$$

其中，F_{osc} 为系统时钟频率；X 为 SPBRG 的初值。

理论上，可以采用 BRGH=1 或 BRGH=0 两种方式来求得某一波特率的 SPBRG 中的初值 X，但是一般来讲，采用 BRGH=1（高速方式）所计算出的 X 对应的波特率的误差要小于 BRGH=0 的 X 对应的波特率误差。

3.8.10　SPBRG 中的初值计算及波特率的设置

根据波特率 B 的计算公式，可以推导出根据波特率 B 和系统时钟 F_{osc} 计算 SPBRG 中初值 X 的计算公式为

$$\text{BRGH=0（低速）} \quad X= F_{osc}/64B - 1$$
$$\text{BRGH=1（高速）} \quad X= F_{osc}/16B - 1$$

可见，异步程序通信的数据传送速度，即波特率与系统时钟 F_{osc}、波特率寄存器中的初值 X 以及 BRGH 位有关。

假设，系统时钟 F_{osc}=16MHz，求满足下列波特率的 SPBRG 值。

B=9 600 Hz、4 800 Hz、2 400 Hz、1 200 Hz。

【举例】【解】计算公式　　　　　$X = F_{osc}/64B -1$

X_{9600}=16 000 000 / 64 × 9 600Hz −1 ≈ 25=19H

X_{4800}=16 000 000 / 64 × 4 800Hz −1 ≈ 51=33H

X_{2400}=16 000 000 /64 × 2 400Hz −1 ≈ 103=67H

X_{1200}=16 000 000 /64 × 1 200Hz −1 ≈ 207=CFH

以上是按照 BRGH=0 时的计算结果，如果按 BRGH=1 就会得到另一组数据，可根据对应的公式进行计算。

3.8.11　异步串行通信的编程举例

【举例一】编制一个程序，以 9 600Hz 的波特率连续发送从 PORTD 端口输出的数据。假设系统时钟 F_{osc}=16MHz。

【解】在 F_{osc}=16MHz，B=9 600Hz 时，SPBRG 的初值=19H，其主程序如下。

```
        MOVLW    0x20
        MOVWF    TXREG           ;异步程序 8 位数，低波特率，使能发送
        MOVLW    0x19            ;设置串口波特率位 9 600
        MOVWF    SPBRG
        BCF      TRISC,TX        ;端口初始化 RC6 为输出口
        BSF      RCSTA,SPEN      ;使能 RC6、RC7 为串口
        SETF     TRISD           ;将 PORTD 设定为输入口
OVER    MOVF     PORTD,0         ;将 PORD 端口的数据传送到 WREG
S1      BTFSS    PIR1,TXIF       ;首先判断 TXREG 是否"空"（TXIF=1？）
        BRA      S1              ;如果 TXIF=0（TXREG 未空）则返回继续
        MOVWF    TXREG           ;如果 TXIF=1（TXREG 已空）则装载数据
        BRA      OVER            ;无条件跳转
```

小结：当指令 MOVWF TXREG 把 WREG 中的数据装载到 TXREG 中时，TXIF 自动清零。当数据下载到 TSR 后，TXIF 自动置 1，所以每次向 TXREG 传送数据时，必须在 TXIF=1（TXREG 空）的条件下进行。当数据到 TXREG 后，TXIF 将自动清零，进一步当 TXREG 的数据下载到 RSR 中后，TXREG 空，标志 TXIF=1。由于标志 TXIF 的状态与数据的流向有关，因而 TXIF 不用软件清。

【举例二】编制一个程序，将串行口中接收数据送 PORTD 口显示。设定波特率为 9 600Hz，

系统时钟 F_{osc}=16MHz。

【解】程序如下。

```
        MOVLW   0x90
        MOVWF   RCSTA           ;8 位异步接收，使能连续接收，使能串口
        MOVLW   0x19
        MOVWF   SPBRG           ;设定波特率初值
        BCF     TXREG,BRGH      ;设定为低波特率
        BSF     TRISC,7         ;设定 RC7 为输入
        LCRF    TRISD           ;原始将 PORD 口清零
R1      BTFSS   PIR1,RCIF       ;检测 RCIF
        BRA     R1
        MOVFF   RCREG,PORTB     ;将串口数据送 RB 口显示
        BRA     R1
```

图 3.8.9 所示为 2 个单片机系统之间的单向异步串行通信示意图。

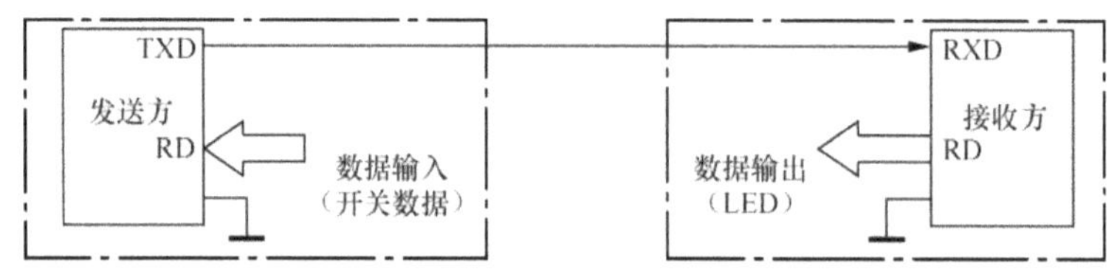

图 3.8.9　2 个单片机系统之间的单向异步程序通信示意图

3.9　PIC18F452 主控串行端口 MSSP 的 SPI 模块结构与工作原理

主控串行端口（Master Synchronous Serial Port，MSSP）是用来与其他外围芯片（或其他单片机）连接，实现系统扩展的新型标准接口，与传统的并行总线系统相比具有结构简单、连接方便等特点。对应的外围器件都采用全新的设计理念，具有引脚少、功耗低、价格低廉、品种齐全的优点，是当今系统设计的主流方式。采用 SPI 接口的外围器件有 EEPROM、ADC 和 DAC、液晶或 LED 驱动、显示及键盘扫描模块等。

在 PIC18F452 单片机中，MSSP 有 2 种工作模式，即串行 SPI 接口和 I^2C 总线接口标准。本章以 SPI 为主描述其结构、编程方式等，I^2C 的描述在后续章节中描述。

3.9.1　SPI 的内部结构及工作原理

1. SPI 模块的内部结构

串行外设接口（Serial Peripheral Interface，SPI）是由美国摩托罗拉公司推出的一种同步串行传输规范，SPI 接口具有结构简单、使用方便等特点。SPI 接口信号共有 4 条，总线中所有外围器件的同名端并接在一起，描述如下。

① 主器件输出/从器件输入（MOSI 或 SDO），数据流由主控器流向从器件。

② 主器件输入/从器件输出（MISO 或 SDI），数据流由从器件流向主控器。

③ 同步串行时钟线（SCK），由主控器输出，控制从器件的数据通信。

④ 从机选择线（$\overline{CS}$ 或 $\overline{SS}$），由主控器发出，低电平有效，用于选通从器件。

图 3.9.1 所示为一个基于 SPI 总线的单片机系统。

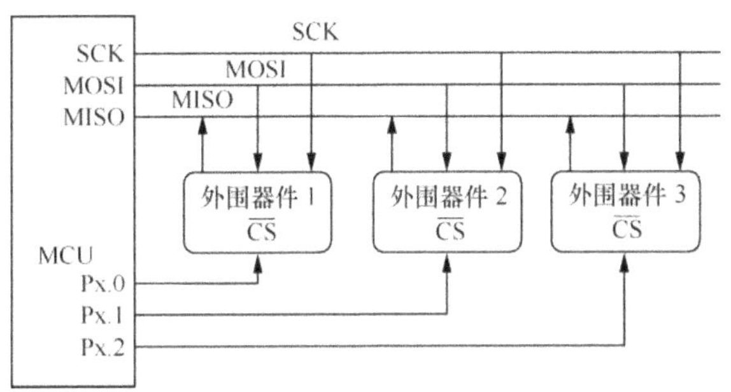

图 3.9.1　采用 SPI 标准的单片机系统结构示意图

2. SPI 接口电路的工作原理（数据环结构）

SPI 接口由 3 个主要部分组成，即移位寄存器、发送缓冲器和接收缓冲器。在一个 SPI 系统中，主机与从机的同名端相连，数据线经主机、从机的移位寄存器形成一个环形的数据链结构（如图 3.9.2（a）所示）。

设主机发送数据如下。

① 主机内部数据经内部数据总线写入发送缓冲寄存器 A 中，随即数据被自动装载到移位寄存器 A 中。

② 主机启动发送过程。发送时钟信号，数据在时钟线号的作用下一位一位地输出，并移入从机的移位寄存器 B 中。由于环形数据链的结构，所以在主机向从机发送数据的同时，主机移位寄存器 A 的高位同时接收到从机移入的数据。

③ 在 8 个时钟信号过后，时钟停止，主机中原有的数据被完整的移入从机的移位寄存器 B，并被自动的装载到从机的接收缓冲器 B 中，主机完成 1 次数据发送。同样，从机中原有的数据也会移入主机的移位寄存器 A 中（对于主机而言此数据有时可能是无用的）。

④ 此时，从机的 BF=1 后，（从机）通过指令将接收缓冲器 B 中的数据取走，完成了 1 个数据字节的接收。

实际上不难发现，主机在启 1 次数据的发送过程中，其效果是全双工的，即在发送数据的同时，也接收到一主数据。这就是 SPI 1 次数据传送的过程和特点。由于在一次发送/接收的过程中，无论是主机还是从机，发送的数据和接收的数据互不影响，也不会丢失。所以，SPI 的内部结构可以简化为图 3.9.2（b）所示的结构。

3. SPI 的几种工作时序图

在 SPI 通信中，根据时钟脉冲的相位、信号空闲状态的电平等定义了 4 种工作模式。用户在编程时要根据从器件对这些参数的要求加以选择。

① 空闲状态 CLK 线为低电平，数据在 CLK 的上升沿稳定，即数据在 CLK 的下降沿发送，如图 3.9.3（a）所示。

② 空闲状态 CLK 线为高电平，数据在 CLK 的下降沿稳定，即数据在 CLK 的上升沿发送，如图 3.9.3（b）所示。

③ 空闲状态 CLK 线为低电平，数据在 CLK 的下降沿稳定，即数据在 CLK 的上升沿发送，

如图 3.9.3（c）所示。

④ 空闲状态 CLK 线为高电平，数据在 CLK 的上升沿稳定，即数据在 CLK 的下降沿发送，如图 3.9.3（d）所示。

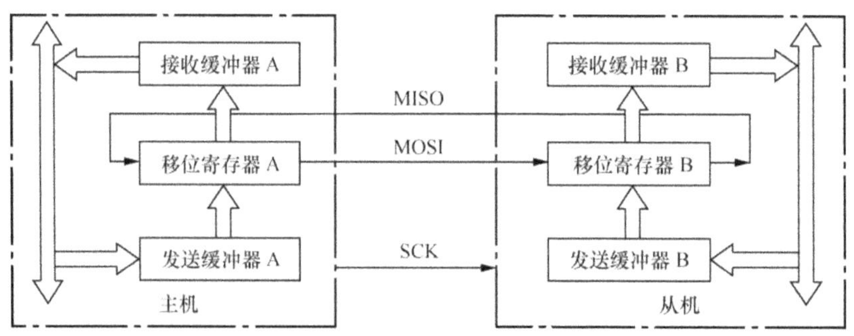

（a）SPI 系统结构示意图

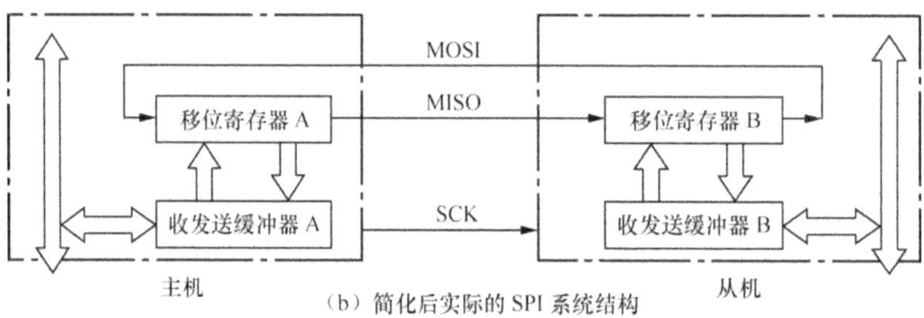

（b）简化后实际的 SPI 系统结构

图 3.9.2　SPI 系统结构

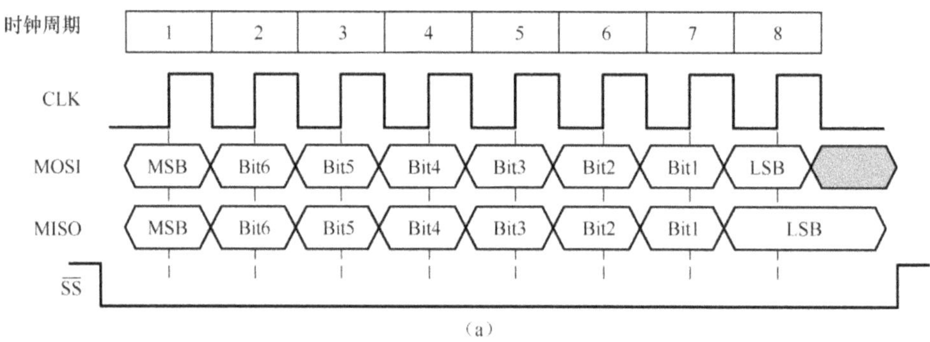

（a）

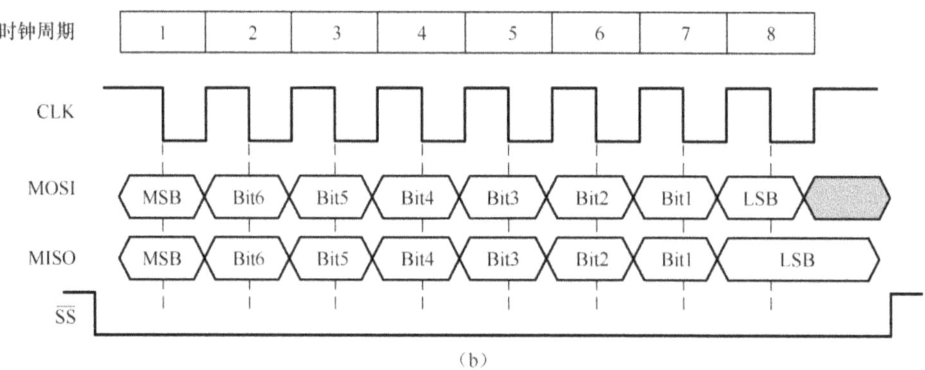

（b）

图 3.9.3　SPI 的 4 种工作时序示意图

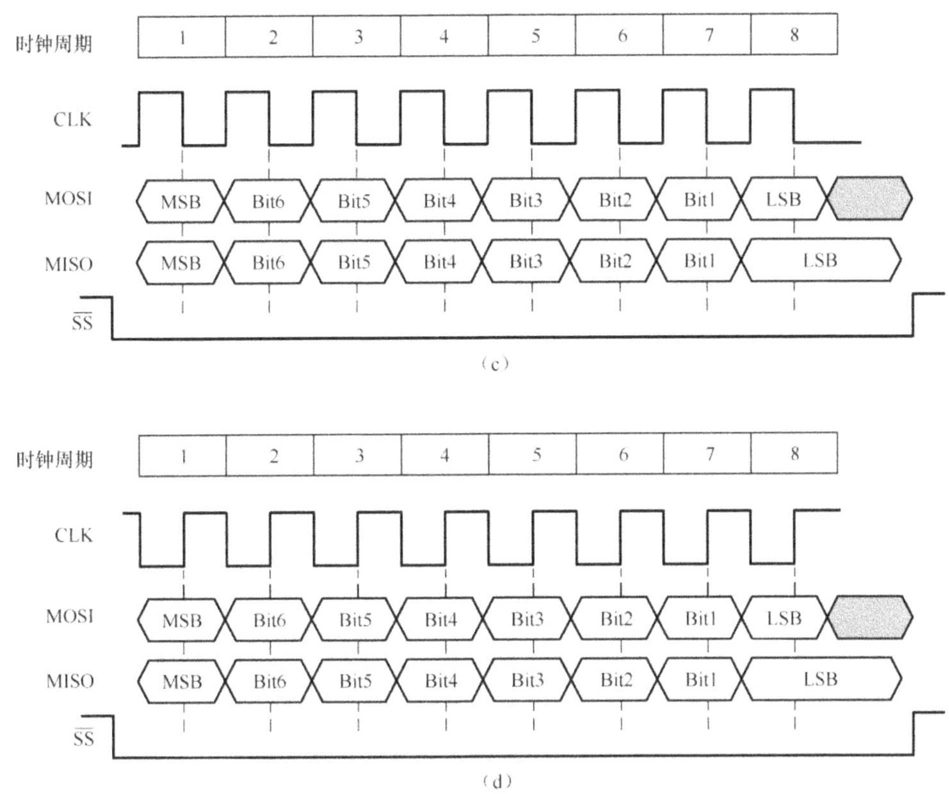

图 3.9.3　SPI 的 4 种工作时序示意图（续）

3.9.2　PIC18F452 单片机的 SPI 模块结构

PIC18F 单片机的 SPI 接口是使用 RC/RA 部分端口的第二功能来实现的。其中 RC5 为 SDO（MOSI）、RC4 为 SDI（MISO）、RC3 为 SCK（CLK）以及 RA5 为 SS（从片模式的片选输入）。当使能 SPI 模块时，必须通过指令正确地设置对应端口的方向。

SPI 模块的核心部分是与内部数据总线连接的数据缓冲器 SSPBUF 和由 SSPBUF 实现数据装载和卸载的数据移位寄存器 SSPSR（如图 3.9.4 所示）。

接收数据时，外部信号经 SDI 端口通过斯密特门电路 G1 送入 SSPSR（移位寄存器）；SSPSR 的输出经一个"三态门"G2 与 SDO 端口连接。

当 SPI 接口接收到一个 8bit 数据时，就将其装载到 SSPBUF 中并将置位缓冲器满标志 BF=1，以及中断请求位 SSPIF=1。由于 SSPBUF 起到一个二级缓冲的作用，因而 SSPBUF 中的数据倘若还未被 CPU 读取，SSPSR 还可以接收一个新的数据。

当在进行任何一个数据的发送或接收的瞬间，任何针对 SSPBUF 的写操作都是无效的，同时将造成写冲突检测位 WCOL=1，用户必须使用软件将 WCOL 位重新清零，以便使其能标志后面的写操作是否成功。

当 BF=1 时，SSPBUF 中数据必须尽快读走，否则会被后面的数据覆盖而丢失，如果是这样，数据溢出标志 SSPOV 将会被置 1。

在接收模式下，BF 标志用来标识 SSPBUF 中是否已经载入接收到的数据，BF=1（同时 SSPIF=1）表明 SSPBUF 已经接收到自 SSPSR 装载的接收数据，当 CPU 读走 SSPBUF 中的数据后 BF 被自动清零。可以采用查询（BF）或中断（SSPIF=1）2 种方式编制接收数据的程序。当 SPI 进行发送数据时，BF 标志无用。

　　从 PIC 单片机的 SPI 模块组成中不难看出，接收与发送是一个环形连接的结构，这就意味着无论是发送还是接收，都可以通过发送操作（即向 SSPBUF 寄存器写入 1B 的数据）来实现。因为在发送 1bit 数据的同时，由 SDI 引脚就会串入 1bit 数据，因而实现 SPI 的输入操作。

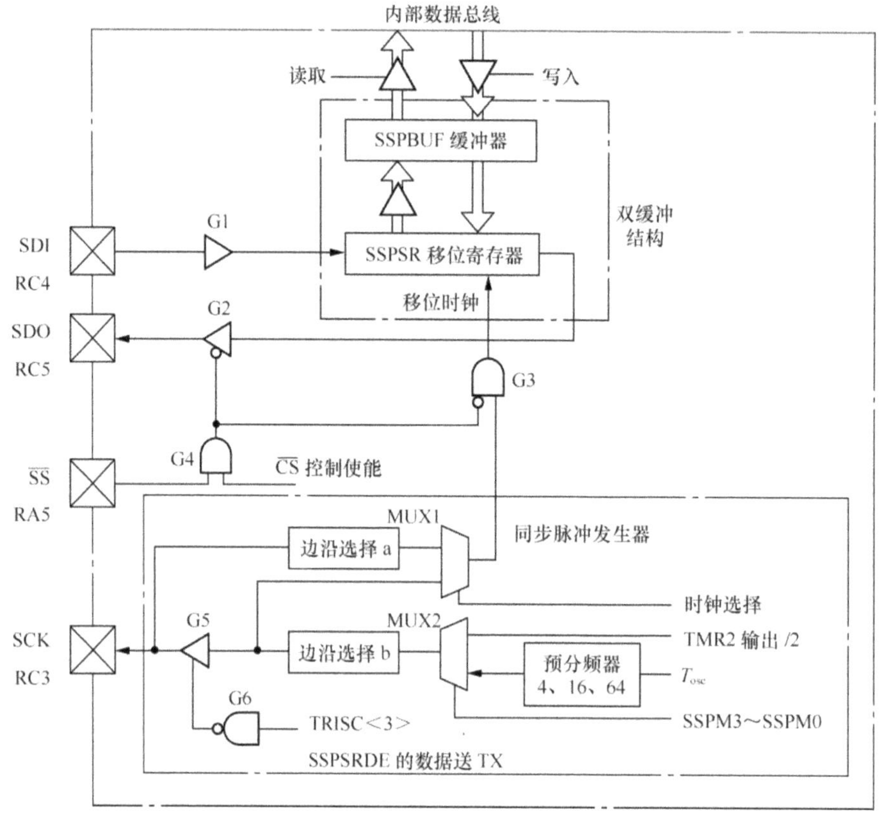

图 3.9.4　PIC18F452 的 SPI 模块结构示意图

3.9.3　与 SPI 模块相关的 SFR

编制与 SPI 相关串行的寄存器有 10 个，其中与 MSSP 相关的寄存器有 3 个。

① SSPSTAT 同步串行状态寄存器（与 I^2C 模块共用）。

② SSPCON1 同步串行控制寄存器。

③ SSPBUF　收发数据缓冲器。用以装载待发送的数据或存储接收到的数据。

1. 同步串行状态寄存器 SSPSTAT（SPI 模式）

SSPSTAT 与 SPI 相关的位定义如表 3.9.1 所示。

表 3.9.1　　　　　　　　　　　　　　SSPSTAT 定义（SPI 模式）

SFR 位	SMP	CKE	D/A	P	S	R/W	UA	BF
读/写性质及复位状态	R/W-0	R/W-0	R-0	R-0	R-0	R-0	R-0	R-0

各位具体定义如下。

SMP：采样位（输入模式下）。

SPI 主控模式下。

SMP=1 时，在数据输出的末端，采样输入数据。

SMP=0 时，在数据输出的中间，采样输入数据。

SPI 从动模式下。SMP 必须为 0。

CKE：SPI 模式下的时钟沿选择位。

当 SKP=0 时（空闲 CLK 为低电平，参见 SSPCON1 的定义）。

CKE=1 时，在串行时钟的上升沿发送数据。

CKE=0 时，在串行时钟的下降沿发送数据。

当 SKP=1 时（空闲 CLK 为高电平，参见 SSPCON1 的定义）。

CKE=1 时，在串行时钟的下降沿发送数据。

CKE=0 时，在串行时钟的上升沿发送数据。

D/A：数据/地址位。仅用于 I^2C 模式。

P：停止位。仅用于 I^2C 模式，当 MSSP 被禁止时，该位被清零。

S：起始位。仅用于 I^2C 模式。

R/W：读/写位。仅用于 I^2C 模式。

UA：地址更新位（仅用于 10 位 I^2C 模式）。仅用于 I^2C 模式。

BF：缓冲区满状态标志位（应用于接收模式）。

BF=1 时，表示接收完成，缓冲区 SSPBUF 满。

BF=0 时，表示接收未完成，缓冲区 SSPBUF 空。

2. 同步串行控制寄存器 SSPCON1（SPI 模式）。

SSPCON1 与 SPI 相关的位定义如表 3.9.2 所示。

表 3.9.2　　　　　　　　　　　　SSPCON1 的定义（SPI 模式）

SFR 位	WCOL	SSPOV	SSPEN	CKP	SSPM3	SSPM2	SSPM1	SSPM0
读/写性质及复位状态	R/W-0	R/W-0	R/W-0	R/W-0	R/W-0	R/W-0	R/W-0	R/W-0

各位定义如下。

WCOL：写冲突检测位（仅用于发射模式）。

WCOL=1 时，表征正在发射一个数据时又有数据写入 SSPBUF（该位须软件清零）。

WCOL=0 时，未发生冲突。

SSPOV：接收溢出标志位。

在 SPI 从动方式下，SSPOV=1 时，表示在 SSPBUF 中仍保留前一个数据时又收到一个新数据，此时，SSPSR（接收移位寄存器）中的数据将丢失。在从动方式下，为了避免发生溢出用户也必须读出 SSPBUF（即使仅在进行输出数据操作）。

在 SPI 主控方式下，该位不会被置 1。

SSPEN：同步串行口使能位。

SSPEN=1 时，使能 MSSP 模式。设定 RC3、RC5、RC4 和 RC0 为 SPI 的 SCK、SDO、SDI 和 $\overline{\text{CS}}$ 引脚。

SSPEN=0 时，禁止串行端口，并设定 SCK、SDO、SDI 和 $\overline{\text{CS}}$ 为普通 I/O 引脚。

注意，一旦使能 MSSP 模块，必须使用指令将对应的端口方向进行设定。

SKP：时钟空闲极性选择位（针对从器件的特性进行针对性的选择）。

在 SPI 工作方式下。

SKP=1 时，时钟空闲状态时，时钟电平为高电平。

SKP=0 时，时钟空闲状态时，时钟电平为低电平。

SKP 的选择取决于所选择的外围器件的约定。

SSPM3～SSPM0：同步串行口方式下，同步时钟频率的选择、设定位。

SSPM3～SSPM0=0000 时，主控方式。时钟为 $F_{osc}/4$。

SSPM3～SSPM0=0001 时，主控方式。时钟为 $F_{osc}/16$。

SSPM3～SSPM0=0010 时，主控方式。时钟为 $F_{osc}/64$。

SSPM3～SSPM0=0011 时，主控方式。时钟为 TMR2 输出/2。

SSPM3～SSPM0=0100 时，从动方式。时钟为 SCK 引脚。

SSPM3～SSPM0=0101 时，从动方式。时钟为 SCK 引脚，$\overline{CS}$ 引脚被禁止并设定为 I/O。

3.9.4　SPI 模块的编程实例

以一个 SPI 接口的 ADC 模块 TLC549 为例，了解 PIC18F452 单片机 SPI 模块的编程原理。这里暂不对 TL549 做过多的描述，以简化问题。在此例中，PIC 单片机的 SPI 模块是处于数据接收方。

根据定义，SPI 模块的信号端口如下（如图 3.9.4 所示）。

① 串行数据输入端 SDI 为 RC4。

② 串行同步时钟输出端 SCK 为 RC3。

③ 片选输出 $\overline{CS}$ 选为 RC0。

利用单片机的 SPI 接收 TLC549 的串行数据，通过单片机的 PORTD 端口将 ADC 的数据输出（以二进制的形式）。TLC549 芯片的工作时序如图 3.9.5 所示。有关 TLC549 的详细描述将在后续的实验环节中描述。

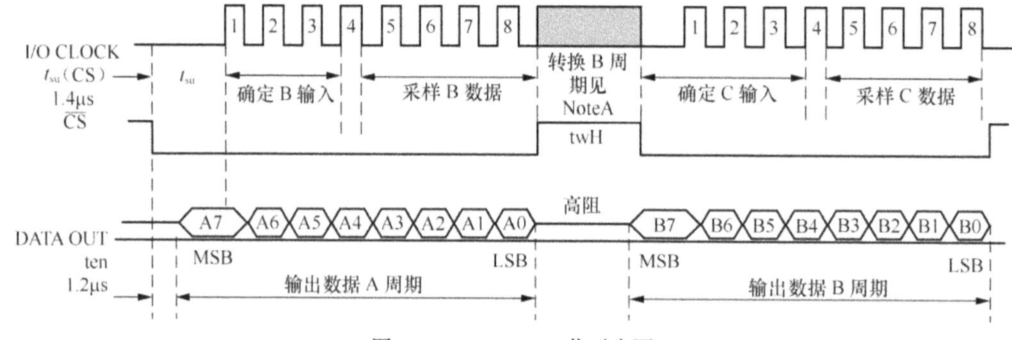

图 3.9.5　TLC549 工作时序图

实验系统电路框图如图 3.9.6 所示。程序的流程图如图 3.9.7 所示。

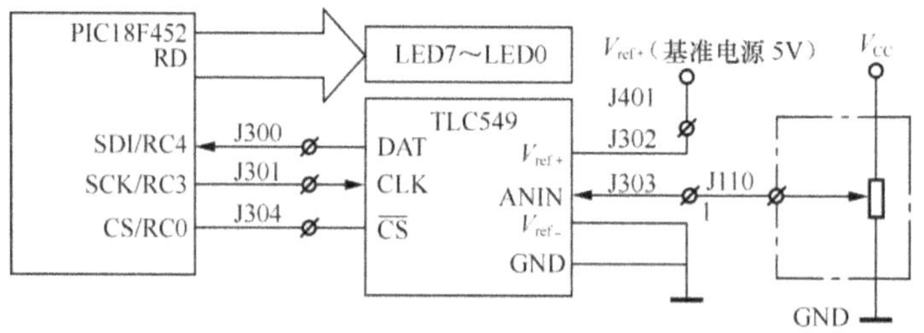

图 3.9.6　电路连接框图

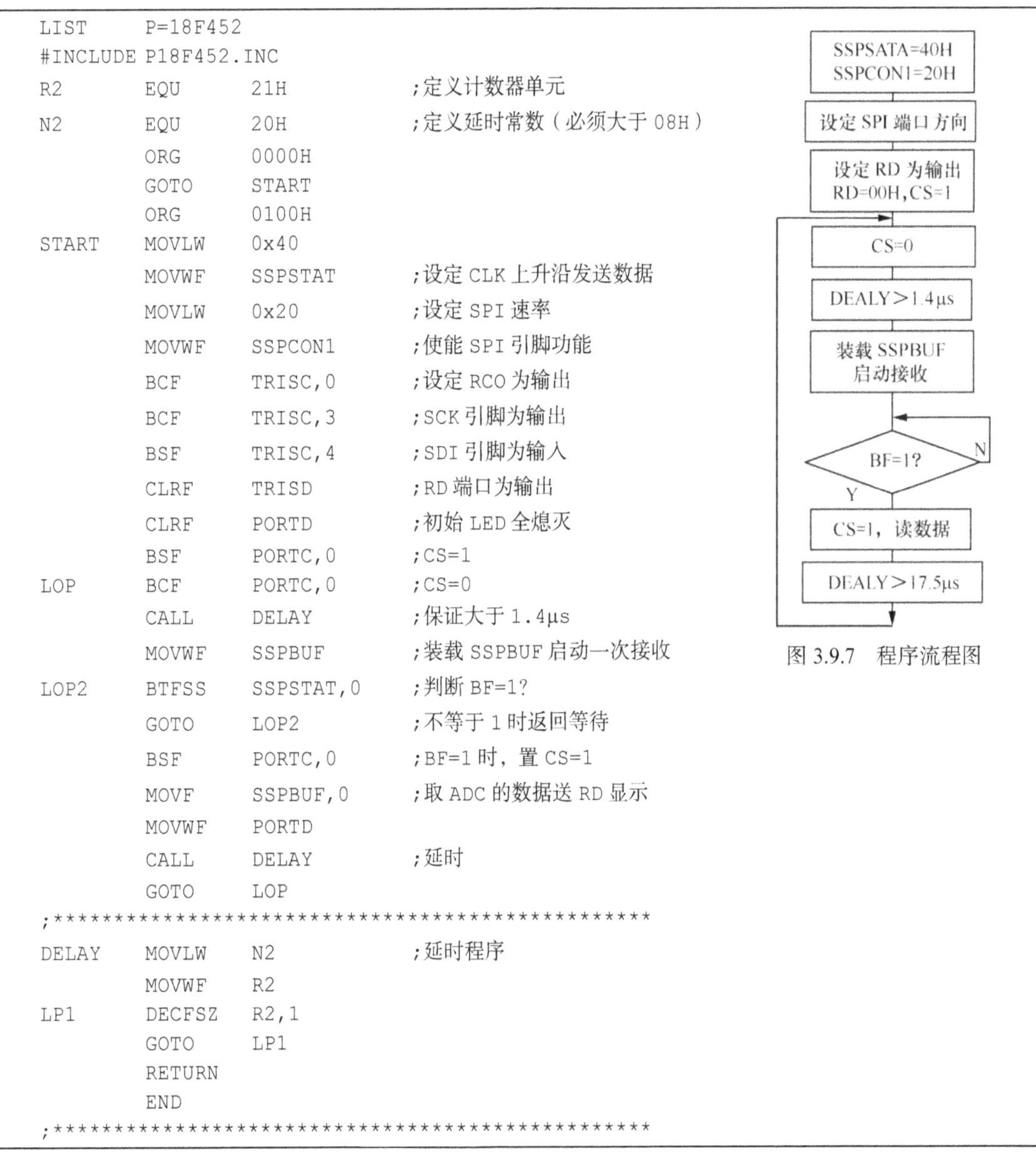


```
LIST      P=18F452
#INCLUDE P18F452.INC
R2       EQU      21H           ;定义计数器单元
N2       EQU      20H           ;定义延时常数（必须大于 08H）
         ORG      0000H
         GOTO     START
         ORG      0100H
START    MOVLW    0x40
         MOVWF    SSPSTAT       ;设定 CLK 上升沿发送数据
         MOVLW    0x20          ;设定 SPI 速率
         MOVWF    SSPCON1       ;使能 SPI 引脚功能
         BCF      TRISC,0       ;设定 RC0 为输出
         BCF      TRISC,3       ;SCK 引脚为输出
         BSF      TRISC,4       ;SDI 引脚为输入
         CLRF     TRISD         ;RD 端口为输出
         CLRF     PORTD         ;初始 LED 全熄灭
         BSF      PORTC,0       ;CS=1
LOP      BCF      PORTC,0       ;CS=0
         CALL     DELAY         ;保证大于 1.4μs
         MOVWF    SSPBUF        ;装载 SSPBUF 启动一次接收
LOP2     BTFSS    SSPSTAT,0     ;判断 BF=1?
         GOTO     LOP2          ;不等于 1 时返回等待
         BSF      PORTC,0       ;BF=1 时，置 CS=1
         MOVF     SSPBUF,0      ;取 ADC 的数据送 RD 显示
         MOVWF    PORTD
         CALL     DELAY         ;延时
         GOTO     LOP
;************************************************
DELAY    MOVLW    N2            ;延时程序
         MOVWF    R2
LP1      DECFSZ   R2,1
         GOTO     LP1
         RETURN
         END
;************************************************
```

图 3.9.7　程序流程图

关于程序的几点说明。

① 由于 SPI 模块的数据链为一个闭合的数据环结构，因而无论是 SPI 的发送还是接收都是通过发送操作实现的。

② 对于 TCL549 而言，从片选信号 $\overline{CS}$ 由高到低必须有一个 1.4μs 的延时，以保证读取数据的正确性。

③ TLC549 的转换时间位 17ns，所以在主程序的循环体中嵌入一个大于 17ns 的延时。

④ 对 SSPBUF 的写数据操作就可引发 1 次 SPI 的通信开始，且当 SSPSTAT 寄存器中的标志 BF=1（或 SSPIF=1）时，表明 SPI 的通信结束。

3.10　PIC18F452 主控串行端口 MSSP 的 I^2C 接口模式

总线（Inter Integrated Circuit，I^2C）是飞利浦公司于 20 世纪 80 年代开发的一种电路板级的总线接口标准。与其他串行接口相比，无论从硬件结构、组网方式、软件编程都有很大的不同。PIC18F452 系列芯片的 MSSP 具备 I^2C 总线接口。

3.10.1　I^2C 总线的特点

为了便于学习、掌握 I^2C 总线的通信协议以及编程应用，不妨先从了解 I^2C 总线的特点入手。I^2C 总线的特点主要如下。

① 简约的二线制结构。即双向的串行数据线 SDA 和串行同步时钟线 SCL。总线上的所有器件同名端都挂在一起，其中串行同步时钟（SCL 信号）是由主控器发出。总线支持多主机结构（如图 3.10.1 所示）。

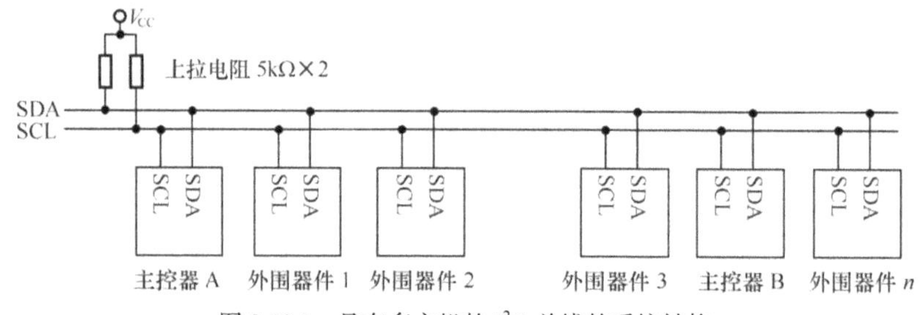

图 3.10.1　具有多主机的 I^2C 总线的系统结构

② 所有器件的 SDA，SCL 引脚的输出都为漏极开路结构（如图 3.10.2 所示），通过外接上拉电阻实现结点电平的"线与"功能（如图 3.10.3 所示）。这一特点也使总线具备了时钟同步、总线仲裁功能，解决了总线的速度协调及多主机的总线冲突问题。

③ I^2C 接口的所有外围器件都具有一个 4+3 格式的 7 位从器件专用地址码，其中高 4 位为由生产厂家制定，低 3 位为器件引脚定义地址，并由使用者自行定义。主控器件通过从器件地址码

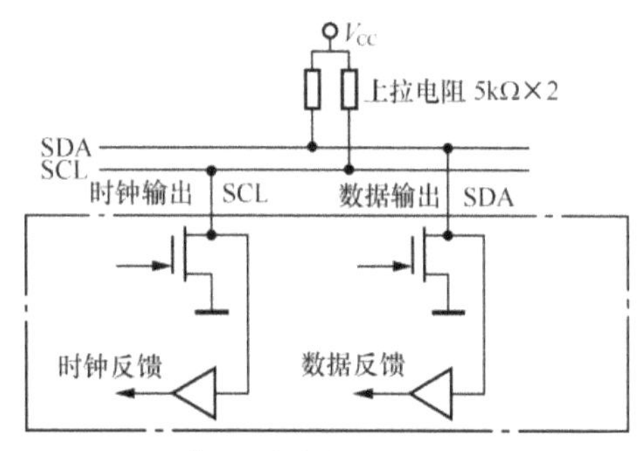

图 3.10.2　I^2C 总线中主控器接口的内部结构

建立多机通信的机制。4+3 格式有利于在一个系统中使用多片相同型号的器件，如 EEPROM 存储器。

当然"4+3"的地址配置也不是绝对的。对于一些特殊功能的芯片，它们的 7 位芯片地址由生产厂家直接定义。这类芯片的特点是，在 1 个系统中只需使用 1 片就可满足要求，如键盘扫描、日历芯片等。

④ I^2C 总线上的所有器件都具有自动应答功能，保证了数据交换的正确性。一旦应答出现错

误时，系统将重新启动通信的开始。

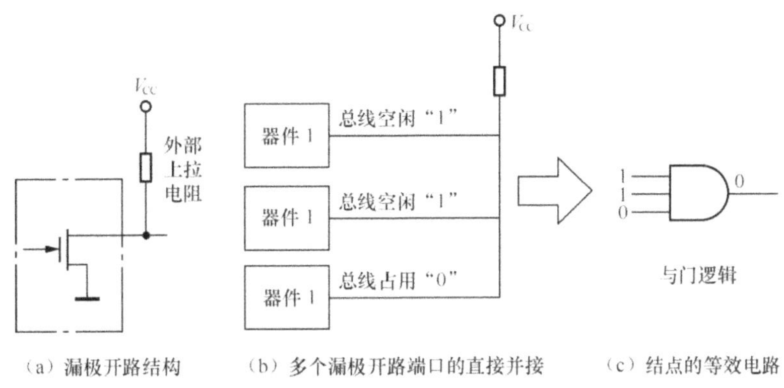

（a）漏极开路结构　　　（b）多个漏极开路端口的直接并接　　　（c）结点的等效电路

图 3.10.3　漏极开路端口的"线与"功能示意图

⑤ I^2C 总线系统具有时钟同步功能。利用 SCL 线的"线与"逻辑协调 CPU 与外围器件之间的速度差异。总线系统中的多主机结构，依靠 SDA 线的"线与"逻辑，协调总线冲突，实现总线仲裁。

⑥ I^2C 总线系统中的主控器必须是带 CPU 的逻辑模块；而被控器可以是无 CPU 的普通外围器件，也可以是具有 CPU 的逻辑模块。主控器与被控器的区别在于 SCL 的发送权。

⑦ I^2C 总线的工作速度分为 3 种版本，即 S（标准模式），速率为 100kbit/s，主要用于简单的检测与控制场合；F（快速模式），速率为 400kbit/s；Hs（高速模式），速率为 3.4Mbit/s。

3.10.2　I^2C 总线的"时钟同步"与"总线仲裁"功能原理

I^2C 总线实现时钟同步或总线仲裁功能是基于 I^2C 接口电路的"线与"功能，作为主控器在发送 SCL 或 SDA 信号的同时，还具备对发出信号的回读操作，以检测 SCL 或 SDA 信号是否正常。

1. 时钟同步

当主控器通过 SCL 端口向从器件发送一个高电平的同步脉冲时，如果从器件的工作速度低于主控器的工作速度时，原本处于被动接收的从器件会主动将 SCL 高电平拉低，由于总线的"线与"特点，此时整个的 SCL 均拉低为低电平，这样主控器回读 SCL 的电平就不是正常的高电平，这时主控器便插入一个等待周期，直到检测到 SCL 线为高电平为止。

同步时钟 SCL 是总线数据通信的同步信号，低速的外围器件依靠对 SCL 信号的主动干预来拖延时间，协调与高速主控器之间的速度。尽管此时主控器的通信速度会被从器件干预而降低，但这一机制确保了数据通信的正确性（如图 3.10.4 所示）。

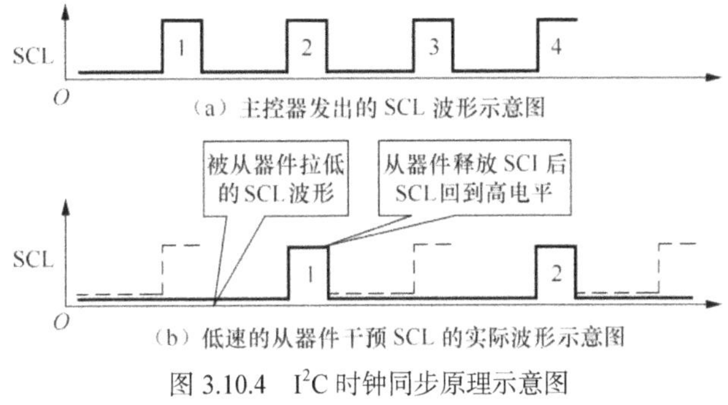

图 3.10.4　I^2C 时钟同步原理示意图

2. 总线仲裁

当出现 2 个主控器同时使用总线而产生总线竞争时的一种处理方法。总线仲裁的机理与时钟同步相类似，但它是利用主控器的 SDA 端口的回读信号进行判断和处理的。

对于 I²C 总线而言，主控器只有在空闲状态（SDA=1，SCL=1）时才能启动 1 次通信的过程。在多主控器的情况下存在 1 种可能，就是当 2 个主控器同时检测到总线是空闲状态时，便会同时开始使用总线。不难想象这个过程迟早会发生问题，当 2 个主控器发送的数据位出现不一致（一个发送逻辑 1，另一个发送逻辑 0）时由于 SDA 的"线与"作用，SDA 的实际电平为逻辑"0"，这样发送逻辑"1"的主控器，其回读 SDA 的数据是 0，与自身发出的电平不一致，这时该主控器主动退出本次通信，等待总线真正的空闲状态，而另一个主控器的通信却不会受到任何影响。这个过程就是所谓的总线仲裁工作原理。

图 3.10.5 所示描述了总线发生总线竞争时的情况，假设主控器 1 的 SDA1 发送的位数据流为 10010…，而主控器 2 的 SDA2 端口发送的位数据流为 11010…，这样由于"线与"功能的作用，真正的 SDA 线上的数据流为 10010…，即是主控器 1 的数据。这时，主控器 2 会因为 SDA 线上回读数据流的数据错误而退出本次通信。

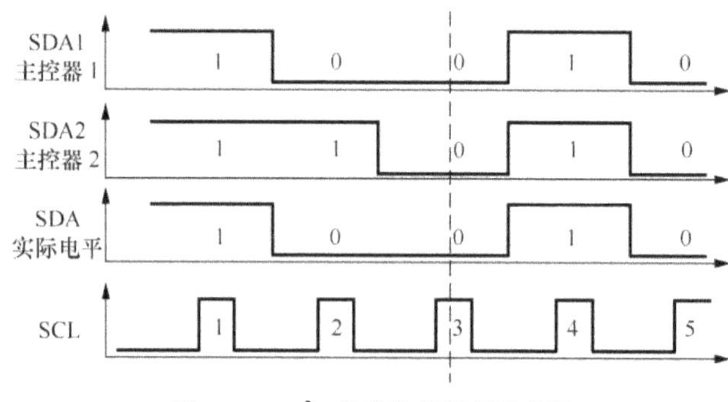

图 3.10.5　I²C 总线仲裁原理示意图

3.10.3　I²C 总线的通信协议及过程

任何一次 I²C 的通信都是在总线处于空闲状态（SCL、SDA=1）时开始的。由主控器发送一个启动信号（S）做先导，后面紧跟一个 7+1 的命令字。所谓的 7+1 的命令字是指 7 位的外围器件地址再加 1 位读写控制位（R/W）。如果总线上的外围器件地址相匹配时，便会回应一个应答信号。当主控器得到了应答后，再发送从器件的内部地址，再次得到应答后，便开始了一次真正的通信过程。图 3.10.6 所示为 I²C 总线 N 个数据字节的写入过程示意图，图 3.10.7 所示为 I²C 总线 N 个数据字节的读入过程示意图。

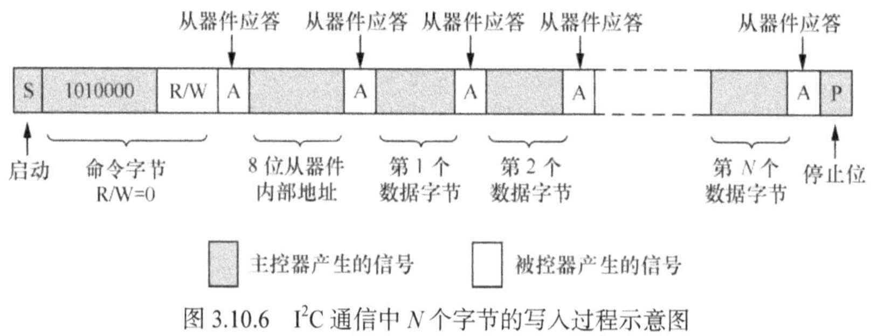

图 3.10.6　I²C 通信中 N 个字节的写入过程示意图

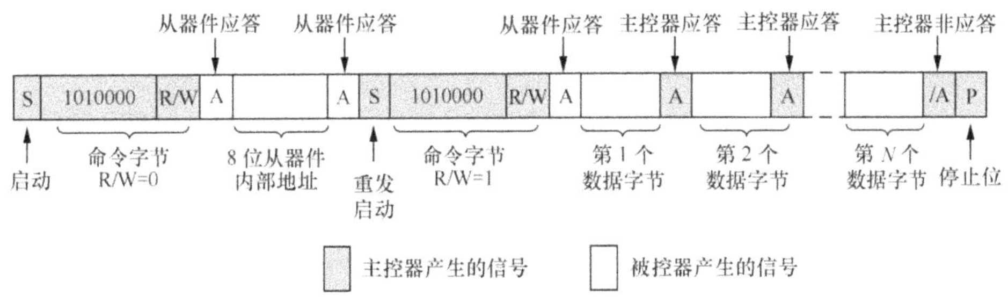

图 3.10.7　I^2C 通信中 N 个字节的读操作过程示意图

对于 I^2C 通信的协议和过程说明以下几点。

① 读操作或写操作均基于主控器的角度来描述数据流的方向。读操作是指主控器从外围器件中输入数据；写操作指将数据传送到外围器件。

② R/W 的定义如下：

R/W=0 为写操作；R/W=1 为读操作。

③ 任何一个 I^2C 接口芯片除了具有 7 位的器件地址以外，还有器件的内部地址。如 EEPROM 的存储单元地址、日历芯片的控制口地址等。所以 I^2C 通信中，主控器除了要向外围器件发送包含"内部地址"的 7+1 的命令字以外，还要发送 1B 的外围器件的内部地址，以确定通信中，外围模块内部的起始地址。

④ 外围器件的内部设计有地址计数器，用于存储主控器发送的内部地址。通信中每传送 1B 数据，地址计数器就会产生 1 次增量，这种设计简化了通信的过程。

⑤ I^2C 通信中的读数据操作过程比较复杂，主控器首先发送一个写命令和外围器件的内部地址，然后再重新发送启动信号（S）并发送一个真正的读命令。第一个命令之所以是写操作是为了向外围器件写入一个外围器件的内部地址，当这个过程完成后，再发送"读命令"并开始读数据的过程。

⑥ 应答信号的发送与数据传送的方向有关，当主控器发送命令字时，从器件发送应答信号。对于数据字节后面的应答则是接收方发送的。应答是 I^2C 通信的重要环节。

⑦ 对于多字节的写操作，当主控器完成 N 个数据发送后，以一个停止信号（P）来表征本次通信的结束，此后，通信双方结束通信，总线呈现出空闲状态。

⑧ 对于多字节的读操作，当主控器完成 N 个数据接收后，向从器件发送一个非应答信号（$\overline{A}$）来表征本次通信的结束，并发送一个停止信号（P）以结束本次通信。

3.10.4　I^2C 通信的时序

一个 I^2C 通信的工作时序如图 3.10.8 所示，为了简化问题，此时忽略了从器件内部地址字节。这里描述的是主控器发送 1 个字节数据的写操作过程。

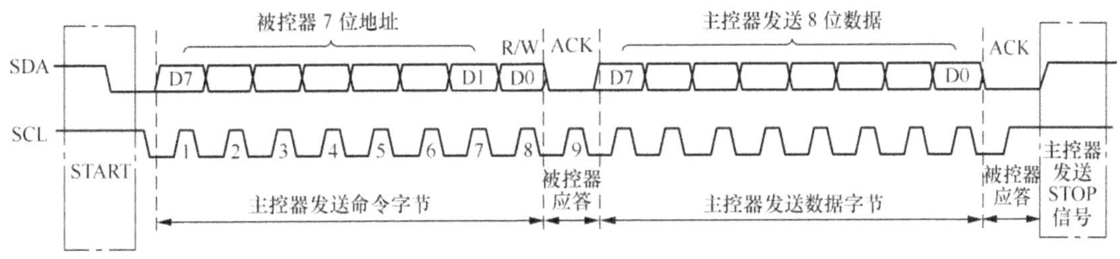

图 3.10.8　主控器发送 1 个字节数据的时序

对这个时序图要说明几点。

① 在 1 次通信之前，总线必须是空闲状态，即 SDA，SCL 均为高电平。

② 所谓的启动信号就是主控器在 SCL 为高电平期间拉低 SDA 电平。

③ 在这个单字节数据的写操作过程中，7+1 命令字的 D0=0，即写操作，同理如果是读命令，则 7+1 命令字的 D0=1。

④ 在许多资料中往往将 7+1 命令字规划到器件地址中，即将 7 位器件地址和 R/W 统称为器件地址，并赋予它写地址和读地址的操作属性。在这种情况下，一个 I²C 的器件地址可分为偶地址 D0=0 的写地址和奇地址 D0=1 的读地址。在后续的章节中会采用这种地址的定义方式。

⑤ 无论是发送命令字还是传送 8 位数据，其过程与 SPI（同步串行）的过程完全一样，每对应 1 个 SCL 脉冲（同步脉冲）的高电平，就会在 SDA 线上产生 1 个稳定的位数据电平，1 个字节的传送共需要 8 个 SCL 脉冲。数据字节中高位 D7 在先、低位 D0 在最后。

⑥ 应答信号是对应字节数据后第 9 个 SCL 脉冲时，如果 SDA=0，则为一个有效的应答。应当强调的是，SDA 的"0"电平是由接收数据方发送的。首先发送数据方字节数据发送完成后，释放 SDA 线，由接收数据方主动拉低 SDA 电平，这样在"线与"功能作用下，SDA 呈低电平，即 1 次有效的应答。

⑦ 所谓的停止信号（P）是主控器发送的控制信号，在第 9 个 SCL 位高电平时，释放 SDA 和 SCL，使 I²C 总线回到空闲状态，从而结束了 1 次通信的过程。

⑧ 有关 I²C 时序的具体时间参数的定义可参见 I²C 时序的资料，这里就不做讲述了。

3.10.5　PIC18F452 的 MSSP 与 I²C 模式相关的 SFR

在包含 PIC18F452 型在内的 PIC18F 系列单片机中，I²C 模式是 MSSP 的 2 种工作模式之一。MSSP 的 I²C 模式有 2 种，即主模式和从模式，前者是指 I²C 处于主控器地位，在 I²C 通信过程中掌控着通信的主动权；后者是使单片机处于从器件的地位，可以与主控器进行数据交换。本章节以 MSSP 中 I²C 的主模式为主，描述其编程方法。

I²C 模式相关的 SFR 较多，包含的信息非常细密和复杂，为了方便初学者较快的掌握 I²C 的应用与编程，本章节的后续部分将直接给出专用于 I²C 模式的子程序，只要正确地运用好子程序的入口参数，就可以轻松地实现 1 次 I²C 的通信。所以本小节的内容仅作参考，甚至作为初学者可以直接跳过的部分，待以后再做了解。

1. MSSP 模块 I²C 模式时的信号引脚描述

I²C 为二线制结构，对应单片机的引脚定义如下。

① 串行时钟线 SCK，对应引脚 RC3。

② 串行数据线 SDA，对应的引脚 RC4。

在使用 PIC18F 系列单片机的 I²C 模式时要注意两点。

① 在 RC3，RC4 引脚上应各自外加 1 个 5kΩ 左右的上拉电阻。

② 为了保证数据传送的正确性，用户在初始化端口时，应将 RC3、RC4 设定为输入端口。在 MSSP 模块的 I²C 模式初始化时，SDA，SCL 引脚通过 SSPCON1 寄存器中的 SSPEN 位进行初始化设定，一旦设定 SSOEN=1，RC3、RC4 在 I²C 模式中，就会按照需求进入到相应的输入或输出的工作状态。

2. 与 I²C 模块相关的 SFR

在 PIC18F 系列单片机的 MSSP 模块中有 6 个相关的 SFR 用于 I²C 模式，具体如下。

① MSSPS 同步串行状态寄存器 SSPSTA，与 SPI 共用。

② MSSPS 控制寄存器 SSPCON1 与 SPI 共用。

③ MSSPS 控制寄存器 SSPCON2，专用于 I^2C 模式。

④ 发送/接收数据缓冲器 SSPBUF 与 SPI 共用。

⑤ MSSPS 移位寄存器 SSPREG（不可寻址）。

⑥ MSSPS 从地址/波特率寄存器 SSPADD，专用于 I^2C 模式。

上述的 SFR 寄存器有些在 SPI 章节中已做过介绍。同步串行控制寄存器 SSPCON2 是专为 I^2C 模式的专用功能增设的；SSPADD 寄存器用于存放外围器件的器件地址。

（1）同步串行状态寄存器 SSPSTAT（I^2C 模式）

SSPSTAT 寄存器用来记录 MSSP 模块的各种工作状态。最高 2 位的属性为可读、可写，低 6 位的属性为只读。SSPSTAT 与 MSSP 的 SPI 共用，这里仅介绍与 I^2C 相关的位定义（见表 3.10.1）。具体定义如下。

表 3.10.1　　　　　　　　　　　　　　SSPSTAT 的定义（I^2C 模式）

SFR 位	SMP	CKE	D/A	P	S	R/W	UA	BF
读/写性质及复位状态	R/W-0	R/W-0	R-0	R-0	R-0	R-0	R-0	R-0

SMP：回转率控制位　可读可写（在主控或从动方式下）。

　　SMP=1 时，转换率控制开关被关闭，以适应标准速度模式（100kHz）。

　　SMP=0 时，转换率控制开关被打开，以适应快速度模式（400kHz）。

CKE：SMBus 选择位　可读、可写（在主控或从动方式下）。

　　CKE =1 时，使能 SMBUS 的特殊输入（遵循 SMBUS 总线规范）。

　　CKE =0 时，禁止 SMBUS 的特殊输入（遵循 I^2C 总线规范）。

D/A：数据/地址位（主控方式不用，从动方式使用）。

　　D/A=1 时，表示最近（最后）接收或发送的是数据。

　　D/A=0 时，表示最近（最后）接收或发送的是地址。

P：停止位　一个只读的标志位（当复位或 SSPEN 被清零时，P 位被清零）。

　　P=1 时，表示最后检测到了停止位（单片机复位时为零）。

　　P=0 时，表示最后未检测到停止位。

S：起始位　一个只读的标志位（当复位或 SSPEN 被清零时，S 位被清零）。

　　S=1 时，表示最后检测到了起始位。

　　S=0 时，表示最后未检测到起始位。

R/W：此位仅用于 I^2C 模式，读/写信息位，一个只读的标志位。

　　该位用于记录最近的一次匹配地址后，从命令字节获取的读、写状态信息。该状态的有效时间为地址匹配到到下一个启动位或停止位或非应答位被检测到为止。

　　I^2C 从动方式下。

　　R/W=1 时，表示读操作。

　　R/W=0 时，表示写操作。

　　I^2C 主控方式下。

　　R/W=1 时，表示正在发送数据。

　　R/W=0 时，表示未进行发送数据（空闲模式）。

UA：地址更新　一个只读的标志位（仅用于 10 位的 I^2C 模式）。

　　UA=1 时，表示用户需要更新 SSPADD 寄存器的地址。

　　UA=0 时，表示用户不需要更新 SSPADD 寄存器的地址。

BF：缓冲区满状态位（仅用于 I^2C 总线方式）一个只读的标志位。

　　接收模式时。

　　BF=1 时，表示接收完成，缓冲区 SSPBUF 满。

　　BF=0 时，表示接收未完成，缓冲区 SSPBUF 空。

　　发送模式时。

　　BF=1 时，表示数据发送正在进行（不包括 $\overline{ACK}$ 位和 P 位），缓冲区 SSPBUF 满。

　　BF=0 时，表示数据发送已完成（不包括 $\overline{ACK}$ 位和 P 位），缓冲区 SSPBUF 空。

（2）同步串行控制寄存器 SSPCON1

　　SSPCON1 寄存器用来对 MSSP 模块进行各种功能和参数的设定，与 SPI 共用，这里仅介绍与 I^2C 相关的位定义（见表 3.10.2）。具体定义如下。

表 3.10.2　　　　　　　　　　　　　　　　SSPCON1 的定义

SFR 位	WCOL	SSPOV	SSPEN	CKP	SSPM3	SSPM2	SSPM1	SSPM0
读/写性质及复位状态	R/W-0	R/W-0	R/W-0	R/W-0	R/W-0	R/W-0	R/W-0	R/W-0

WCOL：写冲突检测位。

　　从控模式下。

　　WCOL=1 时，表示在 I^2C 总线的状态还未准备好的情况下，试图向 SSPBUF 写入新的数据（必须软件清零）。

　　WCOL=0 时，未发生冲突。

　　主动模式下。

　　WCOL=1 时，正在发送前 1 个数据时，又有新的数据写入 SSPBUF（需软件清零）。

　　WCOL=0 时，未发生冲突。

SSPOV：接收溢出标志位。

　　在接收方式下。

　　SSPOV=1 时，表示 SSPBUF 中仍保留 1 个数据时，又收到 1 个数据，发送模式下无效。

　　SSPOV=0 时，表示未发生接收溢出。

　　在发送模式下，该位不用考虑。

SSPEN：同步串行口 MSSP 使能位。

　　SSPEN=1 时，使能串行端口工作。并设定 SDA、SCK 为串行端口引脚。

　　SSPEN=0 时，禁止串行端口工作，并设定 SDA、SCK 为 I/O 端口引脚。

CKP：SCL 释放控制位。

　　在从动方式下。

　　CKP=1 时，释放时钟。

　　CKP=0 时，时钟线为 "0" 电平，以确保数据位的建立时间。

　　主动模式下，该位未使用。

SSPM3～SSPM0：同步串行口 MSSP 方式选择位。

　　SSPM3～SSPM0=1111 时，I^2C 从动工作方式，10 位地址带启动和停止位中断使能。

SSPM3～SSPM0=1110 时，I²C 从动工作方式，7 位地址带启动和停止位中断使能。

SSPM3～SSPM0=1011 时，I²C 主控方式（从动方式空闲）。

SSPM3～SSPM0=1000 时，I²C 主控方式。时钟为 F_{osc}/4(SSPADD+1)。

SSPM3～SSPM0=0111 时，I²C 从动工作方式，10 位地址。

SSPM3～SSPM0=0110 时，I²C 从动工作方式，7 位地址。

（3）同步串行控制寄存器 SSPCON2（I²C 模式）

SSPCON2 与 I²C 相关的位定义如表 3.10.3 所示。

表 3.10.3　　　　　　　　　　　　SSPCON2 的定义（I²C 模式）

SFR 位	GCEN	ACKSTAT	ACKDT	ACKEN	RCEN	PEN	RSEN	SEN
读/写性质及复位状态	R/W-0	R/W-0	R/W-0	R/W-0	R/W-0	R/W-0	R/W-0	R/W-0

GCEN：通用召唤地址使能位（仅适用于 I²C 的从动模式）。

GCEN=1 时，SSPSR 接收到通用召唤地址（0000H 时）使能中断。

GCEN=0 时，禁止通用召唤地址。

ACKSTA：应答状态位（仅适用于 I²C 的主控模式）。

主控器在发送数据字节后，用于表征从器件发送过来的应答信号。实际上就是在第 9 个 SCL 脉冲有效期间读取到的 SDA 电平。

ACKSTAT=1 时，未收到来自从器件的应答。

ACKSTAT=0 时，收到来自从器件的应答。

ACKDT：发送的应答数据位（仅适用于 I²C 的主控模式）。

在主控器接收数据模式时，当接收到 1 个字节的数据后，应向从器件回馈 1 个应答信号。用户必须事先通过软件设定 ACKDT 的状态，以确定应答信号的性质。当用户接收过程结束时，这个数据位将发送出去。

ACKDT=1 时，回馈的是非应答信号 NACK。

ACKDT=0 时，回馈的是应答信号 $\overline{ACK}$。

ACKEN：应答序列使能位（仅适用于 I²C 的主控接收模式）。

ACKEN=1 时，对 SDA，SCK 引脚应答信号序列进行初始化，并发送 ACKDT 数据位，由硬件自动清零。

ACKEN=0 时，不发送 ACKDT 数据位，应答序列清零。

RCEN：接收使能位（仅适用于 I²C 的主控模式）。

RCEN=1 时，使能 I²C 接收方式。

RCEN=0 时，禁止 I²C 接收方式。

PEN：停止条件使能位（仅适用于 I²C 的主控模式）。

PEN=1 时，对 SDA，SCK 引脚的停止条件进行初始化，由硬件自动清零。

PEN=0 时，禁止停止条件。

RSEN：重复启动使能位（仅适用于 I²C 的主控模式）。

RSEN=1 时，对 SDA，SCK 引脚的重复启动条件进行初始化，启动完成后由硬件自动清零。

RSEN=0 时，禁止重复启动条件。

SEN：自动条件使能位/扩展使能位。

在主控模式下。

SEN=1 时，在 SDA，SCK 引脚建立 1 个启动信号时序，启动完成后由硬件自动清零。

SEN=0 时，禁止启动。

在从动模式下。

SEN=1 时，从动发送和从动接收使用 1 个时钟（时钟扩展时）。

SEN=0 时，时钟仅用于从动发送（传统模式）。

（4）波特率发生器

波特率发生器相关 SFR 如表 3.10.4 所示。

表 3.10.4　　　　　　　　　　　　　　　　相关 SFR

SFR 位	bit7	bit6	bit5	bit4	bit3	bit2	bit1	bit0
	被控模式时，地址寄存器 / 主控模式时的波特率寄存器							

在 I^2C 的主模式下，波特率发生器（BRG）的重装初值位于 SSPADD 中的低 7 位。当 BRG 装入 1 个值的时候，便开始减 1 计数到 0，直到再一次被装载。BRG 在每 1 个机器周期中被减 2（对应着指令周期的 Q2、Q4 时刻）。在 I2C 主控模式下，BRG 被自动装载数据，一旦给定的操作完成（及应答信号 ACK 紧跟最后 1 个数据发送出去），内部时钟自动停止计数，且 SCK 引脚保持它的原有的状态。MSSP 的 BRG 结构如图 3.10.9 所示。波特率与 BRG 中数据的关系如表 3.10.5 所示。

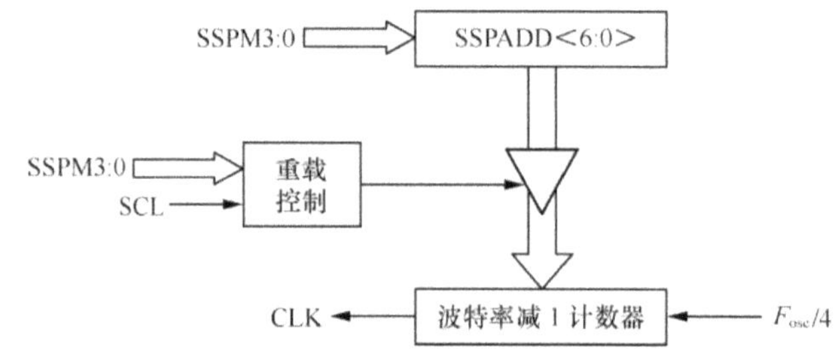

图 3.10.9　波特率发生器结构示意图

表 3.10.5　　　　　　　　PIC 单片机 I^2C 模块的通信波特率与 BRG 的关系表

f_{CY}/MHz	f_{CY} × 2/MHz	BRG 的值	f_{SCK}/kHz[2]（2 个 BRG）
10	20	19H	400[1]
10	20	20H	312.5
10	20	3FH	100
4	8	0AH	400[1]
4	8	0DH	308
4	8	28H	100
1	2	03H	331[1]
1	2	0AH	100
1	2	00H	1 000[1]

注：① 在所有细节方面，I^2C 接口并不遵守 400kHz 时的 I^2C 说明（它只适用于 100kHz），但是可以用于速率要求更高的场合时参考。

② 实际频率还要依靠总线的情况来决定。

3.10.6　MSSP 的 I^2C 模式

PIC18F452 单片机 MSSP 的 I^2C 模式有 3 种工作模式，即主模式、多主模式和从模式。前两种使 MSSP 在总线上处于主控器的地位，掌控着 I^2C 通信的主动权；后一种将 MSSP 模块处于从器件的地位，作为总线上的一个智能结点，参与同主控器之间的通信。通过 SSPCON1 寄存器中的 SSPM3～SSPM0 位的设置来设定 MSSP 模块的主模式或从模式（参见 SSPCON1 寄存器定义）。

1. I^2C 主模式下的操作

一旦 MSSP 模块被设定为主模式，就可实现以下的操作。

① 在 SCL、SDA 线上发送一个启动条件。

② 在 SCL、SDA 线上发送一个重新启动条件。

③ 发送数据到 SSPBUF，开始一次数据/地址的发送。

④ 在 SCL、SDA 线上发送一个停止条件。

⑤ 匹配 I^2C 接口接收数据。

⑥ 在接收的数据字节后面生成成一个应答信号 $\overline{ACK}$ 或非应答信号 NACK。

2. MMSP 模块 I^2C 主模式的电路结构

MSSP 模块的 I^2C 主模式电路结构如图 3.10.10 所示。

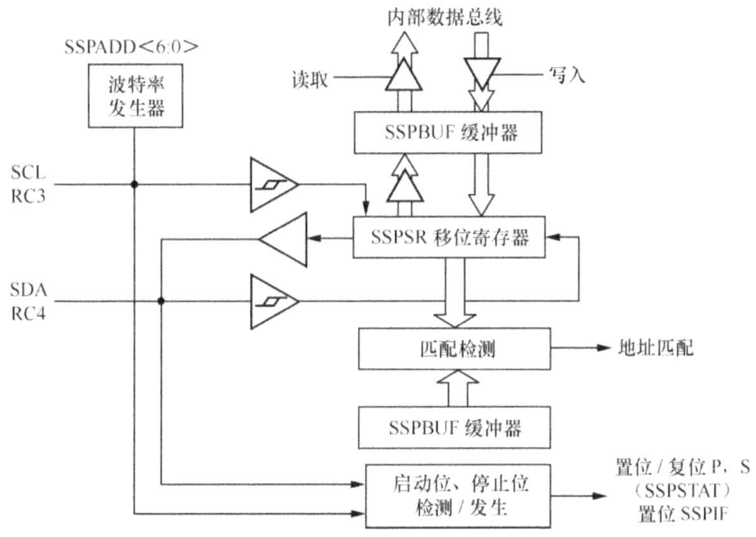

图 3.10.10　MSSP 的主模式电路结构图

3. I^2C 主模式的工作过程

在主模式条件下，MSSP 负责产生所有的串行同步时钟 SCL 以及启动/停止或重复启动等信号的传送。

在主模式发送数据的过程中，串行数据由 SDA/RC4 引脚输出，串行同步时钟由 SCL/RC3 输出。1 次通信是由 1 个启动位开始，并紧跟 1 个 7+1 的命令字，其中包含 7 位的从器件地址和 1 位 R/W。在此时命令字中的 R/W=0。每发送 1 次 8 位的字节数据后，都会收到与地址相匹配的外围器件回馈的 1 个应答信号。当发送完成时，MSSP 模块向 I^2C 总线发送 1 个停止信号，使通信结束并释放总线。

在主控接收数据模式下 MSSP 首先发送 1 个启动条件并发送 1 个 7+1 的命令字，其中包含 7 位的从器件地址和 1 位 R/W。在此时命令字中的 R/W=1。数据是通过 SDA/RC4 接收，而时钟信号 SCL 仍由 MSSP 经 SCL/RC3 输出。每当接收到 1 个 8 位的字节数据后，MSSP 便会向从器件输出 1 个应答信号，当 CPU 完成数据接收时，MSSP 向 I^2C 总线发送 1 个非应答信号和停止信号，使通信结束并释放总线。

在 I^2C 模式下 MSSP 的波特率发生器将用于 I^2C 的 SCL 同步时钟, 可设定为 100kHz、400kHz 或 1 000kHz, 其中波特率的初值参数装载于 SSPADD 寄存器的低 7 位。1 次装载 SSPBUF 的操作, 将会自动引发波特率发生器开始工作, 一旦操作完成, 时钟将停止计数。

3.10.7　I^2C 的主模式的数据发送操作

主模式的发送其 SCL 和 SDA 均有主控器发出。

1.　I^2C 主模式数据发送的工作序列

① 用户通过将 SSPCON2 中的 SEN 置 1, 产生一个启动条件。

② SSPIF 已置位。在其他任何操作时前, MSSP 将等待所需的启动时间。

③ 用户将从器件的地址装载到 SSPBUF 寄存器中进行发送。

④ 地址数据经 SDA 线输出, 直至 8 位数据完成。

⑤ MSSP 将从器件应答信号 ACK 移入 SSPCON2 寄存器中的 ACKDT 位。

⑥ MSSP 在第 9 个 SCL 脉冲下产生 1 个 CCPIF=1 操作, 产生 1 次中断。

⑦ 用户通过将 SSPCON2 中的 PEN 置位, 产生 1 个停止条件。

⑧ 一旦停止条件完成, 将产生 1 次中断。

2.　的主模式发送数据的编程及步骤

图 3.10.11 所示描述了多字节写数据的算法流程。一方面流程严格按照 I^2C 的通信协议进行, 另一方面针对 PIC18F 系列单片机所对应的 SFR 的初始化以及各个关键参数的动态操作。

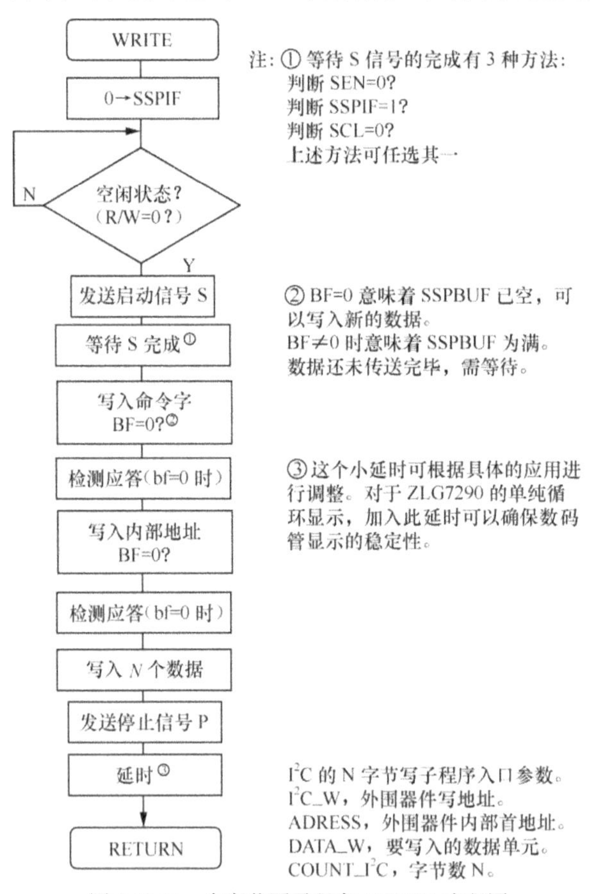

图 3.10.11　多字节写子程序 WRITE 流程图

图 3.10.12 所示为 WRITE 中所包含的子程序流程图。

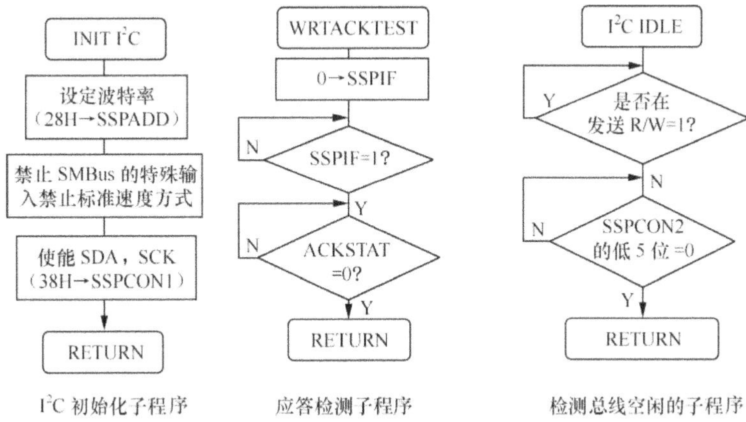

图 3.10.12　相关子程序流程图

3. I²C 的主模式多字节数据发送子程序清单

```
;********************************************************************
; N 个字节写子程序    WRITE
;入口参数
;I²C_W：外围器件写地址（寄存器）
;SDATA_I²C：源数据块（单片机内部）数据区首地址
;DDATA_I²C：目标数据块（外围器件）数据区首地址
;COUNT_I²C：通信数据字节数（寄存器）
R1      EQU       20H                   ;定义计数器单元 1（子程序使用）
R2      EQU       21H                   ;定义计数器单元 2（子程序使用）
N1      EQU       8H                    ;定义延时常数 1（子程序使用）
N2      EQU       0FFH                  ;定义延时常数 2（子程序使用）
;********************************************************************
WRITE
    BCF       PIR1,SSPIF                ;SSPIF 原始清零
WRTSTART
    CALL      I²C_IDLE                  ;检测 I²C 总线是否为空闲状态
    BSF       SSPCON2,SEN               ;发送启动信号 S
    BTFSC     SSPCON2,SEN
    BRA       $-1                       ;等待 S 的完成（图 3.10.11 中注①）
SENDWRTCOMM
    MOVFF     I²C_W, SSPBUF             ;将命令字写入 SSPBUF
    BTFSC     SSPSTAT,BF
    GOTO      $-1
    CALL      WRTACKTEST                ;检测应答
SENDADDRESS
    MOVF      DDATA_I²C,0               ;目标（外围器件）内部单元首地址
    MOVWF     SSPBUF
    BTFSC     SSPSTAT,BF
    GOTO      $-1
    CALL      WRTACKTEST                ;检测应答
SENDDATA
```

```
        MOVF      SDATA_I2C,0              ;源数据块首地址送 W
        MOVWF     FSR0L                    ;装入间址寄存器 FSRL0
LOP2
        MOVFF     INDF0,SSPBUF             ;(使用间接寻址)将要写入的数据字节送到 W
        BTFSC     SSPSTAT,BF
        GOTO      $-1
        CALL      WRTACKTEST               ;检测应答
        INCF      FSR0L,1                  ;指针加 1
        DECFSZ    COUNT_I2C                ;数据块是否完成?
        GOTO      LOP2
WRTSTOP
        BSF       SSPCON2,PEN              ;发送停止信号
        CALL      DELAY                    ;确保总线充分空闲
        RETURN
;*****************************************************************
;          I2C 模块初始化子程序
;*****************************************************************
INIT_I2C
        BSF       TRISC,3                  ;将 RC3、RC4 设定为输入
        BSF       TRISC,4                  ;以避免 PORTC 对 MSSP 的干扰
        MOVLW     39                       ;波特率,根据单片机工作频率来定
        MOVWF     SSPADD
        BCF       SSPSTAT,6                ;禁止 SMBus 的特殊输入(遵循 I2C 总线规范)
        BSF       SSPSTAT,7                ;标准速度方式(100kHz)的回转率
        MOVLW     0X28                     ;使能 SDA、SCK 引脚功能
        MOVWF     SSPCON1                  ;I2C 主控方式时钟为 Fosc/4(SSPADD+1)
        RETURN
;*****************************************************************
;          检测 I2C 应答子程序
;*****************************************************************
WRTACKTEST
        BCF       PIR1,SSPIF
        BTFSS     PIR1,SSPIF
        GOTO      $-1
        BTFSC     SSPCON2,ACKSTAT          ;查询是否为有效应答(此环节可忽略)
        GOTO      $-1                      ;ACKSTAT=1 为无效应答
        RETURN                             ;ACKSTAT=0 为有效应答
;*****************************************************************
;          检测 I2C 总线状态(是否空闲)子程序
;*****************************************************************
I2C_IDLE
        BTFSC     SSPSTAT,R_W
        GOTO      $-1
        MOVF      SSPCON2,W
        ANDLW     0x1F
        BTFSS     STATUS,Z                 ;5 个位都是零时,表明空闲
        GOTO      $-3
        RETURN
;*****************************************************************
;  小延时,确保 N 个字节写完后总线充分空闲
;  N1=FFH, N2>4 即可(Fosc=16MHz 时)
```

```
;*****************************************************
DELAY      MOVLW     N1
           MOVWF     R1
LP0        MOVLW     N2
           MOVWF     R2
LP1        DECFSZ    R2,1
           GOTO      LP1
           DECFSZ    R1,1
           GOTO      LP0
           RETURN
           END
;*****************************************************
```

3.10.8　一个主模式的多字节数据发送应用实例

利用 1 个 I^{2}C 接口的键盘扫描/数码管驱动芯片 ZLG7290 实现 1 个数码管显示应用，电路如图 3.10.13 所示。有关 ZLG7290 的详细说明参见第 7 章。

ZLG7290 可以直接驱动 8 个共阴极 LED 数码管。可以直接将 8 个共阴极 LED 字型码依次装入 ZLG7290 内部的 10H～17H 之中，这样，对应的 8 个数码管就会显示对应的字形。在本例中，单片机的内存中存有 1～8 的 8 个字型码，编制一个 I^{2}C 的程序，将此 8 个字型码数据依次写入 ZLG7290 内部的 10H～17H 单元。有关 ZLG7290 的详细描述参见第 7 章节。

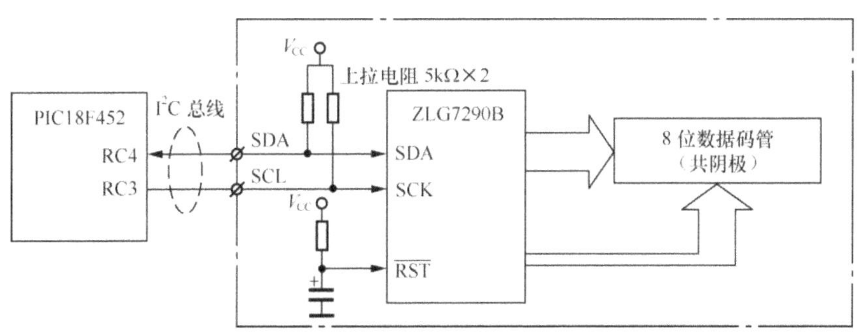

图 3.10.13　PIC 单片机与 ZLG7290 连接的电路图

在调用 I^{2}C 子程序之前，首先要添置好相关的入口参数。

```
I²C_W       EQU    0X40        ;外围器件写地址存储单元
SDATA_I²C   EQU    0X41        ;源数据块首地址存储单元
DDATA_I²C   EQU    0X42        ;目标数据块首地址存储单元
COUNT_I²C   EQU    0X43        ;I²C 通信字节数存储单元
DATA_W      EQU    0X30        ;字型码元数据块单元首地址
COUNT       EQU    0X45        ;计数器工作单元
```

需要注意，源数据块地址不一定是指单片机内部的地址，同理目标数据块地址也不一定是外围器件。这里主要是指数据的来源和数据所要送到的目标地址，源数据块的地址也可能是单片机，也可能是外围器件，具体问题具体对待，在本例中的情况如下。

ZLG7290 的读地址为 71H。

ZLG7290 的写地址为 70H。

通信中的数据字节数为 8。

源数据块的首地址为 20H（单片机的 RAM20H 开始的单元）。

目标数据块的首地址为 10H（ZLG7290 内部的 10H 开始的单元）。

在调用多字节数据写子程序之前，将这些相关的参数填写到主程序所对应的各个变量单元。

另外，子程序用到了一个专用的 SFR 作为数据块的指针，即 FSR0。应用中要注意，尽可能不要再把 FSR0 作为他用。

```
;*****************************************************************
;PIC18F452 用 I²C 驱动 ZLG7290 显示 "12345678"
;*****************************************************************
LIST    P=18F452
#INCLUDE P18F452.INC
I²C_W           EQU         0X40                    ;外围器件写地址存储单元
SDATA_I²C       EQU         0X41                    ;源数据块首地址存储单元
DDATA_I²C       EQU         0X42                    ;目标数据块首地址存储单元
COUNT_I²C       EQU         0X43                    ;I²C 通信字节数存储单元
DATA_W          EQU         0X30                    ;字型码元数据块单元首地址
COUNT           EQU         0X45                    ;计数器工作单元
R1   EQU        20H                                 ;定义计数器单元 1（子程序使用）
R2   EQU        21H                                 ;定义计数器单元 2（子程序使用）
N1   EQU        8H                                  ;定义延时常数 1（子程序使用）
N2   EQU        0FFH                                ;定义延时常数 2（子程序使用）
;*****************************************************************
    ORG         0X00
    GOTO        MAIN
    ORG         0X050
MAIN
    NOP
    CALL        INIT_I²C                            ;初始化 I²C,必须的
;*****************************************************************
;     建立一个字型码源数据块（30H～37H）
;*****************************************************************
    MOVLW       60H
    MOVWF       DATA_W
    MOVLW       0DAH
    MOVWF       DATA_W+1
    MOVLW       0F2H
    MOVWF       DATA_W+2
    MOVLW       66H
    MOVWF       DATA_W+3
    MOVLW       0B6H
    MOVWF       DATA_W+4
    MOVLW       0BEH
    MOVWF       DATA_W+5
    MOVLW       0E4H
    MOVWF       DATA_W+6
    MOVLW       0FEH
    MOVWF       DATA_W+7
;*****************************************************************
;     将字型码写入 7290 的 10H～17H 单元（显示字符）
```

```
;********************************************************************
    MOVLW    0x70                        ;7290 的写地址
    MOVWF    I²C_W
    MOVLW    0X30                        ;源数据块（单片机内部字型码）首地址
    MOVWF    SDATA_I²C
    MOVLW    0X10                        ;目标数据块首地址（ZLG7290）
    MOVWF    DDATA_I²C
    MOVLW    0X08
    MOVWF    COUNT_I²C                    ;字节数送 COUNT_I²C
    CALL     WRITE                       ;调多字节 I²C 写子程序
    GOTO     $                           ;动态停机
;********************************************************************
WRITE                                    ;多字节 I²C 写子程序
（略，包括 WRITE 中所包含的所有子程序，参见 3.10.7 章节）
;********************************************************************
    END
;********************************************************************
```

3.10.9　I²C 的主模式的数据接收操作

1. 主模式数据接收的过程

在 I²C 总线通信过程中，只要将 SSPCON2 寄存器中的 RCEN 位软件置 1，就可进入主控接收模式。但是在这之前必须保证总线为空闲状态。RCEN 被置位后，波特率发生器便开始工作。

每当 BRG 超时（T_{BRG}）时，SCL 的电平发生 1 次翻转。当 SCL 为高电平期间，MSSP 采集 SDA 线上的数据，并在 SCL 的下降沿将 SDA 上的数据移入 SSPSR 寄存器中。

第 8 个 SCL 脉冲的下降沿后，SCEN 被硬件自动清零，SSPSR 中移入的 8 位数据被装载到 SSPBUF 中，BF 被硬件置 1，标志 SSPIF 被硬件置 1。第 9 个 SCL 脉冲的下降沿后，标志 SSPIF 被再一次置 1。用户软件读走 SSPBUF 中的数据后，标准 BF 被自动清零。

在主控接收模式时，用户应当事先将 SSPCON2 中的 ACKEN 位置 1，以便在接收到 1B 数据后，允许发送 1 个应答信号。而主控器发出的应答信号也应当事先装载到 SSPCON2 的 ACKDT 位中，当 ACKDT 为"0"时，为低电平的应答 $\overline{ACK}$ 信号；当 ACKDT 为"1"时，对应的 ACK 信号为高电平的非应答 NACK。

2. 主模式多字节数据接收子程序的流程

多字节的数据接收程序流程如图 3.10.14 所示。

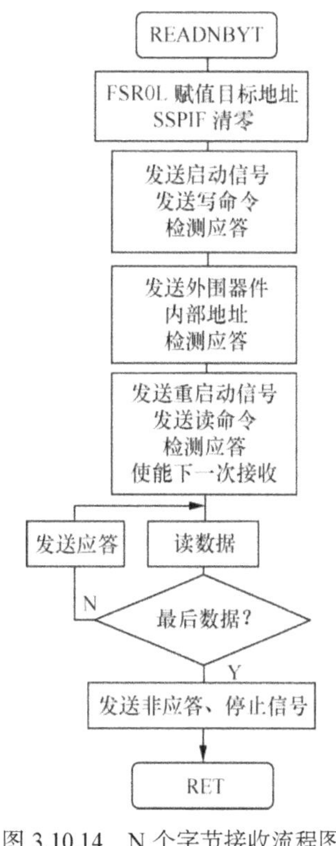

图 3.10.14　N 个字节接收流程图

3. 主模式多字节数据接收子程序清单

多字节数据接收程序清单如下。

```
;*************************************************************************
LIST            P=18F452
#INCLUDE P18F452.INC
;*************************************************************************
I2C_W           EQU     0X40            ;外围器件写地址存储单元
I2C_R           EQU     0X41            ;外围器件读地址存储单元
SDATA_I2C       EQU     0X42            ;源数据块首地址存储单元
DDATA_I2C       EQU     0X43            ;目标数据块首地址存储单元
COUNT_I2C       EQU     0X44            ;I2C 通信字节数存储单元
DATA_W          EQU     0X30            ;变量数据单元首地址
DISP_W          EQU     0X38            ;字型码数据单元首地址
COUNT           EQU     0X45            ;计数器工作单元

R1      EQU     20H                     ;定义计数器单元 1（N 字节数据写子程序专用）
R2      EQU     21H                     ;定义计数器单元 2（N 字节数据写子程序专用）
N1      EQU     8H                      ;定义延时常数 1（N 字节数据写子程序专用）
N2      EQU     0FFH                    ;定义延时常数 2 （N 字节数据写子程序专用）
;*********************************************************************
;            I2C N 个字节读子程序 RDNBYT
;*********************************************************************
; 入口参数
; I2C_W: 外围器件写地址
; I2C_R: 外围器件读地址
; ADRESS: 外围器件内部首地址
; DDATA_I2C: 数据的目标地址（单片机内部数据首地址）
; SDATA_I2C: 源数据块首地址（外围器件数据首地址）
; FSR0L: 间址寄存器
;*********************************************************************
RDNBYT
    MOVF        DDATA_I2C,0
    MOVWF       FSR0L
    CALL        I2C_IDLE                ;检测总线状态
    BCF         PIR1,SSPIF              ;清除 SSPIF 标志
    BSF         SSPCON2,SEN             ;发送启动信号
    BTFSS       PIR1,SSPIF              ;等待启动完成
    GOTO        $-1
;*********************************************************************
WWRITE
    MOVF        I2C_W,W                 ;发送写命令字
    MOVWF       SSPBUF
    CALL        WRTACKTEST              ;检测应答
;*********************************************************************
WRTADDRESS
    MOVF        SDATA_I2C,W             ;发送外围器件内部地址
    MOVWF       SSPBUF
    CALL        WRTACKTEST
```

```
;********************************************************
RESTART
    CALL     I2C_IDLE                    ;查询总线状态
    BCF      PIR1,SSPIF
    BSF      SSPCON2,RSEN                ;发送重启动信号
    BTFSS    PIR1,SSPIF                  ;等待重启完成
    GOTO     $-1
;********************************************************
WRITEREAD
    MOVF     I2C_R,W                     ;发送读命令
    MOVWF    SSPBUF
    CALL     WRTACKTEST                  ;检测应答
;********************************************************
STARTREAD
    BSF      SSPCON2,RCEN                ;使能接收
READDATA
    BCF      PIR1,SSPIF                  ;清除标志
    BTFSS    PIR1,SSPIF                  ;等待接收完成
    GOTO     $-1
    MOVF     SSPBUF,W                    ;读 SSPBUF 到 W
    BCF      PIR1,SSPIF
    MOVWF    INDF0                       ;数据送目标数据区
    INCF     FSR0L,1
    DECF     COUNT_I2C,1                 ;循环控制
    BNZ      SENDREADACK                 ;未完时转发送应答
    GOTO     SENDREADNACK                ;完成接收时转发送非应答
;********************************************************
SENDREADACK                             ;发送应答信号
    BCF      SSPCON2,ACKDT               ;设置为应答信号
    BSF      SSPCON2,ACKEN               ;发送应答信号
    BCF      PIR1,SSPIF
    BTFSS    PIR1,SSPIF
    GOTO     $-1
    BSF      SSPCON2,RCEN                ;使能下一次接收
    GOTO     READDATA
;********************************************************
SENDREADNACK                            ;发送非应答信号
    BCF      PIR1,SSPIF
    BSF      SSPCON2,ACKDT               ;设置为非应答
    BSF      SSPCON2,ACKEN               ;发送非应答信号
    BTFSS    PIR1,SSPIF
    GOTO     $-1
;********************************************************
READSTOP
    BSF      SSPCON2,PEN                 ;建立一个停止信号时序
    BTFSS    PIR1,SSPIF
    GOTO     $-1
    BCF      PIR1,SSPIF
    BCF      SSPCON2,ACKDT               ;发送一个非应答信号
    RETURN
;********************************************************
```

```
;        I²C 模块初始化子程序
INIT_I²C   （参见 3.10.7 章节，略）
;****************************************************************
;        检测 I²C 应答子程序
WRTACKTEST      （参见 3.10.7 章节，略）
;****************************************************************
;        检测 I²C 总线状态（是否空闲）子程序
I²C_IDLE   （参见 3.10.7 章节，略）
;****************************************************************
;   小延时子程序确保 N 个字节写完后总线充分空闲
;    N1=FFH, N2>4 即可（Fosc=16MHz 时）
DELAY           （参见 3.10.7 章节，略）……            ;
;****************************************************************
```

3.10.10　一个主模式的多字节数据接收应用实例

在 ZLG7290 芯片内部的 01H 单元被定义为键值寄存器 Key 单元，每当有按键操作时，该单元就会自动存储一个键值数据。因此当有按键操作时，就可以通过 I²C 总线的读数据子程序去读取 01H 单元的数据，来获取按键的键值数据。

1.　应用电路及编程说明

利用单片机的 I²C 端口的 RC4（SDA）、RC3（SCK）分别与 ZLG7290 模块的 SDA、SCL 连接。再将 ZLG7290B 的键盘中断输出引脚 INT 与单片机的 RB0/INT0 连接。这样，每当按下 1 个按键时，ZLG7290 的 INT 端就可输出 1 次键盘中断信号（负的单脉冲），可以利用键盘中断信号引发单片机的 $\overline{\text{INT0}}$ 中断，在中断服务程序中读取键值并通过 PORTD 端口以"二进制"的方式显示键值，如图 3.10.15 所示。

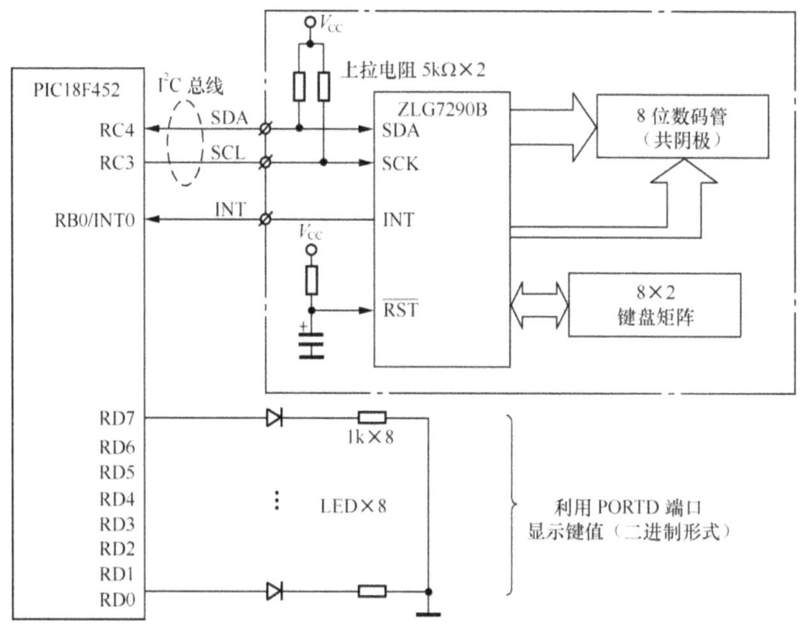

图 3.10.15　利用 ZLG7290 读键值的电路图

2．程序流程

整个程序可分为如下几部分。

① 主程序部分。初始化端口，使能 INT0 中断以及 I^2C 模块的初始化。

② 中断服务子程序。填写子程序 RDNBYT 所需的入口参数并调用、显示键值。

③ 通用的多字节数据 I^2C 写子程序 WRITE（略）。

④ 通用的多字节数据 I^2C 读数据子程序 RDNBYT（略）。

其中主程序和中断服务子程序的流程如图 3.10.16 所示。

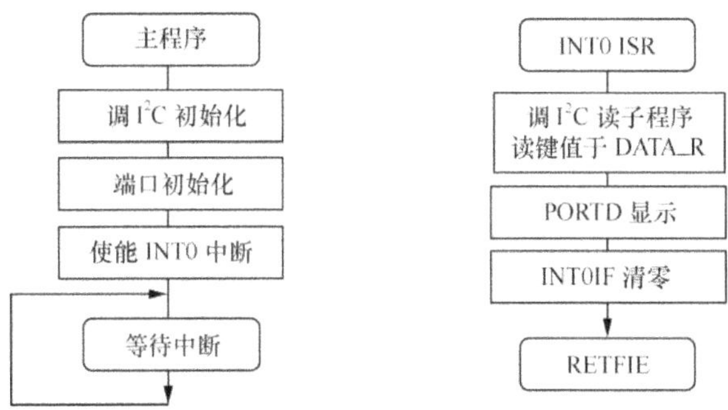

图 3.10.16　主程序与中断服务子程序的流程

3．程序清单（I^2C 的多字节写、多字节读子程序略）

```
;**************************************************************
;PIC18F452 用 I²C 驱动 ZLG7290 读取键
;通过 PORTD 端口的 LED 以二进制的方式输出、显示键值
;**************************************************************
LIST      P=18F452
#INCLUDE P18F452.INC
I²C_W          EQU      0X40          ;外围器件写地址存储单元
I²C_R          EQU      0X41
SDATA_I²C      EQU      0X42          ;源数据块首地址存储单元
DDATA_I²C      EQU      0X43          ;目标数据块首地址存储单元
COUNT_I²C      EQU      0X44          ;I²C 通信字节数存储单元
;**************************************************************
R1   EQU      20H                     ;定义计数器单元 1（I²C 子程序中的延时程序用）
R2   EQU      21H                     ;定义计数器单元 2（I²C 子程序中的延时程序用）
N1   EQU      8H                      ;定义延时常数 1  （I²C 子程序中的延时程序用）
N2   EQU      0FFH                    ;定义延时常数 2  （I²C 子程序中的延时程序用）
;**************************************************************
     ORG       0X00
     GOTO      MAIN
     ORG       0008H
     NOP
     BTFSS     INTCON,INT0IF          ;RB0 键盘中断
     RETFIE
     GOTO      INT0_ISR
;**************************************************************
     ORG       0X100
MAIN
     NOP
     CLRF      TRISD
```

```
        CLRF        PORTD
        CALL        INIT_I²C                        ;初始化 I²C,必须的
        BSF         TRISB,INT0                      ;设定 INT0 引脚为输入
        BCF         INTCON2,INTEDG0                 ;设定中断的触发极性为下降沿触发
        BSF         INTCON,INT0IE                   ;使能 INT0 中断
        BSF         INTCON,GIE                      ;使能总的中断
        GOTO        $                               ;动态停机等待中断
;**********************************************************************
;          7290 按键中断服务程序（读取键值并显示）
;**********************************************************************
INT0_ISR
        MOVLW       0X70                            ;设置写命令字
        MOVWF       I²C_W
        MOVLW       0X71                            ;设置读命令字
        MOVWF       I²C_R
        MOVLW       0X01                            ;设置源数据数据块首地址
        MOVWF       SDATA_I²C                       ;01H（键值寄存器）
        MOVLW       0X43                            ;设置目标数据块首地址
        MOVWF       DDATA_I²C
        MOVLW       0X01                            ;设置目标数据个数
        MOVWF       COUNT_I²C
        CALL        RDNBYT                          ;调 RDNBYT（出口参数，键值在 DDATA_I²C 单元）
        MOVFF       DDATA_I²C,PORTD                 ;显示键值
        BCF         INTCON,INT0IF                   ;清中断标志
        RETFIE
;**********************************************************************
; N 个字节写子程序 WRITE   （参见 3.10.7 章节，略）
;**********************************************************************;
I²C 模块初始化子程序 INIT_I²C（参见 3.10.7 章节，略）
;**********************************************************************;
检测 应答信号子程序 WRTACKTEST（参见 3.10.7 章节，略）
;**********************************************************************
;检测 I²C 总线状态（是否空闲）子程序 I²C_IDLE（参见 3.10.7 章节，略）
;**********************************************************************;
I²C N 个字节读子程序 RDNBYT    （参见 3.10.9 章节，略）
;**********************************************************************
; DELAY                       （参见 3.10.7 章节，略）
**********************************************************************
        END
```

3.10.11　I²C 通信编程小结

　　PIC18F 单片机 MSSP 的 I²C 功能涉及的 SFR 较多，SFR 各位的定义也比较烦琐。为了帮助初学者掌握 I²C 的应用，特提几点建议如下。

　　① 首先掌握 I²C 的通信协议（参见 3.10.3 章节）。可以暂时忽略掉烦琐的 SFR 的定义与设置，根据 I²C 通信协议，学习 I²C 通信中的多字节读或多字节写两大程序的结构和流程。

　　② 一次 I²C 的通信实际上就是一个数据块的"搬家"，所以两大程序的使用，关键是入口参数的设定。与此相关的参数有如下 5 个。

（a）数据块的数据个数 COUNT_I^{2}C。

（b）源数据块的起始地址 SDATA_I^{2}C。

（c）目标数据块的起始地址 DDATA_I^{2}C。

（d）从器件的读地址 I^{2}C_R。

（e）从器件的写地址 I^{2}C_W。

一方面在程序的前端使用 EQU 伪指令分别为这些参数分配内存单元，另一方面同时在程序的初始化中为这些单元添加对应的参数（参见 3.10.8 章节和 3.10.10 章节），只有正确地填写这些参数才可以通过 CALL 语句实现一次 I^{2}C 的通信。

③ 建议将 I^{2}C 中的所有子程序（3.10.7 章节、3.10.9 章节中的所有的子程序）进行打包以便用于 PIC18F452 单片机的 I^{2}C 应用。这些子程序共有如下 6 个。

（a）N 个字节写子程序，WRITE。

（b）N 个字节读子程序，RDNBYT。

（c）I^{2}C 模块初始化子程序，INIT_I^{2}C。

（d）检测 I^{2}C 应答子程序，WRTACKTEST。

（e）检测总线状态子程序，I^{2}C_IDLE。

（f）延时子程序，DELAY。

注意，上述所有子程序均在系统时钟 F_{osc}=16MHz 条件下调试、通过。

编程者将这些子程序放在自己编写的主程序的后面，这样在主程序中，添加好对应的入口参数后就直接使用对应的 CALL 语句完成一次 I^{2}C 的通信。

④ 在编写 I^{2}C 应用程序之前，首先要掌握所使用 I^{2}C 接口芯片的器件地址、器件功能以及内部单元定义，这几个关键环节，这样才能正确设置通信程序的入口参数（参见 3.10.8 章节和 3.10.10 章节）。有关 I^{2}C 的更多应用请参见第 7 章。

3.11　PIC18F452 单片机的 CCP 模块

CCP 模块的应用为工程设计提供了更为实用的控制手段和方便、灵活的编程方式，有效地扩展了单片机的应用领域。

3.11.1　CCP 模块的概念和功能

CCP 是输入捕捉（Capture）、输出比较（Compare）和脉宽调制（Pulse Width Modulation）3 项技术英文单词的缩写简称，其功能描述如下。

1．输入捕捉

输入捕捉常用于捕捉（测量）外部方波信号的周期或频率，可用于数字频率计等设计中（如图 3.11.1 所示）。

2．输出比较

输出比较常用输出某一频率（周期）的方波信号，可实现函数发生器的设计（如图 3.11.2 所示）。

3．脉宽调制

脉宽调制可输出周期固定、脉宽可调的方波信号，常应用于开关电源的电压调节、直流电机的转速控制等领域（如图 3.11.3 所示）。

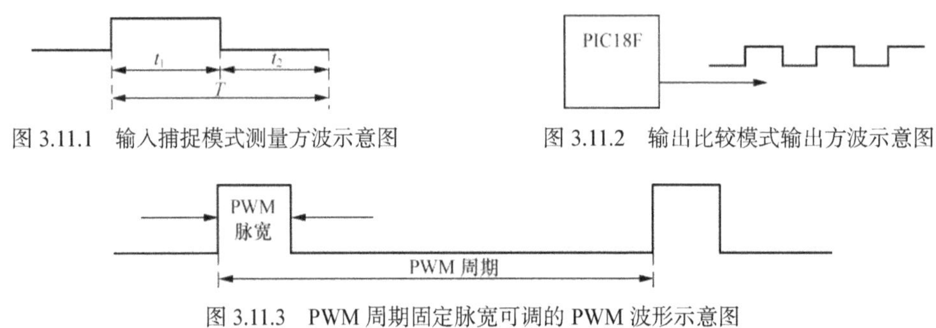

图 3.11.1　输入捕捉模式测量方波示意图　　　图 3.11.2　输出比较模式输出方波示意图

图 3.11.3　PWM 周期固定脉宽可调的 PWM 波形示意图

3.11.2　PIC18F452 单片机 CCP 模块的基本结构

在 PIC18F 系列单片机中，根据型号的不同其内部都有 0～5 个数量不等的 CCP 模块，一般命名为 CCP1，CCP2，…，CCPx。为了更好地满足对直流电机转速的控制，PIC18F 系列高档单片机 CCP 的 PWM 特征得以加强，产生了增强型 CCP 模块（ECCP），即在原有的 PWM 模块中增加了 H 桥电路，这样不仅能够控制 PWM 波形进而控制电机的转速，而且还可通过 H 桥电路实现对电机的转向控制。在 PIC18F452 芯片中仅有 1 个标准的 CCP 模块。

PIC18F452 的 CCP 模块，根据不同的工作模式（输入捕捉、输出比较和脉宽调制）其组成结构各有不同，但是它们的构成都是基于两大器件。

1. 16 位长度的 CCPRx 寄存器

16 位长度的 CCPRx 寄存器由 CCPRxH，CCPRxL 组成。

2. 16 位（或 8 位）长度的定时计数器

16 位（或 8 位）长度的定时计数器由 TMR1 或 TMR3（或 TMR2）承担，具体由 T3CON 中的设置位决定，具体配置如表 3.11.1 所示。

表 3.11.1　　　　　　　　　　　　　　　与 CCP 相关的定时器

CCP 模式	相关定时器
输入捕捉	定时器 1 或定时器 3
输出比较	定时器 1 或定时器 3
脉宽调制	定时器 2

3.11.3　CCP 模块的控制寄存器 CCP1CON

与 CCP 模块相关的寄存器有许多，但是最重要的是控制寄存器 CCP1CON，它的设置决定了当前 CCP 模块的工作模式，同时也确定了每一种模式的具体参数。CCP1CON 实现了对模块工作方式的粗分规划（即三种模式中的哪一种），同时 CCP1CON 还确定了对应模式中的细分规划（与模式对应的具体参数设定）。CCP1CON 的格式定义（见表 3.11.2）。

表 3.11.2　　　　　　　　　　　　　　CCP1CON 的定义

SFR 位	…	…	DC1B1	DC1B0	CCP1M3	CCP1M2	CCP1M1	CCP1M0
读/写性质及复位状态	…	…	R/W-0	R/W-0	R/W-0	R/W-0	R/W-0	R/W-0

各位的具体定义如下。

DC1B1～DC1B0：PWM 模式下 10 位占空比中的第 1、0 位（系统复位后默认为 0）。当 CCP 模块作为 PWM 模式时，其占空比（脉宽）参数的小数位，分别对应 0.75、0.5、0.25 和 0。PWM 的脉宽参数的小数位可以使 PWM 的脉宽控制更为精确，以便满足一些要求较高的场合。但一般情况下这 2 位可以忽略（即为 00）。

CCP1M3～CCP1M0：CCP1 工作模式选择位。

CCP1M3～CCP1M0 为工作模式粗选位（高 2 位）和细分位（低 2 位），单片机复位时均为 0，各位具体设定如下。

① CCP1M3～0=00XX 时，关闭 CCP 模块（为 0010 时除外），如表 3.11.3 所示。

表 3.11.3　　　　　　　　　　CCP1CON 寄存器 CCP1M3～0 的定义（一）

CCP1M3～0	CCP1 模式选择位
0000	关闭 CCP1 模块
0001	保留
0010	比较模式，条件匹配时翻转 CCP1 引脚电平
0011	保留

② CCP1M3～2=01 时，CCP 工作于捕捉模式（见表 3.11.4）。在此模式下 CCP1M1～CCP1M0 的 4 种组合详细地划分出 4 种捕捉条件，以适应不同的应用场合。

表 3.11.4　　　　　　　　　　CCP1CON 寄存器 CCP1M3～0 的定义（二）

CCP1M3～0	CCP1 模式选择位
0100	捕捉模式，在每一个下降沿发生捕捉
0101	捕捉模式，在每一个上升沿发生捕捉
0110	捕捉模式，在每 4 个上升沿发生捕捉
0111	捕捉模式，在每 16 个上升沿发生捕捉

③ CCP1M3～2=10 时，CCP 工作于输出比较模式（见表 3.11.5）。在此模式下 CCP1M1～CCP1M0 的 4 种组合与 CCP1M3～2=00 时的一种组合划分出 5 种匹配时，模块所产生的不同操作。

表 3.11.5　　　　　　　　　　CCP1CON 寄存器 CCP1M3～0 的定义（三）

CCP1M3～0	CCP1 模式选择位
1000	比较模式，初始化时，CCP1 引脚为低电平。比较匹配时强制引脚为高电平 CCP1IF=1
1001	比较模式，初始化时，CCP1 引脚为高电平。比较匹配时强制引脚为低电平 CCP1IF=1
1010	比较模式，比较匹配时引脚电平无变化，产生软件中断。CCP1IF=1
1011	比较模式，特殊事件触发，CCP1IF=1。T1 或 T3 清零
0010	比较模式，条件匹配时翻转 CCP1 引脚电平

④ CCP1M3～2=11 时，CCP 工作于 PWM 模式（见表 3.11.6）。

表 3.11.6　　　　　　　　　　CCP1CON 寄存器 CCP1M3～0 的定义

CCP1M3～0	CCP1 模式选择位
11xx	PWM 模式

3.11.4　CCP 模块相关的 T3CON 寄存器

TMR3 的控制寄存器 T3CON 不仅用于控制、设定 TMR3 的工作模式，在 CCP 模块编程中还用来设定 CCP 模块对定时器 TMR1 或 TMR3 的选择。T3CON 寄存器的结构（见表 3.11.7）。

表 3.11.7　　　　　　　　　　　　T3CON 寄存器的定义

SFR 位	…	T3CCP2	T3CKPS1	T3CKPS0	T3CCP1	/T3SYNC	TMR3CS	TMR3ON
读/写性质及复位状态	…	R/W-0	R/W-0	R/W-0	R/W-0	R/W-0	R/W-0	R/W-0

T3CCP2~1：CCP 捆绑定时器选择，它决定了 CCP 模块对 16 位计数器的选择，单片机复位后该 2 位为 00。具体设定的结果如表 3.11.8 所示。

表 3.11.8　　　　　　　　CCP1CON 寄存器　T3CCP2~1 的定义

T3CCP2~1	CCP 捆绑定时器选择	
	CCP1	CCP2
0 0	TMR1	TMR1
0 1	TMR1	TMR3
1 X	TMR3	TMR3

T3CKPS1~0：TMR3 的预分频器的分频比选择（见表 3.11.9），与 TMR1 完全相类似的设置，它的设置决定了计数器对 $F_{osc}/4$ 脉冲的计数范围，具体应用可参照 TMR1 的结构描述。

表 3.11.9　　　　　　　　　CCP1CON 寄存器 T3CKPS1~0 的定义

T3CKPS1~0	TMR3 的预分频器的分频比选择
0 0	1：1
0 1	1：2
1 0	1：4
1 1	1：8

/T3SYNC：TMR3 计数方式下外信号同步控制（见表 3.11.7），单片机复位后该位为 0。

　　T3SYNC=1 时，不与系统 F_{osc} 同步。

　　T3SYNC=0 时，外部信号与系统 F_{osc} 同步。

TMR3CS：TMR3 计数脉冲选择控制（见表 3.11.7），单片机复位后该位为 0。

　　TMR3CS=1 时，选择外部信号（RC0），TMR3 为计数模式。

　　TMR3CS=0 时，选择内部 $F_{osc}/4$ 为计数脉冲，TMR3 为定时模式。

TMR3ON：TMR3 的启动控制位（见表 3.11.7），单片机复位后该位为 0。

　　TMR3ON=1 时，启动 TMR3。

　　TMR3ON=0 时，关闭 TMR3。

3.11.5　CCP 模块的输入捕捉模式

输入捕捉是指对外部的连续方波信号进行检测，获取其脉宽或周期参数。

1. 输入捕捉模式下 16 位计数器的选择与 CCP1 引脚的定义

PIC18F452 的输入捕捉信号是由 CCP1/RC2 引脚输入（如图 3.11.4 所示）。此时，CCP1 引脚必须通过软件设定为输入（SETB TRISC,2），此模式下，对 16 位的定时计数器 TMR1 或 TMR3 的选择是通过 T3CON 初始化实现的（见表 3.11.8），通常选择 TMR1。

图 3.11.4　输入捕捉模式的引脚定义示意图

2. 输入捕捉模式下的模块电路结构

捕捉电路由 TMR1（或 TMR3）、CCPR1 和 16 位的"三态门"构成（如图 3.11.5 所示）。

输入的方波信号从 CCP1（RC2）引脚输入，经过预分频器送电平检测电路。在工作中，一旦 CCP1 引脚输入的方波信号的边缘与检测电路所设定的边缘相一致时，便可产生一次有效捕捉，且 CCP1 的标志 CCP1IF=1。这里要注意以下几点。

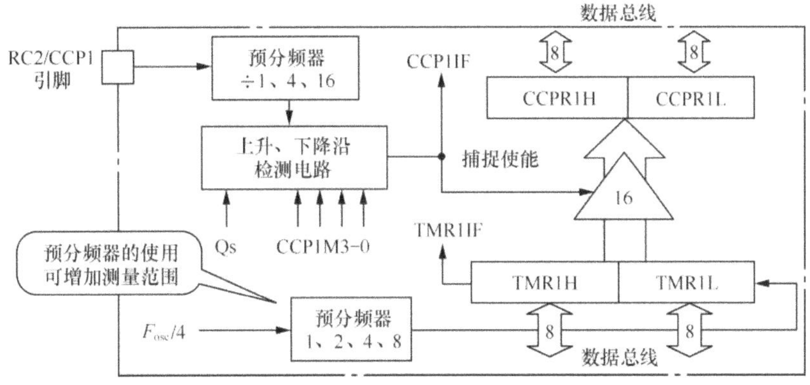

图 3.11.5　CCP 模块的捕捉电路结构示意图

① 外部方波信号不是为 TMR1 提供的计数脉冲。外部的方波信号送边沿检测电路进行分析、判断。检测的边沿极性通过 CCP1CON 中的相关位来具体设定。

② 当产生有效捕捉时，通过标志 CCP1IF=1 来表征（不是 TMR1IF），即在正常捕捉操作（TMR1 从 0 开始计数）时，TMR1 不应当产生溢出，因为 TMR1 的溢出会导致捕捉数据的溢出。

3. 捕捉电路的工作原理

这里以测量一个方波信号的周期为例（如图 3.11.6 所示），分析输入捕捉模块的工作过程。首先清零 TMR1，不启动 TMR1。根据需要设定捕捉条件，如果要捕捉方波信号的周期，可以将第一次和第二次的捕捉条件都设定位上升沿（实际上设定 1 次即可），然后利用查询 CCP1IF 或通过 CCP1IF 引发的中断，一旦捕捉条件满足（捕捉到上升沿），立即启动 TMR1 开始计数。此时只等待方波信号的第二个上升沿，一旦捕捉到第二个上升沿（CCP1IF=1），模块立即将 TMR1 中的 16 位计数值自动的上传到 CCPR 寄存器中。这样 CCPR 寄存器中的数据 N 就与方波信号的周期成一个线性关系。如果 TMR1 的预分频器分频比位 1∶1，那么方波信号的周期为

$$T = N \times 4 \times T_{osc}$$

假设系统时钟 F_{osc}=16MHz，$4 \times Tosc$=0.25μs，那么捕捉的方波周期值为

$$T = N \times 4 \times T_{osc} = N \times 0.25\mu s$$

这里 TMR1 中的计数值 N 为 0～65 535，所以在 TMR1 的预分频器为 1∶1 时的 16 位的 TMR1

（或 16 位的 CCPR）对信号采集的最大时间为

$$（N × 0.25μs）max=16\ 383.75μs\ 或\ 16.38\ 375ms$$

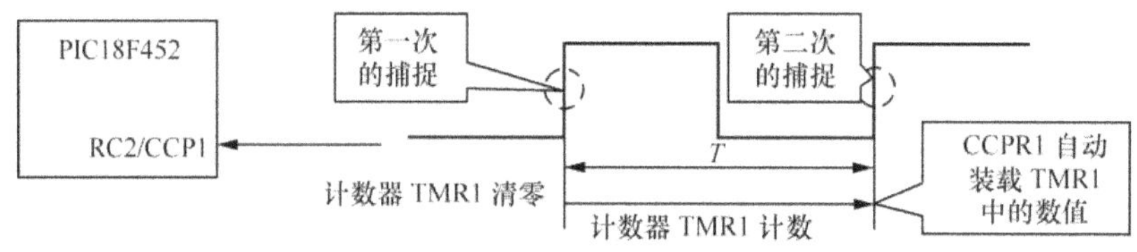

图 3.11.6　捕捉方波信号的周期示意图

4. 如何扩大捕捉信号的量程

在 TMR1 的预分频比为 1∶1 时，对信号的捕捉（测量范围）由单片机的系统时钟 F_{osc} 来确定，当 F_{osc}=16MHz 时，最大的测量范围为 16 383.75μs。如果被测信号的周期大于此数据时，就会引发 TMR1 的计数溢出现象（TMR1IF=1），这时采集失败。

如果将 TMR1 计数器的预分频比进行 1∶2，1∶4 或 1∶8 的设置，就可将捕捉周期分别扩大 2 倍、4 倍或 8 倍。这样，利用 TRM1 来捕捉方波周期的最大值就可扩大到 131 070μs，即约为 131ms。当然如果 TMR1 预分频大于 1∶1 时，捕捉公式应该为

$$T= M × N × 4 × T_{osc}$$

公式中的 M 为 TMR1 的预分频比 N 为 CCPR 寄存器中的 16 位捕捉值。

当使用 TMR1 的预分频器来扩大捕捉值范围时，其捕捉信号的分辨率会有所下降，对应关系如表 3.11.10 所示。

表 3.11.10　　TMR1 的预分频比与捕捉最大值和分辨率关系一览表（F_{osc}=16MHz 时）

TMR1 的预分频比	CCPR 寄存器捕捉的最大时间/μs $T_{max}= M × 65\ 535 × 4 × T_{osc}$	捕捉分辨率 /μs
1∶1	1 × 65 535 × 0.25μs=16 383.75μs	0.25
1∶2	2 × 65 535 × 0.25μs=32 767.5μs	0.5
1∶4	4 × 65 535 × 0.25μs=65 535μs	1
1∶8	8 × 65 535 × 0.25μs=313 070μs	4

5. 捕捉模式中的量程自动转换技术

如果使用 CCP 模块的输入捕捉模式设计一个周期/频率检测系统时，可以考虑利用 TMR1IF 标志设计出一个具备量程自动转换功能的应用系统。

首先将 TMR1 的与分频比设置为 1∶1，然后在发生第二次捕捉有效（CCP1IF=1）时，先判断一下 TMR1IF 是否为 1，如果 TMR1IF=0 则说明在捕捉过程中，计数器 TMR1 没有发生计数溢出，此时 CCPR 寄存器中的捕捉数据有效。

如果在 CCP1IF=1 的情况下，TMR1IF=1 则表明在捕捉过程中，TMR1IF 已经产生溢出，此时 CCPR 寄存器中的数据无效。当发生这种情况时，程序将 TMR1 的预分频比设定为 1∶2，并重新启动 1 次捕捉的过程。以此类推，直到 CCP1IF=1 时，TMR1IF=0。当然，在读取 CCPR 寄存器中的数据计算方波周期时，T 要与分频比相对应（$T= M × N × 4 × T_{osc}$）。

6. 捕捉模式的编程步骤

以测量脉宽为例列，如图 3.11.7 所示。测量一个脉冲宽度往往需要 2 次捕捉（第一次捕捉上升沿，第二次捕捉下降沿），具体步骤如下。

① 首先初始化 T3CON，选择 TMR1（或 TMR3），并将其设定为定时模式。

② 将 16 位计数器 TMR1（或 TMR3）清零，暂时不启动。

③ 设定 CCP 控制寄存器 CCP1CON，将 CCP1 设定为捕捉模式，且捕捉上升沿（即 CCP1M3～0=0101）。

④ 将 CCP 引脚（RC2）设定为输入模式。

⑤ 当外部脉冲的上升沿到来时，便产生第一次捕捉（CCP1IF=1），此时使用指令启动计数器 TMR1（或 TMR3），同时设定下次捕捉条件为下降沿（即 CCP1M3～0=0100）。

⑥ 当外部脉冲下降沿到来时，产生第二次捕捉（CCP1IF=1），此时 16 位的 CCPR1H、CCPR1L 会自动捕捉到计数器中 TMR1 中的 16 位计数值（如果及时关闭计数器，也可从 16 位计数器中读取数据），此值就是与脉宽相对应的时间参数。

如果要测量一个方波的周期参数时，只需要设定 1 次捕捉条件（上升沿）即可。

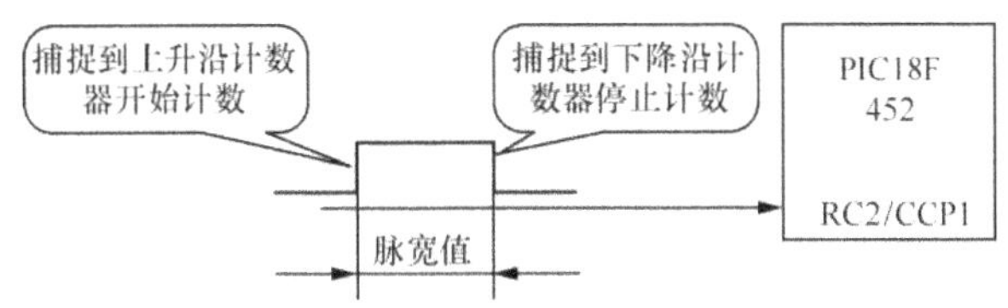

图 3.11.7　测量脉冲脉宽示意图

7. 输入捕捉模式的编程举例

为了便于掌握和理解，举一个比较简单的输入捕捉例程，即假设被捕捉的信号周期在正常的范围之内（<16 383.75μs）。程序将捕捉到的 16 位 CCPR 数据分别送至 PORB 端口和 PORE 端口，其中 PORB 端口输出 CCPR 数据的低 8 位；PORE 端口输出 CCPR 中的高 8 位。程序如下。

```
#INCLUDE P18F452.INC
        ORG       0000H
        GOTO      0030H
        ORG       0030H
        MOVLW     0x05
        MOVWF     CCP1CON              ;捕捉上升沿
        MOVLW     0x00
        MOVWF     T3CON                ;使用 TMR1 定时
        MOVLW     0x00                 ;TMR1 与分频比 1：1
        MOVWF     T1CON                ;定时模式、暂不启动
        BSF       TRISC,2              ;设定 CCP 引脚为输入
        CLRF      TRISB                ;设定 RD，RB 为数据输出口
        CLRF      TRISD
        MOVLW     0x00
        MOVWF     CCPR1H               ;捕捉寄存器 CCPR 原始清零
        MOVWF     CCPR1L
OVER    CLRF      TMR1H                ;清零计数器
        CLRF      TMR1L
        BCF       PIR1,CCP1IF          ;清除标志
RE_1    BTFSS     PIR1,CCP1IF
        BRA       RE_1
        BSF       T1CON,TMR1ON         ;捕捉到第一个上升沿后启动 TMR1
        BCF       PIR1,CCP1IF          ;清除标志准备第二次捕捉
```

```
RE_2    BTFSS    PIR1,CCP1IF              ;查询 CCP1IF 标志
        BRA      RE_2
        BCF      T1CON,TMR1ON             ;捕捉到第二个上升沿后关闭 T1
        MOVFF    CCPR1L,PORTB             ;捕捉值送端口
        MOVFF    CCPR1H,PORTD
        GOTO     OVER
        END
```

有关输入捕捉的更多编程，请参见第 7 章的相关内容。

3.11.6　CCP 模块的输出比较模式

输出比较（Compare）模式用于从单片机的引脚（RC2/CCP1）输出某一频率的方波信号（如图 3.11.8 所示），多用于产生延时驱动信号、可控硅驱动信号以及函数发生器等场合。

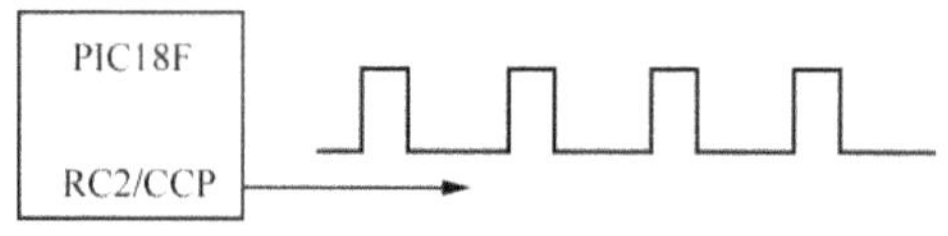

图 3.11.8　CCP 模块输出比较模式应用示意图

1.　输出比较模式的电路结构和工作原理

输出比较电路的核心一个是 1 个 16 位的寄存器 CCPRx，用于存放 1 个标准数据；另一个是 1 个 16 位的计数器 TMR1（或 TMR3）做自由增量计数器。在 CCPRx 寄存器与 16 位计数器之间设计有 1 个 16 位的比较器，工作中不断地将 CCPRx 中的标准数据与 TMR1（或 TMR3）中的增量数据进行比较。

首先将 CCPRx 寄存器装载所需的标准数据，然后启动计数器从零开始计数。在计数器加 1 计数期间，16 位比较器不断将计数器中的自由增量数据与 CCPRx 中的标准数据进行比较，一旦两者相等，便发生 1 次匹配并引发标志 CCP1IF=1。

匹配发生时，不仅引发 CCP1IF=1，同时经输出逻辑电路，按照事先设定好的模式产生方波的边沿变化，并经 RC2 输出（如图 3.11.9 所示）。

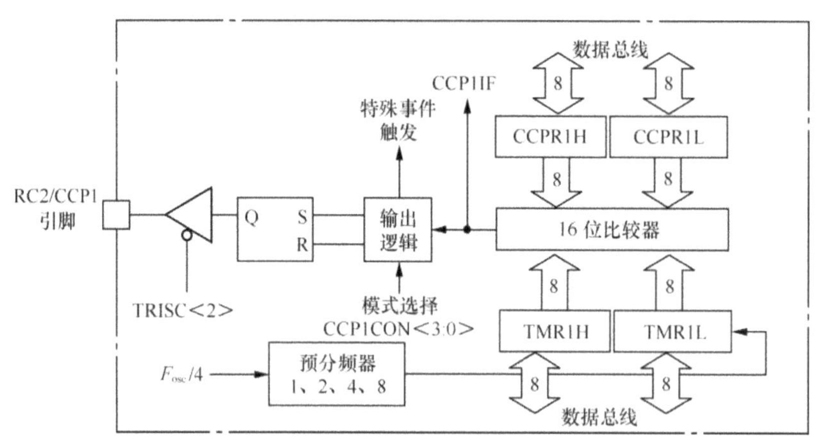

图 3.11.9　CCP 模块输出比较模式电路示意图

当匹配发生时，可有多种方式产生输出，举例如下。

① CCP 引脚输出高电平。

② CCP 引脚输出低电平。

③ CCP 引脚电平不变、内部产生软中断 CCPIF。

④ CCP 引脚电平不变、触发特殊事件（用于启动 ADC）。

⑤ 匹配时 CCP 引脚电平翻转。

这些不同的操作是通过对 CCP1CON 的初始化操作来实现的。

2. 与输出比较模式相关的 SFR 及初始化方法

与 CCP 模块的输入捕捉模式相类似，输出比较模式的设定也是通过对 CCP1CON、T3CON 以及 CCPR1 这些 SFR 的初始化进行的。其中，CCP1CON 用于设定输出比较的模式以及此模式下的具体细节参数（匹配事件的操作），T3CON 用来设定输出比较模式所绑定的 16 位计数器（在 TMR1 或 TMR3 中选择）；CCPR1 用来装载初值。

CCP1CON 的初始化如表 3.11.11 所示。

表 3.11.11　　　　　　　　　　CCP1CON 寄存器 CCP1M3～0 的定义（三）

CCP1M3～0	CCP1 模式选择位
1000	比较模式，初始化时，CCP1 引脚为低电平。比较匹配时强制引脚为高电平。CCP1IF=1
1001	比较模式，初始化时，CCP1 引脚为高电平。比较匹配时强制引脚为低电平。CCP1IF=1
1010	比较模式，比较匹配时引脚电平无变化，产生软件中断。CCP1IF=1
1011	比较模式，特殊事件触发，CCP1IF=1。T1 或 T3 清零，启动 AD 转换（若 AD 被使能）
0010	比较模式，条件匹配时翻转 CCP1 引脚电平

将 CCP1CON 中的 CCP1M3～CCP1M0 设置为 10XXB 或 0010B。例如，输出比较设定为发生匹配时引脚取反的操作时，对应的指令为

```
MOVLW        00000010B
MOVWF        CCP1CON
```

对 T3CON 的初始化方法与输入捕捉模式相同。例如，选择 TMR1 计数器与输出比较模式相绑定时，可使用的指令（见表 3.11.8）为

```
MOVLW        0x00
MOVWF        T3CON
```

对 TMR1（或 TMR3）的初始化与输入捕捉模式相同，是通过 T1CON（或 T3CON）进行的，包括将其设定为计数模式、设定预分频比等。计数器原始值必须清零。

3. CCPR1 寄存器中的初值意义及计算方法

在输出比较模式时，其初始化中还要对 CCPR1 寄存器进行初值的计算及装载。CCPR1 寄存器的初值决定着每次发生匹配的间隔时间，这个参数也称为标准数据。例如，利用 CCP 模块的输出比较模式输出一个周期为 10ms 的方波信号。首先将匹配操作选为匹配时 CCP 引脚电平翻转的方式，并计算 CCPR1 的初值，以满足匹配的间隔时间为 5ms。这样每隔 5ms 就会发生 1 次匹配事件，将端口引脚（RC2/CCP1）上的电平取反，形成脉宽为 5ms 的方波，如图 3.11.10 所示。

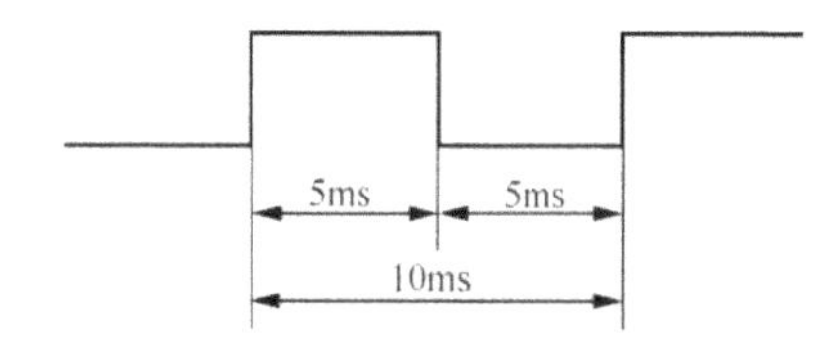

图 3.11.10　输入捕捉模式测量方波信号示意图

那么如何去计算 CCPR1 中的初值，在输出比较模式电路中（如图 3.11.9 所示），16 位计数器 TMR1（或 TMR3）在工作过程中是从 0 开始加 1 计数，一旦 16 位计数器中的自由增量与 CCPR1 中的标准数据相等，就会发生 1 次匹配。所以不难看出，发生匹配的间隔时间与系统时钟 F_{osc}，CCPR1 中的初值（也称标准数据）有关。那么每一次匹配时间的间隔为

$$T=M \times N \times 4 \times T_{soc}$$

这里 T 为匹配发生的间隔时间，N 为 CCPR1 中的初值，$4 \times T_{soc}$ 为 16 位计数器的计数脉冲周期，M 为预分频比。如果单片机的系统时钟 $F_{osc}=16\text{MHz}$，则 $4 \times T_{soc}=0.25\mu s$。

这样 CCPR1 中的初值计算公式为

$$N=T/M \times 4 \times T_{soc}=5\ 000/(1 \times 0.25)=20\ 000=4\text{E}20\text{H}$$

如果将预分频器选择在不同的分频比上，输出比较模式中所能产生的匹配间隔时间的范围将会被扩大（见表 3.11.12）。

表 3.11.12　　　　　　　　　　16 位计数器预分频比与匹配间隔最大值关系表

TMR1 或 TMR3 预分频比	输出比较模式的最大间隔时间/μs Tmax= M × 65 535 × 4 × T_{osc}	16 位计数器 计数分辨率（μs）
1 : 1	1 × 65 535 × 0.25μs= 16 383.75μs	0.25
1 : 2	2 × 65 535 × 0.25μs= 32 767.5μs	0.5
1 : 4	4 × 65 535 × 0.25μs= 65 535μs	1
1 : 8	8 × 65 535 × 0.25μs= 313 070μs	4

以方波发生器设计为例，可根据所要求的方波信号周期来确定预分频比，在满足要求的前提下，尽可能的选择小的分频比，以利于提高输出方波信号脉宽的分辨率。

4. CCP 模块的比较模式编程步骤

对 CCP 模块的输出比较模式编程，可按下面步骤进行。

① 初始化 CCP1CON 寄存器为输出比较模式，且设定匹配方式时的操作。

② 初始化 T3CON，以确定定时器的选择（T1 或 T3）。

③ 根据应用，计算初值，并赋值于 CCPR1H、CCPR1L 中（提供一个标准数据）。

④ 将 CCP1/RC2 引脚设定为输出模式。

⑤ 对 16 位定时器（T1 或 T3）初始化。

⑥ 启动定时器开始定时（或计数）。

⑦ 监视 CCP1IF（查询或中断）。

⑧ 每当发生匹配时，对 16 位计数器（T1 或 T3）清零，并清除标志（CCP1IF=0）。

⑨ 返回第⑦步。

5. CCP 模块比较模式编程举例

利用单片机的 RC2（CCP1 输出）引脚输出一个频率为 25Hz 的方波信号（可利用示波器来监测输出信号），如图 3.11.11 所示。编程算法如下。

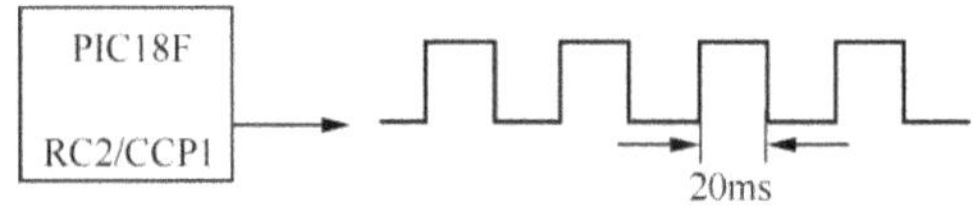

图 3.11.11　输出波形示意图

确定 CCPR1 的初值，并确定计数器的与分频比（见表 3.11.12）。TMR1 的预分频比为 1 : 2。当 $F_{osc}=16\text{MHz}$ 时，计数器的计数脉冲周期为 0.062 5$\mu s \times 4 \times 2=0.5\mu s$。

CCPR1 的初值计算。定时时间为 CCPRx 初值 × T 计数=20ms，所以 CCPRx 的初值为

$N = T/M \times 4 \times T_{soc} = 20\text{ms}/0.5\mu s = 20\ 000\mu s/0.25\mu s = 40\ 000 = 9C40H$

匹配模式设定为，匹配时 CCPI 翻转即可，选择 TMR1 为计数器，并原始清零。

程序清单如下，程序流程如图 3.11.12 所示。

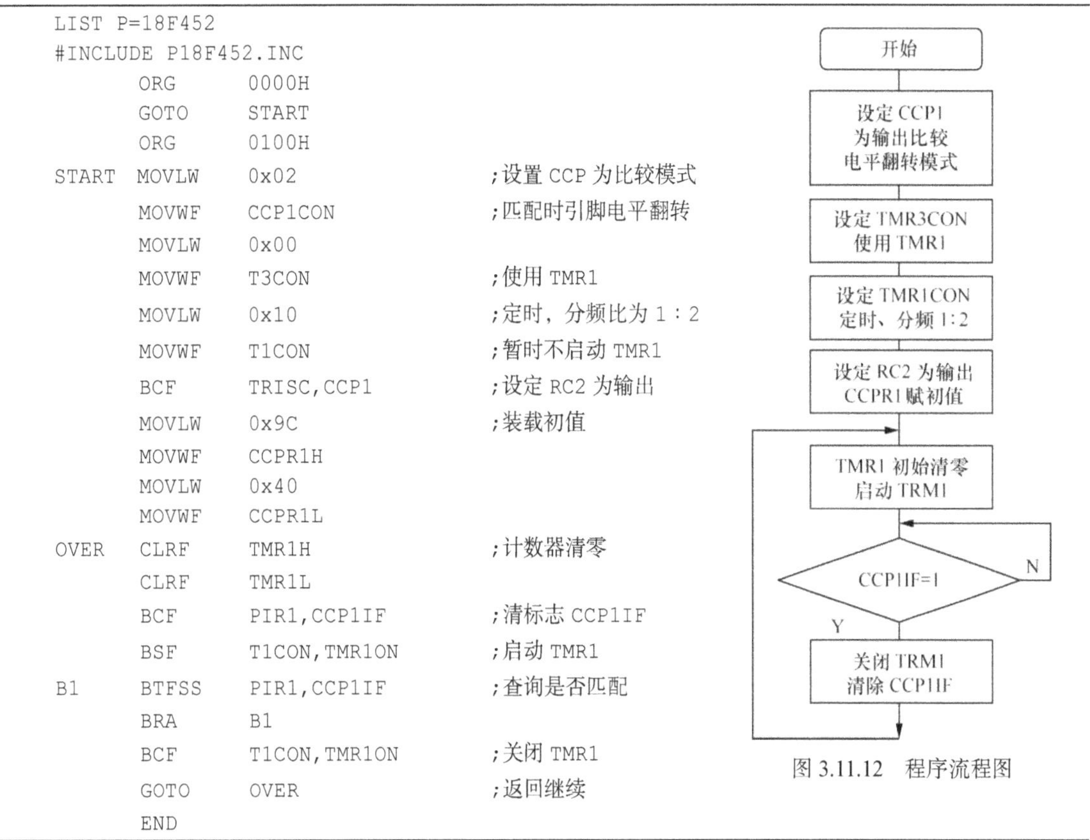


```
        LIST    P=18F452
        #INCLUDE P18F452.INC
                ORG     0000H
                GOTO    START
                ORG     0100H
        START   MOVLW   0x02        ;设置 CCP 为比较模式
                MOVWF   CCP1CON     ;匹配时引脚电平翻转
                MOVLW   0x00
                MOVWF   T3CON       ;使用 TMR1
                MOVLW   0x10        ;定时，分频比为 1：2
                MOVWF   T1CON       ;暂时不启动 TMR1
                BCF     TRISC,CCP1  ;设定 RC2 为输出
                MOVLW   0x9C        ;装载初值
                MOVWF   CCPR1H
                MOVLW   0x40
                MOVWF   CCPR1L
        OVER    CLRF    TMR1H       ;计数器清零
                CLRF    TMR1L
                BCF     PIR1,CCP1IF ;清标志 CCP1IF
                BSF     T1CON,TMR1ON ;启动 TMR1
        B1      BTFSS   PIR1,CCP1IF ;查询是否匹配
                BRA     B1
                BCF     T1CON,TMR1ON ;关闭 TMR1
                GOTO    OVER        ;返回继续
                END
```

图 3.11.12　程序流程图

小结：利用 CCP 模块的输出比较模式可以实现方波发生器的功能。与普通单片机的定时计数器做方波发生器相比，每一个定时周期省去了软件重装初值、端口引脚电平取反的操作。在输出比较模式中，每当产生匹配时，端口引脚会自动翻转，CCPR1 中的初值始终不变，只需要指令将计数器清零和清除标志 CCP1IF=0 即可。因此，PIC18F452 单片机的 CCP 模块实现方波输出还是非常方便、有效的。

3.11.7　CCP 模块的脉宽调制模式

脉宽调制（Pulse Width Modulation，PWM）是 CCP 模块另一个重要的功能。PWM 可以输出周期固定、脉宽可调的方波信号，广泛地应用于工业控制、仪器仪表、开关电源以及直流电机转速控制等场合。标准的 PWM 信号波形如图 3.11.13 所示。

以小型直流电机为例，普通的直流电机，其转速与施加在电机转子线圈上的直流电压有关，电压越高转速就越快；反之就低。在计算机系统中不能直接提供可变的模拟电压，但可以输出一个脉冲序列，通过脉冲信号中高电平的占空比来影响脉冲的平均电压值。在单位时间内，脉冲信号中高电平的宽度（也称占空比）将直接影响直流电压的平均值。图 3.11.14 所示为 PWM 控制小型直流电机转速的方案。

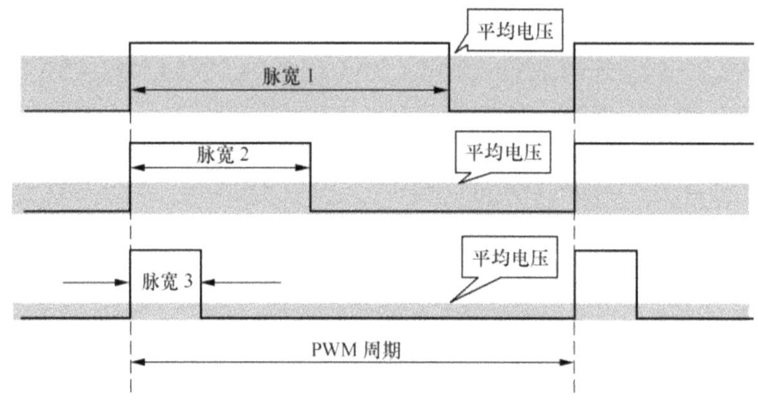

图 3.11.13　周期固定脉宽可调的 PWM 波形示意图

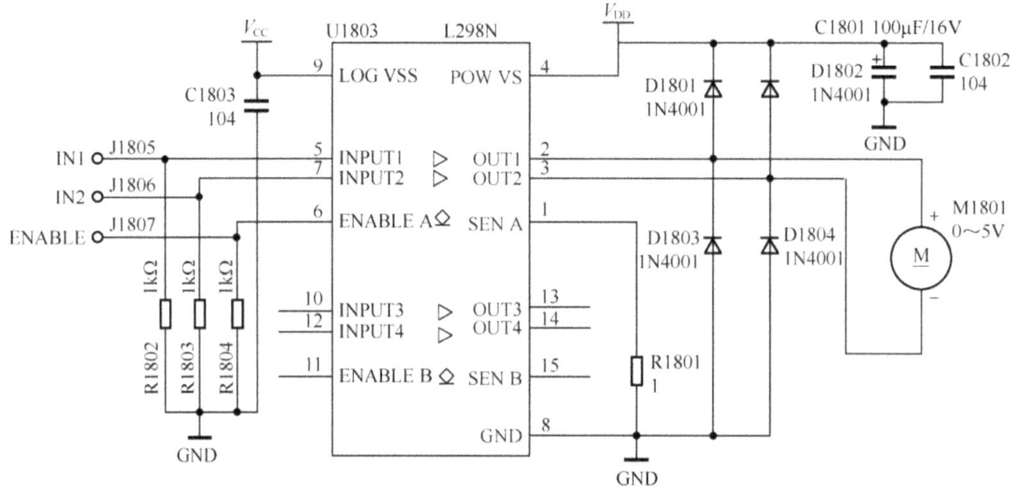

图 3.11.14　采用专用芯片 L298 的直流电机驱动电路

通过专用芯片 L298 可以控制电机的转向和转速。其中，IN0、IN1 为电机转向的控制（00B，11B 为电机制动模式的编码；10B、01B 为正转、反转的编码）；ENABLE 为电机的转速控制，当 ENABLE=逻辑 "1"，即为 5V 时，电机全速运行；当 ENABLE 加入一个 PWM 信号时，电机的转速就由 PWM 的占空比来决定。

图 3.11.15 所示为一个亮度可调的台灯控制方案。此电路的核心部分就是利用 PIC18F452 单片机的 PWM 模式实现台灯的亮度控制。

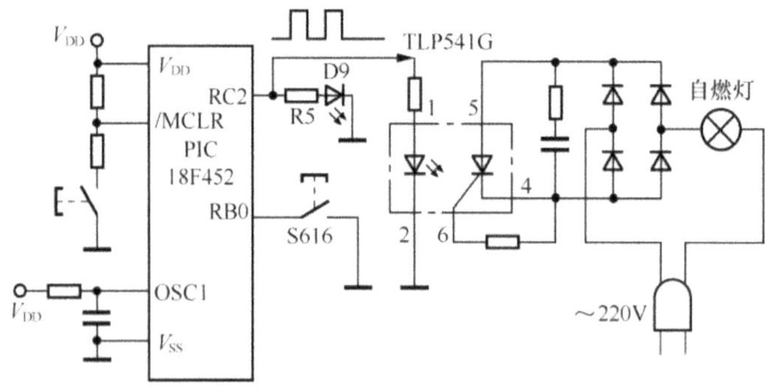

图 3.11.15　具有亮度可调的台灯控制电路原理图

PIC18F452 单片机 CCP 模块 PWM 模式操作相当简单，而且 PWM 的参数一旦设定好，在工作中，PWM 的操作几乎不再需要 CPU 的介入，这一点要比输入捕捉、输出比较模式效率更高。

1. PWM 电路的结构

PWM 的模块电路结构计较复杂，但是它又具有以下几个特点，掌握这些特点就可以帮助理解和分析 PWM 电路的工作原理。

① 由 TMR2、PR2 和 8 位比较器构成的 PWM 周期电路，其中 PR2 中的初值决定着整个 PWM 的周期。

② 由 8 位比较器和 CCPR1 组成脉宽电路，它决定了 PWM 的脉宽参数。

③ R-S 触发器。由周期电路、脉宽电路 2 个综合控制 R-S 触发器，以产生 PWM 波形。

2. PWM 周期发生电路及工作原理

PWM 的周期发生电路决定着 PWM 信号的周期参数。由 TMR2、PR2 以及 8 位比较器构成。其中 PR2 的初值决定了 PWM 的周期（如图 3.11.16 所示）。

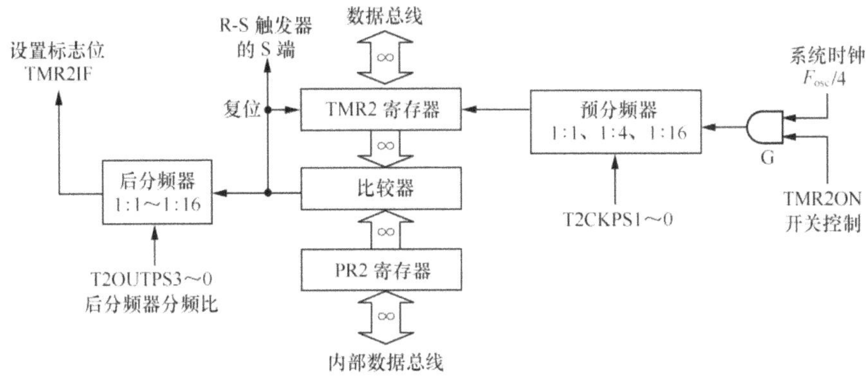

图 3.11.16　PWM 的周期发生器电路

在 TMR2 的计数期间，比较器不断将 TMR2 中的增量数据与 PR2 中预装的标准数据进行比较。一旦两者相等，且再来 1 个计数脉冲时，比较器就会产生 1 个输出信号，此信号一方面清零 TMR2，同时控制 R-S 触发器置位，即将 PWM 信号置于高电平，标志着 1 个 PWM 波形周期的开始。

每当 TMR2 与 PR2 中的数据相等，并再来 1 个计数脉冲时，TMR2 被自动清零，从而进入下一个计数周期。这一特点节省了 CPU 的软件介入，提高了 CPU 的效率。

3. PWM 的周期参数设定

在 PWM 模式中，PR2 中的初值决定了 PWM 的周期，其周期的计算公式为

$$T_{PWM} =(PR2+1) \times 4 \times T_{osc} \times N$$

其中，T_{PWM} 为 PWM 的周期。

PR2 为与 PWM 周期相关的初值。

T_{osc} 为单片机的系统时钟周期。

$4 \times T_{osc}$ 是 TMR2 计数器的计数脉冲周期。

N 是 TMR2 计数器预分频器的分频比。

设计举例。

假设单片机的系统时钟 F_{osc}=16MHz 时，则 PWM 的最大周期数是指 PR2=255，预分频比 N=16 时所对应的周期值参数为

$$T_{\mathrm{PWM}} =(PR2+1) \times 4 \times N \times T_{\mathrm{osc}}$$
$$=256 \times 4 \times 16 \times T_{\mathrm{osc}}$$
$$=1\ 024\mu s$$

注意，F_{osc}=16MHz 时，$T_{\mathrm{osc}} = 0.062\ 5\mu s$

TMR2 的预分频器可以扩大 PWM 的周期参数。表 3.11.13 列出了 TMR2 3 种分频比与最大周期参数的关系。在应用中可以根据需要确定分频系数。

表 3.11.13　　　　　　　　　TMR2 的预分频比与 PWM 周期参数的关系

TMR2 预分频比	PWM 的周期参数/μs Tmax= N × 256 × 4 × T_{osc}	周期分辨率/μs
1：1	1 × 256 × 0.25μs= 64μs	0.25
1：4	4 × 256 × 0.25μs=256μs	1
1：8	8 × 256 × 0.25μs= 512μs	2

尽管理论上 PR2 中可以用来确定 PWM 的周期参数，但在一些应用场合下，除非有特殊要求，一般应用中，PR2 尽可能采用最大值（0FFH），这样做的好处是可以提高 PWM 的脉宽分辨率。

4. PWM 占空比（脉宽）电路及工作原理

在 PWM 周期中，高电平所占整个周期的比例称为占空比。在 PWM 模式中，占空比由一个 10 位初值数据（8 位的 CCPR1L 寄存器和 CCP1CON 寄存器中的 DC1B1：DC1B0）构成。实际上 CCPR1L 为占空比的主要寄存器，它决定了占空比的整数部分；CCP1CON 寄存器中 DC1B1：DC1B0 决定了占空比的小数部分（见表 3.11.14 和 CCP1CON 寄存器中描述）。

在 PWM 模式中，周期参数为 8 位数据，而脉宽参数却被设计为 10 位数据，这可能会给人一种错误的感觉，脉宽的时间是不是大于周期的时间。很明显，脉宽时间是不可能大于周期的时间。仔细分析可以看到，脉宽数据实际上是 8 位整数数据外加 2 位小数数据。这种设计的好处是可以提高脉宽参数的精度，以满足一些高精度控制的需求。

表 3.11.14　　　　　　　"DC1B1：DC1B0" 位对 PWM 占空比小数部分的设定

DC1B1：DC1B0	小数值
0：0	0.00
0：1	0.25
1：0	0.50
1：1	0.75

脉宽参数控制电路由 TMR2、CCPR1L、CCPR1H 和一个 10 位数据比较器构成。其中 CCPR1L 为脉宽初值寄存器，CCPR1H 为脉宽缓冲寄存器。工作期间，由 TRM2 中的 8 位，外加系统时钟 F_{osc} 的 2 位分频器，构成 10 位的动态增量数据，与 CCPR1H 中的 8 位，外加 DC1B1、DC1B0 位，共 10 位的静态脉宽数据，经过 10 位数据比较器进行比较，一旦两者相等，则产生一个脉宽匹配信号。脉宽匹配信号将 R-S 触发器清零，使 PWM 信号变为低电平（高电平的脉宽结束）。脉宽电路如图 3.11.17 所示。

脉宽寄存器被设计为双缓冲结构。工作中，装载在 CCPR1L 中的初值会被缓冲到 CCPR1H 中，由 CCPR1H 中的数据参与实际的比较运作。这种设计的好处是在 PWM 工作期间，如果对 PWM 脉宽参数进行修改，不会影响当前 PWM 周期的运行，只有在 1 个 PWM 周期结束后，才会被重新装载 CCPR1H。

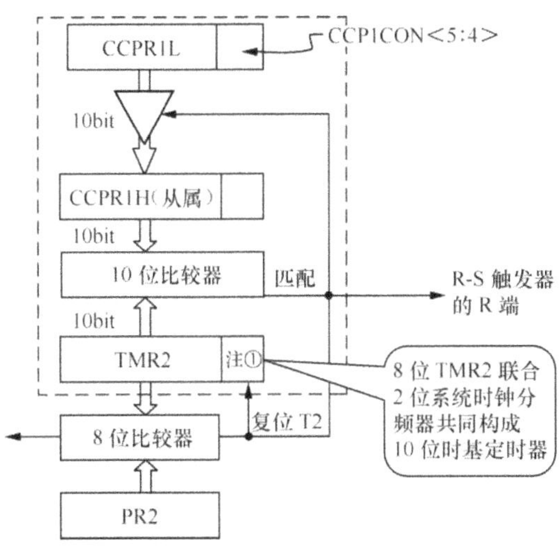

图 3.11.17　PWM 脉宽参数控制电路

5. 脉宽参数的设定

CCPR1L 中的占空比永远是周期参数（PR2）的百分数。当 RP2=50 且需要的占空比为 20% 时，CCPR1L=50 × 20%=10。此时 DC1B1 : DC1B1 为 00。如果占空比为 25%，则 CCPR1=12.5。实际上 CCPR1L=12，而 DC1B1 : DC1B1 为 10（见表 3.11.14）。

6. PWM 波形的输出原理

① 在 CCP 模块中，PWM 信号是由一个 R-S 触发器输出实现的。R-S 触发器在数字电路中经常用到其真值表如表 3.11.15 所示，图形符号如图 3.11.18 所示。

表 3.11.15　　　　　　　　　R-S 触发器真值表

<table>
<tr><td colspan="2">输入</td><td>输出</td><td>状态</td></tr>
<tr><td>S</td><td>R</td><td>$Q/\overline{Q}$</td><td></td></tr>
<tr><td>0</td><td>0</td><td>$=Q_{n-1}$</td><td>保持</td></tr>
<tr><td>0</td><td>1</td><td>0　　1</td><td>清零</td></tr>
<tr><td>1</td><td>0</td><td>1　　0</td><td>置1</td></tr>
<tr><td>1</td><td>1</td><td>非逻辑</td><td>非逻辑</td></tr>
</table>

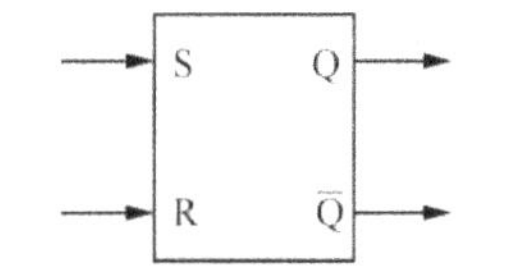

图 3.11.18　R-S 触发器的符号

② 输出端为 Q 端和 $\overline{Q}$ 端。S 为置 1 端，当 S 端为"1"时，触发器被置 1（Q=1 且 $\overline{Q}$=0）。R 为清 0 端，当 R=1 时，触发器被清 0（Q=0 且 $\overline{Q}$=1）。注意 R、S 端不能同时为"1"。若 R、S 均为"0"时，触发器处于保持状态。

R-S 触发器的状态决定了 PWM 的输出波形。

③ 当 S 端信号有效（为"1"）时，触发器输出高电平，一个 PWM 周期的开始。

④ 当 R 端信号有效（为"1"）时，触发器清 0，PWM 的高电平（脉宽）结束。

当 S 端信号再次有效时，触发器输出高电平，又一个 PWM 周期的开始。

在 PWM 模式的电路中，R-S 触发器的输出就是 PWM 的波形信号。而 R-S 触发器的输出状态有是由周期电路的周期匹配信号和脉宽电路的脉宽匹配信号综合控制。其中周期匹配信号与 R-S 触发器的 S 端连接，只要周期匹配就会将 R-S 触发器置 1，同理脉宽匹配信号与 R-S 触发器的 R 端连接，只要脉宽匹配就会将 R-S 触发器清 0。PWM 的完整电路如图 3.11.19 所示。

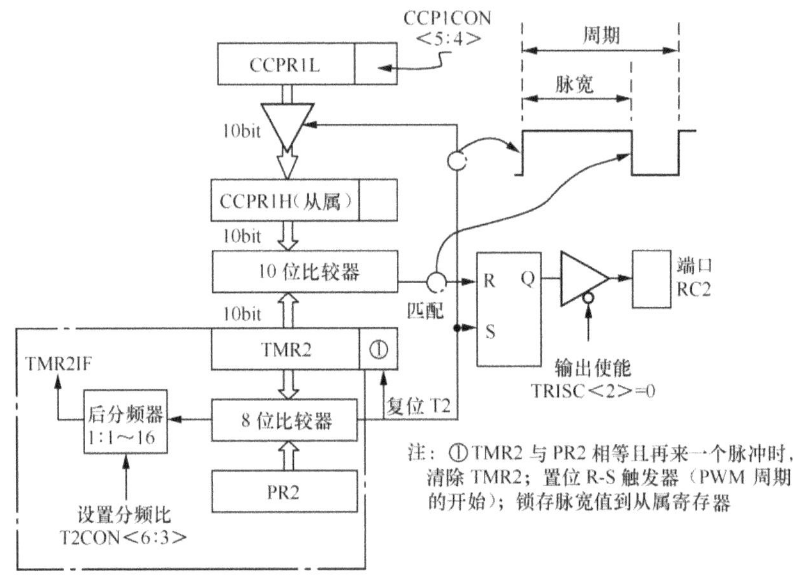

图 3.11.19　PWM 的完整电路示意图

在上述过程中，触发器的 S 端有效信号是由 TMR2 与 PR2 的匹配引发的。它使触发器置 1，因为它决定了每一次 PWM 周期信号的开始，所以被称为 PWM 的周期控制信号。

触发器的 R 端信号是由 TMR2（连同系统时钟分频位）的 10 位计数值与 CCPR1H（连同 CCP1CON 寄存器中 DC1B1：DC1B0 位）的 10 位脉宽值比较匹配时所产生。它使触发器清 0，使 PWM 信号有高电平回到低电平，标志着 PWM 脉宽的结束，故将触发器的 R 端信号称为脉宽控制信号。

在正常情况下，CCP1H 中的 PWM 的脉宽值应当小于 TMR2 中的 PWM 的周期值。这样对触发器的操作呈现出置 1、清零、再置 1、再清零……循环往复、不断进行的过程。

理论上存在一种可能，就是 CCPR1H 中的脉宽值大于 TMR2 中的周期值，那么电路又会如何工作，在这种情况下，由于 CCPR1H 中的脉宽值大于 TMR2 中的周期值，因而 CCPR1H 与 TMR2 永远得不到匹配（总是 PR2 与 TMR2 相匹配），不会对 R-S 触发器产生清零操作，而且 TMR2 与 PR2 的不断匹配来置 1 触发器。这样，R-S 触发器的输出始终处于高电平状态，PWM 波形为全高电平的满负荷驱动状态。

7. PWM 编程的步骤

① 根据实际需要计算 PR2 初值，设置 PWM 的周期（如果允许则选择最大值）。

② 写 CCPR1L 寄存器，设置 PWM 占空比的高 8 位。

③ 将 CCP 引脚（RC2）设置为输出引脚。

④ 通过 T2CON 设定预分频器的分频比。

⑤ 将 TMR2 清零。

⑥ 为 PWM 设置 CCPCON 寄存器，添置占空比小数部分（一般情况下忽略）。

⑦ 启动 TMR2。

8. TMR2IF 标志的功能

对于 PWM 编程如果不想动态调整脉宽参数，那么只要完成相关 SFR 的初始化，并将 TMR2 启动，PWM 便开始工作，PWM 的波形输出是连续的，其脉宽也是稳定的，不需要 CPU 的指令干预。

那么，TMR2IF 标志在 PWM 模式中还是否有用，回答是肯定的。如果动态调试 PWM 的脉宽参数，可以利用每一个 PWM 周期所产生的 TMR2IF 去引发单片机的一次中断，在中断服务子程序中，去判断是否需要，并调整 PWM 的脉宽参数，因此在 PWM 模式应用中，TMR2IF 标志成为判断、调整 PWM 脉宽的切入点。

应当注意的是，由于后分频器的存在，TMR2IF 标志并不是对应每一个 PWM 的周期而出现，只有当后分频器的分频比为 1∶1 时，每一个 PWM 的周期才会出现一次 TMR2IF 有效标志。那么 TMR2 的后分频器的不同的分频比又会有什么作用。表面上看来，不同的分频比会影响 TMR2IF 的出现频率，即分频比越大，TMR2IF 对 PWM 的周期响应就越慢。因此不难看出，选择一个适合的后分频比，就可以得到一个对应的脉宽调整的反应速度。因此，编程者可根据需要选择后分频比，以满足脉宽调整的响应速度。

9. PWM 编程举例

【举例】设 F_{osc}=16MHz，试编程在 CCP1 引脚上输出频率为 2.5kHz，占空比为 75% 的 PWM 方波。

【解】① 根据 f_{PWM} 确定 PR2 初值

因为 PWM 的周期　　　　$T_{PWM} = (PR2+1) \times 4 \times N \times T_{osc}$

即 PWM 的频率　　　　$f_{PWM} = 1/T_{PWM} = 1/(PR2+1) \times 4 \times N \times T_{osc}$

所以　　　　　　　　　$PR2 = F_{osc} / f_{PWM} \times 4 \times N - 1$

　　　　　　　　　　　　$=16\ 000\ 000\ /2\ 500 \times 4 \times N - 1$

　　　　　　　　　　　　$= 200 = C8H$　　　　（N=8 时）

注意，预分频比 N 的确定。若 N 值选得太小，其 PR2 的值会超出 255。但 N 也不能太大，不利于 PWM 的调节精度。一般 PR2 值选择是最接近≤255 的值。

② 根据占空比确定 CCPR1L 初值

CCPR1L=PR2 × 75%=186.75

CCPR1L=186=BAH　　　　DC1B1∶DC1B0=11B

注意，小数部分是由 CCP1CON 寄存器中 DC1B1∶DC1B0 位来确定的。

采用汇编语言编程如下。

```
        CLRF    CCP1CON              ;暂时关闭 CCP1 模块
        MOVLW   D'200'
        MOVWF   PR2                  ;赋周期参数 2.5kHz
        MOVLW   D'186'
        MOVWF   CCPR1L               ;赋占空比参数 75%
        BCF     TRISC,CCP1           ;设定 RC2 为输出口
        MOVLW   0x01                 ;T2 分频比 1∶4
        MOVWF   T2CON
        MOVLW   0x3C                 ;CCP1 为 PWM
        MOVWF   CCP1CON              ;占空比小数为 11B
        CLRF    TMR2
        BSF     T2CON,TMR2ON         ;启动 T2
OVER    BRA     OVER                 ;如果没有其他操作 CPU 可动态停机
```

10. 关于 PWM 工作特点的小结

真正对占空比起作用的是 CCPR1H，因为一旦启动 T2 工作（产生 1 次匹配后），CCPR1L 中的参数就会被复制到 CCPR1H 中。产生 PWM 信号的过程如下。

① 将 CCPR1L 初值传递到 CCPR1H 中，CCP1 引脚变高。

② T2 开始计数，其增量与 PR2 和 CCPR1H 相比较。

③ 当 T2 中的计数值与 CCPR1H 相同时，CCP1 引脚变低电平。

④ T2 继续计数，直到 T2=PR2 时，CCP1 引脚回高电平，PWM 周期结束。此时 T2 自动清零，为下一个 PWM 周期做好准备。

PWM 的溢出标志是 TMR2IF 而不是 CCP1I。这样，TMR2 后分频器的分频比决定了 TMR2IF 的出现频率。

① 对于 PWM 脉宽固定场合下的编程，TMR2IF 似乎无用。因为无论是周期参数还是脉宽参数，在程序的初始化时，一次性装载后就不再需 CPU 的再次干预。

② 编制动态调制 PWM 脉宽程序时，可以在 TMR2 的中断服务程序 ISR 中来改变 PWM 的占空比，这时 TMR2 后分频器的分频比决定了中断响应的频率，也决定了对 PWM 脉宽的调整速率。

3.11.8　PIC18F452 单片机 CCP1 模块相关的 SFR

CCP1 模块有 3 个相关的寄存器，与中断相关的寄存器除外。

① CCP1CON、8 位的 CCP 模块控制寄存器，用于控制 CCP 模块的工作模式。

② CCPR1H、CCPR1L 组成的 16 位寄存器，可分别实现捕捉、比较和 PWM 中的占空比寄存器。

③ 16 位的 TMR1 或 TMR3 寄存器，做增量寄存器（PWM 模式中使用 TMR2）。

除此以外，还有与中断相关的若干个寄存器。具体如表 3.11.16 所示。

有关 PWM 的更多编程参见第 7 章内容。

表 3.11.16　　与 CCP1 模块相关的 SFR（灰色单元格为无关位）

名称	符号	地址	SFR 位							
			bit7	bit6	bit5	bit4	bit3	bit2	bit1	bit0
CCP1 控制寄存器 1	CCP1CON	FBDH	…	…	DC1B1	DC1B0	CCP1 M3	CCP1 M2	CCP1 M1	CCP1 M0
T3 控制寄存器	T3CON	FB1H	…	T3CCP2	T3 CKPS1	T3 CKPS0	T3CCP1	T3SYNC	TMR3 CS	TMR3 ON
CCPR1 高 8 位寄存器	CCPR1H	FBFH	16 位 CCPR 寄存器的高 8 位							
CCPR1 低 8 位寄存器	CCPR1L	FBEH	16 位 CCPR 寄存器的低 8 位							
中断控制寄存器 1	INTCON	FF2H	GIE	PEIE	TMR0IE	INT0IE	RBIE	TMR0IF	INT0IF	RBIF
外围模块中断使能 1	PIE1	F9DH	PSPIE	ADIE	RCIE	TXIE	SSPIE	CCP1IE	TMR2IE	TMR1IE
外围模块中断标志 1	PIR1	F9EH	PSPIF	ADIF	RCIF	TXIF	SSPIF	CCP1IF	TMR2IF	TMR1IF
外围模块中断使能 2	PIE2	FA0H	…	CMIE	…	EEIE	BCLIE	LVDIE	TMR3IE	ECCP1 IE
外围模块中断标志 2	PIR2	FA1H	…	CMIF	…	EEIF	BCLIF	LVDIF	TMR3IF	ECCP1 IF

第4章　PIC18F 系列单片机的汇编语言及指令系统

这一章主要介绍 PIC18F 系列中 PIC18F452 单片机的指令系统，内容较多，对于初学者来说不太好掌握。读者可以有选择地进行学习。如先学习使用频率较高的传送类指令，然后再学习其他相关的指令。可以配合第 3 章的内容综合学习、运用各类指令。

PIC18F 系列单片机采用 RISC 架构，所以对应指令系的寻址方式非常简单，归纳起来实际上就是 3 种寻址方式，即立即数寻址、直接寻址和间接寻址，而其他的方式可以认为是由这些方式引深而来的。首先了解 PIC18F 系列单片机的指令格式及运行周期。

4.1　PIC18F 系列单片机的指令格式及执行周期

尽管 PIC18F 系列单片机的程序计数器 PC 是针对 ROM 8bit 地址寻址，但是在 PIC18F 的指令系统中，所谓的单字节指令是 16bit 的，执行一条单字节指令时 PC 的操作是（PC+2）→PC。PIC18F 共有指令 77 条，绝大多数是单字节(16bit)，也有少量的双字节(2×16bit)指令，如 GOTO、MOVFF、LFSR 和 CALL 指令。

在执行时间上，一个基本的指令周期包含 4 个时钟周期 Q（如图 4.1.1 所示）。

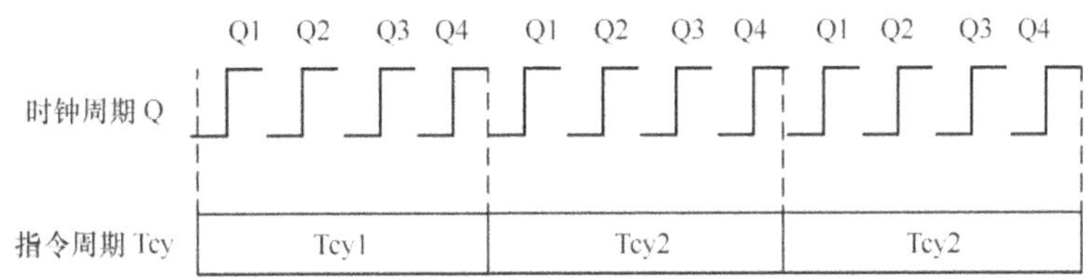

图 4.1.1　PIC18F 单片机的（3 条）指令周期组成示意图

其中时钟周期 Q 是由单片机引脚外接晶体（或输入的连续脉冲）的频率所决定。由如下 4 个时钟周期 Q 组成一个指令周期 Tcy。

Q1：指令译码或强迫空操作。

Q2：指令读周期或空操作。

Q3：处理数据。

Q4：指令写周期或空操作。

PIC18F 系列单片机的指令执行时间大多为单指令周期（ 4 个 Q ），也有少数指令为 2 个或 3

个指令周期。如，所有的无条件转移指令都是双周期，以及条件转移指令中的条件满足时的运行时间为 2 个或 3 个指令周期。

4.2　PIC18F452 单片机指令系统的寻址方式

寻址方式是描述指令中所要访问数据的一种表达方式，掌握寻址方式可以帮助读者较快的理解各类指令的功能，所以正确的掌握寻址方式是学习指令系统的关键。在 PIC18F452 单片机的指令中，可以划分为立即数寻址、直接寻址、长地址寻址和间接寻址等。

4.2.1　立即数寻址

PIC18F 系列单片机的指令系统有一个非常显著地特点，即只有工作寄存器 WREG 有权直接获取立即数，而其他的 8 位数据存储单元 GPR 和 8 位 SFR 都不具备此功能。

WREG 是 PIC18F 系列单片机中重要的寄存器，它相当于传统 CPU 中的累加器，也是 PIC18F 系列单片机中唯一的 1 个工作寄存器。在寻址方式中 WREG 是唯一可以直接获取立即数的单元。如果某 1 个 GPR 或 SFR 单元欲获取 1 个数据时，只能通过 WREG 来"间接"地获取。这种方式多少给编程带来一些不便。

1. 传送类指令中的立即数寻址

指令语法：**[TABLE]　MOVLW K**（TABLE 为指令的行标号，可根据需要设置）

操作数：$0 \leqslant K \leqslant 255$

操作：K→WREG

机器码格式：0000 1110 kkkk kkkk

指令描述：将 1 个 8 位的立即数 K 赋予 WREG

指令字节数：1（16bit）

指令周期数：1 个 Tey（4tosc）

【举例一】将 WREG 赋值 FFH。

```
MOVLW   0FFH     ;将立即数 FFH 送 WREG（注意，以字母开头的立即数前面要加 0）
```

【举例二】将通用存储器 GPR 的 10H 单元赋值 25H。

```
MOVLW   25H      ;先将立即数 25H 送 WREG
MOVWF   10H      ;将 WREG 中的数据送 GPR 的 10H 单元（MOVWF 详见后续内容）
```

实际上，不仅在传送指令 MOV 中可以使用立即数寻址，在一些算数运算指令中也有对应的立即数寻址的应用。

2. 算数运算类指令中的立即数寻址（一）

指令语法：**[TABLE]　ADDLW K**

操作数：$0 \leqslant K \leqslant 255$

操作：$K + WREG \rightarrow WREG$

机器码格式：0000 1111 kkkk kkkk

指令描述：将一个 8 位的立即数 K 与 WREG 的内容相加，其结果在 WREG 中

指令字节数：1（16bit）

指令周期数：1Tey（4tosc）

【举例】ADDLW　19H　；WREG+19H→ WREG

设指令运行前，WREG=18H。

则指令执行后，WREG=18H+19H=31H，状态寄存器 STATUS 内容如下。

C=0，无进位位。

DC=1，辅助借位有进位。

Z=0，结果不为 0。

OV=0，无溢出。

N=0，数据为正数。

3. 算数运算类指令中的立即数寻址（二）

指令语法：**[TABLE]　SUBLW K**

操作数：$0 \leqslant K \leqslant 255$

操作：$K - WREG \rightarrow WREG$

机器码格式：0000 1000 kkkk kkkk

指令描述：将一个 8 位的立即数减去 WREG 的内容，其结果保存在 WREG 中

指令字节数：1（16bit）

指令周期数：1 Tey（4tosc）

应注意两点：第一，K 为被减数，WREG 为减数；第二，在 PIC18F 系列单片机减法运算时，状态寄存器 STATUS 中的 C（借位）位的定义采用负逻辑表达方式，即有借位时 C=0，无借位时 C=1。

【举例】SUBLW　OFFSET

设指令运行前，WREG=37H，OFFSET=10H。

执行指令后，WREG=D9H（负数）。

执行指令后状态寄存器 STATUS 中的各位如下。

C=0，有借位。

DC=0，辅助借位有借位。

Z=0，结果不为 0。

OV=0。

N=1，数据为负数。

另外，还有一些较为特殊的 SFR 具备立即数传送指令。

4. 针对特殊的 SFR 立即数寻址（一）

指令语法：**[TABLE]　MOVLB K**

操作数：$0 \leqslant K \leqslant 15$

操作：K→BSR

机器码格式：0000 0001 0000 kkkk

指令描述：将 1 个 4 位的立即数 K 赋予 BSR

指令字节数：1（16bit）

指令周期数：1 Tey（4fosc）

说明，BSR 为文件寄存器区选择寄存器，其低 4 位有效。有 0000B～1111B16 种组合对应文件寄存器的 16 个区。系统复位时，BSR=00H。

5. 针对特殊的 SFR 立即数寻址（二）

指令语法：**[TABLE]　　LFSR f,k**

操作数：$0 \leqslant f \leqslant 2$

　　　　　$0 \leqslant K \leqslant 4096$

操作：12 位立即数送 FSR

　　　f=00 时→FSR0

　　　f=01 时→FSR1

　　　f=10 时→FSR2

机器码格式：第一字节为 1110 1110 00ff　$k_{11}kkk_8$

　　　　　　　第二字节为 1111 0000 k_7kkk $kkkk_0$

指令描述：将一个 12 位的立即数 K 赋予 FSR

指令字节数：2（2×16bit）

指令周期数：1 Tey（2×4tosc）

说明，FSR 为 12 位的文件选择寄存器（由 FSRH 和 FSRL 构成），在 PIC18F 系列单片机的间接寻址方式时使用，FSR 可以理解为数据指针。系统共定义了 3 组数据指针，它们分别是 FSR0、FSR1 和 FSR2，与之配套的虚拟寄存器为 INDF0、INDF1 和 INDF2。应当注意的是，指针寄存器 FSR 为 12 位数据宽度，这样间接寻址时，CPU 的寻址范围为 2^{12}=4 096B（4kB）。与使用普通的 MOVWF 指令相比，SR 指令具备 12 位数据装载能力，而 MOVWF 指令只有 8 位数据的装载能力。

【举例】LFSR 2,123H 　;对数据指针 FSR2 装载 12 位数据 123H

　　执行指令后，FSR2=123H，即 FSR2H=01H，FSR2L=23H

　　有关 FSR 的具体使用方法参见后续的寄存器间接寻址部分。

　　小结：PIC18F 系列单片机的指令系统在格式上与众不同，对于初学者来说往往不太容易掌握。但是 PIC18F 的指令格式也有其自身的特点，只要注意分析其规律还是比较容易掌握的。

　　首先指令中的字符 MOV 代表传送（Move）操作、L 代表立即数（Literal）、W 代表工作寄存器 WREG、LFSR 表示 load FSR 等。另外，立即数寻址的指令都具有 2 个特点：一是指令的目标地址相当明确，如 MOVLW 指令指明"8 位立即数送 WREG"，LFSR 指令指明"12 位立即数送 FSR"，MOVLB 指令指明"8 位立即数送 BSF"，所以该类指令中没有 PIC18F 系列指令所特有的参数 d；二是 LFSR 和 MOVLB 均针对 SFR 的操作，即都是针对快速操作 RAM 区中的高 128B 的 SFR，所以指令中没有参数 a（相当于 a=0）。有关指令中的参数 d 和 a 的功能将在下一节中描述。

　　立即数寻址方式还存在于其他一些指令（算术、逻辑运算指令）中，其基本结构和分析方法类同，这里就不一一例举了。有关 PIC18F 系列的指令系统内容，请参见本教程附录中的相关部分

4.2.2　直接寻址

　　在这类指令的 16 位机器码中，包含有 8 位文件寄存器地址 f，因此理论上讲，直接寻址可以访问文件寄存器某一区 256B 中的任意一个单元。

　　在直接寻址的指令中包含 3 个参数如下。

　　f，文件寄存器的 8 位地址。

　　d，数据的目标。

　　d=1 时，目标地址由指令的 f 参数指定。

　　d=0 时，目标为 WREG。

a，地址访问方式。

a=1 时，由 BSR 寄存器指明 RAM 区内所有单元位置。

a=0 时，地址访问为快速操作 RAM 方式。当地址小于 80H 时，访问 0 区地址单元（00～7FH），当地址大于等于 80H 时，访问 SFR 单元。

指令中允许对参数 d、a 的"忽略"，当忽略参数 d 时，按照 d=1 处理；当忽略参数 a 时，按照 a=0 处理。

1. 以 WREG 为源操作数的传送指令

指令语法：**[TABLE]　MOVWF f,a**

操作数：$0 \leqslant$ f $\leqslant 255$　　　　$a \in [0, 1]$

操作：（WREG）$\rightarrow$ f

机器码格式：0110 111a f f f f f f f f

指令描述：将 WREG 中的内容送至文件寄存器 f 中

　　　　　a=1 时，访问 BSR 所指向的存储区

　　　　　a=0 时，访问"快速操作 RAM 区"

指令字节数：1（16bit）

指令周期数：1 Tey（4tosc）

【举例一】MOVWF 80H,1　　　　;将 WREG 中的数据送 RAM 的 80H 单元（a=1）

设执行指令前，WREG=0FH，BSR=00H。

执行指令后，0 区的 80H 单元内容=0FH。

【举例二】MOVWF 80H,0　　　　　;将 WREG 中的数据送 SFR 的 80H 单元

　　　　　　　　　　　　　　　　;指令中 f=80H，a=0

设执行指令前，WREG=0FH

执行指令后，SFR 的 80H 单元（PORTA）=0FH。

2. 以文件寄存器（泛指任意的 RAM 单元）为源操作数的传送指令

指令语法：**[TABLE]　MOVF f,d,a**

操作数：$0 \leqslant$ f $\leqslant 255$

　　　　$a \in [0, 1]$

　　　　$d \in [0, 1]$

操作：（f）$\rightarrow$ 目标

机器码格式：0101 11d a f f f f　f f f f

指令描述：将 f 中的内容送至 d 所指向的目标单元

　　　　　d=1 时，数据送回 f

　　　　　d=0 时，数据送 WREG

　　　　　a=1 时，访问 BSR 所指向的存储区

　　　　　a=0 时，访问快速操作 RAM 区

指令字节数：1（16bit）

指令周期数：1Tey（$4T_{osc}$）

【举例一】MOVF 80H,0,1　　　　;指令中 f=80H，d=0，a=1

　　　　　　　　　　　　　　　;将 RAM 的 0 区 80H 单元数据送 WREG（因为 d=0,a=1）

设执行指令前，（80H）=0FH，BSR=00H。

执行指令后，（WREG）=0FH。

说明，指令中，d=0 表明目标地址为 WREG，a=1 表明访问地址为 RAM 的 0 区 80H 单元。

【举例二】MOVF 80H,0   ;将 SFR 的 80H 单元（PORTA）内容送 WREG（d=0,a=0）

设执行指令前，SFR 的 80H 单元内容=0FH，

执行指令后，（WREG）=SFR 的 80H 单元内容 0FH。

说明：指令中，忽略了参数 a 的设置，对编译器而言，忽略参数 a 的设置相当于 a=0，所以指令访问的是快速操作 RAM 区中的 SFR 的 80H 单元（PORTA）。

【举例三】MOVF 80H,1,1   ;RAM0 区 80H 单元数据取出再送回（d=1,a=1）

设执行指令前，（80H）=0FH，BSR=00H。

执行指令后，（80H）=0FH。STATUS 中 N=0（正数），Z=0（数据为非零）。

说明：指令中参数 d=1 表明目标地址就是源地址。从表面上看，此指令似乎没有意义，因为将 80H 单元中的数据取出又送回，对源数据没有任何改变，但是在 PIC18F 系列的指令系统中，MOVF 传送指令是影响标志的，如 N（正负数）标志、Z（零）标志。因此，可以巧妙利用这种自身传递方法轻松获取数据的正、负以及是否为 0 的信息。

3. 以文件寄存器相关的算术运算指令

指令语法：**[TABLE]　ADDWF f,d,a**

操作数：$0 \leqslant$ f $\leqslant 255$

　　　　　a∈[0，1]

　　　　　d∈[0，1]

操作：（WREG）+（f）→ 目标寄存器

机器码格式：0010 01d a f f f f　f f f f

指令描述：将 WREG 中的内容与寄存器 f 中的内容相加，其结果送 d 中。

　　　　　d=1 时，数据送回 f

　　　　　d=0 时，数据送 WREG

　　　　　a=1 时，访问 BSR 所指向的存储区

　　　　　a=0 时，访问快速操作 RAM 区

指令字节数：1（16bit）

指令周期数：1Tey（4tosc）

【举例】ADDWF FSR0L,1,0   ;将 WREG 中的数据与 FSR0L 内容相加
　　　　　　　　　　　　　　;结果送 FSR0L 中
　　　　　　　　　　　　　　;(指令中 f=SFR=FE9H，d=1,
　　　　　　　　　　　　　　a=0)。

设执行指令前 WREG=17H，FSR0H：FSR0L=2C2H。

执行指令后 WREG=17H，FSR0L=D9H。

STATUS 中各位如下。

N=1，数据最高位为 1；如果是有符号数时，则为负数。

OV=0，如果数据为有符号数时，则无溢出。

DC=0，无辅助进位。

C=0，无进位。

在 PIC18F 单片机的指令系统中还有许多采用直接寻址方式的指令，这里就不一一列举了。

　　小结：直接寻址的指令是通过指令本身所包含的 8 位直接地址来实现寻址的，所以指令的寻址范围为 2^8=256，即对某一个区的任一单元实现访问。如果要实现跨区访问，就必须通过事先修改 BSR 寄存器的低 4 位数据来实现跨区访问的（LBSF k 指令），也就是说 12 位文件寄存器的地址是 2 个部分组成，其中高 4 位由 BSR 提供，而低 8 位由指令本身（f）提供。

　　在直接寻址方式中还可以对 SFR 的访问。对 SFR 寄存器的访问是以快速操作 RAM 区的访问模式实现的，也就是说，如果是访问 SFR 的直接寻址的指令，指令本身的参数 a 必须为 0（a=0，或忽略 a 参数设置）。

　　如果利用直接寻址的指令来访问 SFR 时，理论上要在指令中给定 12 位地址。那么如何根据指令本身的 8 位地址来访问 SFR，实际上所有的 SFR 的高 4 位地址都是一样的，都是 F（1111B），这样只要将指令中的参数 a 设置为 0（或忽略）时，就会将高 4 位自动填为 F，因而满足 12 位地址。如：

```
MOVWF  0F83,1,0    ;f = F83H（PORTD 地址）; d=1, a=0
```

　　实际上指令本身只包含 83H，高 4 位的 F 是系统在寻址访问时自动添加的。只要指令中的 8 位地址大于或等于 80H 时（如 83H），系统便会自动在前面加上高 4 位地址 F（F83H）。当然，当指令中的 8 位地址小于 80H 时，系统不会进行此操作，因为所有的 SFR 的低 8 位地址都是大于或等于 80H。换一个角度讲，如果指令参数 a=0，而指令本身的地址大于 80H，系统就会自动添加高 4 位的 FH，去访问 SFR 单元。

　　PIC18F 的编译器允许在编程时使用 SFR 的名称来取代 SFR 的实际地址，如使用 PORTD 来替代其实际地址 F83H。这样做的好处是，指令（程序）具有良好的可读性。当然这是有条件的，因为在 PIC18F 的指令系统中没有寄存器寻址模式，当使用 SFR 的符号时，指令本身仍然是直接寻址方式。所以，当采用 SFR 的名称符号替代实际地址时必须在程序段的前端使用伪指令，事先定义这些符号，如：

```
PORTD  EQU  0F83H
...
MOVWF  PORTD
...
```

这样当编译器对源文件进行编译时，首先处理 EQU 伪指令，将符号 PORTD 还原为 F83H 的实际地址。

　　当然在安装 IDE 软件中，包含有一个 PIC18F452.INC 的头文件，在此文件中对 PIC8F452 内部所有 SFR 的符号均做了定义，在编程时，只要在程序的前面加上一个包含头文件的伪指令即可，即

```
#INCLUDE PIC18F452.INC
```

这样编程时就可省略 EQU 伪指令，而直接使用 SFR 的符号来编程。在使用系统提供的头文件时要注意，SFR 的名称符号均为大写。当然读者可以在相关的路径中找到这个头文件，并打开看一下文件的具体的内容，以防 SFR 的符号使用错误。

4.2.3　长地址寻址

　　在 PIC18F 的指令系统中，还设计了一种对 4kB 文件寄存器的长地址直接寻址方式。在该指

令中包含 2 个 12 位的文件寄存器地址 f_s 和 f_d，所以是一个双字节（32 位）指令。

指令语法：**[TABLE]　MOVFF　f_s,f_d**

操作数：$0 \leqslant f_s \leqslant 4095$

　　　　　$0 \leqslant f_d \leqslant 4095$

操作：（WREG）+（f）→ 目标寄存器

机器码格式：第一个字节（源寄存器地址）为 1100 ffff　ffff　ffff

　　　　　　第二个字节（目标寄存器地址）为 1111 ffff　ffff　ffff

指令描述：将源寄存器地址中的数据传送到目标寄存器中（指令对 STATUS 中的标志均无影响）

指令字节数：2（2×16bit）

指令周期数：2Tey（$2 \times 4T_{osc}$）

【举例】MOVFF 500H,100H　　　　　;将文件寄存器 500H（5 区）单元中的数据

　　　　　　　　　　　　　　　　　;传送到 100H（1 区）单元中

设定执行指令前，500H 单元内容=88H。

执行指令后，500H 单元内容=88H，100H 单元内容=88H。

小结：MOVFF 是唯一的一条对文件寄存器 4096 个单元的全范围寻址的指令，可以通过指令中的 12 位地址，访问文件寄存器中的任意一个存储单元。可以是 GPR 数据单元之间的传送，也可以是 SFR 之间的数据传送，还可以是 GPR 与 SFR 之间的传送。这种长地址直接寻址方式与 BSR（区选择寄存器）无关。应当注意的是，长地址直接寻址不支持对 PCL、TOSU、TOSH 和 TOSL 的寻址。

4.2.4　间接寻址

利用间址寄存器 FSR 做指针，访问文件寄存器中的单元数据。在 PIC18F 单片机中，设计有 3 个 12 位的间址寄存器 FSR0、FSR1 和 FSR2，与其对应有 3 个虚拟寄存器 INDF0、INDF1 和 INDF2。操作前首先利用 LFSR 指令对 FSR 装载数据地址，然后再利用虚拟寄存器访问数据单元。

FSR 也称文件选择寄存器，但把它理解成间址寄存器或数据指针寄存器似乎更合理一些。FSR 实际上在 SFR 中，3 个 FSR 每一个都是由 FSRH 和 FSRL 组成，如 FSR0H、FSR0L；FSR1H、FSR1L 和 FSR2H、FSR2L。由于 FSR 为 12 位数据指针，因而 FSRH 中只有低 4 位是有效的。

【举例】利用寄存器间接寻址方式将文件寄存器 10H 单元中的数据传送到 20H 单元。

```
LFSR  0,010H      ;FSR0 装载 010H 地址（源数据地址）
LFSR  1,020H      ;FSR1 装载 020H 地址（目标数据地址）
MOVF  INDF0,0     ;利用间址读取数据送 WREG
MOVWF INDF1       ;利用间址将数据送 020H 单元
```

上面的程序还可改为

```
LFSR  0, 010H       ;FSR0 装载 010H 地址
LFSR  1, 020H       ;FSR1 装载 020H 地址
MOVFF INDF0,INDF1   ;利用间址直接传送
```

小结：与直接寻址相比，利用寄存器间接寻址可以方便地访问文件寄存器中的任意一个单元，且不受 BSF 寄存器的约束。如果不考虑 BSF 的因素，寄存器间接寻址与直接寻址相比优点是什么呢？如果单从表面上看，在进行间接寻址之前还要进行 FSR 指针寄存器的赋值操作，比起直接

寻址似乎要麻烦一些。但如果要访问文件寄存器中的单个数据或离散数据，直接寻址就要比寄存器间接寻址方便得多，而寄存器间接寻址的优点在于对"数据块"的处理上，如将文件寄存器 10H 至 1FH 的 16 个单元送数据 0FH，编程如下。

```
        COUNT     EQU     20H        ;伪指令定义一个循环计数器单元（20H 单元）
        MOVLW     10H
        MOVWF     COUNT              ;计数器单元赋值 16
        LFSR      0,10H              ;指针 FSR0 赋初值指向 10H 单元
LOP     MOVLW     0FH                ;WREG 为工作单元原始赋值 0FH
        MOVWF     INDF0              ;以间接方式向数据块送数
        INCF      FSR0L,1            ;修改数据指针（指针做增量处理）
        DECFSZ    COUNT, 1           ;循环计数器减 1，如果为 0 则跳一步
        BRA       LOP                ;如果计数器不为 0，则返回 LOP 行继续
        ...
```

这是一个定次数循环结构的程序，循环次数由计数器 COUNT 来决定。在程序的初始化中，分别为 COUNT 赋初值 16，为 FSR0 指针装载初值指向数据块的首地址 10H 单元。在循环中每进行 1 次数据块数据的传送后便修改指针指（INCF），以便下次操作。程序中使用 DECFSZ 指令控制循环，这是一个复合操作指令，"先减 1、后判断"，首先对 COUNT 单元减 1，如果为 0，则跳一步（越过下面的 BRA 指令），否则不跳，顺序执行 BRA 指令。BRA 指令是一个单字节的短转移指令。

特别需要注意以下两点。

① 在 PIC 单片机的汇编语言程序格式中，标号字符后是没有 "："的，如本例中的 LOP。

很明显，在处理数据块的场合下，采用间接寻址的方式更为方便，将程序设计为一个定次数的有限循环结构，并在初始化中设定好循环计数器，为数据指针装载初值。在循环中，利用指针访问数据块。每一次访问后要修改数据指针，并对循环计数器减 1 判断。这是一个比较典型的循环结构程序，算法流程图如图 4.2.1 所示。

② 上面的程序在处理 12 位间址寄存器 FSR0 的增量运算（加 1）时，使用了简单的"INCF　FSR0L,1"。应当注意，这条指令仅仅是对 FSR0L 的增量，如果 FSR0L 的增量值超过了 255，INCF　FSR0L,1 是不能向 FSR0H 进位的，即 FSR0L 回零，而 FSR0H 不变，这样会产生间址寄存器 FSR0 的增量错误。PIC18F 提供了如下用于 SFRn 寄存器做完整增量的指令。

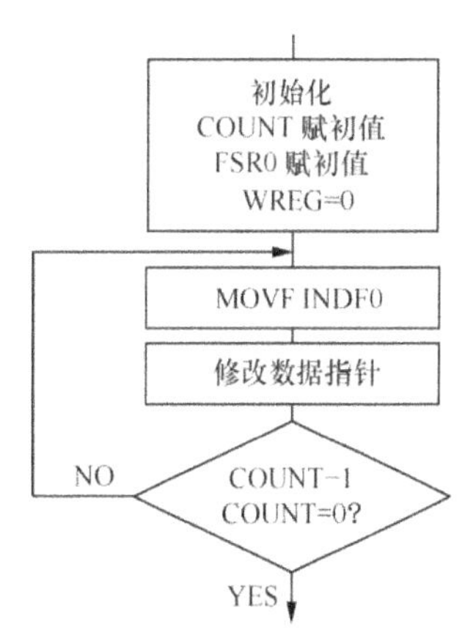

图 4.2.1　采用循环结构实现间接寻址的程序流程图

```
CLRF      INDFn          ;清空 FSRn 所指向的文件寄存器，而 FSRn 不变
CLRF      POSTINCn       ;清空 FSRn 所指向的文件寄存器，而 FSRn 加 1
CLRF      PREINCn        ;先做 FSRn 加 1，再清空 FSRn 所指向的文件寄存器
CLRF      POSTDECn       ;清空 FSRn 所指向的文件寄存器，而 FSRn 减 1
CLRF      PULSWn         ;清空（FSRn+WREG）所指向的文件寄存器，而 FSRn 与 WREG 不变
```

注意，这里仅给出了 CLRF 的指令格式，而格式同样适用于所有类似的指令。另外，自增/

自减指令的操作是针对 12 位指针的完整操作，但此类指令对标志寄存器无影响。

【举例一】

```
LFSR     1,60H         ;将指针寄存器 FSR1 装载初值
CLRF     INDF1         ;对指针所指向的单元清零
INCF     FSR1L,F       ;12 位指针中的低 8 位增量
...
```

【举例二】

```
LFSR     1,60H         ;将指针寄存器 FSR1 装载初值
CLRF     POSTINC1      ;对指针所指向的单元清零，且 12 位 FSR1 增量
...
```

【举例三】

```
LFSR     1,60H         ;将指针寄存器 FSR1 装载初值
MOVF     POSTINC1,W    ;将指针所指向的单元数据传送到 W
                       ;且 12 位 FSR1 增量
...
```

上面的 3 个例子中 ，例一适用于指针增量较小（最大增量值小于 255）的场合，而例二、例三为 12 位指针增量处理的例子。

4.3 PIC18F452 单片机指令系统的类型与分类

在掌握了 PIC 单片机汇编指令的寻址方式后，就可以比较轻松地运用 PIC18F 单片机的指令来设计应用程序了。为了便于了解，可以将 PIC18F 的指令系统按照其数据格式、指令功能进行分类介绍。

PIC18F 单片机的指令系统共有 77 条指令。按照指令的数据格式可分为，面向字节的操作指令（31 条）、面向位的操作指令（5 条）、面向立即数 K 的操作指令（10 条）。

当然，还有比较重要的控制转移指令（23 条）和程序、数据存储器的读表、写表操作指令（8 条）。

本章节将从 77 条指令中选出比较典型的指令进行分析、介绍。在本书的附录中有 77 条指令的介绍，可供读者在编程中参考。

4.3.1 面向字节操作的指令

这类指令的共同特点就是操作数均为 8 位的字节数据。因为功能比较简单，所以这里仅以简表的形式罗列出来（见表 4.3.1），有关指令的详解可参见附录的相关内容。

表 4.3.1　　　　　　　　　　　　　　面向字节操作类指令一览表

助记符，操作数		描　　述	字长	机器周期	影响的标志位
ADDWF	f,d,a	将 W 与 f 相加　→d	1	1	C,DC,Z,OV,N
ADDWFC	f,d,a	W+F+进位位　→d	1	1	C,DC,Z,OV,N
ANDWF	f,d,a	W 逻辑与 f　→d	1	1	Z, N
CLRF	f, a	清除 f	1	1	Z
COMF	f,d,a	将 f 取反　→d	1	1	Z, N

续表

助记符，操作数	描　　述	字长	机器周期	影响的标志位
CPFSEQ　f, a	将 W 与 f 相比，相等时 Skip	1	1/（2 或 3）	…
CPFSGT　f, a	将 W 与 f 相比，大于时 Skip	1	1/（2 或 3）	…
CPFSLT　f, a	将 W 与 f 相比，小于时 Skip	1	1/（2 或 3）	…
DECF　　f,d,a	将 $f-1 \to d$	1	1	C,DC,Z,OV,N
DECFSZ　f,d,a	将 $f-1 \to d$, if= 0　Skip	1	1/（2 或 3）	…
DCFSNZ　f,d,a	将 $f-1 \to d$, if≠0　Skip	1	1/（2 或 3）	…
INCF　　f,d,a	将 $f+1 \to d$	1	1	C,DC,Z,OV,N
INCFSZ　f,d,a	将 $f+1 \to d$, if= 0　Skip	1	1/（2 或 3）	…
INCFSNZ　f,d,a	将 $f+1 \to d$, if≠0　Skip	1	1/（2 或 3）	…
IORWF　　f,d,a	W 逻辑或 $f \to d$,	1	1	Z, N
MOVF　　f,d,a	传送 $f \to d$,	1	1	Z, N
MOVFF　　f1,f2	将 f1 传送到 f2	1	2	…
MOVWF　　f,a	将 W 传送到 f	1	1	…
MULWF　　f,a	将 W 乘以 f→PRODH, PRODL	1	1	…
NEGF　　f,a	将 f 取补 $\to f$	1	1	C,DC,Z,OV,N
RLCF　　f,d,a	将 f 带进位的循环左移 $\to d$	1	1	C, Z, N
RLNCF　　f,d,a	将 f 不带进位的循环左移 $\to d$	1	1	Z, N
RRCF　　f,d,a	将 f 带进位的循环右移 $\to d$	1	1	C, Z, N
RRNCF　　f,d,a	将 f 不带进位的循环右移 $\to d$	1	1	Z, N
SETF　　f,a	将 f 置位（全 1）	1	1	…
SUBFWB　f,d,a	$W-f-C \to d$　（带借位）	1	1	C,DC,Z,OV,N
SUBWF　　f,d,a	$f-W \to d$　（不带借位）	1	1	C,DC,Z,OV,N
SUBWFB　f,d,a	$f-W-C \to d$　（带借位）	1	1	C,DC,Z,OV,N
SWAPF　　f,d,a	将 f 半字交换 $\to d$	1	1	…
TSTFSZ　　f,a	测试 f, 如果=0 则 Skip	1	1/（2 或 3）	…
XORWF　　f,d,a	W 异或 f $\to d$	1	1	Z, N

字节操作类指令包括如下几种。

传送类：MOVWF、MOVF、MOVFF。

算数运算类：ADDWF、ADDWFC、SUBFWB、SUBWFB、SUBWF、NEGF。

加 1、减 1 类：INCF、DECF。

逻辑运算类：ANDWF、COMF、IORWF、SETF、CLRF、XORWF。

移位运算类：RLCF、RLNCF、RRCF、RRNCF、SWAPF。

加一、减一判跳类：INCFSZ、INCFSNZ、DECSZ、DECSNZ。

字节测试类：TSTFSZ。

在这一大类中，减法指令比较特殊。首先要清楚指令中谁是"被减数"，谁是"减数"，例如

```
SUBFWB  f,d,a  ;WREG 为"被减数", f 为"减数", 操作为（WREG）-（f）- /C
SUBWF   f,d,a  ;f 为"被减数", WREG 为"减数", 操作为（f）-（WREG）
SUBWFB  f,d,a  ;f 为"被减数", WREG 为"减数", 操作为（f）-（WREG）- /C
```

　　另外一点，在进行减法操作时，对状态寄存器 STATUS 中的"借位"位 C 的影响呈现为负逻辑，即如果有借位发生时，C=0；如果没有借位发生时 C=1。基于这种情况，在进行带借位的减法操作时，如果需要将借位标志置 1，使用的是

```
BSF STATUS,0          ;将 STATUS 中的 d0 位（C）置 1
```

而不是　　`BCF STATUS,0`　　　　　　　;将 STATUS 中的 d0 位（C）清 0

可能是因为这一点，在指令的格式上使用"B"替代"C"，比如在带进位的加法指令中，操作码为 ADDWFC，而带借位的减法却使用了 SUBWFB。这一点要引起读者的注意。另外 STATUS 中的 DC 位同 C 位，这里就不再描述了

　　面向字节类指令是使用频率最高的指令。指令详见表 4.3.1。

　　【举例一】将文件寄存器 0 区的 20H 单元中的数据与 WREG 相加，其和送回 20H 单元。

```
ADDWF 20H,1
```

　　这里 f=20H，d=1，结果数据送 f；a 被忽略（相当于 a=0）。

　　运算结果将影响 STAUS 中的 N，OV，DA 和 C。

　　【举例二】将文件寄存器 0 区的 20H 单元中的数据与 WREG 相加，其和保留在 WREG 中。

```
ADDWF 20H,0
```

　　这里 f=20H，d=0，结果数据送 WREG；a 被忽略（相当于 a=0）。

　　运算结果将影响 STAUS 中的 N，OV，DA 和 C。

　　【举例三】将文件寄存器 0 区的 20H 单元中的数据（17H）减去 WREG 中的数据（40H）。结果送回 20H 单元。

```
SUBWF  20H, 1    ;（20H）-（WREG）→（20H）
```

　　这里 f=20H，d=1，结果数据送 f；a 被忽略（相当于 a=0）。

　　运算结果为（20H）=（17H）-（40H）=D7H→（20H）。

　　STAUS 中的各位如下。

　　N=1，如果是有符号数时，结果为负。

　　OV=0，有符号数时，运算结果无溢出（17H-40H=-29H=D7H）。

　　DC=1，无辅助进位。

　　C=0，d7 有借位。

　　当然也可以使用带借位的减法指令 SUBWFB 实现上述功能，但是在使用 SUBWFB 指令时必须事先清除借位位，即 BCF STATUS,C（或 BSF STATUS,0）。具体如下。

```
BSF        STATUS,C       ;将 STATUS 中的 d0 位（C）置 1
SUBWFB  20H, 1            ;（20H）-（WREG）- /C→（20H）
```

　　注意，不能使用 SUBFWB 指令替代 SUBWFB 指令，因为两者的"被减数"与"减数"各不相同。

　　【举例四】将文件寄存器 0 区的 80H 单元内容取反。

```
MOVLW 0FFH                        ;首先将 WREG 中赋值 FFH
XORWF 80H,1,1                     ;（WREG）异或（80H）→（80H）
```

说明两点：一是异或操作可实现对数据的取反，FFH 与另一个数据异或时，该数据全部取反；二是，被取反的数据在 0 区的 80H 单元，所以指令中的参数 a=1；否则，a=0 时（快速操作 RAM 模式），指令中 80H 对应的实际单元是 SFR 的 F80H。

【举例五】将 0 区的 10H 单元中的数据高、低 4 位内容互相交换（假设 10H 单元内容=0FH）。

```
SWAPF  10H,1,1  ;将 10H 单元中的数据交换
```

指令执行前，（10H）=0FH。

指令执行后，（10H）=F0H。

指令的功能如图 4.3.1 所示。

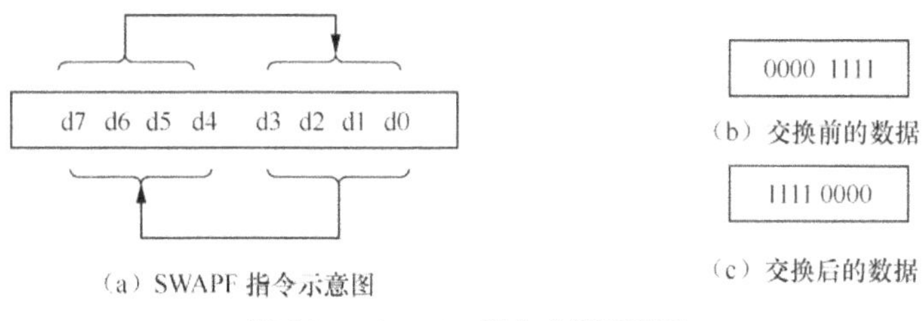

图 4.3.1　SWAPF 指令功能示意图

4.3.2　面向位数据的操作指令

与字节数据指令不同，在位操作类指令中不仅有参数 f（寄存器地址）、参数 a（区选择），还包含有参数 b，用于指明寄存器中位的信息，指令如

语法：[label]　BTFSS f,b,a

操作数：$0 \leqslant f \leqslant 255$

　　　　$0 \leqslant b \leqslant 7$

　　　　$a \in [0,1]$

操作：如果 f<b>=1，则跳一步

【举例】BTFSS　PORTD,7,0　　;如果 PORT 的 d7 位（最高位）为 1，则跳一步（Skip）
在这条指令中，f=f83H（SFR 的 PORTD），d=7，a=0（访问 SFR 时 a =0）。有关面向位数据操作的指令（见表 4.3.2）。

表 4.3.2　　　　　　　　　　面向位数据的操作指令一览表

助记符，操作数		描　　述	字长	机器周期	影响的标志位
BCF	f,b,a	清零 f 的第 b 位	1	1	…
BSF	f,b,a	置位 f 的第 b 位	1	1	…
BTFSC	f,b,a	测试 f 的第 b 位，为 0 时 Skip	1	1/（2 或 3）	…
BTFSS	f,b,a	测试 f 的第 b 位，为 1 时 Skip	1	1/（2 或 3）	…
BTG	f,b,a	将 f 的第 b 位取反	1	1	…

在面向位数据的指令操作码字符中，第一个字母都是以 B 开头，是位操作（Bit）的寓意，而指令操作码就是英文单词的缩写组合，示例如下。

BCF，位清零（CLR）指令。

BSF，位置 1（SET）指令。

BTFSS，位测试（TEST）指令。如果 f，b 为 1，则跳一步（Skip），否则顺序执行。

BTFSC，位测试（TEST）指令。如果 f，b 为 0，则跳一步（Skip），否则顺序执行。

BTG，位取反指令。

在位测试指令 BTFSC 或 BTFSS 中，如果条件不满足，顺序执行下面的一条指令时，其指令运行时间为 1（$4T_{osc}$）个机器周期；如果条件满足时，产生 skip 操作，有可能是 2 个指令周期，或 3 个机器周期（当 BTFSS 或 BTFSC 下面的指令是 2 个字节时）。

4.3.3　面向立即数 K 的操作指令

立即数寻址方式用于程序中对数据单元赋初值或者是对 SFR 进行初始化设置时采用的通常操作。面向立即数 K 的指令有 2 类（见表 4.3.3）。

1.　与 WREG 相关的 8 位立即数传送指令

在 PIC18F 单片机中只有工作寄存器 WREG 有权获取一个 8 位的立即数，而对于其他的 GPR 或 SFR 单元都没有此功能。因此几乎所有的 GPR 或 SFR 单元的初始数据都必须通过 WREG 来间接获取。如将 TRISD 寄存器赋初值 FFH，具体操作如下。

```
MOVLW  0FFH        ;首先在 WREG 中获取立即数 FFH
MOVWF  TRISD       ;再将 WREG 中的数据传送到 TRISD 中
```

与 WREG 相关的立即数指令不仅有传送类操作，还有算术运算类、逻辑运算类等操作指令。

2.　与 FSR 寄存器相关的 12 位数据传送指令

与 FSR 寄存器相关的 12 位数据传送指令如

```
LFSR  0,123H        ;将 FSR0 赋值 123H
```

FSR 用于间接寻址方式中作为数据指针来使用，装载待访问数据块的起始地址。在 PIC18F 单片机中共有 FSR0、FSR1 和 FSR2 3 个 12 位指针寄存器，在指令中与虚拟寄存器 INDF0、INDF1 和 INDF2 配合使用，实现对数据块的访问。

与立即数 K 寻址相关的指令（见表 4.3.3）。

表 4.3.3　　　　　　　　　面向立即数 K 操作类指令一览表

助记符，操作数	描　　述	字长	机器周期	影响的标志位
ADDLW　　K	将立即数 K 与 W 相加	1	1	C,DC,OV,Z,N
ANDLW　　K	将立即数 K 与 W 逻辑与	1	1	Z,N
IORLW　　K	将立即数 K 与 W 逻辑或	1	1	Z,N
LFSR　　f,K	传送 12 位立即数到 FSR	2	2	…
MOVLB　　K	将立即数传 K 送到 BSR(3:0)	1	1	…
MOVLW　　K	将立即数 K 传送到 WREG	1	1	…
MULLW　　K	W 乘以 K，结果送 PRODH/L	1	1	…

续表

助记符，操作数	描　　述	字长	机器周期	影响的标志位
RETLW　　K	立即数 K 送 W，子程序返回	1	2	…
SUBLW　　K	立即数 K 减去 W 送 W	1	1	C、DC、Z、OV、N
XORLW　　K	立即数 K 异或 W 送 W	1	1	Z、N

4.3.4　控制操作类指令

控制操作类主要有控制转移、子程序调用及返回、空操作以及睡眠、复位看门狗指令等。

控制转移中的跳转指令按照其跳转范围分为长跳转和短跳转 2 种。按照其跳转方式又分为无条件跳转和有条件跳转。

1. 无条件长跳转指令

无条件跳转（GOTO）指令是一个双字节（2×16bit）指令，在指令中包含有一个 20 位的绝对地址 n，在执行此指令时，将 20 位地址 n 直接取代 21 位的程序指针 PC 中的高 20 位。因此，GOTO 指令可以实现 PIC18F 系列单片机 2MB 空间的全范围跳转，故称为长跳转。GOTO 指令操作如下。

```
GOTO n   ;将指令的 20 位地址 n 装载到 PC 的高 20 位，PC 的最低位 PC<0>=0
```

2. 分支跳转

分支跳转（BRANCH）分为无条件跳转和有条件跳转两类。这两类指令都是 16 位的单字节指令。指令中都包含一个 8 位补码的偏移地址 n，其转移范围为+128～-127。当发生跳转时操作为

$$（PC+2）+2n \rightarrow PC$$

这里（PC+2）是指在执行该指令时 PC 指针提前指向下一跳指令的地址，加 2 是因为 PC 是按 ROM 的 8 位单元地址寻址的，这样每 2 个单元存放 1 条 16bit 的指令。2n 是指指令中的偏移量，不包含 PC 的最低位 PC<0>，也就是说，指令中的 n 不是 8 位 ROM 单元地址，而是 16 位的指令首地址，即+128～-127 条指令的跳转。分支跳转有一条无条件跳转指令，其余均为有条件跳转。

① BRA　　n，无条件跳转。操作为（PC+2）+2n $\rightarrow$ PC。

② BC　　n，条件跳转。

当 STATUS 中的 C=1 时，跳转。操作：（PC+2）+2n $\rightarrow$ PC。

当 STATUS 中的 C=0 时，不跳转。操作：（PC+2）$\rightarrow$ PC。

③ BNC　　n，条件跳转。

当 STATUS 中的 C≠1 时，跳转。操作：（PC+2）+2n $\rightarrow$ PC。

当 STATUS 中的 C=1 时，不跳转。操作：（PC+2）$\rightarrow$ PC。

④ BN　　n，条件跳转。

当 STATUS 中的 N=1 时，跳转。操作：（PC+2）+2n $\rightarrow$ PC。

当 STATUS 中的 N=0 时，不跳转。操作：（PC+2）$\rightarrow$ PC。

⑤ BNN　　n，条件跳转。

当 STATUS 中的 N≠1 时，跳转。操作：（PC+2）+2n $\rightarrow$ PC。

当 STATUS 中的 N=1 时，不跳转。操作：（PC+2）$\rightarrow$ PC。

⑥ BOV　　n，条件跳转。

当 STATUS 中的 OV=1 时，跳转。操作：（PC+2）+2n → PC。

当 STATUS 中的 OV=0 时，不跳转。操作：（PC+2）→ PC。

⑦ BZ　　n　，条件跳转。

当 STATUS 中的 Z=1 时，跳转。操作：（PC+2）+2n → PC。

当 STATUS 中的 Z=0 时，不跳转。操作：（PC+2）→ PC。

⑧ BNZ　　n　，条件跳转。

当 STATUS 中的 Z≠1 时，跳转。操作：（PC+2）+2n → PC。

当 STATUS 中的 Z=1 时，不跳转。操作：（PC+2）→ PC。

3. 子程序调用指令

子程序调用（CALL）指令是一个双字节（2×16bit）指令，在指令中包含有一个 20 位的子程序地址 n，在执行此指令时，先将当前 PC 值（返回地址）压入堆栈，再将 20 位地址 n 直接取代 21 位的程序指针 PC 中的高 20 位。因此 CALL 指令可以实现 PIC18F 系列单片机 2MB 空间的全范围的调用。指令操作如下。

```
CALL  n , s
```

操作：（PC）+4 → 堆栈

　　　n → PC<20:1>

　　　0 → PC<0>

如果 s=1，则 WREG →WREGS

　　　STATUS→STATUSS

　　　BSF → BSRS

如果 s=0，则无上述操作。

WREGS、STATUSS 和 BSRS 为影子寄存器。当 s=1 时，具有数据的快速保护功能。

4. 子程序返回指令

在子程序中，当完成所有操作要返回到主程序时，必须通过子程序返回（RETURN）指令实现。不少初学者在子程序中直接使用跳转指令跳出子程序，这是一个非常严重的错误，会产生程序的崩溃。当然在子程序中可以使用多个子程序返回指令，也可以使用一个子程序返回指令。子程序返回指令的格式及操作如下。

```
RETURN s
```

操作：（堆栈）→ PC　　（堆栈中的断点地址恢复到 PC 中）

如果 s=1，则 WREGS →WREG

STATUSS→STATUS

BSFS → BSR　　　　　（3 个寄存器的快速恢复）

如果 s=0，则无上述操作。

5. 复位看门狗指令

看门狗 WDT 电路是用来监控 CPU 的运行状态，一旦程序出现不正常的"跑飞"现象，WDT 会及时将 CPU 拉回到原始状态。WDT 的启用可由指令或 Configer Word 来设定，WDT 的溢出周期由 Configer Word 参数设定。初学者开始练习编程时，可以不使能 WDT，而在工程设计中必须加入 WDT，以保证系统的安全。

一旦系统启用了 WDT，就必须在程序运行中通过复位看门狗（CLRWDT）。指令定时复位 WDT，否则会因为 WDT 的溢出，而影响程序的正常运行。复位看门狗的指令格式及操作如下。

CLRWDT

操作：$0 \to$ WDT（以及 WDT 的后分频器清零）

　　　$1 \to \overline{\text{TO}}$

　　　$1 \to \overline{\text{PD}}$

$\overline{\text{PD}}$ 和 $\overline{\text{TO}}$ 为掉电标志位和看门狗超时溢出位。

6. 睡眠指令

利用睡眠（SLEEP）指令将单片机的系统时钟停振，因而可以达到降低系统功耗的目的。指令格式及操作如下。

SLEEP

操作：$0 \to$ WDT（以及 WDT 的后分频器清零）

　　　$1 \to \overline{\text{TO}}$

　　　$0 \to \overline{\text{PD}}$

振荡器停振，CPU 进入睡眠状态。

CPU 的睡眠状态可以有多种方式唤醒，如不依赖系统时钟的中断信号、WDT 的溢出等。睡眠状态的唤醒原因可以通过掉电标志位（$\overline{\text{PD}}$）和看门狗超时溢出位（$\overline{\text{TO}}$）的状态来判断，如果是 WDT 的唤醒，则 $\overline{\text{TO}}=0$，否则为中断唤醒。在程序中，不同的唤醒，其处理方法往往是不同的，这些将在后续的相关章节中介绍。

7. 带参数返回型指令

带参数返回（RETLW）指令是保留了 PIC16 系列指令系统中的指令。可以利用该指令实现查表操作。

【举例】编写一个查表子程序，将 PIC 单片机的 PORTD 端口输入的 00H～09H 数据转换成对应的平方值并经单片机的 PORTC 口输出、显示。

```
        ...
        MOVF   PORTD,0            ;从 PORTD 口输入数据于 WREG 中
        CALL   CHECK             ;将 WREG 中的二进制数转换为字型码置于 WREG 中
        MOVWF  PORTC             ;将字型码经 PORTC 输出到（共阴极）LED 数码管显示
        ...
;*****************************************************************
;      查表函数，入口参数 W 返回值 W
;*****************************************************************
CHECK
        MULLW  02H               ;将 WREG 中的偏移量乘以 2
        MOVFF  PRODL,WREG        ;从低位的乘积寄存器 PRODL 取值送 WREG
        ADDWF  PCL               ;偏移量与 PCL 相加使 PC 产生偏移
        RETLW  00
        RETLW  01
        RETLW  04
```

```
RETLW    09
RETLW    16
RETLW    25
RETLW    36
RETLW    49
RETLW    64
RETLW    81
```

RETLW nn 查表操作是利用一个子程序实现的。子程序有如下两部分组成。

① 以 WREG 中的数据为偏移量，对程序指针 PL 进行偏移修正。

② 由一个带参数返回的 RETLW 指令序列构成的 RETLW 表。

查表操作为，将 WREG 内容乘以 2 并加到 PCL 中。注意，如果 WREG=0，PCL 加上 WREG 的内容后，PCL 内容不变，并指向 ADD 指令的下的第一条 RETLW 0 指令，即 RETLW　00H；如果原先 WREG 中的数据=1，ADD 指令执行后 PCL 在原有基础上加 2，指向第二条 RETLW 指令，即 RETLW 01H……

不难看出，在执行 ADDWF PCL 指令后，PCL 会指向哪个 RETLW 指令完全是由原先 WREG 中的数据决定的。之所以在进行 PCL 与 WREG 偏移量相加前，要对 WREG 的数据乘以 2，是因为每一个 RETLW 指令在 ROM 中要占用 2 个单元。

不同的 RETLW nn 指令的返回值（nn）各不相同，这样当子程序返回后就会在 WREG 中获取一个对应的参数值 K。在使用查表方式编程是要注意以下几点。

① WREG 中的查表偏移量不能超出表的范围。在本例中 WREG 中的数据必须小于 10（0～9），以确保在进行 ADDWF PCL 后，PCL 中的地址不会超越子程序中的最后一条 RETLW 指令。

② 尽可能将调用语句（CALL　READ）与被调用的子程序（CHECK）存放在 ROM 的 0 页 256 字节内的空间（即两者的 PCU，PCH=000H），否则会产生查表错误。

控制操作类指令可参见表 4.3.4。

表 4.3.4　　　　　　　　　　　控制操作类指令一览表

助记符，操作数	描　述	字长	周期	影响的标志位
BC　　n	If STATUS 中 C=1，则转	1	1 / 2	…
BN　　n	If STATUS 中 N=1，则转	1	1 / 2	…
BNC　n	If STATUS 中 C≠1，则转	1	1 / 2	…
BNN　n	If STATUS 中 N≠1，则转	1	1 / 2	…
BNOV　n	If STATUS 中 OV≠1，则转	1	1 / 2	…
BNZ　n	If STATUS 中 Z≠1，则转	1	1 / 2	…
BOV　n	If STATUS 中 OV=1，则转	1	1 / 2	…
BRA　n	无条件转移	1	2	…
BZ　　n	If STATUS 中 Z=1，则转	1	1 / 2	…
CALL　n,s	调用子程序	2	2	…
CLRWDT	清零 WDT	1	1	$\overline{TO}$ =1　　$\overline{PD}$ =1
DAW	W 中的十进制调整	1	1	C
GOTO　n	转移语句	2	2	…
NOP	空操作(机器码 0000H)	1	1	…

续表

助记符，操作数	描　述	字长	周期	影响的标志位
NOP	空操作(机器码 FFXXH)	1	1	…
POP	弹出栈的顶端	1	1	…
PUSH	压入栈的顶端	1	1	…
RCALL　n	相对调用	1	2	…
RESET	软件复位	1	1	所有标志位
RETFIE　s	从中断返回	1	2	GIE,GIEH，PEIE,GIEL
RETLW　k	立即数送 W 并返回	1	2	…
RETURN s	从子程序返回			
SLEEP	CPU 进入睡眠状态	1		$\overline{TO}$ =1　$\overline{PD}$ =0 若 WDT 唤醒 CPU 时 $\overline{TO}$ =0

4.3.5　写表、查表操作类指令

所谓"表"技术是指在单片机的程序存储器 ROM 中建立一个常数表格，利用 ROM 具有的非易失性特点，使这些常数被永久的得以保留。在程序中，通过查表手段来获取表中的数据。使用查表操作可以避免烦琐的指令运算。如数据 N 的平方运算，二进制数据到 LED 数码管的字型码转换等，将这类操作定义为查表。

在传统的单片机应用中，表格中的数据是在向芯片烧写程序时被一同写入的。在 PIC18F 系列单片机的芯片设计中，还允许在运行程序时，动态烧写表中的数据。例如，一个系统的在线升级操作，利用一个通信模块将系统 ROM 表格中的重要数据进行修改等，将这类操作称为写表。

在 PIC16 系列单片机中，曾经设计了一个运用带参数返回值的 RETLW k 指令实现查表操作。这种方法编程简单，但容易出错。只有在程序代码与查表子程序共在一个 256B 的 ROM 中使用起来比较简单，所以只适用于 PIC16 系列单片机。对于 PIC18F 系列单片机，虽然可以使用，但要注意查表指令与查表子程序是否在一个 ROM 页内。

在 PIC18F 系列中，采用专用的读表指令 TBLRD*+使查表更为方便，具有表的位置、长度不受限制等优点。

读表指令是通过 21 位的读表指针 TBLPTR 实现对表元素的查询，查表结果在 TABLAT 寄存器中。

读表指针 TBLPTR 由 3 个 SFR 寄存器组合而成。

① TBLPTRL，低 8 位寄存器。

② TBLPTRH，高 8 位寄存器。

③ TBLPTRU，最高 8 位寄存器（8 位中的低 5 位）。

21 位查表指针可全覆盖 PIC18F 的 2MB ROM 空间。

PIC18F 系列的 4 种查表指令描述如下。

① TBLRD*，读表操作。读表后 TBLPTR 内容不变。

② TBLRD*+，先读表、后增量。读表后 TBLPTR 内容增量+1。

③ TBLRD* –，先读表、后增量。读表后 TBLPTR 内容增量– 1。

④ TBLRD +*，先增量、后读表。TBLPTR 内容先增量+1 后读表。

【举例一】采用 TBLRD*指令编制查表程序时，要事先使用 DB 伪指令，在 ROM 空间定义数据表的首地址（可以使用 ORG 伪指令对表头的地址进行定义）。

下面是使用 TBLRD*+指令实现查表的举例。

使用 TBLRD*+指令实现将 WREG 中的数据（0～9）的平方运算，并将结果通过 PORTD 口输出。部分程序如下。

```
;================================================
        ORG     0000H
        GOTO    MAIN
;================================================
        ORG     0090H
DB 00H,01H,04H,09H,10H,19H,24H,31H,40H,5BH    ;0～9 的平方值
;================================================
MAIN    CLRF    TRISD                   ;将 PORTD 口设定为输出
        MOVLW   00H                     ;设置查表指针为 000090H
        MOVWF   TBLPTRU
        MOVLW   00H
        MOVWF   TBLPTRH
LOP1    MOVLW   90H
        MOVWF   TBLPTRL                 ;指向表头
        ...
        ADDWF   TBLPTRL                 ;表头地址加查表偏移量
LOP     TBLRD*                          ;查表，操作数据在 TABLAT 中
        MOVFF   TABLAT,PORTD            ;输出相序信号
        ...
;************************************************************************
```

在这个例子中，首先使用 DB 伪指令在 RAM 中定义一个表，然后在主程序中，首先设定查表指针指 TBLPTR 指向 ROM 的 0090H 单元（平方表的首地址）。程序中利用 WREG 中的变量（0～9）来修改查表指针（TBLPTRL）中的值，使查表指针指向与 WREG 对应的平方数据的位置，然后使用查表指令（TBLRD*）后就可从 TABLAT 中获取元素。

【举例二】采用查表算法获取步进电机的控制相许代码并从单片机的 PORTD 口输出、控制电机运行。

程序清单（部分）如下。

```
        ORG     0000H
        GOTO    MAIN
;================================================
        ORG     0090H
DB 08H,0CH,04H,06H,02H,03H,01H,09H           ;步进电机的节拍相序代码
;================================================
MAIN    CLRF    TRISD
        MOVLW   00H                     ;设置查表指针=000090H
        MOVWF   TBLPTRU
        MOVLW   00H
        MOVWF   TBLPTRH
LOP1    MOVLW   90H
        MOVWF   TBLPTRL                         ;指向表头
```

```
        CLRF    COUNT                    ;读表计数器清零
        MOVF    COUNT,0                  ;W 获取查表偏移量（高位）
        ADDWF   TBLPTRL                  ;表头地址加查表偏移量
LOP     TBLRD*+                          ;查表，操作数据在 TABLAT 中
        MOVFF   TABLAT,PORTD             ;输出相序信号
        CALL    DELAY
        INCF    COUNT,1                  ;查表偏移量加 1
        MOVFF   COUNT,DATA_1             ;送临时单元
        MOVLW   0X08                     ;判断查表是否超界
        SUBWF   DATA_1 ,1                ;DATA_1-W
        BNC     LOP                      ;if Cy=0 （DATA_1 小于 8）转 LOP
        CLRF    COUNT                    ;if COUNT=8 , COUNT 清零
        GOTO    LOP1                     ;转 LOP1（返回表头）
;**************************************************************
```

应当注意，使用 INCF TBLPRTL,F 对指针+1 时，不会将 TBLPRTL 的进位添加到 TBLPTRH 中，而专用指针增量指令可以实现 TBLPRT 的正确+1。

注意，使用伪指令 DB 在 ROM 中定义一个数据块时，如果一行写不开时，可以使用 DB 伪指令另起一行，但是要注意，每一行的数据个数必须为偶数。另外一点，使用 ORG 伪指令定义数据的起始地址必须是偶数，否则编译源程序时，编译器会提示错误 "ORG at odd address（ORG 是奇数地址）"。

有关 DB 等伪指令，请参见后续的伪指令介绍。有关 PIC18F 系列单片机的写表、查表类指令详见表 4.3.5。

表 4.3.5　　　　　　　　PIC18F 系列单片机的写表、查表类指令表

助记符，操作数	描　　述	字长	周期	影响的标志位
TBLRD*	无增量读表操作 将表指针 TBLPTR 所指向的程序存储器中的数据送 TABLAT，TBLPTR 不变	1	2	…
TBLRD*+	增量读表操作 将表指针 TBLPTR 所指向的程序存储器中的数据送 TABLAT，TBLPTR 加 1	1	2	…
TBLRD*-	减量读表操作 将表指针 TBLPTR 所指向的程序存储器中的数据送 TABLAT，TBLPTR 减 1	1	2	…
TBLRD+*	前增量读表操作 TBLPTR 先加 1，再将表指针 TBLPTR 所指向的程序存储器中的数据送 TABLAT	1	2	…
TBLWT*	无增量表写入操作 将 TABLAT 中数据写入 TBLPTR 所指向的程序单元。TBLPTR 不变	1	2	…
TBLWT*+	增量表写入操作 将 TABLAT 中数据写入 TBLPTR 所指向的程序单元。TBLPTR 加一	1	2	…

续表

助记符，操作数	描　　述	字长	周期	影响的标志位
TBLWT*-	减量表写入操作 将 TABLAT 中数据写入 TBLPTR 所指向的程序单元。TBLPTR 减 1	1	2	…
TBLWT+*	先增量表写入操作 先 TBLPTR 加 1，再将 TABLAT 中数据写入 TBLPTR 所指向的程序单元	1	2	…

4.4　PIC18F 系列单片机的伪指令

一个由汇编指令格式编写的汇编语言源程序是由指令性语句和指示性语句综合而成。所谓的指令性语句就是能够被 CPU 识别、执行的机器语言所对应的汇编格式指令，如前面介绍的 MOVLW、ADDWF、GOTO 等指令。不同的处理器具有不同的指令集，对于 PIC18F 系列单片机而言共有 77 条汇编指令，每条指令都对应有 CPU 能识别、执行的二进制机器码。

但是对于一个完整的汇编语言源程序来说，只有指令性语句还是远远不够的。如果要想由汇编器对汇编语言的源程序进行编译（将汇编格式的指令翻译成 CPU 能够识别的二进制机器语言），还要借助于指示性语句来实现一些关键环节的处理。例如，编译好的二进制源程序代码存放在单片机内部 ROM 中的哪个起始单元，如何在 ROM 中定义一个数据块（常数、表格）等。

使用伪指令还可以使汇编语言源程序变得"清晰""漂亮"，使一些枯燥的数据、地址变成具有明显寓意的文字、符号。所以从某种角度讲，一个好的、规范的源程序会合理的运用各种伪指令，使程序的数据、地址参数更加清晰，便于日后的阅读、修改和交流。

这类所谓的指示性语句不是 CPU 的指令，它没有对应的 CPU 能识别的机器码。指示性语句是供给汇编器使用的指示性指令，通常将这类指令称为伪指令。

目前不同的 CPU 系统其汇编语言所对应的伪指令都具有很大的相似性。如 ORG 伪指令、DB、DW 伪指令、EQU 伪指令、END 伪指令等，但不同的处理器也具有一些专门为其设计的比较特殊的伪指令。为了便于掌握，可以将 PIC18F 系统的伪指令进行如下分类。

1. 通用型伪指令

通用型伪指令包括以下 4 种。

① ORG，原始定位伪指令。

② EQU，字符赋值伪指令。

③ DB、DW，定义字节、定义字伪指令。

④ END，汇编结束伪指令。

2. PIC18F 专用伪指令。

PIC18F 专用伪指令有以下 5 种。

① SET 伪指令。

② LIST 伪指令。

③ #include 伪指令。

④ _config 伪指令。

⑤ radix 伪指令。

4.4.1　ORG 伪指令

指令语法：**ORG　nn**

其中 nn 为十六进制的 ROM 单元地址。

指令功能：定义该指令下面的指令或数据在 ROM 中的起始地址。（注意，nn 必须为偶数）

【举例】

```
        ORG    0000H
        GOTO   0100H
        ORG    0100H
MIAN    MOVLW  0FH
        ...
```

在这个例子中，使用了 2 条伪指令，分别定义了第一条指令（GOTO）和主程序的第一条指令（MOVWF）在 ROM 中的位置，其中第一条指令（GOTO）被 ORG 伪指令定义在 ROM 的 0000H 单元,而主程序的第一条指令被定义在0100H单元(如图 4.4.1 所示)。

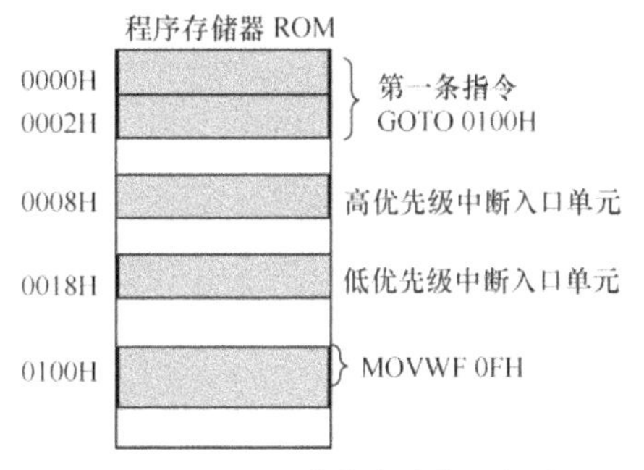

图 4.4.1　ORG 伪指令功能示意图

在编写程序时至少要有 1 条 ORG 伪指令为程序的第一条指令定义，且必须定义在 0000H 单元。这样单片机在上电/复位后（PC=00000H）CPU 就能够准确的执行第一条指令。在一般情况下第一条指令为 GOTO 语句，以越过 0008H、0018H 这 2 个中断入口单元（如图 4.4.1 所示）。所以在这种情况下还要使用 ORG 伪指令定义主程序的起始地址（在 0018H 后一些的位置即可）。

上面的例子是一个简单的程序结构，只要定义程序的第一条和主程序的第一条指令在 ROM 中的位置就可以了。这样当单片机上电/复位后，PC 指向 00000H 单元，并执行 GOTO 语句，跳转到 0100 单元开始执行主程序。在这个例子中，尽管没有使用中断入口单元，但是还是给它空出来，这是一种常规的做法。如果以后修改程序，可以随时使用 ORG 定义中断入口单元。

如果在编程时采用中断方式，还要定义中断向量入口单元 0008H（高优先级中断入口地址）或 0018H 单元（低优先级中断入口单元），如

```
        ORG    0000H
        GOTO   0100H
        ORG    0008H
        GOTO   TO_ISR
        ORG    0018H
        GOTO   ADC_ISR
        ORG    0100H
MIAN    MOVLW  0FH
        ...

        ORG    0200H
TO_ISR  MOVLW  20H
        ...
```

```
            RETURN

            ORG       0300H
ADC_ISR     MOVF      10H,0
            …
            RETURN
            END
```

在这个例子中，分别使用了 6 个 ORG 伪指令分别定义了，第一条指令（GOTO），2 个中断入口单元中的跳转指令（GOTO），主程序的第一条指令（MOVWF），T0 中断服务程序的第一条指令（MOVWF）和 ADC 中断服务程序的第一条指令（MOVF）在 ROM 中的起始地址，因而确定了各个模块在 ROM 的位置。图 4.4.2 所示体现出 ORG 伪指令对各个程序模块在 ROM 的位置进行的定义，使其互不干扰，占用各自的 ROM 空间。

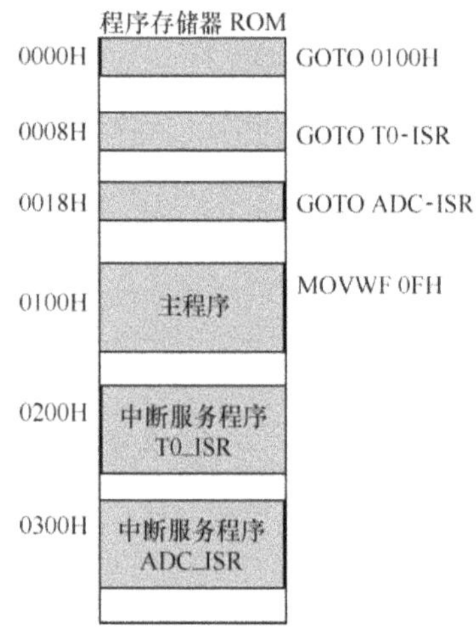

图 4.4.2　由 ORG 伪指令定义的程序空间示意图

在上面的例子中，使用多个 ORG 伪指令可以将程序的各个部分分别定义在 ROM 的不同的起始位置。看起来这种方式似乎挺合理的，这也是一些初学编程的人所采用的方法。但是这种多次使用 ORG 伪指令的做法还是存在一定的风险和隐患。

首先，使用 ORG 伪指令的多次定义会浪费掉宝贵的 ROM 资源。从图 5.6.2 中可以看出各个模块之间存在一些未使用的空间。其次，看起来当前 ROM 中的各个模块相互独立、没有牵连，但是如果编程者对某一模块进行修改和扩充时，就会出现因该模块不断的延长，而产生的模块之间的重叠问题。

对于 PIC 单片机的集成调试软件 IDE（8.0 版本）在编译源程序时，当出现"重叠"错误时会自动弹出错误提示"Overwriting previous address contents (xxxx)"，其中括号内的数据为被重叠代码段的地址。但对于其他的一些编译器而言，大多不具备自动判断是否"重叠"功能，这样一旦发生"重叠"错误，往往很难被发现，并且会造成程序运行不可预知的错误。

那么如何利用 ORG 伪指令，合理的规划程序在 ROM 中的位置，实际上有 3 种情况必须使用 ORG 伪指令，而其余的部分可以忽略 ORG 伪指令的定义。这 3 种情况如下。

① 程序的第一条指令，必须使用 ORG 伪指令定义在 ROM 的 0000H 单元，一般第一条指令为 GOTO 指令。

② 主程序的第一条指令也必须由 ORG 定义，定义的位置应当在 ROM 的 0018H 后几个单元即可（如 0100H）。

③ 中断入口单元（如果采用中断方式编程时）必须定义，且必须定义在 0008H 或 0018H 单元。在 PIC18F 单片机中 0008H 为高优先级中断入口，0018H 为低优先级中断入口。分别将 GOTO 语句定义在入口单元中（参见上面的程序）。

除此而外，其他的模块（子程序或中断服务子程序）都不用 ORG 伪指令定义，如

```
            ORG       0000H
            GOTO      0100H
            ORG       0008H
```

```
        GOTO    T0_ISR
        ORG     0018H
        GOTO    ADC_ISR
        ORG     0100H
MIAN    MOVLW   0FH
        …
T0_ISR  MOVLW   20H
        …
        RETURN
ADC_ISR MOVF    10H,0
        …
        RETURN
        END
```

图 4.4.3 所示不难看出，经改进后主程序和 2 个中断服务子程序三者为紧凑连接，没有多余的浪费空间。同时无论要修改、增加哪一部分的程序，三者之间会以浮动的方式移动位置而仍保持互不干扰。

4.4.2　EQU 伪指令

指令语法：char　EQU　n

其中，char 为一个字符，由用户定义。

n 为一个数据，可以是一个立即数，也可以是一个内存地址。

伪指令功能：将语句 EQU 左面的字符（char）赋予右边的数值 n。该伪指令一般放在程序开始的地方。

【举例一】

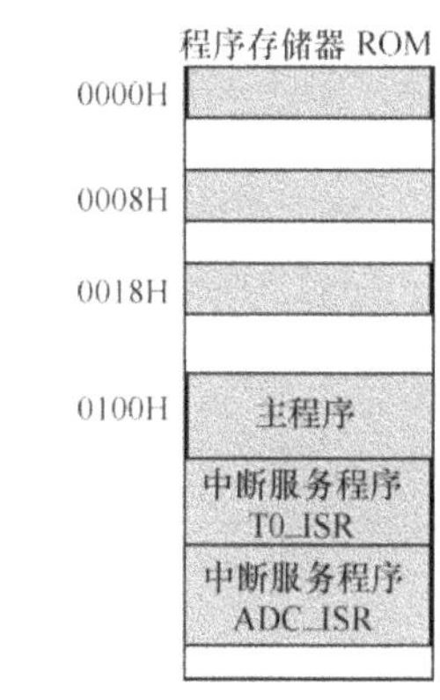

图 4.4.3　改进后的 ROM 空间示意图

```
PORTD   EQU  0F83H
…
MOVF    PORTD,0          ;将端口 PORTD 中的数据送 WREG
…
```

在这个例子中 EQU 伪指令将字符 PORTD 赋予了数值 0F83H，下面的指令 MOVF PORTD,0。在编译器编译时将 PORTD 还原为 F83H，这样原来的指令就相当于 MOVF F83H,0。

之所以采用 EQU 伪指令来定义符号 PORTD，是为了使直接寻址的指令变得更加明确，使用 SFR 的名称（PORTD）来替代直接地址（F83H），这样使程序更便于阅读、理解和交流。将使用伪指令后和未使用伪指令时的同一条指令相比较如下。

```
MOVF    PORTD,0          ;使用 EQU 伪指令后的直接寻址指令
MOVF    0F83H,0          ;未使用 EQU 伪指令时的直接寻址指令
```

很明显第一条指令看起来更直观（是针对 SFR 的 PORTD 的操作指令），而第二条指令看起来还要分析一下 F83H 是哪一个 SFR。

这里要注意，虽然指令写成 MOVF　PORTD,0，但它仍旧属于直接寻址方式。在一般情况下，对于 SFR 的操作指令都采取 EQU 对 SFR 事先定义，然后再在指令中直接由 SFR 的名称（符号）

替代指令中的直接地址。如果没有事先使用 EQU 伪指令，那么 MOVF PORTD,0 在编译时就会出现语法错误，因为 PIC18F 系列单片机的指令系统没有寄存器寻址方式。

在 PIC 的集成调试软件的相关路径中，包含有一个"PIC18F452.INC"的头文件，在这个文件中对 PIC18F452 单片机所有的 SFR 等都利用 EQU 伪指令进行了定义，只要在编写程序时，在程序的开头使用包含文件命令"#INCLUDE PIC18F452.INC"后，在程序中所有访问 SFR 的直接地址都可以使用大写的 SFR 名称替换掉对应的实际地址，这样编出来的程序具有很好的可读性。当然读者也可以在相关的路径中使用写字板的模式打开这个头文件，观察一下文件中具体使用 EQU 定义 SFR 的方法。

到此为止，在上面的例子中 EQU 伪指令是对 SFR 的名称（符号）赋值。实际上 EQU 伪指令还可以对 GPR 单元和立即数进行赋值。

【举例二】

```
        R1       EQU    20H
        COUNT    EQU    21H
        NUMBER   EQU    64H
        ...
        CLRF     R1                    ;R1 单元（20H 单元）原始清零
        MOVLW    NUMBER                ;将立即数 NUMBER（64H）送 WREG
        MOVWF    COUNT                 ;W 中数据送 COUNT 单元（64H→21H 单元）
LOP     INCF     R1,1                  ;R1 单元加 1 并送回（(R1)+1→R1）
        DECF     COUNT,1               ;COUNT 单元减 1 并送回（(21H)-1→21H）
        BNZ      LOP                   ;如果结果不为 0 转 LOP 行，否则顺序执行
        ...
```

在这个例子中，源程序的前端使用了 3 个 EQU 伪指令，定义了 R1，COUNT 和 NUMBER 3 个字符符号。那么这 3 个符号是立即数，还是直接地址，如果单从伪指令本身是无法判断的，EQU 伪指令定义的字符性质取决于使用该字符符号的指令性质。下面举几个例子。

① MOVLW NUMBER，指令中的 NUMBER 是一个立即数（64H），因为指令 MOVLW 指令本身定义后面是一个立即数。所以指令实际效果是 MOVLW 64H。

② MOVWF COUNT，指令中的 COUNT 是一个直接地址（21H 单元），因为 MOVWF 指令后面必须是一个 f，即文件寄存器的地址。

③ INCF R1,1，指令中的 R1 也是直接地址，因为指令的表达式为 INCF f,d，所以 R1 为文件寄存器单元地址（20H 单元）。

本程序是一个循环结构的程序，每一次循环对 R1（20H）单元数据加 1（R1 原始为零）。其循环计数由 COUNT 单元（21H 单元）承当，循环次数由立即数 NUMBER（64H）来决定。将循环次数 NUMBER 事先装载到循环计数器 COUNT 中，然后不断对计数器 COUNT 减 1，直到 COUNT 单元中的数据为零时，循环结束。

使用字符符号来替代立即数和文件寄存器地址可以使程序更清晰。如使用 COUNT 来替代实际地址更能表达该单元为计数器单元，同理使用符号 NUMBER 来替代立即数 64H，以表达此数据为循环计数值（即循环次数）。

使用 EQU 伪指令还有一个显著地优点，就是如果需要修改循环次数，只需要将对应的 EQU 进行修改。如循环次数由 64H（十进制的 100）改成 32H（十进制的 50），只要将 EQU 伪指令

改为

```
NUMBER  EQU 32H
```

即可，而程序内部对应的指令会因 EQU 伪指令定义 NUMBER 数值的变换而变化，不用在程序内部逐条地去查找相关的指令，进行修改，这样既提高了编程的效率，也减少了出错的几率。

作为一个优秀的编程者，在程序中合理的运用 EQU 伪指令来定义程序中的关键参数，这样不仅使程序更能清晰的表达参数的意义，也便于后期对关键数据的调整与修改，提高了编程的效率、降低出错的几率。

4.4.3　DB，DW 伪指令

DB 伪指令的功能是在程序存储器 ROM 定义一个 8 位的字节（或字节的数据串）；DW 伪指令的功能是在程序存储器 ROM 定义一个 16 位的字（或字的数据串）。

DB、DW 伪指令可以配合 ORG 伪指令使用，这是字节（或字节数据的串）、字（或字数据串）的起始地址，可由 ORG 伪指令定义，当然也可以不使用 ORG 伪指令定位，此时数据的起始地址随程序而浮动。

【举例一】

```
        ORG     0000H
        GOTO    0100H
        ORG     0030H
        DB      00H,01H,02H,03H,04H,05H
        DB      06H,07H,08H,09H,0AH,0BH

        ORG     0100H
MIAN    MOVLW   0FH                     ;主程序
        ...
        END
```

使用 DB 伪指令定义 ROM 中的数据块时要注意以下两点。

① 定义数据块的起始地址（也可由 ORG 伪指令定义）必须是偶数（参见上面的例子），如果定义为奇数地址，编译器会提示出错。

② 使用 DB 伪指令时，如果一行写不开可以再次使用 DB 伪指令另起一行，但是要注意，每一行应当是偶数个字节数据（如图 4.4.4 所示）。

一般来讲，DB 定义的数据块可以通过专用的查表指令来读取数据块中的数据（参见 5.5 章节），首先将查表指针 TBLPTR 赋予数据块的

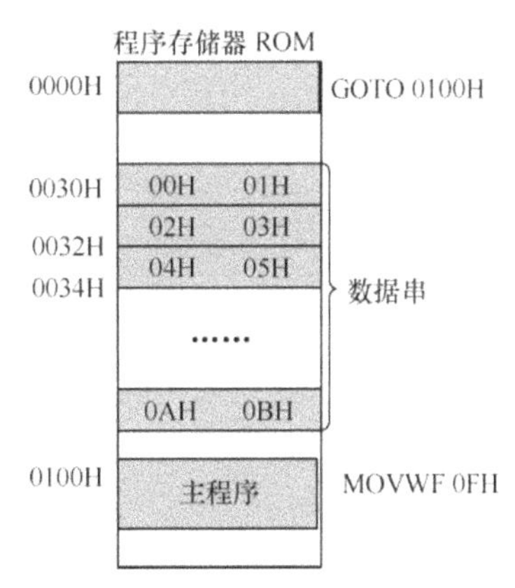

图 4.4.4　DB 伪指令定义的数据空间示意图

首地址（0030H），然后可以通过 TBLRD*+或 TBLRD*指令读取数据（在 TABLAT 寄存器中），如果使用 TBLRD*+连续读取，则 TABLAT 中的数据分别为 00H，01H，02H，03H，…，0AH，0BH。

【举例二】

```
        ORG     0000H
        GOTO    0100H
        ORG     0030H
        DW      00H,01H,02H,03H,04H,05H
        ORG     0100H
MIAN    MOVLW 0FH                        ;主程序
        …
        END
```

在这个例子中使用了 DW 定义字（16bit）伪指令，所以每个数据占用 1 个 16 位的 ROM 单元（如图 4.4.5 所示）。

如果使用查表指令 TBLRD*+操作，则依次被送到 TABLAT 中的数据位为 00H、00H、01H、00H、02H、00H、03H、00H、…、05H、00H。因为查表指令是按 8 位的 ROM 单元寻址，与 DB 伪指令相同，定义数据块的起始地址必须是偶数。

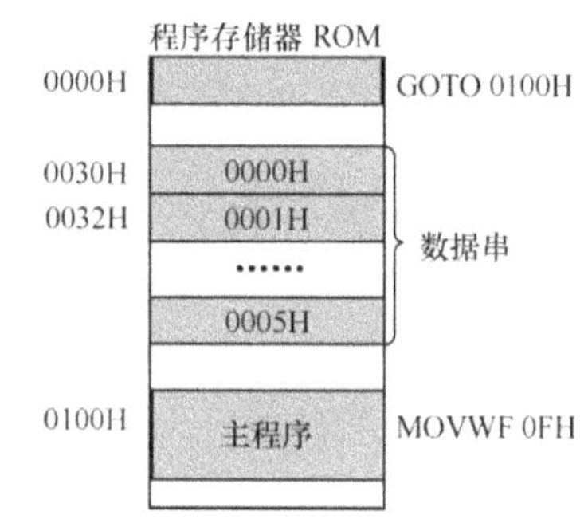

图 4.4.5　DW 伪指令定义的数据空间示意图

4.4.4　END 伪指令

END 为汇编结束伪指令。为编译器指明：源程序到此全部结束。所以，在 END 语句后面所有的指令将被"忽略"。根据此定义不难得出一个结论，在 1 个汇编语言原程序中，可以有多个 ORG 伪指令，但是只能有 1 个 END 伪指令，且该伪指令只能置于源程序的末尾。

对于初学者来说要注意，END 不是处理器 CPU 的"停止"指令（CPU 是不能有停机指令的），END 是供编译器使用并提示编译器"编译到此结束"的伪指令。

下面的一段程序是许多初学者在编写程序是容易犯的错误。

```
        ORG     0000H
        GOTO    0100H
        ORG     0100H
MIAN    MOVLW   0FH                 ;主程序
        …
        CALL    DELAY               ;调用一个延时子程序
        …
        END
DELAY   MOVF    10H,0               ;延时子程序
        …
        RETURN
        END
```

如果将这个源程序进行编译时，编译器会弹出一个出错信息，即在主程序中的 CALL 语句行出错，提示 DELAY 是一个"未定义"的字符。之所以会出现此类错误就是因为在主程序后有一个多余的 END，这样当编译器扫描源程序时，遇到第一个 END 指令后就停止继续向下扫描、处理操作。这时 CALL 语句中的 DELAY 就不能与子程序前的标号 DELAY 相关联，因此 CALL 语

句中的 DELAY 就无法定义。

　　出现这个问题的原因主要是由于初学者往往采用"复制"的方法，将其他程序段中的 DELAY 子程序"粘贴"到自己程序中，且粘贴到 END 的后面，或者是对自己的源程序进行扩充时，新增加的代码段都是从原有的 END 语句后添加的。

　　将程序中间的 END 去掉，这样编译就会顺利完成。

```
        ORG     0000H
        GOTO    0100H
        ORG     0100H
 MIAN   MOVLW   0FH                 ;主程序
        …
        CALL    DELAY               ;调用一个延时子程序
        …
 DELAY  MOVF    10H,0               ;延时子程序
        …
        RETURN
        END
```

　　因为 END 是指示编译器编译结束的命令，所以在源程序中只能使用 1 次 END 伪指令，且 END 伪指令的位置只能在源程序的最后。

4.4.5　SET 伪指令

　　SET 伪指令是用来定义一个常量或一个存储单元地址的，从这个意义上讲，SET 伪指令和 EQU 伪指令是相同的，唯一不同的是由 SET 伪指令定义的数值是可以改变的。

　　【举例一】

```
 LIST     P=18F452
 NUMB1    SET  04H
 NUMB2    EQU  05H
          ORG 0000H
          GOTO MAIN
          ORG 0030H
 MAIN     MOVLW NUMB1           ;将 04H 送 WREG
          MOVWF X1
 NUMB1    SET  045H
          MOVLW NUMB1           ;将 45H 送 WREG
          …
          END
```

　　在这个例子中，2 次使用 SET 伪指令对 NUMB1 进行赋值定义，每一次对 NUMB1 赋的数据是不同的。注意，凡是由 EQU 伪指令定义的常数（或地址）都不能被 SET 伪指令再次定义，如果希望对某一常数（或地址）多次定义，则该常数（或地址）只能由 SET 伪指令单独定义。

　　一般情况下，对常数（或地址）的定义大多采用 EQU 伪指令。尽管 EQU 伪指只能在程序的前端对常数（或地址）进行定义，而 SET 伪指令可以在程序的前端也可以在程序的中间等任何位置定义常数（或地址），但从修改、维护程序的角度考虑，EQU 似乎更方便一些，因为 EQU 定义的常数（或地址）在程序的前端，可以很方便地查找到并进行修改，而要修改 SET 伪指令定义的

常数（或地址）就不是那么简单了。

4.4.6 LIST 伪指令

LIST 伪指令是用于向汇编器指明源程序是针对 PIC 家族中的所对应的芯片型号。在 PIC 系列单片机的产品中，不同型号的单片机其内部资源是不同的。在上面的例子中，使用了伪指令 LIST P=18F452 来指明源程序所对应的单片机型号为 PIC18F452。

4.4.7 #include 伪指令

#include 伪指令是一个"包含文件"的伪指令。在程序设计中会经常用到的。将汇编器所需要的各种文件（头文件或库文件）通过该伪指令包含进来的做法，相当于将被包含的文件连同用户所编写的文件一起被关联起来，这样可以大大地提高编程效率，并使用户的程序结构得以简化。

一般来说，在集成调试软件的路径下会装配一些非常有用的头文件和库函数，编程者应当善于利用、"包含"这些宝贵的资料。常用的有 P18F452.INC 等。示例如下。

```
        LIST P=18F452
        #INCLUDE P18F452.INC
MAIN
        NOP
        MOVF       PCL,0                        ;为查表做准备（赋值 PCH, PCU）
        BCF        TRISB,5
        BCF        PORTB,5
        BSF        TRISB,INT0                   ;设定 INT0 引脚为输入
        CALL       INIT_I²C                     ;初始化 I²C,必须的
        CALL       INIT_8563
        BCF        PIR1,SSPIF
        BCF        INTCON2,INTEDG0              ;设定中断的触发极性为下降沿触发
        BSF        INTCON,INT0IE                ;使能 INT0 中断
        BSF        INTCON,GIE                   ;使能总的中断
        NOP
        GOTO       $                            ;动态停机等待中断
        ...
        END
```

在这个例子中，源程序的指令大量使用 SFR 的符号来取代 SFR 的实际地址，使程序更容易理解和阅读。但这时使用 SFR 的符号来替代实际地址是有条件的，因为在 PIC18F 的编译器只能识别 SFR 的地址，而不能识别 SFR 的符号，所以在程序的开始，应当使用 EQU 伪指令对所使用的 SFR 的符号事先定义。那么为什么在这个程序中对 SFR 的符号没有事先定义，但又可以顺利通过汇编器的编译，原因就在于在程序的开始使用了一个包含文件的伪指令，即

```
    #INCLUDE P18F452.INC
```

在 P18F452.INC 头文件中使用了大量的 EQU 伪指令，对 PIC18F452 中的所有 SFR 进行了定义，这样一个简单的"包含"就把头文件和用户程序关联起来。

4.4.8 _config 伪指令

_config 伪指令用于设定 PIC 单片机的系统配置字 Configure。在 6.2 章节中介绍了，在集成调试软件 IDE 中，可以通过 Configure 的菜单中来设定 PIC 单片机的相关参数（如图 6.2.52 所示）。_config 伪指提供了另一种对 Configure 的设定方法，如

```
CONFIG OSC = HS          ;晶振为 HS 模式
CONFIG WDT = OFF         ;不启用 WDT
```

4.4.9 radix 伪指令

对于程序中没有专门定义数据类型的数据是十六进制还是十进制。如果不使用 radix 伪指令时，汇编器对没有定义的数据一律按十六进制处理；如果使用了 radix dec 伪指令后，汇编器对于没有专门定义的数据一律按十进制处理，如

```
#INCLUDE P18F452.INC
LIST    P=18F452
radix   dec
NUMB1 equ  64            ;没有专门定义数据类型的常数 NUMB1
NUMB2 EQU  50H           ;定义常数 NUMB2 为 16 进制数据
ORG    0000H
GOTO   MAIN
ORG    0030H
MAIN  MOVLW  NUMB1       ;将数据 64 送 WREG
      MOVWF  10H
      MOVLW  NUMB2       ;将数据 50H 送 WREG
      MOVWF  11H
      ...
```

在这个例子中使用了 radix dec 伪指令，将程序中没有专门定义数据类型的数据 NUMB1 规定为 10 进制数据，即十进制的 64。如果程序中没有使用 radix 伪指令，则 NUMB1 一律按十六进制，这样 NUMB1 为 64H（十进制的 100）。

4.5　PIC18F 汇编语言的数据格式

PIC18F 系列单片机为 8 位单片机。所谓的 8 位单片机是指芯片内部的数据寄存器 RAM 单元都是 8 位格式，CPU 的传送、运算类指令均为 8 位数据格式而设计，所以严格地讲，PIC18F 单片机只有 1 个数据格式，即 8 位格式。对于大于 8 位的数据，采用多字节模式来分解，即双字节格式、3 字节格式等。

然而，还有一种数据类型为位数据，这类数据多用于 I/O 端口中的的位操作、SFR 中的控制字位设置等。有关位操作将在后续内容中介绍。

在 PIC 的汇编器中支持如下 4 种数据格式。

① 十六进制数据格式。

② 二进制数据格式。

③ 十进制数据格式。

④ ASCII 字符格式。

4.5.1　十六进制数据格式

16 进制数据由数字 0、1、2、3、4、5、6、7、8、9、A、B、C、D、E 和 F 组成。用于表示 16 进制的方法有如下 4 种。

① 在数据后面加 H 或 h。如

```
MOVLW  4FH
```

如果数字是以字母开头，则在数据前面加 0，如

```
MOVLW  0F0H
```

② 在数据前面加 0x。如

```
MOVLW  0x4F  或 MOVLW  0xF0
```

③ 在数据前、后什么都不加（以字母开头的，则在数据前面加 0），如

```
MOVLW  4F  或 MOVLW  0F0
```

需要注意如下两点。

（a）在 PIC18F 的汇编器中，可以通过 radix edc 伪指令来改变未定义数据的制式，如果没有使用 radix 伪指令，未定义的数据一律按十六进制处理。有关 radix 伪指令功能参见后续内容。

（b）在有些编译器中，未定义的数据默认为十进制数。

④ 在数据上加单引号（半角字符的单引号），且在前面加 H 或 h，如

```
MOVLW  h'4F'  或 MOVLW  H'F0'
```

4.5.2　二进制数据格式

在 PIC18F 的汇编器中只有一种表达二进制数据的方式，在数字上加半角字符的单引号"'"，前面加 B 或 b，如

```
MOVLW  B'10011111'
```

4.5.3　十进制数据格式

在 PIC18F 的汇编器中只有如下 2 种表达二进制数据的方式。

① 在数字上加单引号，前面加 D 或 d。如

```
MOVLW  D'100'  (MOVLW  d'100')
```

② 在数字前面加半角字符 "."。如

```
MOVLW  .100
```

4.5.4　ASCII 码字符格式

在 PIC18F 的汇编器中对于 ASCII 码有如下 2 种定义方法。
① 在字符上加半角字符的单引号 "'" 并在前面加 A 或 a。如

```
MOVLW A'9'  或  MOVLW  a'9'
```

② 在 ASCII 字符上加半角字符的单引号 "'"，如

```
MOVLW  '9'
```

【举例一】

```
ORG 0020H
DB '1','2','3','4','5'
```

指令功能为，在 RAM 的 20H 单元开始定义 5 个 ASCII 码字符，即 31H、32H、33H、34H 和 35H。

【举例二】

```
MOVLW d'100'      或    MOVLW  .100
```

指令功能为，将十进制数 100 送 WREG 单元。

【举例三】

```
MOVLW 0x64H 或 MOVLW   64H  或   MOVLW   64
```

上面的指令功能为，将 16 进制的 64H（十进制数 100）送 WREG 单元。

4.6　PIC18F 汇编语言源程序的格式

按照规范、正确的格式编写汇编语言源程序是一个编程者应当养成的好习惯。许多初学编程者往往不太注重这种格式上的要求，尽管源代码可以通过汇编器的编译，但是格式上的不规范使源程序非常 "凌乱"，不便于阅读、修改与交流。

一个标准的的源程序行是由 3 个部分组成，第一列为标号段，第二列为汇编助记符段，第三列为注释段。在输入程序代码时，建议使用 Tab 键实现跨列操作。3 个段具体排列如下。

```
[标号段]    汇编指令的助记符段    ;[注释段]
```

其中，方括号表示该部分可有可无，要根据需要使用。

4.6.1　标号

处于指令行的最左端，用于指明该行指令的符号地址，可根据需要添加。标号字符由用户自行定义，但要注意：在一个源程序中，标号必须是唯一的；另外，标号由字母、下划线、特殊字符和数字组成，但是标号的首字符不能是数字。

标号的作用是指明该行指令的实际地址，作为跳转指令的目标地址或子程序的首地址。标号或子程序名应当有一定的寓意，以便于阅读与交流。

注意，标号不能使用"关键字"，所谓关键字是指由汇编器所使用的特殊字符（如指令中的助记符 MOVWF 等）、SFR 的名称或伪指令等。另外在老版本中，标号是不允许使用冒号的，在 IDE8.0 版本中，标号后面是可以使用冒号的。

4.6.2　指令的助记符

指令是由指令的助记符、操作数或操作数的地址组成的。当然，可以把伪指令也规划到这类之中（一般的伪指令都是位于程序代码的开始位置）。在书写指令时，任何错误的字符或数据格式在编译时都会由汇编器提示其"语法错误"。

4.6.3　注释段

由半角字符的分号";"引导的英文或中文注释行，根据需要添加。对于一些比较关键的语句添加必要的注释是一个好的习惯与做法。如果一行不够用可再另起一行，但要添加半角的";"作为引导。

4.6.4　运用举例

下面是一个比较典型的汇编语言源程序清单。在这个程序清单中，分别定义了标号 MIAN（主程序的起始地址）、LOOP（供跳转语句使用的目标地址）、DELAY（延时子程序的入口地址）、LOP0 和 LOP1（跳转指令的目标地址）等。

```
;************************************************************
;简单亮灯程序 流水灯程序（采用循环移位法）
;************************************************************
 LIST P=18F452
 #INCLUDE P18F452.INC
 R1      EQU     20H                   ;定义计数器单元1
 R2      EQU     21H                   ;定义计数器单元2
 N1      EQU     08H                   ;定义延时常数1
 N2      EQU     0FFH                  ;定义延时常数2
         ORG     0000H
         GOTO    MAIN
         ORG     0030H
 MAIN    NOP
         CLRF    TRISD                 ;设定 D 口为 8 位输出
         CLRF    PORTD
         MOVLW   0x80
         MOVWF   PORTD
 LOOP    CALL    DELAY                 ;调延时
```

```
        CALL    DELAY                   ;调延时
        CALL    DELAY                   ;调延时
        CALL    DELAY                   ;调延时
        RRNCF   PORTD
        GOTO    LOOP                    ;跳转至 LOOP 行
;************************************************************
;       80ms 延时子程序
;************************************************************
DELAY   MOVLW   N1
        MOVWF   R1
LP0     MOVLW   N2
        MOVWF   R2
LP1     DECFSZ  R2,1
        GOTO    LP1
        DECFSZ  R1,1
        GOTO    LP0
        RETURN
        END
;************************************************************
```

PIC18F 系列单片机的 C 语言编程

    本章以微芯片技术公司开发的 C 语言工具 C18 为例，介绍 C18 的使用方法。公司的网站还提供了 C18 学生版的下载，读者可以通过 http://www.microdigtaIDE.com 网址获取 C18 编译器。

    许多第三方公司也开发了与 PIC18F 相关的 C 语言编译器，其语法基本相同，一些环节略有出入，这里就不做介绍，读者可以按自己的需要进行选择、学习。

    C 语言编程具有许多优点，如编程简单、速度快，更容易修改和更新。C 语言编译器往往带有丰富的库函数，编程者可以充分享用以提高编程效率。另外，C 语言代码具有很好的可移植性。当然与汇编语言相比，C 语言也有一些不足之处，如占用存储空间大、实时性不如汇编语言等。在实际工程中，一般采用 C 语言内嵌汇编指令的方法，可以比较好地解决两种语言的各自不足。

5.1　C18 的数据类型

    与传统的 C 语言不同，单片机的 C 语言是基于单片机存储器上运行的语言。因为单片机的存储资源是非常有限的，所以充分掌握并合理定义 C18 程序中变量的数据类型，可以减少程序对单片机存储资源的占有，提高单片机存储资源的利用率。

5.1.1　C18 语言的数据类型

C18 语言中的数据类型按照其数据长度可划分为以下 4 种。

① 8 位数据。

② 16 位数据。

③ 24 位数据。

④ 32 位数据。

数据长度越大就意味着对单片机 RAM 单元的占有量越多。在 PIC18F 系列单片机中，文件寄存器 RAM 中基本的数据单元格式是 8 位的，因此尽可能将变量定义为 8 位类型是编程者优先要考虑的问题。表 5.1.1 列出了 C18 语言中所有的数据类型。

表 5.1.1　　　　　　　　　　　　C18 常用的数据类型一览表

数 据 类 型	定 义 符	数据位数	数据数值范围
无符号字符变量	unsigned char	8 位	$0\sim255$
字符变量	char	8 位	$-128\sim+127$

续表

数　据　类　型	定　义　符	数据位数	数据数值范围
无符号整型数据	unsigned int	16 位	0～65 535
整型数据	int	16 位	−32 768～+32 767
无符号短整型数据	unsigned short	16 位	0～65 535
短整型数据	short	16 位	−32 768～+32 767
无符号超短长型整型数据	unsigned short long	24 位	0～16 777 215
超短长型整型数据	short long	24 位	−8 388 608～+8 388 607
无符号长型整型数据	unsigned long int	32 位	0～4 294 967 295
长型整型数据	long int	32 位	～2 147 483 648～+2 147 483 647

5.1.2　C18 语言的无符号数据

无符号数据类型是一种 8 位的数据格式，每一个数据要占用一个文件寄存器 GPR 单元，数据的数值范围为 0～255。无符号数据是编程中所采用的主要数据类型。在一般的编程中对于像"循环计数器""输入输出端口数据"等都是无符号数据，所以均采用无符号数据类型来定义。

在 C18 编程中，C 编译器默认的数据类型为有符号数，所以对于无符号数一定要使用 unsingned 字符来定义，如

```
unsigned count;                    //定义一个无符号数的计数器单元 count
```

【举例】编写一个流水灯程序（含有一个延时子函数）。

```c
//*****************************************************
//简单亮灯程序 流水灯程序（用移位实现）
//程序名: portd.c
//*****************************************************
#include <p18f452.h>
void delay(void);
unsigned char i,j;              //定义 2 个循环计数单元 i，j 为无符号数
void main(void)
{
    TRISD=0x00;                 //设置 D 口为输出
    PORTD=0x01;                 //端口 PORTD 原始为 B'0000 0001'
    while(1)
    {
     delay();                   //调用延时子函数
     delay();
     PORTD=PORTD<<1;            //端口 PORTD 中的数据左移 1 位
     if(PORTD==0x00)            //如果移位后 PORTD=0 则重赋初值 B'0000 0001'
     PORTD=0x01;
    }
}
//*******************************************
//*  Program dealy ( )      160ms      *
//*******************************************
void delay(void)                //双重循环的延时子函数
{
```

```
    for(i=255;i>0;i--)
      for(j=255;j>0;j--) ;
  }
```

在这个例子中，专门为延时子函数 delay(void)设计了 2 个循环计数单元 i, j, 并定义为无符号数据类型，这样编译器将会为它们各自分配一个文件寄存器单元。有关 PIC18F 的端口编程原理参见后面的相关内容。

5.1.3 C18 语言的有符号数据

有符号数据仍为 8 位数据，编译器为其数据分配文件寄存器的一个单元。在无符号数据中，数据的最高位 d7 为符号位, d7=0 为正数, d7=1 为负数。有符号所表达的数值范围为−128～+127。应当注意的是，如果没有对变量的数据类型专门定义，那么该数据就为有符号数，如

```
x1=0;                                          //定义 x1 为有符号数据
```

【举例】使用 C18 语言编写一个从端口 PORTD 输出−4～+4 数据的程序。

```
#include<p18f452.h>
void main(void)
{
    char mynum[ ]={+1,-1,+2.-2.+3,-3,+4,-4};    //定义了一个有符号数的字符串
    unsigned char z;                            //定义一个无符号数的数组指针
    TRISD=0;                                    //将端口 PORTD 设定为输出
    for (z=0;z<8;z++)
        PORTD=mynum[z];
    while (1);
}
```

读者可以在 IDE 下采用模拟方法调试该程序。为了调试方便采用单步模式，要注意的是，应当在主函数前加一个断点，首先采用全速运行的方法，使之先停在主函数开始的位置，然后再采用单步的方法运行。通过观察变量观察程序的运行（如图 5.1.1 所示）。如果不设置断点而直接采用单步模式运行时，程序会长时间的运行在头文件中，不利于观察主函数的运行。

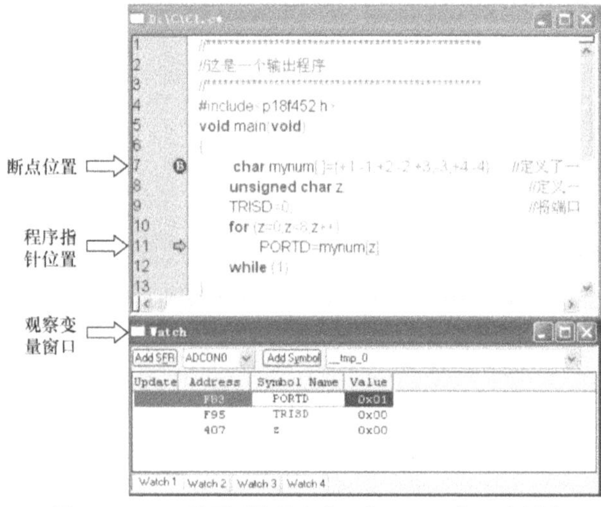

图 5.1.1 IDE 界面下的程序窗口和 Watch 窗口示意图

5.1.4　C18 语言的无符号整型数据

无符号整型数据为 16 位数据，编译器为无符号整型数据分配文件寄存器 2 个连续字节的存储空间。无符号整型数据所表达的数值范围为 0～65 535。无符号整型数据用于定义 16 位变量，如计数器、存储地址等。由于无符号整型数据要占用存储器的 2B 单元（2 个字节），因而只有在万不得已的情况下才使用这种类型的数据。无符号数的定义举例，如

```
unsigned int x;                //x 被定义为 16 位的无符号整型数据
```

5.1.5　C18 语言的有符号整型数据

有符号整型数据为 16 位数据，编译器为有符号整型数据分配文件寄存器 2 个连续字节的存储空间。数据的最高位 d15 为符号位，d15=0 为正数，d15=1 为负数。有符号整型数据为 15 位有效数字，所表达的数值范围为–32768～+32767。有符号数的定义举例，如

```
int x;                         //x 被定义为 16 位的无符号整型数据
```

5.1.6　C18 语言的长整型数据

在 C18 编译器中还定义了长整型类型的数据，分为无符号长整型和有符号长整型。它们都是 32 位数据（占用存储器的 4 个字节），所表达的数据范围分别为 0～4 294 967 295 和 –2 147 483 648～+2 147 483 647。像这种超常数据的定义和使用，会占用单片机大量的存储空间，所以一般情况下尽可能避免使用这种类型的数据。长整型数据的定义举例，如

```
unsigned long int x;           //x 被定义为 32 位的无符号长整型数据
long int x;                    //x 被定义为 32 位的有符号长整型数据
```

5.1.7　C18 语言的其他类型数据

在 C18 编译器中，还定义有短整型数据和超短长整型数据（见表 5.1.1）。由于使用频率较低，就不做详细介绍了。

小结：采用 C18 编程时，首先要合理定义所使用的数据类型。一般情况下，尽可能地将数据类型定义为无符号字符变量，这样每一个变量只占用单片机的一个基本的存储单元，并获取其最大的数值范围，即 0～255，以充分节省宝贵的存储单元。

注意，C18 编译器对有些错误是不发出报警的，如

```
unsigned char x;
z=65535;
```

在这个例子中，变量 *x* 被定义为 8 位的无符号字符变量，而下面的语句却赋予一个大于 255 的数（65 535=FFFFH）。在这种情况下，C18 编译器并不报错，只是将大于 255 的部分全部忽略掉，此时 *x*=FFH。

5.2 C18 的软件延时

PIC18F 系列单片机可以采用软件延时和硬件定时器延时 2 种方式，这里着重介绍软件延时的方法，硬件定时器延时将放在后续的相关内容中介绍。与汇编语言相比，用 C 语言编制延时程序有很大的不确定性，这是一个比较棘手的问题。

5.2.1 示波器测量法调试延时时间

与汇编语言相比，采用 C18 语言编程时，其延时时间由 2 个因素决定。

① 单片机的系统时钟 F_{osc}。它与单片机引脚外接的晶体频率有关。晶体的谐振频率决定了单片机执行一条指令的时间。

② C18 编译器对程序的处理方式。不同的编译器对同样一段 C18 程序的编译可能会产生不同的目标代码，因而影响其延时效果。

当一个单片机的系统时钟被确定后，那么影响延时时间的因素就是 C18 编译器了。多年来通过实践，人们总结并采用一种示波器测量法，来检验 C 语言的延时时间，具体方法如下。

【举例一】

```
//********************************************************
//这是一方波输出程序，从 PORTD 端口输出方波
//波形宽度由延时子函数 delay(unsigned int)决定
//********************************************************
#include<p18f452.h>
void delay(unsigned int);            //声明一个延时子函数
void main(void)
{
    TRISD=0;
    while (1)
    {
    PORTD=0x55;
    delay(20.);
    PORTD=0xAA;
    delay(20);
    }
}
void delay(unsigned int itime)
{
    unsigned int i;
    unsigned char j;
        {
            for(i=0;i<itime;i++)
                for(j=0;j<131;j++);
        }
}
```

在这个程序中，利用一个双重循环的延时子函数 delay(unsigned int) 产生延时效果。在调用 delay 时，通过参数 itime 产生不同的延时时间。在单片机的系统时钟为 16MHz 时，当 itime=20 时，方

波周期为 20ms（延时时间为 10ms），当 itime=10 时，方波周期为 10ms（延时时间为 5ms）。在编制这种程序时，可以使用一台示波器来检测 PORTD 端口波形（如图 5.2.1 所示），并通过调整延时子函数中的 j 循环次数来确定 delay 子函数的延时。

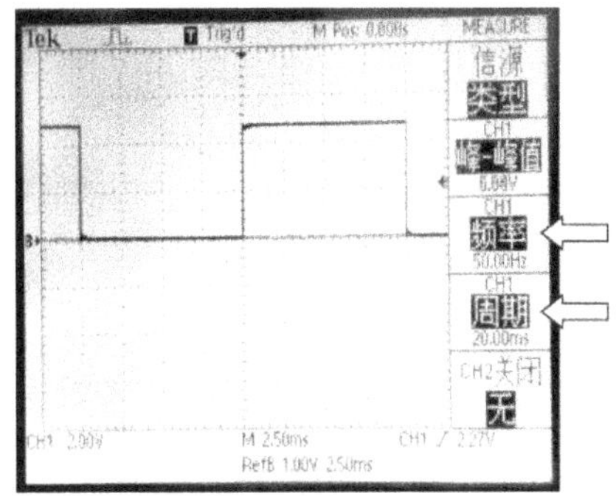

图 5.2.1　使用示波器测量上 Delay 的延时时间示意图

5.2.2　调用库函数设计延时时间

在 C18 编译器中，提供了 delays.h 延时头文件（详见表 5.2.1），对于编制延时程序非常方便。使用该库函数时，应在程序的开始将该头文件包含进来。用户可以借助于示波器来验证延时函数的性能（如图 5.2.2 所示）。

表 5.2.1　　　　　　　　　　　C18 提供的 delays.h 延时库函数

函数名调用语句	描　述 如果 F_{osc}=16MHz 时 T_{osc}=0.25μs unit 取值范围为 0～255，=0 时，为 256
Delay1TCY（void）	延时=1 个 TCY 周期
Delay10TCYx（unsigned char unit）	延时=10 个 TCY 周期×unit
Delay100TCYx（unsigned char unit）	延时=100 个 TCY 周期×unit
Delay1KTCYx（unsigned char unit）	延时=1000 个 TCY 周期×unit
Delay10KTCYx（unsigned char unit）	延时=10000 个 TCY 周期×unit

【举例二】

```
//***********************************
//方波输出程序，从 PORTD 端口输出方波
//由延时子函数 delay(unsigned int)决定
//***********************************
#include<p18f452.h>
#include<delays.h>
void main(void)
{
    unsigned int i;
    i=10;
    TRISD=0;
    while (1)
    {
    PORTD=0x55;
```

```
        Delay1KTCYx(1);
        PORTD=0xAA;
        Delay1KTCYx(1);
        }
    }
```

在这个例子中，由于包含了库函数 delays.h 使得编程更为方便。图 5.2.2 所示显示出调用语句 Delay1KTCYx(1)所对应的波形，1 000×0.25μs=250μs，这样，周期为 500μs。在使用 delays.h 文件时要注意，由于执行语句需要时间，因而会有约 2μs 的正误差，在对时间要求比较严格时，要考虑此问题。有关端口的编程原理将在后续相关章节介绍。

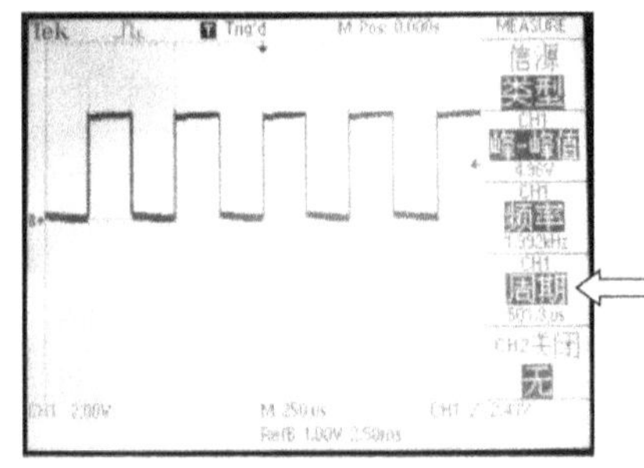

图 5.2.2　调用库函数 Delay1KTCYx(1) 的延时

5.3　C18 的位操作

在 C18 编译器中，对字节中的位操作信息采用了一种比较特殊表达方式。

5.3.1　C18 对 I/O 端口 PORTx 的位表达方式

C18 编译器对 I/O 端口的位信息采用一个通式来表示，即

$$PORTxbits.Rxy$$

其中 x 代表端口名称，A、B、C、D 和 E 口

y 表示端口字节中的位。

例如，PORTDbits.RD0 所表达的位信息为端口 PORTB 中的第 0 位。

5.3.2　C18 对 I/O 端口方向控制寄存器 TRISx 的位表达方式

采用与端口类似的方法定义。对端口方向控制寄存器 TRISx 的位定义为

$$TRISxbits.TRISxy$$

例如，TRISDbits.TRISD0 所代表的位信息是，PORTD 端口的方向控制寄存器 TRISD 中的 d0 位。

【举例】

```
//********************************************************
//这是一方波输出程序，从 PORTD 端口输出方波
//波形宽度由延时子函数 delay(unsigned int)决定
//********************************************************
```

```
#include<p18f452.h>
#include<delays.h>
void main(void)
{
    unsigned int i;
    i=10;
    TRISDbits.TRISD0=0;                    //设定 TRISD 的 d0 位设定为输出口
    while (1)
    {
    PORTDbits.RD0=0;                       // PORTD 的 d0 位输出 0
    Delay1TCY();
    PORTDbits.RD0=1;                       // PORTD 的 d0 位输出 1
    Delay1TCY();
    }
}
```

说明，有关端口的编程原理将在后续相关章节介绍。

5.3.3　C18 对 SFR 的位表达方式

C18 还可以对所有的 SFR 进行位操作，在位操作的位表达方式类同于对 TRISx 的定义。如 INTCONbits.PEIE=1，这里 PEIE 为 INTCON 寄存器的 d6 位（PEIE）。对 SFR 的位是使用"位名字"取代,这样更便于阅读和理解。有关更多的对 SFR 的位操作将会在后续的内容中应用，这里就不过多地进行介绍了。

5.3.4　C18 的位逻辑操作

在 C18 编译器中，提供了以下 5 种对数据位的逻辑运算功能。
① 逻辑与（&）。
② 逻辑或（|）。
③ 逻辑异或（^）。
④ 取反（~）。
⑤ 逻辑非（!）。
【举例一】

```
PORTD=0x3F;              //PORTD 原始赋值 0x3F
PORTD=PORTD&0x0f;        //逻辑与后 PORTD=0x0F
```

【举例二】

```
PORTD=0x30;             //PORTD 原始赋值 0x30
PORTD=PORTD|0x0f;       //逻辑或后 PORTD=0x3F
```

【举例三】

```
PORTD=0x3F;             //PORTD 原始赋值 0x3F
PORTD=PORTD^0x0f;       //逻辑异或后 PORTD=0x30
```

【举例四】

```
PORTD=0x3F;                    //PORTD 原始赋值 0x3F
PORTD=~PORTD;                  //逻辑非后 PORTD=0XC0
```

5.3.5　C18 的位移位操作

在 C18 中有 2 种位移位。
① 数据>>移位次数
② 数据<<移位次数
【举例一】

```
PORTD=0x1F;                    //PORTD 原始赋值 0x1F
PORTD=PORTD<<2;                //左移 2 位后 PORTD=0x7C（右侧 d0 添 0）
```

【举例二】

```
PORTD=0x1F;                    //PORTD 原始赋值 0x1F
PORTD=PORTD>>2;                //右移 2 位后 PORTD=0x07（左侧 d7 添 0）
```

【举例三】

```
//******************************************************
//这是一个流水灯程序，从 PORTD 端口输出
//******************************************************
#include<p18f452.h>
#include<delays.h>
void main(void)
{
    unsigned int i;
    i=10;
    TRISD=0;                   //设定 PORTD 为输出口
    PORTD=0x80;
    while (1)
    {
    PORTD=PORTD>>1;
       if(PORTD==0)
             PORTD=0x80;
    Delay10KTCYx(100);
    }
}
```

5.4　C18 对程序存储器的配置

在使用汇编语言编程时，对程序存储器（ROM）的配置是编程者通过使用 ORG 伪指令来实现的，通用 ORG 伪指令对程序代码、常数表格在 ROM 中的起始地址进行一一定义，这也是汇编

指令所特有的优点，即实现对 ROM 的底层配置。当采用 C18 语言编程时情况就不一样了，在一般情况下，用户的程序代码由 C18 编译器自动规划和配置。然而在某些情况下，编程者也可以使用对应的伪指令实现对程序的目标代码在 ROM 单元中的配置和占用。

5.4.1　C18 为常数数据分配 ROM 空间

对于常数数据，编程者更愿意使用 ROM 单元来存储、配置其位置。具体方法是使用限定词 rom 来定义，如

```
rom char mynum [ ] ="hello";              //定义一个 ASCII 字符串于 rom 中
rom char weekdays =7,month=12;            //定义一个数据串于 rom 中
```

尽管可以使用数据存储器 RAM 来存储常数数据，但是使用程序存储器来存储常数，可以大大的解放数据存储器 RAM 的空间，特别是对于一个数据串。因为与 ROM 相比，数据存储器 RAM 的资源非常有限，所以利用 ROM 单元存储常数是一种通用的做法。

【举例】

```
#include <P18F452.h>
rom const char mynum [ ] = "0123456789";      //定义一个 ASCII 码字符串
void main (void)
{
    unsigned char x;
    TRISD=0;
    for(x=0;x<10;x++)
        PORTD=mynum[x];
}
```

5.4.2　C18 为常数数据分配 ROM 空间的限定词 near 和 far

不同型号的 PIC18F 单片机，其内存 ROM 的大小是各不相同的，ROM 的大小从 4kB～128kB 不等。为了充分、合理地利用 ROM 资源，C18 设计了定义常数在 ROM 空间位置的限定词 near 和 far。

① near，常数数据被定义在 ROM 的第一个 64kB 空间（时常被安排在代码段之后）。

② far，可以定义在 ROM 的 2MB 的任意剩余的空间。

③ 如果没有使用限定词，则按照 far 处理。

如果使用 near 限定词时，C18 将常数数据定义在 ROM 的第一个 64kB 空间，这主要是针对小尺寸 ROM 单片机而设计的一种常数数据的存储方式，此时所限定的数据位置一般紧跟在 ROM 中代码的后面。这种方式可以理解为紧凑模式。

如果使用 far 限定词时，C18 将常数数据定义在 ROM 的 2MB 空间内的任何一个位置。无论使用哪一种限定词（near 或 far），其 C18 对数据的定义大多在代码段的后面（紧凑格式），但是 far 模式的适用范围会更大一些。如果没有使用限定词，则按照 far 模式处理。

【举例一】

```
#include <P18F452.h>
near rom const char mynum [ ] = "0123456789";          //定义一个 ASCII 码字符串
void main (void)
```

```
{
    unsigned char x;
    TRISD=0;
    for(x=0;x<10;x++)
        PORTD=mynum[x];
}
```

可以利用 IDE 软件来观察限定词为 near 时，对此 ASCII 码数据的定位在代码段的后面（如图 5.4.1 所示）。

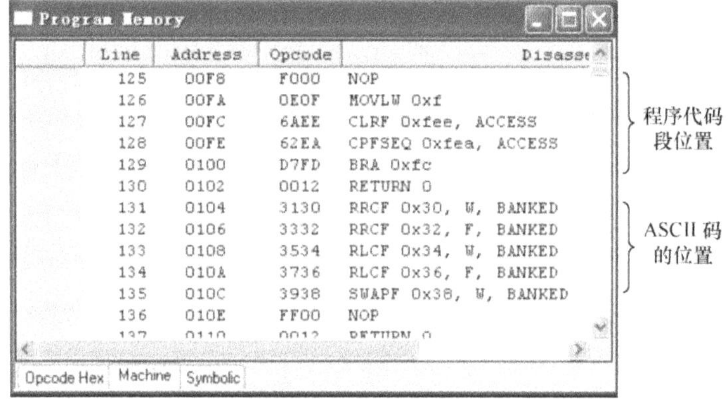

图 5.4.1　限定词 near 所定义的 ASCII 码在 ROM 的示意图

【举例二】

```
#include <P18F452.h>
far rom const char mynum [ ] = "0123456789";          //定义一个 ASCII 码字符串
void main (void)
{
    unsigned char x;
    TRISD=0;
    for(x=0;x<10;x++)
        PORTD=mynum[x];
}
```

在这个例子中，对数据的限定采用了更为灵活的 far 模式，其实际定义的物理位置如图 5.4.2 所示。

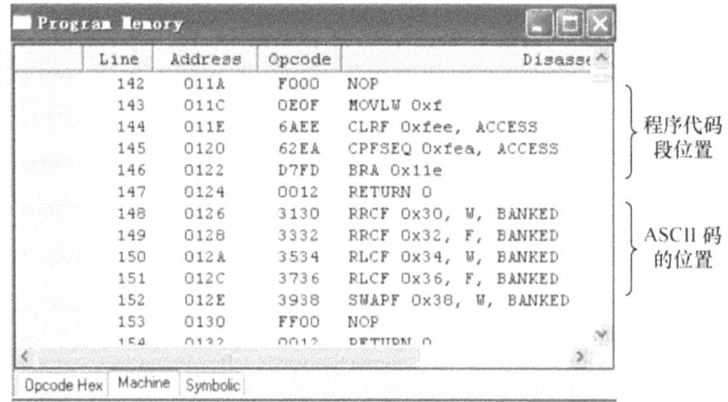

图 5.4.2　限定词 far 所定义的 ASCII 码在 ROM 的示意图

5.4.3　C18 的#pragma 对程序或数据的限定

在使用汇编语言编程时，通常采用 ORG 伪指令来定义 ROM 中程序或数据的起始地址。在 C18 的编译器中，提供了伪指令#pragma，可以实现相同的功能。

在这里之所以使用"限定"这一词语，是因为在一般情况下采用 C18 语言编程时，读者不用考虑程序或数据在 ROM 中的具体位置，它是由 C18 的编译器来自动分配、定义的。而限定模式的使用为编程者提供了一种"人工介入"对 ROM 的分配权的机会，在一些特定场合下是非常重要的，如对于单片机 ROM 中的中断向量单元的定义等。

1. 使用#pragma 对程序设定 ROM 地址

伪指令的格式：**#pragma　code**

【举例】

```
#include <P18F452.h>
#include<delays.h>
rom  const  char mynum [ ] = "0123456789";    //定义一个ASCII 码字符串
#pragma  code  main = 0x50                     //定义主函数在ROM中的起始地址 50H
void main (void)
{
    unsigned char x;
    TRISD=0;
    for(x=0;x<10;x++)
    {
        PORTD=mynum[x];
        Delay100TCYx(10);
    }
}
```

在这个例子中，使用了#pragma code main = 0x50 语句将主函数 main 的目标代码定义在 ROM 地址为 0x50 开始的单元（如图 5.4.3 所示）。对于函数中的 ASCII 码字符串 char mynum 的定义采用了限定词 rom const 进行定义，其存储位置如图 5.4.4 所示。程序中还直接调用了 C18 的延时库函数 delay()，以简化编程（参见 5.2.2 章节）。

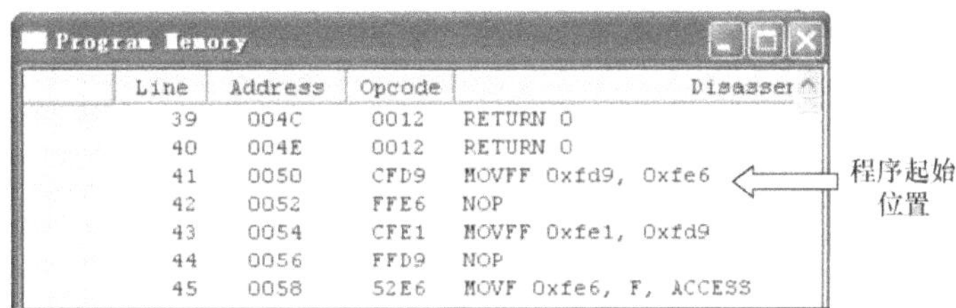

图 5.4.3　#pragma code 伪指令定义程序位置的示意图

注意，使用#pragma 定义主函数地址时，地址必须是偶数地址，否则 C18 编译器在编译时会出现 "Error - Absolute code section 'main' must start at a word-aligned address." 的错误提示。

2. 使用#pragma 对数据设定 ROM 地址

伪指令的格式：**#pragma　romdata**

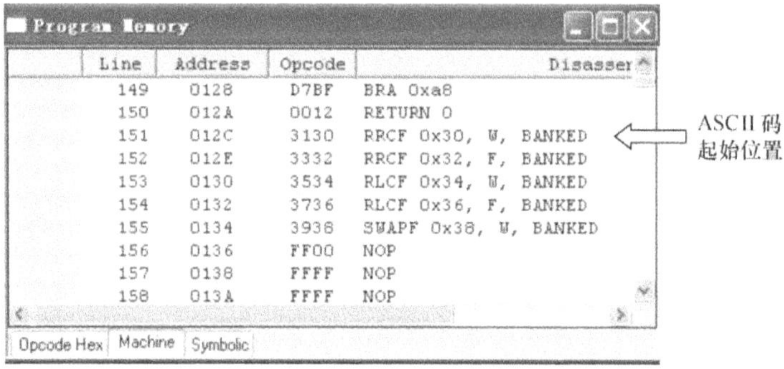

图 5.4.4　函数中的 ASCII 码定位的示意图

【举例】

```c
#include <P18F452.h>
#include<delays.h>
#pragma romdata mynum = 0x200
rom const char mynum [ ] = "0123456789";          //定义一个ASCII码字符串
#pragma code main = 0x50
void main (void)
{
    unsigned char x;
    TRISD=0;
    for(x=0;x<10;x++)
    {
        PORTD=mynum[x];
        Delay100TCYx(10);
    }
}
```

在这个例子中，ASCII 码的字符串被定义在 ROM 的 0x200 开始的单元（如图 5.4.5 所示）。

注意，使用#pragma 定义数据地址时，地址可以是偶数地址，也可以是奇地址，2 种情况都可以实现对数据的正常读取，但是还是建议使用偶数地址。

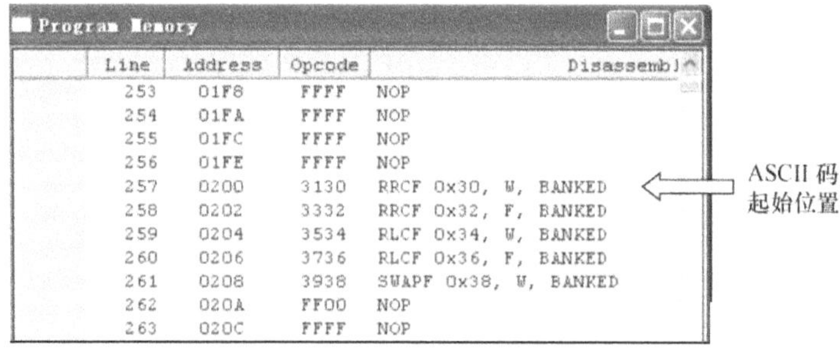

图 5.4.5　函数中的 ASCII 码定位的示意图

5.5　C18 对数据存储器的配置

在这一节中将探讨 C18 对数据存储器的使用方法和限定词 near 和 far 的使用。

5.5.1　C18 对数据存储器 RAM 的使用方法

在 PIC18F 系列单片机中，数据存储器最大空间为 4kB（0～FFFH）。实际有效的空间由单片机的具体型号来决定。但是无论再小的 RAM 都包含有一个 256B 的空间，其中高位地址的 SFR 空间（128B），和前 128B 的数据存储空间。C18 对 RAM 的使用遵循一个原则，就是除了 SFR 以外，其余所有的有效空间都可以作为 C 程序的变量空间，如

```
#include <P18F452.h>
unsigned char mynum [ ] = "0123456789";        //定义一个 ASCII 码字符串
void main (void)
{
    unsigned char x=0x00;
    TRISD=0;
    for(x=0;x<10;x++)
        PORTD=mynum[x];
}
```

在 IDE 软件下，通过"View"中的 File Registers 命令打开文件寄存器的窗口，会发现 C18 将这组 ASCII 码的数组定义在 400H 开始的空间，即无符号字符变量定义在 40BH 的位置（如图 5.5.1 所示）。建议读者在使用 C18 编程时，可以有意识地查看一下 C18 对变量数据的空间定义。一般来说，定义的空间位置与单片机的型号有关。

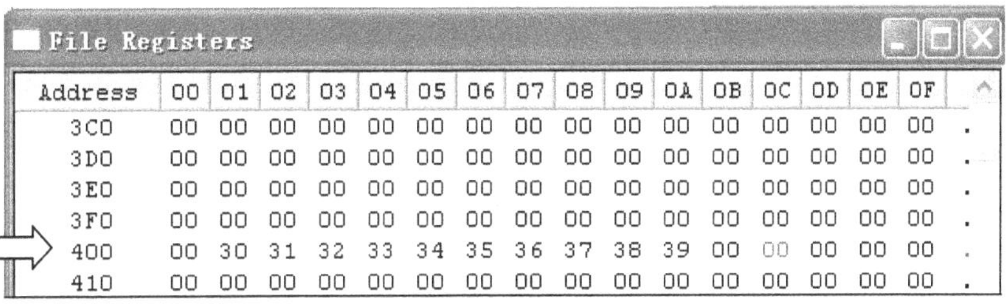

Address	00	01	02	03	04	05	06	07	08	09	0A	0B	0C	0D	0E	0F
3C0	00	00	00	00	00	00	00	00	00	00	00	00	00	00	00	00
3D0	00	00	00	00	00	00	00	00	00	00	00	00	00	00	00	00
3E0	00	00	00	00	00	00	00	00	00	00	00	00	00	00	00	00
3F0	00	00	00	00	00	00	00	00	00	00	00	00	00	00	00	00
400	00	30	31	32	33	34	35	36	37	38	39	00	00	00	00	00
410	00	00	00	00	00	00	00	00	00	00	00	00	00	00	00	00

图 5.5.1　C18 对数组和变量的分配示意图

5.5.2　用于数据存储器 RAM 的限定词 near 和 far

对于变量数据在 RAM 的限定词 near 和 far 是用来定义变量的数据段的。限定词 near 用于声明数据的地址限制在访问存储区；限定词 far 用于声明数据的地址可任意分配在全部有效空间内，示例如下。

【举例一】

```
#include <P18F452.h>
void main (void)
{
    near  unsigned char mynum [ ] = "0123456789";     //定义一个 ASCII 码字符串
    near unsigned char x=0xff;
    TRISD=0;
    for(x=0;x<10;x++)
        PORTD=mynum[x];
}
```

【举例二】

```c
#include <P18F452.h>
void main (void)
{
    far  unsigned char mynum [ ] = "0123456789";    //定义一个 ASCII 码字符串
    far unsigned char x=0xff;
    TRISD=0;
    for(x=0;x<10;x++)
        PORTD=mynum[x];
}
```

5.5.3 指定 RAM 地址的数据存放

使用伪指令#pragma 可以实现对变量数据的 RAM 地址分配。在使用伪指令#pragma 定义 RAM 地址时，有 2 种选择，即 idata 和 udata，分别表示初始化数据和未初始化数据，示例如下。

【举例一】

```c
#include <P18F452.h>
#pragma idata  mynum=0x150
unsigned char mynum [ ] = "0123456789";    //定义一个 ASCII 码字符串
void main (void)
{
    far unsigned char x=0xff;
    TRISD=0;
    for(x=0;x<10;x++)
        PORTD=mynum[x];
}
```

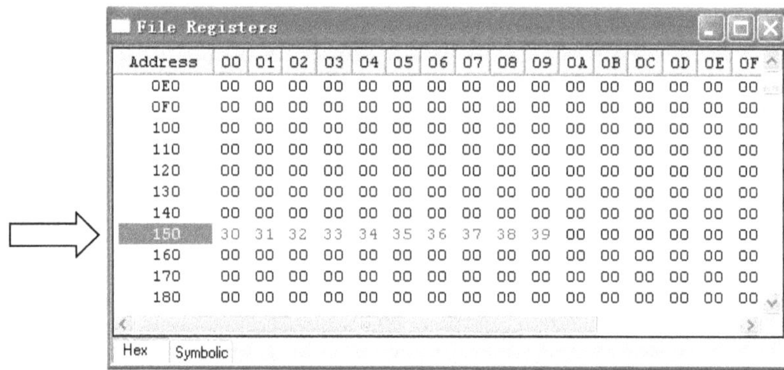

图 5.5.2 #pragrma idata 伪指令对 ASCII 数组的定义示意图

C18 编译器对 ASCII 数组的定义如图 5.5.2 所示。注意，ASCII 数组必须定义为 idata 数组。

【举例二】

```c
#include <P18F452.h>
#pragma udata  mynum=0x250
unsigned char mynum [100 ] ;
void main (void)
{
```

```
unsigned char x,z=0xff;
TRISD=0;
for(x=0;x<100;x++)
    {
        z--;
        mynum[x]=z;
        PORTD=z;
    }
}
```

使用#pragma udata 伪指令定义 RAM 的结果如图 5.5.3 所示。注意，对 mynum 这种数组必须定义为 udata。

图 5.5.3　#pragrma udata 伪指令对 mynum 数组的部分定

5.6　C18 对中断编程的定义

这里仅仅对 C18 在处理中断时，对于中断向量单元的处理方法加以描述。关于单片机中各个功能模块中断编程将在后续章节中介绍。

5.6.1　C18 对中断向量单元的定义与中断服务子函数的表达方式

中断向量是指，当单片机响应中断时，PC 会自动跳转到 ROM 中的 1 个特定单元，这个单元称为中断向量的入口单元。在 PIC18F 系列单片机中有 2 个中断入口单元，高优先级中断入口单元 0008H 和低优先级中断入口单元 0018H（如图 5.6.1 所示）。

图 5.6.1　2 个中断向量单元示意图

    在使用汇编语言格式编制时，为了确保中断编程的完整性，单片机的第一条指令（在 0000H 单元）必须是一条 GOTO 指令，以跨过 2 个中断向量单元，如：

```
            ORG     0000H
            GOTO    0100H              ;单片机的第一条指令
            ORG     0008H
            GOTO    TO_ISR             ;高优先级向量单元
            ORG     0018H
            GOTO    ADC_ISR            ;低优先级向量单元
            ORG     0100H
MIAN        MOVLW   OFH                ;主程序
            ...
            ORG     0200H
TO_ISR      MOVLW   20H                ;高优先级子程序
            ...
            RETURN
            ORG     0300H
ADC_ISR     MOVF    10H,0              ;低优先级务子程序
            ...
            RETURN
            END
```

    在这个例子中，可以看出，主程序不能占用中断向量单元，所以单片机的第一条指令应当是一条 GOTO 指令，使程序的开始要越过 2 个中断向量单元。即使在没有采用中断编程（不使用中断向量单元）时，也采用这种 GOTO 指令作为单片机的第一条指令，这已经成为编程者的一种规范做法。

    在汇编语言编程时，对于中断向量单元的定义是通过 ORG 伪指令定义的。C18 语言是如何处理 0008H，0018H 2 个中断向量单元的，是通过伪指令 #pragma code 实现对 ROM 单元中断向量单元的定义的。下面是一个由伪指令定义的 void My_Hiprio_Int(void)子函数。

```
#pragma code My_Hiprio_Int = 0x08
void My_Hiprio_Int(void)
{
    _asm
      GOTO chk_isr
    _endasm
}
```

利用伪指令#pragma code 将 void My_Hiprio_Int(void)子函数定义在高优先级中断向量元 0008H 开始的单元中，而该子函数的内容是由_asm 和_endasm 定义的一个汇编指令 GOTO chk_isr。这样，C18 编译器就会将 GOTO chk_isr 的机器码定义在高优先级中断向量入口单元 0008H 单元中。对于低优先级的定义完全相同（只是#pragma code 定义的入口地址不同罢了）。例如，将 INT0 的中断定义为低优先级中断（对应的入口地址为 0018H 单元），其服务子函数的名称为 chk_isr，则低优先级的中断向量单元的定义为

```
#pragma code My_Liprio_Int=0x18
void My_Liprio_Int(void)
{
```

```
    _asm
        GOTO chk_isr
    _endasm
  }
```

5.6.2　C18 对中断服务程序 ISR 的定义与表达方式

对与单片机而言，中断服务子程序 ISR 是通过中断向量中的 GOTO 跳转语句引入、执行的。
在 C18 编译器中同样是使用伪指令#pragma interrupt 来定义 ISR 子函数，如

```
#pragma interrupt chk_isr               //定义中断服务子函数 chk_isr
void chk_isr(void)
{
    if(INTCONbits.INT0IF==1)            //判断是否为 INT0 引发的中断
        INT0_ISR();                     //如果是，则执行 INT0_ISR 子函数
                                        //否则退出（或继续判断其他的中断标志）
}
```

应当注意，在定义中断向量单元的子函数 void My_Hiprio_Int(void)中的 GOTO 语句中的目标地址
chk_isr 必须是 ISR 子函数的名字（如上面的 2 个例子中的 chk_isr，在#pragma code 和#pragma
interrupt 中是相互关联的）。

由于 PIC18F 单片机众多的中断源共用一个中断向量单元（0008H 或 0018H），所以在 PIC18F
的中断编程中，ISR 中首先要判断引发本次中断的标志是什么（当使用 2 个以上的中断源时），这
也是 PIC 单片机在处理中断时的一个特点。下面是一个采用中断方式编程的 C 语言示例。这里不
对程序的功能进行分析，而仅对这个 C 语言程序的结构进行分析。

```
#include <p18f452.h>
void delay(void);
void INT0_ISR(void);
unsigned char i,j,flag;
#pragma interrupt chk_isr               //由伪指令#pragma interrupt 定义的 ISR
void chk_isr(void)
{
  if(INTCONbits.INT0IF==1)              //首先判断引发中断的原因是否为 INT0IF
        INT0_ISR();                     //如果是 INT0IF 引发的中断则执行
INT0_ISR
}                                        //否则返回
#pragma code My_Hiprio_Int=0x08         //由#pragma code 定义的高优先级中断
void My_Hiprio_Int(void)
{
    _asm
        GOTO chk_isr                    //定义在 08H 单元中的 GOTO 语句
    _endasm
  }
#pragma code
void main(void)                         //主函数
{
    TRISD=0X00;                         //D 口为输出
        PORTD=0xFF;                     //D 口为输出 OFF
```

```
            TRISBbits.TRISB0=1;              //设 B0 口为输入
            INTCON2bits.INTEDG0=0;           //INT0 下降沿触发
            INTCONbits.INT0IF=0;             //清中断标志位
            INTCONbits.INT0IE=1;             //开 INT0 中断
            INTCONbits.GIE=1;                //开总中断
            while(1) ;                       //等待 INT0 中断
    }
    void delay(void)                         //一个延时子函数
    {
      for(i=255;i>0;i--)
        for(j=200;j>0;j--) ;
    }
    void INT0_ISR(void)                      //INT0_ISR 子函数
    {
        delay();
        PORTD=~PORTD;
        while(PORTBbits,PORTB=0) ;
        delay();
        INTCONbits.INT0IF=0;                 //清中断标志位
    }
```

这是一个比较典型的 C18 语言程序。在程序中采用中断方式处理外部中断 INT0（在后续章节中介绍），这里着重分析程序的组成。

① 由#pragma interrupt 伪指令定义（声明）的一个中断服务子函数 chk_isr。

② 由#pragma code 伪指令定义中断向量单元 0008H 的 GOTO chk_isr 语句。

③ 主函数。

④ 一个延时子函数 delay(void)。

⑤ 中断处理子函数 INT0_ISR(void)。

第6章
PIC 单片机的调试工具 MPLAB IDE 和 MPLAB ICD

MPLAB IDE 集成调试软件和 MPLAB ICD2 硬件在线调试器是美国微芯片技术公司为 PIC 系列单片机设计开发的，也是学习开发 PIC 单片机的必备工具。

6.1　PIC18F452 单片机开发系统的软、硬件设备简介

调试程序离不开调试软件，IDE 是微芯片技术公司开发的一种集成调试软件工具，读者可以在微芯片技术公司的官方网站（http://www.microchip.com）上免费下载。ICD 是一种硬件调试器，它在 IDE 软件的运行环境下与用户开硬件系统进行连接，实现在线调试、在线编程功能。

6.1.1　MPLAB IDE 集成调试软件

MPLAB IDE（Integrated Development Environment，IDE）是美国微芯片技术公司为其生产的 PIC 系列单片机配置的功能强大、基于 Windows、易学易用的集成开发环境的软件。从最早的 v2.6 版本到现在的 v8.x 版本，功能日趋完善。此版本支持目前几乎所有的 PIC 系列产品。本教程采用的是 MPLAB IDE 8.2 版本。

MPLAB IDE 集成开发软件集成了下列开发工具。

1. 工程项目管理程序

工程项目管理程序（Project Manager）用于创建工程项目，并指定与工程项目相关的文件。工程项目管理是 MPLAB IDE 的核心部分，是进行符号代码调试的关键环节。符号代码的调试内容如下。

① 创建工程项目。

② 把源代码添加到工程项目中。

③ 汇编或编译源代码。

④ 编辑源代码。

⑤ 重建（Rebuild）所有源文件或编译单个文件。

⑥ 调试代码程序。

2. MPLAB 的编辑程序

MPLAB 的编辑程序（MPLAB Editor）用于编写、录入和编辑用户的程序文件，编辑、保存的文件属于文本文件。

3. MPASM 汇编程序

MPASM 汇编程序（MPASM Assembler）用于对用户编写的程序文件（文本格式）进行编译、转换为与硬件对应的目标代码。汇编程序具有完善的宏调用功能、条件汇编以及几种不同的源文件格式与列表文件格式。汇编的过程还包含了语法错误的查找、目标程序的连接等操作。

4. MPLAB-SIM 软件模拟程序

MPLAB-SIM 软件模拟程序（MPLAB-SIM Software Simulator）可以提供模拟 PIC 单片机的指令执行及输入、输出的环境，不需要任何硬件。利用 PC 可以仿真 PIC 所有的指令运行、调试，以及查找程序中的"逻辑错误"。采用这种方法可以降低开发成本。但是软件模拟是一种非实时性、非在线的操作，适用于程序的前期准备和一些简单的程序调试的场合。

5. PICMASTER 硬件在线调试器

PICMASTER 硬件在线调试器（PICMASTER Amulator）用来作为"硬件仿真器"的支持工具。采用硬件仿真调试程序具有很好的实时性，适用于调试性能要求较高的场合。由于 PICMASTER 与 MPLAB-SIM 具有相同的用户接口，因而从 MPLAB-SIM 转换到 PICMASTER 模式是很方便的。

MPLAB IDE 具有 3 种运行模式，即模拟仿真（MPLAB-SIM）、在线调试（PICMASTER）和脱机运行，设置方法详见后续的章节。

6.1.2　MPLAB ICD2 硬件调试器

MPLAB ICD2（In-Circuit Debugger）是微芯片技术公司专为 PIC 单片机设计、开发的一种在线调试硬件工具之一，采用 USB 接口通信，使用方便、灵活。ICD2 不仅能够实现 PIC 单片机用户程序的在线调试，还支持在线编程功能。实际上不能简单地将 ICD2 称为硬件仿真器，因为 ICD2 在调试程序时是采用先编程（烧写）、后调试的方式，即首先将一个调试用的监控程序和用户程序一同烧写、下载到目标板上的单片机中，在调试时通过监控程序来调用用户程序。这种方式比传统的仿真器运行仿真度更高、更接近实际情况。一旦程序调试完成，可以抛弃监控程序，直接烧写、下载用户程序（脱机模式）。因此，ICD2 还兼具了程序烧写器的作用。

MPLAB ICD2 的上行与 PC 机通过 USB 连接，下行通过一条专用的 6 芯电缆与用户的目标板连接。使用 ICD2 时，ICD2 要占用目标版单片机的 2 条端口线 RB7、RB6 做串行通信、下载线（见表 6.1.1）。

表 6.1.1　　　　　　　　　　　　ICD2 排线、水晶头插头电缆信号定义

芯线引脚	1	2	3	4	5	6
芯线颜色（排线）	白	黑	红	绿	黄	蓝
对应 PIC 引脚	悬空	RB6	RB7	12	11	1
信号定义	空脚	PGC 串行编程 控制信号	PGD 串行编程 数据信号	GND 地（0V）	VDD 正电源 （+5V）	MCLR 复位信号 低电平有效

在微芯片技术公司提供的 ICD2 的套件中有两种与目标板连接的电缆以满足不同场合的需求。

① 两端均为水晶头结构的六芯电缆，可以直接与微芯片技术公司的 APP001 实验板连接。水

晶头的外形及引脚定义如图 6.1.1 所示，其电缆信号定义如表 6.1.1 所示。ICD2 与目标板的连接实物图片如图 6.1.2 所示。

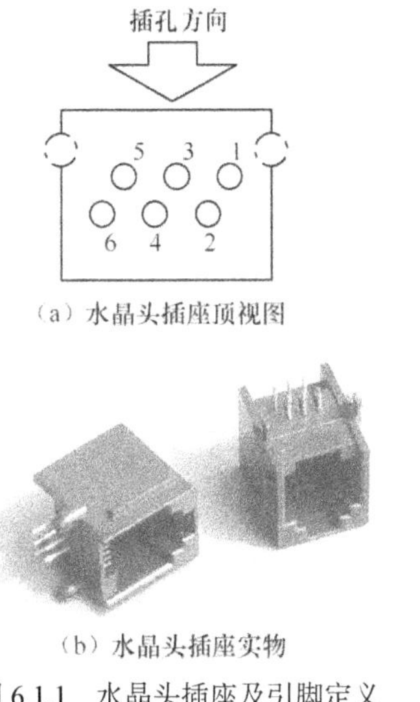

图 6.1.1　水晶头插座及引脚定义

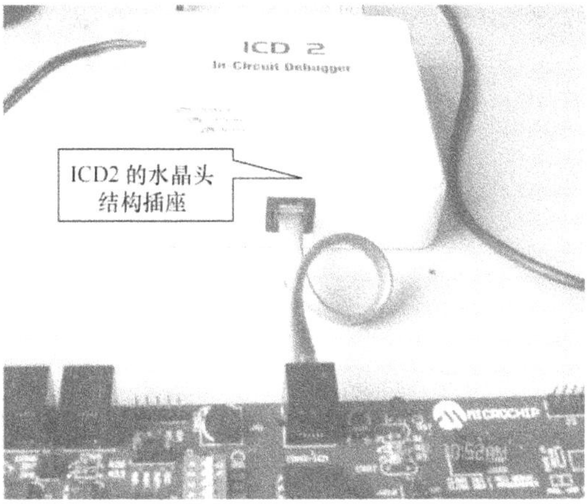

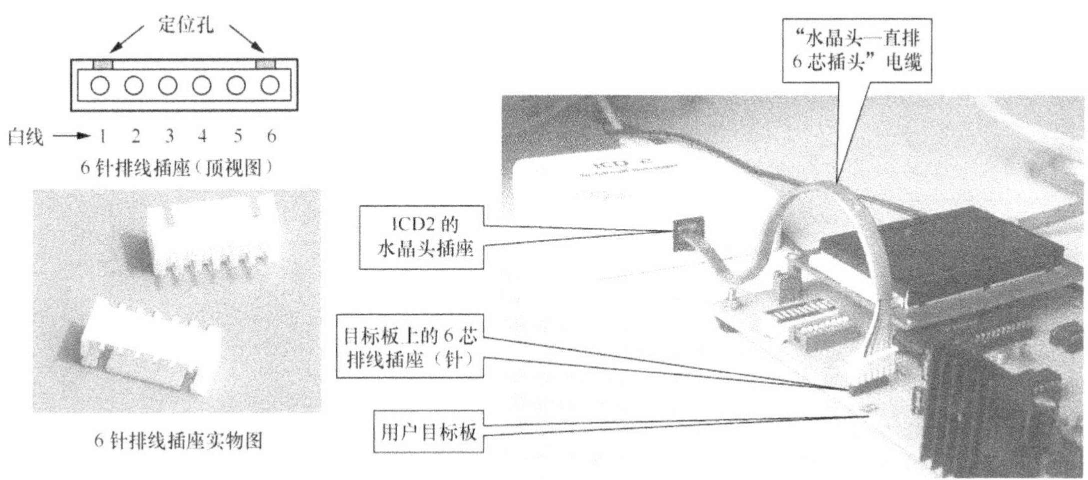

图 6.1.2　ICD2 与目标板的连接

② 一端为水晶头（与 ICD2 连接），另一端为 6 孔排线插头（与用户的目标板连接）。这种电缆非常适合用于用户自制的目标板的连接，6 孔插头是采用标准的 2.54mm 间距设计（如图 6.1.3 和图 6.1.4 所示）。

图 6.1.3　六芯排线插座及引脚定义　　　　　图 6.1.4　水晶头—排线结构的电缆与目标板的连接

用户自行设计 PIC 单片机系统时，首先要设计与 ICD2 之间实现通信的在线调试端口。用户只要按照表 6.1.1 的定义，将 6 针排线插座与单片机和电源的对应引脚连接，就可以实现用户目标板与 ICD2 之间的在线调试功能。使用 ICD2 进行在线调试时，ICD2 对单片机的端口存在占用的问题，即使用 RB7、RB6 做在线调试模式串行数据和串行同步线。因此，在线调试模式时是不能使用 RB7、RB6 的。但是如果采用脱机模式运行程序时，RB7、RB6 对用户是开放的，因为脱机模式运行不需要 ICD2。用户可以先使用其他端口替代 RB6、RB7，在线调试成功后再将端口恢复为 RB6、RB7，并改为脱机模式即可。在线调试端口电路如图 6.1.5 所示。

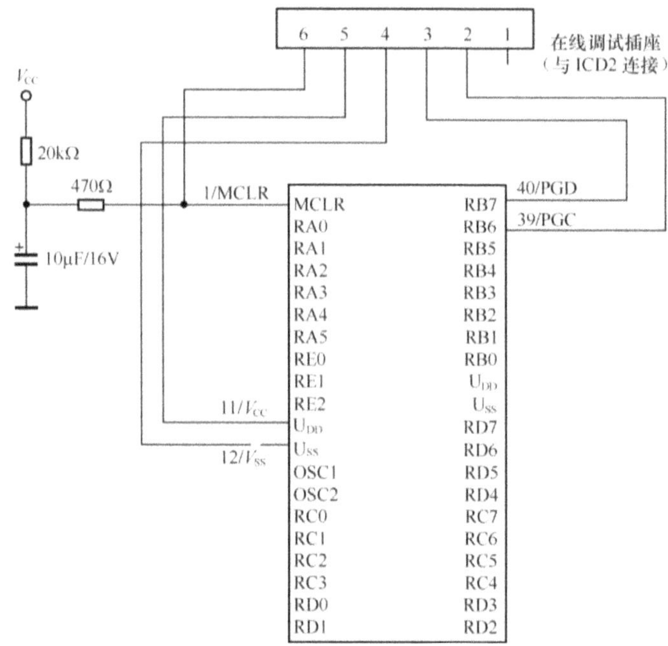

图 6.1.5　目标板上的 PIC18F452 与 ICD2 的连接电路

用户在设计自己的系统时，首先要保证电源电路、晶体、复位电路，以及在线调试插座的正确连接。这样系统就具备了调试程序的基本条件，将这样的系统称为单片机最小系统（如图 6.1.6 所示）。

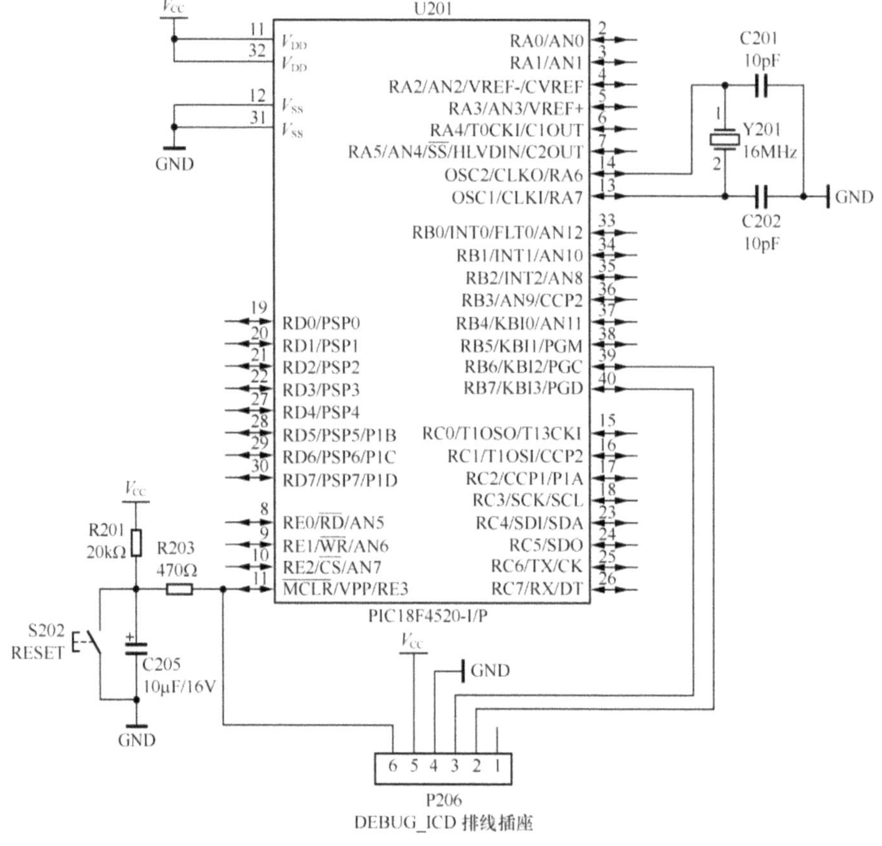

图 6.1.6　PIC18F452 单片机的最小系统

图 6.1.7 所示显示了由一台微型计算机（也称上位机）、MPLAB-IDE 软件、ICD2 在线调试器和用户目标系统（PIC18F_1 实验仪）三者构成的一个 PIC 单片机的实验系统平台。

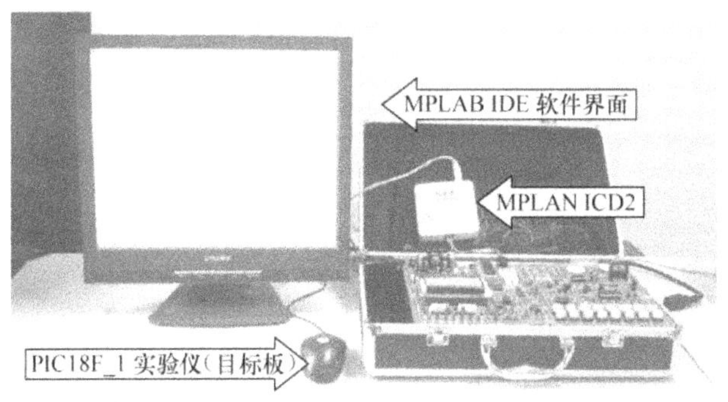

图 6.1.7　PIC18F 实验系统平台示意图

6.1.3　PIC 单片机调试系统的连接及上电操作

PIC 单片机的调试系统由集成调试软件［MPLAB IDE（8.0）］、在线调试器（ICD2）和用户目标板（或 PIC 单片机最小系统）三大组成部分构成，可有以下几种方式进行连接。

1. 由在线调试器 ICD2 为用户目标板供电

在用户目标板（或单片机最小系统）的工作电流比较小（<200mA）的情况下，目标系统可以通过在线调试器 ICD2 提供工作电流，此种方式的优点是为用户节省了一个电源模块。连接顺序如下。

① 通过 USB 电缆将 MPLAB ICD2 接到计算机，此时不要给目标板供电。

② 启动 MPLAB IDE 集成调试软件。

③ 选择一个 MPLAB ICD2 支持的 PIC 器件（用户目标板或 PIC 单片机最小系统）。

④ 设置为 MPLAB ICD2 为"在线调制器（Debugger）"或"烧写器（Programmer）"。

⑤ 在和 MPLAB ICD2 建立通信后，选择 Debugger>Settings。

⑥ 在 Settings 对话框中，单击 Power 选项，并确保复选框 "Power target circuit from MPLAB ICD 2（从 MPLAB ICD 2 上获取目标系统的工作电流）"被选中。单击"OK"按钮。

⑦ 通过 6 芯电缆连接目标板到 ICD2，即给目标板上电。

⑧ 建立项目。

2. 目标板独立供电

如果用户的目标系统需要比较大的工作电流时，应当对用户的目标系统板单独供电，以确保 ICD2 的正常工作。一般来讲，对用户目标板采用单独供电是一种通用的做法，建议读者无论目标版的工作电流是大还是小，均采用此方法。此时，ICD2 仍由 USB 电缆单独供电。连接顺序如下。

① 给 MPLAB ICD2 上电（连接与上位机连接的 USB 电缆即可）。

② 启动 MPLAB IDE 集成调试软件。

③ 在 MPLAB IDE 的 Debugger 菜单下，选择 "Connect"。

④ 在和 MPLAB ICD2 建立通信后，选择 "Debugger > Settings"。

⑤ 在 Settings 对话框中，单击 Power 选项，并确保复选框 Power target circuit from MPLAB ICD 2" 不被选中。单击 "OK" 按钮。

⑥ 给目标系统通电，然后选择 "Debugger > Connect"。

调试系统由上位机、在线调试器（ICD2）和用户目标板三大部分组成（如图 6.1.8 所示）。

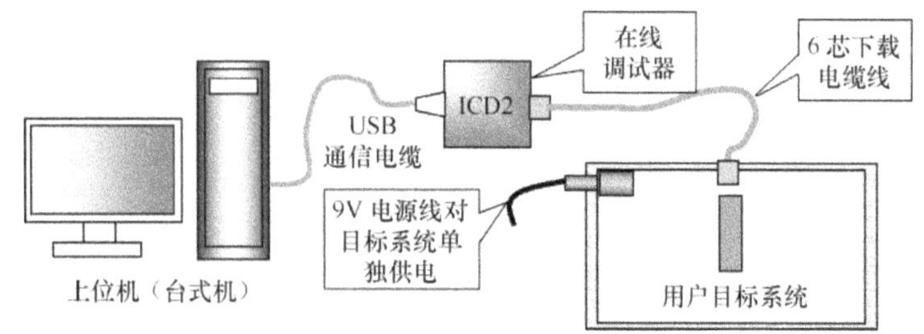

图 6.1.8　上位机、实验板（目标板）和在线调试器 ICD2 及电源的连接示意图

6.2　MPLAB IDE 的 3 种运行方式及特点

MPLAB IDE 调试软件具有 3 种运行方式，它们分别是模拟仿真模式、在线调试模式和脱机模式。3 种模式各有特点，适应 PIC 单片机调试的不同阶段。

1. 模拟仿真模式

模拟仿真（MPLAB SIM）模式，是指仅使用 MPLAB IDE 软件，而不用在线调试器（ICD2）以及目标系统这两个硬件模块，在 MPLAB IDE 环境下调试程序的方法。在这种模式下可以通过单步或全速-断点方式调试、运行用户程序。此时，用户可以通过观察变量（虚拟的文件寄存器）中的数值来调试自编的程序、寻找错误。

模拟仿真的优点是用户不需要在线调试器（ICD2）和 PIC 的目标板就可以调试自己编写的程序，对于初学者尤为方便。此时编程者可以不需要任何的硬件投资，学习 PIC 单片机的指令系统和小的程序设计，因此这是一种相当经济、快捷的学习模式。

模拟仿真的不足是只能验证程序的一些基本算法，而对于具有 I/O 接口的操作就无法进行调试了。因此，模拟仿真只适合工程的前期准备、小程序的调试等场合。

设定方法，Debugger → Select Tool → MPLAB SIM 即可（如图 6.2.1 所示）。

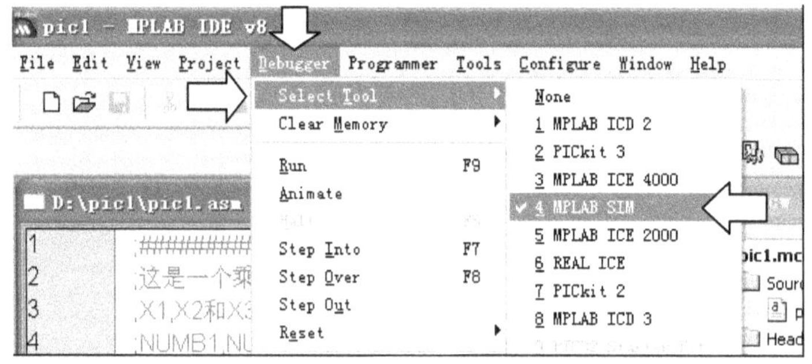

图 6.2.1　MPLAB IDE 软件 "模拟仿真模式" 的设定

2. 在线调试模式

在线调试（MPLAB ICD）模式是一种最常用的调试方法。借助于在线调试器（ICD2），将用户的目标板（或单片机最小系统）与上位机连接起来。在 MPLAB IDE 软件的控制下，对用

户的硬件目标系统进行联调。运用单步、断点或全速等运行方式，全方位的观察、调试目标系统程序。

PIC 单片机的在线调试与一些传统的单片机不同，PIC 单片机的在线调试实际上是首先将一个监控程序与用户程序代码一同烧写到目标板上的 PIC 单片机中，然后通过运行目标板上单片机中的监控程序来调用用户的目标代码，此时在线调试器（ICD2）只起到一个通信的作用，实时地将上位机的各种命令传送到目标板上单片机中的监控程序中，同时将单片机的各个参数上传到上位机的屏幕上。

在线调试模式的系统连接如图 6.1.8 所示。

设定方法，Debugger → Select Tool → MPLAB　ICD2 即可（如图 6.2.2 所示）。

注意，在选择在线调试时，要事先将 ICD2 与上位机连接好，否则会在 ICD 的 Out Put 窗口出现出错信息。

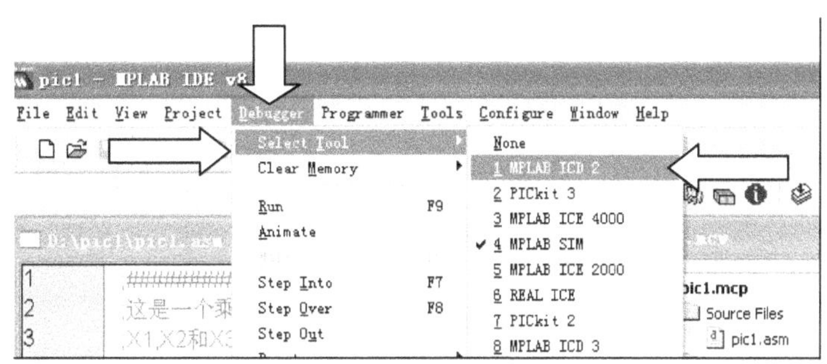

图 6.2.2　MPLAB IDE 软件在线调试模式的设定

3. 脱机运行模式

当用户为目标板编写的程序经过在线调试验证后，就可以采用脱机模式脱离在线调试器（ICD2），单独运行用户的目标代码程序了。在 IDE 环境下，脱机模式属于编程模式（Programmer）。在进行 Program 操作中，IDE 只将用户程序的目标代码单独烧写到单片机中。当烧写过程完成后，目标板必须脱离在线调试器（ICD2）而独立运行。此模式中 ICD2 承担了一个编程器的角色。

设定方法，Programmer → Select Programmer → MPLAB ICD2（如图 6.2.3 所示）。

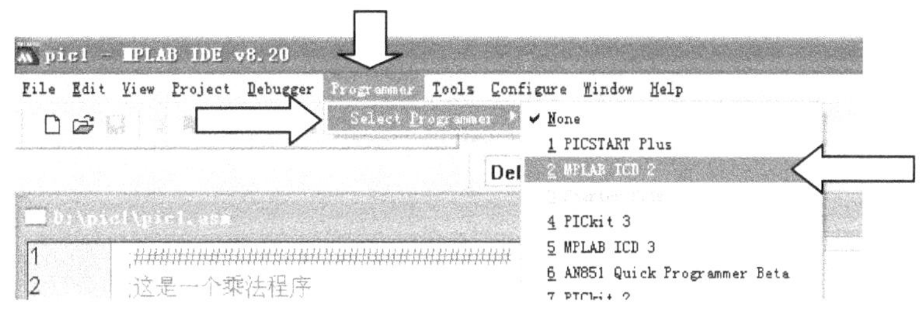

图 6.2.3　MPLAB IDE 软件"脱机模式"的设定

编程操作，Programmer → Program（开始烧写程序）即可（如图 6.2.4 所示）。

4. MPLAB IDE 的 3 种运行方式的小结

MPLAB IDE 集成调试软件的使用可以归纳为 3 种工作方式，即模拟仿真（Simulator）模式、在线调试（Debugger）模式和脱机（Programmer）模式。其中前 2 种模式均属调试（Debugger）模式通过 Debugger 菜单设置，而脱机模式属于编程器（Programmer）模式，是通过 Programmer

菜单设置（如图 6.2.5 所示）。

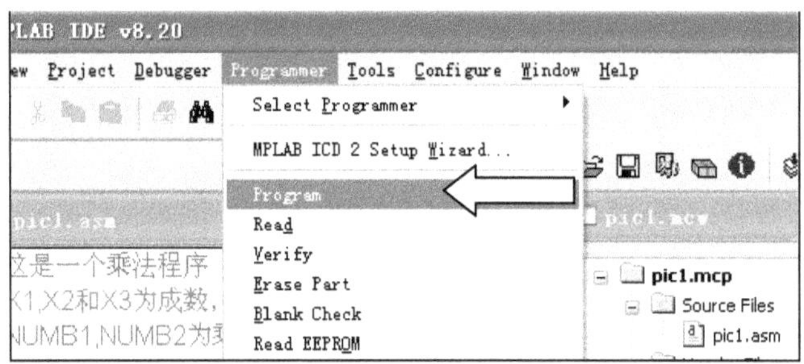

图 6.2.4　"脱机模式"下的烧写程序的操作

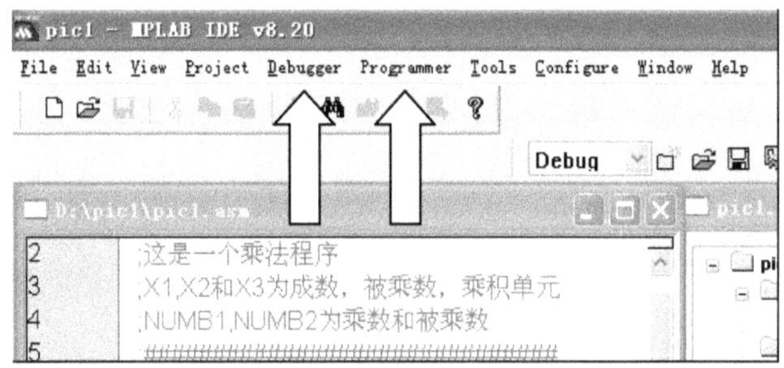

图 6.2.5　IDE 工具栏中的 Debugger 和 Programmer 模式的选择

在下面的章节中将详细描述 MPLAB IDE 集成调试软件的 3 种模式操作步骤。

6.2.1　MPLAB IDE 的模拟仿真模式（MPLAB SIM）

MPLAB IDE 的模拟仿真（MPLAB SIM）模式。首先运行 IDE 软件，运行后便会出现一个 IED 的初始界面（如图 6.2.6 所示）。

1.　创建一个工程

在 IDE 界面的工具栏中选择 Project 操作，并在此操作的下拉菜单中选择 Project Wizard（创建工程向导）命令。利用创建工程向导，可以使工程的创建简单、明了（如图 6.2.7 所示）。

图 6.2.6　IDE 软件启动界面示意图

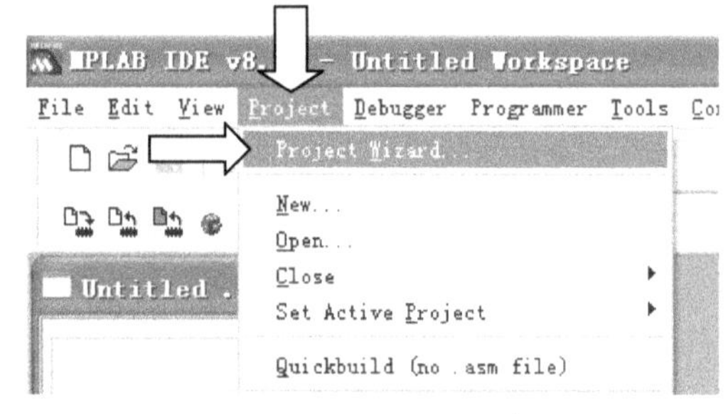

图 6.2.7　利用工程向导建立工程

单击该命令后，进入工程向导启动界面（如图 6.2.8 所示）。单击"下一步"按钮，进入器件选择界面。

第一步，为工程选择目标器件（单片机型号）。

在器件选择界面中，提供了对单片机型号选择的机会。根据用户目标板（或 PIC 单片机最小系统、实验仪等）上的单片机型号进行选择，如 PIC18F452（如图 6.2.9 所示）。

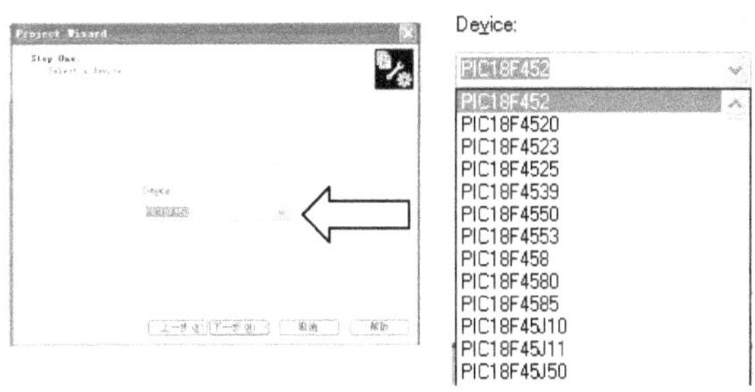

图 6.2.8　工程向导启动界面　　　　图 6.2.9　从器件下拉目录中选择型号

第二步，选择一个语言工具。

实际上是确定 IDE 所使用的语言编译器，这与用户编程语言的类型相关。

如果采用汇编语言编程就要选择 Microchip MPASM Toolsuits。

如果采用 C18 语言编程就要选择 Microchip C18 Toolsuits：C18。

此窗口默认指向汇编语言编译器 Microchip MPASM Toolsuits（如图 6.2.10 所示）。

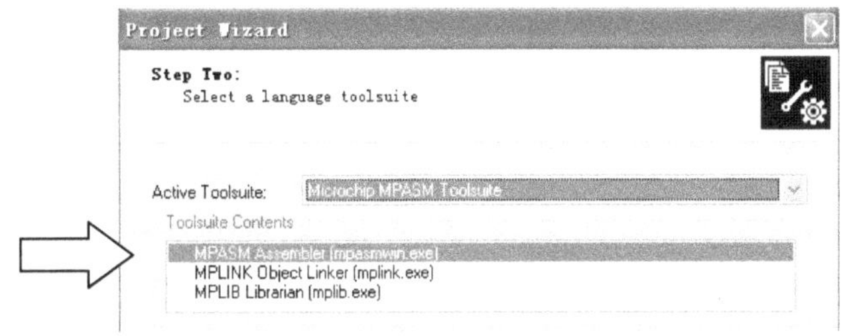

图 6.2.10　IDE 默认的选择编译文件类型（汇编语言编译器）

如果用户采用汇编语言编程，直接单击"下一步"按钮即可。

如果用户使用 C18 语言编程时则使用鼠标在 Active Toolsuite 栏的下拉菜单中选择"Microchip C18 Toolsuits"，并单击"下一步"按钮（如图 6.2.11 所示）。

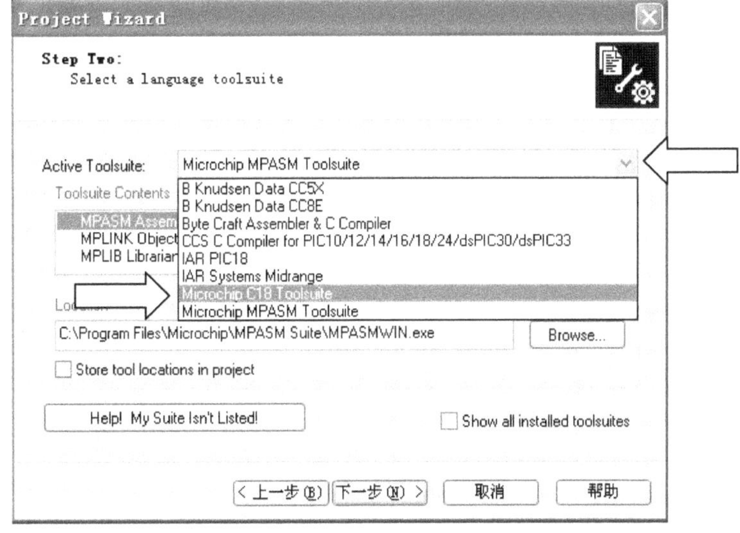

图 6.2.11　选择 C18 编译器的示意图

第三步，创建一个新的工程文件。

在选定编译器，并单击"下一步"按钮后，IDE 会弹出一个"创建一个新的工程文件"窗口。此操作的目的是确定新的工程名称及所存储的路径。建议读者在硬盘上单独为此工程项目 pic_1 创建一个文件夹（不要使用中文路径），如 pic_1。单击窗口中的 Browse...（浏览）按钮（如图 6.2.12 所示）。此时，会弹出当前默认的存储路径窗口（如图 6.2.13 所示）。

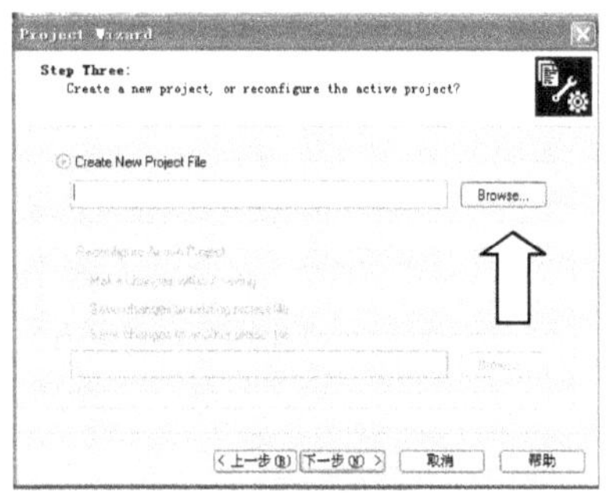

图 6.2.12　创建新工程的窗口界面

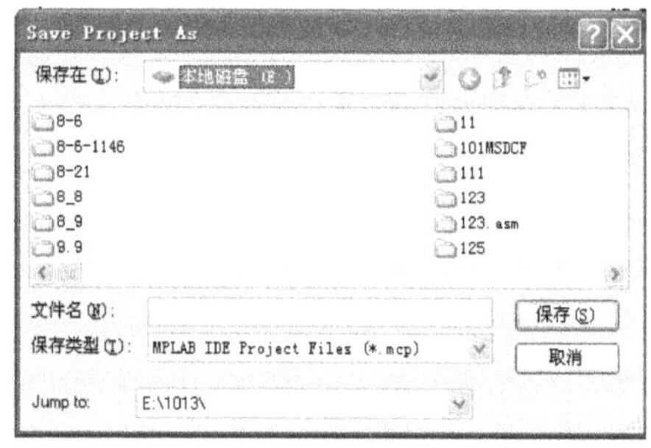

图 6.2.13　IDE 软件默认的工程存储路径

建议使用鼠标在当前路径下创建一个新的文件夹 pic_1，以便将此工程保存在此文件夹中（如图 6.2.14 所示）。

图 6.2.14　为工程创建新的文件夹（pic_1）

鼠标双击，打开该文件夹并在"文件名（实际上为工程名）"处输入工程名"pic_1"（不用输入工程名的扩展名）并单击"保存"按钮（如图 6.2.15 所示）。当然，也可以事先创建一个文件夹（pic_1），此时在图 6.2.15 所示的界面中寻找该文件夹并进入该文件夹中，输入工程名并保存。

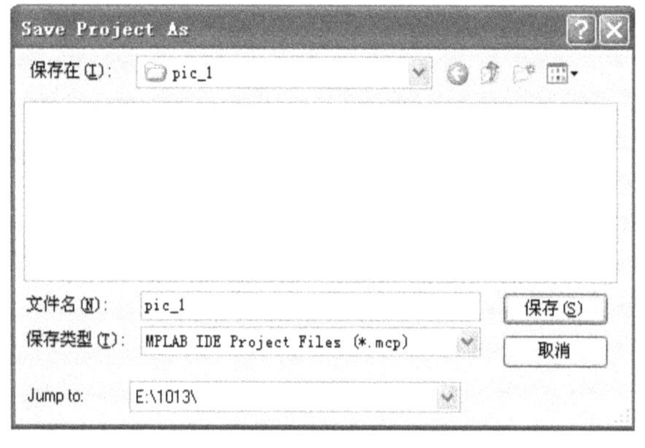

图 6.2.15　在工程文件夹中输入工程名 pic_1

保存后会将此工程路径的相关信息显示出来（如图 6.2.16 所示）。将文件夹、工程名及后续的源程序名称都统一为相同的字符名字（pic_1）的方法便于整个工程的管理。

图 6.2.16　工程 pic_1 所在的路径的显示信息

注意，不要使用中文名或长字符来定义文件夹（或路径）或工程名。

第四步，添加已存在的程序文件到工程。

单击"下一步"按钮后，IDE 会弹出"添加文件到工程"的提示窗口（如图 6.2.17 所示）。

如果是新创建的工程（还没有建立程序文件的情况下），则可以忽略此操作，直接单击"下一步"按钮。此时则会出现新建立工程的相关信息（如图 6.2.18 所示）。单击"完成"按钮，创建工程完成。

图 6.2.17　添加文件到工程的窗口界面

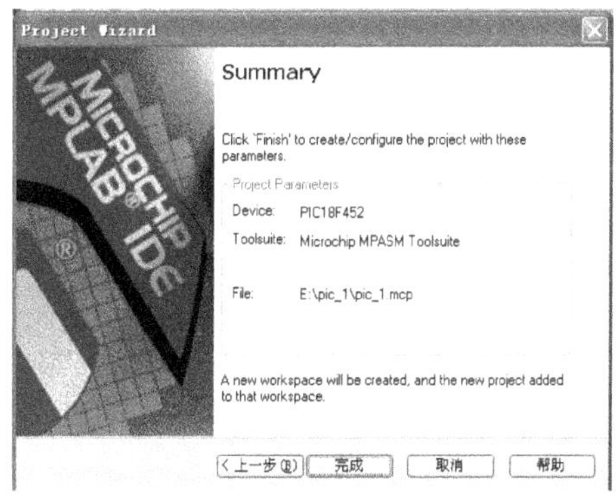

图 6.2.18　新建工程的相关信息

2. 建立一个程序文件

此时 pic_1 的工程已经建立起来，但是这个工程因为还没有程序文件，所以它是一个"空"的工程，使用者应当将程序代码输入到 pic_1 工程中，具体方法如下。

在 IDE 的工具栏在"File"的下拉菜单中选择"New"（如图 6.2.19 所示）。此时，弹出一个文件编辑窗口（如图 6.2.20 所示）。

在文件编辑窗口下可以通过键盘输入程序（如图 6.2.21 所示）。在输入程序时注意，使用汇编语言格式编程时，编译器对英文字符大小写不敏感（按相同处理），但编程时尽可能采用相同的格式，使文档整齐划一。另外，所有的标点符号均要采用半角字符格式下的符号，任何中文全角的符号都会在编译时产生"语法错误"。

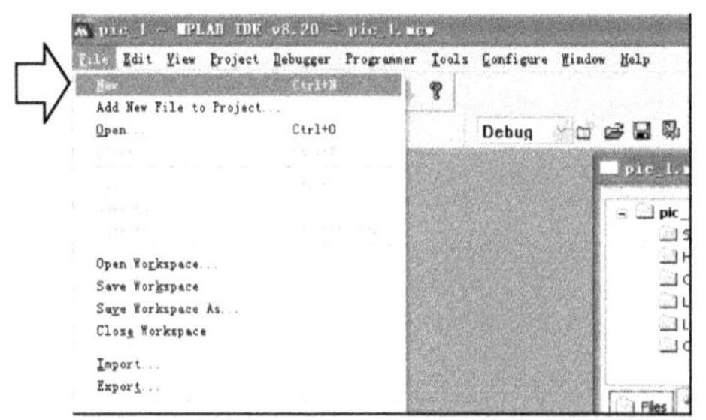

图 6.2.19　在 file 下拉菜单中选择 new

图 6.2.20　IDE 的程序文件编辑窗口

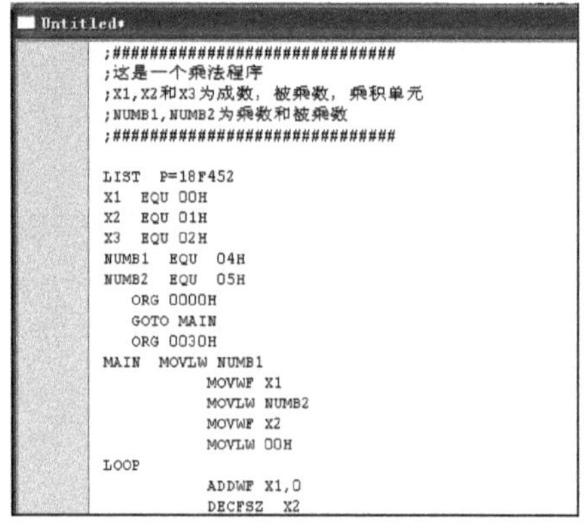

图 6.2.21　在文件编辑窗口中编写程序

当然，如果程序文件已经存在，使用者可以使用"File"下拉菜单中的"Open"将编写好的程序文件直接打开。

3. 保存程序文件

当程序文件输入完成后，选择"File"下拉菜单中的"Save"保存该文件。当此文件是第一次保存时，IDE 会弹出一个文件保存路径。

注意，此时默认的路径可能并不是该工程所在的路径，这时一定要找到原先为工程所创建的文件夹（并打开此文件夹），这一点要特别注意。

当重新选择好 pic_1 工程的路径（文件夹）后，建议将程序文件名称也定义为 pic_1，即 pic_1.asm。注意要有后缀名.asm，并保存（如图 6.2.22 所示）。一旦保存成功，编辑窗口中的源程序会有一个明显的特征，即程序文件会产生颜色上的区分（操作码、立即数伪指令等都会以不同的颜色加以区别），并且在编辑窗口的左上角会显示该程序文件所存在的路径信息（如图 6.2.23 所示）。

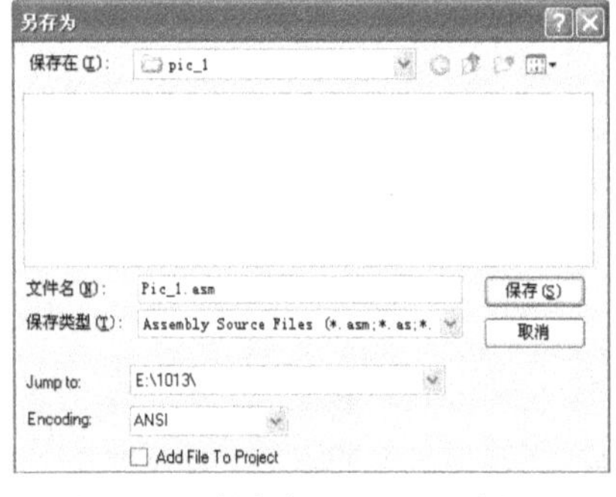

图 6.2.22　保存在 pic_1 工程路径下

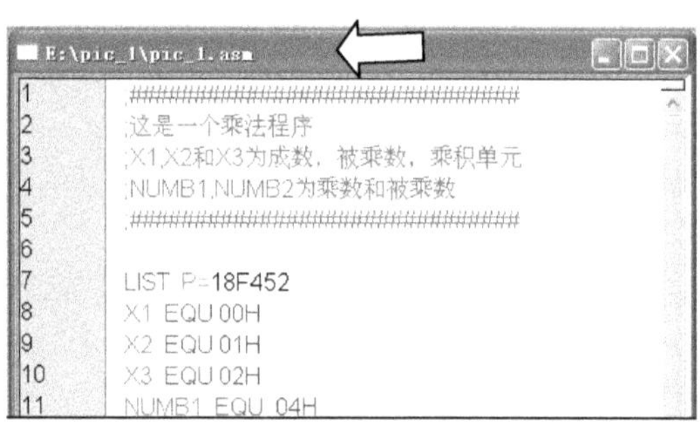

图 6.2.23　保存成功的程序字符呈现彩色

　　为了便于观察 IDE 下各种信息，可以使用 IDE 工具栏 "Window" 下拉菜单中的相关命令，如 Tile Vertically（垂直排列）命令，对 IDE 的界面进行整理（如图 6.2.24 所示）。读者可根据自己的喜好选择"垂直排列"或"水平排列"。这样 IDE 界面中的各个窗口整齐划一、互不重叠（如图 6.2.25 所示）。

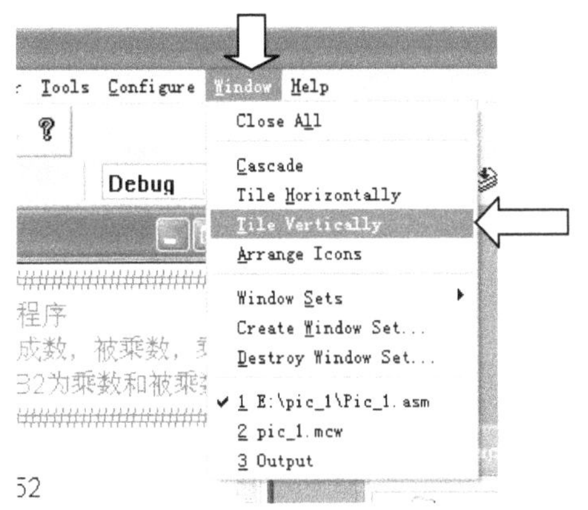

图 6.2.24　利用 Window 操作整理 IDE 界面　　　　图 6.2.25　垂直排列的 IDE 界面

　　在图中，IDE 界面自左向右依次是程序文件窗口、pic_1 工程窗口和 Out put 的操作信息窗口，当然读者也可以根据需要添加其他所需要的信息窗口。

4. 将程序文件添加到工程之中

　　在上面的操作中已经完成了从工程的创建到程序文件的编辑和保存。但是在工程窗口中仍然没有体现出该程序文件，也就是说被保存在当前工程路径下的程序文件并没有与工程相关联。所以还需将该程序文件添加到该工程中去。

　　具体方法如下，将鼠标移至"程序文件"窗口，并单击鼠标右键，这时会弹出一个下拉菜单，在此下拉菜单中选择 "Add To Project" 进行添加（如图 6.2.26 所示）。当把程序文件添加到工程之中后，在工程窗口可以看到程序文件的存在（如图 6.2.27 所示）。

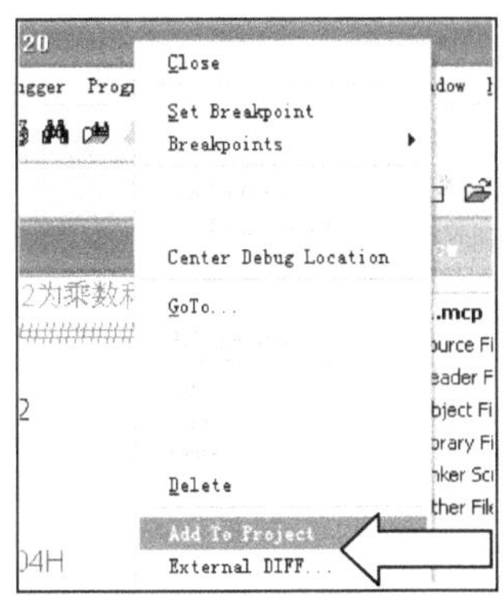

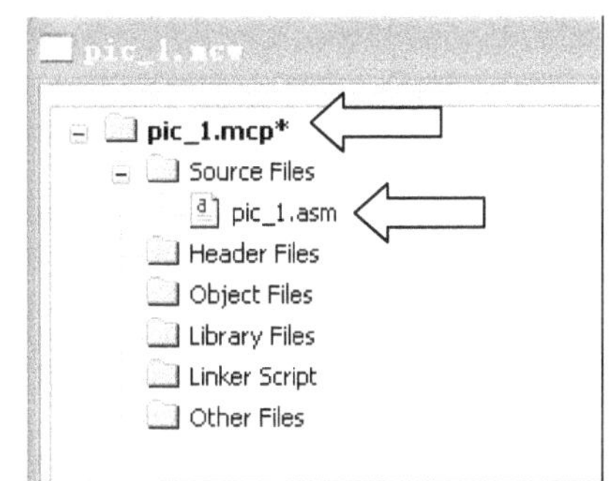

图 6.2.26　将程序文件添加到工的操作　　　　图 6.2.27　添加文件到工程后 IDE 的工程信息

　　但需要注意的是，在 IDE 工程窗口中工程的文件夹上有一个 "*" 警示符，必须对该工程进行一次保存，即在 "Project" 的下拉菜单中选择 "Save Project"（如图 6.2.28 所示）。这样，工程窗口中 pic-1.mcp 文件夹上的 "*" 便会消失。到此为止，一个包含程序文件 pic_1.asm 的 pic_1 工程便建立完成（如图 6.2.29 所示）。

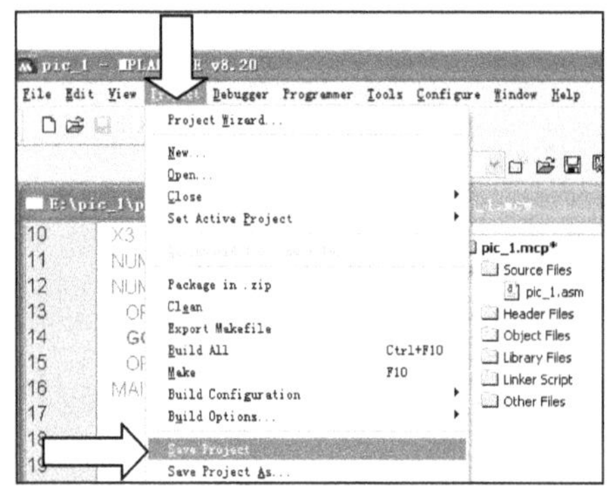

图 6.2.28　选择 Save Project 命令保存工程

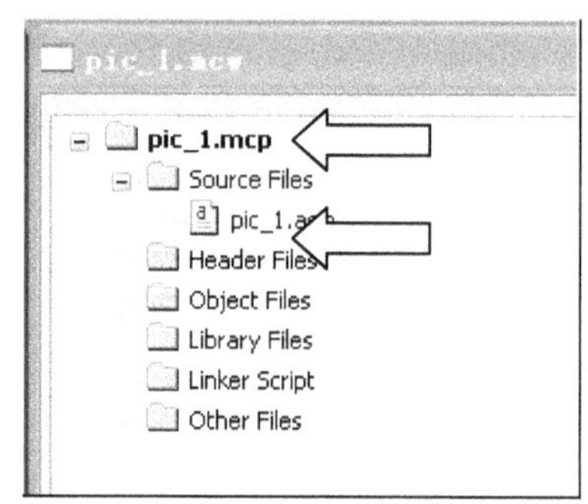

图 6.2.29　Project 窗口的完整信息

以"工程"方式创建程序文件会给程序的调试带来极大的方便。如果要调试一个前期的程序时，只要直接打开与程序相关的工程名即可，这时工程中的所有属性都会被激活，省去了重新设置参数的过程。图 6.2.30 所示为一个文件夹中的一个工程所包含的所有文件。在程序的后续调试中，只要使用鼠标直接单击"pic1.mcp"工程图标（不是 pic1.asm 文件）就可自动进入 IDE 软件环境，并激活该工程的所有参数。

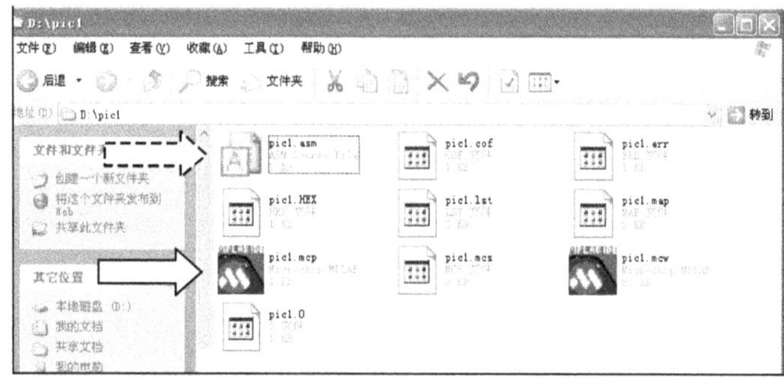

图 6.2.30　一个工程文件夹中的所有文件

5. 编译程序文件 pic_1.asm

在 IDE 的"Project"的下拉菜单中，选择"Build All"（如图 6.2.31 所示）。当首次对此程序文件进行 Build All 操作时，IDE 会弹出一个选项对话框，此对话框是提示选择产生 Absolute（绝对的目标代码），还是产生 Relocatable（可重复定义的目标代码）。建议采用"Absolute"，这样在调试程序中可方便的观察用户的自定义变量（如图 6.2.32 所示）。

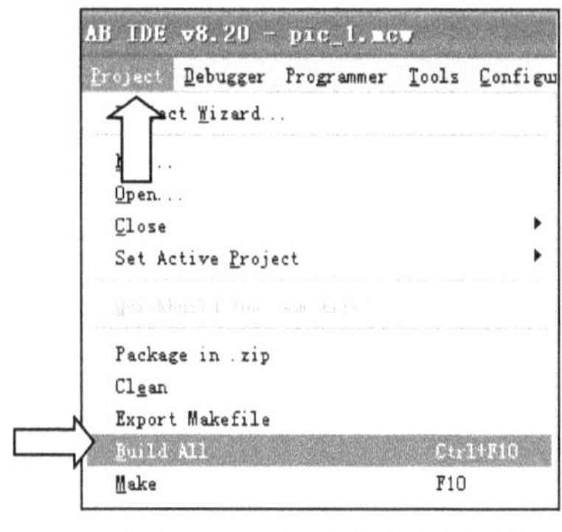

图 6.2.31　编译程序文件操作

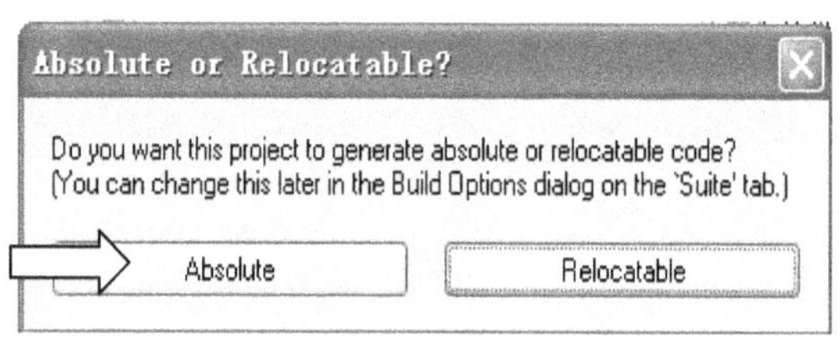

图 6.2.32　Build 命令的一个选项

当然此选项也可以在后续的操作中修改（参见后续的"添加观察变量"内容）。

在对源程序进行 Build（编译）中，如果源程序没有语法错误，则会在 IDE 的 Out put 窗口显示"BUILD SUCCEDED（编译成功）"的相关的信息（如图 6.2.33 所示）。

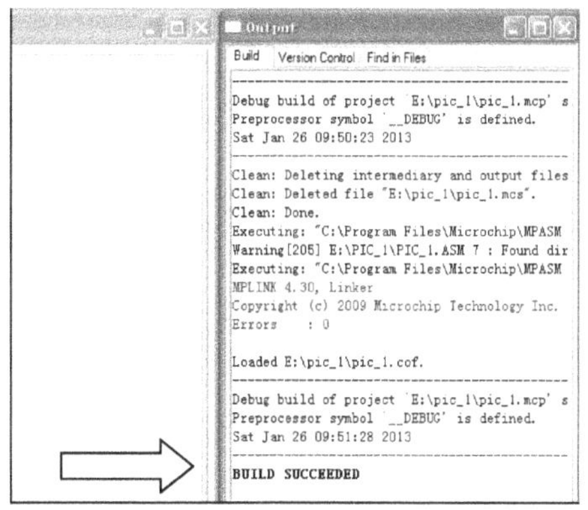

图 6.2.33　IDE 的 Out put 窗口中的编译成功信息

如果源程序存在语法错误，在编译过程中会被编译器识别，并在 Out put 窗口提示相关的信息。使用鼠标在 Out Put 窗口双击出错提示信息行，就可在程序窗口出错语句上出现一个箭头标记（如图 6.2.34 所示）。

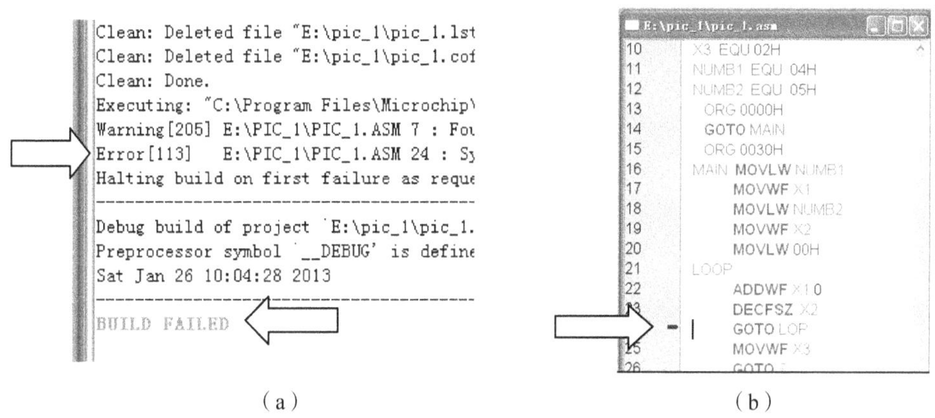

（a）　　　　　　　　　　　　　　　　　　　（b）

图 6.2.34　源程序存在语法错误编译后的出错信息

对源程序的编译过程不仅实现了将汇编语言（或 C 语言）转换成单片机能识别的机器语言，同时还包含了编译器对程序文件的语法检查。需要特别强调的是，只有在源程序不存在语法错误的前提下，编译才能成功，才能进行后续的操作。

6. 设定 IDE 为模拟仿真模式

在"Debuggerd"的下拉菜单中选择"Select Tool→MPLAB SIM"（如图 6.2.35 所示）。

此时在程序窗口中第一条可执行语句（GOTO MAIN）上出现一个绿色的箭头，它表明当前的程序指针已经指向第一条指令，可以以模拟仿真的形式来运行、调试程序了（如图 6.2.36 所示）。

在模拟仿真模式下，程序的运行有"单步"或"断点"2 种方式。所谓"单步"就是每次操作只执行一条指令；而断点模式要比单步模式效率更高，在程序的关键语句上设置一个断点，然后"全速"运行程序，当程序运行到断点处就会停下来，此时编程者可以通过"观察变量"来寻找程序中的 BUG（逻辑错误）。

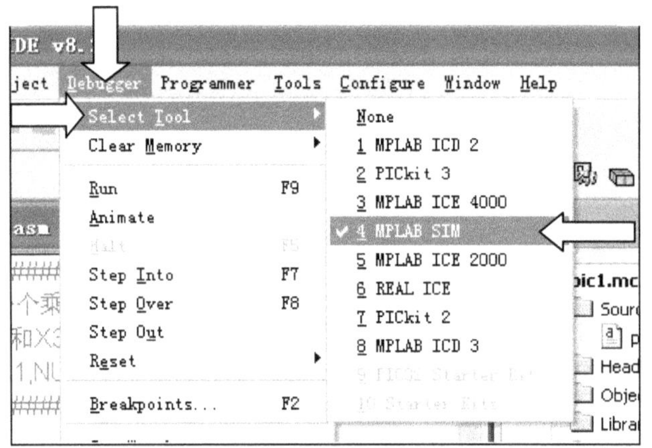

图 6.2.35　MPLAB IDE 软件模拟仿真模式的设定

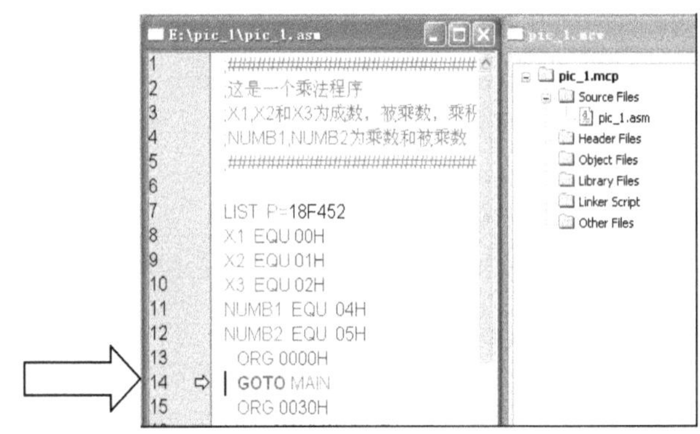

图 6.2.36　选定"模拟运行"后程序指针指向第一条可执行语句

7. 添加"观察变量"

之所以采用单步或断点方式来运行程序，就是因为调试软件 IDE 只有在这 2 种方式下才可以实时显示与程序相关的变量（各个文件寄存器和特殊功能寄存器 SFR 以及用户自定义变量）的信息。注意，全速运行模式时，IDE 不能实时显示各个变量数据的内容，这一特点对于初学者来说应当格外注意。

在单步或断点方式下，跟踪、检查程序中各个指令的运行结果对于检查程序是否存在逻辑错误尤为重要，尤其是初学者在对各条指令的意义掌握得还不是很准确时，可通过这种运行方式来学习、了解指令的实际操作。

那么什么是"观察变量"?如何添加"观察变量"?以 pic_1.asm 为例，下面是一个乘法程序，X2 乘以 X1。采用"累加和"算法实现乘法操作。这里先不去过多的解释程序的细节，只说明与本程序相关的"观察变量"以及如何在 IDE 中来添加这些变量。

```
;############################
;这是一个乘法程序
;X1,X2 和 X3 为乘数、被乘数、乘积单元
;NUMB1,NUMB2 为乘数和被乘数
;############################
```

```
        LIST   P=18F452
        X1     EQU  00H          ;将 X1 定义在 RAM 的 00H 单元
        X2     EQU  01H          ;将 X2 定义在 RAM 的 01H 单元
        X3     EQU  02H          ;将 X3 定义在 RAM 的 02H 单元
        NUMB1  EQU  04H          ;将 NUMB1（乘数）定义为 4
        NUMB2  EQU  05H          ;将 NUMB2（被乘数）定义为 5
        ORG    0000H
        GOTO   MAIN
        ORG    0030H
MAIN    MOVLW  NUMB1             ;将乘数传送到 W 寄存器
        MOVWF  X1                ;再送到 X1 单元（RAM 的 00 单元）
        MOVLW  NUMB2             ;将被乘数传送到 W 寄存器
        MOVWF  X2                ;再送到 X2 单元（RAM 的 01 单元）
        MOVLW  00H               ;W 清零（W 做累加和寄存器）
LOOP    ADDWF  X1,0              ;W 内容与被乘数相加
        DECFSZ X2                ;被乘数做循环计数器且减 1，如果 X2=0，则跳一步
        GOTO   LOOP              ;X2≠0 时，无条件转移到 LOOP 行
        MOVWF  X3                ;X2=0 时，将 W 中的累加和送 X3 单元
        GOTO   $                 ;自身转移（动态停机）
        END
```

首先，这段程序的前面一段为由半角字符";"引导的注释，它不是指令；第二部分为由伪指令组成的变量定义段，这些也不是可执行的语句；而第一条可执行的语句是第 13 行的 GOTO MAIN，程序的最后一条指令是 24 行的 GOTO $，它是一条"自身转移"指令，作为"动态停机"来使用。有关 PIC 单片机的指令系统在后续章节中会做详细的介绍。

与程序相关的变量有 X1、X2 和 X3，它们是用户自定义的变量；而 W 为单片机内部的系统变量，它是单片机重要的工作单元，属于 PIC 单片机的特殊功能寄存器 SFR。X1、X2 和 X3 是单片机内部的普通 RAM 存储单元，其实际地址由伪指令 EQU 定义为 00H、01H 和 02H 单元。在 PIC 单片机中 RAM 单元也称为文件寄存器，用于存储程序中的中间数据或结果数据。如果使用单步运行模式，从第一条指令（GOTO MAIN）开始逐一执行，那么凡是与 W 和 X1、X2、X3 相关的指令都会对其内容（数据）产生影响。

为了观察到这些变量的信息，可将这些变量添加进来（如图 6.2.37、图 6.2.38 所示）。

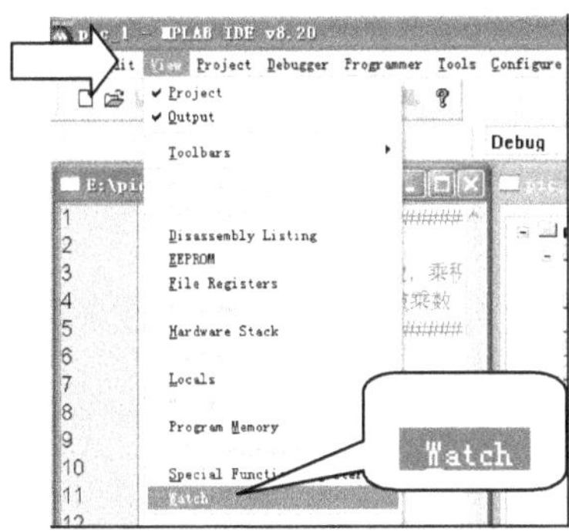

图 6.2.37　添加观察变量的操作命令

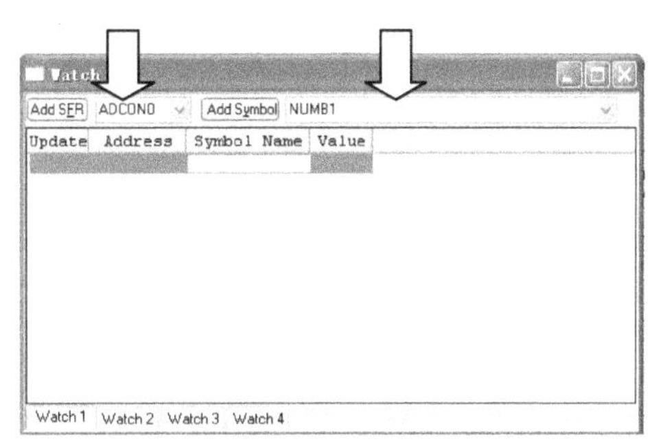

图 6.2.38　Watch 窗口信息

方法如下，在 IDE 的"View"的下拉菜单中选择"Watch"。此时会弹出一个 Watch 窗口。在

Watch 窗口中可以显示两类数据信息，一是窗口左侧的 SFR 信息（也称"系统变量"），二是右侧的用户自定义的变量信息（如图 6.2.38 所示）。

在左侧窗口中包含有 PIC 单片机内部所有的特殊功能寄存器（SFR），用鼠标单击下拉菜单中的选项，会弹出所有按其名称的字母顺序排列的 SFR 名称（如图 6.2.39 所示）。编程者可根据程序的需要选择、添加所需要的 SFR。

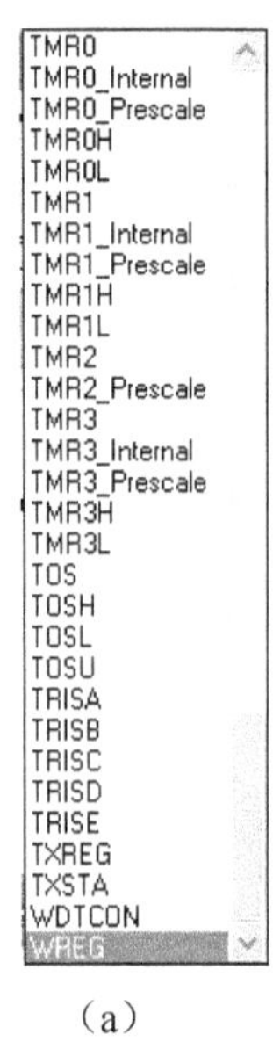

（a）

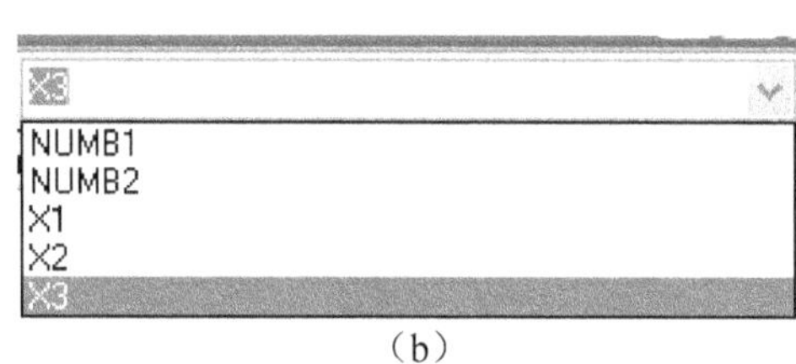

（b）

图 6.2.39　在 Watch 窗口中可添加、显示的各种变量信息

使用鼠标（需要时还有拖动小窗口右侧的滑动条）选择所需要的 SFR，然后再使用鼠标单击 Watch 窗口最左侧的 "Add SFR"，这样所需添加的 SFR 就会出现在观察窗口中。

在 Watch 窗口的右侧显示着与程序相关的由用户使用伪指令定义的符号变量，实际上它们都是单片机内部的 RAM（文件寄存器）存储单元。可根据需要用鼠标单击选择，并单击 "Add Symbol" 逐一添加进来。最后与程序相关的各个变量都会显示在 Watch 窗口中。在 Watch 窗口中，所显示的变量信息中包含有变量的实际地址、变量的名称以及变量的值（如图 6.2.40 所示）。如果在 Watch 窗口中无法看到用户自定义的变量（如图 6.2.41 所示的灰色选项方框）时，表明在首次对程序文件进行 Build（编译）时，工程参数选择为"可重复定义代码"方式，应当改为"绝对代码"模式。

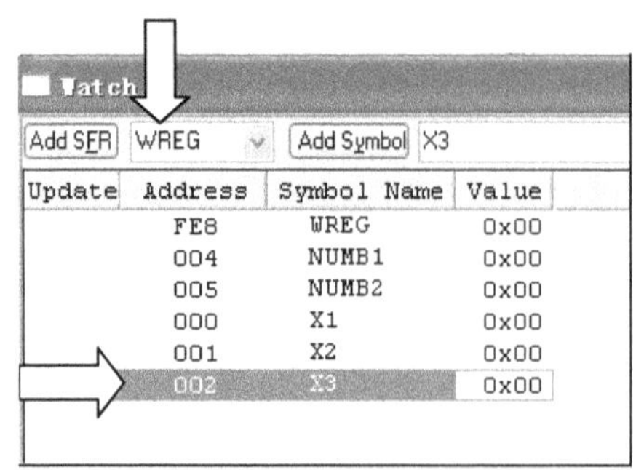

图 6.2.40　添加相关变量后的 Watch 窗口

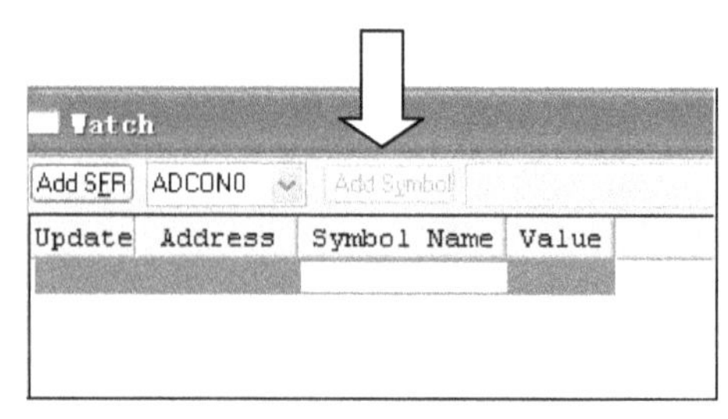

图 6.2.41　无法显示用户自定义参数的情况

　　具体的修改方法如下，在"Project"的下拉菜单中选择"Build Options"，并在此项中选择"Project"（如图 6.2.42 所示）。单击"Project"后，会弹出创建此工程的设置窗口。在此窗口中有 6 张卡片，选择"MPASM/C17/C18 Suite"（如图 6.2.43 所示）。

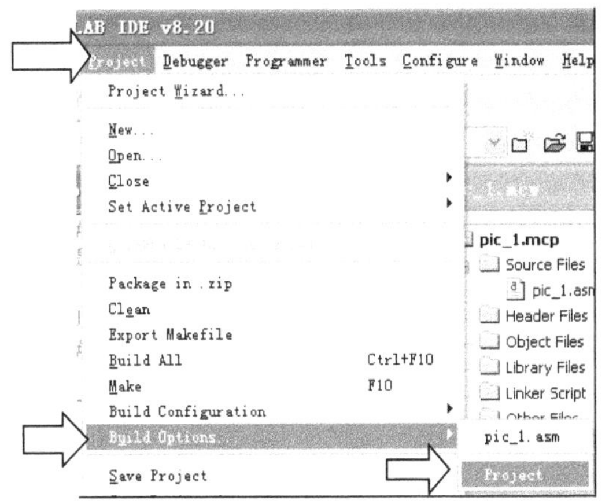

图 6.2.42　选择 Build Options 中的 Project 命令　　　　图 6.2.43　选择 Suite 卡片

　　选择后便展现出现出 MPASM/C17/C18 Suite 卡片的窗口信息（如图 6.2.44 所示）。首先单击"Restore Delauits"以还原当前的设置，再在"Single File Assembly Projects"区域中选择"Generate Absoluit Code"，最后单击"确定"按钮即可。

　　注意，修改参数后一定要进行"Save Project"操作，并对程序文件重新进行编译。

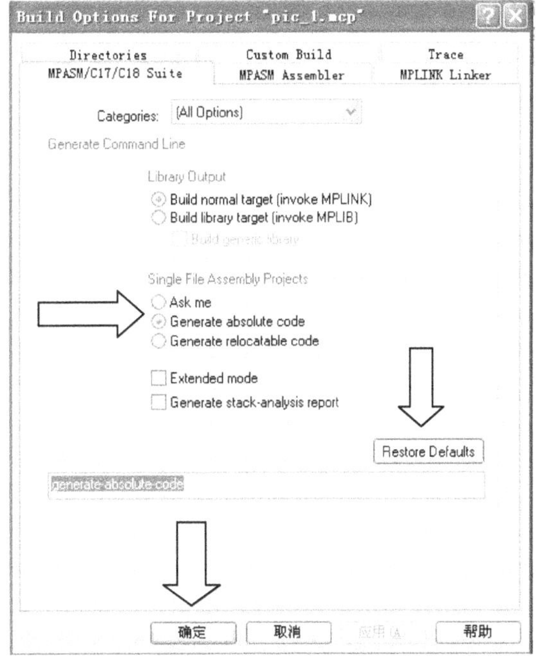

图 6.2.44　在 MPASM/C17/C18 Suite 卡片中修改相应的参数

8. 运行程序

在对源程序编译完成并确定运行模式（模拟仿真）后，就可以采用不同的方式运行程序了。

在 IDE 的界面下可以通过 "Debugger" 的下拉菜单，分别选择 "Run"（或 F9 快捷键）、"Step Into"（或 F7 快捷键）、"Step Over"（或 F8 快捷键）以实现全速运行、跟踪型单步、通过型单步的操作（如图 6.2.45 所示）。

当然，在 IDE 界面工具栏的下方设计有各种操作的快捷图标，使用起来更为方便（如图 6.2.46 所示）。自左向右分别是全速运行、暂停、自动单步、跟踪型单步、通过型单步、复位和断点设置。

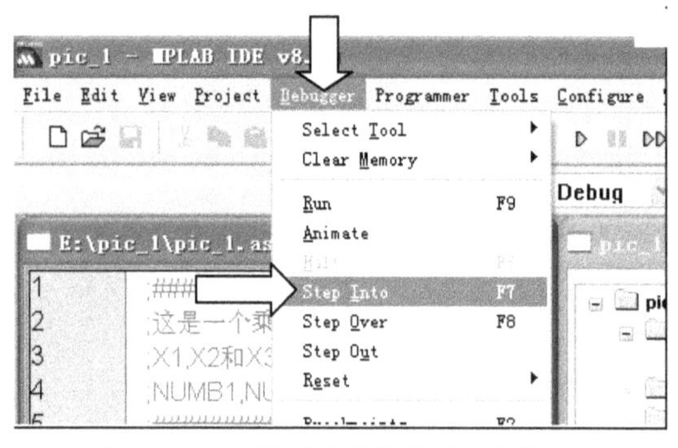

图 6.2.45　下拉栏中的各种运行命令

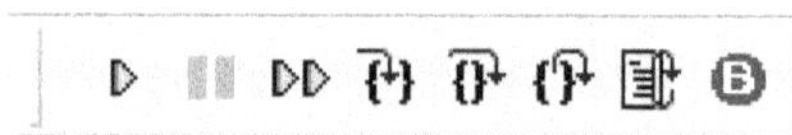

图 6.2.46　工具栏中的快捷图标

"单步" 操作分为 2 种，即跟踪型单步与通过型单步。它们的区别在于对子程序调用语句的处理，"跟踪型单步" 时，当执行到子程序调用语句后，下一步会跟踪进入子程序之中，再以单步运行的方式执行子程序中的指令；"通过型单步" 时，当执行到子程序调用语句时，下一步会全速运行子程序的所有指令，然后停在子程序调用语句的下一条指令。

对于 "断点" 的设置还可以采用更为简单的方法，使用鼠标在所希望的指令行上双击左键即可，此时会在该指令行上显示一个红色的标记，当然也可采用相同的方法清除已建立的断点。断点设定后一般是采用 "全速" 方式运行程序，这样当程序运行到断点时，就会自动停下来。对于有一定调试经验的操作者来说，"断点" 方式要比 "单步" 方式效率更高。在模拟仿真模式下，IDE 支持多断点设置。

当把与程序相关的变量添加进来，就可以采用单步或断点的方式来运行程序了。每当执行一条指令或一段指令后（可以通过绿色箭头的程序指针观察指令运行的位置），在 Watch 窗口中的变量数据就应当有所变化，通过对变量数值的变化就可以准确地掌握程序编写是否正确。

应当提醒初学者，一般在程序的最后一条指令设置一个断点，这样当程序运行完成后，可以通过 Watch 窗口中的变量数据检验程序的运行结果。如果最后一条指令（GOTO $）没有设置断点，从表面上看这是一条动态停机指令，但是程序仍然在 "全速运行"，此时 Watch 窗口中的变量数据是不被刷新的。

在全速执行程序中，如果希望停下来，并重新开始从头运行时，可以通过鼠标单击快捷图标中的 "暂停" 后，再单击 "复位" 即可，此时绿色指针箭头回到第一条可执行指令。

6.2.2　MPLAB IDE 的在线调试模式

与模拟仿真不同，MPLAB IDE 的在线调试（MPLAB-IDE）是一种需要在用户的硬件平台上运行、调试程序的一种模式，也是一种真正意义下的调试手段。在线调试模式需要一个在线调试器（ICD2）和目标系统板。对于初学者而言，可以使用 PIC 单片机实验台或自制的 PIC 单片机最小系统来实现在线调试。

在线调试的过程分为 9 个步骤，过程如下。

1. 创建一个工程

同"模拟仿真"模式。

2. 建立一个程序文件

同"模拟仿真"模式

3. 保存程序文件

同"模拟仿真"模式。

4. 将程序文件添加到工程之中

同"模拟仿真"模式。

5. 编译程序文件 pic_1.asm

同"模拟仿真"模式。

6. 设定 IDE 为"在线调试"模式

具体方法如下。

在 ICD 界面中"Debugger"的下拉菜单中选择"Select Tools"，在这个下拉菜单中，显示出在线调试下对在线调试器（ICD）的选择列表（如图 6.2.47 所示）。不同的 ICD 其对 PIC 单片机的适用范围是有区别的，本书以 PIC18F452 为例，可选择 ICD2 或 PICKit3。其他的 ICD 使用范围，读者可以通过微芯片技术公司的网站进行查询。

如果事先 ICD 连接正确，且已经上电，那么使用鼠标单击所需的 ICD 型号后，在 IDE 的 Out Put 窗口中就会出现"MPLAB ICD 2 ready for next operation"的信息，表明 ICD 连接正常，可以进行后续操作了（如图 6.2.48 所示）。

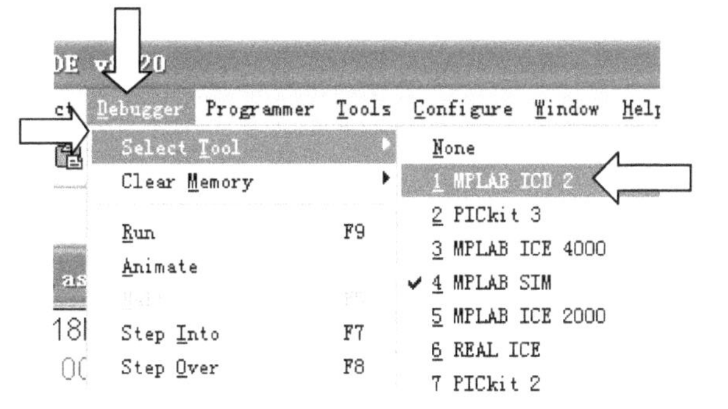

图 6.2.47　利用 Select Tool 选择 ICD

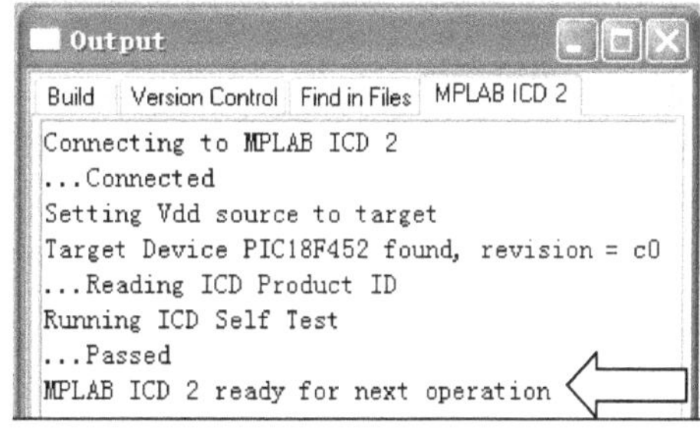

图 6.2.48　"连接正确"的信息

如果 ICD 没有事先上电或者 ICD 没有与上位机连接，则 Out Put 窗口中就会出现红色或蓝色的错误信息（如图 6.2.49 所示）。

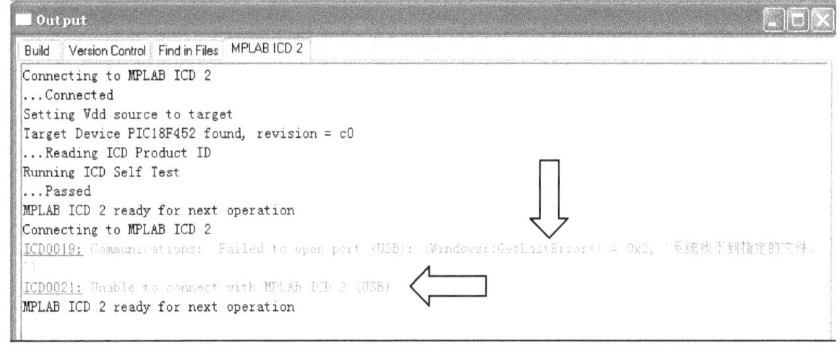

图 6.2.49　Out Put 窗口中就会出现"出错"信息

出错信息的内容会因不同的出错原因而不同，此时要仔细检查 ICD 与上位机的连接，以 ICD2 为例，只要将 ICD2 与上位机通过 USB 电缆连接正确，都会显示连接正常的信息。当然如果 ICD2 的 USB 驱动没有正确安装或没有执行其 USB 驱动，也会显示连接失败。此时可以拔下 ICD 的 USB 电缆（即临时对 ICD 断电一次），停留十几秒后，再插入与 ICD 连接的 USB 电缆，然后通过 Debugger 的下拉菜单中选择 Connect 命令进行再次连接测试（如图 6.2.50 所示）。如果连续几次都无法正确连接，则很有可能 USB 驱动没有被执行，此时可以尝试将上位机关闭，重启计算机试一下。

注意，在使用 USB 接口的 ICD2 进行在线调试时，不要随便在上位机上再连接其他 USB 设备，以防对 ICD2 的通信造成冲突，使 ICD2 与 IDE 连接失败。

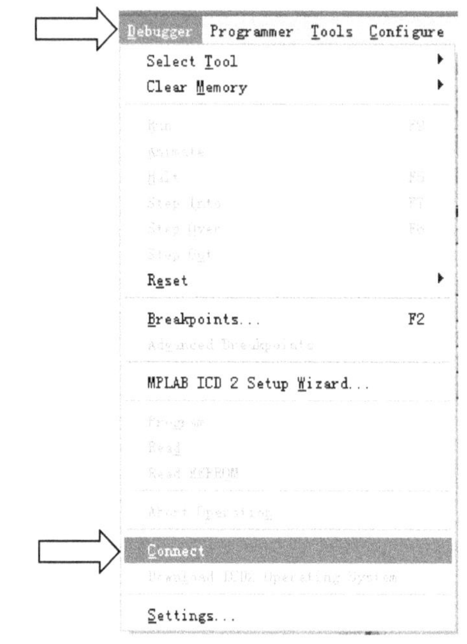

图 6.2.50　利用 Connect 命令对 ICD2 进行连接测试

7. 设定调试环境

与"模拟仿真"不同，"在线调试"需要设置与目标板上 PIC 单片机相关的参数，这也是 PIC 单片机的一个特点。PIC 单片机内部有许多功能模块，其工作状态与工作模式要通过一种较为特殊的方法进行一次性设定。如 WDT 的使能、WDT 计数脉冲的分频系数设定、系统时钟电路的模式选择、上电复位的模式的选择等。与传统单片机通过软件（指令）对模块的 SFR 进行设定不同，PIC 单片机的一些功能模块是通过 IDE 软件的"调试环境"参数的设置来实现的。

在 PIC 单片机内部的 FLASH（程序存储器）中，有一段不可寻址的存储空间，其地址为 300001H～30000DH，每个单元对应一个与功能模块相关的控制字，这些控制字的内容可以通过 IDE 来设定，在后续的下载/编程操作时，被一次性的写入。

对调试环境的设定方法如下，在 IDE 的工具栏中选择"Configure"下拉菜单中的"Configuration Bits…"（如图 6.2.51 所示）。

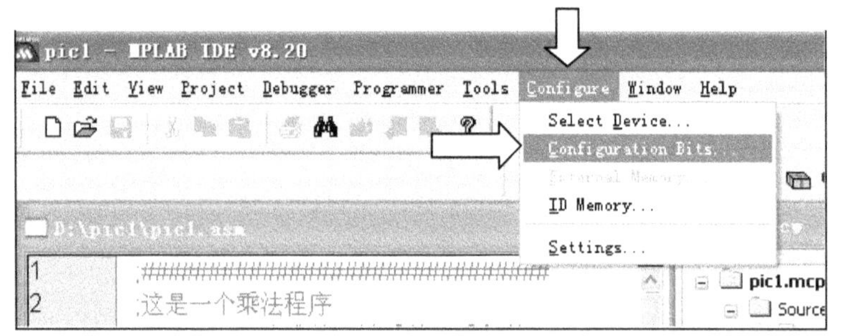

图 6.2.51　利用 Configuration Bits…命令设置调试环境

这时 IDE 会弹出一个 Configure Bits 窗口（如图 6.2.52 所示）。

```
Configuration Bits
        ☑ Configuration Bits set in code.
```

Address	Value	Category	Setting
300001	27	Oscillator	RC-OSC2 as RA6
		Osc. Switch Enable	Disabled
300002	0F	Power Up Timer	Disabled
		Brown Out Detect	Enabled
		Brown Out Voltage	2.0V
300003	0F	Watchdog Timer	Enabled
		Watchdog Postscaler	1:128
300005	01	CCP2 Mux	RC1
300006	05	Stack Overflow Reset	Enabled
		Low Voltage Program	Enabled
300008	0F	Code Protect 00200-01FFF	Disabled
		Code Protect 02000-03FFF	Disabled
		Code Protect 04000-05FFF	Disabled
		Code Protect 06000-07FFF	Disabled
300009	C0	Code Protect Boot	Disabled
		Data EE Read Protect	Disabled
30000A	0F	Table Write Protect 00200-01FFF	Disabled
		Table Write Protect 02000-03FFF	Disabled
		Table Write Protect 04000-05FFF	Disabled
		Table Write Protect 06000-07FFF	Disabled
30000B	E0	Config. Write Protect	Disabled
		Table Write Protect Boot	Disabled
		Data EE Write Protect	Disabled
30000C	0F	Table Read Protect 00200-01FFF	Disabled
		Table Read Protect 02000-03FFF	Disabled
		Table Read Protect 04000-05FFF	Disabled
		Table Read Protect 06000-07FFF	Disabled
30000D	40	Table Read Protect Boot	Disabled

图 6.2.52　PIC18F452 单片机的 Configure Bits 信息

在 Configure Bits 窗口中，可以看到 PIC 单片机用来存储与功能模块相关参数的存储单元和对应的信息。其中 "Address" 为单元地址，"Value" 为单元中的参数值，"Category" 为该单元对应功能模块的种类（名称），"Setting" 为单元的参数设定。

打开 Configure Bits 窗口时，窗口的参数处于被锁定状态，需要解锁后才能修改其相关参数。解锁的方法是使用鼠标单击该窗口左上角的 "Configuration Bits Set in code" 的小方块，此时 IDE 会弹出一个警示窗口，提示对 Configuration Bits 的修改会改变原有的设置，单击 "确定" 按钮即可。这样小方块中原有绿色的 "√" 符号消失，参数处于解锁状态。

在一般情况下，只要确定、修改 3 个参数就可以满足在线调试的运行条件了，它们是，"Oscillator（时钟系统）" 设置；"Watchdog Time（看门狗定时器）" 设定和 "Low Vlotage Program（低电压编程）" 设置等。必须强调的是，这些参数是与用户目标板的硬件相对应的，具体方法如下。

① "Oscillator" 单片机内部 "时钟系统" 的设定。该参数的设定要取决于目标板上振荡模式的种类。使用鼠标单击 "Setting" 列中的 "Oscillator" 行，此时会在该位置上弹出一个与 "Oscillator" 相关的下拉菜单。PIC18F 允许多种选择方式，系统默认的是 RC 模式。关于 Oscillator 的模式设定可参见图 6.2.53 和表 6.2.1 中的描述。

Setting		Setting	
RC-OSC2 as RA6	⌄	RC-OSC2 as RA6	⌄
RC-OSC2 as RA6		RC-OSC2 as RA6	
HS-PLL Enabled		HS-PLL Enabled	
EC-OSC2 as RA6		EC-OSC2 as RA6	
EC-OSC2 as Clock Out		EC-OSC2 as Clock Out	
RC		RC	
HS		HS	
XT		XT	
LP		LP	

图 6.2.53　Configure Bits 中 "Oscillator" 参数的设定

表 6.2.1   PIC18F452 的 Oscillator 操作一览表

Oscillator 操作	模 式 说 明	特 点
RC-OSC2 as RA6	外接 RC 模式，RC 与 OSC1 连接	关闭内部振荡器以节省电流，OSC2 可做 I/O 端口 RA6
HS-PLL Enabled	外接晶体，通过内部振荡器中的 PLL 乘法器将频率提高 4 倍	系统时钟是外接晶体谐振频率的 4 倍，使系统运行速度提高。此模式下，电流消耗最大
EC-OSC2 as RA6	通过 OSC1 引脚直接引人外部脉冲	关闭内部振荡器以节省电流。OSC2 可做 I/O 端口 RA6
EC-OSC2 as Clock Out	通过 OSC1 引脚直接引人外部脉冲	关闭内部振荡器以节省电流，OSC2 为 Clock O，且 f = Clock In/4
RC	使用外接 RC	关闭内部振荡器以节省电流，OSC2 为 Clock Out，且 f = Clock In/4
HS	外接晶体	晶体的谐振频率高于 4MHz 时选用。电流消耗较大、但系统运行速度较快
XT	外接晶体	且晶体的谐振频率为 0.2～4MHz 时选用。电流消耗中等
LP	低功耗、外接晶体	晶体的谐振频率为 0.032～0.2MHz 时选用，电流消耗最小

通常系统选用的是一个外接晶体，对照表 6.2.1，根据晶体的谐振频率设定所选参数。

② "Watchdog Time" 单片机内部看门狗 WDT 电路的设定。在一般的调试时不使用 WDT 的情况下，要选择关闭（Disable...）该模块。WDT 的使用参见后续章节。

③ "Low Vlotage Program" 单片机的 "低电压编程" 设定。一般选择 "Disable..."。

在一般情况下，设定好这 3 个参数就可以满足在线调试基本要求了，关于 Configuration 的其他参数设定会在后续相关的章节中描述。

设定好上述 3 个参数后,使用鼠标再次单击 Configuration 窗口左上角的"Configuration Bits Set in code"的小方块，这样小方块中绿色的 "√" 符号出现，参数被重新锁定。修改后的参数如图 6.2.54 所示。

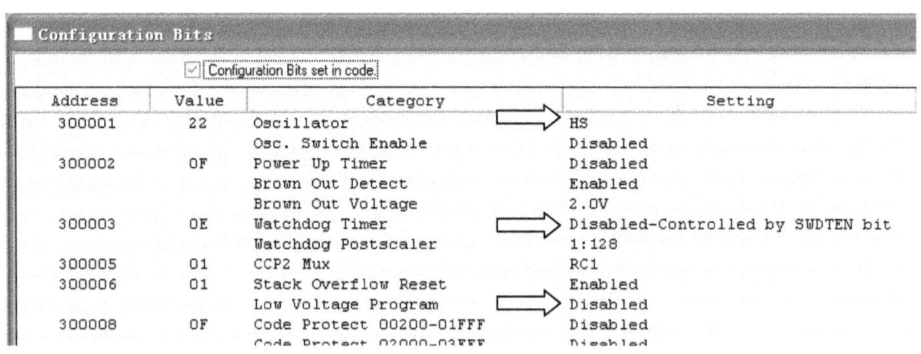

图 6.2.54   修改 3 个参数后的 Configure Bits 窗口信息

8. 下载程序到单片机

当用户的源程序代码编译成功、调试环境也设置完成后，就可以调试程序了。与传统的单片机调试过程不同，在调试程序之前 PIC 单片机需要将监控程序和用户程序代码烧写到单片机芯片中，这个过程称为下载。实际上下载操作还包含 Configure 信息的写入。这样在后续的调试过程中，首先执行的是监控程序，依靠监控程序来调动用户的目标程序。这一过程的方法如下。

　　首先要对源程序编译并确定 ICD 是否连接正常。在 IDE 的"Debugger"下拉菜单中选择"Program"（如图 6.2.55 所示）。

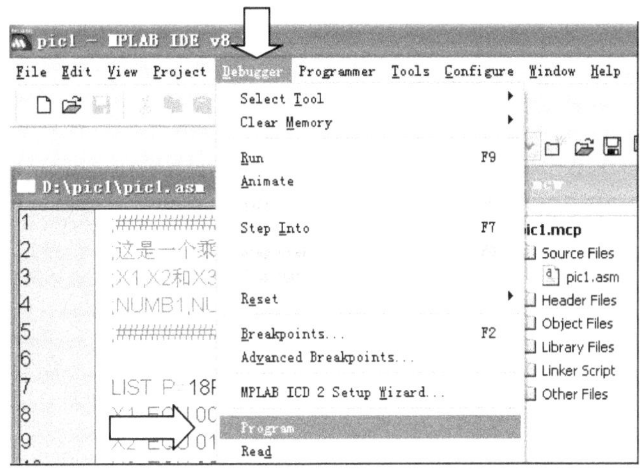

图 6.2.55　"在线调试"模式的下载、编程操作

　　此时 IDE 开始下载操作，这一操作要持续几秒至十几秒。在此期间，在 IDE 的左下角会看到一个不断变化的进度条，当进度条消失，且在 IDE 的 Out Put 窗口中提示"MPLAB ICD 2 ready for next operation"，表明下载成功。如果在 Out Put 窗口显示错误信息，就应检查一下目标板上的单片机是否连接完好，在有些情况下如单片机损坏时，也会出现下载失败的提示信息。

　　当下载成功后，就可以实现在线调试的操作了。

9.　调试程序

　　与模拟仿真模式下的程序运行不同，在线调试模式中 IDE 窗口的所有参数（文件寄存器或 SFR）的信息都是真实的。可以通过"单步""断点"或"全速"不同方式调试程序、观察变量的变化。

　　在线调试模式下运行程序有以下几点必须提醒读者注意。

　　① 在线调试要占用单片机的 2 个端口引脚资源，即 RB6、RB7，这是因为在线调试要通过这 2 个端口与 ICD 进行通信。但这并不意味着用户对单片机的 RB6、RB7 无法使用，在脱机模式下，单片机的所有端口资源都是可以使用的。

　　② 与模拟仿真不同，在线调试往往更多的采用"全速"运行模式，这是因为在线调试往往是针对目标板上的 I/O 设备进行调试，只有在全速运行程序时才能真实反应 I/O 端口的工作状态。另外对于一些芯片（如 I²C 接口或单总线接口），它们只有在全速（连续）运行指令时才能正常的实现其工作时序，如果在通信中设置"单步"或"断点"，反而会影响芯片的正常工作而造成通信失败。

　　③ IDE 软件的在线调试模式只支持单个"断点"的设置，这多少给调试带来一些不便，但读者可以采用动态设置的方法来设置断点，即当程序运行到断点后，使用鼠标再设置下一个断点……

④ IDE 的在线调试不支持 WDT 模式，即如果在 "Configuration Bits" 中使能了 WDT，在线调试的 Program 操作会失效。尽管 WDT 也可以通过软件来使能，且此时在线调试的 Program 操作可以进行，但是由于程序启动了 WDT 的运行，调试中 WDT 会影响在线调试的操作。如果一个工程项目要配置 WDT，通常的做法是，先不考虑 WDT，待程序其他功能正常后，在 "Configuration Bits" 中直接使能 WDT（包括 WDT 分频系数的设定）。

在线调试的方法与模拟仿真下的运行方法类同，在一些不影响 I/O 器件正常工作的环节中也可以设置 "断点" 或采用 "单步" 模式运行，并检查相关的变量数据。当采用全速运行后，如果希望将程序停下来，可以先单击 "暂停"，使监控程序退出运行状态，然后再单击 "复位"，使程序指针回到第一条可执行指令。如果在 "单步" 或 "断点" 模式下，不用单击 "暂停"，直接进行 "复位"。

6.2.3　MPLAB IDE 的脱机模式

所谓脱机（MPLAB-PROGRAMMER）模式是指用户的目标板与在线调试器（ICD）相脱离（与上位机相脱离）而独立运行、工作的一种模式。这也是用户程序整个调试过程的最终模式，它标志着一个工程项目开发的基本完成。

要想使用户的目标板进入脱机模式，必须利用 ICD 的编程器模式，将用户代码写入单片机中。与在线调试的下载/编程不同，ICD2 做编程器进行下载操作时，对单片机只下载户程序代码和 Congfiguration Bits 的参数，不包含监控程序的代码。这样在脱机模式下，只要单片机上电，CPU 就会直接运行用户的目标代码。

1. 设定 ICD 为编程器模式

在 "Programmer（编程器）" 的下拉菜单中选择 "Select Programmer →ICD2"（如图 6.2.56 所示）。此时 IDE 的 Out put 窗口会显示 "MPLAB ICD 2 ready for next operation"，表明 ICD2 连接正常。如果 Out put 窗口显示彩色的出错信息时，要重新检查 ICD2 的连接状态，并通过 "Programmer" 下拉菜单中 "Connect" 重新对 ICD2 的连接进行测试，直到 Out put 窗口会显示 "MPLAB ICD 2 ready for next operation" 信息为止。

2. 下载用户程序

单击 "Programmer" 下拉菜单中的 "Program"（如图 6.2.57 所示），此时 IDE 通过 ICD2 的编程器功能将用户程序代码和 Configuration Bits 参数写入目标板上的单片机。由于此时的下载没有包含调试程序用的监控程序，所以与在线调试模式中的下载/编程相比较，此时的编程操作时间是非常短暂的，可以通过 IDE 左下角的进度条看到这一点。当下载完成，用户必须断开 ICD 与目标版之间的电缆连接，此时目标板就进入脱机模式而独立工作。

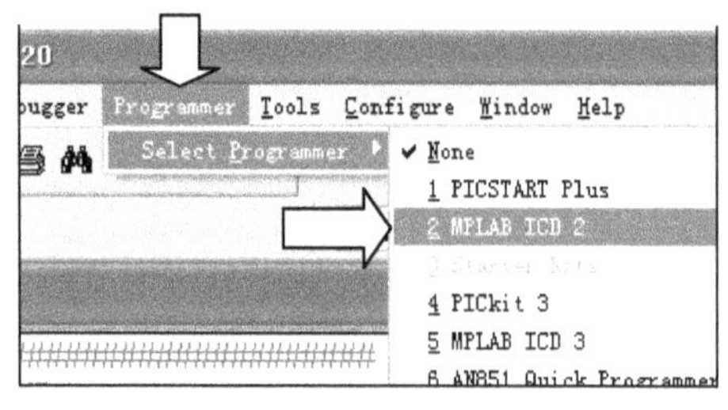

图 6.2.56　将 ICD 设定为 "编程器"

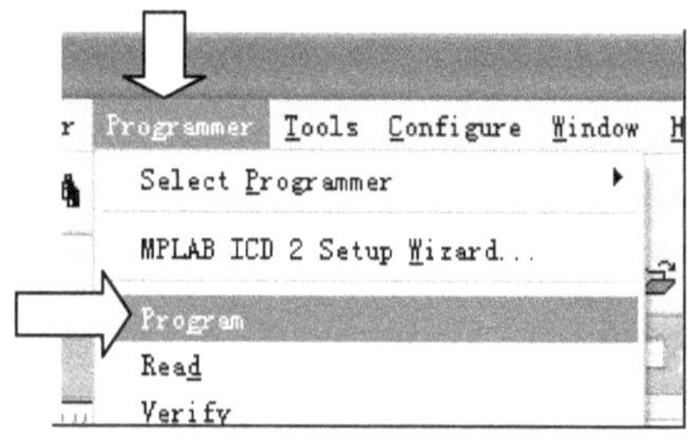

图 6.2.57　利用 "Program" 命令进行编程

6.3　MPLAB-ICD2 与 IDE 的连接问题

在前面的论述中，无论是在线调试还是脱机模式都是通过在线调试器（ICD2）实现相关操作的，所以 ICD2 与 IDE 的连接必须是良好的，否则在 2 种模式的编程、下载（Program）操作中都会出现连接失败的信息提示。可以在 2 种模式的下拉菜单中利用"Connect"来对 ICD2 进行一次连接测试（如图 6.3.1 所示）。

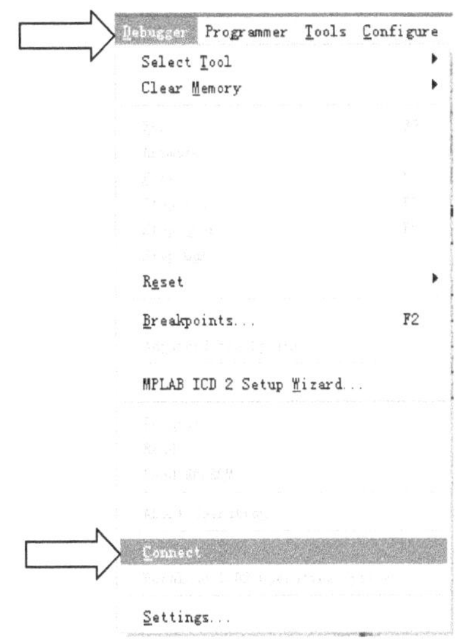
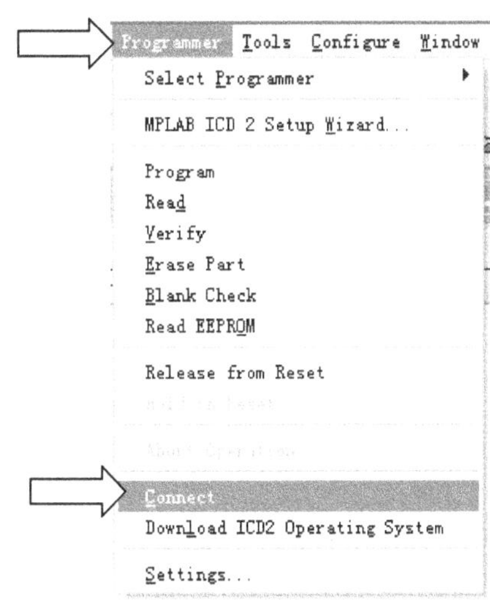

（a）在线调试模式下的 Connect 操作　　　　　（b）脱机模式下的 Connect 操作

图 6.3.1　利用 Connect 命令对 ICD2 进行连接测试

只有在连接正常的条件下，调试才能正常进行（如图 6.3.2 所示）。

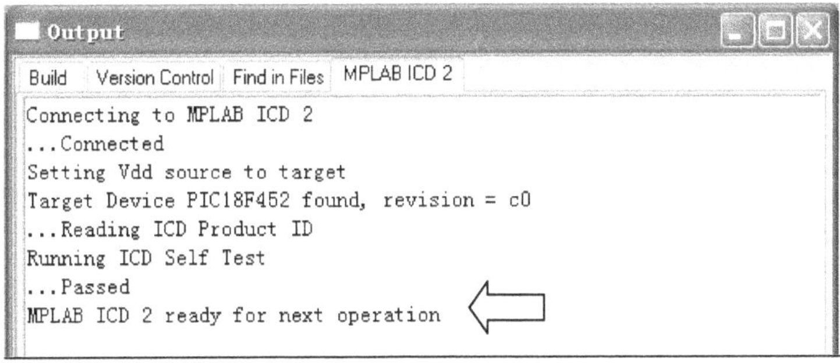

图 6.3.2　ICD2 与 IDE 连接成功的信息

6.4　使用 C 语言编程时 3 个相关文件的路径设定

在使用 C18 编译器编译 C 语言程序时，如果出现 "can't find 'C018.O'" 错误提示这不是程序代码的问题，是由于 C18 编译器库文件中的 3 个文件的路径没设定好而引起的，而且 MPLAB IDE v8.20 的 C 语言库文件路径不具备记忆性，在每次新建项目时都需要使用者重新设定。

需要重新设定文件的路径有 3 个。

① Include Search Path。

② Library Search Path。

③ Linker Search Path。

先以 Include Search Path 的设定为例，其他 2 个文件路径的方法相同。设定的具体方法如下。

在"Project"的下拉菜单中，选择"Build Options"中的"Project"（如图 6.4.1 所示）。当选择 Project 选项后，IDE 会弹出六张卡片（如图 6.4.2 所示）。使用鼠标单击打开 Directories 卡片。在"Show Drectones for"下拉菜单中选择"Include Seach Path"。

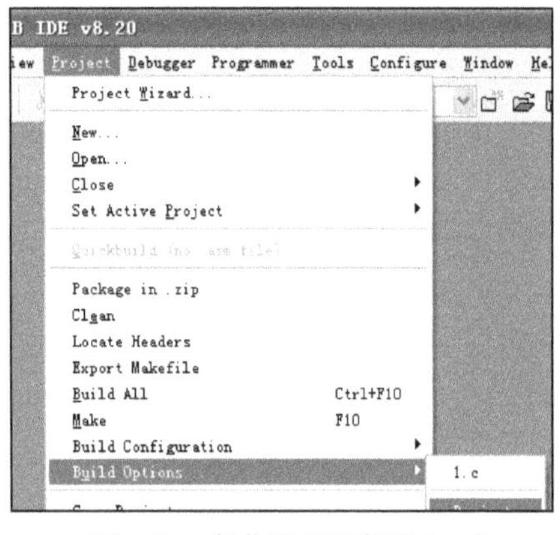

图 6.4.1　操作选项示意图（一）

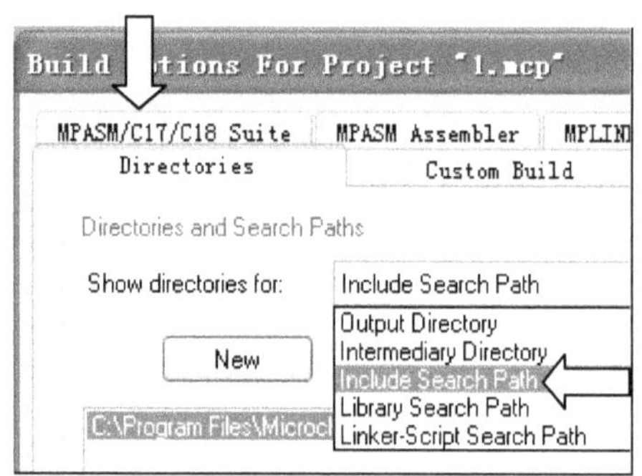

图 6.4.2　操作选项示意图（二）

使用鼠标依次进行"New→C:\Program Files\Microchip\MCC18"以选择文件夹 h，单击"确定"按钮（如图 6.4.3 所示）。

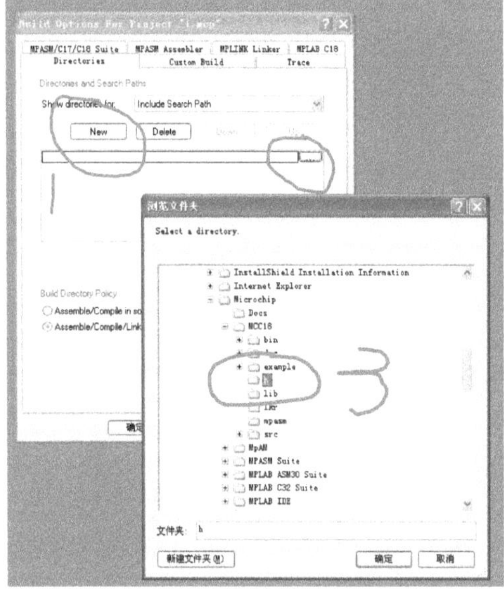

图 6.4.3　操作选项示意图（三）

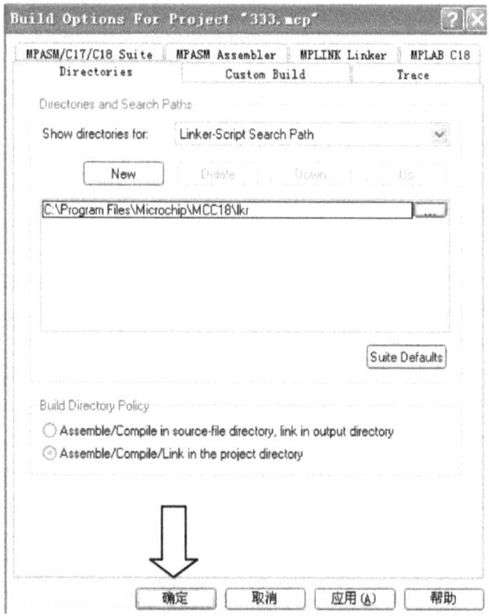

图 6.4.4　操作选项示意图（三）

参照前面的步骤，用同样的方式在"Show Drectones for"下拉菜单中分别选择"Library Search Path 和 Linker-Script"设定路径。其中，Library search path 对应文件夹是 lib；Linker-Script 对应文件夹 lkr。分别确定后，再单击"Build Options for Project"界面的"确定"（如图 6.4.4 所示）。只要按照上面的方法完成 3 个路径确定后，C 程序就可正常实现编译了。

6.5　MPLAB IDE 在线调试模式时的快速指南

在 IDE 的 3 种运行模式中，在线调试是主要调试方式。表 6.5.1 是在线调试模式过程的快速指南，以方便读者操作时参考。

表 6.5.1　　　　　　　　　　　　　　　IDE 使用快速指南一览表

顺序	操　作	方　法
1	建立工程	**Project→ Project Wizard**（工程向导） ① 选择器件，如 PIC18F452 ② 选择编程语言 **MPASM Toolsuite**（汇编） **Microchip C18 Toolsuite**（C 语言） 使用 C 语言时还要设定相关文件的路径。 ③ **Create New Project Files**。 给出工程路径、工程名（注意，选准路径，一个工程单独占用一个文件夹，路径及文件夹不能使用中文）。 ④ 添加程序文件（如果程序已编辑），如果没有编辑程序文件则跳过此项。 ⑤ 系统显示相关信息
2	创建程序文件	**File → New**，出现白色编辑窗口。此时输入、编辑程序文件。 **File → Save**，出现保存路径窗口（注意，选准工程路径，建议程序文件与工程文件名相一致、并添加扩展名.asm 或.c）。如果保存正确，文件中的字符会有颜色的变化
3	添加程序文件到工程中	① 将光标移至程序文件窗口，单击鼠标右键、选择"Add To Project"。此时会在工程窗口中看到程序文件已显示在 Source Files 中，但在工程图标右上角显示一个"*"。 ② **Project→ Save Project**。保存工程，此时"*"号消失表明保存成功
4	选择调试模式设定调试参数	① Debugger →Select Tool → MPLAB ICD2，此时应事先将 MPLAB ICD2 连接好，并接上电源，这样上述操作执行后，在 OUTPUT 窗口会显示链接成功的信息。 ② Debugger →MPLAB ICD2 Setup Wizard（安装向导）。 选择 ICD 设备通信接口，选择"USB"。 供电方式的选择，建议选择默认项"Target has own power supply"。 定义"系统与 ICD 的自动连接"，按默认项即可。 定义"自动下载"项，按默认项即可。 最后显示"设置信息"，单击"完成"按钮即可

续表

顺序	操 作	方 法
5	设置 "系统配置字"	**Configure →Select Device**（器件选择），选择 PIC18F452。 **Configure →Configuration Bits**（系统配置字）。 首先使用鼠标点掉 Configuration Bits 窗口上方的 "√"。 ① 系统震荡模式 **Oscalltor** 修改为"HS"（板上晶振为 16MHz）。 ② 看门狗使能位 **Watchdog Timer** 修改为 "Disable"。 ③ 低电压编程 **Low Voltage Program** 修改为 "Disable"。 其他选项根据用户情况具体定义。 最后单击 Configuration Bits 窗口上方 "Configuration Bits set in code" 选项，使之出现 "√"，并关闭 Configuration Bits 窗口
6	编译程序文件	**Project →Build All**，如果编译成功，在 Output 窗口将会显示信息 "BUILD SUCCEEDED□"
7	下载/编程	**Debugger →Program**，如果程序烧写成功，将会在 Out Put 窗口显示 "MPLAB ICD 2 ready for next operation" 等信息
8	添加观察变量	View →Watch，选择与程序相关的变量（SFR 或自定义变量单元）
9	调试程序	可有 3 种方式调试程序 ① 单步运行，在 **Debugger →Step Into** 或 **Step Over**。 ② 断点运行，使用鼠标在断点处指令行上双击，然后使用全速运行的方式运行程序，当程序运行到断点处时会停下来。 ③ 全速运行，**Debugger →Run**
10	退出调试	分 2 种情况 ① 采用单步或断点运行时，**Debugger →Reset** 即可。 ② 采用全速运行模式时。 首先 **Debugger →Halt** 然后 **Debugger →Reset**

第 **7** 章
PIC18F452 单片机编程实践

在这一章中，主要介绍与 PIC18F452 单片机相关的各种编程和实践环节。其中有与 PIC18F452 单片机内部各个功能模块相关的编程，也有侧重于新型接口器件的设计编程。建议读者在进行每一个编程实践的过程中，能够参照第三章的相关内容，有针对性和系统性地进行对照、学习。

本章的内容可以直接作为本门课程所对应的实验讲义，每一个实验所对应的基本原理可参见第三章的相关内容。

7.1 PIC 单片机的输入/输出端口编程实践

本节主要介绍 PIC18F 单片机的输入/输出端口的编程及应用。

7.1.1 利用 PORTD 端口做输出的编程实践

1. 实验目的

掌握 PIC18F 系列单片机并行端口的编程原理，学会使用 TRISx 来控制端口传送数据的方向。掌握 MPLAB IDE 调试软件的使用方法。相关的基本概念请参见 3.1 章节。

2. 实验设备

PIC18F_1 单片机综合实验仪 1 台、ICD2 在线调试器 1 台和 220V/9V 电源适配器 1 台、装载 MPLAB IDE 软件的微型计算机 1 台。

3. 实验电路及说明

使用 PIC18F452 的 PORTD 端口，采用拉电流的方式驱动 8 个 LED 发光二极管，这样端口输出高电平时 LED 被点亮。实验电路如图 7.1.1 所示。

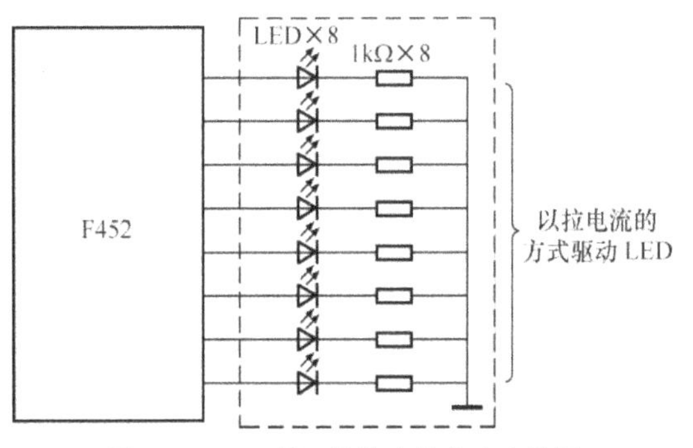

图 7.1.1 RD 端口作输出的实验电路图

4. 实验要求

编制一个程序，将 LED 的高 4 位点亮、低 4 位不亮。分别使用汇编和 C18 2 种编程语言编程。

5. 参考程序

（1）汇编语言程序清单（7_1_1.ASM）

```
;***********************************************
;简单亮灯程序 高位 4 个 LED 亮、低位 4 个 LED 灭
;程序名: 7_1_1.ASM
;***********************************************
LIST P=18F452
#INCLUDE P18F452.INC
        ORG    0000H
        GOTO   MAIN
        ORG    0030H
MAIN    NOP
        CLRF   TRISD
        MOVLW  0F0H                              ;D 口的初值
        MOVWF  PORTD
        GOTO   $
        END
```

（2）C 语言源程序

```
//***********************************************
//    简单亮灯程序高位 4 个 LED 亮、低位 4 个 LED 灭
//    程序名: 7_1_1.c
//***********************************************
#include <p18f452.h>
void main(void)
{
    TRISD=0x00;                                  //设置 D 口为输出
    while(1)
    {
        PORTD=0xf0;                              //D 口初值为 0FF
    }
}
```

7.1.2　利用 PORTD 实现流水灯显示的编程实践

1. 实验目的

掌握 PIC18F 系列单片机汇编、C 语言的延时算法、移位算法的编程。学习如何编制一个分支结构的程序，以及如何使用条件判断语句实现程序的流向控制。掌握查表语句的使用方法和编程原理。

2. 实验设备

PIC18F_1 单片机综合实验仪 1 台、ICD2 在线调试器 1 台和 220V/9V 电源适配器 1 台、装载 MPLAB IDE 软件的微型计算机 1 台。

3. 实验电路及说明

使用 PIC18F452 的 PORTD 端口，采用拉电流的方式驱动 8 个 LED 发光二极管，这样端口输出高电平时 LED 被点亮。在实验仪上 PIC18F 的 PORTD 端口引线与 LED1～LED8 之间使用 1 条 8 线的排线连接。实验电路如图 7.1.1 所示。

4. 实验要求

利用 PORTD 端口去驱动 8 个 LED 灯，使 LED 灯的状态产生"流水"效果。

① 采用循环移位的方式产生"流水"效果。

② 采用查表法实现"流水"效果。

5. 参考程序

（1）采用循环移位指令的汇编语言源程序 7_1_2..ASM 程序清单

```
;************************************************************
;简单亮灯程序 流水灯程序（循环移位法）
;程序名: 7_1_2..ASM
;************************************************************
LIST P=18F452
#INCLUDE P18F452.INC
R1      EQU         20H                 ;定义计数器单元 1
R2      EQU         21H                 ;定义计数器单元 2
N1      EQU         08H                 ;定义延时常数 1
N2      EQU         0FFH                ;定义延时常数 2
        ORG         0000H
        GOTO        MAIN
        ORG         0030H
MAIN    NOP
        CLRF        TRISD               ;设定 D 口为 8 位输出
        CLRF        PORTD
        MOVLW       0x80                ;最高位点亮
        MOVWF       PORTD
LOOP    CALL        DELAY               ;调延时
        CALL        DELAY               ;调延时
        CALL        DELAY               ;调延时
        CALL        DELAY               ;调延时
        RRNCF       PORTD
        GOTO        LOOP                ;返回
;************************************************************
;       80ms 延时子程序
;************************************************************
DELAY   MOVLW       N1
        MOVWF       R1
LP0     MOVLW       N2
        MOVWF       R2
LP1     DECFSZ      R2,1
        GOTO        LP1
        DECFSZ      R1,1
        GOTO        LP0
        RETURN
        END
```

（2）采用移位语句的 C 语言源程序 7_1_2.c 程序清单

```
//************************************************************
//简单亮灯程序 流水灯程序（查表法）
//程序名: 7_1_2.c
//************************************************************
#include <p18f452.h>
void delay(void);
```

```c
unsigned char i,j;
void main(void)
{
    TRISD=0x00;                              //设置 D 口为输出
      PORTD=0x01;
      while(1)
      {
        delay();
        delay();
        PORTD=PORTD<<1;
        if(PORTD==0x00)
          PORTD=0x01;
      }
}
//**************************************
//*  Program dealy ( )  160ms  *
//**************************************
void delay(void)
{
   for(i=255;i>0;i--)
     for(j=255;j>0;j--) ;
}
```

6. 参考程序

采用"查表"指令的汇编语言源程序（7_1_3.asm，7_1_3.c）。

（1）采用"查表"指令的流水灯程序 7_1_3.ASM 程序清单

```asm
;**************************************************
;简单亮灯程序 流水灯程序（查表法）
;程序名: 7_1_3.ASM
;**************************************************
LIST P=18F452
#INCLUDE P18F452.INC
DATA1   EQU        20H                      ;定义计数器单元 1
DATA2   EQU        21H                      ;定义计数器单元 2
COUNT   EQU        22H
N1      EQU        0FFH                     ;定义延时常数 1
N2      EQU        0FFH                     ;定义延时常数 2
        ORG        0000H
        GOTO       MAIN
        ORG        0030H
MAIN    NOP
        CLRF       TRISD                    ;设定 D 口为 8 位输出
        CLRF       PORTD
        CLRF       COUNT                    ;查表计数器原始清零
LOOP    MOVF       COUNT,W                  ;利用查表计数器进行查表显示
        CALL       TABLE
        MOVWF      PORTD                    ;将查到的状态码通过 RD 输出显示
        INCF       COUNT                    ;查表计数器加 1
        MOVLW      B'00000111'              ;对查表最大值进行限制（0~7）
        ANDWF      COUNT
        CALL       DELAY                    ;调延时
```

```
        CALL      DELAY                      ;调延时
        CALL      DELAY                      ;调延时
        CALL      DELAY                      ;调延时
        GOTO      LOOP                       ;返回
TABLE   MULLW 02H
        MOVFF     PRODL,WREG
        ADDWF     PCL
        RETLW     B'00000001'
        RETLW     B'00000010'
        RETLW     B'00000100'
        RETLW     B'00001000'
        RETLW     B'00010000'
        RETLW     B'00100000'
        RETLW     B'01000000'
        RETLW     B'10000000'
        RETURN
;***************************************************************
;        80ms 延时子程序
;***************************************************************
DELAY   MOVLW     N1
        MOVWF     DATA1
LP0     MOVLW     N2
        MOVWF     DATA2
LP1     DECFSZ    DATA2,1
        GOTO      LP1
        DECFSZ    DATA1,1
        GOTO      LP0
        RETURN
        END
```

（2）采用查表法的 7_1_3. C 程序清单

```c
//***************************************************
//简单亮灯程序  流水灯程序（查表法）
//程序名: 7_1_3. C
//***************************************************
#include <p18f452.h>
void delay(void);
rom unsigned char table[8]={0x01,0x02,0x04,0x08,0x10,0x20,0x40,0x80};//表在ROM
unsigned char i, j, k;
void main(void)
{
    TRISD=0x00;                         // 设置 D 口为输出
    PORTD=0x00;
    k=0;
    while(1)
     {
        PORTD=table[k++];
        k=k&0x07;
        delay();
        delay();
     }
}
//**************************************
```

```
//*    Program dealy ( )   160ms     *
//****************************************
void delay(void)
{
   for(i=255;i>0;i--)
     for(j=255;j>0;j--);
 }
```

7.1.3　利用 PORTD 端口实现按键计数的编程实践

1.　实验目的

学习如何编制软件防抖程序,解决机械按键开关在操作时所产生的前沿抖动和后沿抖动现象,实现按键开关的正确加 1 操作。

2.　实验设备

PIC18F_1 单片机综合实验仪 1 台、ICD2 在线调试器 1 台和 220V/9V 电源适配器 1 台、装载 MPLAB IDE 软件的微型计算机 1 台。

3.　实验电路及说明

利用 RB0 端口引入一个按键（S616）的电平信号，当按键不按时，信号为高电平（没有外信号），当按下按键式，电平为低电平（包含 1 个下降沿），模拟一个计数信号。利用 PORTD 与 8 个 LED 连接，用以显示计数器的计数状态（电路连接如图 7.1.2 所示）。

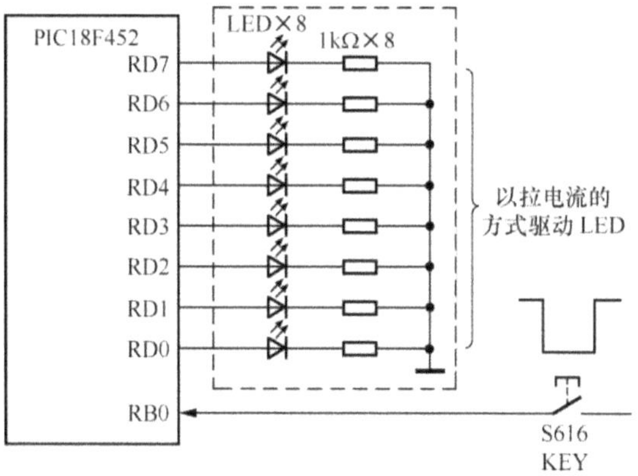

图 7.1.2　实验电路图

本实验采用软件查询方式对端口引脚的电平进行检测，目的是了解学习查询语句的应用，以及防抖方法的实现。

4.　实验要求

设计一个计数器（可由 PORTD、也可以选用一个文件寄存器来承担），每按动 1 次 KEY（S616）按键开关，计数器实现加 1，并通过 LED7～LED0 显示（二进制加一显示）。提示，机械开关在操作时会产生大量的"抖动"（如图 7.1.3 所示）。

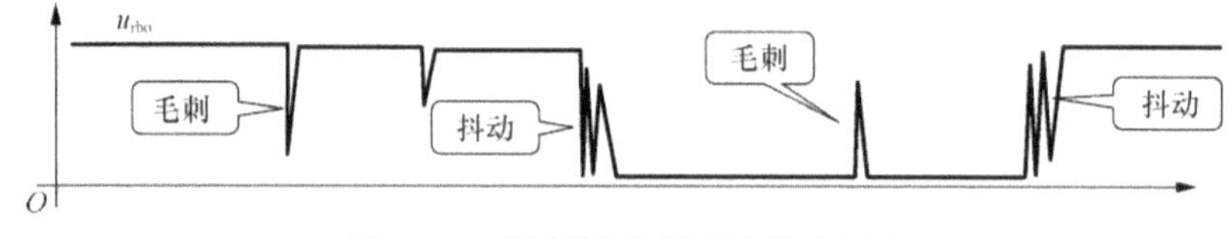

图 7.1.3　毛刺干扰与抖动波形示意图

　　这些抖动在一些应用中会造成错误。为了避免开关的"抖动"，应当在程序中加入由延时等措施构成的防抖操作。在程序中除了要考虑到按键的"抖动"，还要考虑到单片机的端口引脚因外界电磁干扰而造成的"尖峰、毛刺"干扰，避免这种干扰对系统产生错误的操作（如图 7.1.4 所示）。

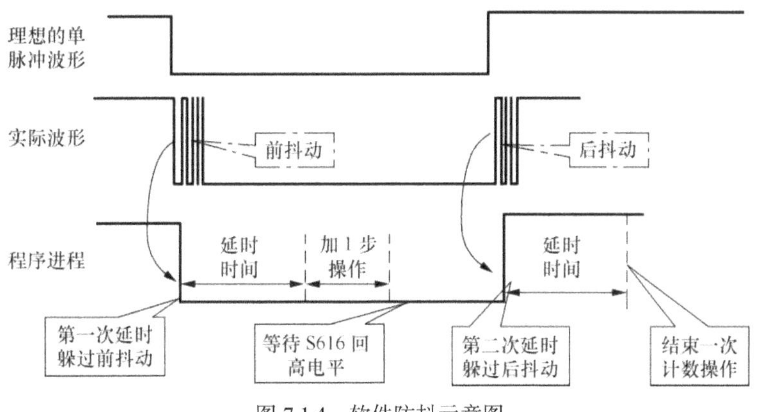

图 7.1.4　软件防抖示意图

5. 参考程序

（1）采用汇编语言的参考程序 7_1_4.ASM

```
;**************************************************
;单键触发 8 位二进制累加计数器实验
;程序名：7_1_4.ASM
;**************************************************
LIST      P=18F452
#INCLUDE P18F452.INC
DATA1     EQU       20H                  ;定义计数器单元 1
DATA2     EQU       21H                  ;定义计数器单元 2
N1        EQU       20                   ;定义延时常数 1
N2        EQU       0FFH                 ;定义延时常数 2
          ORG       0000H
          GOTO      MAIN
          ORG       0030H
MAIN      NOP
          CLRF      TRISD                ;设定 D 口为 8 位输出
          MOVLW     0FFH
          MOVWF     TRISB                ;设定 B 口为 8 位输入
          CLRF      PORTD                ;口 D 首先赋 00H 并送 LED 显示
CHECK     BTFSC     PORTB,0              ;监测 B 口 0 位若为 0 跳一步
          GOTO      CHECK                ;B 口大于 0 则返回继续
          CALL      DELAY                ;调延时防抖
          BTFSC     PORTB,0              ;监测 B 口 0 位若为 0 跳一步
          GOTO      CHECK                ;如果是"尖峰"干扰时，返回继续监测
          INCF      PORTD                ;D 口加 1
CHECK1    BTFSS     PORTB,0              ;继续监测开关是否松开，是跳一步
          GOTO      CHECK1               ;继续等待开关
          CALL      DELAY                ;开关松开后调延时
          BTFSS     PORTB,0              ;再监测是否为"尖峰"干扰
```

```
        GOTO      CHECK1              ;若是"尖峰"干扰重新返回 CHECK1
        GOTO      CHECK              ;返回
;********************************************************
;        10ms 延时子程序
;********************************************************
DELAY   MOVLW     N1
        MOVWF     DATA1
LP0     MOVLW     N2
        MOVWF     DATA2
LP1     DECFSZ    DATA2,1
        GOTO      LP1
        DECFSZ    DATA1,1
        GOTO      LP0
        RETURN
        END
```

（2）采用 C 语言的源程序（7_1_4.c）

```c
//**********************************************
//单键触发 8 位二进制累加计数器实验
//程序名: 7_1_4.c
//**********************************************
#include <p18f452.h>
#define SW    PORTBbits.RB0
void delay(void);
unsigned char i,j;
//****************************************
//*            Program Main ( )        *
//****************************************
void main(void)
{
    TRISD=0x00;                    //设置 D 口为输出
    TRISBbits.TRISB0=1;            //设置 B0 口为输入
    PORTD=0x00;
    while(1)
    {
        if(!SW)
         {
            delay();
            if(!SW)  PORTD++;
            while(!SW) ;
            delay();
            while(!SW) ;
         }
    }
}
//****************************************
//*      Program dealy ( )        *
//****************************************
void delay(void)
{
    for(i=10;i>0;i--)
        for(j=100;j>0;j--) ;
}
```

6. 思考题

实验仪上，共有 2 个独立的按键开关 S616、S617，试编制一个程序，使用 S616（接 RB0）实现加 1 功能，使用 S617（接 RB1）实现减 1 功能。实验电路如图 7.1.5 所示。

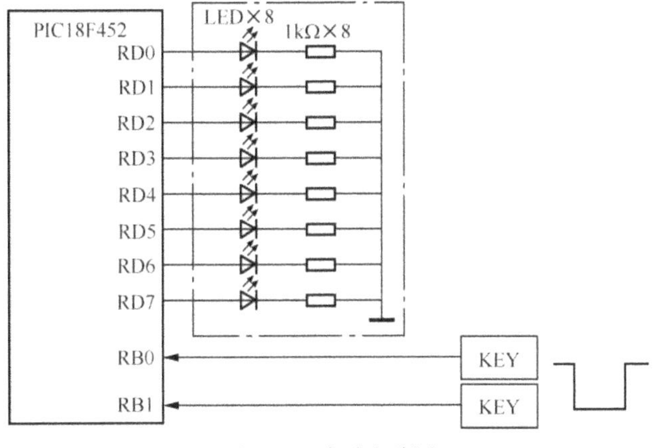

图 7.1.5　实验电路图

7.1.4　利用输入/输出端口模拟交通灯控制的编程实践

1. 实验目的

学习编制交通灯控制信号的方法。

2. 实验设备

PIC18F_1 单片机综合实验仪 1 台、ICD2 在线调试器 1 台和 220V/9V 电源适配器 1 台、装载 MPLAB IDE 软件的微型计算机 1 台。

3. 实验电路及说明

将单片机的 RD 端口与 8 位 LED 连接。实验电路如图 7.1.6 所示。

4. 实验要求

利用 LED7（红）、LED6（黄）和 LED5

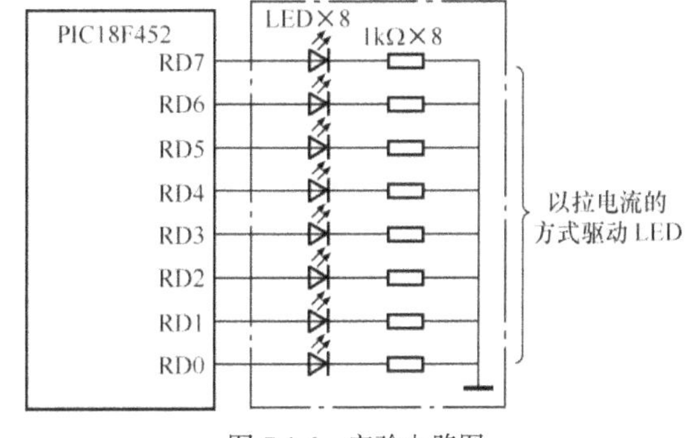

图 7.1.6　实验电路图

（绿）以及 LED2（红）、LED1（黄）和 LED0（绿），模拟交通灯效果。首先做出信号灯工作的全部状态表（见表 7.1.1）。

表 7.1.1　　　　　　　　　　　　　　　　交通灯状态表

顺序	状态字	LED 亮灯状态		意　义	顺序流程
1	1000 0001B	红	绿	东西停、南北行	
2	1000 0010B	红	黄	东西停、南北停	
3	0010 0100B	绿	红	东西行、南北停	
4	0100 0100B	黄	红	东西停、南北停	

5. 参考程序

参考程序：7_1_5.ASM

```
;****************************************************************
;交通灯控制程序
;程序名：7_1_5.ASM
;****************************************************************
LIST     P=18F452
#INCLUDE P18F452.INC
R1       EQU       20H                      ;定义计数器单元1
R2       EQU       21H                      ;定义计数器单元2
R3       EQU       22H
N1       EQU       20H                      ;定义延时常数1
N2       EQU       0FFH                     ;定义延时常数2
N3       EQU       0FFH
         ORG       0000H
         GOTO      MAIN
         ORG       0030H
MAIN     NOP
         CLRF      TRISD                    ;设定D口为8位输出
         CLRF      PORTD
LOOP     MOVLW     b'10000001'              ;输出一个状态
         MOVWF     PORTD
         CALL      DELAY                    ;调延时
         CALL      DELAY                    ;调延时
         MOVLW     b'10000010'              ;输出一个状态
         MOVWF     PORTD
         CALL      DELAY                    ;调延时
         MOVLW     b'00100100'              ;输出一个状态
         MOVWF     PORTD
         CALL      DELAY                    ;调延时
         CALL      DELAY                    ;调延时
         MOVLW     b'01000100'              ;输出一个状态
         MOVWF     PORTD
         CALL      DELAY                    ;调延时
         GOTO      LOOP                     ;返回
;****************************************************************
;       延时子程序
;****************************************************************
DELAY
         MOVLW     N1
         MOVWF     R1
LP0      MOVLW     N2
         MOVWF     R2
LP1      MOVLW     N3
         MOVWF     R3
LP3      DECFSZ    R3,1
         GOTO      LP3
LP2      DECFSZ    R2,1
         GOTO      LP1
         DECFSZ    R1,1
```

```
GOTO        LP0
RETURN
END
;*************************************************************
```

6. 思考题

将黄灯亮的状态变为快速闪烁状态（可采用 C 语言设计）。提示，重新设计一个交通灯的状态表。

7.1.5　步进电机驱动编程实践

步进电动机是一种将脉冲信号变换成相应的角位移（或线位移）的电磁装置，是一种特殊的电动机。一般电动机都是连续转动的，而步进电动机则有定位和运转 2 种基本状态，当有脉冲序列输入时步进电动机就一步一步地转动，每给它一个脉冲信号，它就转过一定的角度；当没有新的脉冲信号时，电机则保持"定位状态"。步进电动机的角位移量和输入脉冲的个数严格成正比，在时间上与输入脉冲同步，因此只要控制输入脉冲的数量、频率及脉冲的相序，便可获得所需的转角、转速及转动方向。

步进电机有一个技术参数，就是空载启动频率，即步进电机在空载情况下能够正常启动的脉冲频率，如果脉冲频率高于该值，电机不能正常启动，可能发生"丢步"或"堵转"。在有负载的情况下，启动频率应更低。如果要使电机达到高速转动，脉冲频率应该有加速过程，即启动时频率较低，然后按一定加速度升到所希望的高频（电机转速从低速升到高速）。另外，步进电机所能产生的最小转角为"最小步距角"，不同的电机其参数是不同的。

1. 实验目的

学习编制步进电机的驱动程序，掌握控制步进电机转速、转向的方法。

2. 实验设备

PIC18F_1 单片机综合实验仪 1 台、ICD2 在线调试器 1 台和 220V/9V 电源适配器 1 台、装载 MPLAB IDE 软件的微型计算机 1 台。

3. 实验电路及说明

使用 4 条单根导线将单片机 RD 端口的 RD3～RD0 与步进电机模块的 D、C、B、A 控制输入连接。为了便于观察控制信号的状态，可使用 1 条排线将 RD 端口与 LED 的输入连接，通过 LED3～LED0 的状态观察步进电机的相序信号。步进电机的驱动电路由 ULN2003 承担（如图 7.1.7 所示），实验电路如图 7.1.8 所示。实验连接电路如图 7.1.9 所示。

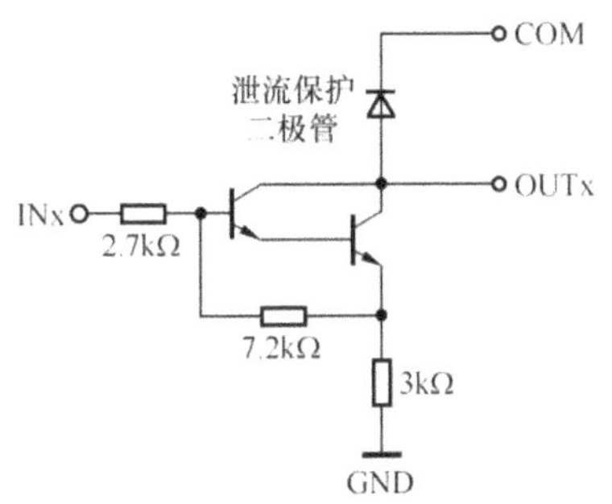

图 7.1.7　ULN2003 内部电路图

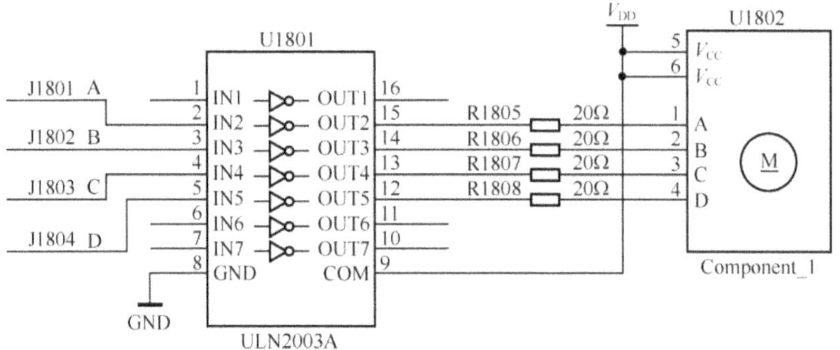

图 7.1.8　步进电机的驱动电路示意图

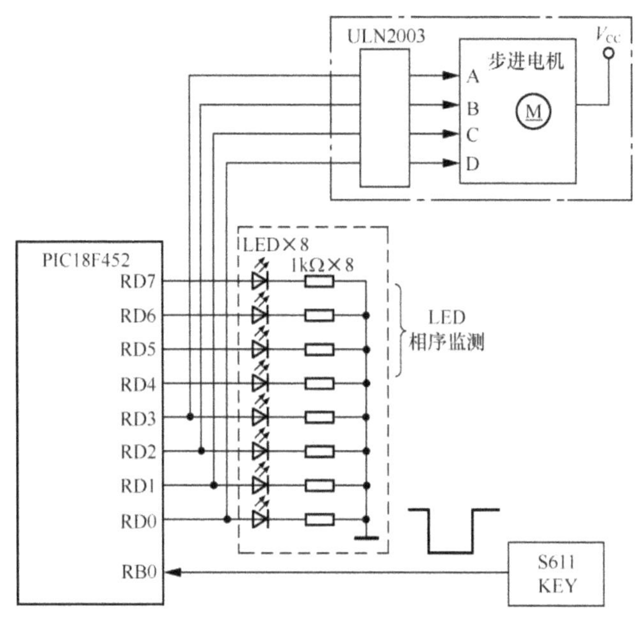

图 7.1.9　实验电路图

4. 实验要求

编制一个程序，使步进电机转动，并且通过 LED 灯观察单片机输出的步进电机控制相序信号的变化。通过修改程序（延时）参数改变电机的转速；改变相序改变电机的转向。将电机转速降低，利用 LED 灯观察步进电机旋转 1 周（360 度）需要多少拍（单-双八拍制）。

5. 编程算法

根据表 7.1.2 编制步进电机控制信号的输出程序。每对应一个相序节拍信号，步进电机就会转动一个角度。在每一个相序节拍信号之间加入适当的延时，延时参数决定了相序节拍的维持周期，也确定了步进电机的转动速度。

本实验台上的电机为四相结构，可以采用不同的方式加以驱动（见表 7.1.2）。

单四拍方式，A→　B → C → D。

双四拍方式，AB → BC → CD → DA。

单双八拍方式，A → AB → B → BC → C → CD → D → DA。

本实验采用的是单-双八拍控制模式，比双四拍或单四拍运行更细密。

表 7.1.2　　　　　　　　　　　　　　步进电机控制相序表

RD3	RD2	RD1	RD0	节拍	拍控制字	节拍顺序与运转方向
D	C	B	A			
1　　0　　0　　0				D	08H	
1　　1　　0　　0				DC	0CH	
0　　1　　0　　0				C	04H	
0　　1　　1　　0				CB	06H	
0　　0　　1　　0				B	02H	
0　　0　　1　　1				BA	03H	
0　　0　　0　　1				A	01H	
1　　0　　0　　1				DA	09H	

在程序中还是用了 C 编译器提供的延时库函数。可以通过修改延时参数观察电机转速的变化情况。

6. 参考程序

（1）步进电机驱动的 C 语言程序（7_1_6.c）

```c
//******************************************
//     这是一个步进电机的驱动程序
//     程序名: 7_1_6.c
//******************************************
#include <p18f452.h>
#include<delays.h>
void main(void)
{
  TRISD=0X00;
  while(1)
  {
    PORTD=0B00001000;
    Delay10KTCYx(10);
    PORTD=0B00001100;
    Delay10KTCYx(10);
    PORTD=0B00000100;
    Delay10KTCYx(10);
    PORTD=0B00000110;
    Delay10KTCYx(10);
    PORTD=0B00000010;
    Delay10KTCYx(10);
    PORTD=0B00000011;
    Delay10KTCYx(10);
    PORTD=0B00000001;
    Delay10KTCYx(10);
    PORTD=0B00001001;
    Delay10KTCYx(10);
  }
}
```

（2）使用读表指令输出步进电机相序的汇编程序（7_1_6.ASM）

```asm
;*************************************************************************
;  使用读表指令输出步进电机相序的程序
```

```
;       程序名: 7_1_6.ASM
;********************************************************************
LIST P=18F452
#INCLUDE P18F452.INC
COUNT EQU        20H                     ;定义一个查遍计数器
DATA_1 EQU       21H
R1     EQU       22H                     ;定义计数器单元1
R2     EQU       23H                     ;定义计数器单元2
N1     EQU       0FFH                    ;定义延时常数1
N2     EQU       0FFH                    ;定义延时常数2
;======================================================
       ORG       0000H
       GOTO      MAIN
;======================================================
       ORG       0090H                   ;留出空间，存放步进电机的节拍相序代码
DB 08H,0CH,04H,06H,02H,03H,01H,09H
;======================================================
MAIN   CLRF      TRISD
       MOVLW     00H                     ;设置查表指针=000090H
       MOVWF     TBLPTRU
       MOVLW     00H
       MOVWF     TBLPTRH
LOP1   MOVLW     90H
       MOVWF     TBLPTRL                 ;指向表头
       CLRF      COUNT                   ;读表计数器清零
       MOVF      COUNT,0                 ;W 获取查表偏移量（高位）
       ADDWF     TBLPTRL                 ;表头地址加查表偏移量
LOP    TBLRD*+                           ;查表，操作数据在 TABLAT 中
       MOVFF     TABLAT,PORTD            ;输出相序信号
       CALL      DELAY
       CALL      DELAY
       INCF      COUNT,1                 ;查表偏移量加1
       MOVFF     COUNT,DATA_1            ;送临时单元
       MOVLW     0X08                    ;判断查表是否超界
       SUBWF     DATA_1   ,1             ;DATA_1-W
       BNC       LOP                     ;if Cy=0 （有借位，DATA_1 小于 8）转 LOP
       CLRF      COUNT                   ;if COUNT=8 , COUNT 清零
       GOTO      LOP1                    ;转 LOP1（返回表头）
;********************************************************************
;       80ms 延时子程序
;********************************************************************
DELAY MOVLW      N1
      MOVWF      R1
LP0   MOVLW      N2
      MOVWF      R2
LP1   DECFSZ     R2,1
      GOTO       LP1
      DECFSZ     R1,1
      GOTO       LP0
      RETURN
;********************************************************************
```

```
    END
;*************************************************************
```

三点说明如下。

① TBLRD 是 PIC18F 专用的查表指令（参见本教程的附录 1）。TBLRD 指令的查表操作是依据 21 位的表指针 TBLPTR 读取表中数据。表指针 TBLPTR 是由 TBLPTRU，TBLPTRH 和 TBLPTRL 3 个 SFR 组合而成。TBLRD 指令查表的数据被存放在一个 8 位的 SFR 寄存器 TABLAT 之中。利用 TBLRD 指令进行查表编程时，必须使用 DB 伪指令在 ROM 中创建一个数据表。

② 将表指针所指向的表中数据传送到 TABLAT 中，查表后，21 位的表指针自动加 1。有关查表指令的具体运用请参见本教程相关描述。程序算法如图 7.1.10 所示。

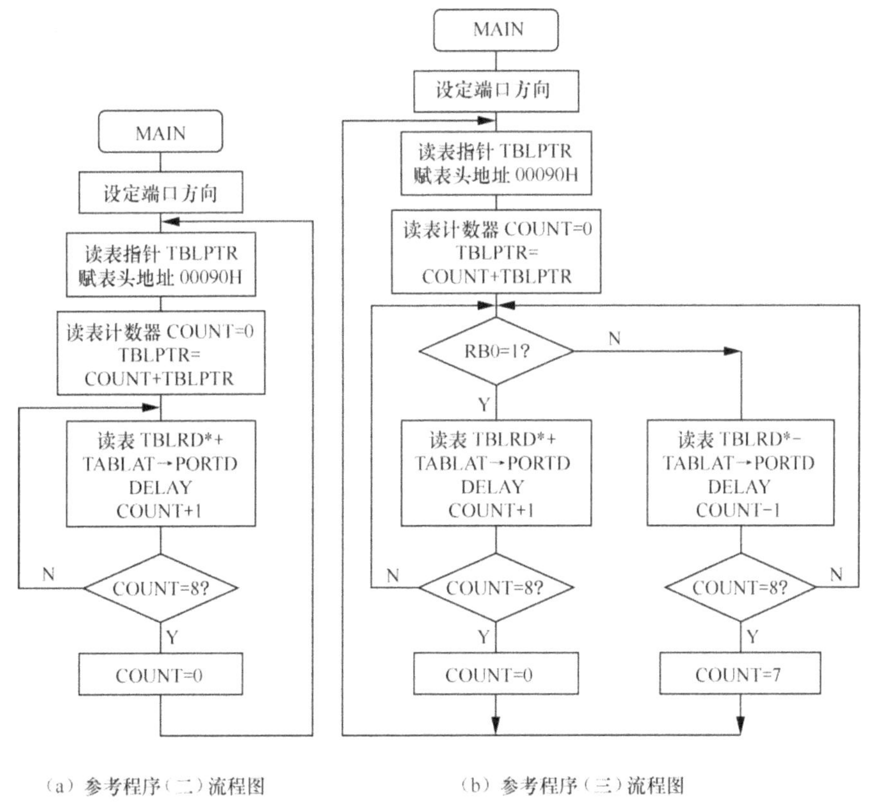

（a）参考程序（二）流程图　　　　（b）参考程序（三）流程图

图 7.1.10　采用读表法的程序流程图

③ 本程序注意以下几点。

（a）查表指令 TBLRD*+ 的运用必须事先对查表指针 TBLPTRU、TBLPTRH 和 TBLPTRL 赋值，即指向表头地址 000090H。TBLRD*+ 指令的操作是先查表（将取出的表数据送 TABLAT 中），再将表指针自动加 1。

（b）理解步进电机的转速和转向与什么参数有关（转速与输出相序之间的延时有关，转向与相序输出的顺序有关）。

（c）步进电机的工作相序分为单-双 8 拍（08H、0CH、04H、06H、02H、03H、01H、09H）和双 4 拍（0CH、06H、03H、09H）。单-双 8 拍与双 4 拍相序的特点各不相同，前者每一相序转动的角度为后者每一相序所转动角度的 1/2，但按单-双 8 拍运行时，电机的转动力矩是不均匀的，而按双 4 拍运行时，电机的转动力矩是均匀的。

（d）如果将上述电机的相序信号由单-双 8 拍改为双 4 拍，程序应如何修改（修改 2 点，首先将 ROM 中的 000090H 单元的相序数据改为 DB 0CH、06H、03H、09H、其次将程序中的 MOVLW 0X08 改为 MOVLW　0X04）。

（e）查表的控制。在程序中必须严格控制查表不能"超界"，所以使用 SUBWF DATA_1,1 指令来判断 COUNT 是否大于 8。这里要再次强调 PIC 的 SUBWF 指令为 f-W 并且借位位 C 呈负逻辑，即 C=0 为有借位，C=1 为无借位。当 COUNT 大于 8 后，重新对查表指针 TBLPTR 赋 000090H。

（3）采用读表指令的双向驱动程序（7_1_7.ASM）

```
;*********************************************************************************
;   使用读表指令双向驱动步进电机的程序（利用 RB0 控制转向）
;   程序名: 7_1_7.ASM
;*********************************************************************************
LIST  P=18F452
#INCLUDE P18F452.INC
COUNT  EQU        20H                  ;定义一个查遍计数器
R1     EQU        22H                  ;定义计数器单元 1
R2     EQU        23H                  ;定义计数器单元 2
N1     EQU        28H                  ;定义延时常数 1
N2     EQU        80H                  ;定义延时常数 2
;=================================================
       ORG        0000H
       GOTO       MAIN
;=================================================
       ORG        0090H                ;留出空间，存放步进电机的节拍相序代码
DB 08H,0CH,04H,06H,02H,03H,01H,09H
;=================================================
MAIN   CLRF       TRISD
       SETF       TRISB
       MOVLW      00H                  ;设置查表指针=000090H
       MOVWF      TBLPTRU
       MOVLW      00H
       MOVWF      TBLPTRH
LOP1   MOVLW      90H
       MOVWF      TBLPTRL              ;指向表头
       CLRF       COUNT
       MOVF       COUNT,0              ;获取查表偏移量（高位）
LOP4   ADDWF      TBLPTRL,1
LOP    BTFSS      PORTB,0
       GOTO       LOP2
       TBLRD*+                         ;查表操作数据在 TABLAT 中
       MOVFF      TABLAT,PORTD         ;输出相序信号
       CALL       DELAY
       INCF       COUNT,1
       MOVLW      0X08
       SUBWF      COUNT,0              ;DATA_1-W
       BNC        LOP                  ;if STATUS 中的 C=0 （DATA_1 小于等于 7）
       CLRF       COUNT
       GOTO       LOP1
```

```
LOP2    TBLRD*-                             ;查表操作数据在 TABLAT 中
        MOVFF       TABLAT,PORTD            ;输出相序信号
        CALL        DELAY
        DECF        COUNT,1
        MOVLW       0XFF
        SUBWF       COUNT,0                 ;DATA_1-W
        BNC         LOP2                    ;if STATUS 中的 C=0 （DATA_1 小于等于 7）
        MOVLW       07H
        MOVWF       COUNT
        MOVLW       90H
        MOVWF       TBLPTRL                 ;指向表头
        MOVLW       07H
        GOTO        LOP4
;********************************************************************
;       延时子程序
;********************************************************************
DELAY   MOVLW       N1
        MOVWF       R1
LP0     MOVLW       N2
        MOVWF       R2
LP1     DECFSZ      R2,1
        GOTO        LP1
        DECFSZ      R1,1
        GOTO        LP0
        RETURN
;********************************************************************
        END
```

7.1.6　直流电机驱动编程实践

直流电机的转速与电机绕组两端的电压大小有关，直流电机的转向与电机端子电压的极性有关。本实验利用 L298 电机专用芯片实现电机转向的控制实验，关于直流电机的转速控制将在 PIC18F 单片机的 CCP 模块实践环节中进行。

1. 实验目的

了解直流电机的驱动原理，学习 L298 芯片的使用方法和直流电机转向控制原理。

2. 实验设备

PIC18F_1 单片机综合实验仪 1 台、ICD2 在线调试器 1 台和 220V/9V 电源适配器 1 台、装载 MPLAB IDE 软件的微型计算机 1 台。

3. 实验电路及说明

利用单片机的 RD0、RD1 与 L298 的 IN1、IN2 连接，作为直流电机的转向控制。L298 的 ENABLE 直接与+5V 连接。RD2 与 1 个 SWITCH（S611）连接，作为控制电机转向的输入信号。

L298 是专用于控制直流电机（或步进电机）的专用芯片。最大工作电压为 24V，可直接驱动两路直流电机或一台步进电机。L298 用于直流电机的应用电路如图 7.1.11 所示。与单片机端口的连接如图 7.1.12 所示。

4. 实验要求

运行程序时、通过 RD0、RD1 的端口输出控制电机的转向。编程者可以在此基础上，利用 RD3 做输入，控制电机的运行或停止（制动）。

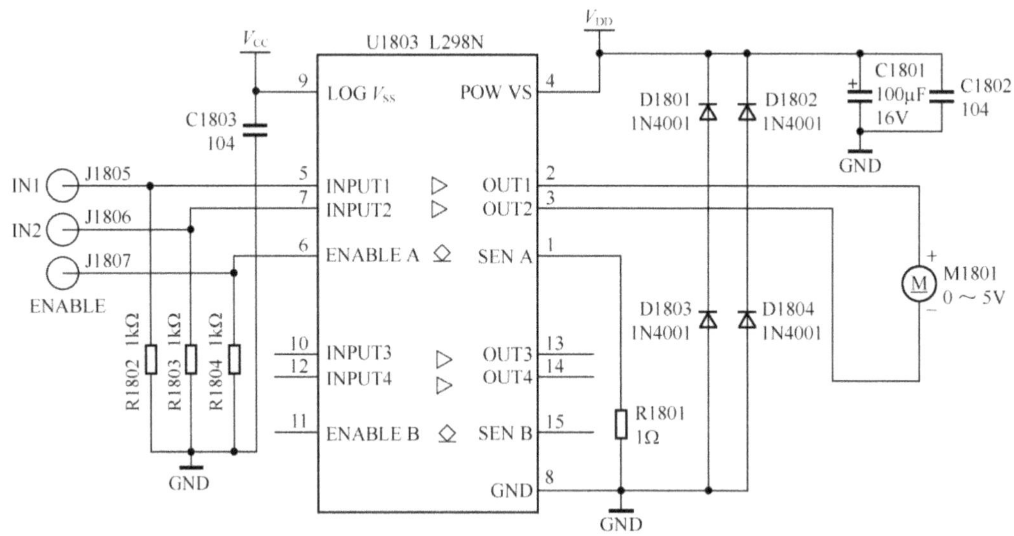

说明，V_{DD} 为直流电机电压(0～24V)；LOG V_{SS} 为 TTL 电路的+5V。

图 7.1.11　L298 应用示意图

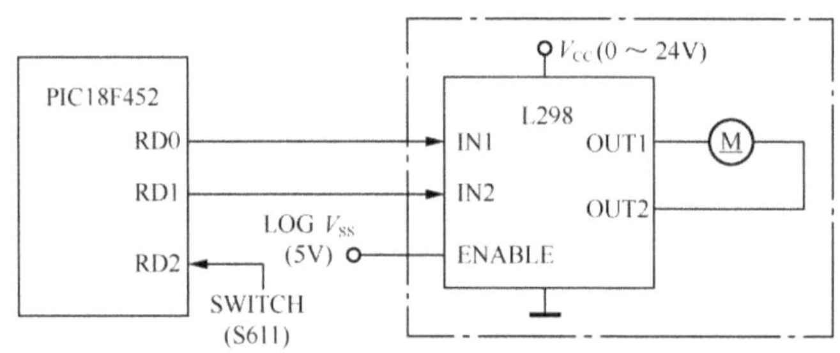

图 7.1.12　实验连接实验图

5. 编程算法

利用 L298 的控制原理，使单片机的 RD0、RD1 输出 2 种不同的代码，从而实现电机转向的控制。L298 的控制逻辑参如表 7.1.3 所示。

表 7.1.3　　　　　　　　　　　　　　　L298 控制逻辑表

引脚控制电平			功 能 描 述	实 物 图
ENABLE	IN1	IN2		
1	1	0	OUT1　→OUT2	
1	0	1	OUT2 →　OUT1	
1	1	1	电机制动（OUT1、OUT 短接接）	
1	0	0	电机制动（OUT1、OUT 短接接）	
0	X	X	关闭驱动	

6. 程序流程图

如图 7.1.13 所示。

7. 程序清单

```
;**************************************************************************
```

```
;利用 RD0，RD1 控制电机的转向，RD2 控制电机的运转或制动
;  程序名：7_1_8.ASM
;********************************************************************
#include p18f452.inc
        ORG    0000H
        GOTO   MAIN
        ORG    0030H
MAIN    BCF    TRISD,0
        BCF    TRISD,1
        BSF    TRISD,2
LOOP    BTFSS  PORTD,2
        BRA    LOOP1
        BSF    PORTD,0
        BCF    PORTD,1
        BRA    LOOP
LOOP1   BCF    PORTD,0
        BSF    PORTD,1
        BRA    LOOP
        END
```

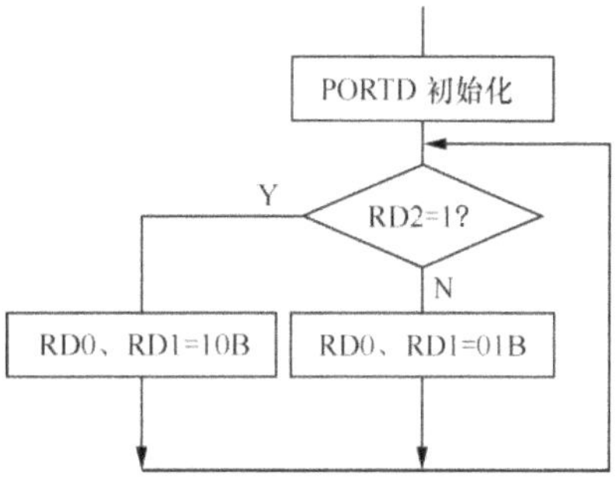

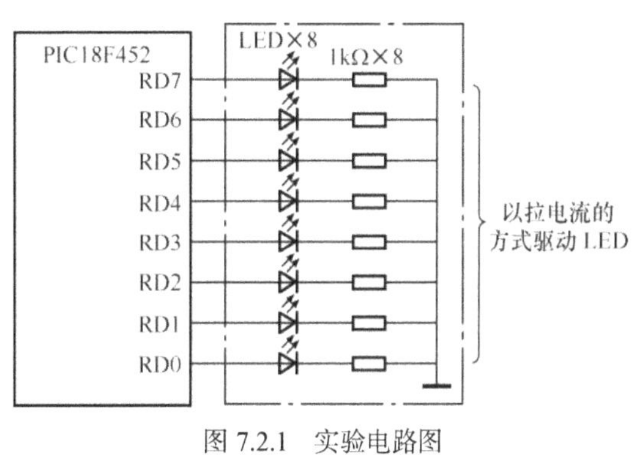

图 7.1.13　程序流程图

7.2　PIC18F452 单片机的定时计数器结构及编程实践

本节主要针对 PIC18F452 单片机的定时计数器进行编程实践，有关 PIC18F452 单片机的定时计数器的结构及组成原理可参见 3.2.5 章节。

7.2.1　利用 TMR0 定时器实现秒定时的编程实践

1. 实验目的

学习使用 PIC18F 系列单片机内部 TMR0 定时计数器的使用方法。掌握 TMR0 的初始化、初值的计算和编程方法。有关定时计数器 TMR0 的基本结构与概念参见 3.2.5 章节。

2. 实验设备

PIC18F_1 单片机综合实验仪 1 台、ICD2 在线调试器 1 台和 220V/9V 电源适配器 1 台、装载 MPLAB IDE 软件的微型计算机 1 台。

3. 实验电路及说明

将 PORTD 端口与 8 个 LED 连接用以显示计数器 TMR0 的计数值（如图 7.2.1 所示）。

4. 实验要求

对 TMR0 进行初始化，设定为定时方式，定时周期为 1s。每 1s 改变 1 次 RD 端口的电平状态（通过 LED7～LED0 显示）。

5. 编程算法

本实验的重点部分是如何计算 TMR0 的定时初值，使之满足 1 000 000μs 定时要求。

图 7.2.1　实验电路图

定时初值 TC 的计算　　　　　　　　　　$TC = M - T/(T_{计数}*N)$

其中，M 为计数器计数的最大值，TMR0 的 16 位模式时 M=65 536。

T 为实际需要的定时时间，本题为 1s，即 1 000 000μs。

$T_{计数}$ 为计数脉冲的周期，实验仪上单片机系统晶振频率为 16MHz，于是有

$$T_{计数}=(1/16) \times 10^{-6} \times 4=0.25 \ (\mu s)$$

N 为预分频器的分频比。

T0 的 16 位模式时，最大定时时间为

$$T_{max}=65\ 536 \times 0.25\mu s \times 分频比 = 16.384ms \times 分频比$$

确定满足 1s（1 000ms）时的分频比为

$$N=1\ 000/16.384=61.035$$

这样选择分频比为 64。此时 TMR0 的初值为

$$TC=65\ 536 -1\ 000\ 000\mu s /(0.25MS \times N)$$

$$=65\ 536 -1\ 000\ 000\mu s /(0.25MS \times 64)$$

$$= 65\ 536-62\ 500$$

$$=3\ 036=0BDCH$$

在 PIC18F 系列单片机中，对 16 位的 TMR0 赋初值是分成 2 个步骤完成的。

① 首先对 TMR0H 寄存器赋高 8 位的初值。

② 然后对 TMR0L 寄存器赋低 8 位的初值。

这个顺序不能改变，这与 TMR0 的双缓冲硬件结构有关。对于定时器 TMR0 的初始化编程是通过 SFR 的 T0CON 寄存器实现的。

6. 参考程序

（1）汇编语言编程

```
;********************************************************************************
; 定时 1s 其中, 初值为 3036(0BDCH)
; 程序名: 7_2_1.ASM
;********************************************************************************
LIST P=18F452
#INCLUDE P18F452.INC
        ORG     0000H
        GOTO    MAIN
        ORG     0030H
MAIN    CLRF    TRISD               ;设定 D 口为输出
        CLRF    PORTD               ;RD=00H
        MOVLW   05H                 ;16 位定时方式, 64 分频
        MOVWF   T0CON
        BCF     INTCON,TMR0IF       ;清标志
        MOVLW   0BH                 ;初值为 49911 或 0C2F7H
        MOVWF   TMR0H               ;先赋高 8 位初值
        MOVLW   0DCH                ;后赋低 8 位初值
        MOVWF   TMR0L
        BSF     T0CON,TMR0ON        ;启动 TMR0
CHECK   BTFSS   INTCON,TMR0IF       ;采用查询的方式等待定时时间
        GOTO    CHECK               ;时间未到继续查询、等待
```

```
       MOVLW    0BH                              ;初值重装
       MOVWF    TMR0H                            ;先赋高 8 位初值
       MOVLW    0DCH                             ;后赋低 8 位初值
       MOVWF    TMR0L
       COMF     PORTD                            ;翻转引脚电平
       BCF      INTCON,TMR0IF                    ;清标志
       GOTO     CHECK
       END
```

（2）采用 C 语言的源程序

```c
//**********************************************************************
//TMR0 的简单应用   延时 1s T=256×15 625×0.25μs
// 其中，初值为 49911(0C2F7H)256 分频时
// 程序名:(7_2_1.c)
//**********************************************************************
#include <p18f452.h>
void TMR0Delay(void);
void main(void)
{
   TRISD=0x00;                          //Set PortD for Output
   PORTD=0x00;                          //Initila LED display = 0x00
   while(1)
   {
    PORTD=~PORTD;                       //D 口取反
    TMR0Delay();                        //延时
   }
}
void TMR0Delay(void)
{
   T0CON=0x07;                          //16 位，内部时钟，256 分频
   TMR0H=0xC2;                          //初值为 49911    0C2F7
   TMR0L=0xF7;
   INTCONbits.TMR0IF=0;                 //清溢出标志位
   T0CONbits.TMR0ON=1;                  //开启定时器
   while(INTCONbits.TMR0IF==0);         //检测溢出标志位
}
```

7. 思考题

① 设计一个秒表，每 1s 进行加 1 操作，利用 LED 灯以二进制的形式将状态输出显示。

提示，设计一个计数器，该计数器原始清零，每 1s 对计数器加 1，并通过 LED1～LED8 以二进制的方式显示出来。秒信号的产生可利用 T0 实现。

② 试画出程序的流程图。

7.2.2　利用 TMR0 定时器驱动蜂鸣器的编程实践

1. 实验目的

进一步掌握 TMR0 定时计数器的编程方法。利用 TMR0 的定时模式驱动无源蜂鸣器的发声频率。

2. 实验设备

PIC18F_1 单片机综合实验仪 1 台、ICD2 在线调试器 1 台和 220V/9V 电源适配器 1 台、装载 MPLAB IDE 软件的微型计算机 1 台、示波器 1 台。

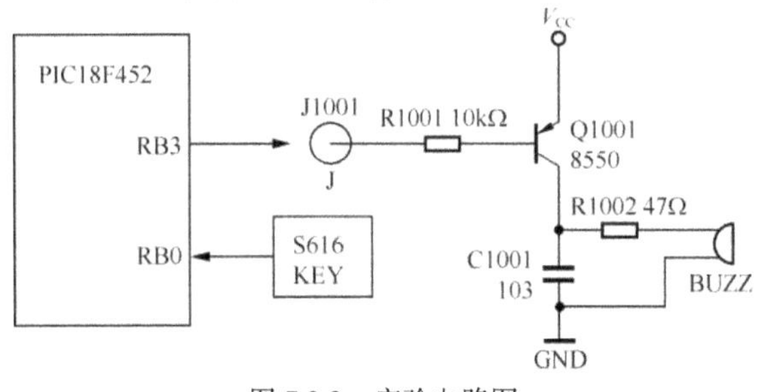

图 7.2.2　实验电路图

3. 实验电路及说明

将单片机的 RB3 端口做方波输出端端口，并与实验仪上的无源蜂鸣器驱动电路的输入连接。电路连接如图 7.2.2 所示。

4. 实验要求

由定时器产生 1 000Hz 的频率的方波，再将此方波信号送无源蜂鸣器驱动电路使蜂鸣器发声。可以利用示波器观察 RB3 输出波形的变化。

5. 编程算法

将 TMR0 设定为 16 位定时方式，不使用预分频器。定时器的初值 TC 为 500μs，其计算公式为

$$TC=65\ 536-500/0.25=63\ 536=F830H$$

采用查询法判断 TMR0 的溢出标志 TMR0IF，每一次溢出对端口 RB3 进行一次取反操作，这样就可以在 RB3 端由输出 1 000Hz 的方波信号。

6. 程序流程图

如图 7.2.3 所示。

7. 程序清单（请读者根据 TC 的计算公式计算 TMR0 的 16 位初值并填写到程序中）

```
//******************************************************************************
;   TMR0 的简单应用   驱动蜂鸣器（驱动频率为 1 000Hz）
;   TMR0 定时为 500ms，初值 TC=65 536-500/0.25=63 536=F830H
;   程序名:（7_2_2.asm）
;******************************************************************************
#include p18f452.inc
        ORG     0000H
        GOTO    MAIN
        ORG     0030H
MAIN    BCF     TRISB,3
        MOVLW   08H
        MOVWF   T0CON
LOOP    MOVLW         H
        MOVWF   TMR0H           ;先装 TMR0H
        MOVLW         H
        MOVWF   TMR0L           ;后装 TMR0L
        BCF     INTCON,TMR0IF
        BSF     T0CON,TMR0ON    ;启动定时器
AGAIN   BTFSS   INTCON,TMR0IF   ;查询溢出标志
        BRA     AGAIN           ;无溢出时继续查询
        BTG     PORTB,3         ;端口电平取反
        BRA     LOOP
        END
```

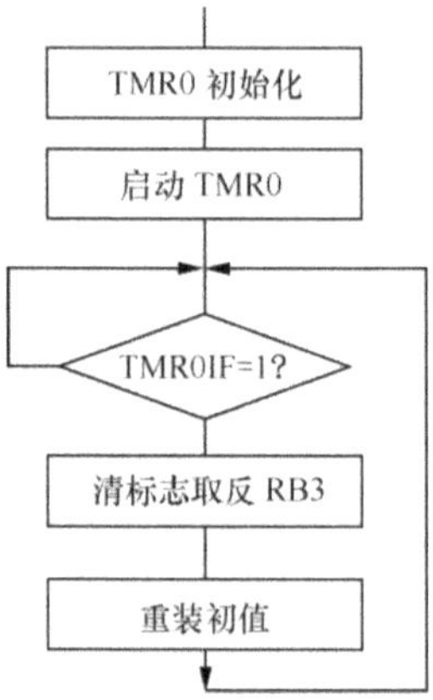

图 7.2.3　程序流程图

（流程图）TMR0 初始化 → 启动 TMR0 → TMR0IF=1? → 清标志取反 RB3 → 重装初值

7.2.3　利用 TMR0 定时器实现单键切换方波频率的编程实践

1. 实验目的

进一步掌握 TMR0 定时计数器的编程方法。利用 TMR0 的定时操作控制蜂鸣器产生不同的音频效果。

2. 实验设备

PIC18F_1 单片机综合实验仪 1 台、ICD2 在线调试器 1 台和 220V/9V 电源适配器 1 台、装载 MPLAB IDE 软件的微型计算机 1 台、示波器 1 台。

3. 实验电路及说明

将单片机的 RC2 端口做方波输出端端口，并与实验仪上的无源蜂鸣器驱动电路的输入连接，利用一个按键（S616）控制频率变化。电路连接如图 7.2.4 所示。

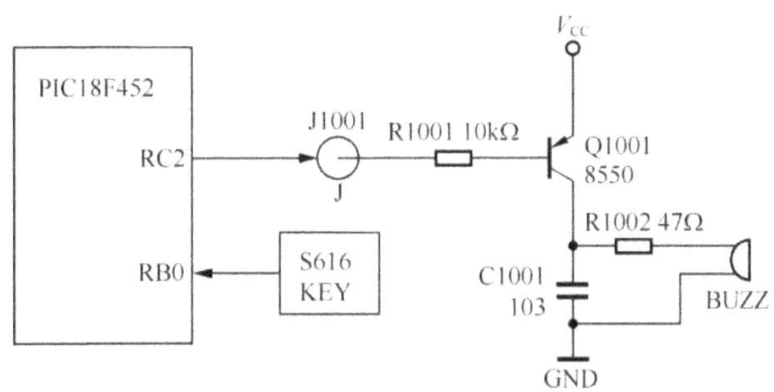

图 7.2.4　实验电路图

4. 实验要求

由定时器产生某一频率的方波，再将此方波信号送无源蜂鸣器驱动电路使蜂鸣器发声，无源蜂鸣器的发声频率与定时器产生的方波频率一一对应。使用按键 KEY（S616）与 RB0 连接，每按动 1 次 KEY，改变 1 次方波的频率。这样通过按键不断改变方波的频率，同时无源蜂鸣器输出的频率也在变化。可以利用示波器观察 RC2 输出波形的变化。

产生方波的频率分别为 15.625Hz、31.25Hz、62.5Hz、125Hz、250Hz、500Hz、1 000Hz、2 000Hz；初始产生 15.625Hz，每按 1 次 RB0 逐次循环切换。方波由 RC2 输出并与无源蜂鸣器驱动电路连接。

5. 编程算法

① 初始频率的设定。

TMR0 的初值 TC = FE0CH=65 036，原始状态分频比 1：256。

T0 定时时间=（ 65 536–65 036 ）× $T_{计数}$ ×256=500 × 4/16 × 256 = 3 200(μs)。

周期=64 000μs，频率=15.625Hz。

每当按动 1 次 SW2（RB0）时，将 T0 的预分频器的分频比减小 1 档。这样 T0 定时时间减少一半，频率便提高 1 倍。

② 键盘防抖的延时也是采用 T0 定时器实现 8ms 的延时，为了使 T0 能够完成 2 个不同的任务，采用 1 个备份寄存器，在转换任务时（在 8ms 延时子程序中）进行备份源数据。当然读者也可以使用软件延时的方法。

③ 对 T0CON 的设定参见 3.2 章节。

6. 参考程序

（1）采用汇编语言源程序

```
;**************************************************************************
;     TMR0 的简单应用   单键循环切换方波发生器
;     产生方波分别为 15.625Hz, 31.25Hz, 62.5Hz, 125Hz, 250Hz, 500Hz,
;     1 000Hz, 2 000Hz；初始产生 15.625Hz，每按 1 次RB0，逐次循环切换
;     输出接 RC2 蜂鸣器
;     程序名：(7_2_3.asm)
;**************************************************************************
LIST P=18F452
#INCLUDE P18F452.INC
T0CON_B     EQU         20H                     ;定义一个备份寄存器
COUNT       EQU         21H                     ;定义一个计数器
TMR0HB      EQU         D'254'                  ;定义定时初值
TMR0LB      EQU         D'12'
            ORG         0000H
            GOTO        MAIN
            ORG         0030H
MAIN        NOP
            BCF         TRISC,2                 ;设 RC2 为输出
            CLRF        PORTC                   ;C 口清零
            BSF         TRISB,0                 ;设 B0 口为输入
            MOVLW       07H                     ;设定初始分频比（参见表 3.2.3）
            MOVWF       T0CON                   ;设定 16 位定时器，分频系数为 256
            MOVLW       08H                     ;计数器赋初值 8（八种频率）
            MOVWF       COUNT
SCANKEY     BTFSC       PORTB,0                 ;判断是否有按键，有时，跳一步
            GOTO        LOOP                    ;没有按键时转 LOOP
            CALL        DELAY                   ;调用延时（防抖）
CHECK       BTFSS       PORTB,0                 ;按键是否断开?
            GOTO        CHECK                   ;按键没抬起时继续查询
            CALL        DELAY                   ;按键断开后调延时（防抖）
            DECF        T0CON                   ;修改选项寄存器的分频系数
            DECF        COUNT                   ;循环 8 次
            BZ          MAIN                    ;判断 Z=1（COUNT=0）时，转 MAIN
LOOP        BTG         PORTC,2                 ;RC2 口取反
            BCF         INTCON,TMR0IF           ;清除 TMR0 的溢出标志 TMR0IF
            MOVLW       TMR0HB                  ;为 TMR0 重新赋初值
            MOVWF       TMR0H                   ;TMR0 的初值 TC = FE0CH=65036
            MOVLW       TMR0LB
            MOVWF       TMR0L                   ;为 TMR0 重新赋初值
            BSF         T0CON,TMR0ON            ;启动 TMR0
TEST        BTFSS       INTCON,2                ;监测 TMR0 是否有溢出
            GOTO        TEST                    ;无溢出时继续监测
            GOTO        SCANKEY                 ;定时时间到转 SCANKEY
;**************************************************************************
;          TMR0 延时子程序 8ms
;**************************************************************************
DELAY       MOVFF       T0CON,T0CON_B           ;备份 T0CON
```

```
            MOVLW           47H
            MOVWF           T0CON               ;设 8 位定时器，分频系数为 1∶256
            BCF             INTCON,T0IF         ;清除溢出标志
            MOVLW           64H
            MOVWF           TMR0L               ;为 TMR0 赋初值
            BSF             T0CON,TMR0ON        ;启动 TMR0
LOOP1       BTFSS           INTCON,T0IF         ;判断是否有溢出?
            GOTO            LOOP1               ;等待溢出
            MOVFF           T0CON_B,T0CON       ;恢复 T0CON
            RETURN                              ;返回
;************************************************************************************
            END
;************************************************************************************
```

（2）采用 C 语言源程序

```c
//****************************************************
//    TMR0 的简单应用   单键循环切换方波发生器
//    产生方波分别为 15.625Hz, 31.25Hz, 62.5Hz, 125Hz, 250Hz, 500Hz,
//    1 000Hz, 2 000Hz; 初始产生 15.625Hz, 每按 1 次 RB0, 逐次循环切换
//    输出接 RC2 蜂鸣器
//    程序名: 7_2_3.c
//****************************************************
#include <p18f452.h>
#define SW PORTBbits.RB0
void KeyDelay(void);
void main(void)
{
   char x;
   TRISCbits.TRISC2=0;                    //设 RC2 为输出
   PORTC=0x00;                            //C 口清零
   TRISBbits.TRISB0=1;                    //设 B0 口为输入
   T0CON=0x07;
   while (1)
   {
    PORTCbits.RC2=~PORTCbits.RC2;         //RC2 口取反
    INTCONbits.TMR0IF=0;                  //清溢出标志位
    TMR0H=254;                            //为 TMR0 重新赋初值
    TMR0L=12;                             //为 TMR0 重新赋初值
    T0CONbits.TMR0ON=1;                   //开启定时器(此时 T0CON=8XH)
    while(INTCONbits.TMR0IF==0) ;         //检测溢出标志位
    if (!SW)
      {
         KeyDelay();
         x=T0CON;
         x=x&0x07;
         if (x==0x00)
            T0CON=0x07;
         else T0CON--;
         while(!SW) ;
         KeyDelay();
```

```
        }
      }
}
void KeyDelay(void)
{
    char  x;
    x=T0CON;
    T0CON=0x47;                        //8 位，内部时钟，256 分频
    TMR0L=0x64;
    INTCONbits.TMR0IF=0;               //清溢出标志位
    T0CONbits.TMR0ON=1;                //开启定时器
    while(INTCONbits.TMR0IF==0) ;      //检测溢出标志位
    T0CON=x;//恢复 T0CON 的状态
}
```

7. 思考题

选择一个端口（RB1），连接一个 S611 拨动开关，利用开关的电平实现频率的递增或递减功能。如，当开关置于高电平时，每按动 1 次按键 S616、RC2 的频率按递增变换；当开关置于低电平时，每按动 1 次按键 S616、RC2 的输出频率按递减变化。实验电路如图 7.2.5 所示。

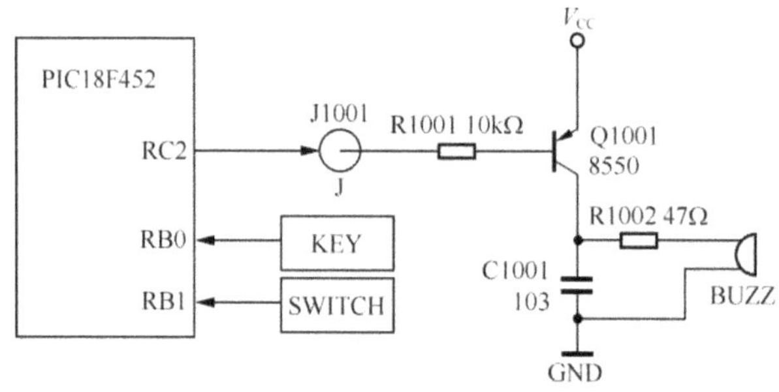

图 7.2.5　思考题实验电路图

7.2.4　利用 TMR0 定时器模拟车辆行驶里程计数的编程实践

1. 实验目的

学习掌握 TMR0 定时计数器计数方式的应用和编程方法。利用 TMR0 对车辆车轮转动圈数进行计数。假设车轮每转动 720 圈后 TMR0 产生溢出，表明 1km 到，此时对里程计数器加 1 并显示。

2. 实验设备

PIC18F_1 单片机综合实验仪 1 台、ICD2 在线调试器 1 台和 220V/9V 电源适配器 1 台、装载 MPLAB IDE 软件的微型计算机 1 台。

3. 实验电路

使用拨动开关 SWITH 按键与 RA4（TMR0 的计数输入端）连接，按键开关 KEY（S616）与 RB0 连接（如图 7.2.6 所示）。

4. 实验要求

通过拨动开关（RA4）模拟车轮传感器的信号，每扳动一次（向上、再向下）产生 1 个方波，相当于车轮转动了 1 圈所获取到的 1 个传感器信号。RD 端口作输出，与 LED7～LED0 连接，以二进制的形式显示里程数据（如图 7.2.6 所示）。

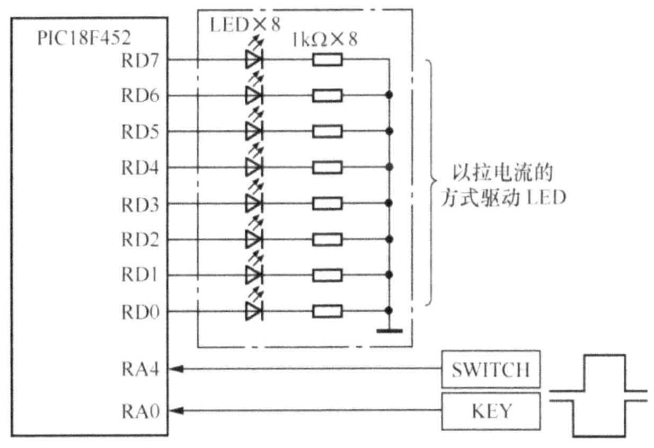

图 7.2.6　实验电路图

将定时器 TMR0 设定为外计数方式、8 位模式，不使用预分频器。

使用拨动开关（SWITH-S611）模拟车轮圈数传感器。注意，为了方便实验起见，实验规定每扳动 3 次，TMR0 便产生溢出（相当于 1km），溢出时对里程计数器（PORTD）将自动进行加 1 计数并显示。

应当注意，机械开关都存在"抖动"问题（如图 7.2.7 所示），因而造成计数器计数不正常的现象。所以有条件的地方应使用单脉冲源模拟计数脉冲。

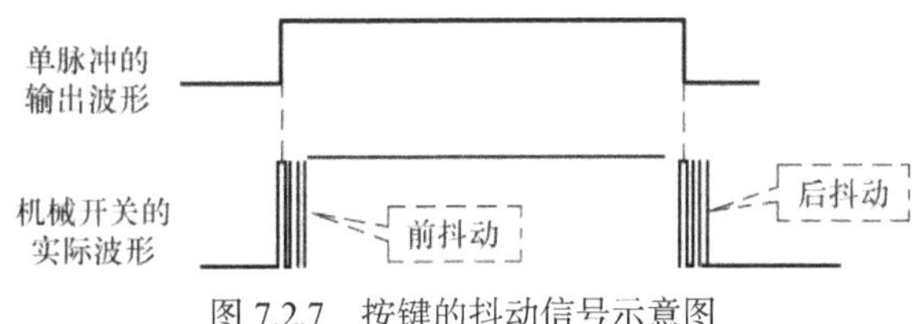

图 7.2.7　按键的抖动信号示意图

5. 程序算法

实际上小型车辆的车轮大约每转动 740 圈行驶里程约为 1km，这样当 TMR0 计满 740 个外部脉冲时产生溢出，表明行使里程为 1km，对里程计数器加 1 并显示。为了简化程序的调试，按照每 3 圈为 1km（完全是为了方便程序的调试）。这样，每按动 3 下 KEY 时，就会产生里程数的加 1。

在程序中将 T0 设定为 8 位模式，初值为 256-3=253，这样 TMR0 每计 3 个外部脉冲就会产生溢出，TMR0IF=1，这时对里程计数器加 1 并输出显示.。

在实际应用中，将 T0 设定为 16 位模式，且初值为 65 536-740=64 796（FD1CH）即可正确的反应车辆的行驶里程。同理，根据单位时间的里程数还可以计算出车辆的行驶速度等参数，这些就不在这里一一论述，读者可以自己来亲自实践。PIC 单片机的车里程模型如图 7.2.8 所示。

6. 参考程序

（1）采用汇编语言的源程序

程序流程如图 7.2.9 所示。

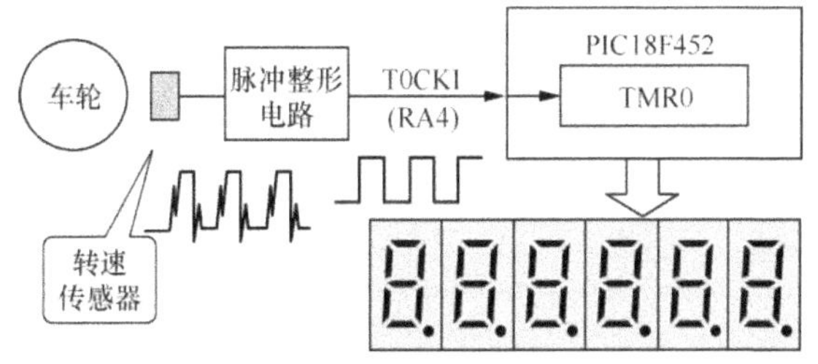

图 7.2.8　车辆行驶里程采集示意图

```
;**********************************************
;TMR0 简单应用   里程表
;程序名：7_2_4.asm
;**********************************************
LIST P=18F452
#INCLUDE P18F452.INC
TMR0B    EQU       D'253'
         ORG       0000H
         GOTO      MAIN
         ORG       0030H
MAIN     NOP
         CLRF      TRISD                 ;设定 D 口为输出口
         BSF       TRISA,4               ;设定 RAA 为输入口
         MOVLW     68H
         MOVWF     T0CON                 ;T0 上升沿计数,不用分频器
         CLRF      PORTD                 ;里程累加器（显示器）清零
LOOP     BCF       INTCON,T0IF           ;清 TMR0 的溢出标志
         MOVLW     TMR0B                 ;计数初值
         MOVWF     TMR0L                 ;送初值、重新启动定时器
         BSF       T0CON,TMR0ON          ;开启 TMR0
TEST     BTFSS     INTCON,T0IF           ;监测 TMR0 的溢出位
         GOTO      TEST                  ;无溢出时返回继续监测
         INCF      PORTD                 ;有溢出时累加器（显示器）加 1
         GOTO      LOOP                  ;返回，等待下一次计数
         END
```

（2）采用 C 语言的源程序（7_2_4.c）

```
//**********************************************
//TMR0 简单应用   里程表
//程序名：8_2_4.c
//**********************************************
#include <p18f452.h>
void main(void)
{
    TRISD=0X00;                    //D 口为输出
    PORTD=0x00;                    //D 口清零
    TRISAbits.TRISA4=1;            //设 A4 口为输入
    T0CON=0x68;                    //设定上升沿计数
                                   //分频系数为 1：1
    while(1)
    {
        INTCONbits.TMR0IF=0;       //清标志位
        TMR0L=253;                 //重赋初值
        T0CONbits.TMR0ON=1;        //开启定时器
        while(INTCONbits.TMR0IF==0)  ;//检测标志
        PORTD++;
    }
}
```

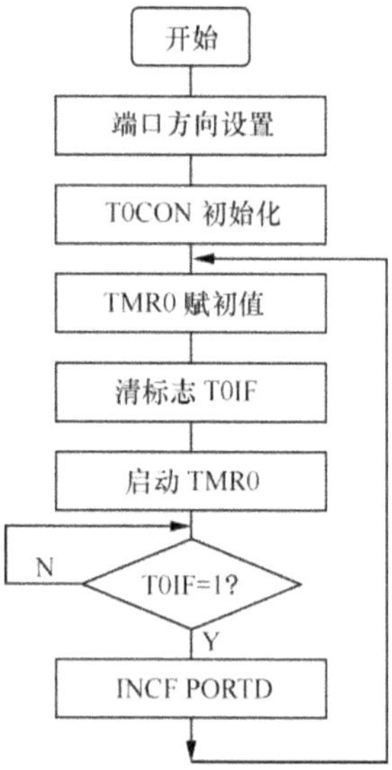

图 7.2.9　查询方式的流程图

//**

7. 思考题

利用实验仪上的另一个 KEY（S617）按键开关与单片机的 RA0 连接（如图 7.2.6 所示），实现清除里程表的功能，即如果按下按键就会将里程表回零。

7.2.5　利用 TMR1 定时器自带低功耗振荡器做秒脉冲发生器的编程实践

TMR1 与 TMR0 一样，可以实现基本的定时或计数 2 种不同的工作方式，其具体编程完全类同于前面 TMR0 的编程方法。本结主要针对 TMR1 所特有的自带低功耗振荡器的工作模式进行编程实践。有关 TMR1 的结构及工作原理参见 3.2.6 章节。

1. 实验目的

学习掌握 TMR1 定时计数器自带 "32.768kHz 低功耗时钟系统" 的特点，产生秒信号的原理及编程方法。

① 在 T1OSO/RC0、T1OSI/RC1 引脚外接一个 32.768kHz 的晶体，使能 "自带振荡器" 电路（如图 7.2.10 所示），将 TMR1 设定为外计数模式。此时如果 TMR1 的初值为 8000H 时。TMR1 的溢出周期正好是 1s（见表 7.2.1）。

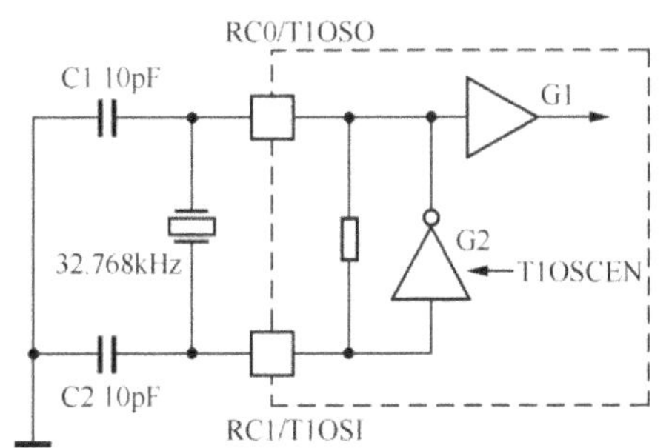

图 7.2.10　TMR1 的自带晶体振荡器示意图

表 7.2.1　　特殊初值

TMR1 初值	溢出时间/s
8000H	1
C000H	0.5
E000H	0.25
F000H	0.125

② 由于该秒信号电路的振荡源与系统时钟无关，因而当系统采用廉价的 RC 震荡模式时，T1 仍然可以为单片机提供高精度的秒信号。

③ 由于该秒信号电路的震荡源与系统时钟无关，因而当系统处于睡眠状态时，T1 仍能正常的工作。

2. 实验设备

PIC18F_1 单片机综合实验仪 1 台、ICD2 在线调试器 1 台和 220V/9V 电源适配器 1 台、装载 MPLAB IDE 软件的微型计算机 1 台。

3. 实验电路及说明

在 PIC18F_1 单片机综合实验仪上，RC0、RC1 与 32.768kHz 晶体连接。利用 RD 端口与 LED7～LED0 连接，作输出显示（如图 7.2.11 所示）。

4. 程序算法

① 设定 T1CON 寄存器中的 T1OSCEN 位（置 1），使能低功耗自带时钟振荡器。

② 设定 T1CON 寄存器中的 TMR1CS=1（外部输入计数模式）。

③ 设定 TMR1 的计数器计数初值为 8000H。

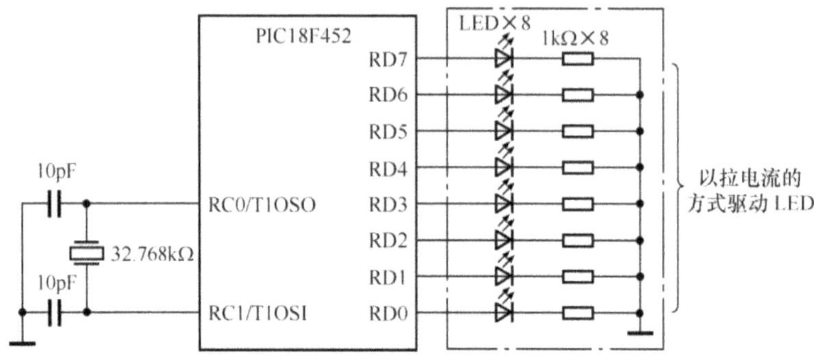

图 7.2.11　实验电路图

5．实验要求

（1）采用查询方式实现

利用 TRM1 的自带 32.768kHz 晶体模式产生秒脉冲，通过 RD 端口进行"秒加 1"操作并利用 LED 显示。

（2）采用中断方式实现

① 利用 TMR1 的秒信号来不断地改变 LED6、LED7 的状态。

② 一个软件的 DELAY 程序，不断地改变 LED4、LED5 的状态。

6．参考程序

（1）采用查询方式的汇编语言源程序

```
;**************************************************************************
;TMR1 的 RTC 功能　秒信号发生器
;程序名：7_2_5.asm
;**************************************************************************
LIST P=18F452
#INCLUDE P18F452.INC
        ORG     0000H
        GOTO    MAIN
        ORG     0030H
MAIN    NOP
        CLRF    TRISD
        CLRF    PORTD
        MOVLW   0EH             ;使能自带晶体功能
        MOVWF   T1CON           ;异步计数方式
        BCF     PIR1,TMR1IF     ;原始标志清零
        BSF     T1CON,TMR1ON    ;启动 TRM1
AGAIN   MOVLW   80H             ;TMR1 赋初值 8000H
        MOVWF   TMR1H
        CLRF    TMR1L
LOOP    BTFSS   PIR1,TMR1IF     ;如果 TMR1IF=1 则 Skip
        BRA     LOOP
        BCF     PIR1,TMR1IF     ;清溢出标志
        INCF    PORTD
        GOTO    AGAIN
        END
;**************************************************************************
```

（2）采用中断方式的汇编语言源程序之一

```
;**********************************************************************
;TMR1 的 RTC 功能　秒信号发生器
;程序名：7_2_6.asm
;**********************************************************************
#INCLUDE P18F452.INC
        ORG     0000H
        GOTO    MAIN
        ORG     0008H
        GOTO    T1_INT
        ORG     0030H
MAIN    CLRF    TRISD                   ;PORTD 端口初始化
        CLRF    PORTD
        BSF     PIE1,TMR1IE             ;使能 TMR1 中断
        BSF     INTCON,PEIE             ;使能第二梯队中断
        BSF     INTCON,GIE              ;开总的中断使能
        BCF     PIR1,TMR1IF             ;原始标志清零
        MOVLW   0EH                     ;使能自带晶体功能
        MOVWF   T1CON                   ;异步计数方式
        MOVLW   80H                     ;TMR1 赋初值 8000H
        MOVWF   TMR1H
        CLRF    TMR1L
        BSF     T1CON,TMR1ON            ;启动 TRM1
LOOP    BRA     LOOP                    ;等待中断
T1_INT                                  ;中断服务程序
        BCF     PIR1,TMR1IF             ;清溢出标志
        INCF    PORTD
        MOVLW   80H                     ;TMR1 赋初值 8000H
        MOVWF   TMR1H
        CLRF    TMR1L
        RETFIE
        END
;**********************************************************************
```

（3）采用中断方式的汇编语言源程序之二

```
;**********************************************************************
;TMR1 的 RTC 功能　秒信号发生器
;利用 TMR1 的秒信号来不断的改变 LED7，LED8 的状态
;利用一个软件的 DELAY 程序，不断的改变 LED5，LED6 的状态
;程序名：7_2_7.asm
;**********************************************************************
LIST P=18F452
INCLUDE "P18F452.INC"
DATA1       EQU         00H             ;定义计数器单元 1
DATA2       EQU         01H             ;定义计数器单元 2
DATA3       EQU         02H             ;定义计数器单元 3
N1          EQU         0EH             ;定义延时常数 1
N2          EQU         0FFH            ;定义延时常数 2
```

```
        N3          EQU         0E8H                    ;定义延时常数 3
                    ORG         0000H
                    GOTO        MAIN
                    ORG         0008H
                    BTFSS       PIR1,TMR1IF             ;中断矢量入口
                    RETFIE
                    GOTO        TMR1_ISR
                    ORG         0100H
        MAIN        NOP
                    CLRF        PORTD
                    CLRF        TRISD                   ;设定 D 口为输出口
                    CLRF        T1CON
                    BCF         PIR1,TMR1IF             ;必须加，否则出错
                    BSF         PIE1,TMR1IE             ;使能 TMR1 中断
                    BSF         INTCON,PEIE             ;使能第二梯队中断
                    BSF         INTCON,GIE              ;开总的中断使能
                    MOVLW       0EH                     ;使能振荡器，异步，外部时钟
        RTC         MOVWF       T1CON                   ;参见 3.2.5 章节
                    MOVLW       80H                     ;为 TMR1 赋初值 8000H（1s）
                    MOVWF       TMR1H
                    CLRF        TMR1L
                    MOVLW       0A0H
                    MOVWF       PORTD
                    BSF         T1CON,TMR1ON            ;启动 TMR1 计数器开始计数
        LOOP        CALL        DELAY                   ;软件延时
                    MOVLW       30H                     ;RD4，RD5 状态取反
                    XORWF       PORTD,F
                    GOTO        LOOP
        DELAY       MOVLW       N1                      ;软件延时子程序
                    MOVWF       DATA1
        LP0         MOVLW       N2
                    MOVWF       DATA2
        LP1         MOVLW       N3
                    MOVWF       DATA3
        LP2         DECFSZ      DATA3
                    GOTO        LP2
                    DECFSZ      DATA2
                    GOTO        LP1
                    DECFSZ      DATA1
                    GOTO        LP0
                    RETURN
        TMR1_ISR                                        ;T1 中断服务程序
                    BCF         PIR1,TMR1IF
                    MOVLW       0C0H                    ;RD6，RD7 状态取反
                    XORWF       PORTD,F
                    MOVLW       80H                     ;为 TMR1 赋初值 8000H（1s）
                    MOVWF       TMR1H
                    CLRF        TMR1L
                    RETFIE
                    END
        ; ***********************************************************************
```

（4）采用 C 语言的中断方式源程序

首先要注意 C18 中有关中断函数使用方法。

① 因为 C 语言不能实现将 ISR（中断服务程序）放入中断矢量单元 0008H，所以必须使用伪指令#pragram code 来定义中断矢量函数，在该函数中使用汇编指令 GOTO 语句控制转移到 ISR。具体方法见程序相关的语句。

② 使用伪指令#pragram 和关键字 interrupt 来定义中断服务程序 ISR，如

```c
#pragma interrupt chk_isr, 详见程序。
//**********************************************************
//TMR1 的 RTC 功能秒　信号发生器
//程序名: 7_2_8.c
//**********************************************************
#include <p18f452.h>
void TMR1_ISR(void);
void delay(void);
unsigned char i,j,k;
#pragma interrupt chk_isr                //使用伪指令#pragram 和关键字 interrupt 定义 chk_isr
void chk_isr(void)
{
    if(PIR1bits.TMR1IF==1)
        TMR1_ISR();
}
#pragma code My_Hiprio_Int=0x08     //使用伪指令#pragram code 定义中断矢量函数
void My_Hiprio_Int(void)
{
    _asm
        GOTO chk_isr
    _endasm
 }
#pragma code
void main(void)                      //主函数
{
    PORTD=0x00;
    TRISD=0x00;                      //设置 D 口为输出
    T1CONbits.TMR1ON=0;
    PIR1bits.TMR1IF=0;
      PIE1bits.TMR1IE=1;
    INTCONbits.PEIE=1;
      INTCONbits.GIE=1;
    T1CON=0X0E;                      //使能振荡器，异步，外部时钟——RTC
    TMR1H=0X80;                      //初始值 8000，延时 1ms
    TMR1L=0X00;
    PORTD=0xA0;
    T1CONbits.TMR1ON=1;
    while(1)
    {
        delay();                     //延时 998ms
        PORTD=PORTD^0x30;
    }
}
void   TMR1_ISR(void)                //TMR1 的中断服务程序
```

```
{
        T1CONbits.TMR1ON=0;
        PORTD=PORTD^0xC0;
        PIR1bits.TMR1IF=0;
        TMR1H=0X80;
        TMR1L=0X00;
        T1CONbits.TMR1ON=1;
}
void delay(void)                        //延时函数
{
    for(k=7;k>0;k--)
          for(i=255;i>0;i--)
        for(j=231;j>0;j--)  ;
}
//************************************************************
```

7. 思考题

利用 TMR1 的自带低功耗振荡器模式，设计一个秒表程序，由 LED1～LED8 以二进制的形式显示秒表的状态，并且能够用 S617、S616 按键分别实现启动和停表功能。实验电路如图 7.2.12 所示。

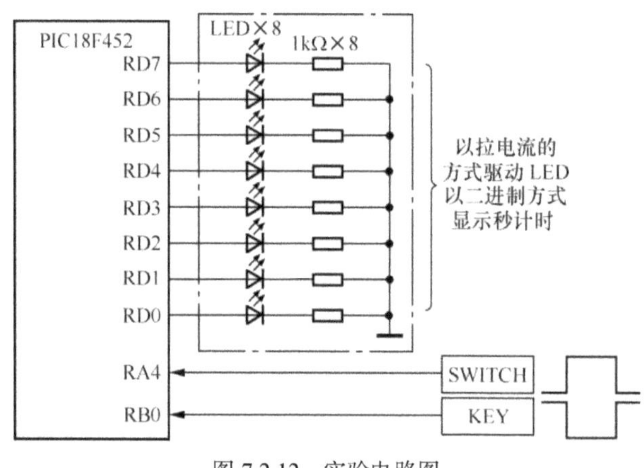

图 7.2.12   实验电路图

7.2.6   利用 TMR2 定时器做路标指向灯的编程实践

1. 实验目的

了解 PIC18F452TMR2 定时器的结构，掌握 TMR2 定时器的初始化方法和编程原理。

了解周期寄存器 PR2 在定时中的作用，掌握 PR2 初值的计算方法（与 TMR0、TMR1 的区别）。有关 TMR2 的结构和工作原理参见 3.2.7 章节。

2. 实验设备

PIC18F_1 单片机综合实验仪 1 台、ICD2 在线调试器 1 台和 220V/9V 电源适配器 1 台、装载 MPLAB IDE 软件的微型计算机 1 台。

3. 实验电路及说明

将 RD 口与 LED7～LED0 连接（如图 7.2.13 所示）。

4. 实验要求

利用 TMR2 产生一个 16ms 的定时，在程序中采用调用 16 次（共 256ms），然后驱动 PORTD 端口上的 LED1～LED8，产生一个特定的 8 个字的灯箱照明、闪烁效果，如"欢迎到理工大学!"其中闪烁的效果由查表操作实现。

5. 编程算法

TMR2 是由 3 个部分组成：8 位宽度的加 1 计数器 TMR2，8 位宽度的周期寄存器

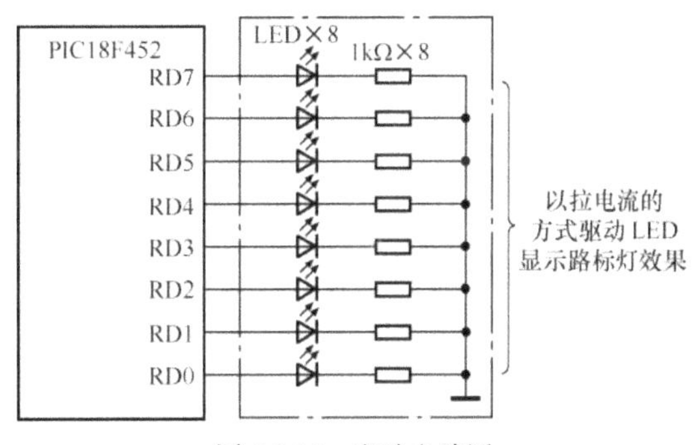

图 7.2.13　实验电路图

PR2 和 8 位比较器。启动 TMR2 从 00H（或某一初值）开始计数时，当 TMR2 的内容与周期寄存器 PR2 中的内容相等时，再一次递增后 TMR2 的内容则返回到 00H 并产生 1 个溢出信号，该溢出信号作为向后分频器 1 的计数脉冲。

当后分频器产生溢出时，才会将溢出中断信号 TMR2IF（PIR1 的 bit1）置 1。

TMR2 具有如下特征。

① 与 TMR0、TMR1 相比，TMR2 具有周期性定时的特点，在进行周期性操作时不用软件重装初值。

② TMR2 的定时周期是由 PR2 的初值确定，其定时时间为

$$T=(PR2 \text{ 初值}+1)×预分频系数×后分频系数×T_{计数}$$

其中，$T_{计数}=T_{osc}×4$。若 $F_{osc}=16MHz$ 时，$T_{计数}=T_{osc}×4=4/16MHz=0.25\mu s$

③ TMR2 是一个定时器，不具备外部脉冲计数功能。

④ TMR2 的溢出并不能引发 TMR2IF=1，TMR2IF 标志实际上是由 PR2 的匹配信号在经过后分频器得到的，这一点编程时要格外注意。

程序的关键在于 PR2 初值的计算，在此程序中 PR2 初值=250，预分频比 1∶16、后分频比 1∶16。这样 TMR2 的定时时间 $T=$（4/16MHz）×16×16×251=（1/4MHz）×64 254=16.064ms。

6. 参考程序

（1）采用汇编语言的源程序

```
;******************************************************************************
; T=（4/16MHz×16×16×251=（1/4MHz）×64 254=16.064ms。
;程序名：7_2_9.ASM
;******************************************************************************
LIST P=18F452
#INCLUDE P18F452.INC
PR2_B      EQU       D'250'                  ;定义 PR2 的初值
COUNT      EQU       10H                     ;在文件寄存器中定义一个查表计数器
           ORG       0000H
           GOTO      MAIN
           ORG       0030H
MAIN       NOP
           CLRF      TRISD                   ;定义 PORTD 为输出
           MOVLW     PR2_B
           MOVWF     PR2                     ;周期寄存器 PR2 赋初值
           MOVLW     7BH
```

```
          MOVWF     T2CON                    ;前后分频 1:16
          CLRF      COUNT                    ;暂时不启动 TMR2
LOOP      MOVLW     0FH
          ANDWF     COUNT                    ;计数器的值保持在 0～15 以内
          MOVF      COUNT,W                  ;取计数器值
          CALL      READ                     ;查表（查表值在 W 中）
          MOVWF     PORTD                    ;查表值显示在 PORTD
          INCF      COUNT,F                  ;计数器加 1
          CALL      DELAY                    ;16 次调用 16ms 延时
          CALL      DELAY
          CALL      DELAY
          CALL      DELAY
          CALL      DELAY
          CALL      DELAY
          CALL      DELAY
          CALL      DELAY
          CALL      DELAY
          CALL      DELAY
          CALL      DELAY
          CALL      DELAY
          CALL      DELAY
          CALL      DELAY
          CALL      DELAY
          CALL      DELAY                    ;共 256ms
          GOTO      LOOP                     ;返回继续
DELAY     BCF       PIR1,TMR2IF              ;清除溢出标志
          BSF       T2CON,TMR2ON             ;启动 TMR2
LOOP1     BTFSS     PIR1,TMR2IF              ;查询 TMR2 标志
          GOTO      LOOP1
          RETURN
READ      MULLW     02H                      ;K×W→PRODH，PRODL 中
          MOVFF     PRODL,WREG               ;从 PRODL 中取乘积偏移量
          ADDWF     PCL                      ;偏移量叠加到 PCL 中
          RETLW     B'00000001'
          RETLW     B'00000011'
          RETLW     B'00000111'
          RETLW     B'00001111'
          RETLW     B'00011111'
          RETLW     B'00111111'
          RETLW     B'01111111'
          RETLW     B'11111111'
          RETLW     B'00000000'
          RETLW     B'11111111'
          RETLW     B'00000000'
          RETLW     B'11111111'
          RETLW     B'00000000'
          RETLW     B'11111111'
          RETLW     B'00000000'
          RETLW     B'00000000'
          END
```

使用 RETLW　K 指令实现查表操作时，应注意以下几点。

① 主程序与查表子程序应在同一个"页"中，即 PCU、PCH 的值相同，如 PC=0000XXH。

② 如果主程序与查表子程序不在第 0 页（如 PC=000100H）中，那么在主程序的开头应加一条指令，即 MOVF　PCL,0。

③ 实际上 PIC18F 的指令系统中设计有更为合理的 TBLRA（专用读表指令）实现上面的操作，可以有效地避免使用 RETLW　K 指令所带来的问题。

（2）采用 C 语言编程的源程序

```
//**************************************************
//   PR2 初值=250，预分频比 1∶16、后分频比 1∶16.
//   T=（4/16MHz）×16×16×251=（1/4MHz）×64 254=16.064ms
//   程序名：7_2_9.c
//**************************************************
#include <p18f452.h>
#define PR2_B 250
void delay(void);
unsigned char i;
void main(void)
{
    unsigned char count=0;
    unsigned char  table[16]={1,3,7,15,31,63,127,255,0,255,0,255,0,255,0,255};
    PORTD=0X00;
    TRISD=0X00;
    PR2=PR2_B;
    T2CON=0X7B;
    while(1)
    {
        PORTD=table[count++];
        count=count&0x0F;
        delay();
    }
}
    void delay(void)
{
    for(i=16;i>0;i--)
    {
        PIR1bits.TMR2IF=0;
        T2CONbits.TMR2ON=1;
        while(PIR1bits.TMR2IF==0);
    }
}
```

7.2.7　利用 TMR2 定时器做 8kHz 对称方波发生器的编程实践

1. 实验目的

进一步学习掌握 TMR2 的应用，即周期性定时的应用。熟练掌握 PR2 初值的计算方法。

2. 实验设备

PIC18F_1 单片机综合实验仪 1 台、ICD2 在线调试器 1 台和 220V/9V 电源适配器 1 台、装载 MPLAB IDE 软件的微型计算机 1 台、示波器 1 台。

3. 实验要求

利用 TMR2 产生一个 8kHz 的方波，该方波由 RD0 引脚输出。同时 RD7 输出一个由软件延时所产生的低频方波。

4. 程序算法

8kHz 的方波的周期为 62. 5μs+62.5μs=125μs。即每 1 个 62.5μs 对 RD0 电平取反 1 次，周期就是 125μs。

程序的关键在于 PR2 初值的计算。

假设 PR2 的初值为 TC，TMR2 的定时时间为 T，计数脉冲的周期为 $F_{osc}/4=0.25μs$。则有公式

$$T=(TC+1)\times 0.25$$

则有
$$TC=T/0.25-1=62.5/0.25-1=250-1=249=F9H$$

在此程序中 PR2 初值为 249，预分频比 1∶1、后分频比 1∶1。这样 TMR2 的定时时间 T=(1/4MHz)×1×1×250=62.5μs。因为对 RD0 取反 2 次为 1 个方波周期，所以在 RD0 引脚生输出的方波周期为 2×62.5μs=125μs。

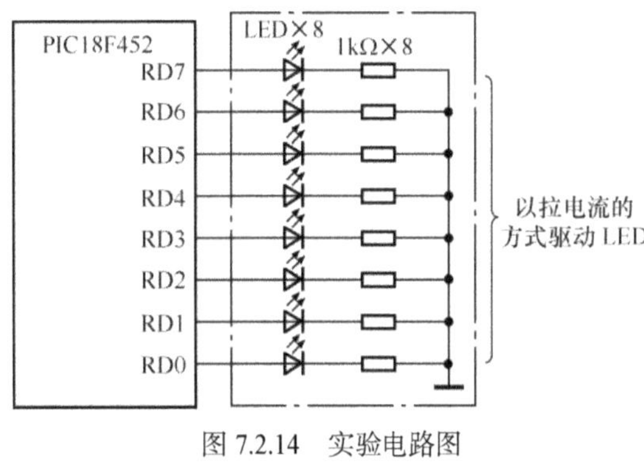

图 7.2.14　实验电路图

5. 实验电路及说明

利用 RD 端口作输出与 LED 连接，通过 RD0 的 LED 灯观察 8kHz 的情况，当然 LED 灯是无法显示 8kHz 信号的变化过程，读者可以将程序进行修改，将程序中的 RD0 取反改成对 RD 的加 1 操作，这样就可以看出 8kHz 脉冲对 RD 加 1 技术的效果（如图 7.2.14 所示）。如果有条件可以使用示波器直接观察 RD0 端口输出的 8kHz 波形。

6. 参考程序

（1）采用查询方式的汇编语言源程序

```
;*********************************************************************************
;TMR2 的应用—8kHz 对称方波发生器    T=（1/4MHz）×1×1×250=62.5μs
;翻转 RD0 产生 8kHz 信号
;程序名：7_2_9.ASM
;*********************************************************************************
LIST P=18F452
#INCLUDE P18F452.INC
PR2_B     EQU     D'249'
          ORG     00000H
          GOTO    MAIN
          ORG     0100H
MAIN      NOP
          CLRF    TRISD                 ;RD 为输出口
          MOVLW   PR2_B
          MOVWF   PR2                   ;周期寄存器赋初值 249
          CLRF    T2CON                 ;设定 TMR2 的预、后分频系数为 1:1 关闭 T2
          BSF     T2CON,TMR2ON          ;启动 T2
LOOP      BTFSS   PIR1,TMR2IF
          BRA     LOOP
          BTG     PORTD,0               ;RD0 取反（可以改成 INCF POERD）
          BCF     PIR1,TMR2IF
          GOTO    LOOP                  ;返回继续
```

```
        END
;*******************************************************************************
```

（2）采用中断方式的汇编语言的源程序

```
;*******************************************************************************
;    TMR2 的应用 8kHz 对称方波发生器 T=（1/4MHz）×1×1×250=62.5μs
;    主程序驱动 RD7（LED）做低频翻转，中断程序翻转 RD0 产生 8kHz 信号
;    程序名：7_2_10.asm
;*******************************************************************************
LIST P=18F452
#INCLUDE P18F452.INC
PR2_B         EQU      D'249'
DATA1         EQU      00H                   ;定义计数器单元 1
DATA2         EQU      01H                   ;定义计数器单元 2
COUNT         EQU      02H
N1            EQU      0FFH                  ;定义延时常数 1
N2            EQU      0FFH                  ;定义延时常数 2
              ORG      00000H
              GOTO     MAIN
              ORG      0008H
              GOTO     TMR2_ISR
              ORG      0100H
MAIN          NOP
              CLRF     TRISD                 ;RD 为输出口
              MOVLW    PR2_B
              MOVWF    PR2                   ;周期寄存器赋初值 249
              BSF      PIE1,TMR2IE           ;允许 TMR2 中断
              BSF      INTCON,PEIE           ;使能第二梯队中断
              BSF      INTCON,GIE            ;使能总的中断
              CLRF     T2CON                 ;设定 TMR2 的预、后分频 1:1 关闭 T2
              BSF      T2CON,TMR2ON          ;启动 T2
LOOP          BTG      PORTD,7               ;PORTD 高位取反
              CALL     DELAY                 ;延时
              GOTO     LOOP                  ;返回继续
DELAY         MOVLW    N1
              MOVWF    DATA1
LP0           MOVLW    N2
              MOVWF    DATA2
LP1           DECFSZ   DATA2,1
              GOTO     LP1
              DECFSZ   DATA1,1
              GOTO     LP0
              RETURN
TMR2_ISR      BTG      PORTD,0               ;PORTD 口 0 位取反
              BCF      PIR1,TMR2IF
              RETFIE
              END
;*******************************************************************************
```

图 7.2.15 所示为程序运行时，使用示波器在 RD0 端口测量的输出波形。

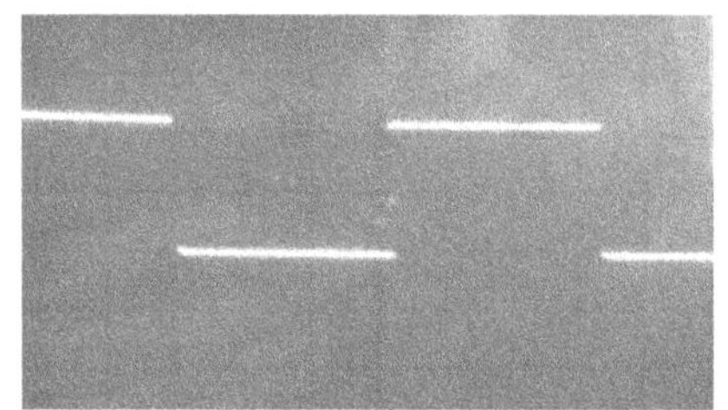

图 7.2.15　实测 RD0 端口的输出波形图 （水平，20μs/cm）

7.3　PIC18F452 单片机的中断系统编程实践

有关 PIC18F452 单片机的中断结构及基本概念请参见 3.3 章节。

7.3.1　TMR0 的中断法实现流水灯的编程实践

1．实验目的

学习 PIC18F 系列单片机的中断结构，理解中断矢量的概念，中断使能的方法以及中断的编程。学习和掌握 C 语言在处理中断时的编程方法。

2．实验设备

PIC18F_1 单片机综合实验仪 1 台、ICD2 在线调试器 1 台和 220V/9V 电源适配器 1 台、装载 MPLAB IDE 软件的微型计算机 1 台。

3．实验电路及说明

利用 PIUC18F452 单片机的 PORTD 端口与 8 个 LED 灯连接，以拉电流的方式驱动。将单片机的 RC2 端口与一个无源蜂鸣器电路连接，连接电路如图 7.3.1 所示。有关无源蜂鸣器模块电路参见相关章节，蜂鸣器的驱动算法参见 7.2.2 章节。

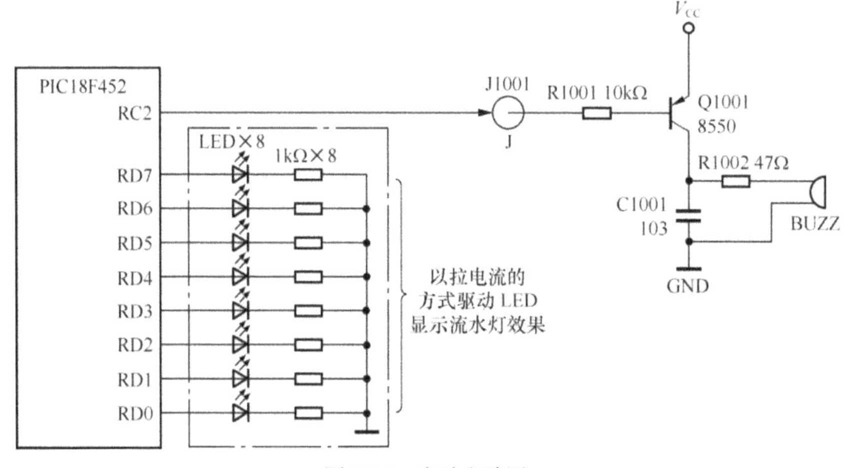

图 7.3.1　实验电路图

4．实验要求

利用 TMR0 产生一个 4s 定时，每到 4s 中驱动 RC2 口上的蜂鸣器响一下，并改变流水灯的方向。4s 延时由 TMR0 控制，并采用中断方式编程，蜂鸣器发生的持续时间和发音频率由 BUZZER

子程序控制。

5. 程序算法

程序的关键环节在于 TMR0 产生 4s 延时的初值的计算（包括 TMR0 的预分频比的设定）。本题目要求 TMR0 产生 4s 定时，远远大于 16,384μs（16 位计数器无分频器时的最大时间）所以必须使用预分频器，且选择最大的分频比 1∶256，这样最大定时时间为 16 384 × 256=4 194 304（μs）=4.19s。剩下的问题就是如何去计算 TMR0 的定时初值 TC。

$$TC=M-T/（T_{计数}×分频比）$$

其中，M 为计数器的模（16 位模式为 65536）。

T 为实际需要的定时时间（单位一般为 μs）。

$T_{计数}$ 为定时器计数脉冲周期（若 F_{osc}=16MHz 时），为（1/4）=0.25μs。

分频比为 256。

所以有 TC=65 536-4 000 000μs/(0.25 × 256)=65 536-62 500=3 036=0BBCH

提示，TMR0 的预分频器的分频比系数实际上是带入定时计数周期之中（0.25 × 256）。

6. 参考程序

采用汇编语言的源程序。

```
;*********************************************************************************
;定时器中断  右方向流水灯，每 4s 改变 1 次左右方向
;程序名：7_3_1.asm
;*********************************************************************************
LIST P=18F452
#INCLUDE P18F452.INC
DLY1     EQU     20H                    ;定义一个延时变量寄存器(DELAY 用)
DLY2     EQU     21H                    ;定义另一个延时变量寄存器(DELAY 用)
DLY3     EQU     22H                    ;定义一个延时变量寄存器(DELAY2 用)
DLY5     EQU     24H                    ;定义另一个变量寄存器(BUZZER 用)
FLAG     EQU     23H                    ;定义一个标志寄存器，只用寄存器的末位
         ORG     0000H
         GOTO    MAIN
         ORG     0008H
         BTFSS   INTCON,TMR0IF          ;对中断源的查询
         RETFIE
         GOTO    T0_ISR
         ORG     0100H
MAIN     CLRF    TRISD                  ;D 端口设定为输出口
         SETF    FLAG                   ;原始标志置 1
         BCF     TRISC,2                ;PC2 作为状态输出
         BCF     PORTC,2                ;暂时关闭蜂鸣器
         MOVLW   07H
         MOVWF   T0CON                  ;设 TMR0 为 16 位定时方式，分频为 1∶256
         BCF     INTCON,TMR0IF          ;清中断标志位
         BSF     INTCON,TMR0IE          ;开定时器中断
         BSF     INTCON,GIE             ;使能总的中断
         MOVLW   0BH
         MOVWF   TMR0H                  ;赋初值
         MOVLW   0BCH
```

```asm
        MOVWF   TMR0L                   ;赋初值
        BSF     T0CON,TMR0ON            ;开启定时器
        MOVLW   01H                     ;流水灯显示的初值
        MOVWF   PORTD                   ;初值送显示
LOOP    CALL    DELAY                   ;调用软件延时子程序
        CALL    DELAY                   ;调用软件延时子程序
        CALL    DELAY                   ;调用软件延时子程序
        CALL    DELAY                   ;调用软件延时子程序
        BTFSS   FLAG,0
        GOTO    RIGHT
        RLNCF   PORTD                   ;循环左移
        GOTO    LOOP
RIGHT   RRNCF   PORTD                   ;循环右移
        GOTO    LOOP                    ;返回 LOOP
;*****************************************************************
;       延时子程序  DELAY (240MS)
;*****************************************************************
DELAY   MOVLW   0FFH
        MOVWF   DLY1                    ;初值送外层循环变量寄存器
LP0     MOVLW   0FFH
        MOVWF   DLY2                    ;初值送内层循环变量寄存器
LP1     DECFSZ  DLY2                    ;内层循环变量减 1, 若为 0, 跳
        GOTO    LP1                     ;不为 0 返回 LP1 继续(每个内循环 3μs)
        DECFSZ  DLY1                    ;内层循环变量减 1 为 0 后, 外层变量减 1
        GOTO    LP0                     ;外层变量不为 0 时转 LP0
        RETURN                          ;外层循环变量为 0 时, 返回主程序
;*****************************************************************
;中断矢量和中断服务程序 (功能: 对 LED 进行闪烁显示控制)
;*****************************************************************
T0_ISR  BCF     INTCON,TMR0IF           ;清除 TMR0 的中断标志
        MOVLW   0BH
        MOVWF   TMR0H                   ;赋初值
        MOVLW   0BCH
        MOVWF   TMR0L                   ;赋初值
        BTG     FLAG,0                  ;将标志寄存器取反并送回
        BSF     PORTC,2                 ;驱动蜂鸣器响 240ms
        CALL    BUZZER                  ;驱动蜂鸣器
        BCF     PORTC,2                 ;关闭蜂鸣器
        RETFIE                          ;中断返回
;*****************************************************************
;                       蜂鸣器驱动程序
;*****************************************************************
BUZZER
        MOVLW   0FFH                    ;决定了发音的持续时间
        MOVWF   DLY5
LOP5    BTG     PORTC,2
        CALL    DELAY2                  ;延时参数决定了发生频率
        DECFSZ  DLY5
        GOTO    LOP5
```

```
          RETURN
;*********************************************************************
;      延时子程序  DELAY2 (0.19ms)  蜂鸣器驱动频率控制
;*********************************************************************
DELAY2
          MOVLW     0FFH
          MOVWF     DLY3                    ;初值送外层循环变量寄存器
LP3       DECFSZ    DLY3                    ;内层循环变量减 1，若=0，跳转
          GOTO      LP3                     ;不为 0，返回 LP1 继续 (每个内循环 3μs)
          RETURN                            ;外层循环变量为 0 时，返回主程序
          END
```

7.3.2　外部中断——RB0（INT0）触发 LED 灯翻转编程实践

1. 实验目的

进一步理解、掌握 PIC18F 系列单片机的中断原理，学习和掌握 C 语言在处理中断时的编程方法。有关 $\overline{\text{INT0}}$ 外中断的工作原理参见 3.3.5 章节。

2. 实验设备

PIC18F_1 单片机综合实验仪 1 台、ICD2 在线调试器 1 台和 220V/9V 电源适配器 1 台、装载 MPLAB IDE 软件的微型计算机 1 台。

3. 实验电路及说明

利用 PIC18F452 单片机的 PORTD 端口与 8 个 LED 灯连接，以拉电流的方式驱动。将单片机的 RB0（INT0）端口与一个按键开关连接。按键开关不按时，输出为高电平，按下时，输出低电平（如图 7.3.2 所示）。

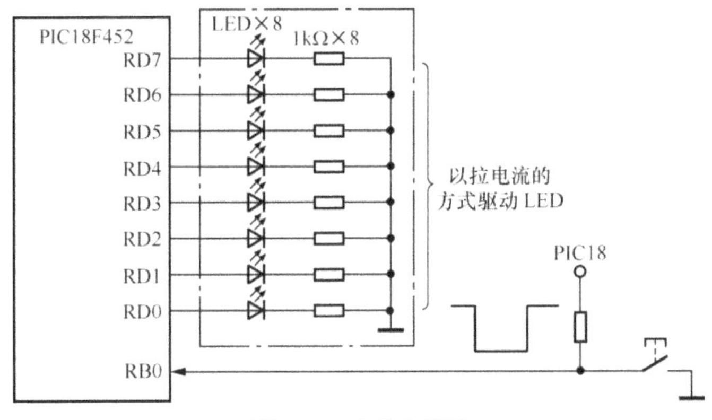

图 7.3.2　实验电路图

4. 实验要求

利用一个按键开关（S616）与 RB0/INT0 连接，手动按键操作来模拟一个外部中断的低电平单脉冲信号，每按动 1 次按键开关（S616）产生 1 次 INT0 中断，在中断服务程序中翻转 1 次 PORTD 口的电平。注意，机械开关在操作时会产生大量的"抖动"，这些抖动在一些应用中会造成错误（如图 7.3.3 所示）。

为了避免开关因抖动，应当在程序中加入由延时等措施构成的"防抖"操作。在程序除了要考虑到按键的抖动，还要考虑到单片机的端口引脚因外界电磁干扰而造成的"尖峰、毛刺"干

扰，避免这种干扰对系统产生错误的操作。

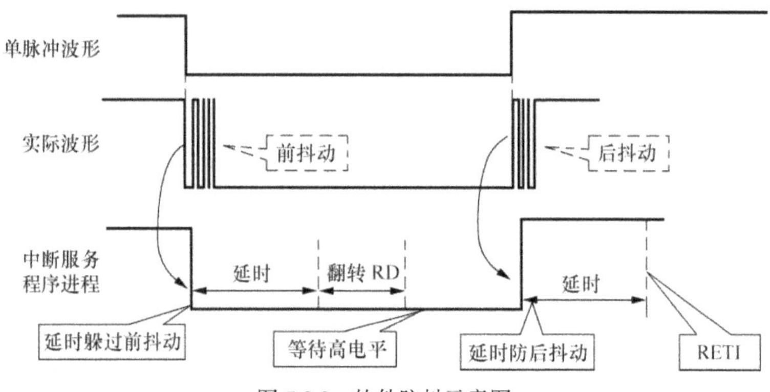

图 7.3.3　软件防抖示意图

在程序的初始化中，设置好相关的中断允许位，并在中断矢量单元中填入对应的跳转指令，使中断发生时能够正确的跳转到 INT0 的中断服务程序中。

5. 参考程序

（1）采用汇编语言的源程序

```
;********************************************************************************
; 外部中断 RB0(INT0)触发 LED 灯翻转
; 程序名：7_3_2.asm.asm
;********************************************************************************
LIST P=18F452
#INCLUDE P18F452.INC
DLY1            EQU      20H                      ;定义一个延时变量寄存器(DELAY 用)
DLY2            EQU      21H                      ;定义另一个延时变量寄存器(DELAY 用)
               ORG      0000H
               GOTO     MAIN
               ORG      0008H
               BTFSS    INTCON,INT0IF
               RETFIE
               GOTO     INT0_ISR
               ORG      0100H
MAIN           CLRF     TRISD
               CLRF     PORTD
               BSF      TRISB,INT0
               BCF      INTCON2,INTEDG0          ;INT0 下降沿触发
               BSF      INTCON,INT0IE
               BSF      INTCON,GIE
               SETF     PORTD
               GOTO     $
INT0_ISR       CALL     DELAY                    ;防抖
               COMF     PORTD
LOP            BTFSS    PORTB,0                   ;等待按键的抬起
               GOTO     LOP
               CALL     DELAY
               BCF      INTCON,INT0IF            ;清除中断标志
               RETFIE
;********************************************************************************
```

```
;         延时子程序  DELAY (>20ms)
;********************************************************
DELAY          MOVLW     0FFH
               MOVWF     DLY1              ;初值送外层循环变量寄存器
LP0            MOVLW     0FFH
               MOVWF     DLY2              ;初值送内层循环变量寄存器
LP1            DECFSZ    DLY2              ;内层循环变量减 1, 若为 0, 跳
               GOTO      LP1               ;不为 0, 返回 LP1 继续 (每个内循环 3μs)
               DECFSZ    DLY1              ;内层循环变量减 1, 为 0 后外层变量减 1
               GOTO      LP0               ;外层变量不为 0 时转 LP0
               RETURN                      ;外层循环变量为 0 时, 返回主程序
               END
```

提示，程序运行正常后，可将"防抖"环节（DELAY）去掉，以验证防抖效果。

（2）采用 C 语言的源程序（7_3_2.c）

```c
//********************************************************
//   程序名: 7_3_2.c
//********************************************************
#include <p18f452.h>
void delay(void);
void INT0_ISR(void);
unsigned char i,j,flag;
#pragma interrupt chk_isr
void chk_isr(void)
{
   if(INTCONbits.INT0IF==1)
       INT0_ISR();
}
#pragma code My_Hiprio_Int=0x08
void My_Hiprio_Int(void)
{
    _asm
       GOTO chk_isr
    _endasm
 }
#pragma code
void main(void)
{
    TRISD=0X00;                          //D 口为输出
      PORTD=0xFF;                        //D 口为输出 OFF
      TRISBbits.TRISB0=1;                //设 B0 口为输入
      INTCON2bits.INTEDG0=0;             //INT0 下降沿触发
      INTCONbits.INT0IF=0;               //清中断标志位
      INTCONbits.INT0IE=1;               //开 INT0 中断
      INTCONbits.GIE=1;                  //开总中断
      while(1) ;                         //等待 INT0 中断
}
void delay(void)
{
   for(i=255;i>0;i--)
```

```
        for(j=200;j>0;j--) ;
    }
void INT0_ISR(void)
{
    delay();
    PORTD=~PORTD;
    while(PORTBbits,PORTB=0) ;
    delay();
    INTCONbits.INT0IF=0;                          //清中断标志位
}
```

提示，程序运行正常后，将中断服务程序中去掉"防抖"环节（Delay），再运行一下程序，观察按键 S616 操作的效果。

6. 思考题

对上面的程序进行修改，设计一个电梯乘员自动统计系统，实现上电梯的人数的统计（RD 口以二进制形式做加 1 显示），使用 S616 按键模拟人数计数器，按动 1 次 S616 模拟 1 个人的进入。当进入电梯的人数达到 20 人时，驱动蜂鸣器报警（参考 7.2.2 章节的内容编制蜂鸣器驱动程序）。同时设计一个开关（S617），按动 S617 取消报警（如图 7.3.4 和图 7.3.5 所示）。

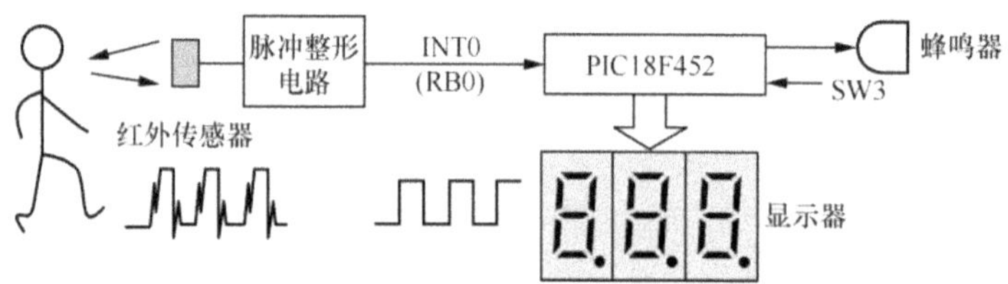

图 7.3.4　电梯乘员人数统计模拟系统示意图

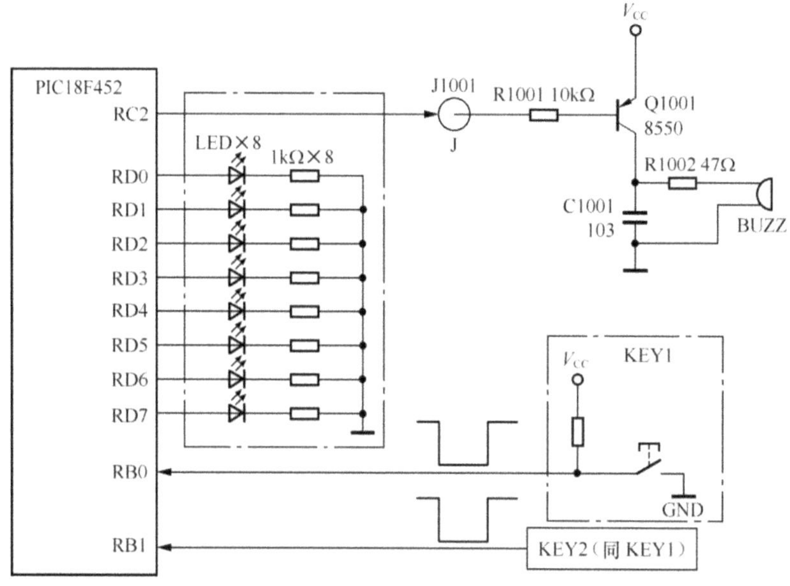

图 7.3.5　电梯乘员人数统计模拟系统电路连接示意图

编程提示，整个程序可以分为 3 个步骤完成。

① 将原有的中断服务程序 INT0_ISR 进行修改，将原有简单的取反操作改为计数器加 1 的功能。

② 在 "INT0_ISR" 中增加一个比较报警环节，当计数器的数值大于等于 20 时，驱动蜂鸣器报警。

③ 再设计一个 "INT1_ISR" 中断服务程序，功能是清除计数器中的数据。

思考题参考程序如下。

```
;****************************************************************
;    思考题参考程序    程序名: 7_3_3.asm
;    电梯乘员自动统计、报警程序，计数超过 20 人后蜂鸣器报警
;****************************************************************
LIST P=18F452
#INCLUDE P18F452.INC
DLY1        EQU     20H                     ;定义一个延时变量寄存器(DELAY 用)
DLY2        EQU     21H                     ;定义另一个延时变量寄存器(DELAY 用)
COUNTER     EQU     22H                     ;定义一个计数器单元
BUF0        EQU     23H                     ;定义一个缓冲单元（原始=0INT0 用）
BUF1        EQU     24H                     ;定义一个缓冲单元（原始=0INT1 用）
BUF2        EQU     25H                     ;定义一个缓冲单元（原始=DELAY 用）
NUMBER      EQU     26H                     ;定义一个上限报警值存储单元
DLY55       EQU     27H                     ;DLY55 专用
DLY33       EQU     28H                     ;DELAY2 专用
            ORG     0000H
            GOTO    MAIN
            ORG     0008H
            BTFSC   INTCON,INT0IF
            GOTO    INT0_ISR
            BTFSC   INTCON3,INT1IF
            GOTO    INT1_ISR
            RETFIE
            ORG     0100H
MAIN        CLRF    TRISD
            BCF     TRISC,2
            CLRF    COUNTER                 ;计数器原始清零
            MOVLW   14H                     ;20 送 NUMBER
            MOVWF   NUMBER
            MOVF    COUNTER,0               ;送 PORD 显示（二进制）
            MOVWF   PORTD
            BSF     TRISB,INT0
            BSF     TRISB,INT1
            BCF     INTCON2,INTEDG0         ;INT0 下降沿触发
            BSF     INTCON,INT0IE
            BSF     INTCON3,INT1IE
            BSF     INTCON,GIE
LOP6        MOVFF   COUNTER,PORTD
            MOVF    COUNTER,0
            CPFSLT  NUMBER
            GOTO    LOP6
            CALL    BUZZER
            CALL    DELAY
            GOTO    LOP6
INT0_ISR    MOVWF   BUF0                    ;保护 W 于 BUF0 中
            CALL    DELAY                   ;防抖
```

```
                INCF        COUNTER,1                   ;计数器加 1
                MOVFF       COUNTER,PORTD
LOP4            BTFSS       PORTB,0                     ;等待按键的抬起
                GOTO        LOP4
                CALL        DELAY
                BCF         INTCON,INT0IF               ;清除中断标志
                MOVF        BUF0,0                      ;恢复 W
                RETFIE
;****************************************************************
INT1_ISR        MOVWF       BUF1                        ;保护 W 于 BUF1 中
                CLRF        COUNTER,1                   ;清计数器
                BCF         INTCON3,INT1IF              ;清除中断标志
                MOVF        BUF1,0                      ;恢复 W
                RETFIE
;****************************************************************
;       延时子程序  DELAY (>20ms)
;****************************************************************
DELAY           MOVWF       BUF2                        ;保护 W 于 BUF0 中
                MOVLW       0FFH
                MOVWF       DLY1                        ;初值送外层循环变量寄存器
LP2             MOVLW       0FFH
                MOVWF       DLY2                        ;初值送内层循环变量寄存器
LP1             DECFSZ      DLY2                        ;内层循环变量减 1，若为 0，跳
                GOTO        LP1                         ;不为 0 返回 LP1 继续 (每个内循环 3μs)
                DECFSZ      DLY1                        ;内层循环变量减 1 为 0 后，外层变量减 1
                GOTO        LP2                         ;外层变量不为 0 时转 LP0
                MOVF        BUF2,0                      ;恢复 W
                RETURN                                  ;外层循环变量为 0 时，返回主程序
;****************************************************************
;                   蜂鸣器驱动程序
;****************************************************************
BUZZER
                MOVLW       0FFH                        ;决定了发音的持续时间
                MOVWF       DLY55
LOP55
                BTG         PORTC,2
                CALL        DELAY2                      ;延时参数决定了发生频率
                DECFSZ      DLY55
                GOTO        LOP55
                RETURN
;****************************************************************
;       延时子程序  DELAY2 (0.19MS)   蜂鸣器驱动频率控制
;****************************************************************
DELAY2          MOVLW       0FFH
                MOVWF       DLY33                       ;初值送外层循环变量寄存器
LP33            DECFSZ      DLY33                       ;内层循环变量减 1，若为 0，跳转
                GOTO        LP33                        ;不为 0，返回 LP1 继续 (每个内循环 3μs)
                RETURN                                  ;外层循环变量为 0 时，返回主程序
;****************************************************************
END
```

7.3.3　具有 I/O 功能的双通道方波发生器编程实践

1. 实验目的

学习多中断源的处理方法。有关多中断源的处理方法请参见 3.3.2 章节。

2. 实验设备

PIC18F_1 单片机综合实验仪 1 台、ICD2 在线调试器 1 台和 220V/9V 电源适配器 1 台、装载 MPLAB IDE 软件的微型计算机 1 台。

3. 实验电路及说明

使用 2 条 8 位的排线分别将 PORTC 与拨动开关 S600～S607 连接，PORTD 与 8 位 LED 连接，实现并行数据的输入/输出功能。使用 2 根单独引线分别将 PORTB.0、PORTB.1 与独立的 2 个 LED 连接，监视方波信号输出状态（也可用示波器观察波形）。实验电路如图 7.3.6 所示。

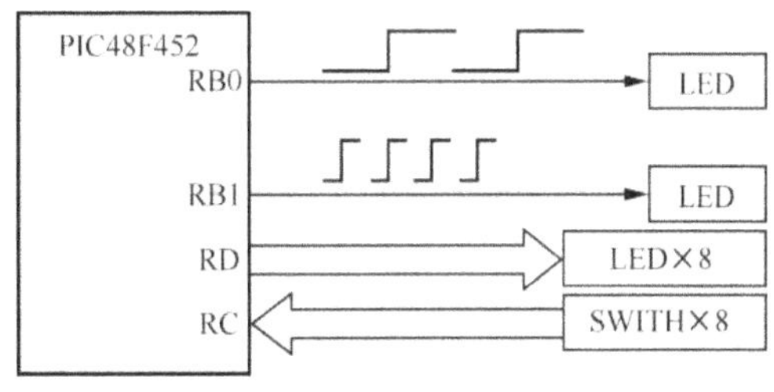

图 7.3.6　实验的逻辑电路图

4. 实验要求

采用中断方式对 TMR0、TMR1 编程，分别产生频率为 0.5Hz 的方波和频率为 500Hz 方波。其中 TMR0 的 0.5Hz 信号由 PORTD.0 输出；TMR1 的 500Hz 的信号通过 PORTD.1 输出。主程序实现 PORTC 端口做输入，与 S600～S607 连接。PORTD 口作输出，与 8 个 LED 连接，显示 PORTC 输入的原码数据。

5. 程序算法

程序的重点在于 2 个中断源信号的判断。在 0008H 中断矢量入口处编写一段对中断源的判断程序，根据不同的中断源（TMR0 和 TMR1）转向不同的中断服务程序 ISR。

分别计算出 TMR0 的 0.5Hz 信号和 TMR1 的 500Hz 信号的定时初值 TC 为

$$TC0 = M - T / T_{计数} \times N = 65\,536 - 1\,000\,000\mu s / (0.25\mu s \times 256) = 49\,911 = C2F7H\ (N{=}256)$$

$$TC1 = M - T / (T_{计数} \times N) = 65\,536 - 1\,000\mu s / (0.25\mu s \times 1) = 61\,629 = 0F0BDH\ (N{=}1)$$

其中，0.5Hz 的半周期定时 $T = 1\,000\,000\mu s$；500Hz 的半周期定时 $T = 1\,000\mu s$。

6. 参考程序

```
;**********************************************
;具有 I/O 功能的双通道方波发声器
;程序名：7_3_4.asm
;**********************************************
LIST P=18F452
#INCLUDE P18F452.INC
        ORG     0000H
        GOTO    MAIN
;**********************************************
        ORG     0008H
        BTFSC   INTCON,TMR0IF           ;中断查询程序
        GOTO    T0_ISR
        BTFSC   PIR1,TMR1IF
        GOTO    T1_ISR
        RETFIE
;**********************************************
```

```asm
          ORG      0100H
MAIN      NOP
          BCF      T1CON,T1OSCEN
          BCF      TRISB,0
          BCF      TRISB,1             ;定义 RB0、RB7 输出
          CLRF     TRISD               ;RD 输出
          SETF     TRISC               ;RC 输入
          MOVLW    0x07                ;T0 初始化，暂时不启动 T0
          MOVWF    T0CON               ;16 位定时模式、使用预分频器，分频比 256
          MOVLW    0xC2                ;软件装初值 0xC2F7（1ms 定时）
          MOVWF    TMR0H               ;注意先装高 8 位
          MOVLW    0xF7
          MOVWF    TMR0L               ;后装低 8 位
          BCF      INTCON,TMR0IF       ;清除 TMR0IF 标志
          MOVLW    0x00                ;T1 初始化，定时方式
          MOVWF    T1CON               ;分频比 1：1
          MOVLW    0xF0                ;软件装初值 0xF0DB（1ms 定时）
          MOVWF    TMR1H
          MOVLW    0xBD
          MOVWF    TMR1L
          BCF      PIR1,TMR1IF         ;清除 TMR1IF 标志
          BSF      INTCON,TMR0IE       ;开中断
          BSF      PIE1,TMR1IE
          BSF      INTCON,GIE
          BSF      INTCON,PEIE
          BSF      T0CON,TMR0ON        ;启动定时器 T0、T1
          BSF      T1CON,TMR1ON
OVER      MOVFF    PORTC,PORTD         ;主程序做输入、输出操作
          BRA      OVER
T0_ISR    MOVLW    0xC2                ;软件装初值 0xC2F7
          MOVWF    TMR0H               ;注意先装高 8 位
          MOVLW    0xF7
          MOVWF    TMR0L               ;后装低 8 位
          BTG      PORTB,0             ;输出方波
          BCF      INTCON,TMR0IF       ;清除标志
          RETFIE
T1_ISR    MOVLW    0xF0                ;软件重装初值 0xF0DB
          MOVWF    TMR1H
          MOVLW    0xBD
          MOVWF    TMR1L
          BTG      PORTB,1             ;输出方波
          BCF      PIR1,TMR1IF
          RETFIE
          END
;*********************************************************
```

7.3.4　利用 $\overline{\text{INT0}}$ 外部中断模拟断电检测及电源切换的编程实践

1. 实验目的

利用中断功能实现对单片机系统的电源（市电）进行检测，一旦电源电压降低，就产生一个

外中断信号，在中断服务程序中对电源进行切换（继电器动作）和声/光报警。

2. 实验设备

PIC18F_1 单片机综合实验仪 1 台、ICD2 在线调试器 1 台和 220V/9V 电源适配器 1 台、装载 MPLAB IDE 软件的微型计算机 1 台。

3. 实验电路及说明

单片机的 RD 端口作输出，与 LED7～LED0（拉电流驱动）连接用以显示电源正常时的程序的状态。RC2 作输出与蜂鸣器连接，RC3 作输出继电器连接（模拟备用电池的切换）。利用按键开关 S616 模拟电源检测的断电中断信号，当按下 S616 时，引发中断。图 7.3.7 所示为实验电路。

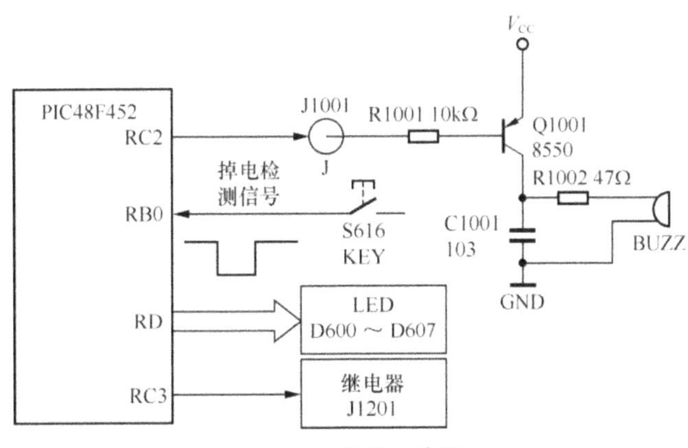

图 7.3.7　实验电路图

图 7.3.8 所示为一种模拟应用电路，利用 2 个电阻分压的电压对稳压前的电压 9V 进行检测。电源正常时，9V 经电阻分压（调节下端电位器）得到一个近似于 5V 的电压，当 9V 电源断电时，分压电阻的分压值就会由 5V 迅速下落，此下落电平可以引发单片机的中断操作。在此电路中 RC2 的电压输出直接驱动一个无触点开关，实现备用电池的切换。在实验仪上是通过一个继电器模拟电池切换的操作。

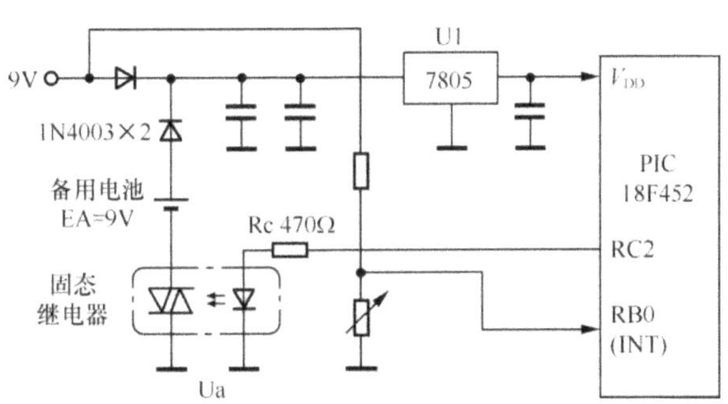

图 7.3.8　一个断电检测及保护系统示意图

4. 实验要求

利用按键开关 S616（RB0/INT0）的操作，模拟断电检测电路的输出信号，按动 S616 时产生 1 次 INT0 中断。在中断服务程序中将 RC2 置 1，驱动蜂鸣器报警，同时利用 RC3 的输出驱动继电器（模拟备用 9V 电池切换的动作）。当供电电源 UDD 正常后（RB0=1），RC2 回到低电平，固态继电器释放，单片机系统恢复到市电供电。

在电源正常时，单片机系统驱动 LED 做流水显示（模拟系统的正常工作），当发生断电中断时，8 个 LED 灯闪烁，RC2 输出高电平驱动蜂鸣器、RC3 驱动继电器（模拟切换电源）。

5. 程序算法

主程序由 TMR0 进行 1s 的定时，每 1s 对 PORT 中的数据进行移位。TMR0 的定时 1s 的初值

$$TC = M - T / (T_{计数} \times 分频比)$$

$$= 65\ 536 - 1\ 000\ 000 / (0.25 \times 256) = 65\ 536 - 15\ 625 = 49\ 911 = C2F7H$$

6. 参考程序

（1）采用汇编语言的源程序

```
;**********************************************************
;外部中断的应用    带电源故障报警和备用电池切换功能的流水灯箱控制器
;程序名: 7_3_5.asm
;**********************************************************
LIST P=18F452
#INCLUDE P18F452.INC
PORTD_B        EQU        22H                        ;定义一个 RD 数据的备份单元
DLY3           EQU        23H                        ;定义变量寄存器 (DELAY3 用)
DLY5           EQU        24H                        ;定义变量寄存器 (BUZZER 用)
;****************************************
               ORG        0000H
               GOTO       MAIN
;****************************************
               ORG        0008H
               BTFSS      INTCON,INT0IF
               RETFIE
               GOTO       INT0_ISR
;****************************************
               ORG        100H
MAIN           CLRF       TRISD                      ;设定 RD 为输出
               CLRF       PORTD
               BCF        TRISC,2                    ;设定 RC2 为输出、驱动蜂鸣器
               BCF        PORTC,2
               BCF        TRISC,3                    ;设定 RC3 为输出、驱动继电器
               BCF        PORTC,3
               BSF        TRISB,INT0                 ;设定 RB0 为输入
               BCF        INTCON2,INTEDG0            ;INT0 下降沿触发
               MOVLW      07H
               MOVWF      T0CON                      ;TMR0 定时，16 位，分频比 256
               BCF        INTCON,INT0IF              ;清除 INT0 中断标志
               BSF        INTCON,INT0IE              ;开 INT0 中断
               BSF        INTCON,GIE                 ;开总中断
               BSF        PORTD,0                    ;RD=00000001B
LOOP           CALL       DELAY1                     ;主程序产生流水效果
               RLNCF      PORTD
               GOTO       LOOP                       ;返回 LOOP
;**********************************************************
;                   INT_0 中断服务程序
;**********************************************************
INT0_ISR       MOVFF      PORTD,PORTD_B              ;保存 PORTD
               SETF       PORTD                      ;点亮 LED
```

```
                BSF        PORTC,3                    ;驱动继电器
LOP             COMF       PORTD                      ;RD 的 LED 灯闪烁
                CALL       BUZZER                     ;驱动蜂鸣器
                CALL       DELAY2                     ;调延时
                BTFSC      PORTB,0                    ;检测 INT0 引脚是否还有中断
                GOTO       LOP1                       ;INT0 消失时转 LOP1
                GOTO       LOP
LOP1            MOVFF      PORTD_B,PORTD              ;恢复原来的 RD 数据
                BCF        PORTC,2                    ;关闭蜂鸣器
                BCF        INTCON,INT0IF              ;清除 INT0 中断标志
                BCF        PORTC,3                    ;关闭继电器
                RETFIE
;*******************************************************************
;                     蜂鸣器驱动程序
;*******************************************************************
BUZZER          MOVLW      0FFH                       ;决定了发音的持续时间
                MOVWF      DLY5
LOP5            BTG        PORTC,2
                CALL       DELAY3                     ;延时参数决定了发生频率
                DECFSZ     DLY5
                GOTO       LOP5
                RETURN
;*******************************************************************
;      延时子程序  DELAY3  (0.19ms)  蜂鸣器驱动频率控制
;*******************************************************************
DELAY3
                MOVLW      0FFH
                MOVWF      DLY3                       ;初值送外层循环变量寄存器
LP3             DECFSZ     DLY3                       ;内层循环变量减 1,若为 0,跳
                GOTO       LP3                        ;不为 0 返回 LP1 继续 (每个内循环 3μs)
                RETURN                                ;外层循环变量为 0 时,返回主程序
;*******************************************************************
;      延时子程序  DELAY1
;*******************************************************************
DELAY1
DLLOP           BCF        INTCON,TMR0IF             ;清除 TMR0 的溢出标志
                MOVLW      0C2H                       ;定时初值送 TMR0H
                MOVWF      TMR0H
                MOVLW      0F7H                       ;定时初值送 TMR0L
                MOVWF      TMR0L
                BSF        T0CON,TMR0ON              ;开启 TMR0
HERE            BTFSS      INTCON,TMR0IF             ;查询 TMR0 定时时间到否
                GOTO       HERE                       ;定时未到返回查询
                RETURN
;*******************************************************************
;      延时子程序  DELAY2
;*******************************************************************
DELAY2          BCF        INTCON,TMR0IF             ;清除 TMR0 的溢出标志
                MOVLW      0F0H                       ;定时初值送 TMR0H
                MOVWF      TMR0H
```

```
                MOVLW      21H                      ;定时初值送 TMR0L
                MOVWF      TMR0L
                BSF        T0CON,TMR0ON             ;开启 TMR0
D2LOP           BTFSS      INTCON,TMR0IF            ;查询 TMR0 定时时间到否
                GOTO       D2LOP
                RETURN
                END
;*************************************************************
```

（2）采用 C 语言的源程序（7_3_5.c）

```c
//*************************************************************
//外部中断的应用   带电源故障报警和备用电池切换功能的流水灯箱控制器
//程序名：7_3_5.c
//*************************************************************
#include <p18f452.h>
void delay(char);
void delay2(void);
void buffer(void);
void INT0_ISR(void);
unsigned char PORTD_B;
unsigned char i,j;
#pragma interrupt chk_isr
void chk_isr(void)
{
   if(INTCONbits.INT0IF==1)
        INT0_ISR();
}
#pragma code My_Hiprio_Int=0x08
void My_Hiprio_Int(void)
{
    _asm
        GOTO chk_isr
    _endasm
 }
#pragma code
void main(void)
{
    TRISD=0X00;                     //D 口为输出
    TRISBbits.TRISB0=1;             //设 B0 口为输入
    TRISCbits.TRISC2=0;             //设 RC2 口为输出驱动蜂鸣器
    TRISCbits.TRISC3=0;             //设 RC3 口为输出驱动继电器
    INTCON2bits.INTEDG0=0;          //INT0 下降沿触发
    T0CON=0X07;                     //TMR0 定时，16 位，分频比 256
    INTCONbits.INT0IF=0;            //清中断标志位
    INTCONbits.INT0IE=1;            //开 INT0 中断
    INTCONbits.GIE=1;               //开总中断
    PORTD=0x01;                     //D 口为输出 01
    PORTCbits.RC3=0;
    while(1)
      {
          delay(4);
```

```c
            Rlncf(PORTD,1,0);
        }
}
void INT0_ISR(void)
{
    PORTD_B=PORTD;
    PORTCbits.RC3=01;
    PORTD=0xFF;
    while(PORTBbits.RB0==0)
      {
        PORTCbits.RC2=0;
        PORTD=~PORTD;
        buffer();
        delay(1);
      }
    INTCONbits.INT0IF=0;                        //清中断标志位
    PORTD=PORTD_B;
  PORTCbits.RC3=0;
}
void delay(char count)
{
    for(;count>0;count--)
    {
        INTCONbits.TMR0IF=0;
        TMR0H=0xF0;
        TMR0L=0X21;
        T0CONbits.TMR0ON=1;
        while(INTCONbits.TMR0IF==0);
    }
}
void buffer(void)
{
    for(i=100;i>0;i--)
    {
        PORTCbits.RC2=1;
        delay2();
        PORTCbits.RC2=0;
        delay2();
    }
}
void delay2(void)
{
    for(j=120;j>0;j--) ;
}
//*****************************************************************************
```

7.3.5　利用 $\overline{\text{INT0}}$ 外中断实现唤醒 CPU 的 SLEEP 状态的编程实践

首先介绍系统的 SLEEP 状态特性和唤醒方法。

在许多应用项目中系统的电源采用电池供电。在这类产品中，系统大多处于空闲待机状态，只有少数时间是处于全功能运行状态。如移动电话、寻呼机、电子计数装置、电视机遥控器、公交车 IC 卡读卡器等。采用 SLEEP 技术至少有 2 个特点。

① 降低 CPU 的功耗，满足电池供电的低功耗要求。

② 由于在 SLEEP 状态下，系统时钟停止振荡，对于具有小信号模拟电压的采集、转换系统而言，避免了因系统时钟的高频振荡信号 F_{osc} 对模拟信号采集的干扰，因而提高了转换精度〔注，芯片内部的 ADC 模块采用自带振荡器、不依附于 F_{osc}；同时 ADC 的转换完成信号（ADCIF=1）可以唤醒 CPU〕。

如果系统处于闲置时，令其进入 SLEEP 状态，此时系统的时钟振荡器停止工作，单片机的功耗大大降低，电流由 1.2mA 降到 15μA 左右，从而使电池寿命大大延长。当系统处于 SLEEP 状态时，凡是与系统时钟 F_{osc} 有关的模块均停止工作，如 T0、T1（自带外部振荡器除外）、ADC（使能 RC 模式除外 ）等。有关 PIC18F452 单片机的 SLEEP 技术请参见 3.6 章节。单片机系统的 SLEEP 与唤醒技术综合运用的效果如图 7.3.9 所示。

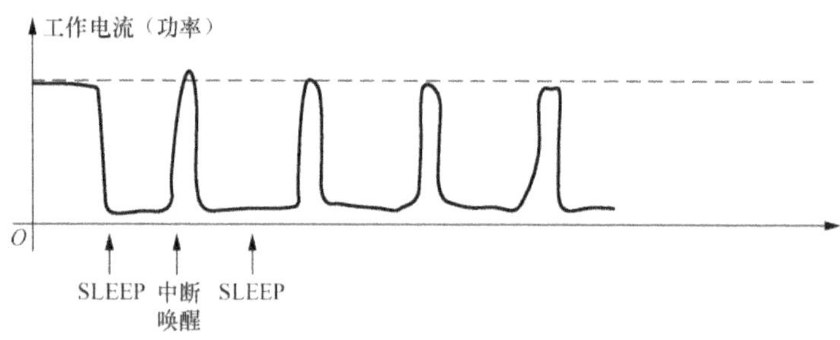

图 7.3.9　SLEEP / 唤醒 / SLEEP 模式下单片机系统的功耗示意图

当系统进入 SLEEP 状态时，有 2 种方式可以唤醒。

① 如果使能 WDT，会因为 WDT 的超时溢出将 CPU 唤醒，此时其特征是，RCON 寄存器中的 $\overline{TO}$ =0（WDT 超时溢出标志），且 CPU 会回到 SLEEP 指令的下一条指令（而不是被复位）。

② 与系统时钟 F_{osc} 无关的中断信号可以将 CPU 唤醒，且自动进入中断矢量单元、执行 ISR 后回到 SLEEP 指令的下一条指令。如 ADC 模块（ADC 自带时钟模式）、外中断 INTx、T1 自带振荡器模式的中断 TMR1IF、RB 端口电平变化中断 RBIF 等。

1. 实验目的

了解 SLEEP 指令对 CPU 的工作状态的影响，掌握采用外中断 INT0 唤醒 SLEEP 状态 CPU 的方法。

2. 实验设备

PIC18F_1 单片机综合实验仪 1 台、ICD2 在线调试器 1 台和 220V/9V 电源适配器 1 台、装载 MPLAB IDE 软件的微型计算机 1 台，示波器 1 台。

3. 实验电路及说明

单片机的 RD 端口作输出，与 LED7～LED0 连接用以显示程序的状态。按键开关 KEY 做外部中断信号，当按下时，引发中断全，RC2 做输出连接 LED（如图 7.3.10 所示）。

4. 实验要求

在平常状态，让 CPU 处于 SLEEP 状态，以降低功耗。当有外部中断（INT0）时，可以将 CPU 由 SLEEP 状态唤醒，并执行中断服务，当外中断（INT0）撤出后，CPU 重新进入 SLEEP 状态。

为了便于观察，中断服务程序采用"秒加 1"操作，每按动 1 次按键，计数器（RB 端口）实现 1 次加 1 操作。当外中断撤出后系统回到主程序，CPU 重新执行 SLEEP 指令、进入睡眠的低功耗状态。

程序在初始化时，先让 PORTD 赋值 01H 作为程序的初始状态以便观察。调试程序时，在系统处于 SLEEP 状态时，按动 SW2/INT0，此时系统被唤醒，CPU 就一直进行 1 次"秒加 1"操作。利用 RC2 端口的 LED 做程序运行状态的显示，只要 CPU 在运行指令（或被唤醒）时，RC2=1，LED 被点亮；如果进入 SLEEP 状态时，RC2=0，LED 熄灭。为了防止按键（RB0）的抖动造成"INT0_ISR"的多次调用，在进入 ISR 时，加一个延时 20ms 的延时程序（参见本章节前面的内容）。

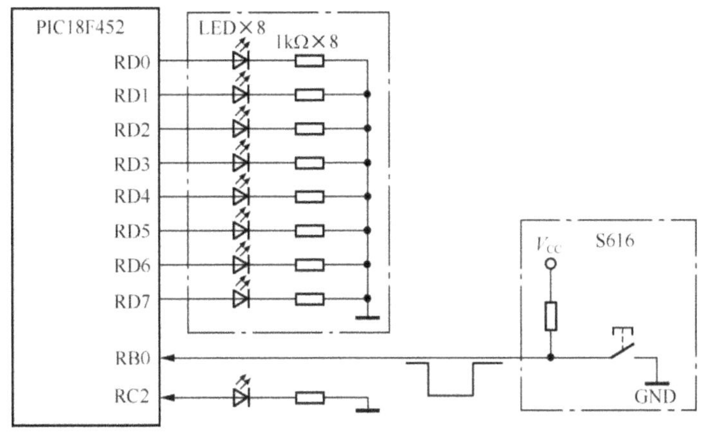

图 7.3.10　实验连接图

可以利用示波器观察单片机的系统时钟 F_{osc}（单片机的 14 引脚 OSC2）的波形信号，当 CPU 执行 SLLEP 指令后 OSC2 无振荡信号；当按下 S616 时，CPU 被中断唤醒后，OSC2 引脚出现正常的 F_{osc} 波形（如图 7.3.11 所示）。

（a）执行 SLEEP 指令后的 F_{osc} 的波形图

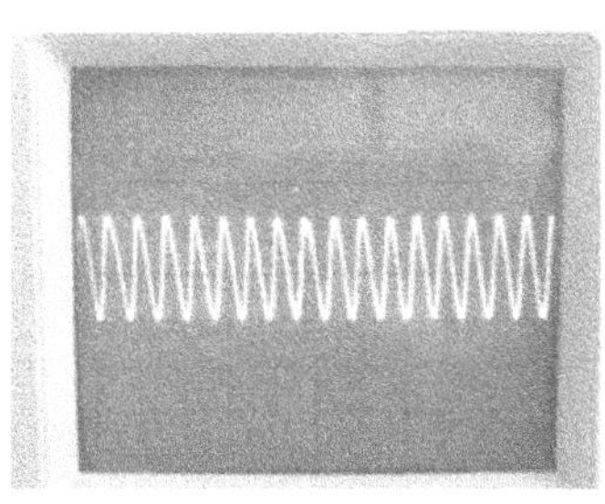

（b）CPU 被中断唤醒后的 F_{osc} 的波形图

图 7.3.11　本实验的 OSC2 引脚的波形图

5. 程序算法

主程序主要进行对中断允许位的设定，对 TMR0 定时器的工作模式设定以及 TMR0 定时初值（20ms）的赋值等操作（程序流程如图 7.3.12 和图 7.3.13 所示）。

6. 参考程序

（1）汇编语言的源程序（7_3_6.asm）

```
;**********************************************
;    SLEEP 简单应用 TMR0 延时为 20ms
;    程序名：7_3_6.asm
;**********************************************
LIST P=18F452
#INCLUDE P18F452.INC
            ORG     0H
            GOTO    MAIN
```

```
                ORG        08H
        .       BTFSS      INTCON,INT0IF
                RETFIE
                GOTO       INT0_ISR
MAIN            ORG        100H
                BCF        TRISC,2              ;RC2 口为输出
                BSF        PORTC,2              ;RC2=1 表明 CPU 为运行状态
                CLRF       TRISD                ;设定 RD 为输出
                BSF        TRISB,INT0           ;设定 RB0 为输入
                BCF        INTCON2,INTEDG0      ;INT0 下降沿触发
                MOVLW      01H
                MOVWF      PORTD                ;计数器原始输出 01H
                MOVLW      00H
                MOVWF      T0CON                ;TMR0 定时，16 位，分频比 1:2
                CLRF       INTCON               ;清除第一梯队所有的 IE 和 IF
                BSF        INTCON,INT0IE        ;使能 INT0 中断
                BSF        INTCON,GIE           ;使能总的中断使能
LOOP            BCF        PORTC,2              ;RC2=0 表征 CPU 即将进入 SLEEP
                SLEEP
                NOP                             ;SLEEP 后加 NOP，一种通用的方式
                GOTO       LOOP
DELAY2          BCF        INTCON,TMR0IF        ;清除 TMR0 的溢出标志
                MOVLW      63H                  ;定时初值送 TMR0H（20ms）
                MOVWF      TMR0H
                MOVLW      0C0H                 ;定时初值送 TMR0L
                MOVWF      TMR0L
                BSF        T0CON,TMR0ON         ;开启 TMR0
D2LOP           BTFSS      INTCON,TMR0IF        ;查询 TMR0 定时时间到否
                GOTO       D2LOP
                BCF        T0CON,TMR0ON         ;关闭 TMR0（降低功耗）
                RETURN
INT0_ISR        BSF        PORTC,2              ;RC2=1 表征 CPU 开始工作
                CALL       DELAY2               ;调延时（防前沿抖）
LOP             BTFSC      PORTB,0              ;检测 INT0 引脚是否还有中断
                GOTO       LOP1                 ;INT0 消失时转 LOP1
                GOTO       LOP                  ;排除瞬间（毛刺）干扰
LOP1            INCF       PORTD,F
                BCF        INTCON,INT0IF        ;清除 INT0 中断标志
                CALL       DELAY2               ;调延时（防后沿抖）
                RETFIE
                END
;**********************************************
```

（2）C 语言的源程序（7_3_6.c）

```
//********************************************
//   SLEEP 简单应用   定时器 TMR0 定时为（1/4）s
//   程序名：7_3_6.c   与汇编格式的程序略有不同
//********************************************
#include <p18f452.h>
```

```c
void delay(void);
void INT0_ISR(void);
unsigned char PORTD_B;
#pragma interrupt chk_isr
void chk_isr(void)
{
   if(INTCONbits.INT0IF==1)
        INT0_ISR();
}


#pragma code My_Hiprio_Int=0x08
void My_Hiprio_Int(void)
{
    _asm
        GOTO chk_isr
    _endasm
 }
#pragma code

void main(void)
{
    TRISD=0X00;                      //D 口为输出
    TRISBbits.TRISB0=1;              //设 B0 口为输入
    INTCON2bits.INTEDG0=0;           //INT0 下降沿触发
    T0CON=0X07;                      //定时 16 位分频比 256
    INTCON=0;                        //清中断标志位
    INTCONbits.INT0IE=1;             //开 INT0 中断
    INTCONbits.GIE=1;                //开总中断
    PORTD=0x01;                      //D 口为输出 01
    while(1)
      {
         sleep();
         nop();
      }
}
void INT0_ISR(void)
{
    INTCONbits.INT0IF=0;             //清中断标志位
    while(PORTBbits.RB0==0)
    delay();
}
void delay()
{
    INTCONbits.TMR0IF=0;
    TMR0H=0xF0;
    TMR0L=0X21;
    T0CONbits.TMR0ON=1;
    while(INTCONbits.TMR0IF==0);
    PORTD++;
}
//*****************************************************
```

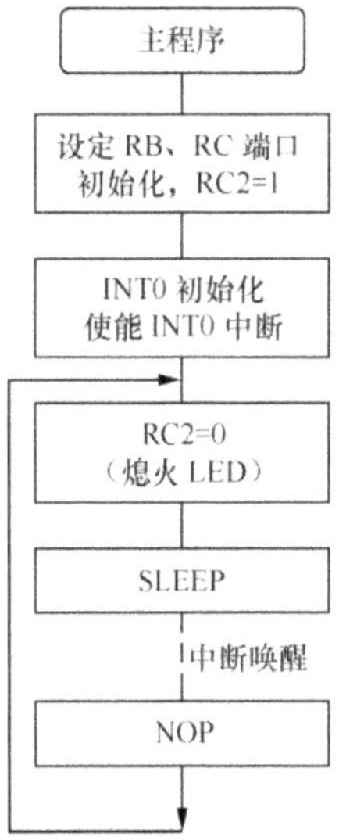

图 7.3.12　主程序流程图

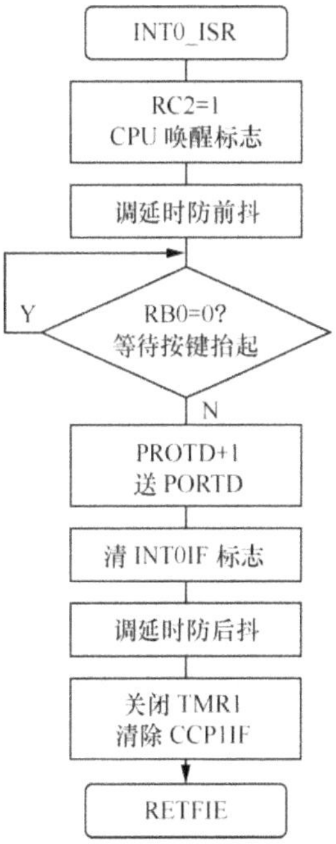

图 7.3.13　ISR 程序流程图

7.4 PIC18F452 的 WDT 模块编程及实践

WDT 模块也称为 CPU 监控电路，当前已将被新一代的单片机嵌入单片机的芯片内部，有关 PIC18F452 单片机的 WDT 模块的结构及编程方式参见 3.5 章节。

7.4.1 WDT 模块对 CPU 复位的验证性编程实践

1. 实验目的
了解 PIC 系列单片机的 WDT 模块结构、编程方法。

2. 实验设备
PIC18F_1 单片机综合实验仪 1 台、ICD2 在线调试器 1 台和 220V/9V 电源适配器 1 台、装载 MPLAB IDE 软件的微型计算机 1 台。

3. 实验电路及说明
单片机的 RD 端口作输出，与 LED7～LED0 连接用以显示主程序的"流水"状态，利用 RC2 作输出，显示复位状态（如图 7.4.1 所示）。

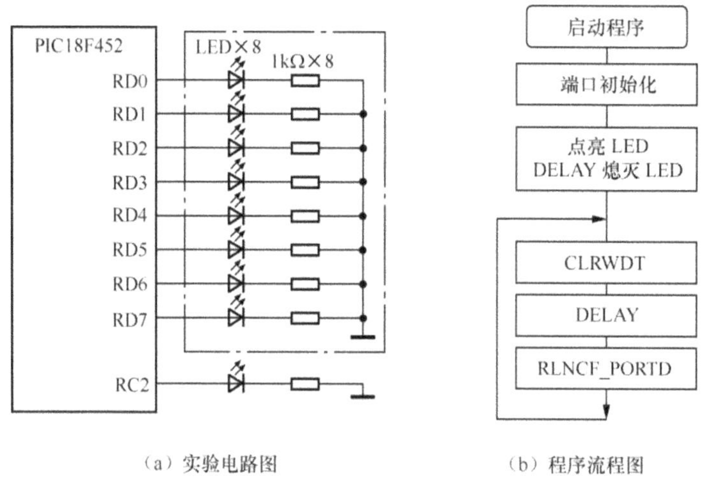

（a）实验电路图　　　　　　　　（b）程序流程图

图 7.4.1　实验电路和程序流程图

4. 实验要求
采用 2 种方法来使能 WDT。

注意，WDT 的分频器设置分频比为 1 ∶ 64（1 152ms）。

① 在 MPLAB IDE 的环境下通过器件配置字使能 WDT（方法详见《MPLAB IDE（V8.0 版）使用方法快速指南》中的第五项）。

② 器件配置字中禁止 WDT，使用软件使能 WDT，软件在程序的初始化位置上加入

```
BSF        WDTCON,SWDTEN
```

编制一个程序产生一个流水灯效果，在主程序的循环体中加入了一个喂狗指令（CLRWDT），由于 CLRWDT 指令的存在，WDT 始终处于一种无法溢出的状态，所以程序得以正常运行。当然只

有当程序发生"跑飞"现象时，WDT 会因为得不到 CLRWDT 指令的清零而产生溢出。当然这种情况不容易在实验室的条件下发生，所以无法得到验证。

为了验证 WDT 的存在以及 WDT 的作用，读者在调试程序中可以有意地将 CLRWDT 去掉（暂时屏蔽掉），再去观察程序运行的效果。为了观察 WDT 的复位效果，使用了 RC2 作输出，在程序前一段的初始化中特地安排了一个使用 RC2 输出一个高电平的操作（RC2 与 LED 连接便于观察）。

在正常情况下，RC2 的电平只在程序开始的时候变高一下（点亮一下 LED），如果读者有意地将 CLRWDT 屏蔽掉，这时就会发现与 RC2 连接的 LED 灯会不断地点亮，即 CPU 不断地被 WDT 复位，因为运行程序的 CPU 一旦被 WDT 复位就会使 CPU 的程序指针清零，将程序拉回到最开始的位置，这样 RC2 的电平就会再次被拉高。

5. 注意事项

在 MPLAB IDE 的 DEBUGG 状态下是不支持 WDT 使能的，所以使能 WDT 必须采取脱机模式。具体方法参见 6.2 章节。

6. 参考程序

（1）采用汇编语言的源程序

```
;******************************************************************
;看门狗的简单应用　采用"器件配置字"使能 WDT,WDT 的分频比为 1：64
;程序名：7_4_1.asm
;******************************************************************
LIST P=18F452
#INCLUDE P18F452.INC
        ORG     0000H
        GOTO    MAIN
        ORG     0030H
MAIN    NOP
        BCF     TRISC,2
        CLRF    TRISD               ;设定 D 口为 8 位输出
        MOVLW   1H
        MOVWF   PORTD
        BCF     INTCON,TMR0IF       ;清除 TMR0 的溢出标志
        BSF     PORTC,2             ;利用 RC2 显示上电复位的操作
        CALL    DELAY
        BCF     PORTC,2
LOOP1   CLRWDT                      ;喂狗指令（可以去掉以观察 WDT 作用）
        CALL    DELAY
        RLNCF   PORTD
        GOTO    LOOP1
DELAY   MOVLW   07H
        MOVWF   T0CON               ;TMR0 定时，16 位，分频比 256
        BCF     INTCON,TMR0IF       ;清除 TMR0 的溢出标志
        MOVLW   0F0H                ;定时初值送 TMR0H
        MOVWF   TMR0H
        MOVLW   21H                 ;定时初值送 TMR0L
        MOVWF   TMR0L
        BSF     T0CON,TMR0ON        ;开启 TMR0
D2LOP   BTFSS   INTCON,TMR0IF       ;查询 TMR0 定时时间到否
```

```
        GOTO        D2LOP
        RETURN
        END
```

（2）采用 C 语言的源程序（7_4_1.c）

```c
//*************************************************************************
//看门狗的简单应用
//注意 CLRWDT 指令在 C18 中是以一个函数的形式出现的 ClrWdt()
//程序名：7_4_1.c
//*************************************************************************
#include <p18f452.h>
void delay(char);
void main(void)
{
    TRISD=0x00;                          //设置 D 口为输出
    PORTD=0x01;
    INTCONbits.TMR0IF=0;
    T0CON=0X07;                          //TMR0 定时，16 位，分频比 256
    while(1)
     {
        delay(1);
        Rlncf(PORTD,1,0);
     }
}
void delay(char count)
{
    ClrWdt();                            //WDT 清零，可以比较加或不加时的区别
    for(;count>0;count--)
    {
        INTCONbits.TMR0IF=0;
        TMR0H=0xF0;
        TMR0L=0X21;
        T0CONbits.TMR0ON=1;
        while(INTCONbits.TMR0IF==0) ;
    }
}
```

7.4.2　SLEEP 模式下调用 WDT 功能的编程实践

1. 实验目的

了解、掌握 SLEEP 技术的特点，学习利用 RCON 寄存器中 $\overline{\text{TO}}$ 位判断 SLEEP 唤醒的条件，实现系统的低功耗编程技术。

2. 实验设备

PIC18F_1 单片机综合实验仪 1 台、ICD2 在线调试器 1 台和 220V/9V 电源适配器 1 台、装载 MPLAB IDE 软件的微型计算机 1 台。

3. 实验电路及说明

单片机 RD 端口作输出，与 LED7～LED0 连接以显示计数器的状态，利用 INT0 中断进行计数器加一操作。RC2 的输出表征程序运行的状态，RC2=1 时 CPU 被唤醒，反之 RC2=0。系统运行时呈现出工作—睡眠—唤醒—睡眠……的状态（如图 7.4.2 所示）。

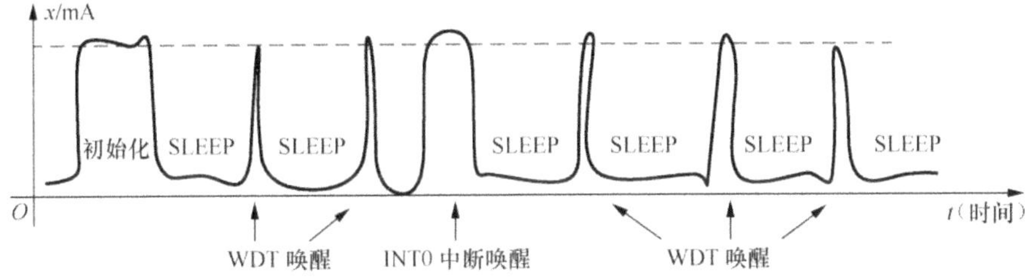

图 7.4.2　采用 SLEEP 模式时 WDT 对系统的唤醒及系统功耗示意图

从图 7.4.2 中可看出，当没有外部 INT0 中断时，CPU 会被 WDT 不断地唤醒（RC2 的 LED 会被点亮）。程序调通后，可以分别修改 WDT 的分频系数、通过 RC2 的电平观察 WDT 的唤醒的频率。

注意以下几点。

① 只有在脱机模式运行程序时使能 WDT 模块的功能。

② 当 CPU 运行程序时，WDT 的溢出会导致 CPU 被复位（PC=0000H）。

③ 当 CPU 处于 SLEEP 状态时，WDT 的溢出不会引发 CPU 的复位操作，只会唤醒 CPU，且 RCON 寄存器的 $\overline{\text{TO}}$ 位=0（RCON,3=0）。

④ 唤醒 CPU 有 2 种可能：一种是中断唤醒，此时 CPU 去执行中断服务程序；另一种可能就是 WDT 的溢出唤醒 CPU，此时可以通过 RCON,3=0 来确定，当 WDT 的溢出引发的中断时，可以使 CPU 再次进入 SLEEP 状态即可。

实验电路及程序流程如图 7.4.3 所示。

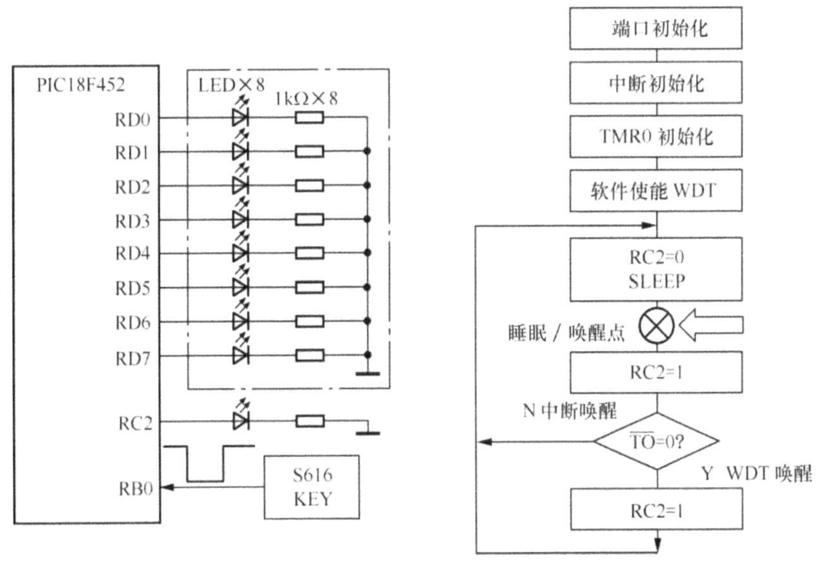

图 7.4.3　实验电路图及程序流程图

4. 参考程序

汇编语言程序。

```
;*********************************************************
;   SLEEP 简单应用   TMR0 延时为 20ms
;   使用软件使能 WDT，在系统配置字中关闭 WDT
```

```
;   程序名: 7_4_2.asm
;**************************************************
    LIST P=18F452
    #INCLUDE P18F452.INC
                ORG     0H
                GOTO    MAIN
                ORG     08H
                BTFSS   INTCON,INT0IF
                RETFIE
                GOTO    INT0_ISR
    MAIN        ORG     100H
                BCF     TRISC,2                     ;RC2 口为输出
                BSF     PORTC,2                     ;RC2=1
                CLRF    TRISD                       ;设定 RD 为输出
                BSF     TRISB,INT0                  ;设定 RB0 为输入
                BCF     INTCON2,INTEDG0             ;INT0 下降沿触发
                MOVLW   01H
                MOVWF   PORTD                       ;计数器原始输出 01H
                MOVLW   00H
                MOVWF   T0CON                       ;TMR0 定时，16 位，分频比 1:2
                CLRF    INTCON
                BSF     INTCON,INT0IE               ;开 INT0 中断
                BSF     INTCON,GIE                  ;开总的中断使能 GIE
                BSF     WDTCON,SWDTEN
    LOOP        BCF     PORTC,2                     ;RC2 口为输出
                SLEEP
                NOP                                 ;一般在 SLEEP 指令后加 NOP
                BSF     PORTC,2                     ;CPU 唤醒标志
                BTFSC   RCON,3                      ;是否 WDT 唤醒（ TO =0 ）
                GOTO    LOOP                        ;中断唤醒
                CALL    DELAY2                      ;便于观察 WDT 的唤醒过程
                CALL    DELAY2
                BRA     LOOP
    DELAY2      BCF     INTCON,TMR0IF               ;清除 TMR0 的溢出标志
                MOVLW   63H                         ;定时初值送 TMR0H（ 20ms ）
                MOVWF   TMR0H
                MOVLW   0C0H                        ;定时初值送 TMR0L
                MOVWF   TMR0L
                BSF     T0CON,TMR0ON                ;开启 TMR0
    D2LOP       BTFSS   INTCON,TMR0IF               ;查询 TMR0 定时时间到否
                GOTO    D2LOP
                BCF     T0CON,TMR0ON                ;关闭 TMR0（ 降低功耗 ）
                RETURN
    INT0_ISR    BSF     PORTC,2                     ;RC2 口为输出
                CALL    DELAY2                      ;调延时（防前沿抖）
    LOP         BTFSC   PORTB,0                     ;检测 INT0 引脚电平
                GOTO    LOP1                        ;INT0 消失时转 LOP1
                GOTO    LOP                         ;排除瞬间（毛刺）干扰
    LOP1        INCF    PORTD,F
                BCF     INTCON,INT0IF               ;清除 INT0 中断标志
```

```
CALL        DELAY2                        ;调延时（防后沿抖）
RETFIE
END
```

5．思考题

① 修改 WDT 分频器的分频比，观察 CPU 被唤醒的频率变化。

② 当长时间的按下按键 S616 时，程序为什么会返回到初始状态。

7.5　PIC18F452 的 ADC 模块编程及实践

在 PIC18F452 单片机内部设计有 8 路 10 位的 ADC 模块。有关 ADC 模块的结构和编程方法参见本教程的 3.4 章节。

7.5.1　ADC 模块的查询法和中断法编程实践

1．实验目的

了解 PIC18F 系列单片机内部 ADC 模块的特性、相关寄存器以及初始化方法，掌握使用查询、中断法编程原理。

2．实验设备

PIC18F_1 单片机综合实验仪 1 台、ICD2 在线调试器 1 台和 220V/9V 电源适配器 1 台、装载 MPLAB IDE 软件的微型计算机 1 台。

3．实验电路及说明

利用单片机的 RD 端口作输出，与 LED7～LED0 连接，以二进制的形式输出 ADC 的结果。将实验议上的电压调节电位器抽头与单片机的 RA0 连接。

4．程序算法

初始化设定 ADC 的数据格式为高 8 位、模拟通道（AN0/RA0）、ADC 转换时钟选（ADCS2～0=010，系统时钟频率 F_{osc}=16MHz）T_{osc}×32=2.0μs >1.6μs 等。

利用 TMR0 延时，以满足信号的捕获时间（ > 15μs）。TMR0 设定为 8 位模式，分频比 1∶256，初值 00H，定时时间为

$$T=4\times（1/16）\times10^{-6}\times256\times256=0.2510^{-6}\times65536=16\,384（\mu s）=16ms>15\mu s$$

要求采用查询、中断 2 种方式编程。

5．实验电路及说明

设定 RA0 为模拟信号输入，并与电位器连接，将电位器上连续变化的模拟电压进行采集、转换。将 RD 端口设定为输出并与 8 个 LED 等连接，与二进制的形式显示 ADC 的结果。具体连接如图 7.5.1 所示。

6．实验要求

要求采用查询、中断 2 种方式编程。将 ADC 的 10 位数据取其高 8 位，并通过 PORTD 端口以二进制的方式输出。

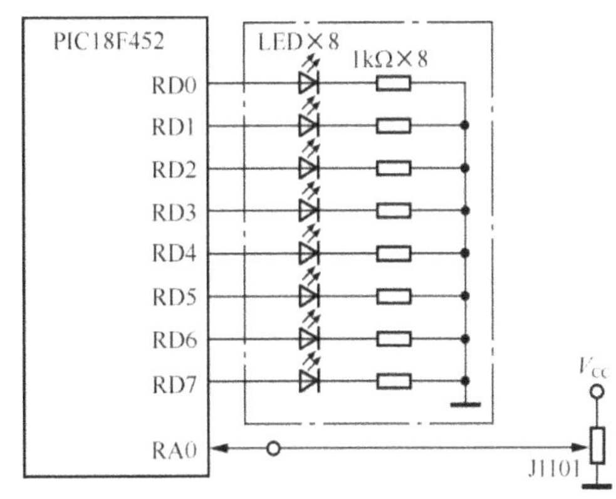

图 7.5.1　实验电路图

7. 参考程序

（1）查询法汇编语言程序

```
;****************************************************************
;ADC 转换  查询法    16MHz/32=0.5MHz    T=2μs>1.6μs    Tc=12×2=24μs
;程序名: 7_5_1.asm
;****************************************************************
LIST P=18F452
INCLUDE "P18F452.INC"
                ORG     0000H
                GOTO    MAIN
                ORG     0030H
MAIN            NOP
                CLRF    TRISD                   ;RD 口输出
                CLRF    PORTD                   ;RD 初始全零
                BSF     TRISA,0                 ;设置 PORTA,0 为输入（AN0 输入）
                MOVLW   B'10000001'             ;转换时钟 Fosc/32,模拟通道 AN0, 使能 ADC
                MOVWF   ADCON0                  ;暂时不启动 ADC
                MOVLW   B'00001110'             ;左对齐（10 位中的高 8 位）, RA0 为输入 AN0
                MOVWF   ADCON1                  ;VDD & VSS 为参考电压 VREF+、VREF-
                MOVLW   B'11000111'             ;TMR0 为 8 位模式, 分频比 1:256
                MOVWF   T0CON
CONVERT         BTFSS   INTCON,TMR0IF           ;查询 TMR0IF（等待采样保持时间 16ms）
                GOTO    CONVERT
                BCF     INTCON   ,TMR0IF        ;清标志 TMR0IF
                BSF     ADCON0,GO               ;启动 A/D 转换
WAIT            BTFSC   ADCON0,DONE             ;等待转换结束(DONE=0 则转换完成)
                GOTO    WAIT                    ;转换未完成时继续等待
                MOVFF   ADRESH,PORTD            ;读取转换的高 8 为数据、显示结果
                GOTO    CONVERT                 ;无限循环
                END
;****************************************************************
```

（2）采用 C 语言的查询法程序

```c
//************************************************************
//   ADC 转换  查询法    16MHz/32=0.5MHz    T=2μs>1.6μs    Tc=12×2=24μs
//   程序名: 7_5_1.c
//************************************************************
#include <p18f452.h>
void main(void)
{
    PORTD=0x00;
    TRISD=0x00;                 //设置 D 口为输出
    TRISAbits.TRISA0=1;         //使用 AN0 输入
    ADCON0=0x81;                //Fosc/32, AN0, 开启
    ADCON1=0x0E;                //左对齐, AN0 为模拟输入, VDD & VSS 为参考电压
    INTCONbits.TMR0IF=0;
    T0CON=0xC7;                 //TMR0 8 位, 分频比 1:256
    while(1)
```

```c
    {
        while(INTCONbits.TMR0IF==0) ;
        INTCONbits.TMR0IF=0;
        ADCON0bits.GO=1;
        while( ADCON0bits.DONE==1) ;
        PORTD=ADRESH;
    }
}
//************************************************************
```

（3）采用中断方式的汇编语言源程序

```asm
;********************************************************************************
;ADC 转换　中断法　　16MHz/32=0.5MHz　　T=2μs>1.6μs　　Tc=12×2=24μs
;程序名: 7_5_2.asm
;********************************************************************************
LIST P=18F452
INCLUDE "P18F452.INC"
        ORG       0000H
        GOTO      MAIN
        ORG       0008H
        BTFSS     PIR1,ADIF               ;中断矢量单元
        RETFIE
        GOTO      AD_ISR
;**************************************************
        ORG       0100H
MAIN    NOP
        CLRF      TRISD
        CLRF      PORTD
        BSF       TRISA,0                 ;使用 AN0 输入
        MOVLW     81H                     ;Fosc/32, AN0, 开启
        MOVWF     ADCON0
        MOVLW     0EH                     ;左对齐,AN0 为模拟输入
        MOVWF     ADCON1                  ;VDD & VSS 为参考电压
        BCF       INTCON,TMR0IF
        BCF       PIR1,ADIF               ;清 AD 中断标志位
        BSF       PIE1,ADIE               ;开 AD 中断
        BSF       INTCON,PEIE             ;开外围中断
        BSF       INTCON,GIE              ;开总中断
        MOVLW     0C7H                    ;TMR0 8位, 分频比 1:256
        MOVWF     T0CON
LOOP    CALL      DELAY
        BSF       ADCON0,GO               ;开启 A/D 转换
        GOTO      LOOP
;**********************************************
DELAY   BTFSS     INTCON,TMR0IF           ;等待延时（采样保持）
        GOTO      DELAY
        BCF       INTCON,TMR0IF
        RETURN
;**********************************************
AD_ISR  MOVFF     ADRESH,PORTD            ;显示转换结果
        BCF       PIR1,ADIF               ;清 AD 中断标志位
```

```
        RETFIE
        END
;*************************************************************************
```

（4）采用中断方式的 C 语言源程序

```c
//*************************************************************************
//ADC 转换   中断法    16MHz/32=0.5MHz    T=2μs>1.6μs    Tc=12×2=24μs
//程序名: 7_5_2.c
//*************************************************************************
#include <p18f452.h>
void delay(void);
void AD_ISR(void);
#pragma interrupt chk_isr
void chk_isr(void)
{
   if( PIR1bits.ADIF==1)
        AD_ISR();
}
#pragma code My_Hiprio_Int=0x08
void My_Hiprio_Int(void)
{
    _asm
        GOTO chk_isr
    _endasm
 }
#pragma code
void main(void)
{
    PORTD=0x00;
    TRISD=0x00;                      //设置 D 口为输出
    TRISAbits.TRISA0=1;              //使用 AN0 输入
    ADCON0=0x81;                     //Fosc/32, AN0, 开启
    ADCON1=0x0E;                     //左对齐, AN0 为模拟输入, VDD & VSS 为参考电压
    INTCONbits.TMR0IF=0;             //清 TMR0 中断标志位
    PIR1bits.ADIF=0;                 //清 AD 中断标志位
    PIE1bits.ADIE=1;                 //开 AD 中断
    INTCONbits.PEIE=1;               //开外围中断
    INTCONbits.GIE=1;                //开总中断
    T0CON=0xC7;                      //TMR0 8 位, 分频比 1 : 256
    while(1)
      {
        delay();
        ADCON0bits.GO=1;             //开启 A/D 转换
      }
}
void AD_ISR(void)
{
     PORTD=ADRESH;
     PIR1bits.ADIF=0;                //清中断标志位
}
void delay(void)
{
```

```
while( INTCONbits.TMR0IF==0);//等待采样
INTCONbits.TMR0IF=1;
}
//********************************************************************
```

8. 思考题

① 在上面程序的基础上加上声/光报警，利用 RC2 端口作输出，连接一个 LED 或蜂鸣器实现"超界"报警，超界值读者可自行规定。

② 采用 SLEEP、WDT 技术修改程序（建议使用 RC2 的 LED 灯监控 CPU 的运行和 SLEEP 的 2 种工作状态）。

③ 设计一个利用电位器来调节步进电机的转速程序（参见 7.1.5 章节），提示，用 ADC 的数据来影响步进电机节拍间隔的延时参数。

7.5.2　ADC 模块实现模拟键盘的编程实践

模拟键盘具有结构简单、占用单片机端口资源少、成本低、编程容易的特点，常用于具有内嵌式 ADC 模块的单片机系统设计之中，应用于家用电器等要求不高的场合，如 DVD 的选曲键盘、吸油烟机的功能控制键盘等。模拟键盘的缺点是不能处理"窜键"，且不能通过中断的方式工作，因此应用场合多少受到一定的限制。

1. 实验目的

学习利用 ADC 模块实现键盘电路的设计方法。了解、掌握按键的键值的处理算法。

（1）ADC 模块键盘电路的工作原理

利用电阻分压的原理，使用按键产生不同的电阻分压值，再经 ADC 模块对其电压进行转换。根据不同的电压值区分出对应的按键（如图 7.5.2 所示）。

使用 ADC 模块构造键盘的最大优点是节省单片机的口线，当按键的数量在一定范围之内，整个键盘电路仅占用单片机的一个端口线，这一点是普通矩阵键盘电路无法比拟的。

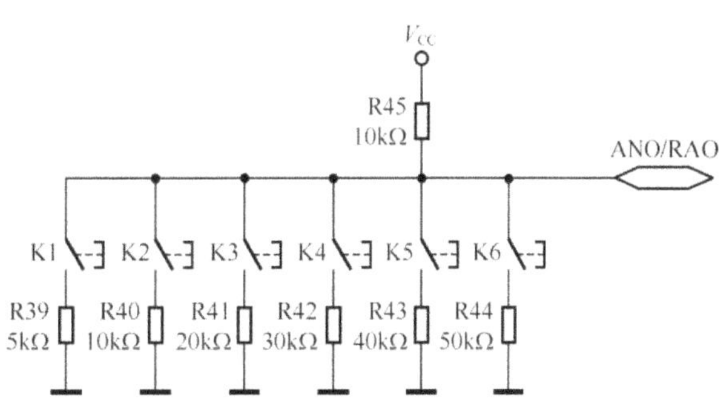

图 7.5.2　利用 ADC 模块做键盘电路的结构原理图

从理论上讲，如果使用 10bit 的 ADC 模块可以处理、区分 1 024 个按键信息。但在实际应用中，由于电阻阻值的限制，加上电阻本身阻值的离散性、温度不稳定性等原因，使用的按键数量远远小于此值。使用 ADC 模块做键盘要注意几点。

① 按键数量不能太多，否则电阻的阻值确定比较困难，转换结果的数据值靠的太近。

② 电路中所有下端电阻的阻值应尽可能地拉开，以避免因漂移发生时造成阻值重叠。

③ ADC 键盘电路不能处理"串键"问题。

④ ADC 键盘电路的缺点是不能使用中断编程，CPU 只能不断地启动 ADC 模块，通过 ADC 的转换数据判断按键的操作，占用了大量的 CPU 资源。

（2）经 ADC 模块转换的键值数据的处理

从图 7.5.2 中可以看出，每一个按键按下时，经 ADC 转换后都会得到一个与电压对应的数据。从理论上讲，该数据与对应按键一一对应。这样 K1～K6 都有唯一对应转换数据 N1～N6。

但是在实际应用中，每一个按键经 ADC 所产生的数据往往是不稳定的（因为电阻对温度等因素造成的漂移），这样每一个按键所对应的数据不是一个固定的值，会造成读键值的失败。

解决这个问题的方法是，对应每一个按键的数据不是一个固定的"点"，而是一个区域，只要数据在这个区域中，都属于该按键的键值。为每一个按键划分数据区域的方法是，首先将所有的按键所产生的数据按大小设定顺序，再把相邻的数据的平均值作为数据区域的界点，这样每一个按键都会有一段属于自己的数据区域了。

2. 实验设备

PIC18F_1 单片机综合实验仪 1 台、ICD2 在线调试器 1 台和 220V/9V 电源适配器 1 台、装载 MPLAB IDE 软件的微型计算机 1 台。

3. 实验连线

将模拟键盘电路的接点 J2001 与单片机的 RA0 连接，以实现模拟量的输入。将 RD 端口设定为输出并与 LED 组 P601 连接，以二进制的形式显示 ADC 转换的数据。实验仪上模拟键盘电路的结构及电阻参数如图 7.5.3 所示，实验连接如图 7.5.4 所示。

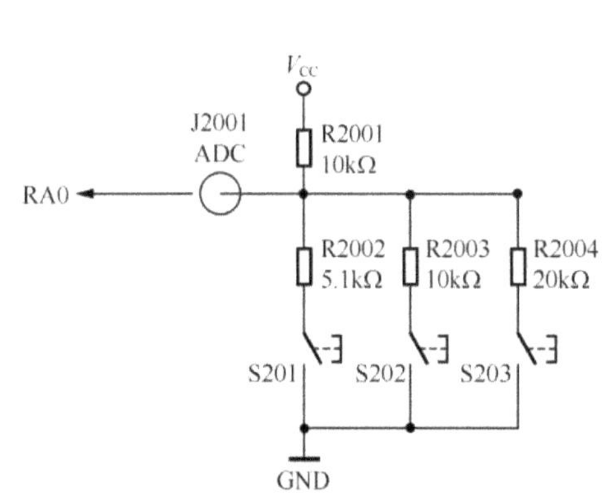

图 7.5.3　实验仪上的模拟键盘电路结构及电阻参数示意图

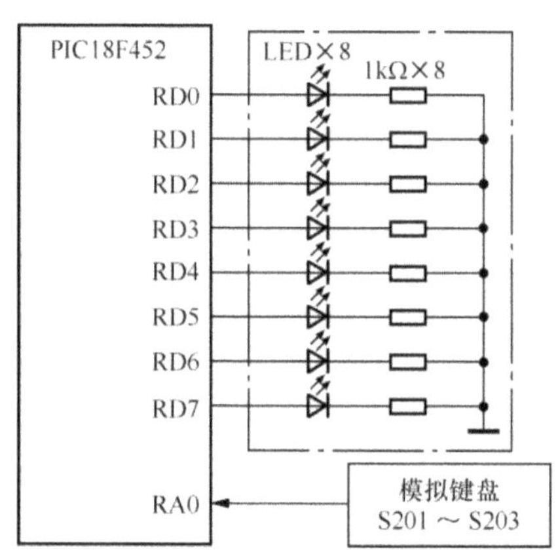

图 7.5.4　实验电路图

4. 实验要求

将实验仪上模拟键盘的 3 个按键 S201、S202、S203 的对应操作体现在 3 个 LED 灯上，即按动 S201 时 RD0 的 LED 灯点亮；按动 S202 时 RD1 的 LED 灯点亮；按动 S203 时 RD2 的 LED 灯点亮。

5. 算法说明

第一步，首先利用上一个程序测得 S201、S202、S203 三个按键的数据 n1、n2 和 n3，并填写到表 7.5.1 中，并参照表 7.5.2（电压值可以忽略）。

第二步，根据表 7.5.1 键值数据 n1 划分 3 个按键键值的区域并添加到表 7.5.2 中。

划分方法，假设 3 个按键 S201、S202 和 S203 的键值分别为 n1、n2 和 n3。

则 S201 的键值区域为(n1+0) / 2　～　[（n1+n2）/ 2] −1。

S202 的键值区域为[（n1+n2）/ 2] +1　～　[（n2+n3）/ 2] −1。

S203 的键值区域为[（n2+n3）/ 2] +1　～　[（n3+FFH）/ 2] −1。

表 7.5.1　实验仪 S201～S203 键值参考数据

键号	S201	S202	S203
电压	1.70V	2.51V	3.34
数据	n1=56H	n2=80H	n3=AAH

表 7.5.2　实验仪 S201～S203 键值实测数据

键号	S201	S202	S203
电压			
数据	n1=	n2=	n3=

表 7.5.3 为根据实验仪上电路参数（如图 7.5.3 所示）计算、填入的结果。

表 7.5.3　按参考数据大小顺序排列的键值以及按键对应的数据区域

键号 N	S201	S202	S203
数据 n	56H	80H	AAH
区　域	2CH～6AH	6CH～94H	96H～D3H

读者可以根据自己构建的键盘电路计算表中的参数并填写到表 7.5.4 中。计算方法如图 7.5.5 所示。键值区域的计算方法留给读者验证，这里就不做说明了。

表 7.5.4　按实际数据大小顺序排列的键值以及按键对应的数据区域

键号 N	S201	S202	S203
数据 n	n1=	n2=	n3=
区　域			

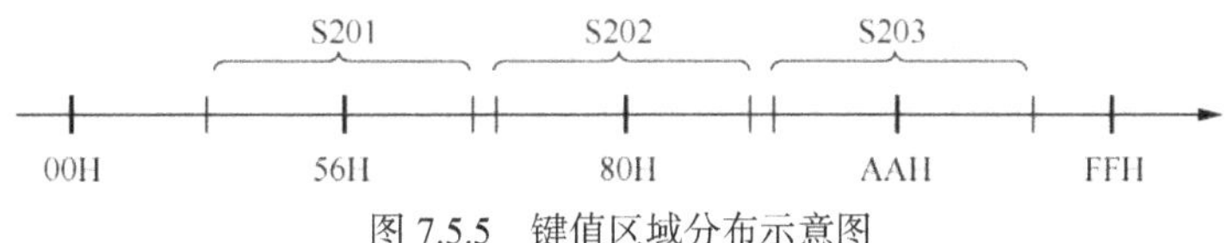

图 7.5.5　键值区域分布示意图

6. 实验要求

使用实验仪上的 S201、S202 和 S203 按键，当按下按键时，通过 PORTD 端口的 LED 以二进制的方式显示对应的键值 01H～03H。

7. 程序的算法设计

根据表 7.5.3 或表 7.5.5 可以编制出按键的键值算法，将 ADC 的数据进行分析。对于转换的数据有 2 种情况。

① 当数据=FFH（或>D3H）时，表明没有按键。此时要继续启动 ADC 重新扫描键盘。

② 当数据<D3H 时，表明有按键操作。在这种情况下需要进行一系列的判断，以确定按键的键值。具体方法如下。

若数据>94H 则属于 S203，否则继续判断。

若数据>6AH 则属于 S202，否则属于 S201。

键值判断算法可参照图 7.5.6 中的流程图。键值数据判断可运用以下指令。

```
SUBLW  K     ;K-W→W  (if K>W,C=1,无借位;eles W>K ,C=0,有借位)
BC     LOPn  ;有借位时（数据小于 K 值）则转移。
```

其中，W 为 ADC 采集到的键值数据 n，K 为键值区域的边界点。程序流程如图 7.5.6 所示。

8. 参考程序

（1）采用汇编语言的源程序

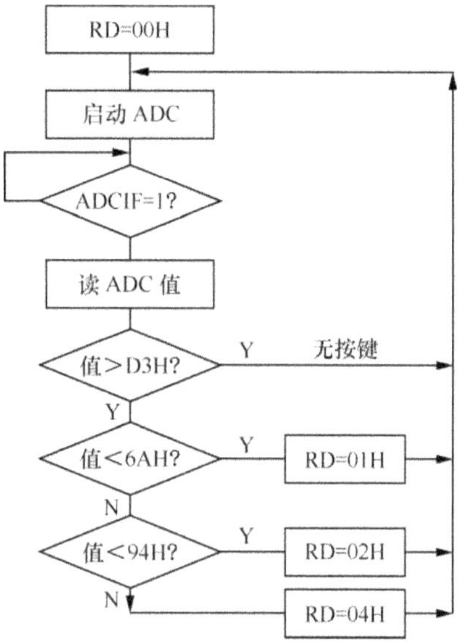

```
;*********************************************************************
;    ADC 转换应用　电阻分压式键盘
;    查询法  16MHz/32=0.5MHz   T=2μs>1.6μs    Tc=12×2=24μs
;    程序名：7_5_3.asm
;*********************************************************************
LIST P=18F452
INCLUDE "P18F452.INC"
ADRESH_B    EQU    20H         ;定义一个 ADC 数据缓冲器
            ORG    0000H
            GOTO   MAIN
            ORG    0030H
MAIN        NOP
            CLRF   TRISD
            CLRF   PORTD        ;端口初始为全部熄灭状态
            BSF    TRISA,0      ;使用 RA0 做模拟输入 AN0
            MOVLW  081H         ;Fosc/32，AN0，使能 ADC
                                 模块
            MOVWF  ADCON0       ;暂时不启动 ADC 转换
            MOVLW  0EH          ;左对齐,AN0 为模拟输入
            MOVWF  ADCON1       ;VDD & VSS 为参考电压
            MOVLW  0C7H         ;TMR0 8 位，分频比 1：256
            MOVWF  T0CON
LOP         CALL   CONVERT
            MOVF   ADRESH_B,W
            SUBLW  0D3H                    ;开始进行键值数据的分析（K-W→W）
            BNC    LOP                     ;K<W 时 C=0（W 大于 D3H 时为无键操作）
            MOVF   ADRESH_B,W
            SUBLW  6AH                     ;K-W
            BC     P1
            MOVF   ADRESH_B,W
            SUBLW  9AH
            BC     P2
            GOTO   P3
P1          MOVLW  1
            MOVWF  PORTD
            GOTO   LOP
P2          MOVLW  2
            MOVWF  PORTD
            GOTO   LOP
P3          MOVLW  3
            MOVWF  PORTD
            GOTO   LOP
CONVERT                                   ;ADC 转换子程序
DELAY       BTFSS  INTCON,TMR0IF          ;等待采样
            GOTO   DELAY
            BCF    INTCON,TMR0IF
            BSF    ADCON0,GO              ;开启 A/D 转换
WAIT        BTFSC  ADCON0,DONE           ;等待转换结束
            GOTO   WAIT
            MOVFF  ADRESH,ADRESH_B       ;采集数据的高 8 位送 ADRESH_B
            RETURN
```


图 7.5.6　键值数据处理算法流程图

```
          END
;**************************************************
```

（2）采用 C 语言的源程序

```c
//*******************************************************************
//ADC 转换应用  电阻分压式键盘  查询法 16MHz/32=0.5MHz
//T=2μs>1.6μs    Tc=12×2=24μs
//程序名: 7_5_3.c
//*******************************************************************
#include <p18f452.h>
void delay(void);
void convert(void);
void main(void)
{
    TRISD=0x00;                          //设置 D 口为输出
    PORTD=0x00;
        TRISAbits.TRISA0=1;              //使用 AN0 输入
    ADCON0=0x81;                         //Fosc/32, AN0, 开启
    ADCON1=0x0E;                         //左对齐, AN0 为模拟输入, VDD & VSS 为参考电压
    INTCONbits.TMR0IF=0;
    T0CON=0xC7;                          //TMR0  8 位, 分频比 1:256
    convert();                           //开机初始转换
    while(1)
     {
        convert();                       //转换
        if(ADRESH>0Xd3)  PORTD= PORTD ;
        else if(ADRESH<0x64)  PORTD=0x01;    //数据判别
        else if(ADRESH<0x9A)  PORTD=0x02;
        else  PORTD=0x04;
     }
}
void convert(void)
{
    delay();
    INTCONbits.TMR0IF=0;
    ADCON0bits.GO=1;
    while( ADCON0bits.DONE==1);
}
void delay(void)
{
    while( INTCONbits.TMR0IF==0);
    INTCONbits.TMR0IF=1;
}
//*******************************************************************
```

7.6　PIC18F452 的 EEPROM 模块及编程实践

在 PIC18F452 单片机内部集成了 256 个字节的 EEPROM，可以实现非易失性数据的存储。本

节针对 EEPROM 模块数据的读、写操作进行编程实践，有关 PIC18F452 单片机的 EEPROM 特点及编程原理课参见本教程的 3.7 章节。

非易失性汽车里程数据显示存储编程实践

1. 实验目的

了解、掌握 PIC18F 系列单片机芯片内的 EEPROM 结构，读写操作原理。掌握在 MPLAB IDE 调试软件下对 EEPROM 初始值的设定方法。

2. 实验设备

PIC18F_1 单片机综合实验仪 1 台、ICD2 在线调试器 1 台和 220V/9V 电源适配器 1 台、装载 MPLAB IDE 软件的微型计算机 1 台。

3. 实验电路及说明

使用 SWITCH（S610，原始在"上"的位置）与 RA4（TMR0 的计数输入端）连接。通过按键操作来模拟车轮传感器的信号，每拨动 1 次 SWITCH（先向下再向上）相当于车轮转动了 1 圈。RD 端口作输出，与 LED7～LED0 连接，以二进制的形式现实里程数据（如图 7.6.1 所示）。

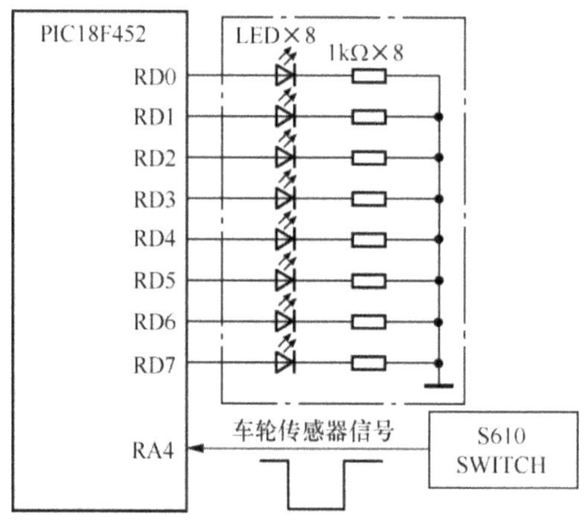

图 7.6.1　实验电路图

4. 实验要求

在定时器 TMR0 实验中的车辆里程表设计的基础上，将累积到的行驶公里数据烧写到 EEPROM 的 00H 单元中。系统在上电时，首先从 EEPROM 中读取数据（前一次行驶的里程数据），每当行驶 1km 时对计数器（PORTD）加 1、显示并烧写到 EEPROM 的 00H 单元中。

说明，在 PIC18F452 单片机中共有 256B 的 EEPROM 单元，产品在出厂时所有单元都是 FFH 状态。利用 MPLAB IDE 软件可以查看 EEPROM 内容，还可以设定某一单元的初始值（如 F0H）。具体方法如下。

在"View"的下拉菜单中点击"EEPROM"，如图 7.6.2（a）所示。此时会弹出一个 EEPROM 数据的界面，如图 7.6.2（b）所示。可以使用鼠标选择 EEPROM 的某一个单元并修改其内容（如将初始的 FFH 修改为 F0H），这样在程序文件编程、下载时，一同将 EEPROM 的新数据（F0H）写入 EEPROM 的 00H 单元中。

为了验证 EEPROM 的非易失性，建议调试采用脱机模式运行（程序编译后，"Programmer →

Select Programmer →MPLAB ICD2"，选择"Program"下载编程即可），因为只有脱机模式才可以将系统随时断电，然后再上电、直接运行程序，观察系统从 EEPROM 中读取数据并继续累积的过程。

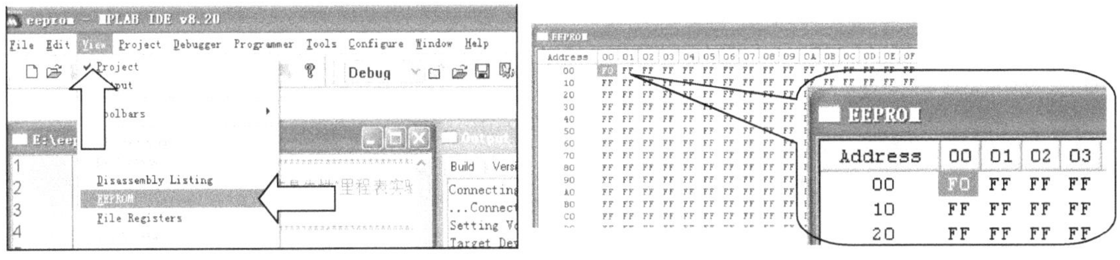

（a）在 View 下拉菜单中选择 EEPROM　　　　（b）弹出的 EEPROM 信息以及修改数据操作

图 7.6.2　利用 MPLAB IDE 软件观察、修改 EEPROM 中的原始数据

5. 参考程序

（1）采用汇编语言的源程序

```
;**********************************************************
;    EEP0ROM简单应用　非易失性里程表实验
;    程序名: 7_6_1.asm
;**********************************************************
LIST P=18F452
#INCLUDE P18F452.INC
TMR0B       EQU     D'253'
COUNT       EQU     0x10
            ORG     0000H
            GOTO    MAIN
            ORG     0030H
MAIN        NOP                         ;初始化部分
            CLRF    TRISD               ;设定 D 口为输出口，输出二进制的里程数据
            BSF     TRISA,4             ;设定端口 PROTA.4 为输入口（T0 的计数输入端）
            MOVLW   68H
            MOVWF   TOCON               ;设定 TMR0 的 RA4 信号上升沿计数,分频系数 1：1
                                        ;首先从 EEPROM 中读出前一次的遗留数据
            MOVLW   0x00                ;装载 EEPROM 的地址 00H
            MOVWF   EEADR
            CALL    READ_EE             ;调读 EEPROM 数据子程序，数据在 W 中
            MOVWF   COUNT               ;数据送 COUNT 单元
            MOVWF   PORTD               ;显示里程数据
LOOP BCF     INTCON,T0IF                ;清 TMR0 的溢出标志
            MOVLW   TMR0B               ;计数初值
            MOVWF   TMR0L               ;送初值
            BSF     TOCON,TMR0ON        ;重新启动定时器 TMR0
TEST        BTFSS   INTCON,T0IF         ;以查询的方式监测 TMR0 的溢出位
            GOTO    TEST                ;无溢出时，返回，继续监测
            INCF    COUNT,F             ;有溢出时，里程数加 1
            MOVFF   COUNT,PORTD         ;显示里程数据
```

```
            MOVLW    0x00              ;赋 EEPROM 的地址 00H 于 EEADR
            MOVWF    EEADR
            MOVFF    COUNT,EEDATA      ;新的数据装载待 EEDATA 中
            CALL     WRITE_EE          ;调写 EEPROM 子程序
            GOTO     LOOP              ;返回继续
WRITE_EE                              ;写 EEPROM 数据子程序
            BCF      EECON1,EEPGD      ;设定 EECON1，选择 EEPROM 操作
            BCF      EECON1,CFGS       ;访问 Flash 或 EEPROM
            BSF      EECON1,WREN       ;使能写操作
            BCF      INTCON,GIE        ;屏蔽所有中断确保 EEROM 操作完整
            MOVLW    0x55              ;执行五指令序列操作
            MOVWF    EECON2            ;注意顺序不能颠倒
            MOVLW    0xAA
            MOVWF    EECON2
            BSF      EECON1,WR         ;五指令序列中真正的写操作开始
EE_WAIT
            BTFSS    PIR2,EEIF         ;等待烧写 EEPROM 的完成
            BRA      EE_WAIT
            BSF      INTCON,GIE        ;写完成后开中断
            BCF      EECON1,WREN
            RETURN
READ_EE                               ;读 EEPROM 数据子程序
            BCF      EECON1,EEPGD      ;设定 EECON1
            BCF      EECON1,CFGS
            BSF      EECON1,RD         ;读数据开始
            NOP                        ;一个小延时
            MOVF     EEDATA,W          ;读出的数据送 W
            RETURN
            END
;****************************************************
```

（2）采用 C 语言的源程序（7_6_1.c）

```c
//****************************************************
//   EEPROM 简单应用  非易失性里程表
//   程序名：(7_6_1.c)
//****************************************************
#include <p18f452.h>
unsigned count;
void wirt_ee(void);
void read_ee(void);
void main(void)
{
    TRISD=0X00;                      //D 口为输出
    PORTD=0x00;                      //D 口清零
    TRISAbits.TRISA4=1;              //设 A4 口为输入
    T0CON=0x68;                      //设定 TMR0 接收 RA4 信号上升沿计数,分频系数为 1：1
    EEADR=0x00;
    read_ee();                       //调读 EEPROM 数据子函数
```

```c
    count=EEDATA;
    PORTD=count;                        //显示里程数据
    while(1)
     {
        INTCONbits.TMR0IF=0;            //清溢出标志位
        TMR0L=253;                      //为 TMR0 重新赋初值
        T0CONbits.TMR0ON=1;             //开启定时器
        while(INTCONbits.TMR0IF==0) ;   //检测溢出标志位
        count++;                        //到达 1km 时，计数器加 1 并显示
        EEADR=0x00;
        EEDATA=count;
        wirt_ee();                      //调写 EEPROM 数据子函数
        PORTD=count;                    //显示里程数据
     }
}
void wirt_ee(void)
{
    EECON1bits.EEPGD=0;
    EECON1bits.CFGS=0;
    EECON1bits.WREN=1;
    INTCONbits.GIE=0;
    EECON2=0x55;
    EECON2=0xAA;
    EECON1bits.WR=1;
    INTCONbits.GIE=1;
    while(!PIR2bits.EEIF);
    PIR2bits.EEIF=0;
}
void read_ee(void)
{
    EECON1bits.EEPGD=0;
    EECON1bits.CFGS=0;
    EECON1bits.RD=1;
}
```

7.7　PIC18F452 的 CCP 模块的编程实践

CCP 模块是 PIC18F453 单片机内部包含的重要功能模块。CCP 为输入捕捉（Capture）、输出比较（Compare）和脉宽调制（Pulse Width Modulation）3 项技术英文单词的缩写简称。有关 CCP 模块详细的结构、工作原理参见本教程的 3.11 章节。

7.7.1　CCP 模块的输入捕捉模式编程实践

1. 实验目的

了解、掌握 PIC18F 系列单片机芯片内 CCP 模块的输入捕捉方式的应用及编程方法。

2. 实验设备

PIC18F_1 单片机综合实验仪 1 台、ICD2 在线调试器 1 台和 220V/9V 电源适配器 1 台、装载 MPLAB IDE 软件的微型计算机 1 台。

3. 实验电路及说明

使用单片机的 PORTB 和 PORTD 作输出，用以输出 16 位的 CCPR1 中的捕捉数据（脉冲周期）。其中 PORTB 用以输出 16 位数据中的低 8 位，PORTD 端口输出 16 位数据中的高 8 位（如图 7.7.1 所示）。考虑到实验仪的 LED 灯组的限制，高 8 位数据仅取其中的低 4 位。输入的捕捉信号来自实验仪上的连续脉冲模块，其模块的各位输出频率，以及对应的捕捉数据理论和实际值（见表 7.7.1）。

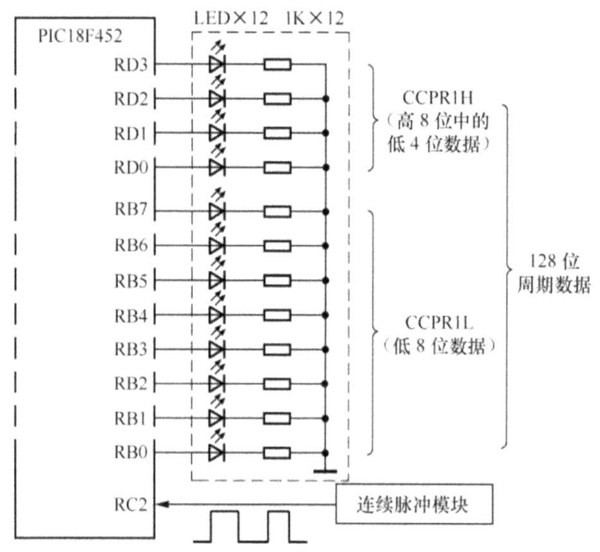

图 7.7.1　测量脉冲周期示意图

表 7.7.1　　　　　　　实验仪上连续脉冲模块各个输出脉冲频率/周期参数一览

理论值（F_{osc} =20MHz）					
输入信号源	$F_{osc}/4$	$F_{osc}/32$	$F_{osc}/128$	$F_{osc}/512$	$F_{osc}/2\,048$	$F_{osc}/4\,096$
频率（kHz）	5 000	625	156	39	9.76	4.88
周期 T（μs）	0.2	1.6	6.4	25.6	102.4	204.8
实际检测（参考值）					
CCPR 值	0003H	0007H	0017H	0067H	0197H	033FH
十进制数 N	3	7	23	103	407	831
周期 T (μs) =N × 0.25μs	0.75	1.75	5.7	25.7	101.7	207

4. 编程计算法

① 测量 PIC 实验台上连续脉冲模块的 6 个连续脉冲的周期。

② 要求将 16 位的捕捉值分别送 PORTB 和 PORTD 端口。

③ 当 TMR1 的分频比为 1∶1 时，CCPR1 所能测得的最大周期为 65 536 × 0.25μs=16 384μs。如果只显示 CCPR1 的低 12 位，则测量范围上限为 4 096 × 0.25μs=1 024μs。

5. 参考程序汇编语言程序（7_7_1.asm）

```
;*********************************************************
;   输入捕捉模式测量脉冲周期
;   程序名: 7_7_1.asm
```

```
;*************************************************
LIST P=18F452
#INCLUDE P18F452.INC
        ORG     0000H
        GOTO    0030H
        ORG     0030H
        MOVLW   0x05
        MOVWF   CCP1CON                 ;捕捉上升沿
        MOVLW   0x00
        MOVWF   T3CON                   ;使用 TMR1 定时
        MOVLW   0x00                    ;TMR1 与分频比 1：1
        MOVWF   T1CON                   ;定时模式、暂不启动
        BSF     TRISC,2                 ;设定 CCP 引脚为输入
        CLRF    TRISB                   ;设定 2 个数据输出口
        CLRF    TRISD
        MOVLW   0x00
        MOVWF   CCPR1H                  ;捕捉寄存器原始清零
        MOVWF   CCPR1L
OVER    CLRF    TMR1H
        CLRF    TMR1L
        BCF     PIR1,CCP1IF
RE_1    BTFSS   PIR1,CCP1IF
        BRA     RE_1
        BSF     T1CON,TMR1ON            ;捕捉到第一个上升沿后启动
        ;TMR1 开始工作
        BCF     PIR1,CCP1IF
RE_2    BTFSS   PIR1,CCP1IF
        BRA     RE_2
        BCF     T1CON,TMR1ON            ;捕捉到第二个上升沿后关闭 T1
        MOVFF   CCPR1L,PORTB            ;捕捉值送端口
        MOVFF   CCPR1H,PORTD
        GOTO    OVER
        END
;*************************************************
```

7.7.2　CCP 模块的输出比较模式编程实践

1. 实验目的

了解、掌握 PIC18F 系列单片机芯片内的 CCP 模块结构，掌握 CCP 应用之一，输出比较（Compare）方波函数发生器的应用与编程。有关输出比较原理参见 3.11.6 章节相关内容。

2. 实验设备

PIC18F_1 单片机综合实验仪 1 台、ICD2 在线调试器 1 台和 220V/9V 电源适配器 1 台、装载 MPLAB IDE 软件的微型计算机 1 台。

3. 实验要求

利用 CCP1 模块产生周期为 40ms 的连续方波。方波的占空比为 1：1。使用示波器测量 CCP1 引脚（RC2）观察并测量方波的频率。j

4. 实验电路及说明

利用单片机的 RC2（CCP1 输出）引脚输出方波，可以利用一个 LED 或使用示波器来监测 PWM

信号（如图 7.7.2 所示）。

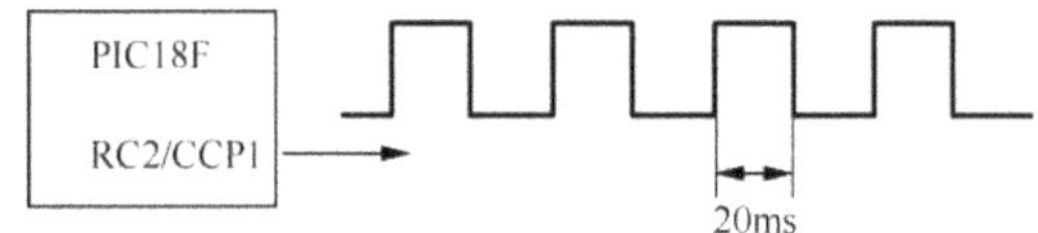

图 7.7.2　实验电路示意图

5. 编程算法

① 确定 CCPR1 的初值（计算定时器产生 20ms 定时初值）。然后将初值装入 CCPR1。

② 匹配模式设定为，匹配时 CCPI 翻转即可。

③ 选择 TMR1 为定时部件，清零。

（a）CCPR1 初值计算。

不同于计数器的初值计算方法。因为计数器从零开始"自由增量"，并不断地与 CCPR1 的值相比较，一旦两者相等，则产生"匹配输出"。所以 CCPR1 的初值就是计数器 0～20ms 时的定时器中的计数值。

（b）TMR1 使用分频器 1：2。

（c）当 F_{osc}=16MHz 时，计数脉冲周期为 0.0625μs×4×2=0.5μs。

（d）CCPR1 的初值计算。

定时时间= CCPRx 初值×$T_{计数}$=20ms。

$$CCPRx 初值=定时时间/T_{计数}=20ms/0.5μs=20\ 000μs/0.25μs =40\ 000=9C40H$$

6. 参考程序

（1）采用汇编语言的源程序

```
;***************************************************
;   输出比较模式产生方波脉冲
;   程序名：7_7_2.asm
;***************************************************
LIST P=18F452
#INCLUDE P18F452.INC
        ORG     0000H
        GOTO    START

        ORG     0100H
START   MOVLW   0x02                    ;比较模式
        MOVWF   CCP1CON                 ;匹配时引脚翻转
        MOVLW   0x00
        MOVWF   T3CON                   ;使用 T1 为定时器
        MOVLW   0x10
        MOVWF   T1CON                   ;T1 为定时，分频比 1：2
        BCF     TRISC,CCP1              ;设定 RC2 引脚为输出
        MOVLW   0x9C
        MOVWF   CCPR1H
        MOVLW   0x40
        MOVWF   CCPR1L
OVER    CLRF    TMR1H
        CLRF    TMR1L
```

```
            BCF         PIR1,CCP1IF
            BSF         T1CON,TMR1ON
B1          BTFSS       PIR1,CCP1IF
            BRA         B1
            BCF         T1CON,TMR1ON
            GOTO        OVER
            END
;*************************************************
```

（2）采用 C 语言的源程序（7_7_2.c）

```c
//***************************************************
//   输出比较模式产生方波脉冲，流程图参见图 8.7.5。
//   程序名:（8_7_2.c）
//***************************************************
#include <p18f452.h>
void main (void)
{
    CCP1CON=0x02;
    T3CON=0x00;
    T1CON=0x10;
    TRISCbits.TRISC2=0;
    CCPR1H=0x9C;
    CCPR1L=0x40;
while(1)
    {
        TMR1H=0;
        TMR1L=0;
        PIR1bits.CCP1IF=0;
        T1CONbits.TMR1ON=1;
        while(PIR1bits.CCP1IF==0);
        T1CONbits.TMR1ON=0;
    }
}
    //***************************************************
```

7. 思考题

利用实验仪板上的按键 S616，连接到 RB0，利用 INT0 外中断实现输出波形周期（频率）的控制，每按动 1 次按键，输出方波的周期发生变化（如图 7.7.3 所示）。

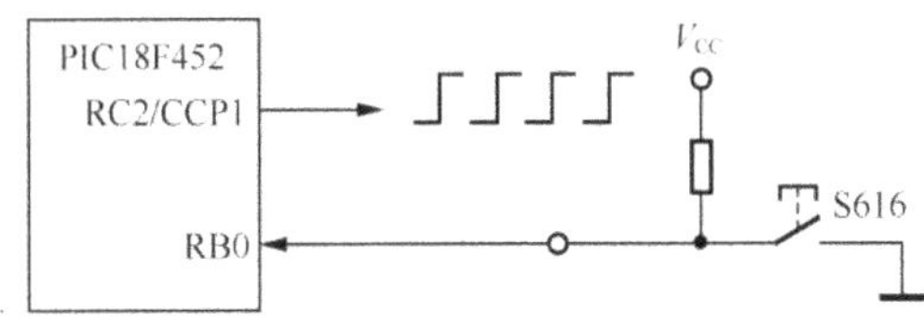

图 7.7.3　思考题电路示意图

提示，在主程序中增加使能 INT0 中断、设置 RB0 为输入的指令。在 INT0_ISR 中断服务程序中，实现对 CCP1H 加 1 个常数（如 20H）、清除 INT0IF 标志的指令。编程请参见 INT0 外部中断实验，流程如图 7.7.4 和图 7.7.5 所示。

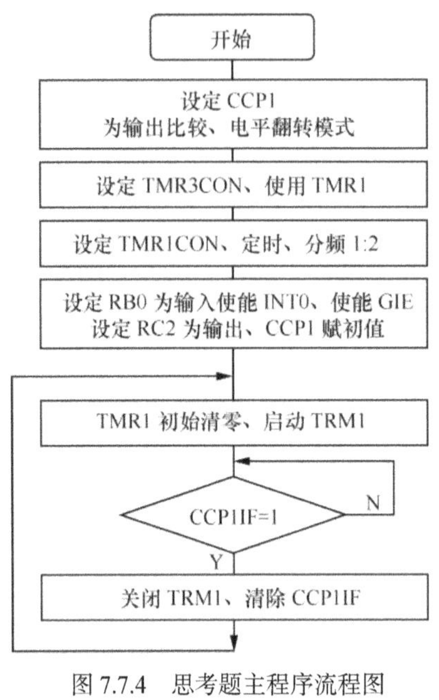

图 7.7.4　思考题主程序流程图　　　　图 7.7.5　中断服务流程图

7.7.3　CCP 模块的 PWM 模式编程实践（一）脉宽固定的 PWM 编程

1.　实验目的

了解、掌握 PIC18F 系列单片机芯片 CCP 模块的 PWM 方式的原理与编程。PWM 相关内容请参见 3.11.7 章节的内容。

2.　实验设备

PIC18F_1 单片机综合实验仪 1 台、ICD2 在线调试器 1 台和 220V/9V 电源适配器 1 台、装载 MPLAB IDE 软件的微型计算机 1 台、示波器 1 台。

3.　实验要求

设 F_{osc}=16MHz，试编程，在 CCP1 引脚（RC2）上输出频率为 2.5kHz，占空比为 75% 的 PWM 方波，并通过示波器观察 PWM 波形，验证占空比。

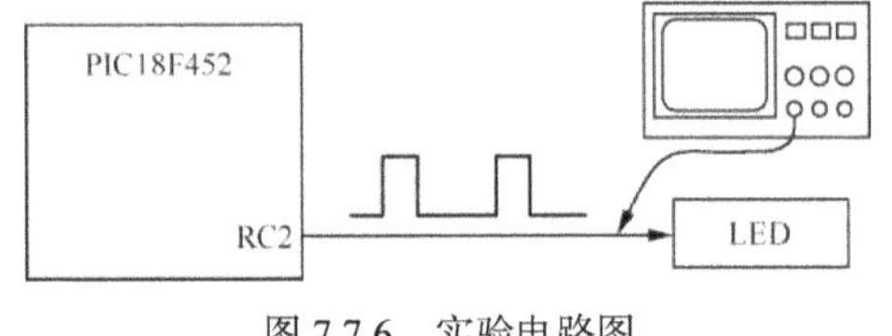

图 7.7.6　实验电路图

4.　实验电路及说明

将 CCP 输出端口（RC2）端口作输出，与 LED(J603)连接，用以显示 PWM 信号电平，有条件时可以使用示波器检测 PWM 波形（如图 7.7.6 所示）。

5.　编程算法

第一步，首先根据题目要求的 PWM 频率计算出 PR2 周期寄存器的初值，然后就可以很方便地确定 CCPRL 中的脉宽参数即 F_{osc}（系统时钟频率）、f_{PWM}（PWM 频率）、N（分频器分频比）。

$$PR2= F_{osc} / f_{PWM} \times 4 \times N-1$$
$$=16 \times 10^{6} / 2.5 \times 10^{3} \times 4 \times 16-1$$
$$=16\,000\,000/2\,500 \times 64-1$$
$$=100-1 =99= 63H$$

第二步，计算脉宽参数。题目要求占空比（高电平脉宽）为 75%。所以 CCPR1L=99×0.75=74.25，其中脉宽的整数部分为 74（4AH），小数部分由 CCP1CON 中的 DC1B1：DC1B0 来定义，根据二进制小数的规律（见表 7.7.2），DC1B1:DC1B0 分别定义为 01B。

表 7.7.2　脉宽小数部分定义

DC1B1：DC1B0	小数值
0　0	0.00
0　1	0.25
1　0	0.50
1　1	0.75

6. 参考程序

（1）采用汇编语言的源程序（7_7_3.asm）

```
;************************************************************
;   PWM 模式产生固定频率、占空比方波
;   频率为 2.5kHz，占空比为 75%
;   程序名：8_7_3.asm
;************************************************************
            LIST    P=18F452
            #INCLUDE P18F452.INC
            ORG     0000H
            GOTO    START
            ORG     0100H
START       CLRF    CCP1CON         ;关闭 CCP1 模块
            MOVLW   D'99'
            MOVWF   PR2             ;赋周期参数 2.5kHz
            MOVLW   D'74'
            MOVWF   CCPR1L          ;赋占空比参数 75%
            BCF     TRISC,CCP1
            MOVLW   0x03            ;T2 分频比 1：16
            MOVWF   T2CON
            MOVLW   0x1C            ;CCP1 为 PWM
            MOVWF   CCP1CON         ;占空比小数为 01B
            CLRF    TMR2
            BSF     T2CON,TMR2ON    ;启动 T2
AGAIN       BCF     PIR1,TMR2IF     ;监控 TMR2 的状态（对程序无影响）
OVER        BTFSS   PIR1,TMR2IF
            BRA     OVER
            NOP                     ;可利用此环节加入修改 PWM 参数的操作
            GOTO    AGAIN
            END
;************************************************************
```

提示，与输出比较模式相比，PWM 模式由 TMR2 实现定时，具有初值重装功能，所以一旦启动 TMR2、PWM 就会自动地、连续不断地输出 PWM 波形。因此，当不需要 TMR2IF 标志进行对应的操作（如修改脉宽参数等），上面的程序可以简化为下面的形式。

```
            LIST    P=18F452
            #INCLUDE P18F452.INC
            ORG     0000H
            GOTO    START
            ORG     0100H
START       CLRF    CCP1CON         ;关闭 CCP1 模块
            MOVLW   D'99'
```

```
        MOVWF       PR2                         ;赋周期参数 2.5kHz
        MOVLW       D'74'
        MOVWF       CCPR1L                      ;赋占空比参数 75%
        BCF         TRISC,CCP1
        MOVLW       0x03                        ;T2 分频比 1：16
        MOVWF       T2CON
        MOVLW       0x1C                        ;CCP1 为 PWM
        MOVWF       CCP1CON                     ;占空比小数=01B
        CLRF        TMR2
        BSF         T2CON,TMR2ON                ;启动 T2，输出固定脉宽的 PWM 波形
        GOTO        $
        END
;****************************************************************
```

（2）采用 C 语言的源程序（7_7_3.c）

```c
//************************************************************
//   PWM 模式产生固定频率、占空比方波
//   频率为 2.5kHz，占空比为 75%
//    程序名：8_7_3.c
//************************************************************
#include <p18f452.h>
void main (void)
{
        CCP1CON=0;
        PR2=99;
        CCPR1L=74;
        TRISCbits.TRISC2=0;
        T2CON=0x03;
        CCP1CON=0x1C;
        TMR2=0;
        T2CONbits.TMR2ON=1;
        while(1)
        {
            PIR1bits.TMR2IF=0;
            while(PIR1bits.TMR2IF==0);
        }
}
//************************************************************
```

7. 思考题

利用实验仪上的按键 KEY 与 RB0 连接（如图 7.7.7 所示），利用 S616 实现 PWM 的脉宽（占空比）的控制，每按动 1 次 RB0 口的按键，脉宽改变 1 次（周期不变），循环往复。

提示，参见与中断相关的章节内容。

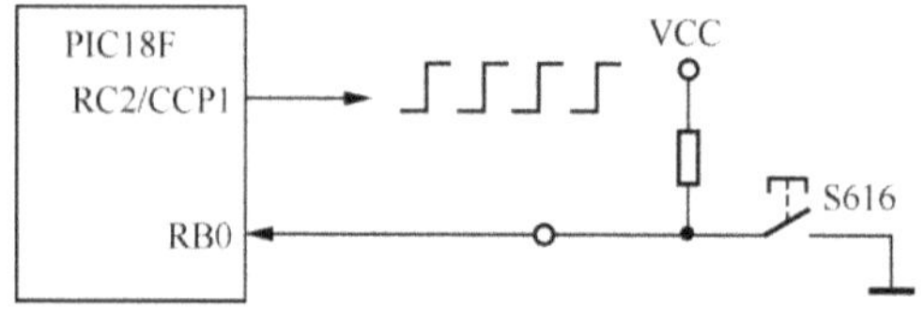

图 7.7.7　思考题电路示意图

7.7.4　CCP 模块的 PWM 模式编程实践（二）脉宽可变的 PWM 编程

1. 实验目的

进一步学习、掌握 PIC18F 系列单片机芯片 CCP 模块的 PWM 方式的原理与编程。

2. 实验设备

PIC18F_1 单片机综合实验仪 1 台、ICD2 在线调试器 1 台和 220V/9V 电源适配器 1 台、装载 MPLAB IDE 软件的微型计算机 1 台、示波器 1 台。

3. 实验要求

让 CCP1 模块工作于 PWM 模式，从 RC2/CCP1 引脚输出 1 个 PWM 信号，其信号的占空比受控于 1 只按键开关 S616。利用 PWM 信号去控制 1 个与灯泡串连的可控硅（或光电耦合可控硅）的导通程度，从而达到调光的目的。

在刚接上电源时，灯泡不亮。当按下开关时，灯泡（LED）开始从暗到亮逐渐变化。当达到全亮时，又开始从亮到暗的变化，周而复始。当松开按键时，亮度不变。也可以通过示波器直接观察 PWM 波形中占空比的变化情况。

4. 实验电路

图 7.7.8 所示是一个调光应用电路示意图。在实验仪上将 PWM 的输出（RC2）与一个 LED 连接。通过 LED 的状态了解 PWM 占空比的变化，利用 S616 与 RB0 引脚连接，利用外中断方式调节 PWM 的占空比变化实验电路如图 7.7.9 所示。

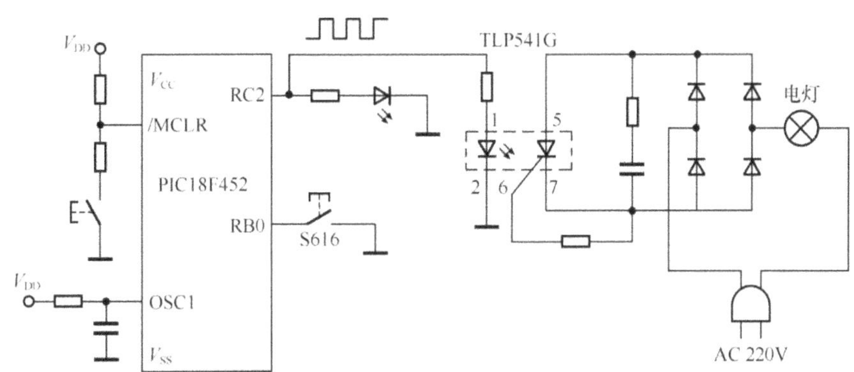

图 7.7.8　具有亮度可调的台灯控制电路原理图

5. 编程算法

（1）软件设计思想

① 将 PWM 的周期设定为最大（PR2=FFH）并固定。而 PWM 的脉宽为可调（CCPR1L 由 00H～FFH，再由 FFH～00H）。

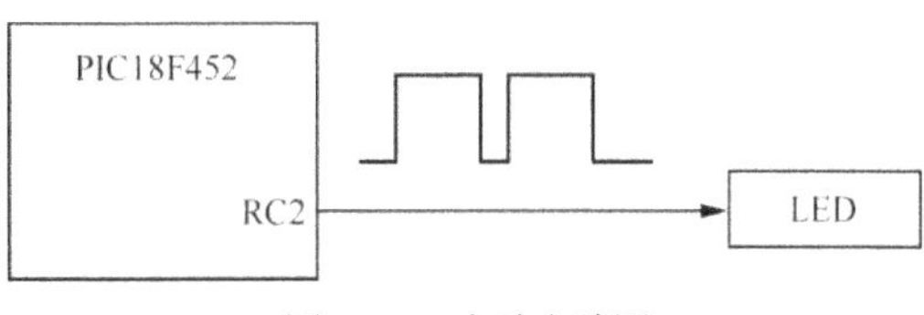

图 7.7.9　实验电路图

② 将 10 位脉宽寄存器中的低 2 位（CCP1CON,5：4>）清零，只改变 CCPR1L 的高 8 位（分辨率为 8 位）。

③ 程序通过 TMR2IF 引发中断，由于 TMR2 的后分频器分频比为 1：16，所以每 16 个 PWM 周期引发 1 次中断（思考题，如果不是 1：16 将有何区别）。

④ 利用中断服务程序修改脉宽参数（CCPR1）。使用加 1 或减 1 的方法来逐一修改，使脉宽

出现一种"连续变化"的效果。

⑤ 递增标志，用来做修改脉宽时加 1 或减 1 操作的判断依据，使用 RAM 的 70H 单元，只使用最低位，原始为 FFH（加 1 标志）。

⑥ 脉宽值 CCPR1L 原始清零，因为脉宽从 0 开始递增，配合递增标志在中断服务程序中加 1。使程序在运行时，灯从暗逐渐变亮。

⑦ 当主程序完成初始化任务后，由 TMR2 引发的中断服务程序来进行控制。由于 TMR2 的后分频器为 1：1，所以每 16 个 PWM 周期引发 1 次中断。

⑧ 当没有按钮 RB0 按下时，不做任何操作。

⑨ 标志（70H 单元的最低位）为 1 时，为递增标志，要进行脉宽值的加 1 操作。

⑩ 如果 CCPR1L=FFH，表明脉宽值最大（灯最亮）。判断方法，将 CCPR1L 取反送 W 看 Z 标志是否为 1（即 W=00H）。是，则将递增标志（70H 单元的最低位）取反。

⑪ 同理，在递减脉宽值时，如果 CCPR1L=00H 表明灯最暗，应修改递增标志，下次对 CCPR1L 做加 1 操作。判断方法，取 CCPR1 再送回，判断 Z 是否为 1。

（2）流程图

如图 7.7.10 所示。

6. 参考程序

（1）采用汇编语言的源程序

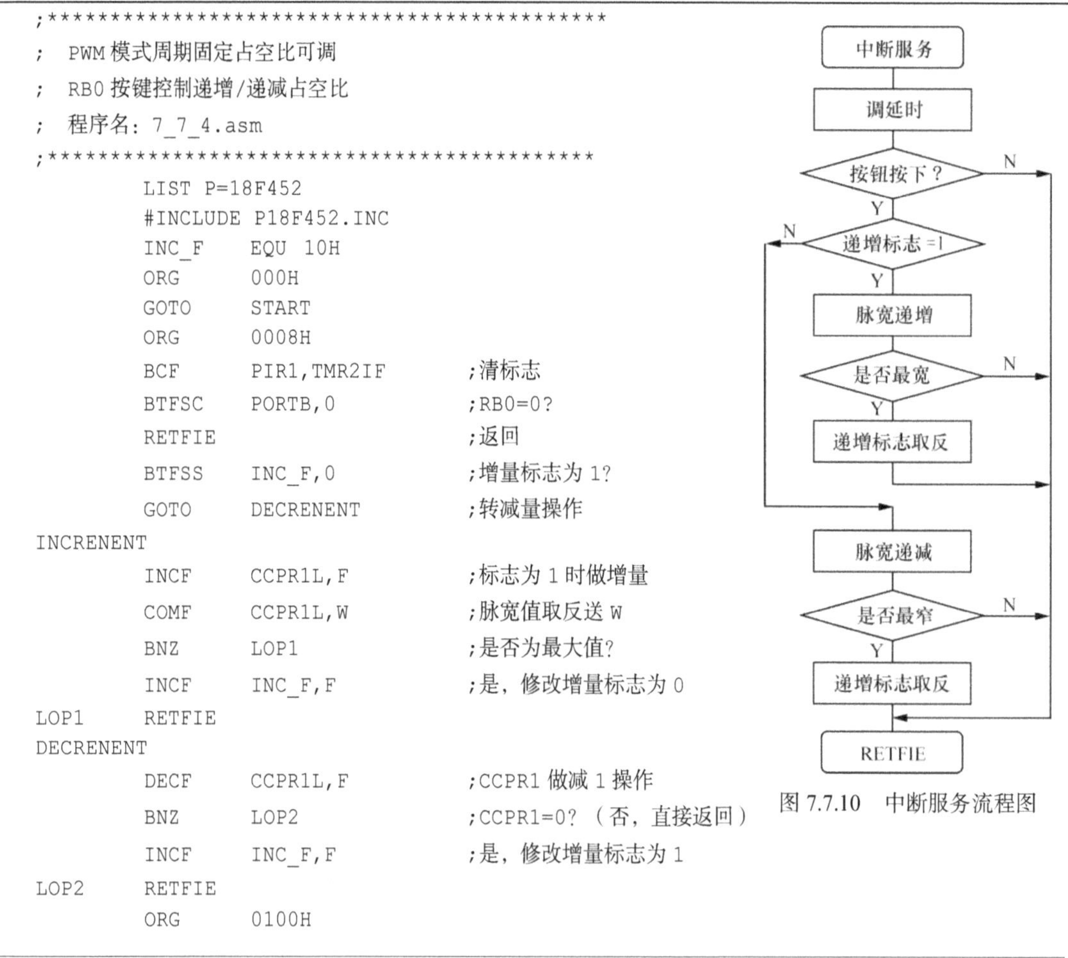

```
;**********************************************
;   PWM 模式周期固定占空比可调
;   RB0 按键控制递增/递减占空比
;   程序名: 7_7_4.asm
;**********************************************
            LIST    P=18F452
            #INCLUDE P18F452.INC
    INC_F   EQU 10H
            ORG     000H
            GOTO    START
            ORG     0008H
            BCF     PIR1,TMR2IF     ;清标志
            BTFSC   PORTB,0         ;RB0=0?
            RETFIE                  ;返回
            BTFSS   INC_F,0         ;增量标志为 1?
            GOTO    DECRENENT       ;转减量操作
INCRENENT
            INCF    CCPR1L,F        ;标志为 1 时做增量
            COMF    CCPR1L,W        ;脉宽值取反送 W
            BNZ     LOP1            ;是否为最大值?
            INCF    INC_F,F         ;是, 修改增量标志为 0
LOP1        RETFIE
DECRENENT
            DECF    CCPR1L,F        ;CCPR1 做减 1 操作
            BNZ     LOP2            ;CCPR1=0? （否, 直接返回）
            INCF    INC_F,F         ;是, 修改增量标志为 1
LOP2        RETFIE
            ORG     0100H
```


图 7.7.10　中断服务流程图

```
START   CLRF    TRISC               ;设定 RC 为输出
        MOVLW   0FFH
        MOVWF   PR2                 ;周期寄存器 PR2 为最大值
        MOVWF   INC_F               ;增量标志原始为 1
        BSF     PIE1,TMR2IE         ;开中断（注意，3 个相关的位）
        BSF     INTCON,PEIE         ;开放第二梯队中断控制
        BSF     INTCON,GIE          ;开放总的中断允许位
        MOVLW   0CH                 ;将 CCP1 模块设定为 PWM 工作模式
        MOVWF   CCP1CON
        CLRF    CCPR1L              ;脉宽寄存器 CCPR1 原始为 00H
        MOVLW   0x78
        MOVWF   T2CON               ;TMR2 前、后分频器 1:16   暂不启动
        BSF     T2CON,TMR2ON        ;启动 TMR2
LOOP    NOP                         ;主程序的循环体
        GOTO    LOOP
        END
;**************************************************
```

（2）采用 C 语言的源程序（7_7_4.c）

```c
//****************************************************
//   PWM 模式频率固定、占空比 0～100%的方波
//   RB0 按键控制递增/递减占空比
//   程序名：7_7_4.c
//****************************************************
#include <p18f452.h>
void TMR2_ISR(void);
#pragma interrupt chk_isr
unsigned char x,y;
void chk_isr(void)                  //中断查询函数
{
   if( PIR1bits.TMR2IF==1)
        TMR2_ISR();
}
#pragma code My_Hiprio_Int=0x08     //定义一个中断矢量单元
void My_Hiprio_Int(void)
{
    _asm
        GOTO chk_isr
    _endasm
 }
#pragma code
void main(void)                     //主函数
{
    TRISC=0x00;                     //设定 RBC 为输出口（RC2，CCP1 输出口）
    PR2=0xff;                       //周期寄存器 PR2 设定为最大值
    x=0x01;                         //增减标志原始为 1
    PIE1bits.TMR2IE=1;              //中断开放
    INTCONbits.PEIE=1;
    INTCONbits.GIE=1;
    CCP1CON=0x0C;                   //设定 CCP1 为 PWM 模式，脉宽小数位=00B
```

```
    CCPR1L=0x00;                    //脉宽位值原始为 0
T2CON=0x7A;                         //设定 TMR2 前、后分频器 1:16，暂不启动
    T2CONbits.TMR2ON=1;             //启动 TMR2
    while(1);
}
void TMR2_ISR(void)                 //TMR2 中断服务函数
{
    PIR1bits.TMR2IF=0;              //清 TMR2IF 标志
    if(PORTBbits.RB0==0)            //如果 RB0=0，进入修改脉宽操作
        {
            if(x==1)                //判断增减标志，如果标志为 1 则加大脉宽
                {
                    CCPR1L++;
                    y=~CCPR1L;
                    if(y==0)        //到零判断
                      x=0;          //到零时修改标志
                }
            else                    //如果增量标志位为 0，脉宽减 1
                {
                    CCPR1L--;
                    if(CCPR1L==0)   //到零判断
                      x=1;          //到零时修改标志
                }
        }
}
//****************************************************************
```

7. 思考题

① 在上面的示例程序中如何加快脉宽变化的速度?

② 设计一个脉宽受控的 PWM 系统(提示,参见 3.4 章节,利用 ADC 模块和手调电位器 VR1,对 VR1 实现模/数转换，将转换的数据作为脉宽参数送入到 CCPR1L 中。程序应以 ADC 为主，不断地将转换的数据送 CCPR1L 即可)。实验电路如图 7.7.11 所示。

③ 尝试使用 PWM 控制直流电机的转速,可参见 7.1.6 章节的直流电机驱动电路图，实验电路如图 7.7.12 所示。

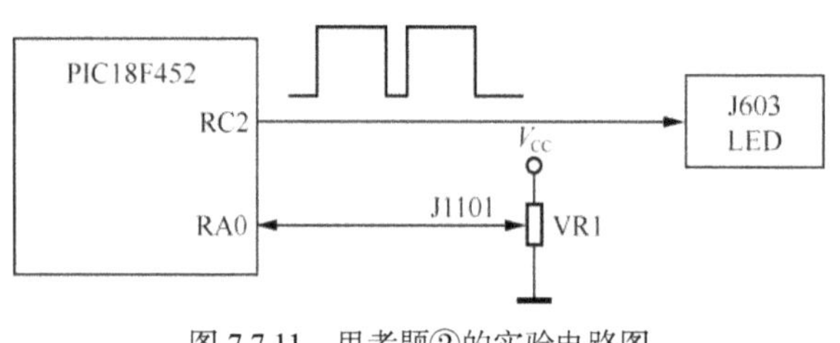

图 7.7.11　思考题②的实验电路图

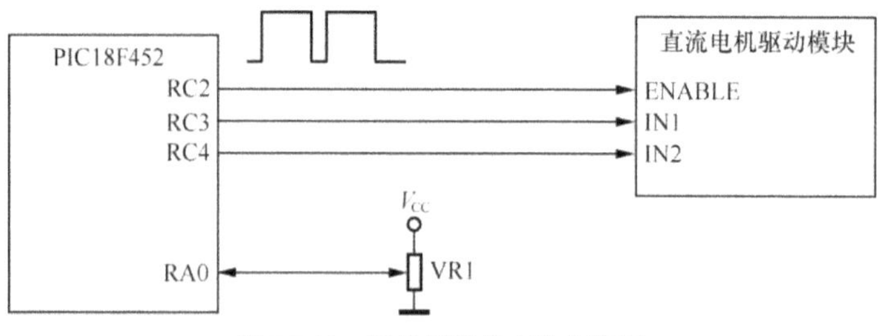

图 7.7.12　思考题③的实验电路图

7.8　PIC18F452 的 USART 模块结构与编程实践

有关 PIC18F452 单片机的 USART 模块结构及工作原理可参见本教程的 3.8 章节。

7.8.1　USART 模块的编程实践（一）全双工异步通信的自发自收编程实践

1. 实验目的

了解、掌握 PIC18F 系列单片机芯片内的 USART 模块结构，了解异步通信的特点、模块的初始化方法、波特率初值 X 的计算及编程方法。有关 USART 结构、原理参见上一节相关的内容。

2. 实验设备

PIC18F_1 单片机综合实验仪 1 台、ICD2 在线调试器 1 台和 220V/9V 电源适配器 1 台、装载 MPLAB IDE 软件的微型计算机 1 台。

3. 实验要求

利用 USART 模块的全双工异步通信的特点，利用 RA 端口读取 8 位开关 S607～S600 的数据（实际使用低 6 位，高 2 位无效）并送 RCREG 寄存器、经 TX 端口发送出去，然后从 USART 的 RX 端口（RC7）接收数据并从 RCREG 寄存器获取数据，利用 RD 端口的 LED 显示。

4. 实验电路及说明

将 TX 输出（RC6）引脚与 RX 输入（RC7）直接连接，采用自发自收模式，使用排线将 RA 端口（RA5～RA0）与开关 S607～S600 连接，输入开关产生的 6 位数据。再使用排线将 RB 端口与 LED7～LED0 连接，显示 USART 接收到的数据（如图 7.8.1 所示）。

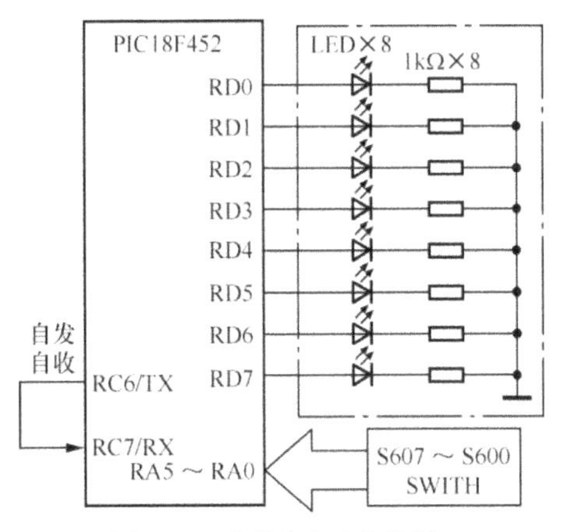

图 7.8.1　发送方实验电路图

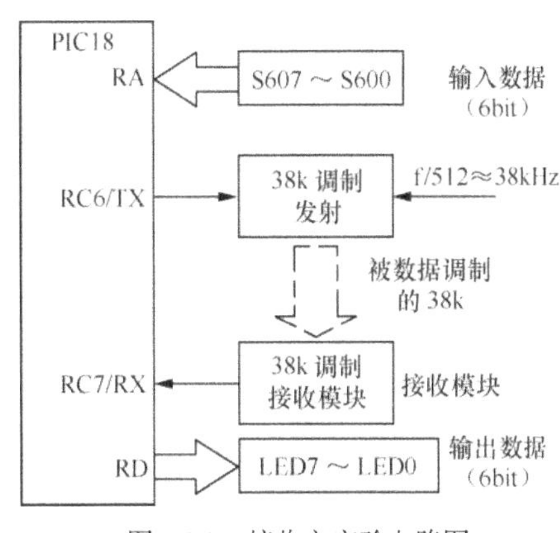

图 7.8.2　接收方实验电路图

也可以采用红外接收模式进行试验。实验连接电路如图 7.8.2 所示。有关 38k 红外接收模块应用电路如图 7.8.3 所示，参数如表 7.8.1 所示。

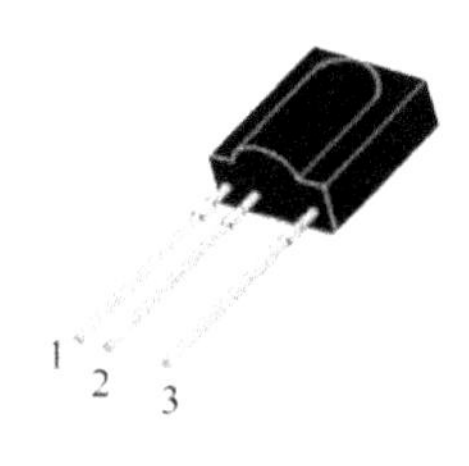

1—GND；2—VS；3—OUT

（a）38k 接收器件引脚定义

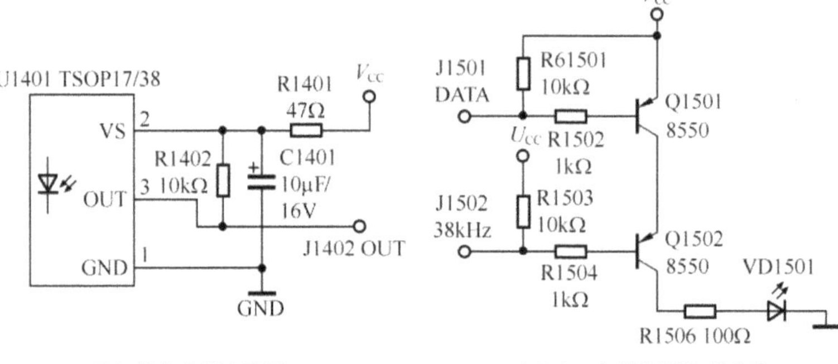

（b）接收应用电路图

（c）38k 红外调制发射电路

图 7.8.3　TSOP17 系列 38k 解调红外接收与 38k 调制发射应用电路

表 7.8.1　　　　　　　　　TSOP17 系列 38k 解调红外接收模块参数一览表

型　　号	解调频率 f_0/kHz	型　　号	解调频率 f_0/kHz
TSOP1730	30	TSOP1733	33
TSOP1736	36	TSOP1737	36.7
TSOP1738	38	TSOP1740	40
TSOP1756	56		

5. 编程算法

（1）端口设置

通过对 TRISX 的初始化，进行端口设置，RD 为输出、RA 为输入、RC6 为输出、RC7 为输入。

（2）TXSTA、RCSTA 的初始化

TXSTA= B'00100000'即 8 位格式、允许发送、低速波特率。

RCSTA= B'10010000'即 8 位格式、使能串口功能、使能连续接收。

（3）波特率初值 X 的计算

采用高速波特率（BRGH=1），将波特率设定为 9 600。

$$X= [F_{osc}/16B] -1 = [16\,000\,000/(16 \times 9\,600)] -1$$
$$= [16\,000\,000/(16 \times 9\,600)] -1 = (16\,000\,000/153\,600) -1$$
$$=103.16 \approx 103=67H$$

若采用低速波特率（BRGH=0），将波特率设定为 9 600。

$$X= F_{osc}/(64B) -1 = [16\,000\,000/(64 \times 9\,600)] -1$$
$$= [16\,000\,000/(64 \times 9\,600)] -1 = (16\,000\,000/614\,400) -1$$
$$= 25.0416 \approx 25=19H$$

本实验采用低速模式实现 9 600 的传输波特率。

（4）程序结构

采用查询结构编程，应当注意的是，本程序并不是对 TXIF 标志查询，而是对 RCIF 进行检测，即 BTFSS　PIR1、RCIF，这种方法要比对 TXIF 检测更为科学、合理。

6. 参考程序

（1）汇编格式编程

```
;*****************************************************
;   全双工异步通信自发自收
```

```
;   采用低速模式实现 9 600 的传输波特率
;   程序名: 7_8_1.asm
;********************************************************
LIST   P=18F452
#INCLUDE P18F452.INC
R1    EQU        20H                      ;定义计数器单元 1
R2    EQU        21H                      ;定义计数器单元 2
N1    EQU        0FFH                     ;定义延时常数 1
N2    EQU        0FFH                     ;定义延时常数 2
            ORG        0X0000
            GOTO       STARTUP
            ORG        0X0040
STARTUP
            NOP
            BCF        TRISC,6            ;设定 RC6 为 TX 端口
            BSF        TRISC,7            ;设定 RC7 为 RC 端口
            MOVLW      0X07               ;将 RA 端口做 IO ( 参见 ADC 部分 )
            MOVWF      ADCON1
            MOVLW      0X19               ;波特率=9600
            MOVWF      SPBRG
            CLRF       TRISD              ;RD 做输出
            MOVLW      0XFF
            MOVWF      TRISA              ;RA 端口作输入
            MOVLW      B'00100000'        ;8 位格式、允许发送
            MOVWF      TXSTA              ;低速波特率
            MOVLW      B'10010000'        ;8 位格式、使能连续接收
            MOVWF      RCSTA
            MOVFF      PORTA, TXREG       ;发送第一个数据
LOOP        BTFSS      PIR1,RCIF          ;检测是否收到数据
            GOTO       LOOP               ;等待
            MOVFF      RCREG,PORTD        ;将数据取出显示
            MOVFF      PORTA, TXREG       ;重新发送数据
            CALL       DELAY
            GOTO       LOOP
DELAY       MOVLW      N1
            MOVWF      R1
LP0         MOVLW      N2
            MOVWF      R2
LP1         DECFSZ     R2,1
            GOTO       LP1
            DECFSZ     R1,1
            GOTO       LP0
            RETURN
            END
```

（2）采用 C 语言编程

```
//*********************************************************************
//   采用高速模式 9 600 的传输波特率
//   程序名: 7 _8_1.c
//*********************************************************************
```

```c
#include <p18f452.h>
void main(void)
{
    TRISCbits.TRISC6=0;                    //设定 RC6 为 TX 端口
    TRISCbits.TRISC7=1;                    //设定 RC7 为 RC 端口
    ADCON1=0X07;
    SPBRG=0X67;
    TRISD=0X00;
    TRISA=0XFF;
    TXSTA=0B00100100;
    RCSTA=0B10010000;
    TXREG=PORTA;
    while(1)
    {
        while(PIR1bits.RCIF==0);           //查询 RCIF
        PIR1bits.RCIF=0;
        PORTD=RCREG;
        TXREG=PORTA;
    }
}
```

7.8.2　USART 模块的编程实践（二）点对点的异步串行通信编程实践

1.　实验目的

进一步了解、掌握 PIC18F 系列单片机芯片内的 USART 模块结构，掌握异步通信的特点、模块的初始化方法、波特率初值 X 的计算及编程方法。

2.　实验设备

PIC18F_1 单片机综合实验仪 2 台、ICD2 在线调试器 2 台和 220V/9V 电源适配器 2 台、装载 MPLAB IDE 软件的微型计算机 2 台。

3.　实验要求

利用 USART 模块的全双工异步通信的特点，利用 2 台 PIC18F_1 单片机综合实验仪实现点对点的异步通信。其中发射方的机器利用 RD 端口做输入，将开关信号读入后发送给接收方；接收方将接收到的数据通过 RD 端口驱动 LED 灯显示接收到的数据。

4.　实验电路及说明

使用 2 台 PIC18F_1 单片机综合实验仪组成通信系统，使用 2 条导线，一条将发送方的 RC6（TX）与接收方的 RC7（RX）端连接，另一条将双方的地线连接在一起（共地）。其中发送方利用 RD 端口输入 8 个开关的二进制变量数据，通过 USART 的异步通信方式发送出去；接收方将接收到的数据通过 RD 端口显示（如图 7.8.4 所示）。

5.　编程算法

（1）端口设置

发送方，RD 为输入，RC6 为输出；接收方，RD 为输出，RC7 为输入。

（2）TXSTA、RCSTA 的初始化

TXSTA= B'00100000'即 8 位格式、允许发送、低速波特率。

RCSTA= B'10010000'即 8 位格式、使能连续接收。

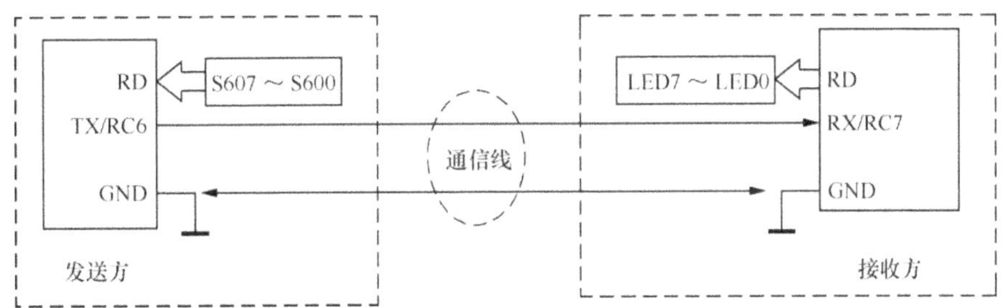

图 7.8.4　两台实验仪（发送、接收）构成的实验系统示意图

（3）波特率初值 X 的计算

为了便于采用 38kHz 的红外调制实验，采用低速波特率（BRGH=0），并将 SPREG 中的初值设为 0XFF（最低的波特率）。

波特率 $B=F_{osc}/64(X+1) =16\,000\,000/64(0XFF+1)=976.5$。

（4）程序结构

通信双方均采用查询结构编程

发送方　BTFSS　PIR1,TXIF

接收方　BTFSS　PIR1,RCIF

（5）采用大间隔发送形式

每发送 1 个字节的数据后调用 1 次延时操作，将数据之间拉开一段时间。与紧凑型发送方式相比，大间隔发送形式可以有效减少因干扰造成数据接收的窜位错误，如果有干扰只是干扰当时出现接收错误，而当干扰消失后，接收数据便会正常（而紧凑型方式会一直出现窜位错误）。

6. 参考程序

（1）查询方式的汇编格式发送方程序

```
;**************************************************************
;   点对点异步通信（查询方式）
;   发送方程序，波特率 976.5Hz, 8 位格式
;   程序名：7_8_2.asm
;**************************************************************
LIST  P=18F452
#INCLUDE P18F452.INC
R1    EQU     20H                 ;定义计数器单元 1
R2    EQU     21H                 ;定义计数器单元 2
N1    EQU     0FFH                ;定义延时常数 1
N2    EQU     0FFH                ;定义延时常数 2
;**************************************************************
      ORG     0X0000
      GOTO    STARTUP
;**************************************************************
      ORG     0X0040
STARTUP NOP
      BCF     TRISC,6             ;设定 RC6 为 TX 端口
      MOVLW   0XFF                ;波特率 976.5Hz
      MOVWF   SPBRG
      MOVLW   0XFF
      MOVWF   TRISD               ;RD 端口作输入
```

```
        MOVLW    B'00100000'            ;8 位格式、允许发送
        MOVWF    TXSTA                  ;低速波特率
        MOVLW    B'10010000'            ;8 位格式、使能连续接收
        MOVWF    RCSTA
        MOVFF    PORTD, TXREG           ;发送第一个数据
LOOP    BTFSS    PIR1,TXIF              ;检测是否发送完成
        GOTO     LOOP                   ;等待
        CALL     DELAY
        MOVFF    PORTD, TXREG           ;重新发送数据
        GOTO     LOOP
DELAY   MOVLW    N1
        MOVWF    R1
LP0     MOVLW    N2
        MOVWF    R2
LP1     DECFSZ   R2,1
        GOTO     LP1
        DECFSZ   R1,1
        GOTO LP0
        RETURN
        END
```

（2）查询方式的汇编格式接收方程序

```
;********************************************************************
;      点对点异步通信（查询方式）
;      接收方程序，波特率 976.5Hz，8 位格式
;      程序名：7_8_3.asm
;********************************************************************
LIST  P=18F452
#INCLUDE P18F452.INC
        ORG      0X0000
        GOTO     STARTUP
;********************************************************************
        ORG      0X0040
STARTUP
        NOP
        BSF      TRISC,7               ;设定 RC7 为 RC 端口
        MOVLW    0XFF                  ;波特率 976.5Hz
        MOVWF    SPBRG
        CLRF     TRISD                 ;RD 端口作输出
        MOVLW    B'00100000'           ;8 位格式、允许发送、
        MOVWF    TXSTA                 ;低速波特率
        MOVLW    B'10010000'           ;8 位格式、使能连续接收
        MOVWF    RCSTA
LOOP    BTFSS    PIR1,RCIF             ;检测是否收到数据
        GOTO     LOOP                  ;等待
        MOVFF    RCREG, PORTD          ;重新发送数据
        GOTO     LOOP
        END
```

（3）查询方式的 C 语言格式发送方程序

```c
//***********************************************************
//    点对点异步通信（查询方式）
//    发送方程序，波特率 976.5Hz，8 位格式
//    程序名：7_8_2.c
;***********************************************************
#include <p18f452.h>
unsigned char i,j;
void delay(void);
void main(void)
{
    TRISCbits.TRISC6=0;                 //设定 RC6 为 TX 端口
    SPBRG=0XFF;
    TRISD=0XFF;
    TXSTA=0B00100000;
    RCSTA=0B10010000;
    TXREG=PORTD;
    while(1)
    {
        while(PIR1bits.TXIF==0);        //查询 RCIF
        delay();
        TXREG=PORTD;
    }
}
void delay(void)
{
  for(i=255;i>0;i--)
    for(j=255;j>0;j--) ;
}
```

（4）查询方式的 C 语言格式接收方程序

```c
//***********************************************************
//    点对点异步通信（查询方式）
//    接收方程序，波特率 976.5Hz，8 位格式
//    程序名：7_8_3.c
//***********************************************************
#include <p18f452.h>
void main(void)
{
    TRISCbits.TRISC7=1;                 //设定 RC7 为 RC 端口
    SPBRG=0XFF;
    TRISD=0X00;
    TXSTA=0B00100000;
    RCSTA=0B10010000;
    while(1)
    {
        while(PIR1bits.RCIF==0);        //查询 RCIF
        PORTD=RCREG;
    }
}
```

（5）中断方式的 C 语言格式发送方程序

```c
//*************************************************************
//    点对点异步通信（中断方式）
//    发送方程序，波特率 976.5Hz，8 位格式
//    程序名：7_8_4.c
//*************************************************************
#include <p18f452.h>
unsigned char i,j;
void delay(void);
void  USART_ISR(void);
#pragma interrupt chk_isr
void chk_isr(void)
{
   if(PIR1bits.TXIF==1)
        USART_ISR();
}
#pragma code My_Hiprio_Int=0x08
void My_Hiprio_Int(void)
{
    _asm
        GOTO chk_isr
    _endasm
 }
void USART_ISR(void)
{
    delay();
    TXREG=PORTD;
}
void main(void)
{
    TRISCbits.TRISC6=0;              //设定 RC6 为 TX 端口

    PIE1bits.TXIE=1;                 //开中断
    INTCONbits.PEIE=1;
    INTCONbits.GIE=1;
    SPBRG=0XFF;                      //设定波特率
    TRISD=0XFF;                      //设定 RD 为输出
    TXSTA=0B00100000;
    RCSTA=0B10010000;
    TXREG=PORTD;
    while(1);                        //等待中断
}
void delay(void)
{
  for(i=255;i>0;i--)
    for(j=255;j>0;j--) ;
}
```

（6）中断方式的 C 语言格式接收方程序

```c
//*************************************************************
//    点对点异步通信（中断方式）
//    接收方程序，波特率 976.5Hz，8 位格式
```

```c
//    程序名: 7_8_5.c
//**********************************************************
#include <p18f452.h>
unsigned char i,j;
void delay(void);
void  USART_ISR(void);
#pragma interrupt chk_isr
void chk_isr(void)
{
   if(PIR1bits.RCIF==1)
        USART_ISR();
}
#pragma code My_Hiprio_Int=0x08
void My_Hiprio_Int(void)
{
    _asm
        GOTO chk_isr
    _endasm
 }
void USART_ISR(void)
{
        delay();
        PORTD=RCREG;
 }
void main(void)
{
    TRISCbits.TRISC7=1;              //设定 RC7 为 RX 端口
    PIE1bits.RCIE=1;
    INTCONbits.PEIE=1;
    INTCONbits.GIE=1;
    SPBRG=0XFF;
    TRISD=0X00;

    TXSTA=0B00100000;
    RCSTA=0B10010000;
    while(1);
}
void delay(void)
{
  for(i=255;i>0;i--)
    for(j=255;j>0;j--)  ;
}
```

7. 思考题

① 将发送方与接收方之间的导线去掉，改用 38kHz 红外调制发送与接收（如图 7.8.5 所示）。注意，原有程序不变，只是将数据传输媒介由导线改为 38k 调制的红外线传输（38k 红外发射与接收电路如图 7.8.3 所示，参数见表 7.8.1）。

② 将发送方的数据改为 ADC 采集的数据，同时发送给接收方，并在 LED 显示。实验电路如图 7.8.6 所示。

关于异步通信编程小结。

① 对于发送编程，其标志 TXIF=1 是表明 TXREG 空，可以向其写入新的数据的标志，所以使用 BTFSS PIR1,TXIF 作为等待 TXREG 空的依据。当 TXIF=1 时，向其写入新的数据

（MOVWF TXREG）后，其标志 TXIF 自动清零，直到 TXREG 中的数据装载到 TSR 中时，TXIF 自动置 1。所以 TXIF 实际上是一个只读标志，只可判断，不能修改。

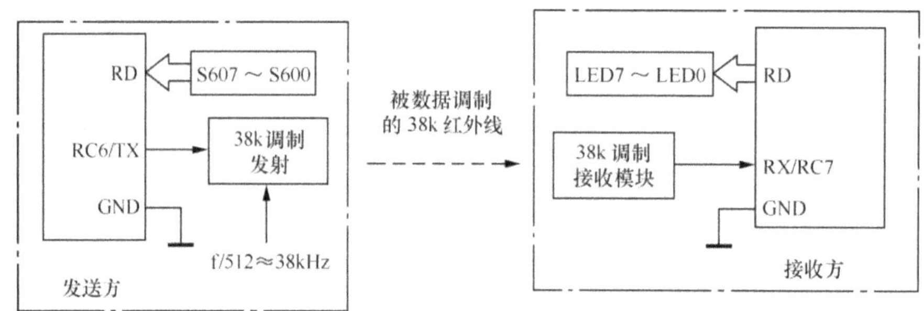

图 7.8.5　无线红外（发送、接收）构成的实验系统示意图

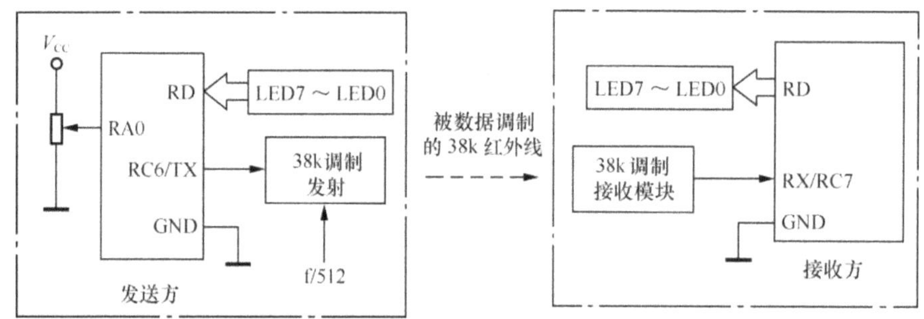

图 7.8.6　ADC 采集并无线红外（发送、接收）构成的实验系统示意图

②　对于接收编程，当 RCIF=1 时，表征 RCREG 中获取到外部的一个串行数据，可以进行读取（MOVF RCREG,0）。应当注意的是，当读取 RCREG 中的数据后，其标志 RCIF 自动清零，为读取下一个数据做准备。因此 RCIF 也是一个只读标志，编程时只能判断、不能修改。

③　在初始化编程时，对 RC6（TX）、RC7（RC）引脚必须通过 TRISC 的对应位进行设定，即将 RC6 设定为输出、RC7 设定为输入（BCF TRISC,6 和 BSF TRISC,7），以保证串口对引脚的正确配置。

7.9　PIC18F452 的 MSSP 模块的 SPI 模式编程实践

尽管 PIC18F452 单片机内部设计有 8 路 10 位的 ADC 模块，但是为了帮助读者体验 PIC 单片机 MSSP 模块的 SPI 接口模式，本例中使用一个 SPI 接口的 8 位 ADC 芯片 TLC549 和一个 SPI 接口的 DAC 芯片与单片机 SPI 接口连接，并进行 SPI 接口的编程实践，掌握 PIC 单片机的 SPI 模块编程的方法。

7.9.1　SPI 接口 ADC 转换芯片 TCL549 数据采集编程实践

1. 实验目的

了解、掌握 PIC18F 系列单片机芯片内的 SPI 模块结构，SFR 的初始化方法，掌握 SPI 的通信编程步骤。学习、掌握 SPI 接口的 ADC 芯片 TLC549 的特性、编程原理。

2. 实验设备

PIC18F_1 单片机综合实验仪 1 台、ICD2 在线调试器 1 台和 220V/9V 电源适配器 1 台、装载 MPLAB IDE 软件的微型计算机 1 台。

3. 实验要求

将 SPI 接口的 ADC 芯片与 PIC18F452 的 SPI 端口连接。编制 SPI 的通信程序，采集 ADC 的数据并通过 LED7～LED0 以二进制的形式显示 ADC 的数据。

4. 实验电路及说明

通过 PIC18F452 的 SPI 端口（RC4、RC3 和 RC0）与 SPI 接口的 TLC549 芯片连接（参见 3.9 章节），利用一个电位器输出一个连续可变的 0～5V 的模拟电压作为 TLC549 的输入模拟电压，利用单片机的 RD 端口作输出，与 8 位 LED 灯连接，作为 ADC 转换的数据显示（二进制方式），运行程序时，通过调节电位器观察 ADC 的数据变化（00H～FFH）。ADC 芯片的基准电压由一个基准电源芯片提供，具体连接如图 7.9.1 所示。

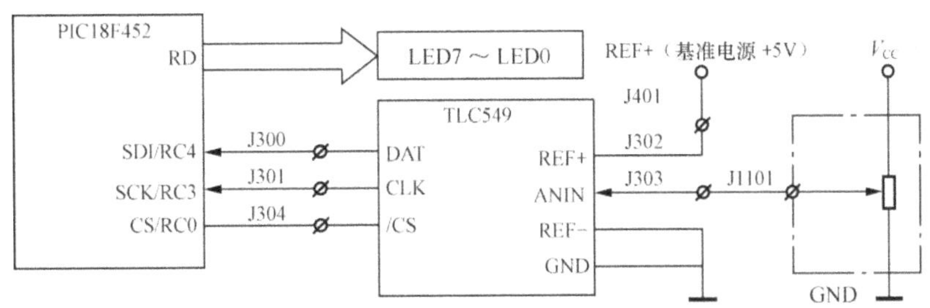

图 7.9.1　实验电路图

SPI 接口 ADC 芯片的工作时序如图 7.9.2 所示。

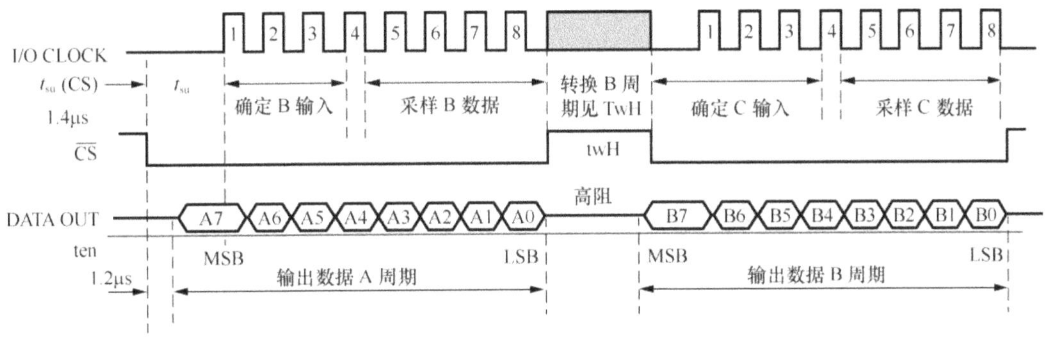

图 7.9.2　TLC549 工作时序图

5. 编程算法及说明

（1）SSPSATA 状态寄存器的初始化

SSPSTAT=0100 0000B，即在时钟的中间读取数据，在 SCK 的上升沿发送数据。

（2）SSPCON1 控制寄存器的初始化

SSPCON1=0010 0000B，即 SCK 的空闲状态为低电平（根据 TLC549 芯片参数而定），使能 SPI 端口，主控方式，时钟为 F_{osc}/4。

（3）编程时应考虑到的 TLC549 参数

Tsu，片选信号 $\overline{CS}$ 变低到第一个 Clock 之间的最小时间为 1.4μs。

Ten，片选信号 $\overline{CS}$ 变低到数据位的第一个数据之间的最快时间为 1.2μs。

TwH，2 次转换所需要的最小时间为 17μs。

TLC549，对数据信号的读入是在 Clcok 的上升沿。

TLC549，没有"启动控制"输入端，只要读走前一次的数据，便自动引发下一次转换。

TLC549 没有"转换完成"标志，可采用"大于 17μs 软延时"读取新的数据。

（4）如果采用 C18 语言编程，可以直接调用 C18 库函数中的延时函数

在 C18 的库函数中有 2 个延时函数可以直接调用。

① Delay10TCY()，10 个时钟周期的延时。如果 F_{osc}=16MHz，则 Delay10TCY()函数的延时时间为（1/16）μs×4×10=2.5μs；

② Delay10TCYx(n)，n 个 10 个时钟周期的延时，其中 n 取值范围为 0～255。

上述 2 个延时函是在 delays.h 文件中，所以使用"包含文件"将此文件包含进来，这样在程序中就可以直接调用 Delay10TCY()和 Delay10TCYx(n)函数了。

6. 参考程序

（1）汇编语言编程

程序流程如图 7.9.3 所示。

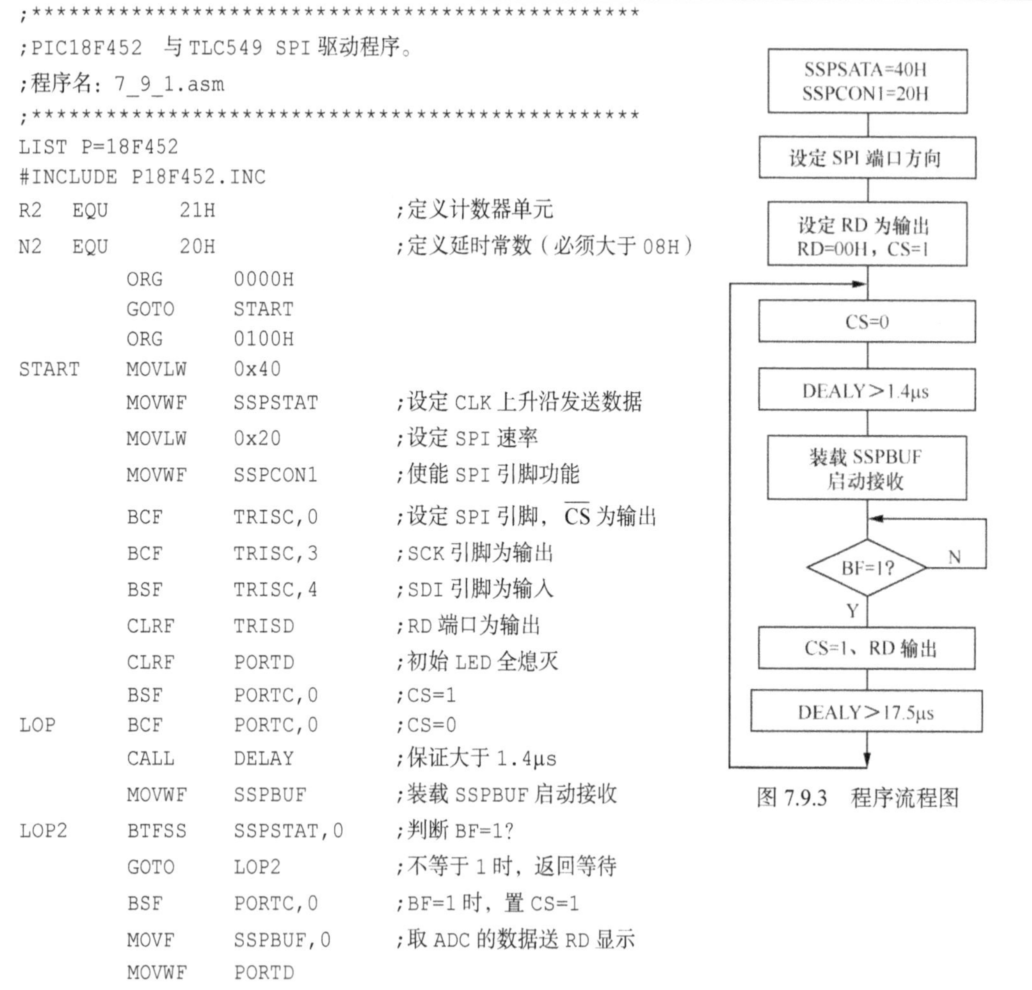

图 7.9.3　程序流程图

```
;************************************************
;PIC18F452  与 TLC549 SPI 驱动程序。
;程序名: 7_9_1.asm
;************************************************
LIST P=18F452
#INCLUDE P18F452.INC
R2      EQU     21H              ;定义计数器单元
N2      EQU     20H              ;定义延时常数（必须大于 08H）
        ORG     0000H
        GOTO    START
        ORG     0100H
START   MOVLW   0x40
        MOVWF   SSPSTAT          ;设定 CLK 上升沿发送数据
        MOVLW   0x20             ;设定 SPI 速率
        MOVWF   SSPCON1          ;使能 SPI 引脚功能
        BCF     TRISC,0          ;设定 SPI 引脚，CS 为输出
        BCF     TRISC,3          ;SCK 引脚为输出
        BSF     TRISC,4          ;SDI 引脚为输入
        CLRF    TRISD            ;RD 端口为输出
        CLRF    PORTD            ;初始 LED 全熄灭
        BSF     PORTC,0          ;CS=1
LOP     BCF     PORTC,0          ;CS=0
        CALL    DELAY            ;保证大于 1.4μs
        MOVWF   SSPBUF           ;装载 SSPBUF 启动接收
LOP2    BTFSS   SSPSTAT,0        ;判断 BF=1?
        GOTO    LOP2             ;不等于 1 时，返回等待
        BSF     PORTC,0          ;BF=1 时，置 CS=1
        MOVF    SSPBUF,0         ;取 ADC 的数据送 RD 显示
        MOVWF   PORTD
```

```
        CALL    DELAY           ;延时（＞17μs）
        GOTO    LOP
;************************************************
DELAY   MOVLW   N2              ;延时程序
        MOVWF   R2
LP1     DECFSZ  R2,1
        GOTO    LP1
        RETURN
        END
;************************************************
```

（2）C 语言编程（程序流程如图 7.9.4 所示）

```c
//************************************************
//PIC18F452   与 TLC549 SPI 驱动程序
//程序名：7_9_1.c
//************************************************
#include <p18f452.h>
#include<delays.h>                     //使用包含命令直接调用 C18 库函数的延时函数
#define  CS         PORTCbits.RC0      //定义 RC0 为片选控制信号
unsigned char SPI(unsigned char);      //声明 SPI 通信子程序
void main(void)
{
    SSPSTAT=0x40;                       //设定 SPI 的 CLK 上升沿发送数据
    SSPCON1=0x20;                       //设定 SPI 速率、使能 SPI 引脚功能
                                        //设定 SPI 引脚为输出端口
    TRISCbits.TRISC0=0;                 //定义 RC0 引脚为片选选控制信号输出端
    TRISCbits.TRISC3=0;                 //定义 RC3 引脚为 SPI 的 SCLK 输出端口
    TRISCbits.TRISC4=1;                 //定义 RC4 引脚为 SPI 的 SDI 输入端口
    TRISD=0X00;                         //用 D 口指示转换结果
    PORTD=0X00;
    CS=1;
    while(1)                            //A/D 转换循环程序
        {
            CS=0;                       //选中 549
            Delay10TCY();               //延时 2.5μs
            PORTD=SPI(0X01);            //发送第一个字节（引发接收操作）
            CS=1;                       //延时 17μs 进行下一次转换
            Delay10TCYx(7);             //延时 2.5μs×7=17.5μs
        }
}
unsigned char SPI(unsigned char myByte)  //SPI 通信子函数
{
    SSPBUF=myByte;                      //将数据 myByte 装载到 SSPBUF 中（实际是引发接收）
    while(!SSPSTATbits.BF);             //BF 标志为 0 时，等待
    return SSPBUF;                      //BF 标志为 1 时返回，将转换结果取回
}
```

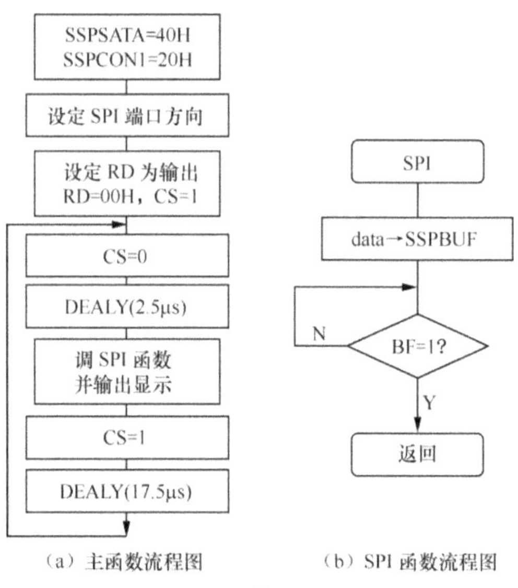

（a）主函数流程图　　　（b）SPI 函数流程图

图 7.9.4　算法流程图

7.9.2　SPI 接口 DAC 芯片 TCL5620 函数发生器编程实践

1. 实验目的

进一步了解、掌握 PIC18F 系列单片机芯片内的 SPI 模块结构、SPI 通信的编程方法。了解、掌握 SPI 接口芯片 TCL5620 的特性、编程方法。

2. 实验设备

PIC18F_1 单片机综合实验仪 1 台、ICD2 在线调试器 1 台和 220V/9V 电源适配器 1 台、装载 MPLAB IDE 软件的微型计算机 1 台、示波器 1 台。

3. 实验要求

将 SPI 接口的 DAC 芯片 TLC620 与 PIC18F452 的 SPI 端口连接。编制 SPI 的通信程序，通过 CPU 向 TLC5620 发送数据，输出连续的锯齿波波形（使用 A 通道输出）。学习掌握计算法和查表法实现函数波形编程。TLC5620 引脚定义如表 7.9.1 所示。

表 7.9.1　　　　　　　　　　　TLC5620 引脚功能定义及说明

引脚序号	定义	I/O	功　能	引脚序号	定义	I/O	功　能
1	GND	I	电源及参考电压地	8	LOAD	I	串口加载控制，在 LOAD 的下降沿时，输入的数据被锁存到输入锁存器
2	REFA	I	第 A 路输入参考电压	9	DACD	O	第 D 路模拟电压输出
3	REFB	I	第 B 路输入参考电压	10	DACC	O	第 C 路模拟电压输出
4	REFC	I	第 C 路输入参考电压	11	DACB	O	第 B 路模拟电压输出
5	REFD	I	第 D 路输入参考电压	12	DACA	O	第 A 路模拟电压输出
6	DATA	I	串行数据输入线	13	LDAC	I	加载 DAC，当为 1 时，输入的数据无输出更新，只有在此引脚下降沿时，输入锁存器中的数据被锁存到输出锁存器，输出才有数据输出更新
7	CLK	I	同步脉冲，下降沿输入数据写入串行接口	14	V_{DD}	I	正电源输入（+5V）

内部结构如图 7.9.5 所示。芯片的工作时序如图 7.9.6 所示。

4. 实验电路及说明

利用单片机的 RC5（SDO 数据输出）引脚输出 DAC 的数据，RC3（同步时钟 SCK 输出）与 TLC5620 的 CLK 连接，利用 RC0、RC1 引脚作输出与 TLC5620 的 LOAD，LDAC 连接控制数据的装载和启动。基准电压输出 J401 为 5.0V 并与 TLC5620 的 REFA 连接。可通过示波器测量 DAC 的波形输出。实验器件和电路如图 7.9.7 所示。

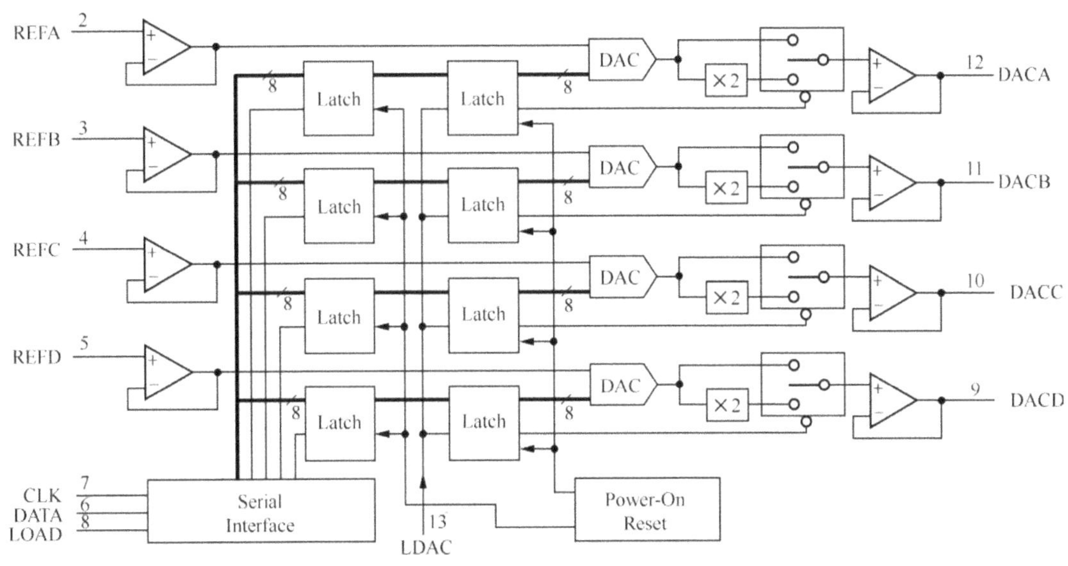

图 7.9.5　TLC5620 内部结构图

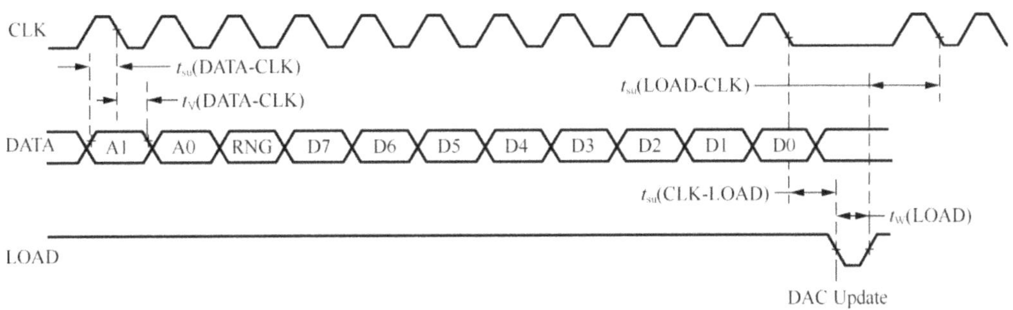

图 7.9.6　TLC5620 的 11 位控制字时序图

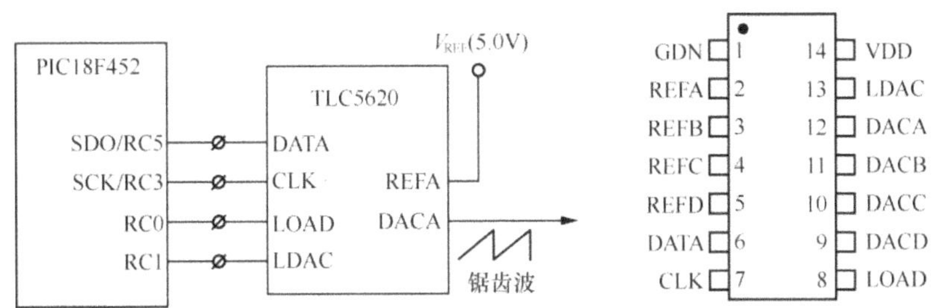

图 7.9.7　TLC5620 的引脚定义及实验电路图

5. 编程算法

编程算法以 TLC5620 的时序图及引脚功能为依据。芯片采用同步串行接口设计。DAC 输出为电压输出。1 个基本的操作由 2 个字节构成。

第一个字节的低 3 位里面包含通道代码、输出倍率参数。

第二个字节为待转换的二进制数。具体如下。

① A1、A0，通道选择代码。

A1、A0=00B 时，选择 DAC A 通道。

A1、A0=01B 时，选择 DAC B 通道。

A1、A0=10B 时，选择 DAC C 通道。

A1、A0=11B 时，选择 DAC D 通道。

② RNG，最大输出电压与参考电压的倍率。

RNG=1 时，V_{OUTMAX}=2 倍参考电压（当 $V_{\text{REFA}}=V_{\text{DD}}/2$ 时）。

RNG=0 时，V_{OUTMAX}=参考电压（当 $V_{\text{REFA}}=V_{\text{DD}}$ 时）。

③ D7～D0，数/模转换的输入数据。

④ CLK 为高电平期间 DATA 线送入串行数据位，在 CLK 的下降沿，数据写入到 DAC 芯片。

⑤ TLC5620 的每次通信都是一个双字节的数据传送过程。在实际编程可以将 11 为数据代码转换为两个字节来装载：其中高位字节中的高 5 位填 0，低 3 位分别是通道代码和转换输出倍率，低位字节为待转换的 8 位数据。

6. 参考程序

（1）计算法

程序流程如图 7.9.8 所示。电路输出波形如图 7.9.9 所示。

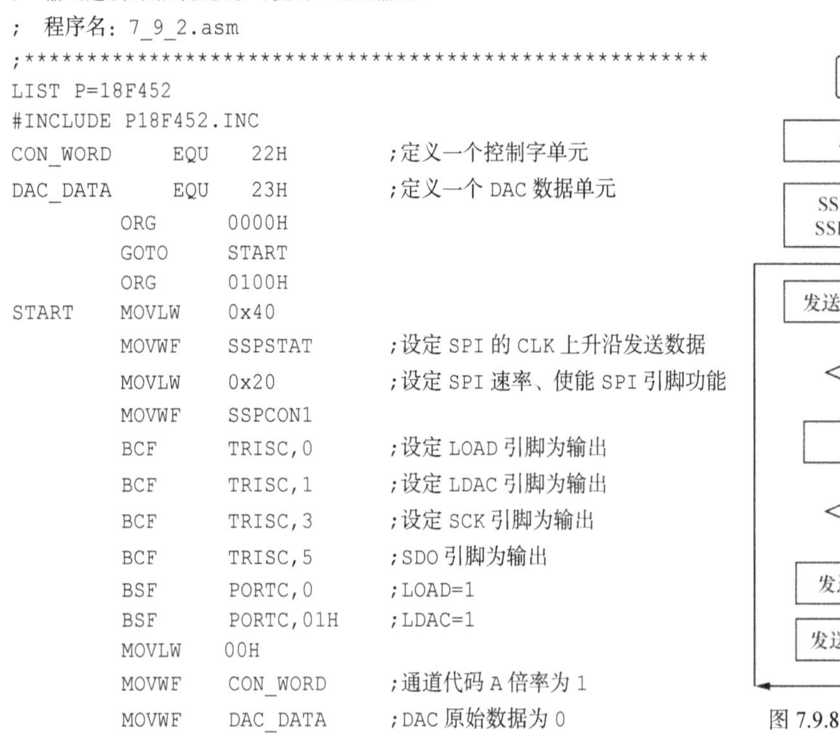

```
;********************************************************************************
;   SPI 接口的 DAC 驱动程序   锯齿波发生器（计算法）
;   输出连续的锯齿波波形（使用 A 通道输出）
;   程序名：7_9_2.asm
;*********************************************************
LIST P=18F452
#INCLUDE P18F452.INC
CON_WORD      EQU    22H           ;定义一个控制字单元
DAC_DATA      EQU    23H           ;定义一个 DAC 数据单元
              ORG    0000H
              GOTO   START
              ORG    0100H
START  MOVLW   0x40
              MOVWF  SSPSTAT       ;设定 SPI 的 CLK 上升沿发送数据
              MOVLW  0x20          ;设定 SPI 速率、使能 SPI 引脚功能
              MOVWF  SSPCON1
              BCF    TRISC,0       ;设定 LOAD 引脚为输出
              BCF    TRISC,1       ;设定 LDAC 引脚为输出
              BCF    TRISC,3       ;设定 SCK 引脚为输出
              BCF    TRISC,5       ;SDO 引脚为输出
              BSF    PORTC,0       ;LOAD=1
              BSF    PORTC,01H     ;LDAC=1
              MOVLW  00H
              MOVWF  CON_WORD      ;通道代码 A 倍率为 1
              MOVWF  DAC_DATA      ;DAC 原始数据为 0
```

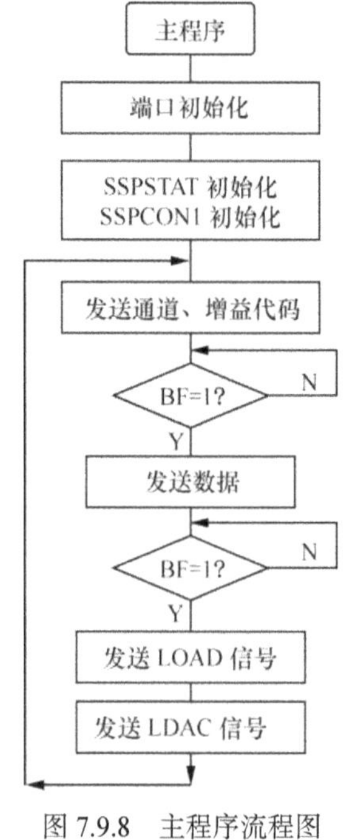

图 7.9.8　主程序流程图

```
LOP      MOVF      CON_WORD,0
         MOVWF     SSPBUF          ;装载控制字
LOP2     BTFSS     SSPSTAT,0       ;BF=1?
         GOTO      LOP2
         MOVF      DAC_DATA,0
         MOVWF     SSPBUF          ;装载数据
LOP3     BTFSS     SSPSTAT,0       ;BF=1?
         GOTO      LOP3
         BCF       PORTC,0         ;装载 DAC 数据
         BSF       PORTC,0         ;LOAD=1
         BCF       PORTC,01H       ;LDAC=1 启动 DAC
         BSF       PORTC,01H       ;LDAC=1
         INCF      DAC_DATA
         GOTO      LOP
         END
```

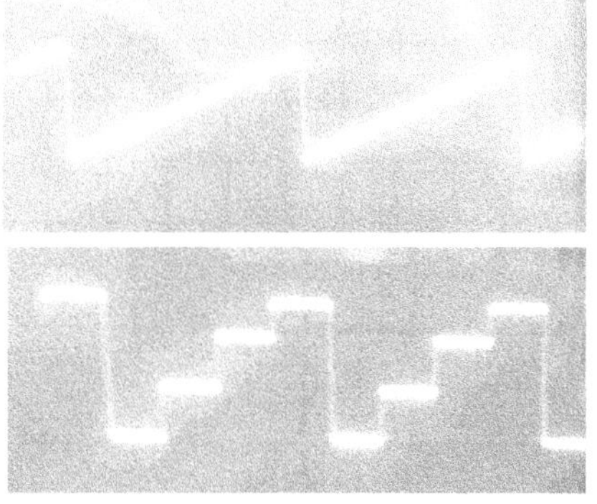

图 7.9.9　TLC5620 产生的锯齿波和梯形波函数图形

（2）查表法

```
;****************************************************************************
;   DAC 驱动程序  锯齿波发生器（RETLW nn 指令查表法）
;   程序名：7_9_3.asm
;****************************************************************************
LIST P=18F452
#INCLUDE P18F452.INC
CON_WORD      EQU      22H                ;定义一个控制字单元
COUNT         EQU      23H                ;定义一个查表计数器
         ORG      0000H
         GOTO     START
         ORG      100H
START    MOVF     PCL,0               ;刷新 PCLATU, PCLATH
         NOP                         ;以备 READ 中的 ADDWF PCL 时，对 RETLW nn 的正确寻址
         MOVLW    0x40
         MOVWF    SSPSTAT            ;设定 SPI 的 CLK 上升沿发送数据
         MOVLW    0x20               ;设定 SPI 速率、使能 SPI 引脚功能
         MOVWF    SSPCON1
         BCF      TRISC,0            ;设定 LOAD 引脚为输出
         BCF      TRISC,1            ;设定 LDAC 引脚为输出
         BCF      TRISC,3            ;设定 SCK 引脚为输出
         BCF      TRISC,5            ;SDO 引脚为输出
         BSF      PORTC,0            ;LOAD=1
         BSF      PORTC,01H          ;LDAC=1
         MOVLW    01H
         MOVWF    CON_WORD           ;通道代码 A、倍率=2
         CLRF     COUNT              ;查表计数器原始数据清零
LOP      MOVF     CON_WORD,0
         MOVWF    SSPBUF             ;装载控制字
LOP2     BTFSS    SSPSTAT,0          ;BF=1?
         GOTO     LOP2
         MOVF     COUNT,0
         CALL     READ
         MULLW    02H                ;提高信号幅度（乘以 2）
```

```
                MOVFF      PRODL,WREG
                MOVWF      SSPBUF              ;装载数据
LOP3            BTFSS      SSPSTAT,0           ;BF=1?
                GOTO       LOP3
                BCF        PORTC,0             ;装载 DAC 数据
                BSF        PORTC,0             ;LOAD=1
                BCF        PORTC,01H           ;LDAC=0 启动 DAC
                BSF        PORTC,01H           ;LDAC=1
                INCF       COUNT
                MOVLW      40H
                CPFSLT     COUNT               ;如果 COUT 小于 40H 则 Skip
                CLRF       COUNT               ;如果 COUNT 大于、等于 40H，则清零
                GOTO       LOP
;*******************************************************************************
              查表子程序 READ    返回参数在 WREG 中
;*******************************************************************************
READ                                          ;64 个函数因子（40H）
                NOP
                MULLW      02H                 ;WREG 中偏移量乘以 2（结果在 PRODL 中）
                MOVFF      PRODL,WREG
                ADDWF      PCL,1               ;基地址加偏移量，结果送 PCL
                RETLW      00H                 ;偏移量=0 时
                RETLW      01H                 ;偏移量=1×2 时
                RETLW      02H                 ;偏移量=2×2 时
                RETLW      03H                 ;偏移量=3×2 时
                RETLW      04H                 ;偏移量=4×2 时
                RETLW      05H                 ;偏移量=5×2 时
                RETLW      06H                 ;偏移量=6×2 时
                RETLW      07H                 ;偏移量=7×2 时
                RETLW      08H
                RETLW      09H
                RETLW      0AH
                RETLW      0BH
                RETLW      0CH
                RETLW      0DH
                RETLW      0EH
                RETLW      0FH
                RETLW      010H
                RETLW      011H
                RETLW      012H
                RETLW      013H
                RETLW      014H
                RETLW      015H
                RETLW      016H
                RETLW      017H
                RETLW      018H
                RETLW      019H
                RETLW      01AH
                RETLW      01BH
                RETLW      01CH
                RETLW      01DH
                RETLW      01EH
```

```
        RETLW       01FH

        RETLW       020H
        RETLW       021H
        RETLW       022H
        RETLW       023H
        RETLW       024H
        RETLW       025H
        RETLW       026H
        RETLW       027H
        RETLW       028H
        RETLW       029H
        RETLW       02AH
        RETLW       02BH
        RETLW       02CH
        RETLW       02DH
        RETLW       02EH
        RETLW       02FH
        RETLW       030H
        RETLW       031H
        RETLW       032H
        RETLW       033H
        RETLW       034H
        RETLW       035H
        RETLW       036H
        RETLW       037H
        RETLW       038H
        RETLW       039H
        RETLW       03AH
        RETLW       03BH
        RETLW       03CH
        RETLW       03DH
        RETLW       03EH
        RETLW       03FH
        END
```

关于使用 RETLW nn 指令查表的说明。

利用查表方式获取 DAC 的数据可以方便的产生各种特殊的函数波形。

在 PIC 系列单片机中，有 2 种查表方法。

① 使用带参数返回的 RETLW nn 指令获取（查表）数据（PIC16、18 系列）。

② 使用 TBLRD*指令的读表指令实现查表操作（仅适用于 PIC18F 系列）。

本程序使用的是第一种方法，第二种方法留在下一例子中介绍。

可以将由 RETLW nn 指令序列的组合部分称为"表"，由 PC 中的 PCL 指向表头地址，再由 WREG 存储一个查表偏移量。将两者相加之和赋予 PCL，这样 CPU 就会在 PC 的引导下，跳到对应的 RETLW nn 指令处，返回主程序并获取对应的数据 nn。在使用查表方式编程时，要注意严格控制查表偏移量（COUNT）不能"超界"，否者会造成程序"飞掉"。

（3）使用 TBLRD*指令读表编程

```
;****************************************************************************************************
;       DAC 驱动程序   锯齿波发生器（TBLRD*  读表法）
;       程序名：7_9_4.asm
```

```
;****************************************************************************
        LIST    P=18F452
        #INCLUDE P18F452.INC
CON_WORD     EQU    22H                    ;定义一个控制字单元
             ORG    0000H
             GOTO   START
             ORG    100H
START   NOP
        MOVLW   0x40
        MOVWF   SSPSTAT                    ;设定 SPI 的 CLK 上升沿发送数据
        MOVLW   0x20                       ;设定 SPI 速率、使能 SPI 引脚功能
        MOVWF   SSPCON1
        BCF     TRISC,0                    ;设定 LOAD 引脚为输出
        BCF     TRISC,1                    ;设定 LDAC 引脚为输出
        BCF     TRISC,3                    ;设定 SCK 引脚为输出
        BCF     TRISC,5                    ;SDO 引脚为输出
        BSF     PORTC,0                    ;LOAD=1
        BSF     PORTC,01                   ;LDAC=1
        MOVLW   01H
        MOVWF   CON_WORD                   ;通道代码 A、倍率为 2
        MOVLW   00H                        ;读表指针赋初值 00500H
        MOVWF   TBLPTRL
        MOVLW   05H
        MOVWF   TBLPTRH
        CLRF    TBLPTRU
LOP1    MOVF    CON_WORD,0
        MOVWF   SSPBUF                     ;装载控制字
LOP2    BTFSS   SSPSTAT,0                  ;BF=1?
        GOTO    LOP2
        TBLRD*                             ;读表但指针不增量数据在 TABLAT 中
        MOVFF                              TABLAT,SSPBUF;装载 DAC 数据
        INCF    TBLPTRL,F                  ;指针地位加 1
        MOVLW   70H
        CPFSLT  TBLPTRL                    ;如果 COUT 小于 40H 则 Skip
        CLRF    TBLPTRL                    ;如果 COUNT 大于、等于 40H 则清零
LOP3    BTFSS   SSPSTAT,0                  ;BF=1?
        GOTO    LOP3
        BCF     PORTC,0                    ;装载 DAC 数据
        BSF     PORTC,0                    ;LOAD=1
        BCF     PORTC,01                   ;LDAC=1 启动 DAC
        BSF     PORTC,01                   ;LDAC=1
        GOTO    LOP1
;****************************************************************************
        ORG     500H
TABLE
DB 00H,01H,02H,03H,04H,05H,06H,07H,08H,09H,0AH,0BH,0CH,0DH,0EH,0FH
DB 10H,11H,12H,13H,14H,15H,16H,17H,18H,19H,1AH,1BH,1CH,1DH,1EH,1FH
DB 20H, 21H, 22H, 23H, 24H,25H,26H,27H,28H,29H,2AH,2BH,2CH,2DH,2EH,2FH
DB 30H,31H,32H,33H,34H,35H,36H,37H,38H,39H,3AH,3BH,3CH,3DH,3EH,3FH
DB 40H,41H,42H,43H,44H,45H,46H, 47H,48H,49H,4AH,4BH,4CH,4DH, 4EH,4FH
DB 50H, 51H,52H, 53H,054H,55H,56H,57H,58H,59H,5AH,5BH,5CH,5DH,5EH,5FH
DB 60H, 61H,062H,63H,64H,65H,66H,67H,68H,69H,6AH,6BH,6CH,6DH,6EH,6FH
```

END

程序说明。

① 使用 DB 伪指令定义常数数据时，每一个数据之间有一个半角字符的逗号分隔，每行最后一个数据后不加逗号；当一行写不完时要另起一行并使用 DB 伪指令做前缀。

② 与使用 RETLW nn 指令查表方式相比，采用读表指令 TBLRD*查表具有使用方便，表的位置、长度不受限制等诸多优点，这是 PIC18F 系列单片机特有的查表方式。

读表操作通过 21 位的读表指针 TBLPTR 实现对表元素的查找，操作结果的数据从 TBLPTR 所指向的 ROM 单元中读取，送 TABLAT 寄存器。

读表指针 TBLPTR 由 3 个字节组成。

（a）TBLPTRL，低 8 位寄存器。

（b）TBLPTRH，高 8 位寄存器。

（c）TBLPTRU，最高 8 位寄存器（8 位中的低 5 位）。

21 位查表指针寄存器，可全覆盖 PIC18F 的 2MB ROM 空间。应当注意，使用 INCF TBLPRTL,F 对指针+1 时，不会将 TBLPRTL 的进位添加到 TBLPTRH 中，而专用指针增量指令可以实现 TBLPRT 的正确加 1。

PIC18F 系列的 4 种读表指令描述如下。

（a）TBLRD*，读表操作，读表后 TBLPTR 内容不变。

（b）TBLRD*+，先读表、后增量，读表后 TBLPTR 内容增量加 1。

（c）TBLRD*−，先读表、后增量，读表后 TBLPTR 内容增量减 1。

（d）TBLRD +*，先增量、后读表，TBLPTR 内容先增量加 1，后读表。

采用 TBLRD*指令编制查表程序时，可以方便的使用 DB 伪指令在 ROM 空间定义数据表，当然可以配合 ORG 伪指令对数据表的位置进行定义（如果需要的话）。

7. 思考题

利用查表法实现阶梯波、三角波或正弦波等波形的输出。提示：只要修改 READ 子程序中的 RETLW　nn 中的 64 个立即数 nn 或表 TABLE 数据即可。

7.10　PIC18F452 的 MSSP 模块的 I^{2}C 模式编程实践

有关 I^{2}C 的总线描述可参见本教程中的 3.10 章节。

7.10.1　I^{2}C 接口的 ZLG7290 芯片的 LED 数码管显示编程实践

1. 实验目的

了解、掌握 PIC18F 系列单片机芯片内的 I^{2}C 模块结构、初始化方法，掌握 I^{2}C 的通信编程方法。了解 ZLG7290 芯片的特性、显示编程原理。

2. 实验设备

PIC18F_1 单片机综合实验仪 1 台、ICD2 在线调试器 1 台和 220V/9V 电源适配器 1 台、装载 MPLAB IDE 软件的微型计算机 1 台。

3. 实验要求

将 PIC18F 单片机的 I²C 接口与 ZLG7290 芯片连接。编制 ZLG7290 的显示程序，显示"12345678"8 个数字。此程序可以作为与显示相关的所有编程的参考算法。

4. 实验电路连接及说明

利用单片机的 I²C 端口 RC4（SDA）、RC3（SCK）分别与 ZLG7290 的 SDA、SCL 连接。ZLG7290 的复位控制采用硬件电路实现上电复位。实验连接电路如图 7.10.1 所示。由 ZLG7290 构建的应用参考电路如图 7.10.2 所示。

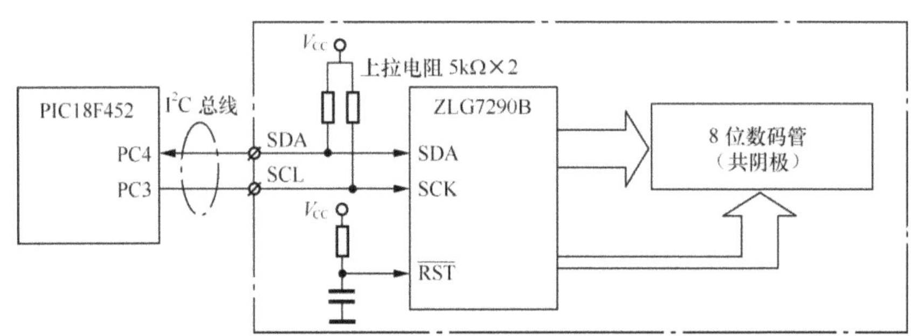

图 7.10.1　PIC 单片机与 ZLG7290 连接的电路图

5. 编程算法及说明

利用 PIC 单片机进行 I²C 通信编程，关键是对相关 SFR 的初始化编程。与程序对应的流程图如图 7.10.3 所示。程序分为三大部分。

① 建立一个变量缓冲区，在单片机的 30H～37H 中放置 1～8 八个变量数据。

② 利用一个循环程序，将变量逐一查表，并送到 38H～3FH 中（字型码区）。

③ 调用 WRITE 多字节写子程序，将字型码数据送 ZLG7290 的 10H～17H 显示缓冲区，程序中的 I²C 通信 WRITE 多字节子程序，可以作为 I²C 通用子程序用于后续的所有 I²C 通信编程。调用之前要赋值 4 个入口参数。

（a）I²C_W，外围器件写地址存储单元（本例中 ZLG7290B 的写地址为 70H）。

（b）SDATA_I²C，源数据块首地址存储单元（本例指向单片机的字型码数据块首址 38H）。

（c）DDATA_I²C，目标数据块首地址存储单元（本例中指向 ZLG7290B 显示缓冲区首址 10H）。

（d）COUNT_I²C，I²C 通信字节数存储单元（在本例中为 08H）。

6. 参考程序

（1）汇编语言程序

程序流程如图 7.10.3 所示。

```
;*************************************************************************
;     PIC18F452 用 I²C 驱动 ZLG7290 显示"12345678"
;     程序名：7_10_1.asm
;*************************************************************************
LIST P=18F452
#INCLUDE P18F452.INC
I²C_W           EQU     0X40        ;外围器件写地址存储单元
I²C_R           EQU     0X41        ;外围器件写地址存储单元（I²C 子程序兼容）
SDATA_I²C       EQU     0X42        ;源数据块首地址存储单元
DDATA_I²C       EQU     0X43        ;目标数据块首地址存储单元
```

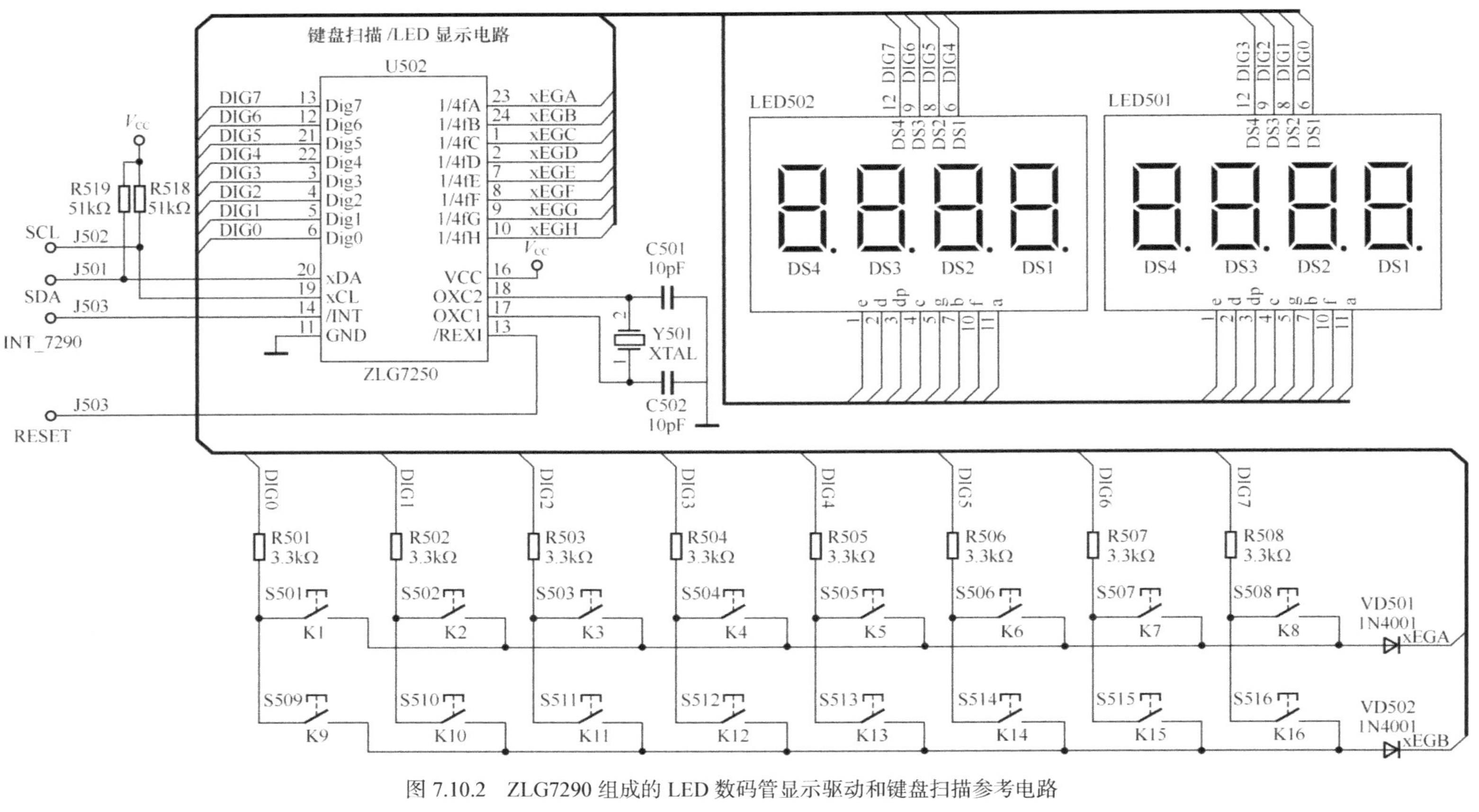

图 7.10.2　ZLG7290 组成的 LED 数码管显示驱动和键盘扫描参考电路

```
COUNT_I2C      EQU      0X44          ;I2C 通信字节数存储单元
DATA_W         EQU      0X30          ;变量数据单元首地址
DISP_W         EQU      0X38          ;字型码数据单元首地址
COUNT          EQU      0X45          ;计数器工作单元
R1     EQU     20H                    ;定义计数器单元 1
R2     EQU     21H                    ;定义计数器单元 2
N1     EQU     8H                     ;定义延时常数 1
N2     EQU     0FFH                   ;定义延时常数 2
               ORG      0X00
               GOTO     MAIN
               ORG      0X050
MAIN           NOP
               CALL     INIT_I2C      ;初始化 I2C
;****************************************************
;     建立一个变量数据区（30H～37H）
;****************************************************
               MOVLW    01H
               MOVWF    DATA_W
               MOVLW    02H
               MOVWF    DATA_W+1
               MOVLW    03H
               MOVWF    DATA_W+2
               MOVLW    04H
               MOVWF    DATA_W+3
               MOVLW    05H
               MOVWF    DATA_W+4
               MOVLW    06H
               MOVWF    DATA_W+5
               MOVLW    07H
               MOVWF    DATA_W+6
               MOVLW    08H
               MOVWF    DATA_W+7
;****************************************************
;     查表 建立一个字型码数据区（38H～3FH）
;****************************************************
ZZZ            MOVLW    0X08
               MOVWF    COUNT
               LFSR     0,0x30        ;为数据指针 FSR0 装载 30H
               LFSR     1,0x38        ;为数据指针 FSR1 装载 38H
LOP            MOVF     INDF0,0       ;间址获取变量数据于 W
               CALL     CHECK         ;将 W 中的变量换成段字型码码
               MOVWF    INDF1         ;查表数据送字型码区
               INCF     FSR0L,F       ;修改指针间址寄存器 FSR0 增量
               INCF     FSR1L,F       ;间址寄存器 FSR1 增量
               DECFSZ   COUNT         ;循环控制
               GOTO     LOP
;****************************************************
;     将字型码写入 7290 的 10H～17H 单元（显示字符）
;****************************************************
               MOVLW    0x70          ;7290 的写地址
               MOVWF    I2C_W
```

主程序
调 I2C 初始化
建立变量区
查表建立字形码区
参数初始化
调 I2C 写子程序
7290 显示数据
HALT

图 7.10.3　主程序流程图

```
            MOVLW       0X38                    ;源数据块（单片机内部字型码）首地址
            MOVWF       SDATA_I²C
            MOVLW       0X10                    ;指向目标（外围 7290）数据块首地址
            MOVWF       DDATA_I²C
            MOVLW       0X08
            MOVWF       COUNT_I²C               ;字节数送 COUNT_I²C
            CALL        WRITE                   ;调多字节 I²C 写子程序
            GOTO        $                       ;动态停机
;*********************************************************************
;        查表函数，入口参数 W 返回值 W
;*********************************************************************
CHECK;
            MULLW       02H
            MOVFF       PRODL,WREG
            ADDWF       PCL
            RETLW       0XFC
            RETLW       0X60
            RETLW       0XDA
            RETLW       0XF2
            RETLW       0X66
            RETLW       0XB6
            RETLW       0XBE
            RETLW       0XE4
            RETLW       0XFE
            RETLW       0XF6
            RETLW       0XEE
            RETLW       0X3E
            RETLW       0X9C
            RETLW       0X7A
            RETLW       0X9E
            RETLW       0X8E
            RETLW       0XFC
;*****************************************************************************
; 粘贴所有的 I²C 通信子程序（参见附录 2）
;  *****************************************************************************
            END
```

（2）C 语言程序

```c
//****************************************************************************
//    ZLG7290 数码管显示 "12345678"
//    程序名：7_10_1.c
//****************************************************************************
#include <p18f452.h>
void init_i2c(void);                        //I²C 初始化子函数
void WrtAckTest(void);                      //检测应答信号子程序
void I²C_IDLE(void);                        //检测总线空闲子程序
    void write_i2c(unsigned char i2cw,unsigned char add,unsigned char data,unsigned char
number);
    unsigned char x,i;
    unsigned char table[16]={0XFC,0X60,0XDA,0XF2,0X66,0XB6,0XBE,0XE4,0XFE,0XF6,  0XEE,
0X3E, 0X9C,0X7A,0X9E,0X8E};
    //****************************************************************
```

```c
//          主函数：通过 7290 显示 "12345678"
//***************************************************************************
#pragma code
void main(void)
{
   init_i2c();                      // 外围器件的初始化
   x=1;                             // 设定数据指针
   write_i2c( 0x70,0x10,x, 0x08);   // 写入 8 个数据到 7290 的显示缓冲区
   while(1);
}
//***************************************************************************
//   I²C 写数据子函数   其中：i2cw 为 i2c 器件写地址；
//   add 为 i2c 器件内部地址；data 为数据指针；number 为字节数*/
//***************************************************************************
voidwrite_i2c( unsigned char i2cw,unsigned char add,unsigned char data ,unsigned char
number)
{
I²C_IDLE();
SSPCON2bits.SEN=1;

PIR1bits.SSPIF=0;
while(PIR1bits.SSPIF==0);

SSPBUF=i2cw;                    //写入命令字
WrtAckTest();
while(SSPSTATbits.BF==1);

SSPBUF=add;                     //写入命令字外围器件的内部地址
WrtAckTest();
while(SSPSTATbits.BF==1);

for(i= data;i<9;i++)            //开始写入 N 个数据
{
    SSPBUF= table[i];
    WrtAckTest();
    while(SSPSTATbits.BF==1);
      PIR1bits.SSPIF=0;
}
PIR1bits.SSPIF=0;              //清除 SSPIF 标志
SSPCON2bits.PEN=1;            //发送使能停止条件
}
//***************************************************************************
voidinit_i2c(void)            // I²C 初始化子函数
{
    SSPADD=39;
    SSPSTAT=0x80;
    SSPCON1=0X28;
}
//***************************************************************************
voidWrtAckTest(void)          //检测应答信号子程序
{
    PIR1bits.SSPIF=0;
    while(PIR1bits.SSPIF==0);
```

```
}
//********************************************************************
void I²C_IDLE(void)              //检测总线空闲子程序
{
    while(SSPSTATbits.R_W==1);
    while((SSPCON2&0x1F)!=0X00);
}
//********************************************************************
```

程序说明。I²C 写函数 void　write_i2c 可以作为通用的 I²C 写函数。函数中 4 个入口参数的定义如下。

① unsigned char number 字节数。对于 ZLG7290B 的显示操作而言在 1～8 的范围选择。

② unsigned char add 外围器件首地址。在此例中 ZLG7290B 的内部起始地址（10H～17H）与实验设备上的数码管物理位置一一相关，即 10H 对应 8 个数码管的最右面的一个，17H 单元对应着最左面的数码管，其余情况类推。

③ unsigned char data 待显示的数据指针。将要显示的字型码数据事先存放在一个数组中，然后由该子函数调用。

④ unsigned char i2cw 外围器件写地址。对于本例中 ZLG7290B 而言写地址为 70H。

7. 思考题

将显示的数字改为当前的时间（4 位年、2 位月份和 2 位日期，中间由小数点分隔）。

提示，编制显示程序要充分利用变量数据块、字型码数据块的数据结构，将要显示的 8 个数据先送到变量数据块中，然后利用程序中的查表操作，将 8 个变量数据转换为对应的字型码数据，并送到字型码数据块中，最后将 8 个字型码数据统一送 ZLG7290 的显示缓冲区（ZLG7290 的内部地址 10H～17H 中），这样变量数据即可显示在 8 个数码管上。这里要注意数据块的地址与 8 个数码管的位置的对应关系。

7.10.2　I²C 接口的 ZLG7290 芯片的键盘扫描编程实践

1. 实验目的

进一步了解、掌握 PIC18F 系列单片机芯片内的 I²C 模块结构，初始化方法。了解 ZLG7290 芯片的键值读取方法和编程原理。熟练运用 I²C 的读数据、写数据子函数编写出 I²C 通信程序。

2. 实验设备

PIC18F_1 单片机综合实验仪 1 台、ICD2 在线调试器 1 台和 220V/9V 电源适配器 1 台、装载 MPLAB IDE 软件的微型计算机 1 台。

3. 实验要求

将 PIC18F 单片机的 I²C 接口与 ZLG7290 芯片连接。编制 ZLG7290 的显示、键值提取程序，ZLG7290 初始显示"data=　　"。每当按下 1 个键时，在右侧的数码管上显示出 2 位键值。在运行程序时，将显示（测得）的键值填写到表 7.10.1 中。

4. 实验电路及说明

利用单片机的 I²C 端口的 RC4（SDA）、RC3（SCK）分别与 ZLG7290 模块的 SDA、SCL 连接。再将 ZLG7290B 的键盘中断输出引脚 INT 与单片机的 RB0/INT0 连接。每当按下 1 个按键时，利用键盘中断信号引发单片机的中断，在中断服务程序中读取键值。实验连接如图 7.10.4 所示。

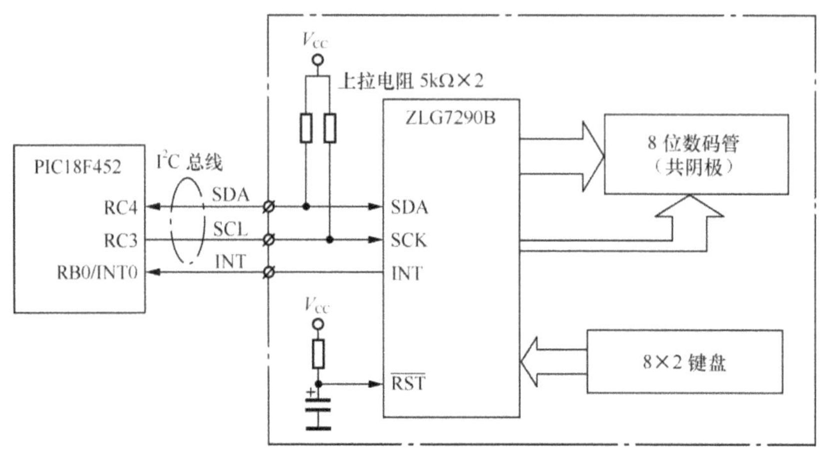

图 7.10.4　PIC 单片机与 ZLG7290 连接的电路图

5. 编程算法及说明

程序分为主程序和中断服务程序 2 个部分（程序流程如图 7.10.5、图 7.10.6 所示），其中主程序实现对 ZLG7290 芯片的初始化、LED 初始信息显示，中断服务程序的任务是从 ZLG7290B 的 01H 单元中读取键值、拆分查表，并通过 ZLG7290B 显示。

6. 实验结果数据

理论上 S501～S516 按键的键值应当是 01H～10H（见表 7.10.1），实际结果应通过实验加以验证。

表 7.10.1　　　　　　　　　　　　　　　　ZLG7290 键值表

键名	S501	S502	S503	S504	S505	S506	S507	S508
键值	01H	02H	03H	04H	05H	06H	07H	08H
键名	S509	S510	S511	S512	S513	S514	S515	S516
键值	09H	0AH	0BH	0CH	0DH	0EH	0FH	10H

注意，在实际应用中，系统的 16 个按键的键值范围应当是 00H～0FH，其中 00H～09H 可以作为数字键使用，0AH～0FH 可作为功能键使用。所以在系统设计中可以考虑对读出的键值进行减 1 处理，以满足数字键 0～9 的需要。

7. 参考程序

程序流程如图 7.10.5、图 7.10.6 所示。

```
;*********************************************************************
;     I2C 驱动 ZLG7290 读取、显示键值
;     程序名：8_10_2.asm
;*********************************************************************
      LIST  P=18F452
      #INCLUDE P18F452.INC
I2C_W       EQU     0X40          ;外围器件写地址存储单元
I2C_R       EQU     0X41
SDATA_I2C   EQU     0X42          ;源数据块首地址存储单元
DDATA_I2C   EQU     0X43          ;目标数据块首地址存储单元
COUNT_I2C   EQU     0X44          ;I2C 通信字节数存储单元
```

```
DATA_W          EQU     0X30                    ;变量数据单元首地址
DISP_W          EQU     0X38                    ;字型码数据单元首地址
COUNT           EQU     0X45                    ;计数器工作单元
R1      EQU     20H                             ;定义计数器单元 1
R2      EQU     21H                             ;定义计数器单元 2
N1      EQU     8H                              ;定义延时常数 1
N2      EQU     0FFH                            ;定义延时常数 2
;********************************************************************
        ORG     0X00
        GOTO    MAIN
;********************************************************************
        ORG     0008H
        NOP
        BTFSS   INTCON,INT0IF                   ;RB0 键盘中断
        RETFIE
        GOTO    INT0_ISR
;********************************************************************
        ORG     0X100
MAIN
        NOP
        MOVF PCL,0                              ;为查表做准备（赋值 PCH，PCU）
        CALL    INIT_I2C                        ;初始化 I2C,必须的
        BSF     TRISB,INT0                      ;设定 INT0 引脚为输入
        BCF     INTCON2,INTEDG0                 ;设定中断的触发极性为下降沿触发
        BSF     INTCON,INT0IE                   ;使能 INT0 中断
        BSF     INTCON,GIE                      ;使能总的中断
;********************************************************************
;建立查表变量数据区（30H～37H="data="的查表变量）
;********************************************************************
        MOVLW   13H
        MOVWF   DATA_W
        MOVLW   13H
        MOVWF   DATA_W+1
        MOVLW   13H
        MOVWF   DATA_W+2
        MOVLW   12H
        MOVWF   DATA_W+3
        MOVLW   10H
        MOVWF   DATA_W+4
        MOVLW   11H
        MOVWF   DATA_W+5
        MOVLW   10H
        MOVWF   DATA_W+6
        MOVLW   0DH
        MOVWF   DATA_W+7
;********************************************************************
;       查表 建立一个字型码数据区（38H～3FH）
;********************************************************************
        MOVLW   0X08
        MOVWF   COUNT
        LFSR    0,0x30                          ;为数据指针 FSR0 装载 30H
        LFSR    1,0x38                          ;为数据指针 FSR1 装载 38H
```

图 7.10.5　主程序

图 7.10.6　中断流程图

```
LOP
    MOVF    INDF0,0              ;间址获取变量数据于 W
    CALL    CHECK               ;将 W 中的变量换成段字型码码
    MOVWF   INDF1               ;查表数据送字型码区
    INCF    FSR0L,F             ;修改指针间址寄存器 FSR0 增量
    INCF    FSR1L,F             ;间址寄存器 FSR1 增量
    DECFSZ  COUNT               ;循环控制
    GOTO    LOP
;****************************************************************
;    将字型码写入 7290 的 10H～17H 单元（显示字符）
;****************************************************************
    MOVLW   70H
    MOVWF   I²C_W
    MOVLW   0X10                ;预置外围器件首地址
    MOVWF   DDATA_I²C
    MOVLW   0X38                ;指向单片机内部首地址
    MOVWF   SDATA_I²C
    MOVLW   0X08
    MOVWF   COUNT_I²C           ;字节数送 COUNT_I²C
    CALL    WRITE               ;调多字节 I²C 写子程序
    GOTO    $                   ;动态停机等待中断
;****************************************************************
;        查表函数，入口参数 W 返回值 W
;****************************************************************
CHECK;
    MULLW   02H
    MOVFF   PRODL,WREG
    ADDWF   PCL
    RETLW   0XFC                ;0 的字型码
    RETLW   0X60                ;1 的字型码
    RETLW   0XDA                ;2 的字型码
    RETLW   0XF2                ;3 的字型码
    RETLW   0X66                ;4 的字型码
    RETLW   0XB6                ;5 的字型码
    RETLW   0XBE                ;6 的字型码
    RETLW   0XE4                ;7 的字型码
    RETLW   0XFE                ;8 的字型码
    RETLW   0XF6                ;9 的字型码
    RETLW   0XEE                ;A 的字型码
    RETLW   0X3E                ;B 的字型码
    RETLW   0X9C                ;C 的字型码
    RETLW   0X7A                ;D 的字型码
    RETLW   0X9E                ;E 的字型码
    RETLW   0X8E                ;F 的字型码
    RETLW   0XFA                ;a 的字型码
    RETLW   0X1E                ;t 的字型码
    RETLW   0X12                ;=的字型码
    RETLW   0X00                ;熄灭的字型码
;****************************************************************
```

```
;               7290 按键中断服务程序（读取键值并显示）
;****************************************************************
INT0_ISR
    MOVLW    0X70                    ;首先发送"写命令"字
    MOVWF    I2C_W
    MOVLW    0X71
    MOVWF    I2C_R
    MOVLW    0X01
    MOVWF    SDATA_I2C               ;01H（键值寄存器）
    MOVLW    0X43
    MOVWF    DDATA_I2C               ;读取数据存放的首地址
    MOVLW    01H
    MOVWF    COUNT_I2C
    CALL     RDNBYT                  ;调读数据（出口参数：键值在 DATA_R 单元）
    MOVF     DDATA_I2C,W
    ANDLW    0X0F
    CALL     CHECK                   ;将键值换成段码
    MOVWF    0x38                    ;字型码区
    SWAPF    DDATA_I2C,1
    MOVF     DDATA_I2C,W
    ANDLW    0X0F
    CALL     CHECK                   ;将键值换成段码
    MOVWF    0x39                    ;字型码区
    CALL     DELAY                   ;7290 需要
    MOVLW    0X70
    MOVWF    I2C_W
    MOVLW    0X10                    ;预置外围器件首地址
    MOVWF    DDATA_I2C
    MOVLW    0X38                    ;指向单片机内部首地址
    MOVWF    SDATA_I2C
    MOVLW    0X02
    MOVWF    COUNT_I2C               ;字节数送 COUNT_I2C
    CALL     WRITE                   ;调多字节 I2C 写子程序
    BCF      INTCON,INT0IF
    RETFIE
;****************************************************************
; 粘贴所有的 I2C 通信子程序（参见附录 2）
;   ************************************************************
        END
```

7.10.3　I²C 接口的 PCF8563 的电子时钟编程实践

1. 实验目的

进一步了解、掌握 PIC18F 系列单片机芯片内的 I²C 模块结构，初始化方法。了解 PCF8563T 专用日历芯片的内部结构和编程原理。熟练运用 I²C 的读数据、写数据子函数编写出 I²C 通信程序。

2. 实验设备

PIC18F_1 单片机综合实验仪 1 台、ICD2 在线调试器 1 台和 220V/9V 电源适配器 1 台、装载 MPLAB IDE 软件的微型计算机 1 台。

3. 实验要求

将 PIC18F 单片机的 I²C 接口分别与 ZLG7290 芯片、PCF8563 对应引脚连接。实现能够显示"年、月、日"和"小时、分钟、秒"参数的电子时钟系统设计。

4. 实验电路及说明

将单片机的 I²C 端口（RC3、RC4）与实验仪的 SCL、SDA 端子连接，将 PCF8563T 的 CLKOUT 与单片机的 INT0（RB0）连接，利用 PCF8563T 的 CLOKOUT 端口 1Hz 方波信号引发单片机中断。利用一个 SWITH 开关（S611）与单片机的一个端口（RC5）连接，作为显示模式（日期或时间）控制。利用 RB5 端口与逻辑笔连接，作为中断状态显示。注意，8563 的 CLKOUT 要接一个 10kΩ 的上拉电阻。PCF8563 的芯片地址为 0A2H（写地址）、0A3H（读地址）。实验电路的具体连接如图 7.10.7 所示。

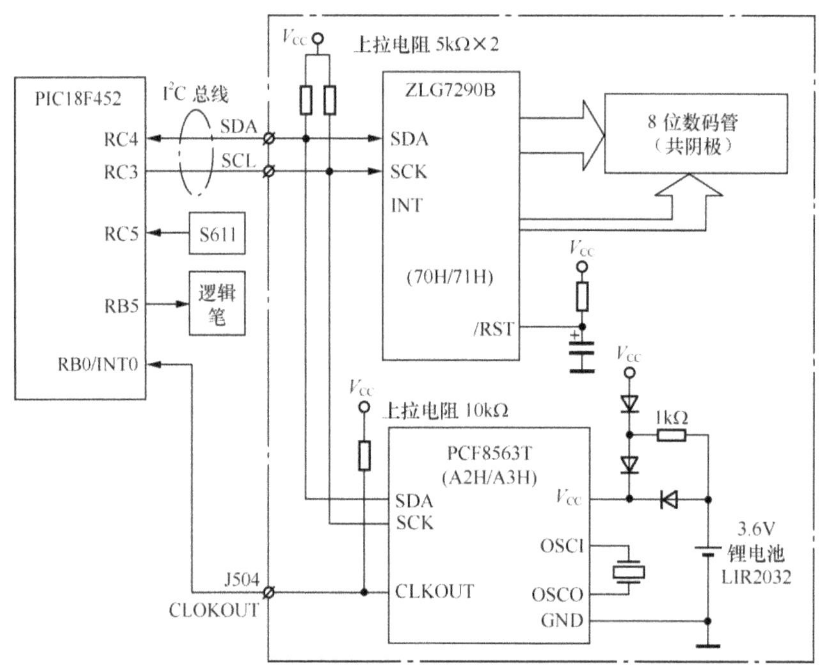

图 7.10.7　PIC 单片机与 ZLG7290 连接的电路图

5. 编程算法说明

整个过程分为 4 个步骤。

① 在单片机的文件寄存器中，建立一个数据块（要写入日历芯片的控制字和时间参数）。

② 将参数写入 PCF8563T 芯片中。

③ 利用 PCF8563T 的 CLOKOUT 引发的"秒"方波来激发单片机的中断。

④ 在中断服务程序中读出时间参数，并将读出时间参数进行处理（屏蔽非时间参数位、时间参数的差分和查表，最后送 ZLG7290B 进行显示）。

单片机内部的几个主要的数据块划分、定义如下。

① 10H～1DH，原始参数区。包括 PCF8563T 的控制字、起始时间参数等。

② 20H～26H，从 PCF8563T 读出的 7 个时间数据（秒、分、小时、日、星期、月、年），其中"星期"在程序中不采用。

③ 28H～2FH，年、月、日参数经拆分、查表后的字型码数据。

④ 38H～3FH，时、分、秒参数经拆分、查表后的字型码数据。

主程序流如图 7.10.8 所示，中断程序流程如图 7.10.9 所示。

6. 参考程序

汇编语言程序。

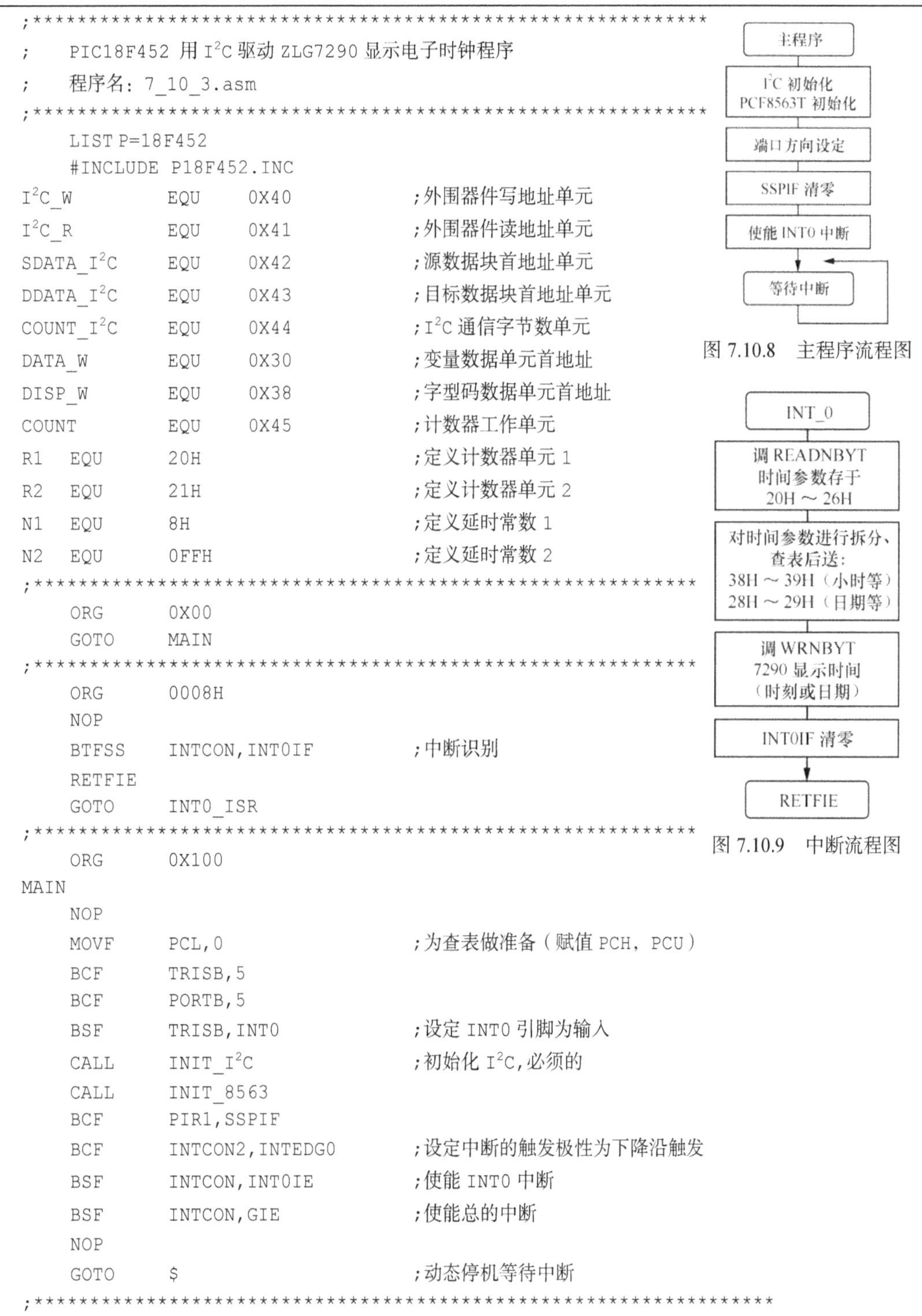


```asm
;************************************************
;    PIC18F452 用 I²C 驱动 ZLG7290 显示电子时钟程序
;    程序名: 7_10_3.asm
;************************************************
     LIST P=18F452
     #INCLUDE P18F452.INC
I²C_W        EQU    0X40        ;外围器件写地址单元
I²C_R        EQU    0X41        ;外围器件读地址单元
SDATA_I²C    EQU    0X42        ;源数据块首地址单元
DDATA_I²C    EQU    0X43        ;目标数据块首地址单元
COUNT_I²C    EQU    0X44        ;I²C 通信字节数单元
DATA_W       EQU    0X30        ;变量数据单元首地址
DISP_W       EQU    0X38        ;字型码数据单元首地址
COUNT        EQU    0X45        ;计数器工作单元
R1   EQU     20H                ;定义计数器单元 1
R2   EQU     21H                ;定义计数器单元 2
N1   EQU     8H                 ;定义延时常数 1
N2   EQU     0FFH               ;定义延时常数 2
;************************************************
     ORG     0X00
     GOTO    MAIN
;************************************************
     ORG     0008H
     NOP
     BTFSS   INTCON,INT0IF      ;中断识别
     RETFIE
     GOTO    INT0_ISR
;************************************************
     ORG     0X100
MAIN
     NOP
     MOVF    PCL,0              ;为查表做准备（赋值 PCH，PCU）
     BCF     TRISB,5
     BCF     PORTB,5
     BSF     TRISB,INT0         ;设定 INT0 引脚为输入
     CALL    INIT_I²C           ;初始化 I²C,必须的
     CALL    INIT_8563
     BCF     PIR1,SSPIF
     BCF     INTCON2,INTEDG0    ;设定中断的触发极性为下降沿触发
     BSF     INTCON,INT0IE      ;使能 INT0 中断
     BSF     INTCON,GIE         ;使能总的中断
     NOP
     GOTO    $                  ;动态停机等待中断
;************************************************
```

```
;           查表函数，入口参数 W 返回值 W
;*********************************************************************
CHECK;
     MULLW      02H
     MOVFF      PRODL,WREG
     ADDWF      PCL
     RETLW      0XFC                    ;0 的字型码
     RETLW      0X60                    ;1 的字型码
     RETLW      0XDA                    ;2 的字型码
     RETLW      0XF2                    ;3 的字型码
     RETLW      0X66                    ;4 的字型码
     RETLW      0XB6                    ;5 的字型码
     RETLW      0XBE                    ;6 的字型码
     RETLW      0XE4                    ;7 的字型码
     RETLW      0XFE                    ;8 的字型码
     RETLW      0XF6                    ;9 的字型码
     RETLW      0XEE                    ;A 的字型码
     RETLW      0X3E                    ;B 的字型码
     RETLW      0X9C                    ;C 的字型码
     RETLW      0X7A                    ;D 的字型码
     RETLW      0X9E                    ;E 的字型码
     RETLW      0X8E                    ;F 的字型码
;*********************************************************************
;           PCF8563 初始化子程序
;*********************************************************************
INIT_8563
     MOVLW      00H                     ;控制字 1
     MOVWF      10H                     ;芯片为普通模式
     MOVLW      1FH                     ;控制字 2
     MOVWF      11H                     ;不启用时间报警功能
     MOVLW      00H                     ;秒参数（55 秒）
     MOVWF      12H
     MOVLW      07H                     ;分参数（59 分）
     MOVWF      13H
     MOVLW      09H                     ;小时参数（23 时）
     MOVWF      14H
     MOVLW      14H                     ;日期参数（13 日）
     MOVWF      15H
     MOVLW      01H                     ;星期参数（星期一）
     MOVWF      16H
     MOVLW      06H                     ;月份参数（6 月）
     MOVWF      17H
     MOVLW      11H                     ;年参数（11 年）
     MOVWF      18H
     MOVLW      00H                     ;分钟报警参数（无用暂填 00H）
     MOVWF      19H
     MOVLW      00H                     ;小时报警参数（无用暂填 00H）
     MOVWF      1AH
     MOVLW      00H                     ;日期报警参数（无用暂填 00H）
```

```
        MOVWF       1BH
        MOVLW       00H                     ;星期报警参数（无用暂填 00H）
        MOVWF       1CH
        MOVLW       83H                     ;设定 CLOKOUT 输出频率为 1Hz
        MOVWF       1DH
;*********************************************************************
;    将参数写入 PCB8563T 中的 00H～0DH 单元（控制字及时间参数）
;*********************************************************************
        MOVLW       0XA2                    ;指向 PCF8563T
        MOVWF       I²C_W
        MOVLW       0X10                    ;预置源数据块（单片机内部）首地址
        MOVWF       SDATA_I²C
        MOVLW       0X00                    ;指向标首（外围）数据块首地址
        MOVWF       DDATA_I²C
        MOVLW       0X0E
        MOVWF       COUNT_I²C               ;字节数送 COUNT_I²C
        CALL        WRITE                   ;调多字节 I²C 写子程序
        RETURN
;*********************************************************************
;          秒中断服务程序（读取参数并显示）
;*********************************************************************
INT0_ISR
        BTG         PORTB,5                 ;进入中断标志
        MOVLW       0XA2                    ;写地址送 I²C_W 单元
        MOVWF       I²C_W
        MOVLW       0XA3                    ;读地址送 I²C_R 单元
        MOVWF       I²C_R
        MOVLW       0X02                    ;源数据块（8562）首址—秒单元
        MOVWF       SDATA_I²C               ;送 SDATA_I²C 单元
        MOVLW       0X20                    ;目标数据块（单片机变量区）首址
        MOVWF       DDATA_I²C               ;送 DDTAT_I²C
        MOVLW       0X07                    ;字节数 7 送 COUNT_I²C 单元
        MOVWF       COUNT_I²C
;*********************************************************************
        CALL        RDNBYT                  ;调 N 个字节数据读入子程序
        MOVF        DDATA_I²C,0             ;读出的参数在 DDATA_I²C 为首地址的数据块
        MOVWF       FSR0L
;*********************************************************************
        MOVF        INDF0,W                 ;读秒参数
        ANDLW       0X0F
        CALL        CHECK                   ;将秒的个位转换成字型码
        MOVWF       0x38                    ;送字型码区
        SWAPF       INDF0,1                 ;处理秒的十位
        MOVF        INDF0,W
        ANDLW       0X07                    ;屏蔽原来的最高位
        CALL        CHECK                   ;将秒的十位换成字形码
        MOVWF       0x39                    ;送字型码区
;*********************************************************************
        INCF        FSR0L ,1                ;指向分钟参数
        MOVF        INDF0,W                 ;读分参数
```

```
        ANDLW      0X0F
        CALL       CHECK         ;将分钟的个位转换成字型码
        MOVWF      0x3B          ;字型码区
        SWAPF      INDF0,1       ;处理分钟的十位
        MOVF       INDF0,W
        ANDLW      0X07
        CALL       CHECK         ;将分钟的十位转换成字型码
        MOVWF      0x3C          ;送字型码区
;*********************************************************
        INCF       FSR0L,1       ;指向小时参数
        MOVF       INDF0,W       ;读小时参数
        ANDLW      0X0F
        CALL       CHECK         ;将小时的个位转换成字型码
        MOVWF      0x3E          ;送字型码区
        SWAPF      INDF0,1       ;处理小时的十位
        MOVF       INDF0,W
        ANDLW      0X03
        CALL       CHECK         ;将小时的个位转换成段字型码
        MOVWF      0x3F          ;送字型码区
;*********************************************************
        MOVLW      0X02          ;送分隔符"—"
        MOVWF      0X3A
        MOVWF      0X3D
;*********************************************************
        MOVLW      0X70
        MOVWF      I²C_W
        MOVLW      0X10          ;预置外围器件首地址
        MOVWF      DDATA_I²C
        MOVLW      0X38          ;指向单片机内部首地址
        MOVWF      SDATA_I²C
        MOVLW      0X08
        MOVWF      COUNT_I²C     ;字节数送 COUNT_I²C
        CALL       WRITE         ;调多字节 I²C 写子程序
        BCF        INTCON,INT0IF
        RETFIE
;*********************************************************
; 粘贴所有的 I²C 通信子程序（参见附录 2）
;*********************************************************
        END
;*********************************************************
```

7.11　12864LCD 点阵显示模块的特点及编程实践

12864LCD 显示模块型号为 TS-12864A-3。其核心为台湾矽创电子公司生产的 ST7920 液晶控制芯片，它是一种功能极强的液晶控制模块，其主要功能如下：

① 芯片内置 128*64-12 汉字图形显示控制模块，用于显示汉字和图形。

② 内置 8192 个中文汉字（16*16 点阵）。

③ 内置 128 个字符的 ASCII 字符库（8*16 点阵）。

④ 64*256 点阵显示 RAM［GDRAM（自定义字形 RAM）］。

⑤ 设有 2MB 中文字型 CGROM 和 64*256 点阵 GDRAM 绘图区，便于汉字图形显示。

⑥ 芯片提供四组可编程控制的 16*16 点阵造字空间。

⑦ 硬件结构上采用 32 个普通驱动器（Common）和 64 个段驱动器（Segment）组成。

⑧ 芯片提供 8 位并行、4 位并行或 2 位串行、3 位串行等多种数据接口方式。

7.11.1　ST7920 液晶模块的内部结构、系统结构与编程原理

模块的引脚信号定义如表 7.11.1 所示，引脚图如图 7.11.1 所示。实验仪上设计为 8 位并行模式（PSB=1）。要控制模块显示字符、汉字和图形，只要通过数据线向模块写入对应的模块命令、数据即可，没有太复杂的时序操作。

表 7.11.1　　　　　　　　　　　LCD128*64 点阵电路模块引脚信号定义表

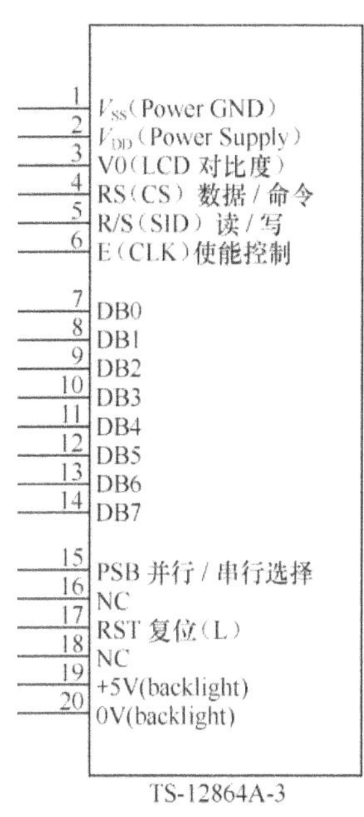

图 7.11.1　模块引脚图

引　　脚	符　　号	电　　平	功　　能
1	V_{SS}	0V	电源地 GND
2	V_{DD}	5.0V	逻辑电源
3	V0	0～5.0V	屏幕对比度调节
4	D/I 或 RS	H/L	为 H 时，数据；为 L 时，命令
5	R/W	H/L	为 H 时，读；为 L 时，写
6	E	H	使能信号、高电平时有效
7	DB0		
8	DB1		
9	DB2		并行数据线
10	DB3	H/L	当 D/I=1 时，BD7～DB0 为数据
11	DB4		当 D/I=0 时，BD7～DB0 为命令
12	DB5		
13	DB6		
14	DB7		
15	PSB	H/L	数据并/串模式选择，为 1，并行；为 0，串行
16	NC	NOP	
17	$\overline{RST}$	L	复位信号，L=0 复位
18	NC	NOP	
19	LED+	+5V	屏幕背光电源
20	LED-	0	

7.11.2　ST7920 液晶模块的基本指令集

通过指令可以实现对液晶模块的不同操作以满足设计需要。模块的指令集分为基本指令和扩展指令集，读者可以通过实践去进行尝试。基本指令集和扩展指令集如表 7.11.2 和表 7.11.3 所示。

表 7.11.2　　　　基本指令集（RE=0 时，详见表中"功能设定命令"）

指　令	指令码										说　　明
	DI	RW	D7	D6	D5	D4	D3	D2	D1	D0	
清除命令	0	0	0	0	0	0	0	0	0	1	将 DDRAM 填满 20H，并设定 DDRAM 地址计数器 AC=00H
地址归位	0	0	0	0	0	0	0	0	1	×	设定 DDRAM 地址计数器 AC=00H，并将光标移至开头的位置，此命令不影响 DDRAM 内容
进入设定点指令	0	0	0	0	0	0	0	1	I/D	S	I/D 地址增量/减量设定 I/D=1，右移、AC+1； I/D=0，左移、AC-1。 S 显示画面整体移位 S=1，I/D=0 时，画面整体左移； S=1，I/D=1 时，画面整体右移
显示状态开关	0	0	0	0	0	0	1	D	C	B	D=1，整体显示打开；D=0 关闭显示。 C=1，游标显示；C=0 关闭游标显示。 B=1，游标位置呈反白，B=0 关闭反白
游标或显示移位控制	0	0	0	0	0	1	S/C	R/L	×	×	S/C=0，R/L=0 时，游标左移、AC-1； S/C=0，R/L=1 时，游标右移、AC+1； S/C=1，R/L=0 时，显示左移、游标跟着移动，AC=AC； S/C=1，R/L=1 时：显示右移、游标跟着移动，AC=AC。 指令不改变 DDRAM 的内容
功能设定	0	0	0	0	1	DL	×	ORE	×	×	DL=1:8bit，控制模式（必须为 1）；DL=0:4bit 控制模式； RE=1 时为扩展指令，RE=0 为基本指令。 注意，统一指令不能同时改变 DL、RE。先改变 DL，然后在使用该指令改变 RE
设定 CGRAM	0	0	0	1	AC5	AC4	AC3	AC2	AC1	AC0	设定 CGRAM 地址到地址计数计数器 AC
设定 DDRAM	0	0	1	AC6	AC5	AC4	AC3	AC2	AC1	AC0	设定 DDRAM 地址到地址计数计数器 AC
读取忙标志 BF	0	1	BF	AC6	AC5	AC4	AC3	AC2	AC1	AC0	读取"忙"标志，同时可以读地址计数器 AC 的值。当 BF=1 时表明内部忙，不能执行新的指令。所以每次写入命令之前首先要查询 BF
写数据到 RAM	1	0	D7	D6	D5	D4	D3	D2	D1	D0	写入数据到内部 RAM（DDRAM、CGRAM、IRAM\GDRAM）。每写数据到 RAM 时会改变 AC 的值。1 个地址可以连续写入 2 个字节
读 RAM 数据	1	1	D7	D6	D5	D4	D3	D2	D1	D0	从 RAM 读数据（DDRAM、CGRAM、IRAM\GDRAM）

表 7.11.3　　扩展指令集

指令	指令码										说明
	DI	RW	D7	D6	D5	D4	D3	D2	D1	D0	
待命模式	0	0	0	0	0	0	0	0	0	1	将 DDRAM 填满 20H，并设定 DDRAM 地址计数器 AC=00H。不影响 RAM 内容。后面的任何一个指令都可以终结待命状态
卷动地址或 RAM 地址选择指令	0	0	0	0	0	0	0	0	1	SR	SR=1，允许输入垂直卷动地址。SR=0，允许输入 IRAM 地址（扩展指令）及允许输入设定 CGRAM 地址（基本指令）
反白显示	0	0	0	0	0	0	0	1	R1	R0	选择四行中的任何一行反白显示。第一次设定时，为反白，再设定一次时，恢复为正常显示。R1、R0=00 时，第一行反白或正常。R1、R0=01 时，第二行反白或正常。R1、R0=10 时，第三行反白或正常。R1、R0=11 时，第四行反白或正常
睡眠模式	0	0	0	0	0	0	1	/SL	×	×	SL=0 时，进入睡眠状态。SL=1 时，脱离睡眠模式
扩充模式设定	0	0	0	0	1	DL	×	/RE	G	0	DL=1:8bit，控制模式（必须为 1）；DL=0:4bit，控制模式。RE=1，为扩展指令。RE=0，为基本指令。G=1，绘图模式 ON。G=0，绘图模式 OFF。注意,同一指令不可同时改变 DL,G 和 RE，一般是先改变 DL 或 G，然后再改变 RE
设定 IRAM 地址或卷动地址	0	0	0	1	AC5	AC4	AC3	AC2	AC1	AC0	SR=1 时，AC5～AC0 为垂直卷动地址。SR=0 时，AC5～AC0 为 ICONRAM 地址
设定绘图地址	0	0	1	AC6	AC5	AC4	AC3	AC2	AC1	AC0	设定 GDRAM 地址到地址计数器 AC，先设定垂直地址，在设定水平地址（连续 2 次操作）

7.11.3　128*64 LCD 液晶屏编程实践（一）字符显示编程实践

1. 实验目的

了解 ST7920 液晶控制芯片的特点、模块结构，掌握初始化方法。熟悉使用 PIC18F452 与液晶模块的并行数据接口的连接方式和汉字字符显示方法。

2. 实验设备

PIC18F_1 单片机综合实验仪 1 台、ICD2 在线调试器 1 台和 220V/9V 电源适配器 1 台、装载 MPLAB IDE 软件的微型计算机 1 台。

3. 实验要求

学习、掌握汉字、ASIIC 码字符的显示编程，编制一个汉字、字符的显示程序，即在屏幕上显示 "PIC18F 系列嵌入式综合实验仪"，其中 "PIC18F" 字符为 8*16 的 ASIIC 码字符，后面的汉字为 16*16 字符。此实验提供一个基本的 LCD 显示编程方法。

4. 实验电路及说明

将单片机的 RD 端口 RD7～RD0（通过 DIP-8 位开关 S801）与液晶模块的 DB7～DB0 连接；再将液晶模块的控制线 RS、R/S、E 信号端（通过 DIP 开关）与单片机的 RE0、RE1 和 RE2 端口连接。在本实验中要将 S801 和 S802 对应的开关接通（置于 ON 的位置），并且相关的端口不要与其他的模块连接（如 LED、开关等）。读者自行设计电路时可省去 DIP 开关。具体的实验电路连接如图 7.11.2 所示。

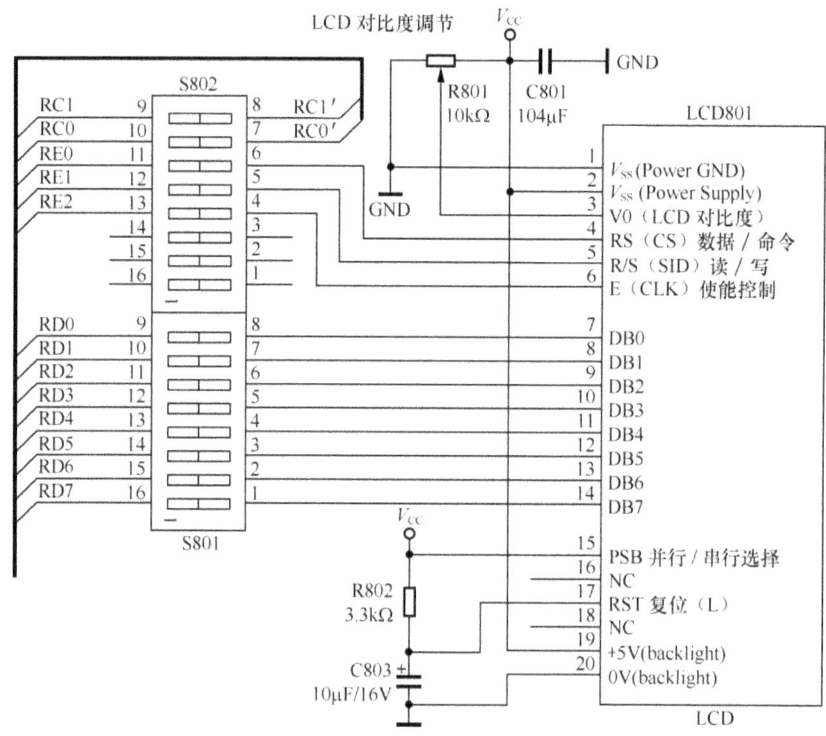

图 7.11.2　128*64LCD 液晶显示模块电路图

5. 编程算法及程序的流程图

对液晶模块的控制可归纳为 2 种方式。

① 发送控制字或发送数据。这是由 DB7～DB0 上的并行数据实现的。

② 发送控制位信号。

RS 或 D/I，高电平时表示为数据操作；低电平时为命令字操作。

R/W，读写控制位。高电平时为读操作，低电平时为写操作。

E，使能信号。高电平时使能 LCD 模块的操作功能。

CPU 向 LCD 模块写入命令之前，必须先读取状态信息 BF，只有当 BF=0 时，才可向模块发送新的命令。如果采用延时操作取代查询操作，可以简化编程，但要注意，模块执行一般的指令的时间为 72μs，而清除显示命令、地址归位指令的时间大约为 5ms。因此在每次向模块写入命令前首先要通过读数据的方式查询数据的最高位 BF 的状态，BF=1 表明模块"忙"；反之 BF=0 表明模块"空闲"，这时才可以向模块写入新的命令。程序流程如图 7.11.3 所示。

对于带字库的显示模块如果要显示全角汉字（16*16 点阵）或 ASCII 码（16*8 点阵）字形，是通过定义一个字节常数存储、并通过查表来实现显示的。通常有如下 2 种方法。

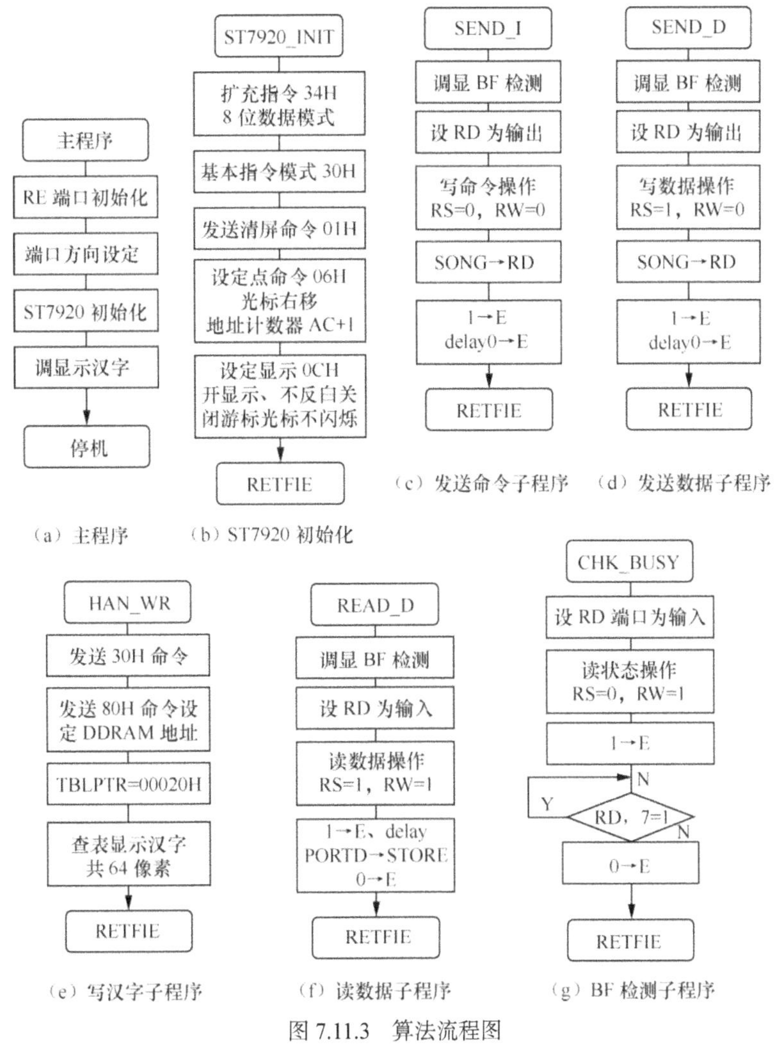

（a）主程序　　（b）ST7920 初始化　　（c）发送命令子程序　　（d）发送数据子程序

（e）写汉字子程序　　（f）读数据子程序　　（g）BF 检测子程序

图 7.11.3　算法流程图

① 使用双引号将汉字或 ASCII 码字符包含在一个存储空间，如

DB　"PIC18F 系列嵌入式"

或者　　　　　　　　　　　　　DB　"　大连理工大学　"　（注意，前后各有 1 个空格）

空格或字母将自动按 ASCII 码字符处理（16*8）；对于汉字将按照全角字字符处理（16*16），实际上是按照 2 个 16*8 的字符来处理的，即当显示字符时模块一律按 16*8 进行操作。

② 可以使用 ST7920 GB 中文字形码表中的代码。如上面的 DB"　大连理工大学　"在使用中文字形码表中的代码是就变为

DB "　",0xb4,0Xf3,0xc1,0xAc,0xc0,0Xed,0xb9,0Xa4,0xb4,0Xf3,0xd1,0xa7," "

其中，"大连理工大学"字形代码分别为 0xb4f3,0xc1ac,0xc0ed,0xd1a7。由于程序中使用的是字节查表的方式，所以上述的字形代码要拆成字节数据的结构，即 0xb4、0Xf3、0xc1、0Xac、0xc0、0Xed、0xb9、0Xa4、0xb4、0Xf3、0xd1、0xa7。另外前后运用的双引号带出了 2 个 ASCII 码的空格。

在编程是要注意以下几点。

① 屏幕的每一行显示 8 个全角汉字（或 16 个 ASCII 码字符），共 4 行。

② 当逐一写入模块字形码时，显示在屏幕上的位置是第一、第三、第二、第四行。

③ 全角汉字（16*16）的位置应当是每行 16 个半角字符位置的奇数位置（如 1,3,5,7,9,…,15），否则汉字显示不正常（乱码）。

6. 参考程序

```
;********************************************************************
;      12864（ST7920 带字库汉字显示演示程序）
;      通信方式为 8 位数据并行端口
;      程序名：7_11_1.asm
;********************************************************************
LIST P=18F452
#INCLUDE P18F452.INC
#DEFINE RS PORTE,RE0
#DEFINE RW PORTE, RE1
#DEFINE E  PORTE,RE2              ;端口配置
SONG    EQU        40H           ;要写入的数据存储单元
STORE   EQU        41H           ;要读的数据存储单元
R0      EQU        00H           ;循环变量单元
;=================================================
        ORG        0000H
        GOTO       MAIN
;=================================================
        ORG        0020H          ;留出空间，放汉字
DB "PIC18F 系列嵌入式"            ;第 1 行（汉字占 2 个半角字符、字母占 1 个半角字符）
DB "□□□综合实验仪□□"           ;第 3 行（汉字应从奇数位空格开始，否则汉字为乱码）
DB "□□□□□□□□□□□□□□□□"     ;第 2 行（"□"表示 1 个半角空格）
DB "□□□□□□□□□□□□□□□□"     ;第 4 行
;=================================================
;      主程序
;=================================================
        ORG 0100H
MAIN
        MOVLW B'00000110'    ;B 口设为数字 I/O 口
        MOVWF ADCON1         ;将 RE 端口恢复为 I/O 端口（如果此口用过 ADC）
        MOVLW 0X00           ;RE 端口设定为输出
        MOVWF TRISE
        CALL   ST7920_INIT   ;清除显示
        CALL   HAN_WR        ;显示汉字和字符
        GOTO   $
;=================================================
;        写汉字 子程序主程序
;=================================================
HAN_WR
        MOVLW     30H
        MOVWF     SONG
        CALL      SEND_I
        MOVLW     80H
        MOVWF     SONG
        CALL      SEND_I
        MOVLW     64              ;全屏共有 64 个字符像素（16*8）
        MOVWF     R0              ;R0 做显示字符计数器
```

```
            MOVLW     00H
            MOVWF     TBLPTRU
            MOVLW     00H
            MOVWF     TBLPTRH
            MOVLW     20H
            MOVWF     TBLPTRL
LOOPW       TBLRD*+                      ;查表操作
            MOVFF     TABLAT,SONG
            CALL      SEND_D
            DECF      R0
            BNZ       LOOPW
            RETURN
;=====================================================
;        ST7920_INIT    ST7920 初始化子程序
;=====================================================
ST7920_INIT
            MOVLW     34H                 ;34H［扩充指令（8 位模式）］
            MOVWF     SONG
            CALL      SEND_I              ;调用发送数据子程序
            MOVLW     30H                 ;30H（基本指令操作）
            MOVWF     SONG
            CALL      SEND_I              ;调用发送数据子程序
            MOVLW     01H                 ;01H 清除命令［DDRAM 赋值 20H（Space Code）］
            MOVWF     SONG                ;DDRAM 地址计数器 AC 清零
            CALL      SEND_I
            MOVLW     06H                 ;设定点命令（光标右移，AC+1）
            MOVWF     SONG
            CALL      SEND_I
            MOVLW     0CH                 ;显示状态命令（打开整体显示功能）
            MOVWF     SONG                ;关闭游标显示，关闭"反白"功能
            CALL      SEND_I              ;开显示,关光标,不闪烁
            RETURN
;=====================================================
;        SEND_D   发送数据/命令子程序
;=====================================================
SEND_D      CALL      CHK_BUSY            ;写数据子程序
            MOVLW     0X00
            MOVWF     TRISD
            BSF       RS
            BCF       RW
            MOVFF     SONG, PORTD
            BSF       E
            NOP
            NOP
            BCF       E
            RETURN
;=====================================================
; SEND_ 写指令子程序 RS=0,RW=0,E 为高脉冲,PORTD 为指令码,SONG
;=====================================================
SEND_I      CALL      CHK_BUSY
            MOVLW     0X00
            MOVWF     TRISD
            BCF       RS
```

```
            BCF        RW
            MOVFF      SONG, PORTD
            BSF        E
            NOP
            NOP
            BCF        E
            RETURN
;================================================
;读数据子程序
;RS=1,RW=1,E=H,D0～D7 为数据
;================================================
READ_D      CALL       CHK_BUSY              ;读数据子程序
            MOVLW      0XFF
            MOVWF      TRISD
            BSF        RS
            BSF        RW
            BSF        E
            NOP
            MOVFF      PORTD,STORE
            BCF        E
            RETURN
;================================================
; CHK_BUSY 测忙碌子程序  ;RS=0,RW=1,E=H,D0～D7 为状态字
;================================================
CHK_BUSY MOVLW         0XFF
            MOVWF      TRISD
            BCF        RS
            BSF        RW
            BSF        E
            BTFSC      PORTD,RD7
            GOTO       $-1
            BCF  E
            RETURN
;================================================
            END
;================================================
```

7. 思考题

① 试将自己的信息（姓名、专业或学号等）进行全屏显示。

② 试将上述程序修改成字型码写入方式进行编程。

7.11.4　128*64 LCD 液晶屏编程实践（二）变量显示编程实践

变量数据显示编程。

1. 实验目的

在了解 ST7920 液晶控制芯片的特点、模块结构，掌握初始化方法的基础上。进一步学习、掌握 128*64 屏幕上字符显示中的位置确定和变量显示的方法。

2. 实验设备

PIC18F_1 单片机综合实验仪 1 台、ICD2 在线调试器 1 台和 220V/9V 电源适配器 1 台、装载 MPLAB IDE 软件的微型计算机 1 台。

3．实验要求

学习、掌握在屏幕上某一位置显示汉字、ASCII 码字符的方法，编制一个可以显示变量数据的程序。

4．实验电路及说明

实验电路如图 7.11.2 所示，将单片机的 RC 端口设定为输入，并使用排线与实验仪上的开关 S600～S607 连接，将 RC 端口输入的二进制数精处理（拆分、查表）后以十六进制数据的形式显示在屏幕的某一位置上。

5．编程算法及程序的流程图

本实验的重点是学习、掌握在 128*64 屏的某一位置显示字符或数据的方法，因此首先要了解 128*64 屏的字符位置与 LCD 模块的 DDRAM 地址之间的关系（参见表 7.11.4）。应当注意的是，如果按照地址加 1 增量处理，其字符在屏幕上的位置依次为"第一行、第三行、第二行和第四行"（见表 7.11.5）。

表 7.11.4　　　128*64 屏 8*4 汉字显示位置与 LCD 模块 DDRAM 地址的对应关系

80H	81H	82H	83H	84H	85H	86H	87H
90H	91H	92H	93H	94H	95H	96H	97H
88H	89H	8AH	8BH	8CH	8DH	8EH	8FH
98H	99H	9AH	9BH	9CH	9DH	9EH	9FH

表 7.11.5　　　　　　　　　　程序初始屏幕的显示效果

P I	C 1	8 F	综	合	实	验	仪
输	入	数	字	量	==	（空）	H

在程序的初始显示中，第三行的后部（DDRAM 地址为 8EH）先临时用空格替代数据，在程序的输入操作后，将输入的二进制数据经拆分、查表后分别显示在对应的位置上。拆分的目的是将 8 位二进制数转换为独立的 2 个十六进制数（DATA_H 和 DATA_L），这样便于查表（字符码）和显示。程序运行后 LCD 屏的信息显示如表 7.11.5 所示。

6．参考程序

```
;*************************************************************************
;     12864（汉字、RC 端口数据变量数据显示演示程序）
;     通信方式为 8 位数据并行端口
;     程序名: 7_11_2.asm
;*************************************************************************
        LIST P=18F452
        #INCLUDE P18F452.INC
        #DEFINE RS PORTE,RE0
        #DEFINE RW PORTE, RE1
        #DEFINE E PORTE,RE2;端口配置
SONG    EQU     40H                     ;要写入的数据存储单元
STORE   EQU     41H                     ;要读的数据存储单元
R0      EQU     00H                     ;循环变量单元
DATA_0  EQU     42H                     ;输入数据缓冲单元
```

```
DATA_L    EQU      43H                        ;拆分数据低位缓冲单元
DATA_H    EQU      44H                        ;拆分数据高位缓冲单元
;====================================================
          ORG      0000H
          GOTO     MAIN
;====================================================
          ORG      0020H              ;留出空间，放汉字。注意空格占半个字节
          DB  "PIC18F 综合实验仪"   ;1 行
          DB  "输入数字量==   H"     ;3 行
          DB"                   "       ;2 行
          DB"                   "       ;4 行
;====================================================
          ORG   0090H;留出空间，放变量值。
          DB "0123456789ABCDEF"
;====================================================
;         主程序   RC 端口初始化 LCD 模块初始化
;====================================================
          ORG      0100H
MAIN      MOVLW    0XFF
          MOVWF    TRISC                 ;设 RB 端口为输入
          MOVLW    B'00000110'           ;B 口设为数字口，非常关键
          MOVWF    ADCON1                ;RE 端口恢复为 I/O 端口
          MOVLW    0X00                  ;RE 端口设定为输出
          MOVWF    TRISE
          CALL     ST7920_INIT           ;清除显示
          CALL     HAN_WR                ;显示初始屏幕
LOOP      MOVF     PORTC,0               ;读取 RC 端口数据
          MOVWF    DATA_0
          ANDLW    0X0F                  ;拆分，先屏蔽高 4 位
          MOVWF    DATA_L                ;送缓冲单元
          MOVF     DATA_0,0
          ANDLW    0XF0                  ;拆分，再屏蔽高 4 位
          MOVWF    DATA_H                ;送缓冲单元
          SWAPF    DATA_H                ;半字叫交换
          CALL     BL_WR                 ;调变量值显示子程序
          GOTO     LOOP                  ;无限循环
;====================================================
;         写汉字 子程序主程序
;====================================================
HAN_WR    MOVLW    30H
          MOVWF    SONG
          CALL     SEND_I
          MOVLW    80H
          MOVWF    SONG
          CALL     SEND_I
          MOVLW    64
          MOVWF    R0
          MOVLW    00H
          MOVWF    TBLPTRU
          MOVLW    00H
          MOVWF    TBLPTRH
```

```
                MOVLW       20H
                MOVWF       TBLPTRL
LOOPW           TBLRD*+                              ;查表操作
                MOVFF       TABLAT,SONG
                CALL        SEND_D
                DECF        R0
                BNZ         LOOPW
                RETURN
;====================================================
;        写变量子程序主程序
;----------------------------------------------------
BL_WR           MOVLW       30H
                MOVWF       SONG
                CALL        SEND_I
                MOVLW       8EH
                MOVWF       SONG
                CALL        SEND_I
                MOVLW       4
                MOVWF       R0
                MOVLW       00H
                MOVWF       TBLPTRU
                MOVLW       00H
                MOVWF       TBLPTRH
                MOVLW       90H
                MOVWF       TBLPTRL                  ;指向表头
                MOVF        DATA_H,0                 ;获取查表偏移量（高位）
                ADDWF       TBLPTRL
                TBLRD*+                              ;查表操作
                MOVFF       TABLAT,SONG
                CALL        SEND_D
                MOVLW       90H
                MOVWF       TBLPTRL                  ;指向表头
                MOVF        DATA_L,0                 ;获取查表偏移量（高位）
                ADDWF       TBLPTRL
                TBLRD*+                              ;查表操作
                MOVFF       TABLAT,SONG
                CALL        SEND_D
                RETURN
;====================================================
;        ST7920_INIT   ST7920 初始化子程序
;====================================================
ST7920_INIT     MOVLW       34H          ;34H［扩充指令（8 位模式）］
                MOVWF       SONG
                CALL        SEND_I       ;调用发送数据子程序
                MOVLW       30H          ;30H［基本指令操作］
                MOVWF       SONG
                CALL        SEND_I       ;调用发送数据子程序
                MOVLW       01H          ;01H 清除命令［DDRAM 赋值 20（Space Code）］
                MOVWF       SONG         ;DDRAM 地址计数器 AC 清零
                CALL        SEND_I
                MOVLW       06H          ;设定点命令（光标右移，AC+1）
                MOVWF       SONG
```

```
                CALL      SEND_I
                MOVLW     0CH              ;显示状态命令（打开整体显示功能）
                MOVWF     SONG             ;关闭游标显示，关闭"反白"功能
                CALL      SEND_I           ;开显示,关光标,不闪烁
                RETURN
;==================================================
;         SEND_D   发送数据/命令子程序
;==================================================
SEND_D    CALL      CHK_BUSY  ;写数据子程序
                MOVLW     0X00
                MOVWF     TRISD
                BSF       RS
                BCF       RW
                MOVFF     SONG, PORTD
                BSF       E
                NOP
                NOP
                BCF       E
                RETURN

;==================================================
; SEND_ 写指令子程序 RS=0,RW=0,E 为高脉冲,PORTD 为指令码,SONG
;==================================================
SEND_I    CALL      CHK_BUSY
                MOVLW     0X00
                MOVWF     TRISD
                BCF       RS
                BCF       RW
                MOVFF     SONG, PORTD
                BSF       E
                NOP
                NOP
                BCF       E
                RETURN
;==================================================
;读数据子程序
;RS=1,RW=1,E=H,D0～D7 为数据
;==================================================
READ_D    CALL      CHK_BUSY  ;读数据子程序
                MOVLW     0XFF
                MOVWF     TRISD
                BSF       RS
                BSF       RW
                BSF       E
                NOP
                MOVFF     PORTD,STORE
                BCF       E
                RETURN
;==================================================
; CHK_BUSY 测忙碌子程序   ;RS=0,RW=1,E=H,D0～D7 为状态字
;==================================================
CHK_BUSY        MOVLW     0XFF
                MOVWF     TRISD
                BCF       RS
                BSF       RW
```

```
        BSF         E
        BTFSC       PORTD,RD7
        GOTO        $-1
        BCF         E
        RETURN
;================================================
        END
;================================================
```

7.12　DS18B20 单总线智能温度传感器的编程实践

单线（1-Wrie）总线是美国 DALLAS 公司的一项专有技术。它使用一根导线对信号进行双向传输，器件接口为漏极开路结构，工作时通过外部上拉电阻实现多个器件信号的"线与"功能。接口具有结构简单、容易扩展等优点，适合单主机、多从机构成的分布式数据采集系统。

7.12.1　DS18B20 的功能及特点

1. DS18B20 的数据格式

DS18B20 为基于单总线接口器件的智能温度传感器，16 位的串行数据的输出格式中包含有 12 位温度数据（包括 1 位符号位和 11 位数据位）。具体可描述为，5 位符号位（实际只采用 1 位即可）、11 位温度数字位（7 位整数和 4 位小数）。数据采用

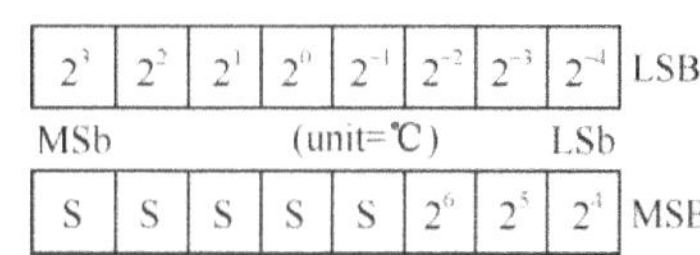

图 7.12.1　DS18B20 采集温度数据形式（补码）

补码形式。测量范围为 -55～125℃，测量精度为 ±0.5℃，分辨率为 0.062 5℃（如图 7.12.1 所示）。

每一个元件都具有一个不重复的 64 位 ROM 序列号，可以方便单片机从总线上多个器件中寻找对应器件进行通信。当然如果总线上只有一个器件时，单片机也可以采用跳过序列号模式，采用"点对点"与其通信以简化编程。

2. DS18B20 的引脚定义及与单片机的连接方式

DS18B20 为塑封 TO-92 封装的 3 引脚元件（如图 7.12.2 所示）。如果系统只是用一个 DS18B20，只要将 DS18B20 的数据线 DQ 直接与单片机的一条口线连接即可。要注意，DS18B20 的数据线 DQ 为"OC 门"结构，所以 DQ 线应当接一个 4.7kΩ 左右的上拉电阻（如图 7.12.3 所示）。当系统只是用一个 DS18B20 传感器时，编程时可以省略传感器序列号的查询操作，以简化编程。

如果在一个系统中，要使用 2 个或 2 个以上的 DS18B20 传感器时可以采用 2 种方式连接。

（1）单总线方式

将多个 DS18B20 的数据线 DQ 并接在一起。这种方式的优点是结构简单、占用单片机的引脚资源少（只占用单片机的 1 条端口线），适合远距离的工程应用。当然在这种方案中，必须事先对所使用的器件序列号进行检测，以便读出这些器件的序列号，这样当单片机采用分时操作方式、逐个与多个器件通信时，利用这些序列号分别建立通信机制。这样会增加编程的难度。另外在工程应用中，如果某一个器件损坏、需要更换时，必须测量出新器件的序列号，并在程序中修改对应的查询指令，这给系统的应用、维护提出了更高的要求。单总线结构的电路结构如图 7.12.4 所示。

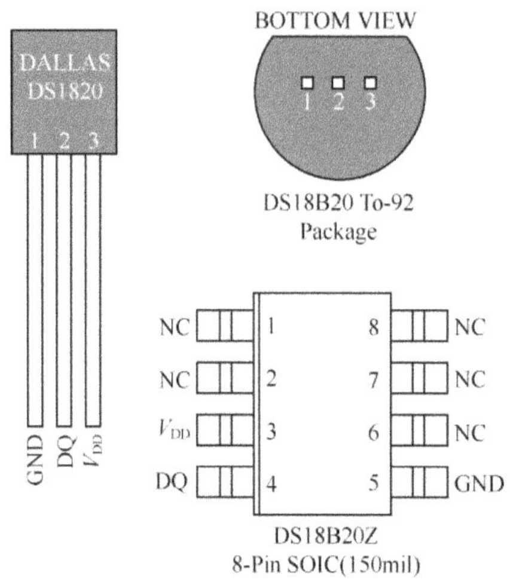

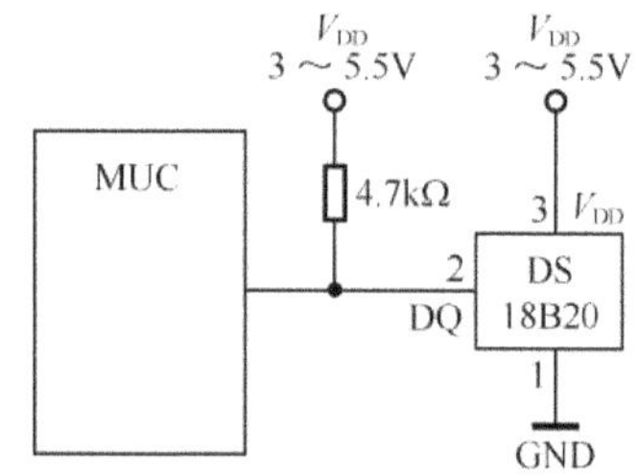

图 7.12.2　DS18B20 元件及封装形式　　　图 7.12.3　DS18B20 与单片机的接口

（2）一对一接口方式

　　每一个传感器的数据线 DQ 单独占用单片机的一条端口线。这种方式的优点是，编程时可以省略对器件序列号的查询，直接读取温度数据，另外，由于省略了"序列号"的查询操作，所以工程应用中可以直接更换损坏的传感器而不用修改程序。当然这种模式的缺点是占用单片机的端口数量多，不适用传感器数量较多的场合，同时如果传感器与单片机的距离较远时，传感器的引线成本会大大增加。一对一接口方式电路结构如图 7.12.5 所示。

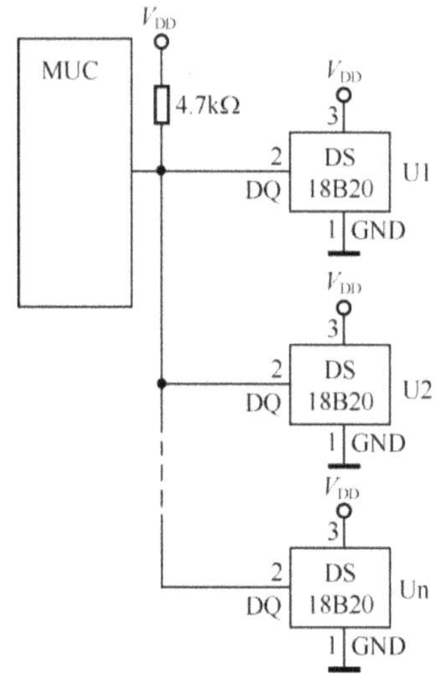

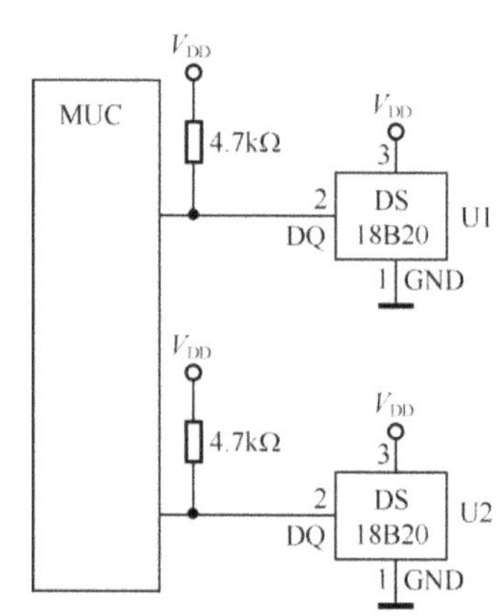

图 7.12.4　单总线结构示意图　　　图 7.12.5　一对一模式结构示意图

（3）DS18B20 的供电方式

　　DS18B20 传感器在应用中可以采用 2 种供电方式。

　　① 外部供电方式，即将 DS18B20 的 3 脚（V_{DD}）接入 3.3V 或 5.0V 的直流电压为传感器提供工作电源。

　　② 寄生电源供电方式。在此方式中，将传感器的 3 脚（V_{DD}）直接与 1 脚（GND）连接，且 1 脚接地（如图 7.12.6 所示）。在这种模式下，当 DQ 线上的信号为高电平时，传感器"捕捉"能

量并存储在内部电容中，当 DQ 线上的信号为低电平时，传感器"消耗"内部电容器上的电荷。不难看出，DS18B20 是一个耗能极低的器件。

当采用寄生供电并使用多个传感器，采用单总线结构时，或者在传感器进行数据交换期间或进行相关传感器内部 EEPROM 操作时，其芯片要消耗大约 1.5mA 的电流，这时原有的上拉电阻可能会无法满足提供电流的要求。此时可以在 DQ 线上设计一个场效应管，并由单片机端口控制，在 DQ 为高电平时场效应管导通，这样可以进一步增强 DQ 线上的高电平对传感器的供电能力（如图 7.12.7 所示）。

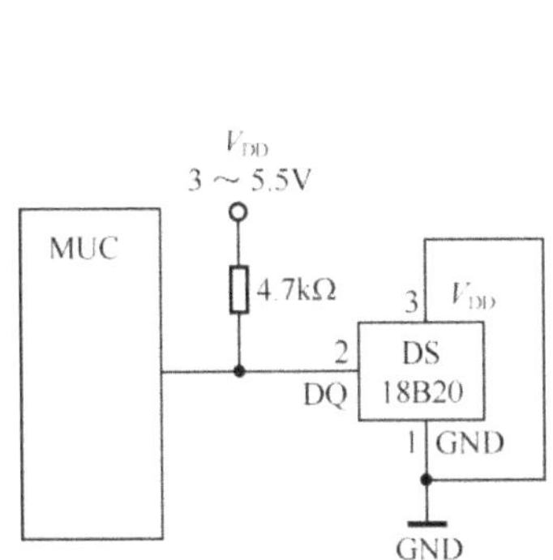
图 7.12.6　寄生供电模式示意图

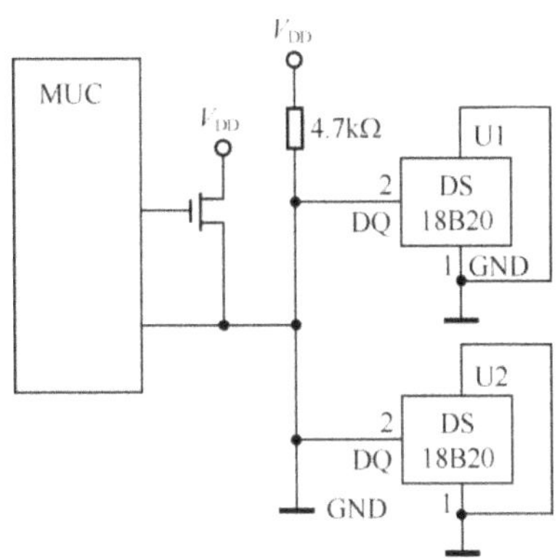
图 7.12.7　多传感器采用寄生供电方案

7.12.2　DS18B20 单总线的通信协议

单总线系统在空闲状态下数据线呈高电平，总线的任何操作都必须从空闲状态开始。可以将 DS18B20 的时序规划为初始化时序、读数据位时序和写数据位时序。

1. 初始化

所有的处理过程都是从初始化开始的。初始化的内容包括以下两点。

① 主机（单片机）发出 1 个低电平的复位脉冲，并适当延时（然后释放总线）。

② 从机（DS18B20）反馈回 1 个低电平的应答脉冲。

上述的过程非常类似于 I^2C 总线的启动与应答过程，即主机发送完复位信号后释放总线、进入接收状态以便接收 DS18B20 的应答脉冲。初始化的时序图如图 7.12.8 所示。

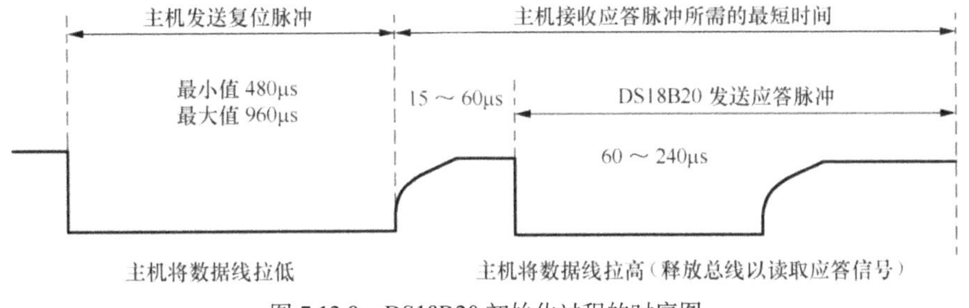

图 7.12.8　DS18B20 初始化过程的时序图

2. 通信协议

DS18B20 有严格的通信协议来保证各位数据的正确性和完整性。在 DS18B20 的通信协议中，规定了复位脉冲、应答脉冲、写 0、写 1、读 0 和读 1 等几种信号的时序。除了应答脉冲，其他信号都由主控器（单片机）控制。

（1）写时序

主控器将 DQ 由空闲状态下的高电平拉低，作为一个写周期的开始。写时序有 2 种类型，即写 0 和写 1。无论是写 0 或写 1 其维持时间至少要 60μs，而 2 个写周期至少要有 1μs 的恢复间隔期。

DS18B20 在 DQ 线电平被拉低后的 15～60μs 时间内对 DQ 线电平进行采样。若 DQ 线为高电平，则写入 1 位 1；若 DQ 线为低电平，则写入 1 位 0。主控器在写 1 时，要先将 DQ 电平拉低（1μs），然后在 15μs 时间内将 DQ 电平拉高，以便 DS18B20 采样。在主控器写 0 周期时，也应将 DQ 电平拉低并至少保持 60μs 以上的时间。主控器写入操作的时序如图 7.12.9 所示。

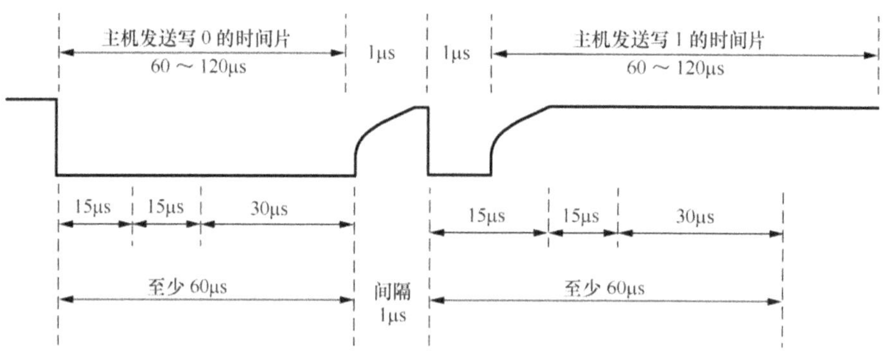

图 7.12.9　主控器的写 "0" 和写 "1" 的时序图

（2）读时序

主控器将 DQ 电平拉低至少 1μs 时间作为读周期的开始，然后释放总线。而 DS18B20 输出的数据则在 DQ 电平被拉低后的 15μs 时间内输出有效电平。

注意以下两点。

① 在此期间主控器应尽快释放总线出高电平（1μs），以便于 DS18B20 占用总线、输出数据位。

② 在此 15μs 时间内主控器必须读取 DQ 数据。读取 1 位数据至少要大于 60μs 的时间（为 18B20 留出充分的时间准备输出下一位数据），读取 2 位数据至少要有 1μs 的间隔时间。主控器读时序如图 7.12.10 所示。

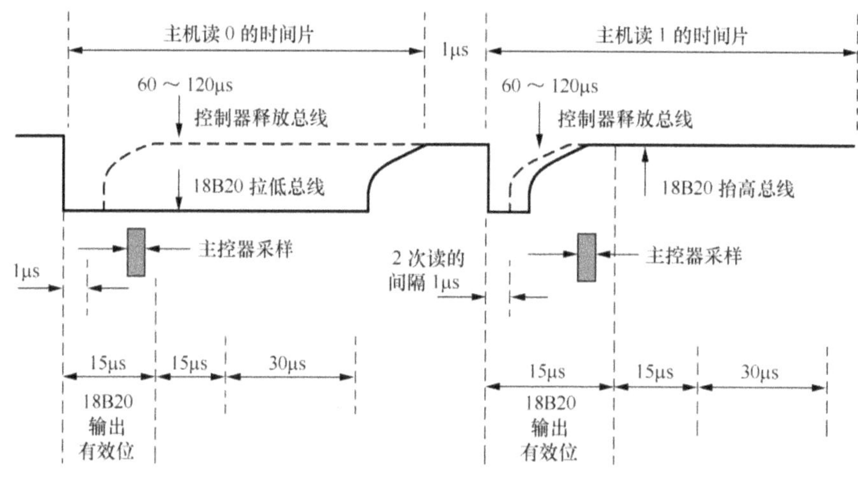

图 7.12.10　主控器的读时序图

有关 DS18B20 的细节请读者参阅相关的资料。

7.12.3　DS18B20 单总线温度传感器的编程实践

1.　实验目的

了解 DS18B20 单总线温度传感器的特点、掌握初始化及通信的编程方法。

2.　实验设备

PIC18F_1 单片机综合实验仪 1 台、ICD2 在线调试器 1 台和 220V/9V 电源适配器 1 台、装载 MPLAB IDE 软件的微型计算机 1 台。

3.　实验要求

学习、掌握对 DS18B20 的初始化、写操作、读操作的编程方法。编制一个程序，实现对温度数据的整数部分的读取，并利用 LED 进行数据的二进制显示。

4.　实验电路及说明

利用单片机的 RB0 端口与 DS18B20 的 DQ 端连接，单片机的 RD 端口为输出，将 DS18B20 采集的温度值以二进制的形式进行显示，电路连接如图 7.12.11 所示，传感器模块引脚定义参见图 7.12.2 和图 7.12.3。

5.　编程算法及程序的流程图

在整个程序中，包含以下内容。

① 取数据子函数 GET_TEMPER()。

② 对 DS18B20 初始化子函数 INIT_1820()。

③ 写 DS18B20 函数 WRITE_1820（ unsigned char datax ）。

④ 读 DS18B20 子函数 READ_1820()。

这些子函数的编程是严格按照 DS18B20 的通信协议来编写的（流程图如图 7.12.12、图 7.12.13 所示）。在 MCC18 编译器中，提供了 delays.h 延时头文件（详见表 7.12.1），对于编制延时程序非常方便。

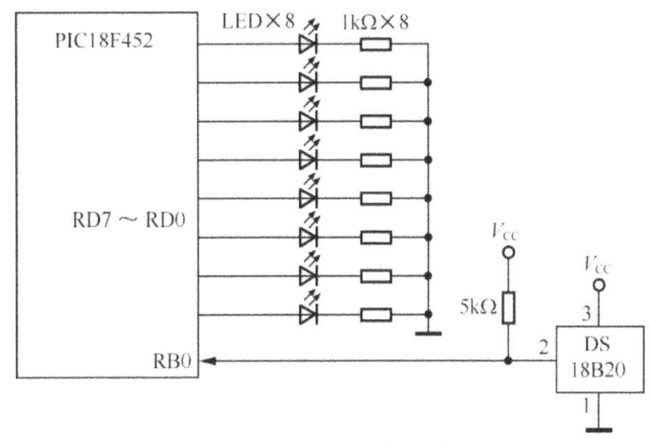

图 7.12.11　实验连接电路图

表 7.12.1　　　　　　　　　　　　　MCC18 提供的延时库函数

函 数 名	描 述 （ unit 机器周期等于 $T_{osc} \times 4$ ）
Delay1TCY（ void ）	延时一个指令周期。
Delay10TCYx（ unsigned char unit ）	延时 10unit（ unit=0～255，等于 0 时，为 256 ）
Delay100TCYx（ unsigned char unit ）	延时 100unit
Delay1KTCYx（ unsigned char unit ）	延时 1 000unit
Delay10KTCYx（ unsigned char unit ）	延时 10 000unit

6.　参考程序

```
//*********************************************************************************************
//    这是一个 DS18B20 单点忽略序列号的温度采集程序
```

```c
//    以二进制形式通过 RD 口显示温度的整数部分
//    程序名: 7_12_1.c
//********************************************************************
#include <p18f452.h>
#include <delays.h>
#define DQ  PORTBbits.RB0
#define DQD TRISBbits.TRISB0
#define SETB(x,b)    x|=((unsigned int)1<<b)
#define CLRB(x,b)    x&=~((unsigned int)1<<b)
//***************    函数声明    ****************************************
unsigned int GET_TEMPER();                          //获取温度值函数
void INIT_1820();                                   //初始化 DS18B20 函数
void WRITE_1820(unsigned char datax);               //写 DS18B20 函数
unsigned int   READ_1820();                         //读 DS18B20 函数, 温度
unsigned char FLAG1;                                //建立一个应答检测标志单元
//**************    主函数    *******************************************
unsigned int m;                                     //定义一个无符号整形数 m（16位）
void main(void)
{
TRISD=0X00;
while(1)
    {
        m=GET_TEMPER();              //采集温度函数（数据在 temp[0]、temp[1]中）
        PORTD=(unsigned char)(m>>4);
        Nop();
    }
}
//********************************************************************
//    获取温度值子函数 GET_TEMPER()
//********************************************************************
unsigned int GET_TEMPER()
{   unsigned int i;
    DQ=1;
    INIT_1820();                    //对 DS18B20 初始化
    Delay10TCYx(40);                //延时 100μs
    WRITE_1820(0xcc);               //写 ROM 命令（CCH, 跳过序列号）
    WRITE_1820(0x44);               //写温度转换命令（44H, 温度转换命令）
    Delay1KTCYx(255);               //延时等待转换（约 63ms）
    INIT_1820();                    //对 DS18B20 初始化
    Delay10TCYx(24);                //延时（约 60μs）
    WRITE_1820(0xcc);               //写 ROM 命令（跳过序列号）
    WRITE_1820(0xbe);               //发出读温度命令
    i=READ_1820();                  //调 READ_1820 函数, 16 位的温度数据 i
    return i;
}
//********************************************************************
//           初始化 DS18B20 子函数
//********************************************************************
void INIT_1820()
{
    FLAG1=0x00;                     //清标志
```

```c
    DQD=0;
    DQ=1;                          //先释放总线
    Delay10TCYx(1);                //延时 2.5μs
    DQ=0;                          //发送 1 个复位脉冲
        Delay1KTCYx(2);            //延时 500μs
    DQ=1;                          //释放总线
    Delay10TCYx(10);               //延时 25μs
        DQD=1;
    while(DQ==1);
    while(DQ==0);                  //18B20 产生应答时 DQ=0
    FLAG1=0x01;                    //应答结束后（DQ=1），建立标志
    DQD=0;                         //将端口置于输出状态
}
//****************************************************************************
//   写 DS18B20 子函数（使用之前将 DQD =0，RB0 为输出状态）
//****************************************************************************
void  WRITE_1820(unsigned char datax)
{     unsigned char i;
    for(i=0;i<8;i++)               //DQ=0 后 15μs 之内就应当把数据发送到 DQ 上
    {
        DQ=0;
        Delay1TCY();
        Delay1TCY();
        Delay1TCY();
        Delay1TCY();               //1μs
        if(datax & 0x01)DQ=1;      //根据 datax 组装发送位 DQ
            else  DQ=0;            //或者使用 DQ=datax&0x01
        datax=datax>>1;
        Delay10TCYx(24);           //DS18B20 在 DQ=0 的 15～60μs 内采样 DQ
        DQ=1;
        Delay1TCY();
        Delay1TCY();
        Delay1TCY();
        Delay1TCY();               //1μs
    }
}
//****************************************************************************
//          读 DS18B20 数据子函数
//****************************************************************************
unsigned int READ_1820()                   //从 DS18B20 中连续读出 2 个字节温度值
{
    int i;
    unsigned int  j=0xFFFF;        //定义 1 个无符号整形数（16 位）
    for(i=0;i<16;i++)
    {
      DQD=0;
      DQ=1;
      Delay1TCY();
      Delay1TCY();
      Delay1TCY();
      Delay1TCY();                 //1μs 延时
      DQ=0;                        //拉低 DQ 电平
      Delay1TCY();
```

```
      Delay1TCY();
      Delay1TCY();
      Delay1TCY();                          //维持 1μs
      DQ=1;                                 //释放
      DQD=1;
      Delay1TCY();
      Delay1TCY();
      Delay1TCY();
      Delay1TCY();                          //1μs 维持 1μs，15μs 内主控器必须完成采样 DQ

      if(DQ==1) SETB(j,i);                  //采样 DQ
         else j=CLRB(j,i);
      Delay10TCYx(24);                      //>60μs 后释放 DQ
    }
  return j;
  }
```

程序说明：READ_1820 子程序在处理 16 位采集数据时，用到了 2 个宏定义函数，即

$$SETB(x,b) \quad x|=((unsigned\ int)1<<b)$$

和

$$CLRB(x,b) \quad x\&=\sim((unsigned\ int)1<<b)$$

其中，$((unsigned\ int)1<<b)$ 的意义是，将 1 个 16 位的数据 1 左移 b 位，SETB（x,b）则表示，将左移后的结果与 16 位数据 x 相"或"（|=为相"或"运算符），用于对某 1 位置 1；同理，$\sim((unsigned\ int)1<<b)$ 的意义为，将 1 个 16 位的数据 1 左移 b 位后再取反，而 CLRB(x,b) 宏定义的结果是，将 16 位数据 x 与左移取反后的结果相"与"（&=为相"与"运算符），用于对某一位清零。上述的 2 个宏定义的执行过程留给读者自己进行验证，这里就不再描述。与程序相关的算法流程如图 7.12.12 所示。

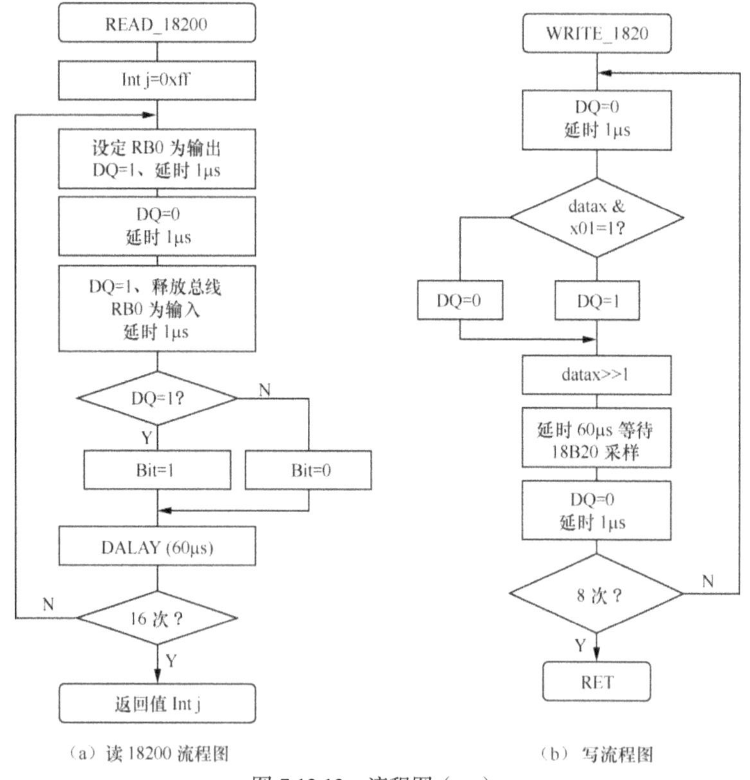

（a）读 18200 流程图　　　　　　　　（b）写流程图

图 7.12.12　流程图（一）

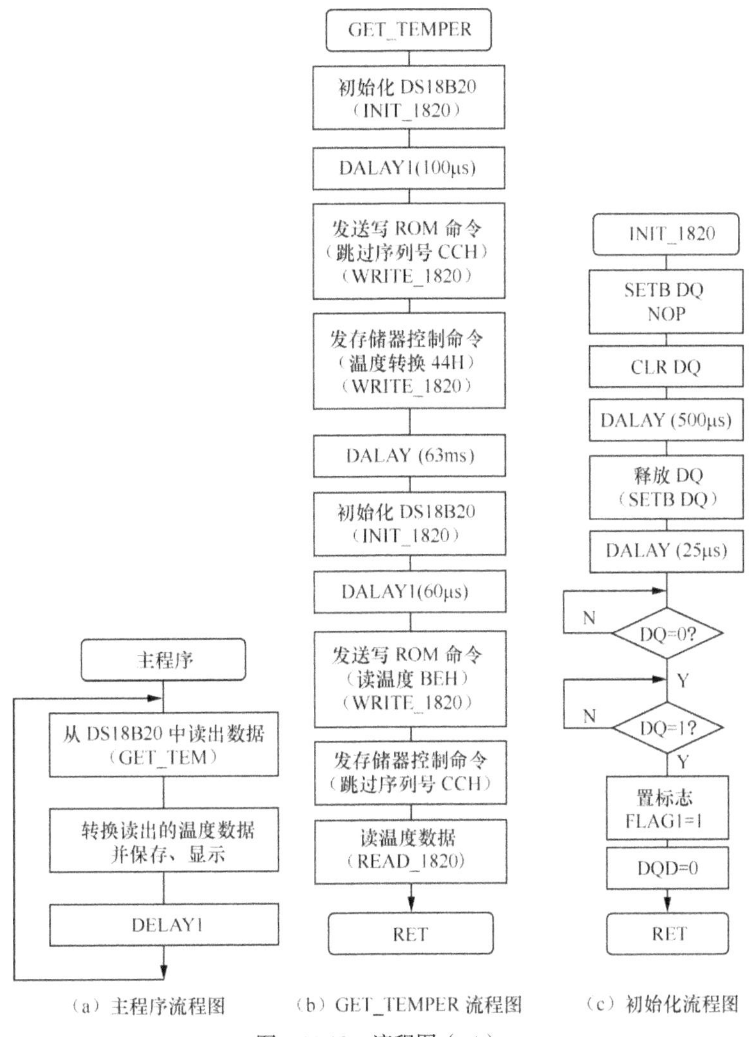

图 7.12.13　流程图（二）

　　注意，在实际程序 GET_TEMPER 中，并没有利用标识。因为在 INIT_1820 中如果没有检测到 DS18B20 的应答时，CPU 会停留在检测应答环节中，所以在 GET_TEMPER 中去检测 FLAG 是无意义的。可以考虑省略 INIT_1820 中的标识出错环节。

PIC18F 系列单片机指令系统简表

表 1　　　　　　　　　　面向字节的操作类指令

助记符，操作数	描　述	字长	周期	影响的标志位	注
ADDWF　f、d、a	将 W 与 f 相加 →d	1	1	C、DC、Z、OV、N	
ADDWFC　f、d、a	W+f+进位位　→d	1	1	C、DC、Z、OV、N	
ANDWF　f、d、a	W 逻辑与 f　→d	1	1	Z、N	
CLRF　f、a	清除 f	1	1	Z	
COMF　f、d、a	将 f 取反　→d	1	1	Z、N	
CPFSEQ　f、a	将 W 与 f 相比，相等时 Skip	1	1/（2 或 3）	…	
CPFSGT　f、a	将 W 与 f 相比，大于时 Skip	1	1/（2 或 3）	…	
CPFSLT　f、a	将 W 与 f 相比，小于时 Skip	1	1/（2 或 3）	…	
DECF　f、d、a	将 f−1 → d	1	1	C、DC、Z、OV、N	
DECFSZ　f、d、a	将 f−1 → d, if= 0　Skip	1	1/（2 或 3）	…	
DCFSNZ　f、d、a	将 f−1 → d, if≠0　Skip	1	1/（2 或 3）	…	
INCF　f、d、a	将 f+1 → d	1	1	C、DC、Z、OV、N	
INCFSZ　f、d、a	将 f+1 → d, if= 0　Skip	1	1/（2 或 3）	…	
INCFSNZ　f、d、a	将 f+1 → d, if≠0　Skip	1	1/（2 或 3）	…	
IORWF　f、d、a	W 逻辑或 f→d	1	1	Z、N	
MOVF　f、d、a	传送 f→d	1	1	Z、N	
MOVFF　f1、f2	将 f1 传送到 f2	2	2	…	
MOVWF　f、a	将 W 传送到 f	1	1	…	
MULWF　f、a	将 W 乘以 f→PRODH, PRODL	1	1	…	
NEGF　f、a	将 f 取补→ f	1	1	C、DC、Z、OV、N	
RLCF　f、d、a	将 f 带进位的循环左移→d	1	1	C、Z、N	
RLNCF　f、d、a	将 f 不带进位的循环左移→d	1	1	Z、N	
RRCF　f、d、a	将 f 带进位的循环右移→d	1	1	C、Z、N	
RRNCF　f、d、a	将 f 不带进位的循环右移→d	1	1	Z、N	
SETF　f、a	将 f 置位（全 1）	1	1	…	
SUBFWB　f、d、a	W−f−C → d　（带借位）	1	1	C、DC、Z、OV、N	
SUBWF　f、d、a	f−W → d　（不带借位）	1	1	C、DC、Z、OV、N	

续表

助记符，操作数	描　述	字长	周期	影响的标志位	注
SUBWFB　f、d、a	f−W−C→d　　（带借位）	1	1	C、DC、Z、OV、N	
SWAPF　　f、d、a	将 f 半字交换 →d	1	1	…	
TSTFSZ　f、a	测试 f，如果=0 则 Skip	1	1/（2 或 3）	…	
XORWF　f、d、a	W 异或 f →d	1	1	Z、N	

表 2　　　　　　　　　　　　　　面向位数据的操作类指令

助记符，操作数	描　述	字长	周期	影响的标志位	注
BCF　　　f、b、a	清零 f 的第 b 位	1	1	…	
BSF　　　f、b、a	置位 f 的第 b 位	1	1	…	
BTFSC　f、b、a	测试 f 的第 b 位，为 0 时 Skip	1	1/（2 或 3）	…	
BTFSS　f、b、a	测试 f 的第 b 位，为 1 时 Skip	1	1/（2 或 3）	…	
BTG　　f、b、a	将 f 的第 b 位取反	1	1	…	

表 3　　　　　　　　　　面向立即数 K 操作类指令（0≤K≤255）

助记符，操作数	描　述	字长	周期	影响的标志位	注
ADDLW　K	将立即数 K 与 W 相加 →W	1	1	C、DC、OV、Z、N	
ANDLW　K	将立即数 K 与 W 逻辑与→W	1	1	Z、N	
IORLW　K	将立即数 K 与 W 逻辑或→W	1	1	Z、N	
LFSR　f、K　0≤f≤z	传送 12 位立即数 K 到 FSR　f	2	2	…	
MOVLB　K	将立即数传 K 送到 BSR(3:0)	1	1	…	
MOVLW　K	将立即数 K 传送到 WREG	1	1	…	
MULLW　K	W 乘以 K，结果送 PRODH/L	1	1	…	
RETLW　K	立即数 K 送 W，子程序返回	1	2	…	
SUBLW　K	立即数 K 减去 W 送 W	1	1	C、DC、Z、OV、N	
XORLW　K	立即数 K 异或 W 送 W	1	1	Z、N	

表 4　　　　　　　　　　　　　　控制操作类指令

助记符，操作数	描　述	字长	周期	影响的标志位	注
BC　n	If STATUS 中 C=1，则转	1	1 / 2	…	
BN　n	If STATUS 中 N=1，则转	1	1 / 2	…	
BNC　n	If STATUS 中 C≠1，则转	1	1 / 2	…	
BNN　n	If STATUS 中 N≠1，则转	1	1 / 2	…	
BNOV　n	If STATUS 中 OV≠1，则转	1	1 / 2	…	
BNZ　n	If STATUS 中 Z≠1，则转	1	1 / 2	…	
BOV　n	If STATUS 中 OV=1，则转	1	1 / 2	…	
BRA　n	无条件转移	1	2	…	
BZ　n	If STATUS 中 Z=1，则转	1	1 / 2	…	
CALL　n、s	调用子程序	2	2	…	

续表

助记符，操作数	描　述	字长	周期	影响的标志位	注
CLRWDT	清零 WDT	1	1	$\overline{TO}$ =1 $\overline{PD}$ =1	
DAW	W 中的十进制调整	1	1	C	
GOTO　n	转移语句	2	2	…	
NOP	空操作(机器码 0000H)	1	1	…	
NOP	空操作(机器码 FFXXH)	1	1	…	
POP	弹出栈的顶端	1	1	…	
PUSH	压入栈的顶端	1	1	…	
RCALL　n	相对调用	1	2	…	
RESET	软件复位	1	1	所有标志位	
RETFIE　s	从中断返回	1	2	GIE、GIEH PEIE、GIEL	
RETLW　K	立即数 K 送 W 并返回	1	2	…	
RETURN s	从子程序返回				
SLEEP	CPU 进入睡眠状态	1		$\overline{TO}$ =1、$\overline{PD}$ =0 若 WDT 唤醒 CPU 时 $\overline{TO}$ =0	

表 5　　　　　　　　　　数据存储器与程序存储器操作类指令

助记符，操作数	描　述	字长	周期	影响的标志位	注
TBLRD*	无增量　读表操作 将表指针 TBLPTR 所指向的程序存储器中的数据送 TABLAT、TBLPTR 不变	1	2	…	
TBLRD*+	增量　读表操作 将表指针 TBLPTR 所指向的程序存储器中的数据送 TABLAT、TBLPTR 加 1	1	2	…	
TBLRD*-	减量　读表操作 将表指针 TBLPTR 所指向的程序存储器中的数据送 TABLAT、TBLPTR 减 1	1	2	…	
TBLRD+*	前增量　读表操作 TBLPTR 先加 1，再将表指针 TBLPTR 所指向的程序存储器中的数据送 TABLAT	1	2	…	
TBLWT*	无增量　表写入操作 将 TABLAT 中数据写入 TBLPTR 所指向的程序单元。TBLPTR 不变	1	2	…	
TBLWT*+	增量　表写入操作 将 TABLAT 中数据写入 TBLPTR 所指向的程序单元。TBLPTR 加 1	1	2	…	

续表

助记符，操作数	描　　述	字长	周期	影响的标志位	注
TBLWT*-	减量 表写入操作 将 TABLAT 中数据写入 TBLPTR 所指向的程序单元。 TBLPTR 减 1	1	2	…	
TBLWT+*	先增量 表写入操作 先 TBLPTR 加 1，再将 TABLAT 中数据写入 TBLPTR 所指向的程序单元	1	2	…	

格式说明如下。

f，文件寄存器的地址。

如果是 SFR 则可以使用大写字母的 SFR 名称（但编程时须包含头文件，如#INCLUDE P18F452.INC ）。

d，目标地址。

当 d=1（或 d=F、或省略）时，目标为文件寄存器 f。

当 d=0（或 d=W）时，目标为 WERG 寄存器。

a，存储区选择位。

当 a=1 时，使用 BSR 寄存器选择存储器。

当 a=0（或省略）时，使用系统快速访问存储区。

PIC18F452/458 的 I^2C 通信子程序库（汇编语言）

I^2C 子程序库包含如下子程序。

① WRITE、N 个字节写子程序。

② RDNBYT、N 个字节读子程序。

③ INIT_I^2C、I^2C 模块初始化子程序。

④ WRTACKTEST，检测应答信号子程序。

⑤ I^2C_IDLE，检测 I^2C 总线状态（是否空闲）子程序。

⑥ DELAY、I^2C 专用的小延时。

在使用这些子程序时，一定要注意子程序的入口参数，只有在合理配置（填入）正确的参数时，才能保证 I^2C 的通信正常。

另外，在程序的开始要使用伪指令将参数存储单元进行定义，以保证参数的使用，这些单元在主程序中就不能占用，当然这些单元也可以根据自己的需要进行安排。

注意以下几点。

① WRITE 和 RDNBYT 2 个子程序要占用 FSR0L 作为数据块传送指针，在调用这 2 个程序之前，要注意对原有 FSR0L 中数据的保护（如果主程序已经使用该寄存器）。

② 本程序在 F_{osc}=16MHz 系统上调试正常。如果采用其他频率可调整 DELAY 参数。

```
;请从以下部分拷贝、粘贴（注意，前面 5 条伪指令应写在主程序的开始）。
;****************************************************************
I2C_W         EQU      0X40         ;外围器件写地址存储单元
I2C_R         EQU      0X41         ;外围器件读地址存储单元
SDATA_I2C     EQU      0X42         ;源数据块首地址存储单元
DDATA_I2C     EQU      0X43         ;目标数据块首地址存储单元
COUNT_I2C     EQU      0X44         ;I2C 通信字节数存储单元
;****************************************************************
; N 个字节写子程序   WRITE   （入口参数）
;
;        I2C_W 外围器件写地址（寄存器）
;        ADRESS：外围器件内部数据区首地址（寄存器）
;        SDATA_I2C：源数据块（单片机内部）数据区首地址
;        DDATA_I2C：目标数据块（外围器件）数据区首地址
;        COUNT_I2C：通信数据字节数（寄存器）
```

```
;          FSR0L: 程序占用一个间址寄存器（指向目标间址用）
;***********************************************************************
WRITE
    BCF        PIR1,SSPIF
WRTSTART
    CALL       I2C_IDLE                 ;检测 I²C 总线是否为空闲状态
    BSF        SSPCON2,SEN              ;发送启动信号 S
    CALL       WRTACKTEST              ;检测应答
SENDWRTCOMM
    MOVFF      I2C_W, SSPBUF
    BTFSC      SSPSTAT,BF
    GOTO       $-1
    CALL       WRTACKTEST              ;检测应答
SENDADDRESS
    MOVF       DDATA_I2C,0             ;目标（外围器件）内部单元首地址
    MOVWF      SSPBUF
    BTFSC      SSPSTAT,BF
    GOTO       $-1
    CALL       WRTACKTEST              ;检测应答
SENDDATA
    MOVF       SDATA_I2C,0            ;源数据块首地址送 W
    MOVWF      FSR0L                   ;装入间址寄存器 FSRL0
LOP2
    MOVFF      INDF0,SSPBUF           ;（使用间接寻址）将要写入的数据字节送到 W
    BTFSC      SSPSTAT,BF
    GOTO       $-1
CALL WRTACKTEST                        ;检测应答
    INCF       FSR0L,1                ;指针加 1
    DECFSZ     COUNT_I2C              ;数据块是否完成?
    GOTO       LOP2
    BCF        PIR1,SSPIF
WRTSTOP
    BSF        SSPCON2,PEN            ;发送停止信号
    CALL       DELAY                   ;确保总线充分空闲
    RETURN
;***********************************************************************
;   I²C N 个字节读子程序 RDNBYT （入口参数）
;***********************************************************************
;
; I²C_W: 外围器件写地址
; I²C_R: 外围器件读地址
; ADRESS: 外围器件内部首地址
; SDATA_I2C: 源数据块首地址（外围器件数据首地址）
; DDATA_I2C: 目标数据的首地址（单片机内部数据首地址）
;COUNT_I2C: 数据块单元个数（单字节变量）
;FSR0L: 程序占用一个间址寄存器（指向目标间址用）
;***********************************************************************
RDNBYT
    MOVF       DDATA_I2C,0
    MOVWF      FSR0L
    CALL       I2C_IDLE                ;检测总线状态
    BCF        PIR1,SSPIF             ;清除 SSPIF 标志
    BSF        SSPCON2,SEN            ;发送启动信号
```

```
        BTFSS   PIR1,SSPIF
        GOTO    $-1
;*************************************************************
WWRITE
    MOVF    I²C_W,W                 ;写"写命令字"
    MOVWF   SSPBUF
    CALL    WRTACKTEST              ;检测应答
;*************************************************************
WRTADDRESS
    MOVF    SDATA_I²C,W             ;写入外围期间内部地址
    MOVWF   SSPBUF
    CALL    WRTACKTEST              ;检测应答
;*************************************************************
RESTART
    CALL    I²C_IDLE
    BCF     PIR1,SSPIF
    BSF     SSPCON2,RSEN            ;发送重启动信号
    BTFSS   PIR1,SSPIF
    GOTO    $-1
;*************************************************************
WRITEREAD
    MOVF    I²C_R,W                 ;发送读命令
    MOVWF   SSPBUF
    CALL    WRTACKTEST              ;检测应答
    BCF     PIR1,SSPIF
;*************************************************************
STARTREAD
    BSF     SSPCON2,RCEN           ;开始下一次接收
READDATA
    BCF     PIR1,SSPIF
    BTFSS   PIR1,SSPIF
    GOTO    $-1
    MOVF    SSPBUF,W                ;将读到的数据送到 W
    BCF     PIR1,SSPIF
    MOVWF   INDF0                   ;数据送目标数据区
    INCF    FSR0L,1
    DECF    COUNT_I²C,1             ;循环控制，
    BNZ     SENDREADACK             ;未完时转发送应答
    GOTO    SENDREADNACK            ;完成接收时转发送非应答
;*************************************************************
SENDREADACK                        ;发送应答信号
    BCF     SSPCON2,ACKDT          ;设置为应答信号
    BSF     SSPCON2,ACKEN          ;发送应答信号
    BCF     PIR1,SSPIF
    BTFSS   PIR1,SSPIF
    GOTO    $-1
    BSF     SSPCON2,RCEN           ;使能下一次接收
    GOTO    READDATA
;*************************************************************
SENDREADNACK                       ;发送非应答信号
    BCF     PIR1,SSPIF
    BSF     SSPCON2,ACKDT          ;设置为非应答
```

```
    BSF     SSPCON2,ACKEN              ;发送非应答信号
    BTFSS   PIR1,SSPIF
    GOTO    $-1
;*******************************************************
READSTOP
    BSF     SSPCON2,PEN                ;建立一个停止信号时序
    BTFSS   PIR1,SSPIF
    GOTO    $-1
    BCF     PIR1,SSPIF
    BCF     SSPCON2,ACKDT             ;发送一个非应答信号
    RETURN
;*******************************************************
;          I²C 模块初始化子程序
;*******************************************************
INIT_I2C
    MOVLW   39                        ;波特率，根据单片机工作频率来定
    MOVWF   SSPADD
    BCF     SSPSTAT,6                 ;禁止 SMBus 的特殊输入
    BSF     SSPSTAT,7
    MOVLW   0X28                      ;使能 SDA，SCK 引脚功能
    MOVWF   SSPCON1
    RETURN
;*******************************************************
;          检测  应答信号子程序
;*******************************************************
WRTACKTEST
    BCF     PIR1,SSPIF
    BTFSS   PIR1,SSPIF
    GOTO    $-1
    RETURN
;*******************************************************
;          检测  I²C 总线状态（是否空闲）子程序
;*******************************************************
I²C_IDLE
    BTFSC   SSPSTAT,R_W
    GOTO    $-1
    MOVF    SSPCON2,W
    ANDLW   0x1F
    BTFSS   STATUS,Z
    GOTO    $-3
    RETURN
;*******************************************************
;  I²C 专用的小延时；   N1=FFH，N2>4 即可（ Fosc=16MHz 时 ）
;*******************************************************
DELAY   MOVLW   N1
        MOVWF   R1
LP0     MOVLW   N2
        MOVWF   R2
LP1     DECFSZ  R2,1
        GOTO    LP1
        DECFSZ  R1,1
        GOTO    LP0
        RETURN
;*******************************************************
```

［1］刘和平，等. 单片机 C 语言编译器及其应用—基于 PIC18F 系列. 北京：北京航空航天大学出版社.

［2］李学海. PIC 单片机使用教程——基础篇. 北京：北京航空航天大学出版社.

［3］李学海. PIC 单片机使用教程——提高篇. 北京：北京航空航天大学出版社.

［4］[美] Muhammad A.M. PIC 技术宝典. 李中华，等译. 北京：人民邮电出版社.

［5］刘和平，等. 单片机 C 语言编译器及其应用——基于 PIC18 系列. 北京：北京航空航天大学出版社.

［6］王有绪，等. PIC 系列单片机接口技术及其应用系统设计. 北京：北京航空航天大学出版社.

［7］汤竞南，等. PIC 单片机基础与应用. 北京：人民邮电出版社.

［8］陈新建. PIC 系列单片机程序设计与开发应用. 北京：北京航空航天大学出版社.

［9］窦振中. PIC 系列单片机应用设计与实例. 北京：北京航空航天大学出版社.

［10］PICmicro®18C MCU 系列参考手册. Microchip Technology inc.

［11］王幸之，等. AT89 系列单片机原理与接口技术. 北京：北京航空航天大学出版社.